Adolf Fick

Compendium der Physiologie des Menschen

Mit Einschluss der Entwicklungsgeschichte

Adolf Fick

Compendium der Physiologie des Menschen
Mit Einschluss der Entwicklungsgeschichte

ISBN/EAN: 9783742813206

Hergestellt in Europa, USA, Kanada, Australien, Japan

Cover: Foto ©Klaus-Uwe Gerhardt /pixelio.de

Manufactured and distributed by brebook publishing software
(www.brebook.com)

Adolf Fick

Compendium der Physiologie des Menschen

COMPENDIUM

DER

PHYSIOLOGIE DES MENSCHEN

MIT

EINSCHLUSS DER ENTWICKELUNGSGESCHICHTE.

VON

Dr. ADOLF FICK

PROFESSOR DER PHYSIOLOGIE IN WÜRZBURG.

ZWEITE GÄNZLICH NEU BEARBEITETE AUFLAGE.

MIT 57 HOLZSCHNITTEN.

WIEN, 1874.

WILHELM BRAUMÜLLER

K. K. HOF- UND UNIVERSITÄTSBUCHHANDLER.

VORWORT.

Die vorliegende zweite verminderte Auflage meines Compendiums der Physiologie ist eigentlich ein neues Buch, denn es sind kaum zwei Bogen von der ersten Auflage herübergenommen. Ein neues Buch soll man aber nicht schreiben, wenn man nicht eine Lücke in der Literatur zu finden glaubt. Mir scheint nun in der That eine solche in der didaktischen Literatur der Physiologie vorhanden zu sein. Wir haben zwar einige sehr gute Lehrbücher dieser Wissenschaft, die ich auf Befragen meinen Zuhörern mit gutem Gewissen empfohlen habe und ferner empfehlen werde, aber sie sind alle in ein und demselben Sinne geschrieben, so dass sie sich höchstens vertreten und einander Konkurrenz machen können, nicht aber wesentlich verschiedene Bedürfnisse befriedigen. Die Richtung unserer Lehrbücher der Physiologie ist durchweg die, in welcher seit etwa 40 Jahren die Strömung des naturwissenschaftlichen Schaffens überhaupt geht, um es kurz zu bezeichnen die Richtung auf das rein Thatsächliche. Auch die kompendiösesten Lehrbücher sind ängstlich bestrebt, möglichst vollständig alle bekannten Thatsachen mitzutheilen, öfters sogar bestrittene Beobachtungen kritisch zu erörtern. Mit diesem Bestreben soviel als möglich die rohe Thatsache dem Leser zur Anschauung zu bringen, hängt es zusammen, dass unsere Lehrbücher vielfach die Untersuchungsmethoden ausführlich beschreiben und Apparate abbilden.

Ich bin keineswegs der Ansicht, dass es falsch sei, ein Lehrbuch der Physiologie in eben bezeichnetem Sinne abzufassen, aber ich glaube, dass neben solchen auch noch ein Buch Platz finden könnte, das in anderem Sinne geschrieben ist. Um in geläufigem Ausdrucke anzudeuten, was ich gewollt habe, kann ich mit einem Worte sagen, dass ich mich bemüht habe, in möglichst deduktiver, dogmatischer Darstellungsweise ein Bild vom leiblichen Leben des Menschen zu geben. Ich verkenne durchaus nicht, dass dies im vollen Umfange und in aller Strenge heutzutage noch unmöglich ist. Die Wissenschaft ist aber doch wohl so weit vorgeschritten, dass man — so scheint mir — jetzt anfangen könnte, der deduktiven Richtung neben der induktiven einigen Raum zu gönnen. Ich habe mich daher bestrebt, wo irgend möglich allgemeine Sätze als a priori gewiss oder wenigstens wahrscheinlich hinzustellen und dann die Beobachtungen als Beweis folgen zu lassen. Hier und da habe ich mir erlaubt, Lücken im ursächlichen Zusammenhange durch Vermuthungen auszufüllen, die dann aber auch als solche bezeichnet sind.

Zu derartigen zusammenhängenden theoretischen Betrachtungen habe ich mir, ohne das Buch anzuschwellen, den Raum geschaffen durch Weglassen jeder ausführlichen Beschreibung von Apparaten und Methoden, die meines Erachtens in ein Compendium nicht gehört. Auch habe ich in Beibringung des thatsächlichen Materiales keineswegs nach absoluter Vollständigkeit gestrebt. was dem Verfasser eines gedrängten Compendiums um so weniger verdacht werden kann, als bekanntlich viele sogenannte Thatsachen unserer Wissenschaft eine bloss ephemere Existenz haben. Auch kritischen Erörterungen habe ich nicht den mindesten Raum gegeben.

Um es kurz zusammen zu fassen, mein Bestreben war, die allgemeinen Lehrsätze, welche sich als Resultate der physiologischen Forschung ergeben, soviel als möglich in innerem Zusammenhange darzustellen. Ob mein Bestreben von Erfolg gekrönt war und ob nach einer solchen Darstellung ein Bedürfniss wirklich vorhanden ist, wie ich vermuthe, das wird Kritik und Aufnahme des Buches von Seiten des Publikums entscheiden.

Ueber einen Punkt kann ich mir nicht versagen, ehe ich dies Vorwort schliesse, noch eine Bemerkung zu machen. Es hat sich seit einiger Zeit in unsere Lehrbücher die Geschmacklosigkeit — ich kann kein anderes Wort finden — eingeschlichen, der Angabe einer Thatsache den Namen ihres Entdeckers in Klammer anzuhängen. Wenn die Quellen überall sorgfältig angegeben wären, damit der Leser im Stande wäre, die Originalabhandlungen ohne Mühe zu finden, so hätte das einen Sinn, was aber dem Publikum eines Compendiums blosse eingeklammerte Namen nützen sollen, das ist mir unerfindlich, um so mehr als es sich zufolge einer gegenwärtigen Mode sehr häufig um Namen von Praktikanten in grossen Laboratorien handelt, welche nur ein einziges Mal in der Literatur auftauchen. Ich habe es nicht über mich gewinnen können, meinen Text durch solche eingeklammerte Quasi-Citate zu zerhacken. Auch im eigentlichen Flusse des Textes habe ich alle Namen vermieden. Jedem Abschnitte habe ich ein kleines Literaturverzeichniss angehängt, das aber auf nichts weniger als auf Vollständigkeit Anspruch macht. Es soll nur dem Leser, der weitere selbständige Studien treiben will, Winke geben. Ich habe dabei übrigens nur die neuere Literatur berücksichtigt, welche auch von solchen gelesen wird, die nicht gerade Studien über die Geschichte der Wissenschaft machen.

INHALT.

3. Abschnitt. Physiologie des Nervengewebes.

4. Abschnitt. Physiologie des Nervensystems.

5. Abschnitt. Physiologie der Sinne.

II. Theil. Die vegetativen Thätigkeiten.

6. Abschnitt. Die Säfte und ihre Bewegung.

10. Abschnitt. Der Stoffwechsel und seine Effekte im Ganzen.

Anhang.

EINLEITUNG.

Die Physiologie im weiteren Sinne des Wortes oder die „Biologie" ist die Wissenschaft vom Leben. Man versteht unter Leben den Inbegriff der den sogenannten Organismen eigenthümlichen Bewegungserscheinungen. Ein Organismus ist ein vollständig begrenzter Naturkörper, welcher einen Cyklus von Formveränderungen durchläuft. Von kleinen sich innerhalb enger Grenzen haltenden Abweichungen abgesehen, ist dieser Cyklus derselbe für eine mehr oder weniger grosse Anzahl von solchen Naturkörpern — für die sämmtlichen Individuen derselben „Species" oder „Art". Es ist für den Begriff des Organismus wesentlich, dass der Cyklus seiner Formveränderungen beginnt mit einer sehr einfachen und sehr wenig Raum einnehmenden Form, dem sogenannten „Keim". In allen bis jetzt gut beobachteten Fällen ist dies kleine einfach gebaute Körperchen ein losgetrennter Theil eines anderen Organismus, und der aus dem Keim sich entwickelnde neue Organismus durchläuft — sofern seine Entwickelung nicht gestört wird — denselben Cyklus von Formen, welchen jener durchlaufen hat, wovon eben sein Keim ein losgetrennter Theil war. In den meisten Fällen ist der organische Keim nicht blos Theil von einem Organismus, sondern er entsteht erst durch das Zusammentreten losgetrennter Theile zweier Organismen — durch sogenannte „geschlechtliche Zeugung" — und der aus dem Keim sich entwickelnde neue Organismus durchläuft dann denselben Cyklus von Formveränderungen, welchen der eine oder der andere der zum Keime beitragenden Organismen durchlaufen hat. Für die meisten organischen Arten haben übrigens diese beiden Formencyklen — der männliche und weibliche — grosse Aehnlichkeit.

Ob es auch organische Keime geben könne, die nicht Theilprodukte von andern schon bestehenden Organismen sind, ist eine noch offene Frage. Es ist die Frage nach der sogenannten „*generatio aequivoca*". Mit diesem Ausdruck bezeichnet man nämlich den noch nie bestimmt beobachteten, aber von vielen Physiologen hypothetisch als möglich angenommenen Vorgang, bei welchem der Keim eines Organismus in einer homogenen

Masse sich abgrenzte, ohne dass ein anderer Organismus vorhanden zu sein brauchte, von dem er sich als Theil ablöste. Eine Entscheidung dieser Frage soll hier nicht versucht werden, das kann aber wenigstens gesagt werden, dass ganz sicher die Keime aller einigermassen verwickelt gebauten Organismen niemals durch generatio aequivoca entstehen.

Es ist ferner dem Begriffe des Organismus wesentlich, dass der bestimmte gesetzmässige Cyklus von Formänderungen, welchen er durchläuft, ein Ende hat, — das Tod genannt wird. Nach diesem Ende gehen die einzelnen materiellen Theilchen, welche bis dahin den Organismus bildeten, ihre Wege, die nicht mehr nach dem Gesetz der betreffenden Art, sondern durch zufällige äussere Einwirkungen bald so bald anders bestimmt werden.

Es wurde vorhin die allgemein bekannte Erfahrung ausgesprochen, dass ein neu entwickelter Organismus denselben Cyklus von Formen durchläuft, welchen der durchlaufen hat, von welchem der Keim ein Theil war, dass mit einem Worte der Tochterorganismus dem mütterlichen — der erzeugte dem erzeugenden gleicht. Bekanntlich und selbstverständlich gilt dies aber nicht mit mathematischer Strenge, wie denn überhaupt keine zwei Formen in der Natur vollkommen identisch sind. Beachtet man die überall möglichen kleinen Abweichungen des erzeugten Organismus vom erzeugenden, so entsteht die Frage: müssen sich vermöge eines wahrhaften Naturgesetzes diese Abänderungen, die oft gar nicht so klein sind, nothwendig innerhalb gewisser Grenzen halten? Mit andern Worten: können diese Abänderungen nur um einen mittlern Zustand schwanken, so dass nach einer noch so grossen Reihe von Generationen die Abkömmlinge eines Organismus dem Stammvater sehr ähnlich sehen — mit ihm „von einer Art" sind? Oder kann es sich vielleicht ereignen, dass in einer Reihe von Generationen die Abänderungen alle in einer Richtung stattfinden, so dass der Abkömmling zuletzt seinem Stammvater ganz unähnlich wird? Soweit bestimmte historische Ueberlieferung reicht, hat man nur ein Schwanken der Abweichungen in nicht gar weiten Grenzen um den mittlern Typus der Art beobachtet. Gleichwohl hat man guten Grund anzunehmen, dass die zweite Alternative das Richtige trifft, dass in einer stetigen Kette von Zeugungen von einem Organismus ganz andersartige abstammen können. Bei einer allmählichen Abänderung der Arten spielt höchst wahrscheinlich die sogenannte natürliche Z ü c h t u n g die bedeutendste Rolle. D. h. es haben besonders diejenigen Individuen einer Art Aussicht sich im Kampfe ums Dasein zu behaupten und Nachkommenschaft zu hinterlassen, welche zufälligerweise mit n ü t z l i c h e n Abänderungen behaftet sind. Da nun zufällige kleine Abänderungen erfahrungsgemäss eine grosse Neigung haben sich zu vererben, so werden eben durch den Kampf ums Dasein im Laufe der aufeinanderfolgenden Generationen die nützlichen Abänderungen gesteigert werden. Es ist hier nicht der Ort dieses

Princip weiter zu erörtern, das heutzutage der Zoologie und Botanik neue Gestalt zu geben im Begriffe ist. Nur das mag noch hervorgehoben werden, dass aus ihm die sonst geheimnissvolle Zweckmässigkeit der organischen Formen verständlich wird.

Dass jeder Organismus beim Durchlaufen seines specifischen Formencyklus klein anfängt und später grösser wird, dass ferner, im Allgemeinen wenigstens, aus einem Organismus durch Ablösung von Keimen eine unbegrenzte Anzahl von gleichartigen Organismen wird, deren Gesammtmasse die Masse des ursprünglichen Keimes ins Unbegrenzte übertrifft, lässt eine fernere ganz allgemeine Grundeigenschaft der Organismen erkennen. Sie müssen nämlich offenbar die Fähigkeit haben, fremde Stoffe sich einzuverleiben und derart anzueignen, dass sie specifische Bestandtheile des Organismus werden. Hierbei werden im Allgemeinen chemische Umsetzungen unentbehrlich sein, da der Organismus niemals alle diejenigen Stoffe, welche zu seinem Aufbau gehören, genau als solche in der Umgebung vorfindet.

In den vorstehenden Erörterungen dürfte eine vollständige logische Umgrenzung des Gebietes der Organismen enthalten sein.

Es zerfallen nun bekanntlich die sämmtlichen in dieses Gebiet gehörigen Naturkörper in zwei grosse Gruppen: die Thiere und Pflanzen. Eine Abgrenzung zwischen ihnen ist ohne tiefeingehende Untersuchung nicht möglich und selbst dann nicht in aller Strenge, vielleicht ist sogar eine scharfe Grenze in der Natur nicht gegeben. Diese Abgrenzung braucht übrigens hier auch gar nicht versucht zu werden, denn die Physiologie im engeren Sinne des Wortes, insbesondere wenn sie, wie hier, wesentlich als Hülfswissenschaft der Medicin behandelt werden soll, hat es nur mit einem einzigen Organismus, nämlich mit dem des Menschen zu thun. Allerdings ist die Physiologie des Menschen, da sich der menschliche Körper nur in sehr beschränkter Weise dem Experiment darbietet, darauf angewiesen, als Untersuchungsobjekt vielfach andere Thiere zu verwenden. Aber man wählt dazu doch nur nahe verwandte, den sogenannten höheren Thierklassen angehörige Geschöpfe aus, die wenigstens in den jeweilig betrachteten Beziehungen sich dem menschlichen Körper ähnlich verhalten, um eben die gefundenen Sätze mit grosser Wahrscheinlichkeit auf den Menschen anwenden zu können.

An allen den höheren Thierklassen angehörigen Organismen und am menschlichen insbesondere bemerkt man leicht, dass bei dem Ablauf des specifischen Cyklus von Formänderungen e i n e Form, die sogenannte „erwachsene", sich verhältnissmässig lange in annähernd beharrlichem Zustande erhält. Die Lebenserscheinungen, welche der menschliche Körper in diesem Beharrungszustande zeigt, sind es nun, welche den eigentlichen Gegenstand der speciellen Physiologie des Menschen bilden. Sie nimmt

1*

nur gelegentlich auf vorhergehende und nachfolgende Zustände Rücksicht. Den Cyklus von Formänderungen, welchen der menschliche Körper von der Entstehung seines Keimes bis zu seiner vollen Ausbildung im erwachsenen Zustande durchläuft, beschreibt eine besondere Disciplin, die sogenannte Entwickelungsgeschichte. Die specielle Physiologie nimmt den erwachsenen Menschen als gegeben an.

Der oberflächlichste Blick auf ein erwachsenes Thier aus den höheren Klassen zeigt, dass es aus Theilen zusammengesetzt ist, die sich durch chemische und physikalische Beschaffenheit von einander unterscheiden. worüber die descriptive Anatomie näheren Aufschluss giebt. Nimmt man nun aus dem Thierkörper ein Stück heraus, das dem blossen Auge keine Zusammensetzung mehr aus verschiedenen Theilen verräth, z. B. einen Tropfen Blut oder ein Stückchen Hirn, und untersucht es unter dem Mikroskop genauer, so zeigt sich, dass es doch keine homogene Masse ist. Es zeigt sich zusammengesetzt aus gleichartigen Formelementen, deren jedes selbst noch eine mehr oder weniger verwickelte Struktur aufweist. Diese Formelemente sind bald Röhrchen, bald Fäserchen verschiedener Gestalt und Länge, bald Bläschen, bald blosse Klümpchen einer schleimigen Substanz von verschiedener Form und Grösse. Zieht man die Entwickelungsgeschichte zu Rathe, so ergiebt sich die überaus merkwürdige Thatsache, dass alle Gewebselemente eines Thierkörpers nur Modifikationen ursprünglich gleichartiger Individualitäten sind, welche man „Zellen" genannt hat, ja noch mehr, dass sie ausnahmslos alle Abkömmlinge eines einzigen solchen Individuums der Keim- oder Eizelle sind. Leider ist es der Physiologie noch nicht möglich, von diesem fundamentalen Begriffe der Zelle eine ausreichende Definition zu geben. So viel lässt sich indessen sagen, dass auf die einzelne Zelle alle diejenigen Aussagen passen, welche weiter oben als wesentliche Merkmale des Organismus überhaupt hingestellt wurden. In der That eine Zelle ist eine abgegrenzte Stoffmenge, welche einen typischen Cyklus von Formänderungen durchläuft, sie vermag aus der Umgebung Stoffe zu assimiliren und zu ihrer Vergrösserung zu verwenden und es können sich Theile von ihr abtrennen und ihrerseits zu ähnlichen Gebilden auswachsen. Der Name Zelle beruht auf einem als solchem längst erkannten Irrthum. Man glaubte nämlich früher, dass jeder Zelle wesentlich die Form eines Bläschens zukomme, bei dem eine feste Hülle von einem flüssigen Inhalt müsse zu unterscheiden sein. Man weiss jetzt, dass die meisten Zellen — vielleicht alle in einem gewissen Stadium ihrer Entwickelung nichts Anderes sind als Klümpchen einer besonderen schleimigen Substanz, worin meist noch eine Stelle, der sogenannte Kern, unter dem Mikroskope sich auszeichnet. Offenbar ist weniger die Form als der Stoff für die Zelle charakteristisch. Es kann sogar ein und dieselbe Zelle im Verlaufe weniger Minuten sehr verschiedene Formen annehmen, sie kann bald kugelförmig, bald spindelförmig, bald sternförmig erscheinen. Alle Zellen aber des Thier- sowohl als des Pflanzenreiches zeigen in ihrer chemischen Natur eine bedeutende Aehnlichkeit. In allen nämlich finden sich eiweissartige Stoffe und Salze, wahrscheinlich in allen auch noch Fette und Kohlehydrate. Das Gemenge dieser Stoffe, welches überall den wesentlichen Bestand der Zellen ausmacht, wird „Protoplasma" genannt. Man hat freilich noch lange nicht Protoplasma, wenn man die aufgezählten Stoffe in dem richtigen Verhältnisse zusammenmengt. Wahrscheinlich sind diese Stoffe im Protoplasma in einer Art chemischer Verbindung, welche sich bei ihrer künstlichen Vermengung eben nicht ohne Weiteres bildet.

An die chemische Natur des Protoplasma's scheinen die Eigenschaften geknüpft, welche weiter oben als wesentliche Eigenschaften aller Organismen im Ganzen und soeben als die wesentlichen Eigenschaften der Zellen hingestellt wurden. Eben das Protoplasma scheint vermöge seiner Natur im Stande zu sein, geeignete Stoffe aus dem umgebenden Medium sich zu assimiliren, sie selbst in Protoplasma zu verwandeln, wobei die Masse wachsen kann. Die geeigneten Stoffe findet eine ganz für sich lebende Zelle, wie etwa ein Infusorium, in allgemein verbreiteten Flüssigkeiten. Eine Zelle, welche Theil eines verwickelten Organismus ist, findet diese Stoffe in den Flüssigkeiten, welche die Gewebe dieses Organismus durchtränken.

Ebenso scheint es an der chemischen Natur des Protoplasma zu liegen, dass ein abgegrenztes Klümpchen davon, wenn es durch Assimilation bis zu einer gewissen Grösse angewachsen ist, die Neigung hat sich zu theilen, welche beiden Theile dann wieder wachsen und sich theilen u. s. f. Manche Histiologen wollen bei der Fortpflanzung der Zellen dem sogenannten Kern d. h. einer vom Protoplasma verschiedenen Stoffmenge die eigentlich Anstoss gebende Wirkung zuschreiben. Andere Autoren wollen dagegen direkt beobachtet haben, dass Protoplasmaklümpchen sich fortpflanzen, welche überall keinen Kern enthalten.

Ganz unbestritten beruht auf der Natur des Protoplasma eine Fähigkeit der Zellen und Organismen im Ganzen, welche namentlich im Leben der Thiere eine ganz hervorragende Rolle spielt. Ein Protoplasmaklümpchen kann nämlich unter Umständen, namentlich von gewissen äusseren Einwirkungen, sogenannten Reizen, getroffen, verhältnissmässig rasch verlaufende Formänderungen erleiden, und dabei äussere Hindernisse, welche sich diesen Formänderungen entgegenstellen, möglicherweise überwinden. Die Zelle kann also vermöge dieser Eigenschaft „mechanische Arbeit leisten". Wenn die Zellen für diesen Zweck besonders günstig gebaut und so gelagert sind, dass ihrer viele in einem Sinne arbeiten, so können jene erstaunlichen mechanischen Leistungen erzielt werden, welche wir unsere eigenen Muskeln verrichten sehen.

Die Zellen, welche den thierischen Leib zusammensetzen, gleichen
zum Theil auffallend Protoplasmaklümpchen oder Zellen, welche wir als
ganz selbständige thierische Individuen in natürlichen Gewässern leben
sehen. Es drängt sich uns daher eine Anschauungsweise von selbst auf,
wonach der Leib eines höheren Thieres anzusehen ist gleichsam als eine
Individualität höherer Ordnung, welche aus einer grossen Anzahl von
eigentlichen Individuen zusammengesetzt ist in ähnlicher Weise, wie etwa
eine Kolonie von niederen Thieren, z. B. ein Polypenstock oder selbst ein
Ameisenhaufen und Bienenschwarm. Es kann nicht als gegründeter Einwand hiergegen gelten, dass die Zellen eines Thier- oder Menschenleibes
nicht ausserhalb desselben eine unbeschränkte Zeit fortleben können. Das
Leben jeder thierischen Individualität ist an gewisse Bedingungen geknüpft,
und zu den Lebensbedingungen der Zellen der höheren Thiere gehört es
eben, dass sie mit gleichartigen Nachbarn in Wechselverkehr stehen.
Ganz ebenso kann ja auch eine Ameise oder eine Biene vom Stocke getrennt nicht unbegrenzt weiter leben. So wie diese aber wenigstens eine
Zeitlang isolirt fortleben kann, so können auch die meisten Gewebselemente der höheren Thiere vom Gesammtorganismus getrennt unter geeigneten Bedingungen noch eine Zeit lang die Erscheinungen zeigen und
die specifischen Verrichtungen fortsetzen, welche ihnen im Zusammenhange des Thierleibes zukommen. Gerade hierauf allein beruht zum
grossen Theile die Möglichkeit der experimentellen Erforschung des Lebens.
Bei allen Thieren von einigermassen verwickeltem Bau sind gewisse
von den sie zusammensetzenden Zellen durch fadenförmige Ausläufer in
Verbindung, so dass das Protoplasma aller dieser Zellen eine stetig zusammenhängende Masse bildet. Diese Einrichtung hat eine sehr
bemerkenswerthe Folge. Das Protoplasma scheint nämlich ganz allgemein
die Eigenschaft zu haben, dass sich in ihm gewisse chemische Vorgänge,
die an einem Orte durch äussere Anlässe — Reize — angeregt sind,
fortpflanzen können, soweit der stetige Zusammenhang der
Masse reicht. Ein Bild von dieser wichtigen Eigenschaft des Protoplasma
kann man sich an einer Masse von explosiver Substanz, etwa von Schiess-
pulver machen. Da schreitet auch der an einer Stelle angeregte Ver-
brennungsprocess durch die ganze Masse rasch fort. Man sieht jetzt leicht
ein, wenn in einem Thierleibe ein durch seine ganze Ausdehnung erstreck-
tes System von Zellen mit stetig zusammenhängendem Protoplasma vorhanden ist, so kann ein an einem Ende des Thierleibes ausgeübter Impuls, der hier jenen eigenthümlichen Vorgang in einer Zelle erregt, an
einer entfernten Stelle am andern Ende des Thierleibes eine Wirkung
auslösen, indem sich eben jener Vorgang durch die stetig zusammenhängenden Zellen dorthin fortpflanzt. Die zuletzt ausgelöste Wirkung kann
insbesondere in einer mechanischen Arbeit bestehen, die, wie vorhin

erwähnt, von manchen Zellen geleistet werden kann. Sie kann z. B. darin bestehen, dass der ganze Thierleib durch besonders hierzu geeignete Organe vom Platze geschafft wird — dem reizenden Impulse entflieht. Man sieht, dass die in Rede stehende Einrichtung von fundamentaler Wichtigkeit ist, dass auf ihr das zweckmässige Benehmen des Thierleibes äusseren Einflüssen gegenüber beruht. Vermuthlich ist das Vorhandensein eines solchen zusammenhängenden Systemes von Zellen wohl das eigentlich Wesentliche der thierischen Organisation im Gegensatze zur pflanzlichen ist. Beide Reiche bestehen aus Individualitäten — Zellen — welche in ihrem Wesen übereinstimmen. Bei den Pflanzen sind dieselben meist durch Einkapselung von einander isolirt und können also nur mittelbar auf einander einwirken, indem sie ihre Zersetzungsprodukte durch Vermittelung von Diffusionsströmen austauschen. Bei den Thieren dagegen bildet ein Theil der Zellen eben jenes stetig zusammenhängende System, in welchem die einzelnen einander ihre inneren Zustände durch direkte Fortpflanzung mittheilen können.

Das System zusammenhängender Zellen ist das, was man bei den höhern Thieren das Nervensystem mit seinen Annexen nennt.

Nach dem was vorstehend von der Zusammensetzung des höheren Thierleibes aus ursprünglich gleichartigen Elementarorganismen — aus Zellen — gesagt ist, wäre der eigentlich logische Gang einer Darstellung der Physiologie dieser: Es wäre zunächst die allgemeine Natur der Zelle zu entwickeln und dann zu erörtern, welche Modifikationen diese Natur unter besonderen Lebensbedingungen erleidet. Dadurch würden sich ganz von selbst die Funktionen der verschiedenen Gewebtheile, die ja eben sämmtlich modificirte Zellen sind, ergeben und ihr Zusammenwirken zum Leben des Gesammtorganismus würde ohne Weiteres verständlich sein.

Diesen Weg können wir aber nicht in Wirklichkeit betreten. Dazu ist die Lehre von der Zelle im Allgemeinen noch viel zu wenig erforscht. Die heutige Physiologie muss sich darauf beschränken, am ganzen Thiere oder an einzelnen seiner Organe meist ganz im Groben Beobachtungen und Experimente anzustellen, um die Gesetze zu finden, nach welchen sich die im Grossen resultirenden Lebenserscheinungen richten. In diesem Sinne soll auch hier die Physiologie dargestellt werden.

Eintheilung und Anordnung des Stoffes bleibt in gewissem Maasse der Willkühr überlassen. Bei der unübersehbaren Verwickelung der Lebenserscheinungen und dem allseitigen Incinandergreifen der Verrichtungen der verschiedenen Körpertheile ist es nämlich ganz unmöglich den Missstand zu vermeiden, dass erst später zu Begründendes einstweilen als bekannt vorausgesetzt werden muss, man mag anfangen, mit welchem Theile man will. Es kann desswegen überhaupt keine Eintheilung des Stoffes ganz streng durchgeführt werden.

Um gleichwohl einen bestimmten Plan in unsere Darstellung zu bringen, wollen wir uns von folgender naturgemässen Betrachtung leiten lassen. Wenn wir ein höheres Thier oder einen Menschen ansehen, so fällt keine Lebensäusserung so sehr in die Augen als die sogenannten willkührlichen Bewegungen seiner Gliedmaassen und seines Leibes überhaupt. Wenn man ihre Entstehung genau untersucht, so wird man bald gewahr, dass dazu das sogenannte „Muskelgewebe" dient. Seine Eigenschaften und Verrichtungen sollen den ersten Gegenstand unserer Untersuchung bilden. Dabei zeigt sich denn, dass die Bewegung der Muskeln im lebenden Körper regelmässig nur dann erfolgt, wenn in den mit den Muskeln verknüpften Nervenfasern ein gewisser molekularer Bewegungsvorgang stattfindet. Die Untersuchung der Muskelthätigkeit weist uns daher naturgemäss hin auf die Untersuchung der Nervenfaser.

Wenn wir alsdann weiter fragen, wie die Nervenfasern in jenen Zustand kommen, in welchem sie Kräfte auslösend auf die Muskeln wirken, so zeigt sich, dass dies im lebenden Thierkörper · geschieht durch Einwirkung der Nervencentra, von welchen jene Nervenfasern entspringen. Wir werden somit auf die Untersuchung der Nervencentra geführt.

Die molekulare Bewegung, welche von den Nervencentren durch die „motorischen" Nervenfasern auf die Muskeln fortgepflanzt hier die Kräfte auslöst, entsteht nun auch in den Nervencentren in der Regel nicht von selbst. Sie wird vielmehr hineingetragen durch eine besondere Gattung von Nervenfasern, welche an ihrem peripherischen Ende mit eigenthümlichen Apparaten verknüpft sind, in welchen äussere Einwirkungen jenen geheimnissvollen molekularen Bewegungsvorgang auslösen, der sich längs der Nervenfaser fortpflanzt. Diese Endapparate der „sensibelen" Nerven kann man Sinnesorgane im weiteren Sinne des Wortes nennen.

Die soeben aufgezählten Erscheinungen bilden eine stetig zusammenhängende Kette, welche der Zeitfolge nach regelmässig mit einer sensibelen Erregung durch äusseren Reiz anhebt und in einer auf die Aussenwelt wieder einwirkenden Muskelarbeit endet. Dazwischen liegt eine mehr oder weniger verwickelte Uebertragung des Vorganges im Nervencentrum. Da diese sämmtlichen Thätigkeiten sich in jenem System von stetig zusammenhängenden Zellen abspielen', welche wir oben als den eigentlich unterscheidenden Charakterzug der thierischen Organisation erkannt haben, so bezeichnet man dieselben als die „animalen" Thätigkeiten und stellt ihnen unter dem Namen der „vegetativen" eine zweite Gruppe von Thätigkeiten des Thierleibes gegenüber. Ihre Stellung im Organismus kann folgende Betrachtung vorläufig bezeichnen.

Bei der Untersuchung der animalen Verrichtungen zeigt sich, dass ihre Möglichkeit geknüpft ist an Verbrennung von Bestandtheilen des Nerven- und Muskelgewebes. Bei der Muskelarbeit ist dies auch ohne eingehende Untersuchung sofort ersichtlich, da die enormen Leistungen derselben ganz offenbar nur durch chemische Verwandtschaftskräfte hervorgebracht werden können — wie etwa die Leistungen einer Dampfmaschine oder eines elektrischen Motors. Soll nun trotzdem das Nerven- und Muskelgewebe — wie es wirklich der Fall ist — zu immer neuen und wieder neuen Leistungen befähigt sein, so muss es Veranstaltungen geben, vermöge deren das Produkt der Verbrennung fortgeschafft und Ersatz des Verbrannten herbeigeschafft wird. Diese Veranstaltungen sind die sogenannten vegetativen Organe, mit denen das Nerven- und Muskelsystem im Körper des Menschen und der höheren Thiere verknüpft ist.

Zunächst besorgt das die Nerven- und Muskelorgane durchspülende Blut die Anschaffung von Ersatz und Fortschaffung des Verbrauchten. Die Untersuchung des Blutes und seiner Bewegung wird also füglich den ersten Abschnitt des zweiten Theiles der Physiologie — der Physiologie der vegetativen Thätigkeiten — bilden. Soll aber der Gesammtorganismus längere Zeit in einem Beharrungszustande erhalten werden, so reicht natürlich der im Blute einmal vorhandene Vorrath von Ersatzstoffen nicht aus und andererseits würde darin eine störende Anhäufung der Zersetzungsprodukte stattfinden. Es müssen also diese nach Maassgabe ihrer Entstehung beständig aus dem Blute resp. aus dem ganzen Organismus ausgeschieden werden. Die Lehre von diesen „Ausscheidungen" bildet demgemäss einen zweiten Abschnitt in der Physiologie der vegetativen Thätigkeiten.

Ebenso muss umgekehrt der Vorrath des Blutes an Ersatzstoffen beständig nach Maassgabe des Verbrauches von aussen her ergänzt werden. Um diesen Vorgang dreht sich dann der letzte Abschnitt der Physiologie, welcher von der Aufnahme der Nahrung, von ihrer Verarbeitung im Verdauungsapparate und von der Aufnahme der verarbeiteten Stoffe ins Blut, mit einem Worte von der „Blutneubildung" handelt.

Der hier vorgezeichnete Plan wird in der folgenden Darstellung nur in seinen grossen Umrissen eingehalten werden können. Im Einzelnen wird es nicht zu vermeiden sein, vielfach davon abzuweichen.

I. Theil. Die animalen Thätigkeiten.

1. Abschnitt. Physiologie des Muskelgewebes.

1. Kapitel. Eigenschaften des ruhenden Muskels.

Elastische Eigenschaften des Muskels.

1. Die quergestreifte lebende Muskelfaser oder ein Bündel solcher Fasern verhält sich mechanisch, wie ein höchst biegsamer Faden, dessen Elasticität zwischen weiten Grenzen vollkommen ist. Das heisst, wenn man das Bündel in der Längsrichtung der Fasern durch irgend eine äussere Kraft gedehnt hat, so nimmt es, sowie die äussere Kraft aufhört zu wirken, seine ursprüngliche Länge wieder an, selbst wenn die Dehnung einen namhaften Bruchtheil (z. B. $^1/_{10}$) der ursprünglichen Länge betrug. Die meisten andern elastischen Fäden, z. B. ein Seidenfaden, ein Metalldraht ertragen bei Weitem keine so grosse Dehnung, ohne entweder zu reissen oder eine bleibende Veränderung zu erleiden. Der Muskel ist in dieser Beziehung am ersten dem Kautschuk vergleichbar.

Die Grösse der elastischen Kraft des Muskels ist unbedeutend d. h. es bedarf nur geringer spannender Kräfte, um eine verhältnissmässig grosse Dehnung hervorzubringen. Man kann die specifische elastische Kraft eines Stoffes messen durch die Kraft, welche erforderlich ist, um einen Stab oder Faden desselben von 1□^{mm} Querschnitt um ein Tausendtel seiner Länge auszudehnen. Das Tausendfache dieser Kraft nennt man den Elasticitätsmodul. Den reciproken Werth dieser Kraft oder ein Vielfaches des letzteren kann man als Maass der Dehnbarkeit verwenden.

Folgendes sind die Elasticitätskoefficienten einiger bekannter Stoffe

Stahl	17278000	Gramm
Kupfer .	10519000	=
Tannenholz	1113000	=
Frosch-Muskel	273	=

Die für den Muskel hier angeführte Zahl ist keine Mittelzahl, sondern eine individuelle Bestimmung.

Der Elasticitätskoefficient des Muskels nimmt mit wachsender Span-2. nung zu oder seine Dehnbarkeit nimmt ab. D. h. wenn man einen schon gespannten und mithin gedehnten Muskel um ein ferneres Tausendtheil seiner Länge dehnen will, so muss man mehr Kraft hinzufügen, als man zufügen musste, um ein vorhergehendes Tausendtel Verlängerung zu bewirken. Wenn also beispielsweise die Verlängerung um ein einziges Tausendtel eine Kraft von 0,273 Grm. erfordert, so erfordert die Verlängerung um 10 Tausendtel mehr als das 10fache von 0,273 Grm. Dies Verhalten kann auch so ausgedrückt werden: Vermehrt man die Spannung eines Muskels immer um denselben Betrag, so vermehrt sich die Dehnung bei jeder folgenden Spannungsvermehrung um einen kleineren Betrag, als bei der vorhergehenden. Eine Anschauung von dem Dehnungsgesetze des Muskels giebt die beistehende Figur (Fig. 1). Die senkrechten Abstände von den mit Zahlen bezeichneten Punkten der oberen Horizontalen bis zu den entsprechenden Punkten der ausgezogenen Kurve ab sind die Längen eines bestimmten musc. hyoglossus vom Frosche für soviel Gramm Spannung als die Zahl am oberen Ende angiebt. Die Länge des Muskels für die Spannung Null ist nicht angegeben, weil sie sich nicht wohl messen lässt. Ganz ohne Spannung sind nämlich die Fasern des Muskels nicht ganz gerade ausgestreckt.

Der todte Muskel besitzt eine grössere Elasticität als der lebende d. h. es erfordert mehr Kraft ihn um $1/1000$ seiner Länge zu dehnen; dagegen ist die Elasticität des todten Muskels nicht zwischen so weiten Grenzen vollkommen. Der todte Muskel verhält sich zum lebenden ähnlich wie ein Bleidraht zu einem Kautschukfaden.

Fig. 1.

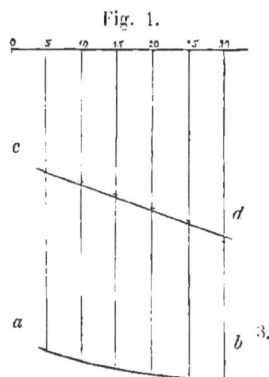

Elektrische Eigenschaften des Muskels.

Wenn man zwei Punkte der Oberfläche eines lebenden Muskels durch 4. einen Leiter verbindet so zeigt sich derselbe im Allgemeinen von einem elektrischen Strome durchflossen. Durch welche Kunstgriffe man sich davor schützt, nicht getäuscht zu werden durch etwaige fremde elektromotorische Kräfte an den Berührungsstellen des Leiters mit dem Muskel oder an andern Stellen des ableitenden Bogens, lehrt die medicinische Physik.

Richtung und Stärke des fraglichen elektrischen Stromes, des sogenannten Muskelstromes, hängen von der Lage der Punkte ab, welche mit den Enden des ableitenden Bogens berührt werden, nach Maassgabe der folgenden Gesetze.

5.   1. Man denke sich ein parallelfaseriges Muskelprisma begrenzt durch
zwei zur Faserrichtung senkrechte (künstliche) Schnitte. Die Mittelpunkte
dieser beiden Schnittflächen sollen die „P o l e" heissen und die zwischen den
Schnittflächen in der Mitte liegende Umfangslinie der „A e q u a t o r". Im
ableitenden Bogen fliesst stets ein Strom, wenn die Berührungspunkte
desselben mit der Muskeloberfläche ungleich weit vom Aequator abstehen.
Die Richtung des Stromes im angelegten Leiter ist stets die von dem
näher am Aequator gelegenen Berührungspunkte zu dem von demselben
weiter entfernten; gleichgültig ob die beiden Berührungspunkte auf derselben Seite oder auf entgegengesetzten Seiten vom Aequator liegen. —
Die den Strom im angelegten Leiter treibende elektromotorische Kraft ist,
wenn man den einen Berührungspunkt unveränderlich denkt, um so grösser,
je mehr von seiner Entfernung vom Aequator die Entfernung des anderen
Berührungspunktes vom Aequator differirt. — Die elektromotorische Kraft
ist stets klein, sowie b e i d e Berührungspunkte am Querschnitt oder beide
am Mantel des Muskelcylinders liegen. Sie ist dagegen verhältnissmässig
gross, wenn der eine Berührungspunkt am Querschnitt, der andere auf der
Mantelfläche liegt. Der absolute Werth der elektromotorischen Kraft,
welche den Strom in einem an Querschnitt und Mantelfläche eines Frosch-
muskels angelegten Leiter treibt, kann 0,08 von der elektromotorischen
Kraft einer Daniellschen Kette erreichen.

6.   Fig. 2.   Fig. 2 vergegenwärtigt vorstehende Sätze

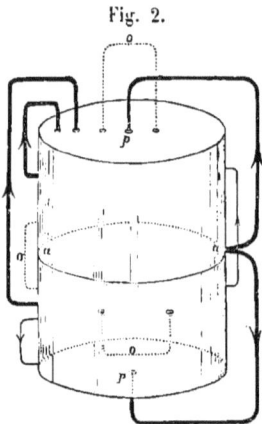

der Anschauung, die Ringlinie aa ist der
Aequator des Muskelcylinders, pp seine Pole.
Die verschiedenen Bogenlinien repräsentiren
verschiedene Lagen eines angelegten Leiters,
die daran angebrachten Pfeilspitzen die Richtung des darin fliessenden Stromes, und die
Dicke der Linie soll eine Vorstellung von
der Grösse der elektromotorischen Kraft
geben, welche bei der betreffenden Anlegungs-
weise thätig ist, mithin auch — gleichen
Widerstand vorausgesetzt — von der Stromstärke. Der ableitende Bogen ist punktirt
gezeichnet, wenn vermöge der Lage seiner
Berührungspunkte am Muskel gar kein Strom in ihm fliesst und er ist
alsdann mit einer 0 statt mit einer Pfeilspitze versehen.

7.   2. Den soeben gedachten Muskelcylinder kann man der Länge und
der Quere nach in noch so kleine Bruchstücke zerlegen: jedes Bruchstück
verhält sich elektromotorisch gerade so wie das Ganze.

8.   3. Man denke sich einen Muskelcylinder durch zwei schräge, aber
unter einander parallele ebenfalls künstlich durch Schnitt geschaffene End-

flächen begrenzt — „Muskelrhombus." Wird an zwei Punkte eines solchen ein ableitender Bogen angelegt, so folgen Richtung und Stärke des Stromes ähnlichen Gesetzen wie bei dem senkrecht begrenzten Muskelcylinder, nur muss man die Pole aus der Mitte der schrägen Endflächen herausgerückt denken in die Nähe der Punkte, wo die Seite des Cylinders den spitzesten Winkel mit der Endfläche macht. Der Aequator läuft nicht mehr dem Rande der Endfläche parallel um die Mitte des Mantels; er geht annähernd diagonal über den Muskelrhombus, so dass er an zwei Stellen sehr nahe an die Endflächen des Cylinders herankommt. In Fig. 3 sind einige Lagen eines ableitenden Bogens angedeutet und durch Pfeilspitzen die Richtung des Stromes in ihnen. An einem recht schräg geschnittenen Muskelrhombus kann es sich ereignen, dass durch den ableitenden Bogen, der mit einem Ende einen Punkt der Endfläche, mit dem andern Ende einen Punkt der Mantelfläche berührt der Strom vom ersteren Punkte zum letzteren fliesst (siehe Fig. 3 Bogen links), wenn ersterer dem Aequator, letzterer einem Pole sehr nahe liegt. Die elektromotorische Kraft, welche in einem an Aequator und Pol eines sehr schräg geschnittenen Muskelrhombus angelegten Bogen wirksam ist, hat unter sonst gleichen Umständen einen höheren Werth als die grösste an einem senkrecht geschnittenen Muskelcylinder vorkommende. An einem Rhombus aus Froschmuskel kann die elektromotorische Kraft den Werth von 0,14 der elektromotorischen Kraft eines Daniellschen Elementes erreichen.

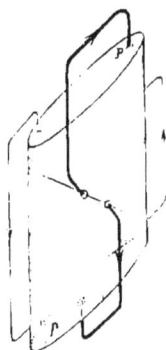

Fig. 3.

4. Hat die Endfläche des Muskels, mag sie senkrecht oder schräg 9. sein, noch ihren natürlichen Sehnenüberzug in ganz unversehrtem Zustand, dann sind die Ströme in einem Bogen, der einerseits die Endfläche, andererseits die Mantelfläche berührt, bedeutend schwächer als unter sonst gleichen Umständen bei künstlich geschnittener Endfläche. Bisweilen sind sogar diese Ströme nicht wahrzunehmen oder haben gar die umgekehrte Richtung — „Parelektronomie." Dies abweichende Verhalten schwindet, sowie die natürliche Endfläche angeätzt wird.

Die beschriebenen Erscheinungen lassen sich aus folgender Hypothese erklären. Man denke sich die Muskelfaser zusammengesetzt aus lauter sehr kleinen Apparaten von der Fig. 4 dargestellten Beschaffenheit. In einer (würfelförmig gezeichneten) Hülle von elektroly-

Fig. 4.

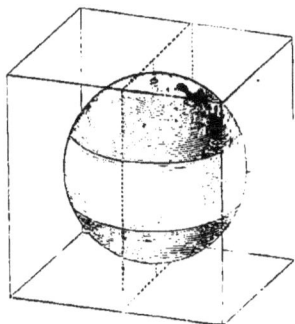

10.

tischer Substanz steckt ein (kugelförmig gezeichneter) Kern, der aus zwei
im elektromotorischen Gegensatze stehenden Stoffen so zusammengesetzt
ist, dass der elektropositive auf der Aequatorialzone (in der Zeichnung hell),
der elektronegative auf den beiden Polarzonen (in der Zeichnung dunkel)
die Oberfläche bildet. Um ein konkretes Beispiel zu haben, mag man sich
eine an den Polen aus Kupfer, am Aequator aus Zink bestehende Kugel
in einen Würfel von verdünnter Schwefelsäure eingesenkt denken. Einen
solchen elementaren Apparat nennt man ein „peripolar wirksames
elektromotorisches Molekul." Aus solchen ist nun die Muskelfaser zusammengesetzt zu denken und zwar so, dass die Axen aller in
der Längsrichtung der Faser liegen. Um die Parelektronomie zu erklären,
hat man nur noch anzunehmen, dass am natürlichen Ende der Muskelfaser
noch eine Schicht von Halbmolekulen liegt, die mit der positiven Substanz
enden. Diese Hypothese bringt es offenbar mit sich, dass man sich die
elektromotorische Kraft des einzelnen peripolaren Molekules viel grösser
denken muss als die grösste elektromotorische Kraft, welche man jemals
in einem an die Muskeloberfläche angelegten Leiter wirksam sieht, denn
man kann den Bogen stets nur mit der elektrolytischen Hüllsubstanz (nie
mit dem wirksamen Kern) in Berührung bringen und man kann also in
den angelegten Leiter immer nur schwache Zweige der in den Molekulen
kreisenden Elementarströme ableiten.

2. Kapitel. Vom erregten Zustand des Muskels.

Reizbarkeit des Muskels.

11. In der Muskelsubstanz kann ein eigenthümlicher molekularer Vorgang
entstehen — den wir den „Erregungsprocess" nennen. Er macht sich
leicht bemerklich durch die Zusammenziehung in der Richtung der Fasern.
Man kann daher schon ohne nähere Kenntniss vom Wesen dieses Processes
untersuchen, unter welchen Bedingungen er entsteht; man braucht nur zu
prüfen, unter welchen Bedingungen sich der Muskel zusammenzieht. Man
nennt diese Bedingungen „Reize" des Muskels. Im Verlaufe des normalen
Lebens wird die Zusammenziehung des Muskels regelmässig veranlasst
durch einen Process, der im motorischen mit dem Muskel verknüpften
Nerven sich fortpflanzt und an seinen mit den Muskelelementen stetig zusammenhängenden Enden zur Muskelerregung den Anstoss giebt. Es liegt
daher die Vermuthung nahe, dass unter allen Umständen eine reizende
Einwirkung zunächst die Nervenelemente im Muskel betrifft und erst durch
ihre Vermittelung die Muskelsubstanz erregt. Es kann aber bewiesen
werden, dass auch direkte Einwirkungen auf die Muskelsubstanz den Er-

regungsprocess in derselben auslösen können. Man kann zwar nicht einen ganzen Muskel anatomisch nervenfrei machen, aber man kann die Nervenelemente tödten, ohne die Muskelelemente zu verletzen und man sieht alsdann, dass direkt auf den Muskel angebrachte Reize denselben zur Zusammenziehung bringen. Wenn man den Nerven durchschneidet, so stirbt nämlich das peripherische Ende nach einiger Zeit ab und man hat nervenfreie Muskelsubstanz. Eine andere Methode die Nervenelemente im Muskel zu tödten besteht in der Vergiftung des Thieres mit Curare. Eine dritte Methode wird sich später ergeben. Ferner kann man die Reize auf Stellen des Muskels isoliren, die sicher nervenfrei sind, und endlich giebt es verschiedene Agentien, welche die Nervensubstanz in Ruhe lassen, aber den Muskel erregen.

Der als Erregungsvorgang bezeichnete molekulare Process pflanzt [12.] sich in der Muskelfaser von dem Punkte aus, an welchem er ausgelöst wurde, fort durch die ganze Länge der Faser, jedoch nie von einer Faser auf die andere.

1. Mechanischer Reiz. Jede mechanische Verletzung der Muskel- [13.] faser durch Druck oder Zug bringt sie in den erregten Zustand.

2. Chemischer Reiz. Der Muskel zieht sich zusammen, wenn [14.] man seinen Querschnitt mit gewissen chemischen Reagentien in Berührung bringt. Obenan stehen darunter die starken mineralischen Säuren und Alkalien. Sie rufen schon in sehr verdünnten Lösungen eine Zusammenziehung hervor, Chlorwasserstoffsäure z. B. in Lösungen von weniger als 1%, unter den Alkalien ist das wirksamste Ammoniak. Kaum mit der Nase wahrnehmbare Spuren von Ammoniak der Luft beigemischt können schon den Muskel reizen. Chloralkalien, namentlich Chlornatrium, wirken nur in koncentrirteren Lösungen. Die Salze der schweren Metalle wirken sämmtlich in Lösungen von geeigneter Koncentration auf den Muskel, ebenso noch verschiedene andere Körper, deren erschöpfende Aufzählung kein Interesse bietet.

3. Thermischer Reiz. Erwärmt man einen Froschmuskel ganz [15.] langsam von etwa 15⁰ an, so tritt bei einer Temperatur von 26⁰, manchmal schon von 24⁰ eine Zusammenziehung ein, die sehr langsam verläuft, die jedoch ohne dass der Muskel abgekühlt wird wieder vorübergeht; freilich kommt der Muskel nicht ganz zu seiner ursprünglichen Länge zurück. Der ganze Vorgang kann eine Minute und länger dauern. Steigert man nun die Temperatur des Muskels weiter, so zieht er sich bei einigen und dreissig Graden abermals in ähnlicher Weise zusammen und bleibt nach Auflösung der Kontraction noch etwas mehr verkürzt als das erste Mal; dies kann sich noch einmal wiederholen. Erreicht man bei noch weiterer Erwärmung endlich eine gewisse Grenze, die meist ungefähr 45⁰ beträgt, so zieht sich der Muskel so weit zusammen, als er es überhaupt

zu thun im Stande ist und dehnt sich gar nicht mehr aus. Schon aus diesem Grunde ist er alsdann nicht mehr erregbar. Er hat aber auch sonst bedeutende bleibende Veränderungen erlitten, was sich schon durch sein weisslichtrübes Ansehen zu erkennen giebt. Er ist ausserdem starr und brüchig geworden, daher man diesen Zustand als „Wärmestarre" bezeichnet. Ohne Zweifel beruhen diese letzteren Veränderungen der Muskelfaser auf der Gerinnung einer im normalen Zustande flüssigen Substanz im Innern des Muskelschlauches. Erhitzung eines Theiles der Muskelfaser auf tödtliche Temperaturen ist für den anderen Theil ein Reiz, der den gewöhnlichen vorübergehenden Erregungszustand bedingt.

16.   4. Elektrischer Reiz. So lange ein elektrischer Strom die Muskelfaser durchfliesst, befindet sie sich im Erregungszustand. Dieser Erregungszustand und die dadurch bedingte Zusammenziehung nimmt sehr rasch ab mit der Zeit. Stärker erregend wirken rasche Schwankungen der Dichtigkeit eines den Muskel durchfliessenden elektrischen Stromes, sei dieselbe Zunahme oder Abnahme der Dichtigkeit. Bei der Zunahme der Dichtigkeit und während der konstanten Dauer des Stromes ist die Erregung stärker in der Gegend der Muskelfaser, wo der (positive) Strom aus anderen Substanzen in die Muskelfaser eintritt. Bei Abnahme der Dichtigkeit ist sie stärker, wo der Strom austritt. Rasche Zunahme und Abnahme der Stromdichtigkeit bewerkstelligt man meist so, dass man den Leiterkreis, in welchem sich Muskel und elektromotorische Vorrichtungen befinden, schliesst und unterbricht. Im ersteren Falle nimmt die Stromdichtigkeit zu von Null bis zum höchsten Werthe der überhaupt durch die Vorrichtung erzielt wird, im zweiten Falle nimmt sie von diesem Werthe wieder bis zu Null ab. Für die glatten Fasern im Schliessmuskel der Muschel ist es auch Reiz, wenn eine äusserst rasch aufeinander folgende Reihe von elektrischen Schlägen aufhört.

Vorgänge im erregten Zustande.

17.   1. Aenderung des mechanischen Verhaltens. Die Muskelfaser wird im erregten Zustand kürzer, aber in fast proportionalem Maasse dicker, so dass nur eine ganz unbedeutende Abnahme des Volumens stattfindet, die lange nicht $1/1000$ des vorhandenen Volumens beträgt. Die Verkürzung kann gegen $3/5$ der ganzen Länge betragen.

Der erregte Muskel ist dehnbarer als der ruhende, d. h. eine Last, welche den ruhenden Muskel um beispielsweise $1/10$ seiner natürlichen Länge dehnt, kann den erregten Muskel um bedeutend mehr als $1/10$ seiner Länge dehnen. In Fig. 1 ist bei cd die Dehnungscurve desselben Muskels im erregten Zustande dargestellt, dessen Dehnungscurve im ruhenden Zustande ab ist.

2. **Aenderung des elektrischen Verhaltens.** Der Muskelstrom vom 18. erregten Muskel abgeleitet ist schwächer als der vom ruhenden abgeleitete, gehorcht aber sonst denselben Gesetzen wie der ruhende Muskelstrom, wenigstens wenn man nur den Durchschnittswerth der Stromstärke während länger dauernder Erregung betrachtet. Man nennt diese Erscheinung „n e g a t i v e S c h w a n k u n g d e s M u s k e l s t r o m s". Mit Hülfe sehr künstlicher Vorrichtungen lässt sich beweisen, dass bei diesem Vorgange die elektromotorische Kraft des Muskels nicht konstant einen geringeren Werth hat, sondern periodisch variirt zwischen zwei Grenzen, deren obere ihr Werth im Ruhezustand ist, deren untere Null oder negativ sein kann. Die Veränderungen sind aber zu rasch um an einer trägen Magnetnadel wahrgenommen zu werden. Wir werden später einen einfachen Versuch kennen lernen, welcher die oscillatorische Natur der negativen Schwankung des Muskelstroms beweist.

3. **Aenderung des chemischen Verhaltens.** Die später noch genauer 19. zu erörternden chemischen Processe im Muskel sind im erregten Zustand ohne Zweifel bedeutend lebhafter als im ruhenden, der erregte Muskel absorbirt m e h r Sauerstoff aus dem durchströmenden Blut und giebt mehr Kohlensäure an dasselbe ab als der ruhende. Die chemischen Processe im erregten Muskel sind aber auch von anderer Beschaffenheit, denn das Verhältniss zwischen aufgenommenem Sauerstoff und ausgeschiedener Kohlensäure ist ein anderes. Der erregte Muskel scheidet mehr Kohlensäure aus, als dem absorbirten Sauerstoff entspricht, der ruhende umgekehrt.

4. **Aenderung der Wärmeentwickelung.** Dem vermehrten chemischen 20. Umsatz entspricht gesteigerte Wärmebildung. Bei der Erregung steigt daher die Temperatur des Muskels, sofern die Wärmeableitungsbedingungen dieselben bleiben. Es wird um so mehr Wärme unter sonst gleichen Umständen im erregten Zustande gebildet je grösser die Spannung des Muskels ist. Die Wärmebildung findet auch statt im Muskel, wenn er durch Erhitzung erstarrt.

Zeitlicher Verlauf des Erregungsprocesses.

Wenn eine der vorhin als Reize aufgeführten Einwirkungen einen 21. Punkt der Muskelfaser trifft, so tritt der im vorigen Paragraphen charakterisirte Erregungszustand nach Verfluss eines sogenannten „S t a d i u m s d e r l a t e n t e n R e i z u n g" von etwa 0.01 Sekunde ein, und pflanzt sich von der gereizten Stelle aus mit einer sehr mässigen Geschwindigkeit durch die Faser fort.

Um die Fortpflanzungsgeschwindigkeit des Erregungsprocesses zu ermitteln, kann man sich an die im Erregungszustande erfolgende Verdickung halten: man legt nämlich an zwei der Länge nach möglichst weit entfernten Stellen eines Muskels Hebel auf mit Zeichenstiften, die au einem rasch rotirenden Cylinder zeichnen. Nun wird am einen Ende der Muskel etwa durch einen dies Ende allein treffenden elektrischen Schlag gereizt, dann wird zuerst der näher an diesem Ende gelegene Hebel durch die Verdickung der Muskelparthie, auf welcher er ruht, gehoben, später der entferntere, weil hier der die Faser verkürzende und verdickende Erregungszustand später ankommt. Aus der Zeichnung am Cylinder, dessen Umlaufsgeschwindigkeit genau bekannt ist, lässt sich leicht die Zeit ersehen, welche verflossen ist von dem Augenblick, wo sich die Stelle des Muskels unter dem ersten Hebel verdickte, bis zu dem, wo es die unter dem zweiten Hebel gelegene that. Der numerische Werth der Fortpflanzungsgeschwindigkeit der Erregung im Froschmuskel beträgt etwa 1^m per Sekunde.

22.   Mit Hülfe besonderer Kunstgriffe ist es gelungen die Fortpflanzungszeit des mit der Erregung Hand in Hand gehenden elektrischen Vorgangs zu bestimmen. Die Versuche haben annähernd übereinstimmende Zahlwerthe für die Fortpflanzungsgeschwindigkeit der Erregung gegeben. Die Aenderung des elektrischen Verhaltens ist übrigens keineswegs einfach eine Herabsetzung der elektromotorischen Wirksamkeit. Sie durchläuft vielmehr verschiedene Phasen in einer Muskelstrecke, während sich der Erregungsvorgang durch dieselbe fortpflanzt. Dies kann erst bei einer andern Gelegenheit genauer gezeigt werden.

23.   Wenn der Reiz nur ein momentaner Anstoss ist, gleichgültig welcher Art — ein elektrischer Schlag, ein Schnitt, momentane Quetschung — dann hört an der gereizten Stelle der Erregungsvorgang sehr bald auf. Ebensobald nach dem Anfange hört der Erregungsprocess dann auch an den anderen Stellen des Muskels auf, so dass man wohl von einer Erregungswelle sprechen kann, die sich längs der Muskelfaser fortpflanzt. Freilich befindet sich jeden Augenblick die ganze Faser ziemlich in derselben Phase des Processes, da die Faser meist kurz ist im Verhältniss zu der Fortpflanzungsgeschwindigkeit der Erregungswelle.

24.   Das baldige Aufhören des Erregungszustandes kommt bei gewissen Reizen auch dann vor, wenn das reizende Moment andauert. Wenn wir z. B. einen Querschnitt des Muskels mit Säure benetzen, so dauert der Erregungszustand nur ganz kurze Zeit, einen Bruchtheil einer Sekunde, obgleich die Säure am Querschnitt bleibt. Hier handelt es sich offenbar um eine Zerstörung einer Schicht der Muskelfaser, und der Act der Zerstörung ist wahrscheinlich ein nur momentaner Reizanstoss.

Bei anderen Reizarten hat es ein anderes Ansehen, kommt z. B. der Muskel mit Ammoniak in sehr geringer Menge in Berührung, so bleibt er anhaltend verkürzt. Ebenso hat Erwärmung auf nicht tödtliche Temperaturen eine ziemlich lang dauernde Verkürzung zur Folge (siehe oben Nr. 15). Auch ein elektrischer Strom hält den Muskel verkürzt, so lange er ihn durchfliesst.

Die Muskeln eines mit Veratrin vergifteten Frosches beantworten auch einen momentanen Reiz in der Regel mit einer mehr oder weniger lang anhaltenden Zusammenziehung.

Vielleicht ist bei einigen dieser Erscheinungen das Verharren des Muskels im erregten Zustande nur scheinbar. Jedesfalls muss man zwischen dem erregten Zustande und dem zusammengezogenen Zustande unterscheiden. Der Muskel kann im zusammengezogenen Zustande verharren, ohne dass die chemisch-elektrischen Processe andauerten, welche die Erregung ausmachten, und welche die Zusammenziehung herbeiführen. Am augenfälligsten ist dies bei der Erstarrung durch Wärme. Hier gehen während der Zusammenziehung lebhafte chemische Processe vor, was sich durch Wärmeentwickelung kund giebt. Dieselben hören aber in dem Momente auf, wo der Muskel den höchsten Grad der Verkürzung erreicht hat. Gleichwohl dauert der verkürzte Zustand fort, Stunden lang vielleicht, unter Umständen Tage lang. Für das Bestehen des verkürzten Zustandes sind also an sich specifische chemische Processe nicht nöthig.

Den mechanischen Vorgang im ganzen Muskel, nach einem momentanen Reiz, nennt man „eine Zuckung". Sie besteht darin, dass bei gleicher Spannung die Länge des Muskels während einer sehr kurzen Zeit ab- und dann wieder zunimmt, bis die ursprüngliche, für die betreffende Spannung im ruhenden Zustand gesetzmässige Länge wieder erreicht ist. Erhält man umgekehrt die Länge konstant, indem man den Muskel an beiden Enden befestigt, so nimmt seine Spannung anfangs zu, und dann wieder ab, bis dieselbe auf den Werth zurückgekommen ist, welcher der betreffenden Länge im ruhenden Zustande entspricht. Bei einem frischen Froschmuskel, der durch einen, seinen Nerven treffenden, elektrischen Schlag gereizt wird, dauert die Verkürzung etwa 0,05″, die Wiederverlängerung etwa 0,07″, so dass die ganze Zuckung in etwas über 0,1″ vollendet ist. Wird die Verkürzung verhindert, so dauert es länger, bis der Muskel wieder zu seiner ursprünglichen Spannung kommt. Erhöhung der Temperatur kürzt die Dauer der Zuckung ab, selbstverständlich darf die Temperatur nicht jener Grenze sich nähern, bei welcher der Muskel starr wird. Beim Froschmuskel geht die beschleunigende Wirkung der Erwärmung bis zu einigen und dreissig Graden.

Wenn der Analogieschluss von den Vorgängen beim Wärmestarrwerden erlaubt ist, so geschehen die wesentlichen chemisch-elektrischen Processe der Erregung nur im ersten Stadium der Zuckung, so lange als die Länge des Muskels abnimmt. Während des zweiten Stadiums, müssen wir annehmen, gehen entgegengesetzte Processe vor, welche den, durch die Erregungsprocesse herbeigeführten Zustand des Muskels wieder in den ursprünglichen zurückver-

2*

wandeln. Denn wären diese restituirenden Processe nicht vor sich gegangen, so würde ja der Muskel zusammengezogen bleiben, wie dies bei der Wärmestarre in der That der Fall ist. Die Grösse der Verkürzung bei einer Zuckung hängt nach einem später zu erörternden Gesetze von der Grösse des Reizes ab. Selbstverständlich erreicht aber die Zuckungsgrösse bei immer wachsendem Reize bald ein nicht mehr überschreitbares Maximum, da die Zuckungsgrösse natürlich nicht in infinitum wachsen kann.

28. Wenn ein zweiter momentaner Reiz von geeigneter Stärke, um Maximalzuckung zu geben, den Muskel trifft (sei es ein Nervenerregungsstoss oder ein direkter), während er in einer maximalen Zuckung begriffen ist, so verläuft eine weitere Zuckung, so als wäre der Zustand, in welchem sich der Muskel gerade befand als ihn der neue Reiz traf, sein natürlicher Ruhezustand. Nur ein wenig kleiner ist die hinzukommende Verkürzung als eine Verkürzung vom ganz ruhenden Zustand aus.

Durch solche Summirung der Reize können wir also eine Zusammenziehung des Muskels erhalten, welche nahezu doppelt so gross ist wie die Zusammenziehung bei einer maximalen Einzelzuckung. Lassen wir während der Muskel auf der Höhe der Verkürzung ist, einen dritten Reiz wirken, so kommt er zu noch weiterer Verkürzung u. s. f., doch ist der Zuwachs zur Verkürzung für jeden folgenden Reiz kleiner als für den vorhergehenden, so dass bald keine weitere Verkürzung mehr stattfindet, wenn auch noch fortwährend periodisch neue Reize erfolgen. Sehr schön lässt sich die Summirung der Verkürzungen an dem sehr träge sich contrahirenden Schliessmuskel der Muschel beobachten.

29. Lässt man während längerer Zeit periodisch wiederholte Reize, wo aber die Dauer der Periode kleiner sein muss als das Stadium der Verkürzung in der Einzelzuckung (für den Froschmuskel also kleiner als etwa 0,05″) einwirken, so erreicht zwar die Verkürzung wie gesagt bald eine Grenze, aber die neu folgenden Reize verhindern den Muskel sich wieder zu verlängern. Der Muskel kommt in einen neuen stationären Zustand, den sogenannten „Tetanus" der sich für die oberflächliche Betrachtung ausnimmt, wie ein neuer vollständiger Gleichgewichtszustand. In Wahrheit fügt jeder folgende Reiz wieder soviel Verkürzung hinzu als in der Zwischenzeit nach dem letzt vorhergegangenen verloren war. In diesem Zustand hat man die elastischen und elektrischen Eigenschaften des erregten Muskels untersucht und die Nr. 17 bis 20 aufgestellten Sätze gefunden.

Dass der Tetanus kein eigentlicher Gleichgewichtszustand der Muskelmoleküle ist, dass dieselben vielmehr in Vibrationen begriffen sind, zeigt sich am sichtbarsten, wenn man den Muskel seine Länge graphisch registriren lässt, so jedoch, dass möglichst wenig träge Masse mit dem zeichnenden Stift in Verbindung ist, die nothwendige Spannung wird desshalb bei solchen Versuchen nicht durch ein angehängtes Gewicht, sondern durch eine gespannte

Feder hervorgebracht. In der am rotirenden Cylinder verzeichneten Linie sieht man alsdann kleine Schwingungen, wenn die Zahl der in der Sekunde erfolgenden Reize nicht allzugross ist. Sie verschwinden auch mit fortschreitender Ermüdung des Muskels bei einer Frequenz der Reize, welche sie am frischen Muskel sehen lässt.

Wenn aber auch das Myogramm keine Schwingungen sehen lässt, kann man dieselben doch noch mit dem Ohre unterscheiden. Schon ältere Forscher haben den Muskelton bemerkt. Neuerdings ist derselbe genauer untersucht. Bei künstlicher Reizung entspricht jedem Einzelreiz eine Schwingung des Muskeltones. Das Beobachtungsobjekt bei diesen Versuchen bilden am besten die Muskeln des lebenden Menschen. Dass der Tetanus auf einer Vibration der Muskelmoleküle beruht, zeigt sich auch an gewissen elektrischen Erscheinungen, die erst später besprochen werden können.

Die natürliche Zusammenziehung der Skeletmuskeln im Verlaufe des normalen Lebens unter dem Einflusse der von den Nervencentren ausgehenden Reize ist ein solcher Tetanus. Der willkürlich contrahirte Muskel lässt daher einen Ton hören. Derselbe entspricht etwa 18—20 Schwingungen in der Sekunde. Der Ton soll etwas höher werden, wenn die Anstrengung wächst. Die normalen Kontraktionen des Herzens sind dagegen einzelne Zuckungen.

Ob die Zusammenziehung des Muskels unter dem Einflusse des Ammoniaks oder eines dauernden elektrischen Stromes tetanisch, d. h. vibrirend ist oder von anderer Art, ist noch nicht ausgemacht.

3. Kapitel. Von der Arbeit des Muskels.

Ein blos physikalisch elastischer Faden kann jederzeit, wenn er ge- 30. spannt war, bei seiner Abspannung genau soviel Arbeit leisten, als zu seiner Anspannung verwandt worden ist. Ebenso der Muskel im ruhenden Zustande.

Ein Maass dieser Arbeitsgrösse hat man anschaulich vor Augen, wenn man die Dehnungskurve des elastischen Fadens nach Art der Fig. 1 verzeichnet hat. Sei beispielsweise a b c d e f g (Fig. 5) die Dehnungskurve des Fadens (Muskels), dessen natürliche Länge (o a) = 40^{mm} angenommen ist, und dessen Länge für eine Spannung von 30 Gramm also nach der Zeichnung 57 Millimeter sein würde. Dann ist der dreieckige Flächenraum mit einer krummen Seite a h g f e d c b a das Maass für die Arbeit, welche es kostet den Faden auf die Spannung von 30 Gramm resp. auf die Länge von 57 Millimeter zu dehnen und für die Arbeit, welche der Faden bei seiner Abspannung auch wieder leistet. Um dies besser einzusehen, substituire man für einen Augenblick der Dehnungskurve als Annäherung die geknickte treppenförmige Linie *a b, b c, c d, d e, e f, f g, g*. Dies heisst annehmen: um 5 Millimeter (*a b,*) dehnt sich der Faden ohne Arbeit, dann dehnt er sich um weitere 4 Millimeter (*b c,*) mit 5 Gramm Spannung, also indem 5 Gramm durch 4 Millimeter herabsinken (wenn wir uns die Spannung geradezu durch angehängte Gewichte bewirkt denken), was eine Arbeit von $4 \times 5 = 20$ Millimetergramm ist. Um weitere 3 Millimeter (*c d,*) dehnt er sich, wenn der spannenden Last 5 Gramm zugelegt werden. 10 Gramm sinken also durch 3 Millimeter herab, was eine Arbeit von $3 \times 10 = 30$ Millimetergramm ausmacht. Zulage von weiteren 5 Gramm brächte eine

Fig. 5.

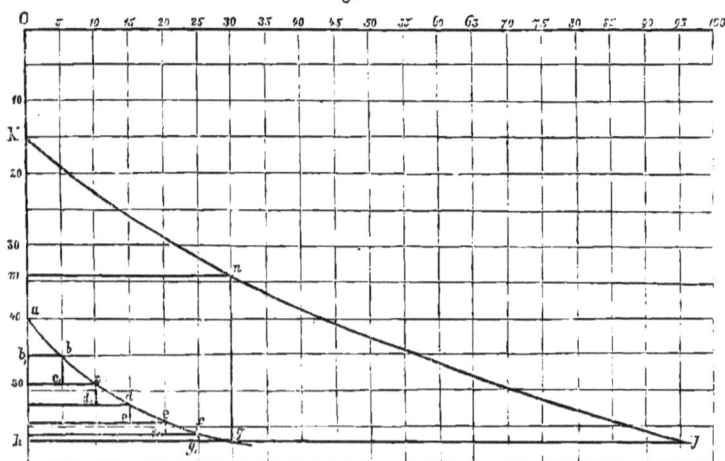

Dehnung von 2,5^{mm} (*d e,*) zu Wege. Also sänken 15 Gramm durch 2,5^{mm}, damit geleistete Arbeit: $2,5 \times 15 = 37,5$ Millimetergramm u. s. w. Man sieht, unter unserer allerdings nur angenähert richtigen Voraussetzung bemisst sich die bei der Auspannung des Fadens aufgewandte Arbeit durch die Summe der rechteckigen Flächenstreifen, deren in der Linie *a h* zu messenden Breiten die Wegstrecken, deren der Abscissenaxe parallel zu messenden Längen die durch diese Wegstrecken wirkenden Kräfte bedeuten. In dem gewählten Beispiele wäre die Arbeit somit numerisch $4 \times 5 + 3 \times 10 + 2,5 \times 15 + 1,5 \times 20 + 1 \times 25 = 20 + 30 + 37,5 + 30 + 25 = 142,5$ Millimetergramm. Dass unter der angenäherten Voraussetzung dasselbe Maass von Arbeit durch die elastischen Kräfte wieder geleistet wird bei Abspannung des Fadens ist klar, denn der Faden könnte 25 Gramm um 1 Millimeter (*g, f*) heben, würden nun 5 Gramm vom Faden getrennt, so höbe er die übrigbleibenden 20 Gramm um 1,5 Millimeter (*f, e*). Würden wieder 5 Gramm getrennt, so würden die übrigen 15 gehoben auf 2.5 Millimeter (c, d) u. s. w.

Denkt man sich die Treppenstufen immer kleiner, so nähert man sich immer mehr dem wahren Sachverhalt, die Summe der rechteckigen Treppenstufen, welche das Maass der Arbeit bildet, geht aber dadurch über in den vorhin erwähnten dreieckigen Flächenraum a h g von etwa 190 Millimetergrammen.

Die Arbeit, welche ein gespannter elastischer Faden so bei seiner[31.] Abspannung leistet, kann sehr verschiedene Effekte haben. 1) Kann der Effekt ein der Arbeit äquivalenter Hub schwerer Körper sein, so dass z. B. unter den Voraussetzungen von vorhin ein Hub von 190 Millimetergramm bewerkstelligt würde. Dies geschieht ganz sicher dann, wenn man die äusseren Umstände so einrichtet, wie vorhin angenommen wurde, d. h. wenn man die Abspannung des Fadens nach und nach vornimmt, derart, dass in jedem Augenblick die Spannung des Fadens nur ein unmerklich klein wenig grösser ist als die noch daran hängende Last. 2) Kann eine der Arbeit aequivalente lebendige Kraft in einer mit dem Ende des Fadens verbundenen Masse erzeugt werden. Dies kann z. B. unter folgenden Umständen geschehen. Der Faden sei wagrecht ausgespannt, ans Ende sei eine Masse angeknüpft, die sich auf einer widerstandslosen Bahn bewegen kann. Man denke sich diese Masse anfangs fest gehalten und plötzlich dem Zuge des Fadens überlassen. Die Spannkräfte desselben werden alsdann die Masse auf dem Wege, den sie nach dem angeknüpften Ende des Fadens hin durchläuft, beschleunigen und nach den allgemeinen Grundsätzen der Dynamik schliesslich eine Geschwindigkeit in der Masse hervorbringen, welche der aufgewandten Arbeit entspricht. Der Masse von 10 Grammen könnte auf diese Weise in unserem Beispiele eine Geschwindigkeit von etwas über 60 Centimeter per Sekunde beigebracht werden durch die Arbeit des sich zusammenziehenden Fadens (die Geschwindigkeit nämlich, welche beim Fallen durch 19 Millimeter erlangt wird).

Wenn man übrigens einen solchen Versuch wirklich anstellt, so er-[32.] langt die Masse nicht ganz die berechnete Geschwindigkeit, weil ein Theil der Arbeit dazu verbraucht wird, die Widerstände im Faden selbst bei der raschen Zusammenziehung zu überwinden. Für diesen Theil der Arbeit wird dann selbstverständlich ein äquivalentes Wärmequantum entwickelt. Lässt man den Faden ganz frei sich entspannen, ohne dass eine Gegenkraft oder eine träge Masse am freien Ende angeknüpft ist, dann wird die ganze Arbeit zur Ueberwindung der Widerstände verwandt und in Wärme verwandelt.

Der Muskel, dessen Dehnungskurve im ruhenden Zustande a . . d . . g[33.] ist, habe im tetanisirten Zustande die natürliche Länge o $K = 14.5^{mm}$ und seine Dehnungskurve in diesem Zustande sei K J; es bedürfe also einer

Spannung von 97 Gramm und einer Arbeit von etwa 3621 Millimetergramm
(gemessen durch Flächenraum *KJh*), um den tetanisirten Muskel auf
die Länge von 57 Centimeter zu bringen. Dieselbe Arbeit leistet er auch
wieder, wenn man ihm gestattet sich auf die Länge von $14,5^{mm}$ zusammenzuziehen. Beides lässt sich genau nach dem Schema der Nr. 30 einsehen.
Es sei der gedachte Muskel im ruhenden Zustande auf die Länge von 57^{mm}
gedehnt, was — wie gezeigt — einen Aufwand an Arbeit von 190 Millimetergramm erfordert. Nun werde er in den tetanisirten Zustand versetzt und
n a c h d e m d i e s v o l l s t ä n d i g g e s c h e h e n i s t, gestatte man ihm sich zusammenzuziehen, dann leistet er, wie gezeigt wurde, eine Arbeit von 3621
Millimetergramm, also 3431 Millimetergramm mehr als auf die Anspannung im
ruhenden Zustande verwandt ist. Er zieht sich eben mit viel grösserer Spannung (im Anfang z. B. mit der Spannung 97 Gramm) zusammen als mit welcher
er gedehnt ist (letztere war ja in Maximo 30 Gramm) und überdies ist noch
die vom Muskelende bei der Zusammenziehung zurückgelegte Wegstrecke
(*K h*) grösser als die bei der Dehnung in Ruhezustande zurückgelegte (*a h*).

34.   Sofern die berechnete Differenz von 3431 Millimetergramm als m e c h a -
n i s c h e Arbeit, z. B. als Hub einer Last erscheint, muss also im Muskel
mechanische Arbeit entstanden sein aus einer a n d e r n Form der Kraft,
und d i e s i s t d e r e i g e n t l i c h e Z w e c k d e s M u s k e l s i m t h i e r i -
s c h e n H a u s h a l t. Diesen Theil der Muskelarbeit kann man daher
passend „N u t z e f f e k t" nennen. Er ist zu bemessen nach dem Flächenraum *K a g l* in der Figur 5. Die andere Form der Kraft, aus welcher
der Nutzeffekt des Muskels entsteht, ist unzweifelhaft chemische Spannkraft.

35.   Die ganze Arbeit der Zusammenziehung des tetanisirten Muskels kann
nur dann als Hub einer Last zum Vorschein gebracht werden, wenn man
den Muskel von der Anfangsspannung an (im vorliegenden fingirten Beispiel 97 Gramm) allmählich entlastet, so dass in jedem Augenblick die
Spannung nur eben die Last übertrifft. Der Versuch wird folgendermassen
angestellt: Der Muskel wird im Ruhezustand gedehnt zu einer gewissen
Länge (*o h* Fig. 5), nun wird die Last (97 Gramm Fig. 5) angehängt,
welche voraussichtlich seiner Spannung im tetanisirten Zustande bei derselben Länge entspricht. Diese Last muss natürlich vorläufig unterstützt
werden, weil sie ihn im R u h e z u s t a n d e viel weiter dehnen würde.
Jetzt wird der Muskel tetanisirt. Er kann natürlich erst dann anfangen
sich zu kontrahiren, wenn der tetanische Zustand vollständig entwickelt
ist, weil erst dann die Spannung bei der betreffenden Länge die angehängte Last aufwiegt resp. ein wenig überwiegt. Durch eine geeignete
Hebelvorrichtung muss dann dafür gesorgt sein, dass die Last im Aufsteigen für den Muskel leichter wird nach Maassgabe der Verkürzung des
Muskels.

Im lebenden Menschen scheinen vermöge der Gelenkeinrichtungen manche Muskelgruppen bei den wichtigsten Bewegungen nach diesem vortheilhaftesten Principe zu arbeiten.

Verknüpft man mit dem ruhenden Muskel eine träge Masse und überlässt dieselbe, nachdem der Tetanus vollständig entwickelt ist, den elastischen Kräften zur Bewegung, so wird nie die ganze Arbeit in lebendige Kraft resp. Wurf des Gewichtes mit der entsprechenden Geschwindigkeit verwandelt. Ein namhafter Bruchtheil der (durch den Flächenraum $K\,J\,h$ gemessenen) Arbeit wird dabei stets in Wärme verwandelt und kommt also den Zwecken des Subjektes nicht zu Gute.

Viel weniger arbeitet der Muskel, wenn man ihn tetanisirt oder zucken 36. lässt unter den Umständen, unter welchen es gewöhnlich bei den physiologischen Versuchen geschieht. Man hängt nämlich meist ein Gewicht an den ruhenden Muskel und reizt ihn (direkt oder mittelst der Nerven) momentan oder tetanisch. Da der erregte Zustand allmählich entsteht, so kommen jetzt die grössten Spannkräfte, welche bei den vorher beschriebenen Vorgängen zu Anfang wirken, gar nicht zu Stande, denn ehe noch der Muskel sich in den elastischen Faden verwandelt hat, dessen natürliche Länge (um beim obigen Beispiel zu bleiben) $o\,K$ und dessen Spannung bei der faktisch vorhandenen Länge $o\,h$, daher 97 Gramm beträgt, ist die angehängte Last (von 30 Gramm) schon gestiegen, der Muskel hat sich schon verkürzt. Sie fängt nämlich hier sofort an zu steigen, sowie der erregte Zustand anfängt sich zu bilden, da sie mit der Spannung des Muskels im Ruhezustand im Gleichgewicht war. Im Anfang der Entwickelung des erregten Zustandes ist aber selbstverständlich die Spannung des Muskels für die Länge $o\,h$ noch nicht 97 Gramm (wie auf der Höhe des Tetanus), sondern sie ist erst ganz wenig über 30 Gramm.

Wenn wir die 30 Gramm Spannung nicht durch die Schwere einer 37. trägen Masse hervorbringen, sondern durch Spannung einer Feder, und von der Trägheit der mit dem Muskel verknüpften Massen ganz abstrahiren, und wenn wir ferner annehmen, dass die Gegenkraft der Feder auch während der Zusammenziehung des Muskels konstant $= 30$ bleibt (diese Bedingungen lassen sich annähernd experimentell herstellen), dann können wir auch wieder die Arbeit, die der Muskel beim Tetanisiren leistet, zum voraus berechnen, wofern wir die Dehnungskurve des tetanisirten Muskels kennen. Unter den gemachten Voraussetzungen wird sich nämlich offenbar der Muskel so zusammenziehen, dass seine Spannung fortwährend $= 30$ bleibt, er wird sich aber soweit zusammenziehen — dass er schliesslich die Länge hat, welche dem vollständig tetanisirten Muskel für die Spannung von 30 Gramm zukommt. In unserm Beispiel also die Länge $o\,m$. Es misst also jetzt das Rechteck $m\,n\,g\,h$ ($m\,n = 30$; $m\,h = 23$ also $m\,n \times m\,h$) $= 690$ Millimetergramm die Arbeit.

Sind mit dem Muskelende träge Massen verbunden, dann können

allerdings grössere Spannungen, als die ursprünglich am ruhenden Muskel
angebrachte zur Wirksamkeit kommen, denn es bleibt alsdann das Muskelende zurück und der Muskel hat also noch eine beträchtliche faktische
Länge in den späteren Stadien der Entwickelung des Tetanus, wo seine
natürliche Länge schon beinahe auf die Grösse $o\,K$ reducirt ist. Daher
ist er dann um einen grossen Bruchtheil seiner natürlichen Länge gedehnt
und übt auf die mit ihm verbundenen trägen Massen eine grosse beschleunigende Kraft aus. Die geleistete Arbeit ist alsdann grösser als das Rechteck
$m\,n\,g\,h$; wie gross? das hängt von den besonderen Umständen des Versuchs ab.

Es ist leicht zu sehen, dass der Muskel beim Zucken oder Tetanisiren die frei an ihm hängende Masse um so mehr beschleunigen und
mithin senkrecht um so höher aufwerfen wird, je rascher er aus dem
ruhenden in den erregten Zustand übergeht. Daher kommt es, dass der
Muskel bei höheren Temperaturen (Froschmuskel bis zu 30 und einigen
Graden) unter sonst gleichen Umständen mehr Arbeit leistet, obgleich die
Dehnungskurve nicht wesentlich anders zu verlaufen scheint.

4. Kapitel. Chemismus des Muskels.

I. Natur des chemischen Processes im Muskel.

38. Im vorigen Paragraph Nr. 34 ergab sich aus dem Verhältniss zwischen der
zur Spannung des ruhenden Muskels aufgewandten und der vom gereizten
Muskel bei seiner Zusammenziehung alsdann geleisteten Arbeit die nothwendige Folgerung, dass Processe im erregten Muskel stattfinden müssen,
bei welchen chemische Spannkräfte verloren gehen, d. h. bei welchen
stärkere Verwandtschaften gesättigt als überwunden werden.

Die starken chemischen Verwandtschaftskräfte, denen Folge gegeben
wird bei dem im erregten Muskel stattfindenden Processe sind hauptsächlich die Verwandtschaftskräfte zwischen Kohlenstoff und Sauerstoff, denn
wir sehen diese beiden Stoffe in ihrer engsten Verbindung, als Kohlensäure, aus dem thätigen Muskel ausscheiden. Es müssen allerdings auch
Verwandtschaftskräfte überwunden werden, denn die beiden Bestandtheile der Kohlensäure existiren nicht vorher frei im Muskel, sondern mit
andern Stoffen verbunden. Dass kein freier Kohlenstoff im Muskel existirt, ist ohne Weiteres ersichtlich, aber es ist auch nachgewiesen, dass
kein freier Sauerstoff darin vorhanden ist. Nicht einmal an das Vacuum
giebt nämlich der Muskel Sauerstoff ab. Der Muskel kann auch nicht auf
Kosten des freien atmosphärischen Sauerstoffes Kohlensäure bilden. Ein aus-
geschnittener Muskel bleibt daher auch nicht länger erregbar in sauerstoff-
haltigen Gasgemengen, als in sauerstofffreien, oder wenn ein Unterschied
stattfindet, ist er wenigstens äusserst gering. Es hat nichts Anstössiges

anzunehmen, dass die Verwandtschaftskräfte, welche überwunden werden müssen, um den Sauerstoff und Kohlenstoff aus den bisherigen Verbindungen zu lösen, weil schwächer sind als die, welche zur Sättigung kommen, so dass die geleistete Arbeit und gebildete Wärme wohl erklärbar erscheinen.

Ausser Kohlensäure bildet sich auch noch eine fixe Säure bei der Muskelarbeit, wahrscheinlich Milchsäure. Ihr verdankt der Muskel seine saure Reaktion nach angestrengter Arbeit, während der ausgeruhte Muskel neutral oder schwach alkalisch reagirt.

Es ist kaum zu bezweifeln, dass auch noch andere Produkte bei den chemischen Processen des erregten Muskels auftreten. Bemerkenswerth ist, dass die stickstoffhaltigen Zersetzungsprodukte der komplicirteren thierischen Stoffe im Muskel während der Arbeit nicht massenhafter auftreten als während der Ruhe. Dies zeigt sich namentlich durch die Vergleichungen der Ausscheidungen des Gesammtorganismus in Zeiten angestrengter Arbeit und in Zeiten der Ruhe. Während die Ausscheidung der Kohlensäure durch Arbeit bedeutend gesteigert erscheint, ist die Ausscheidung der stickstoffhaltigen Zersetzungsprodukte meist gar nicht vermehrt.

Es war daher zu vermuthen, dass die Kraft erzeugende Vereinigung des Sauerstoffes und Kohlenstoffes ihr Material nicht aus dem Vorrath von Eiweisskörpern im Muskel nimmt, sondern aus stickstofffreien Verbindungen. Dass solche stickstofffreie Verbindungen das krafterzeugende Brennmaterial im Muskel abgeben können, ist sicher erwiesen, indem unter Umständen ein Mensch mehr äussere messbare Arbeit leistet als dem Aequivalent der Verbrennungswärme des während der Arbeitszeit im ganzen Körper zerstörten Eiweisses entspricht, dessen Menge sich nach der ausgeschiedenen Stickstoffmenge beurtheilen lässt.

Da der Muskel gleichwohl zum weitaus grössten Theile aus eiweissartigen Körpern besteht, so kann man ihn passend vergleichen mit einer Dampfmaschine die auch zum grössten Theil aus andern Stoffen (Metallen) besteht, als welche ihr zum Kraft erzeugenden Brennmaterial (Kohlen) dienen.

Man kann sich an der Hand der vorstehenden Thatsachen etwa folgende Vorstellung von den gesammten chemischen Processen im Muskel machen. Es besteht in demselben ein sehr komplicirter Körper, derselbe ist in fortwährendem ganz langsamen Zerfall begriffen; im Erregungszustand wird der Zerfall rasch. Die Zerfallprodukte sind einerseits Kohlensäure, Milchsäure und vielleicht noch einige andere stickstofffreie Substanzen, sie enthalten den Sauerstoff in innigster Verbindung, der vorher nur locker gebunden war, und somit werden Anziehungskräfte befriedigt d. h. es wird von den chemischen Kräften Arbeit geleistet. Ein anderes Produkt des Zerfalles ist eine eiweissartige Verbindung, Myosin. Die erstgenannten Produkte werden fortwährend aus dem Muskel ausgespült. Das Myosin bleibt darin und mit ihm verbinden sich Bestandtheile des arteriellen Blutes zum Wiederaufbau jenes komplicirten Körpers. Diese Bestandtheile des Blutes müssen dem Gesagten zufolge einerseits Sauerstoff, andererseits eine stickstofffreie Verbindung sein.

II. Ermüdung des Muskels.

42. Wenn der Muskel öfters oder längere Zeit im erregten Zustande gewesen ist, so bemerkt man leicht, dass er nicht mehr so leicht in denselben versetzt werden kann, und dass er, doch von Neuem erregt, nicht so viel leistet als vorher. Man nennt diese Erscheinung Ermüdung.

Die Ermüdung rührt wesentlich her von der Anhäufung der durch den chemischen Process der Erregung gesetzten Produkte; wahrscheinlich steht in der ermüdenden Wirkung die Milchsäure obenan. Die Erschöpfung des Vorrathes an brauchbaren Stoffen scheint an der Ermüdung wenig Antheil zu haben. Folgender Versuch giebt den Beweis dieser Sätze. Man tetanisirt die Schenkel eines Frosches mit Induktionsströmen, bis dieselben so ermüdet sind, dass die Ströme keine Wirkung mehr haben. Man wäscht nun das Gefässsystem des Frosches von der Aorta her mit halbprocentiger Kochsalzlösung aus, wobei doch offenbar dem Muskel kein neues Verbrauchsmaterial zugeführt wird, wodurch er aber von den Zersetzungsprodukten befreit werden kann. Dieselben Ströme bringen alsdann die Muskeln der Schenkel wieder zur Zusammenziehung. Umgekehrt; führt man dem frischen Schenkel auf dem Wege seiner Arterien Milchsäure zu, so verhält er sich wie ein ermüdeter, er zeigt sich weniger erregbar.

43. Hier liegen vielleicht die Anfänge zur Lösung des Räthsels, wie es kommt, dass der chemische Process der Erregung, der wohl am ersten einer Gährung verglichen werden dürfte, einmal durch einen momentanen Reizanstoss in Gang gesetzt, nicht bis zur Erschöpfung des vorräthigen Materials fortschreitet, sondern sehr bald still steht. Es sind eben wahrscheinlich die Produkte des Processes selbst, die das Fortdauern desselben verhindern. Nun müssen freilich Veranstaltungen gegeben sein, vermöge deren auch ohne Hülfe des Blutkreislaufes die den Erregungsprocess hemmenden Stoffe aus dem Wege geräumt oder wieder unschädlich gemacht werden, so lange sie noch nicht gar zu massenhaft gebildet sind. Denn nachdem die Erregung erloschen ist, kann dieselbe durch einen neuen Reiz doch wieder hervorgerufen werden. Vielleicht geschieht die Beseitigung der hemmenden Zersetzungsprodukte hauptsächlich durch fernere Verbrennung derselben. Man hat wenigstens bemerkt, dass ganz besonders Durchspülung der Muskelgefässe mit oxydirenden Flüssigkeiten die gesunkene Erregbarkeit wieder hebt. Die allergeeignetste ist natürlich das arterielle Blut selbst, aber bisweilen gelingt es auch mit einer Lösung von übermangansaurem Kali.

III. Tod des Muskels.

Ueberlässt man einen dem Blutkreislaufe entzogenen Muskel sich selbst. 44. so verliert er nach und nach seine Erregbarkeit, er stirbt. Das sichtbare Zeichen des eingetretenen Todes ist die Starre, die ohne Zweifel bedingt ist durch die Gerinnung des Inhaltes des Sarkolemmuschlauches, der während des Lebens zum Theil wenigstens flüssig ist. Der starr gewordene Muskel ist trübe und brüchig.

Verursacht wird diese Gerinnung durch dieselben oder wenigstens ganz analoge, aber sehr langsam verlaufende chemische Processe, wie sie bei der Erregung vor sich gehen. Daher der erstarrte Muskel auch sauer reagirt. Es deutet hierauf ferner die Thatsache, dass häufige Erregung den Eintritt der Starre beschleunigt. Ebenso beschleunigt hohe Temperatur, wie alle chemischen Processe, so auch den Eintritt der Muskelstarre. Bei gewissen Temperaturen tritt sie im Laufe von einigen Sekunden ein. (Siehe Nr. 15.) Auch entwickelt sich bei Todesstarre Wärme.

Unter den Bedingungen, unter welchen sich gemeiniglich menschliche Leichname befinden, tritt die Todtenstarre meist einige Stunden (5—6) nach dem letzten Athemzuge ein.

Anhang.
Ueber einige andere kontraktile Gebilde.

Die glatten Muskelfasern stimmen, soweit man sie untersucht 45. hat, in allen wesentlichen physiologischen Eigenschaften mit den quergestreiften überein, nur dass der Erregungsprocess darin bedeutend langsamer verläuft.

Die Protoplasmaklümpchen sieht man mannigfaltige Bewegungen 46. ausführen, ohne nachweisliche äussere Ursache. Sie strecken Fortsätze aus und ziehen sie wieder zurück. Sie verändern auch ihren Ort durch Vermittelung solcher Gestaltänderungen. Lässt man die Reize, welche den Muskel zur Zusammenziehung bringen (elektrische Schläge, gewisse Temperaturen etc.) auf ein Protoplasmaklümpchen einwirken, so strebt es der Kugelgestalt zu, zieht namentlich alle Ausläufer zurück. Bei höheren Temperaturen (einige und 40°) erstarrt das Protoplasma ganz wie der Muskel. Auch der natürliche Tod des Protoplasma ist durch den Eintritt der Starre bezeichnet. Im Protoplasma von frei lebenden Infusorien hat man sehr regelmässige rhythmische Zusammenziehungen einzelner Parthien beobachtet, deren Häufigkeit mit steigender Temperatur bis zu einem gewissen Punkte zunimmt, so dass einem gewissen Temperaturgrade eine ganz bestimmte für die ganze Species gültige Anzahl von Kontraktionen in der Zeiteinheit zukommt.

47. Die Flimmercilien auf gewissen Epithelien und an andern Orten sind in fortwährendem Oscilliren begriffen. Es scheint, dass die Cilie auf der einen Seite aus Protoplasma, auf der andern aus einer rein physikalisch elastischen Substanz besteht. Kontrahirt sich das Protoplasma, so biegt sich die Cilie nach der einen Seite, und lässt die Kontraktion nach, so geht sie zurück nach der andern. Es mögen bei den Flimmercilien des Frosches etwa 12 solche Schwingungen auf die Sekunde gehen. Der Schwung nach der Seite des kontraktilen Protoplasma geschieht nicht so schnell wie der rein elastische Rückschwung, daher nach der Seite des letzteren an einer mit Flimmercilien besetzten Schleimhautfläche gelegene leichte Körperchen bewegt werden, so lange die sämmtlichen Cilien derselben in Uebereinstimmung schwingen. Es ist erstaunlich, welche Kräfte diese kleinen Motoren ausüben können. Legt man auf einen aufwärts gekehrten Froschgaumen ein kleines Holzplättchen, so wandert es mit einer Geschwindigkeit, welche oft 1 Millimeter per Sekunde erreicht, nach dem Schlundende zu. Es kann dabei sogar noch ein Gewicht heben, das man durch einen Faden daran knüpft.

Die Thätigkeit der Flimmercilien bedarf freies Sauerstoffes; wenn dieser fehlt, hört sie bald auf. Ebenso hört die Bewegung auf, wenn die Reaktion der umspülenden Flüssigkeit stark sauer oder stark alkalisch ist. Wenn die Cilien durch Säure zur Ruhe gebracht sind, können sie durch Alkali wieder in Bewegung gesetzt werden. Ebenso können sie durch Säuren wieder angeregt werden, wenn sie durch Alkali zum Stillstand gekommen waren.

Die kontraktile Substanz der Flimmercilien erstarrt von selbst beim natürlichen Absterben, sie kann auch durch ungefähr dieselben Temperaren wie der Muskel momentan zur Starre gebracht werden.

Literatur.

(1—3) E. Weber, Art. Muskelbewegung in Wagner's Hdwb. d. Physiologie. — (4—10) E. du Bois-Reymond, Untersuchungen über thierische Elektricität. Berlin. — (11—16) Kölliker, über die Wirkungen einiger Gifte (Curare). Virchow's Arch. Bd. 10. — Kühne, Myologische Untersuchungen. Leipzig 1860. — Schmulewitsch, Wärmereizung. Berl. Centralbl. d. med. Wissensch. 1867 Nr. 6. — Wundt, die Lehre von der Muskelbewegung. Braunschweig 1858. — Fick, Beitr. z. vergl. Physiol. d. irrit. Substanzen. Braunschweig 1863. — (19) Ludwig und Szelkow, Ber. d. Wiener Akad. 21. Febr. 1862. — (20) Helmholtz, Müller's Arch. 1848. — Heidenhain, mechan. Leistung etc. Leipzig 1864. — (21) Aeby, Untersuchungen etc. Braunschw. 1862. — (22) Bernstein, Untersuchungen etc. Heidelberg 1871. — (24) v. Bezold, Untersuchungen aus dem Würzb. Laborat. Heft 1. Leipzig 1867. — (25) Fick und Dybkowsky, Wärmeentwickelung beim Starrwerden des Muskels. Untersuch. aus dem Züricher Laborat. Wien 1868. — (26) Helmholtz, über den zeitl. Verlauf etc.

Müller's Arch. 1850.   Marey, sur le mouvement etc. Paris 1867. — (28) Helm holtz, Berichte der Berliner Akademie, 1855.   (29) Helmholtz, Berichte der Berliner Akademie. 1864. 23. Mai. — (30—37) Fick, Untersuchungen über Muskelarbeit. Basel. 1867. — (38) Hermann, Stoffwechsel im Muskel. Berlin. 1867 u. 1868. — (39) E. du Bois-Reymond, Berichte der Berliner Akademie. 31. März 1859. — (40) Fick und Wislicenus, über die Entstehung der Muskelkraft. Vierteljahrsschr. d. Züricher naturforsch. Gesellsch. 1867. — (42) Ranke, Tetanus. Leipzig. 1865. — Kronecker, Ber. der Berliner Akad. 11. Aug. 1870. — (46) Kühne, Protoplasma. Leipzig. 1864. — (46) Rossbach, Verhandl. d. Würzb. phys. med. Gesellsch. N. F. Bd. II. — (47) Engelmann, Pflüger's Arch. 1869 und 1870.

2. Abschnitt. Verwendung der Muskelarbeit.

1. Kapitel. Von den Knochenverbindungen.

Allgemeines.

48. Wir haben nunmehr zu untersuchen, in welcher Weise im Einzelnen die durch das vorige Kapitel erwiesene Arbeitsfähigkeit der Muskelfasern nutzbar gemacht wird, d. h. dem thierischen Subjekte die Möglichkeit verschafft, unmittelbar verändernd in die mechanischen Vorgänge der Aussenwelt einzugreifen. Es kommen also hier nur diejenigen Muskeln zur Sprache, welche unmittelbar durch cerebrospinale Nervenfasern erregt werden, denn nur sie gehorchen dem Willensimpuls und können daher allein den bewussten Zwecken des Subjektes dienen. Die durch sie hervorgebrachten Bewegungen nennt man daher auch willkührliche Bewegungen, oder animale. Sämmtliche hierhergehörige Muskeln bestehen aus quergestreiften Fasern. Wir schliessen daher die aus glatten Fasern bestehenden Muskeln von der jetzigen Untersuchung ganz aus. Sie sind vom Sympathicus abhängig, daher nicht dem Willen direkt unterworfen (vielleicht mit Ausnahme der Iris) und finden zum grossen Theil obendrein in der vegetativen Sphäre ihre Verwendung, bei deren Behandlung ihre Leistungen zu besprechen sein werden. Die Leistungen anderer glatter Muskelfasern gehören in die Lehre von den Sinneswerkzeugen.

Es ist aus der Anatomie bekannt, dass allemal viele quergestreifte Muskelfasern parallel nebeneinanderliegend durch Bindegewebe zu Bündeln vereinigt sind, dass mehrere solcher Bündel, die nicht immer parallel und gleich lang sind, sich zu einer höheren anatomisch gesonderten Einheit gruppiren, die man in der Anatomie einen Muskel nennt. Jede Faser läuft an beiden Enden in einen Fortsatz aus, der wesentlich aus blossem Bindegewebe besteht und dessen Länge von mikroskopischer Kleinheit bis zu vielen Centimetern wechseln kann. In der Regel sind die zu einem Muskel gehörigen Fortsätze fester mit einander verbunden als die Muskelfasern selbst und ihr Inbegriff bildet dann die Sehne. Vermittelst dieser Fortsätze ist jeder Muskel an seinen beiden Enden mit ihm fremden Theilen verbunden, welche seine aktive Zusammenziehung einander nähert. Indem dies geschieht, den Kräften zum Trotz, welche die Theile in ihrer Entfernung zu erhalten streben (wäre es auch nur die Trägheit ihrer Masse), leistet der Muskel Arbeit. Weitaus die meisten der willkühr- lichen Muskeln sind in dieser Art mit beiden Enden an Knochen ange- knüpft, die ihrerseits wieder an irgend einer Stelle dergestalt verbunden sind, dass sie nicht jede beliebige, sondern nur gewisse gegenseitige Bewegungen ausführen können. Das System der sämmtlichen verbundenen Knochen — das Skelett — ist also die Maschine, mit deren Hülfe die Muskelkräfte vorzugsweise auf die Aussenwelt einwirken.

Vom Material des Skelettes können uns an dieser Stelle nur die me- 19. chanischen Eigenschaften interessiren, die es geschickt machen, eben zur Uebertragung von Kräften zu dienen. Von den mechanischen Eigenschaf- ten eines Knochens im Ganzen kann man sich nicht leicht eine bestimmte Vorstellung machen, da er nicht eine durchaus homogene Masse darstellt. Bekanntlich sind die Knochen entweder Röhren von eigentlicher Knochen- masse, im Innern mit einer fettreichen Pulpa angefüllt, oder ein schwam- miges Aggregat von feinen Blättern jener Substanz, das nur an der Ober- fläche einen dünnen zusammenhängenden Ueberzug hat. So viel lässt sich jedoch von einem Knochen im Ganzen sagen, dass er im mechanischen Sinne ein starrer Körper ist, d. h. dass seine Form durch keine Kraft verändert werden kann, wenigstens wirken im Verlaufe des normalen Lebens keine Kräfte auf ihn ein, die hinreichend stark wären, um seine Form zu verändern. Gerade auf diese Voraussetzung gründet sich die ganze Muskelmechanik; man kann sie auch so aussprechen: die Muskeln verändern durch ihre Kräfte nicht die Form des Knochens, auf den sie wirken, sondern bewegen ihn als unveränder- liche Einheit. Eine Ausnahme von diesem Satze dürften allerdings die Rippen machen, und in der That besitzt die Knochenmasse in so dünnen Platten, wie die Rippen sind, einige Nachgiebigkeit gegen Kräfte von der Stärke mässiger Muskelzüge. Sie besitzt dabei eine sehr voll- kommene Elasticität, d. h. nimmt ihre ursprüngliche Gestalt vollkommen wieder an, sowie die formverändernde Kraft aufhört zu wirken. Die me- chanischen Eigenschaften, namentlich die absolute Festigkeit, sind übrigens für die Knochensubstanz keineswegs constant, sondern sehr veränderlich mit dem Verhältniss der organischen und unorganischen Bestandtheile, das selbst bekanntlich mit dem Alter und andern Einflüssen bedeutend variirt. So z. B. riss ein Prisma von 1 $\square^{mm}$ Querschnitt aus der Sub- stanz der Fibula eines 30jährigen Mannes erst bei einer Belastung von 15,03 Kilogramm, ein gleiches aus demselben Knochen eines 74jährigen Mannes riss bei 4,33 Kilogramm Belastung.

Die beiden wichtigsten Fragen, die man sich bei jeder Knochenverbindung 50. vorzulegen hat, sind nach dem „Bewegungsmodus" und nach dem „Be- wegungsumfang". Unter dem Bewegungsmodus verstehen wir die geometrischen Bedingungen, welchen die Art der Verbindung alle in dem verbundenen Systeme möglichen Bewegungen unterwirft. Z. B. könnte die Verbindung so sein, dass alle möglichen Lagen des beweglich gedachten Knochens bei Feststellung des andern durch Drehung um eine feste Axe müssen hervorgebracht werden können. Die besondere Einrichtung der Verbindung kann dann der Bewegung innerhalb des einmal gegebenen Bewegungsmodus noch bestimmte Grenzen stecken, so dass von den nach den geometrischen Bedingungen wohl möglichen Stellungen des beweglich gedachten Knochens nicht alle in Wirklichkeit von demselben eingenommen werden können. So könnte z. B. in dem obigen Beispiel nur ein Theil der ganzen Drehung (durch einen gewissen Winkel gemessen) wirklich ausführbar sein.

II. Symphysen.

51. Am menschlichen Skelette kommen zwei derartige bewegliche Verbindungsweisen vor — durch „Symphyse" oder Synchondrose und durch „Gelenke". Wir setzen hier die anatomische Bildung der Symphysen als bekannt voraus und erinnern nur daran, dass nicht alle anatomisch zu den Symphysen zählenden Verbindungen zu den beweglichen gehören, indem zuweilen die durch sie verbundenen Knochen unter dem Einflusse von Kräften, wie sie im Verlaufe des normalen Lebens vorkommen, nicht merklich ihre gegenseitige Lage verändern. Dahin gehören z. B. die Symphysen zwischen den Beckenknochen, die wir desshalb von unseren Betrachtungen ausschliessen. Auf Bewegung berechnet sind im menschlichen Körper eigentlich nur die Wirbelsymphysen. Das Folgende kann daher gleich speciell auf diese bezogen werden. Die Symphysenbeweglichkeit ist dadurch ausgezeichnet, dass die durch sie verbundenen Knochen eine bestimmte Stellung stabiles Gleichgewichtes besitzen, in die sie sofort zurückkehren, sobald die Kraft aufhört zu wirken, welche sie aus derselben entfernte. Es ist die Stellung, bei welcher der verbindende elastische Körper — der Symphysenknorpel — seine natürliche Gleichgewichtsfigur hat.

Ein bestimmter Bewegungsmodus kann den Symphysen eigentlich nicht zugeschrieben werden. Für die Gestaltsveränderungen eines elastischen Körpers — und solche geben ja die Möglichkeit der Symphysenbewegung — bestehen keine bestimmten geometrischen Bedingungen. Eine Zwischenwirbelscheibe kann — um nur ausgezeichnete Fälle hervorzuheben — zusammengedrückt, ausgedehnt, gebogen und torquirt werden. Von zwei verbundenen Wirbelkörpern kann also der eine, wenn der andere fest gedacht wird, in jeder beliebigen Richtung bewegt und gedreht werden. Auf die Symphysenbewegung kann man den Begriff eines bestimmten

Modus erst anwenden, wenn man gleich auf die Kräfte Rücksicht nimmt, welche die Bewegung hervorbringen. In der That fällt bekanntlich die Gestaltveränderung eines elastischen Körpers sehr verschieden aus unter dem Einflusse derselben Kraft, je nach der Richtung, in welcher dieselbe wirkt. Denken wir uns z. B. einen Fischbeinstab in vertikaler Lage an seinem oberen Ende befestigt, lassen wir jetzt an seinem unteren Ende die Kraft von 1 Kilogramm senkrecht abwärts ziehen, so wird er eine kaum wahrnehmbare Gestaltveränderung (Verlängerung) erleiden. Lassen wir an demselben Ende desselben Stabes 1 Kilogramm wagerecht seitwärts ziehen, so wird eine höchst auffallende Gestaltveränderung (Biegung) erfolgen. Verwenden wir die Kraft von 1 Kilogramm in irgend einer Weise, um den Stab zu torquiren, so wird auch die Gestaltveränderung gegen die Biegung unbedeutend sein. Denken wir uns den Stab von Faserknorpel statt von Fischbein, seinen Querschnitt dem eines Wirbelkörpers gleich, seine Länge aber reducirt auf wenige Millimeter, so haben wir einen Zwischenwirbelknorpel vor uns. Es wird aus dem in Erinnerung Gebrachten deutlich sein, dass bei zwei durch einen solchen Knorpel verbundenen Wirbeln kaum von einer andern Bewegung wird die Rede sein können, als von der, welche der Biegung und allenfalls einer kleinen Torsion des Faserknorpels entspricht. Wir können also, mit Berücksichtigung der Kräfte, der Wirbelsäule den Bewegungsmodus zuschreiben, dass sie im Ganzen wie ein elastischer Stab allseitig biegsam und einer unbedeutenden Torsion fähig ist, dass aber ihre Gleichgewichtsfigur jene aus der Anatomie bekannte schlangenförmige Krümmung ist. Bei der Biegung, die jedesfalls weitaus die ausgiebigste Bewegung ist, wird man annehmen dürfen, dass ein Theil des Zwischenknorpels gedehnt und ein Theil desselben zusammengedrückt wird, welche beide Theile durch eine neutrale Fläche getrennt sind, die weder Dehnung noch Zusammendrückung erleidet.

Der Umfang der als überhaupt möglich erkannten Bewegungen wird 52. gegeben durch die Grenzen der vollkommenen Elasticität der Zwischenwirbelknorpel. Sowie diese überschritten sind, also die Bewegung eine bleibende Gestaltveränderung hinterliesse, wäre der Apparat verletzt und die Bewegung wäre also nicht mehr Gegenstand der Physiologie. Versuche über die Beweglichkeit der Wirbelsäule haben sie als in verschiedenen Gegenden sehr verschieden herausgestellt. In der Halsgegend ergiebt sich eine allseitige Biegsamkeit und eine merkliche Drehbarkeit. In der Brustgegend bringt dieselbe biegende oder torquirende Kraft eine weit kleinere Gestaltveränderung hervor. Die Biegsamkeit nach vorn und nach hinten ohne bleibende Verletzung fehlt sogar ganz. In der Lendenwirbelsäule ist wieder die Biegsamkeit nach allen Seiten, namentlich aber nach rechts und links, viel grösser, dagegen fehlt hier die Torquirbarkeit. Diese Versuchsresultate sind theilweise sofort erklärlich aus den Abmessungen der Zwischenknorpel in den 3 Abtheilungen der Wirbelsäule. Es ist nämlich offenbar die Biegsamkeit sowohl als die Torquirbarkeit an einer bestimmten Verbindungsstelle um so grösser, je grösser die Höhe, und um so kleiner, je grösser der Querschnitt des Zwischenknorpels ist. Man sieht nun ohne Rechnung, dass in der Hals- und Lendengegend die begünstigenden Einflüsse, hier Höhe, dort Kleinheit des Querschnitts, überwiegend sind im Verhältniss zur Brustgegend, wo die Zwischenknorpel eine gegen ihren bedeutenden Querschnitt nur geringe Höhe besitzen, was die Biegsamkeit sehr einschränken muss, namentlich die Biegsamkeit nach hinten und nach vorn, da gerade die Ausdehnung von hinten nach vorn wegen der meist herzförmigen Gestalt des Querschnittes der Brustwirbelkörper hier vorherrschend ist.

Das vollkommene Fehlen der Torquirbarkeit in der Lendengegend wird übrigens erst verständlich, wenn man ausser der Verbindung der Wirbelkörper noch das Ineinandergreifen der Bögen mit ihren schiefen Fortsätzen berücksichtigt. Ebenso erklärt sich die absolute Unmöglichkeit, die Brustwirbelsäule nach vorn und nach hinten zu biegen, erst vollständig aus der besonderen Lage der Gelenkfortsätze, die ja in der That bei einer Biegung nach hinten abbrechen müssten, da sie in der Gleichgewichtslage schon aufeinander liegen, bei einer Biegung nach vorn auseinander klaffen würden, was durch die kurzen straffen Bänder derselben verhindert wird.

III. Gelenke.

53.   Die Gelenkverbindung ist vor Allem dadurch ausgezeichnet, dass sie den verbundenen Knochen nicht eine bestimmte stabile Gleichgewichtslage anweist. Es giebt bei einem Gelenke immer eine unzählige Menge stetig auf einander folgender Lagen, in einem gewissen kleineren oder grösseren Spielraum begriffen, in denen jeder der beweglich gedachten Knochen im indifferenten Gleichgewicht ist. Die geringste Kraft, wofern sie nur die Widerstände überwinden kann, reicht hin, ihn aus der einen in eine andere überzuführen und es werden nicht durch die Lageveränderung selbst, wie bei der Symphyse, Kräfte wach gerufen, welche den beweglichen Knochen in seine alte Lage zurückzuführen streben. Es versteht sich wohl von selbst, dass wir dabei von der Schwere abstrahiren müssen, die ja eine der Gelenkeinrichtung fremde Kraft ist, und die allerdings einem beweglichen Knochen allemal eine bestimmte Gleichgewichtslage anweist, wenn alle anderen äusseren Kräfte zu wirken aufgehört haben. Wollten wir also den obigen Satz wirklich zur Anschauung bringen, so müssten wir die durch das Gelenk verbundenen

Knochen etwa in eine Flüssigkeit bringen, welche dasselbe specifische Gewicht hat wie ihre Masse, wodurch der Einfluss der Schwere vernichtet wäre.

Die Möglichkeit dieses Charakters der Gelenkverbindung ergiebt sich leicht aus der allgemeinsten anatomischen Beschaffenheit, die auch gleich noch einige allgemeine Sätze über Bewegungsmodus und Umfang der Gelenke erschliessen lässt. Das Wesen eines Gelenkes besteht bekanntlich darin, dass die zu verbindenden Knochen überknorpelte und glatte Oberflächenstücke besitzen. Mit ihnen betheiligen sie sich an der Begrenzung eines im Uebrigen von einer aus Bindegewebe gebildeten Membran vollständig geschlossenen Hohlraumes (Gelenkhöhle, Gelenkkapsel). Die Membran (Kapselmembran, Synovialmembran) muss also an die Ränder der beiden glatten Flächen — Gelenkflächen — rings herum angewachsen sein — schlauchartig vom einen Knochen zum andern überspringen, etwa wie der gefaltete Lederschlauch eines Blasebalges von dem einen viereckigen Brette zum andern überspringt. Der Binnenraum der Gelenkhöhle ist mit einer inkompressiblen (etwas zähen) Flüssigkeit, der Synovia, gefüllt. Er kann also seine Grösse nicht ändern, ohne dass die Einrichtung bleibend verletzt wird. Dieser eine Satz ist die Grundlage der ganzen Gelenkmechanik, denn er enthält die wesentliche geometrische Bedingung für den Bewegungsmodus und Umfang aller Gelenke: Zwei durch ein Gelenk verbundene Knochen können nur die und (von Hülfseinrichtungen abgesehen) alle die Stellungen gegeneinander einnehmen, bei welchen der Binnenraum der Gelenkhöhle unverändert dieselbe Grösse hat und müssen wir, um den Umfang noch näher zu bestimmen, hinzufügen, bei welchen kein Theil der Kapselmembran über die Grenze seiner vollkommenen Elasticität hinaus gedehnt ist. Wir könnten also jetzt die sämmtlichen möglichen Stellungen eines Gelenkes von vorn herein bestimmen, wenn wir alle Abmessungen der Gelenkhöhle und der Kapselmembran in einer Lage kennten. Es würde sich dabei gewiss herausstellen, dass niemals die wirklichen Bewegungen den so berechneten Umfang völlig ausfüllten, weil allemal Hülfsapparate *(ligamenta accessoria)* demselben engere Grenzen stecken.

Die Lösung des Problemes in dieser Allgemeinheit übersteigt nun 34. freilich die Grenzen der Geometrie. Glücklicher Weise ist sie aber auch nicht nothwendig, da es sich durch eine besondere anatomische Beschaffenheit der meisten und gerade der wichtigsten Gelenke in einer besonderen Form stellt, die seine Lösung bedeutend vereinfacht. Der Binnenraum der Gelenkhöhle ist bei den meisten Gelenken ausserordentlich klein, so dass man ihn in erster Annäherung geradezu der Null gleichsetzen kann. Dies setzt voraus, dass die Gelenkflächen der beiden Knochen in Kongruenz aufeinander liegen — es muss also die eine der Abdruck der

andern oder eines Theiles der andern sein — und dass die innere Oberfläche des Kapselmembranschlauches ebenfalls überall durch Faltung entweder mit den Knochen oder mit sich selbst in Berührung ist. Der obige
allgemeine Grundsatz bestimmt sich für diese Art von Gelenken dahin:
Es sind nur solche und alle solche Stellungen der beiden Knochen
möglich, bei welchen der Binnenraum der Gelenkhöhle der Null
gleich ist. Nach der soeben gemachten Bemerkung lässt sich dieser
Satz auch so aussprechen: Es sind nur die und alle die Stellungen
der beiden Knochen möglich, bei welchen die Gelenkflächen mit
endlich grossen Stücken in vollständiger Deckung befindlich
sind. Der Bewegungsmodus begreift also alle diejenigen Bewegungen in
sich, bei denen die Gelenkflächen in Deckung aufeinander
schleifen, er ist demnach mit der Gestalt dieser Gelenkflächen selbst
gegeben.

Die Anforderung, dass die Fläche auf ihrem Ebenbilde oder Abdruck
schleifen könne, die wir, wie gezeigt wurde, an eine Gelenkfläche von der
besonderen zunächst untersuchten Art, wir wollen sie „Schleifgelenke"
nennen, stellen müssen, schränkt nun die Auswahl bedeutend ein. Die
Geometrie zeigt, dass es überhaupt nur zwei Gattungen von Flächen giebt,
welche in verschiedenen stetig auf einander folgenden Lagen mit
ihrem ruhend gedachten Ebenbilde in Kongruenz sind, die — mit anderen
Worten — auf ihrem Abdrucke schleifen können. Diese beiden Gattungen
sind die Schraubenflächen und die Rotationsflächen. Die allgemeine Definition einer Schraubenfläche ist nicht mit wenigen Worten zu
geben, doch ist die Vorstellung einzelner solcher Flächen (gewöhnliche
Schrauben) Jedermann so geläufig, dass wir der Definition füglich ent-
behren können. Eine Schraubenfläche schleift dann auf ihrem ruhenden
Abdrucke, wenn sie sich um eine (in jedem bestimmten Falle bestimmte)
im absoluten Raume feste Gerade dreht und zugleich jeder ihrer Punkte
eine zu jener Geraden parallele Verschiebung erfährt, deren Grösse zu
der Grösse der gleichzeitigen Drehung in einem beständigen (für jeden
bestimmten Fall bestimmten) Verhältnisse steht. Die Schraubenfläche heisst
nach dem Sprachgebrauche des bürgerlichen Lebens rechtsgewunden, wenn
sie — gezwungen auf ihrem Abdrucke zu schleifen — mit einer durch
Supination der rechten Hand hervorgebrachten Drehung eine Fortschreitung verbindet in der Richtung vom Ellenbogen zu der sie drehenden
Hand. Verbindet sich diese Fortschreitung mit der umgekehrten Drehung,
so heisst die Schraubenfläche eine linksgewundene.

Rotationsflächen sind die Oberflächen aller auf der Drehbank erzeugten Körper; umgekehrt muss sich jede Rotationsfläche auf der Drehbank
erzeugen lassen. Eine Rotationsfläche schleift auf ihrem ruhend gedachten Abdrucke nur dann, wenn ihre Bewegung in einer einfachen Drehung

um eine gewisse im absoluten Raume festliegende Gerade als Axe geschieht. Diese Axe ist zugleich die geometrische Axe der Fläche, jede zu ihr senkrechte Ebene trifft die Fläche in einem Kreise, dessen Mittelpunkt in jener Axe gelegen ist. Hiernach hätten wir nur zwei mögliche Arten von Schleifgelenken, Schraubengelenke und Drehgelenke.

Sind die aufeinander schleifenden Flächen Stücke von einer und derselben Schraubenfläche, so haben wir ein „Schraubengelenk" — natürlich sieht man beim einen Knochen auf die konvexe Seite der Fläche (wie bei einer Schraubenspindel, beim andern Knochen auf die konkave Seite (wie bei einem Stücke von einer Schraubenmutter). — Der Bewegungsmodus ist alsdann der, dass, wenn man den einen Knochen fest denkt, der andere nur eine aus Drehung und Fortschreitung zusammengesetzte Bewegung ausführen kann. Sind die beiden Gelenkflächen Stücke einer Rotationsfläche, so haben wir ein „Drehgelenk" oder einen Ginglymus", denn der Bewegungsmodus ist jetzt eine einfache Drehung des beweglich gedachten Knochens um eine im absoluten Raume feste Gerade als Axe.

Andere Bewegungsmodi sind für Schleifgelenke in aller geome- 55. trischen Strenge nicht denkbar; unter den Rotationsflächen hat jedoch eine bestimmte so ausgezeichnete geometrische Eigenschaften, dass sie, zur Bildung eines Gelenkes verwandt, demselben einen ebenfalls ausgezeichneten Charakter verleiht, der uns nöthigt, noch eine dritte Art von Schleifgelenken zu statuiren: „Arthrodieen" oder freie Gelenke. Die ausgezeichnete Fläche, von der hier noch besonders die Rede sein muss, ist die Kugel. Sie bleibt mit ihrem ruhend gedachten Ebenbilde in Deckung, nicht nur wenn man sie um eine ganz bestimmte Gerade als Axe dreht, wie jede beliebige Rotationsfläche, sondern allemal, wenn man sie um eine irgendwie gerichtete Gerade als Axe dreht, nur muss diese durch einen bestimmten Punkt, den Mittelpunkt, gehen. Ist also die eine Gelenkfläche ein konvexer Kugelabschnitt, die andere der konkave Abdruck desselben oder eines Theiles davon, so können wir, wenn wir den einen Knochen im absoluten Raume fest denken, den anderen drehen um jede gerade Linie, die durch den Mittelpunkt der Kugel geht, von der beide Gelenkflächen Abschnitte sind. Mit anderen Worten, wir können dem beweglich gedachten Knochen jede Stellung geben, welche nur die Bedingung erfüllt, dass ein einziger mit ihm in unveränderlicher räumlicher Beziehung stehender Punkt, der Mittelpunkt der Gelenkkugel, seinen Ort im absoluten Raume beibehält. Beim Drehgelenk musste dagegen eine gerade Linie ihren Ort im absoluten Raume beibehalten. Unter allen jenen Stellungen, deren das arthrodische Gelenk fähig ist, kann man jede beliebige Reihe von stetig aufeinanderfolgenden zusammenfassen und allemal hat man eine mögliche Bewegungsbahn des beweglich gedachten Knochens. Ein Punkt desselben beschreibt also nicht nothwendig bei allen arthrodischen Bewegungen immer Stücke einer und derselben Kurve, wie es geschieht bei den Bewegungen in einem Schraubengelenke oder Drehgelenke, wo im einen Falle die vorgeschriebene bestimmte Bahnlinie für jenen Punkt eine bestimmte Schraubenlinie, im andern Falle ein bestimmter Kreis ist. Ein bestimmter Punkt eines arthrodisch beweglichen Knochens kann vielmehr längs jeder beliebigen Kurve fortschreiten, welche sich auf einer Kugel verzeichnen lässt, deren Halbmesser die Entfernung des gedachten Punktes vom Mittelpunkte des Gelenkes ist.

Es hat grosse Schwierigkeit, sich von der Bewegungsmöglichkeit eines arthrodisch verbundenen Knochens — Drehung eines Körpers um einen Punkt nennt man sie im Allgemeinen — eine deutliche und doch allgemeine Vorstellung zu machen. Es haben sich desshalb schon viele Geometer bemüht, diese durch verschiedene Betrachtungsweisen zu erleichtern. Ein Eingehen auf diese Bestrebungen würde an diesem Orte zu weit führen, wir beschränken uns darauf, diejenige Betrachtungsweise von den arthrodischen Bewegungen zu geben, wie sie stillschweigend oder ausgesprochen in der Regel den anatomischen Erörterungen und Benennungsweisen zu Grunde liegt. Der relativ beweglichere arthrodisch verbundene Knochen ist in der Regel ohnehin röhrenförmig langgestreckt, denken wir uns daher eine bestimmte gerade Linie in demselben, die durch den Mittelpunkt des Gelenkes geht und die längste Dimension desselben darstellt; sie mag die Axe des Knochens heissen. Denken wir uns nun den andern Knochen im absoluten Raume fest, so kann 1) die soeben definirte Axe alle Lagen einnehmen, welche auf den festen Mittelpunkt zielen und von einer (je nach dem Bewegungsumfang verschiedenen) kegelartigen Fläche umhüllt sind, diese Lagen bilden das, was man in der Geometrie ein Strahlenbündel nennt. 2) Kann sich dann der Knochen um die Axe herum immer noch um einen mehr oder weniger grossen Winkel drehen, welche Lage man auch der Axe gegeben hat.

Von den drei möglichen Arten der genauen Schleifgelenke können wir die erste, das Schraubengelenk, ganz von den weiteren Betrachtungen ausschliessen. Es ist allerdings in neuerer Zeit über allen Zweifel nachgewiesen, dass die Flächen der Astragalusrolle und des Ellenbogengelenkes, vielleicht auch des Gelenkes zwischen Atlas und Epistropheus, Schraubenflächen sind, jedoch sind in allen Fällen die Verschiebungen längs der Axe bei einer vollen Umdrehung — die Höhen der Schraubengänge — so klein gegen die Abmessungen der bewegten Knochen, dass die Bewegung in erster Annäherung sehr wohl für eine reine Drehung gelten kann, und die Flächen selbst gleichen Umdrehungsflächen so sehr, dass man sie lange Zeit allgemein dafür angesehen hat. Wir hätten es also nur mit Drehgelenken und dem ausgezeichneten Falle der arthrodischen Gelenke zu thun. Neben den bis jetzt betrachteten kommt im menschlichen Körper 56. noch eine ganze Reihe von Schleifgelenken vor, welche ihren Bewegungsmodus kleinen Abweichungen von der vollen geometrischen Strenge verdanken. Mit dem Grade von Genauigkeit nämlich, mit welchem im menschlichen Körper überhaupt selbst die besten Dreh- und Arthrodiekugelflächen wirklich aufeinander schleifen, können es auch noch gewisse andere Flächenstücke bei anderen Bewegungsmodis. Zwei solche Flächenarten sind — soweit bis jetzt die Untersuchungen reichen — im menschlichen Körper zur Bildung von Schleifgelenken wirklich verwandt: sattelförmige und eiförmige Flächen. Man kann sich leicht ohne Calcul überzeugen, dass es sattelförmige Flächen geben muss, welche um zwei einander senkrecht überkreuzende Linien gedreht auf ihrem ruhend gedachten Abdrucke sehr annähernd schleifen. Diese beiden Linien — wir wollen sie Axen nennen — liegen, wie man leicht sieht, auf entgegengesetzten Seiten der Fläche. Man sieht ferner leicht, dass das Schleifen, wenigstens innerhalb eines gewissen Umfanges, auch dann noch sehr vollkommen ist, wenn man von den gedachten beiden Drehungen endliche oder unendlich kleine Elemente in beliebiger Reihenfolge zu einer Gesammtbewegung vereinigt, nur muss man dabei beachten, dass die eine Axe, welche ursprünglich auf der dem beweglich gedachten Knochen angehörigen Seite der Gelenkfläche gelegen war, mit diesem fortrückt, also ein Element der Drehung um sie nicht immer um dieselbe Linie im absoluten Raume geschieht, sondern immer um eine Linie, welche zu dem beweglich gedachten Knochen eine beständige Lage hat.

Vergegenwärtigt man sich den ganzen Komplex von Lagen, welchen etwa ein Röhrenknochen (z. B. der Metacarpusknochen des Daumens) einnehmen kann, der durch ein solches Gelenk mit einem andern im Raume festgedachten (dem os multangulum majus) verbunden ist, so begreift man leicht, wie eine solche Verbindungsweise mit einer Arthrodie verwechselt werden konnte. In der That hat der Bewegungsmodus mit dem arthrodischen im äussern Ansehen grosse Aehnlichkeit. Gleichwohl lässt sich in dem beweglichen Knochen keine einzige Gerade angeben, die in allen für sie möglichen Lagen auf einen Punkt zielt — deren Lagen ein Strahlenbündel bilden. Noch weniger kann für eine bestimmte Lage einer solchen Linie nun noch eine Drehung um sie als Axe, wie bei der Arthrodie stattfinden.

Einen ganz ähnlichen Bewegungsmodus bietet ein Gelenk dar, dessen 57. Flächen aus einer eiförmigen Fläche geschnitten sind. Eine ganze geschlossene eiförmige Fläche kann zwar nur dann in ihrem Abdruck schleifen, wenn sie um ihre längste Axe dreht. Ein kleines (etwa oval begrenztes)

Stück) davon, geschnitten in der Nähe zu beiden Seiten des grössten kreisförmigen Umfanges, schleift aber auch dann sehr annähernd an seinem Abdruck, wenn man es um eine gewisse Gerade dreht, welche jene erstgedachte Axe senkrecht überkreuzt (ohne sie jedoch zu schneiden). Solche begrenzte Stücke können also auch wieder zur Bildung von Gelenken (erstes Handgelenk, Gelenk zwischen Atlas und Hinterhauptbein) benutzt werden. Jede Bewegung in einem solchen muss zusammengesetzt sein aus Elementen, von denen jedes entweder eine Drehung um die eine oder eine Drehung um die andere Axe ist. Der Unterschied vom Bewegungsmodus des Sattelgelenkes beruht darauf, dass hier die beiden Axen auf derselben Seite der Gelenkflächen liegen, während sie dort auf entgegengesetzten lagen.

58. Ausser den Schleifgelenken giebt es nun noch andere, bei denen die Gelenkflächen niemals mit endlich ausgedehnten Stücken in vollständiger oder angenäherter Kongruenz sind, wo sie sich vielmehr nur in einem Punkte oder längs einer Linie berühren. Man könnte sie passender Weise Berührungsgelenke nennen. Für ein Vorbild der ganzen Gattung kann das Kniegelenk gelten. Wir wollen es daher besonders im Auge behalten. Obgleich bei einer solchen Vereinigung die Gelenkflächen weit auseinander klaffen, ist doch in der Regel wieder der eigentliche Binnenraum der Gelenkhöhle so gut wie Null, indem nämlich die Synovialmembran faltenartig in den klaffenden Raum hineinragt. Die in den Synovialfalten eingeschlossenen Massen müssen den nöthigen Grad von Weichheit besitzen, um sich den Formveränderungen des übrig bleibenden Raumes zwischen den Gelenkflächen anzubequemen. Beim Kniegelenk sind die erforderlichen biegsamen Massen theils die *fibro-cartilagines semilunares*, theils die Fettpolster in den *ligamentis alariis* und andern Synovialfalten. Obwohl nun auch hier der allgemeine Grundsatz der Gelenkmechanik von der Konstanz des Gelenkhöhlenraumes in aller Strenge gültig bleibt, so ergiebt sich daraus, wie man leicht sieht, an sich noch kein hinlänglich bestimmter Bewegungsmodus. Dieser wird bei solchen Gelenken erst durch Nebeneinrichtungen eingeführt — in der Regel durch die *ligamenta accessoria*, die also hier eine wesentliche Bedeutung für den ganzen Mechanismus gewinnen, während er bei den Schleifgelenken schon durch die blosse Form der Gelenkflächen vollständig gegeben ist. So würden z. B. im Kniegelenk gar mannigfache Bewegungen ausführbar sein, ohne dass sich der Binnenraum der Gelenkhöhle änderte. Aus der Gestalt der Gelenkflächen an sich liesse sich gar kein einschränkender Schluss ziehen. Die bestimmte Anordnung der *ligg. lateralia* und *cruciata* nöthigt erst das Femur, jene bestimmte Bewegung anzunehmen, bei welcher seine Condylen auf den Tibiaflächen rollen und schleifen, umgekehrt wie ein halbgehemmtes Wagenrad, und zwar so, dass der äussere Condylus mehr rollt, der innere

mehr schleift. Diese Bänder bewirken es erst, dass jenes Rutschen der Oberschenkelcondylen auf den Tibialflächen, wobei eine Drehung um die Längsrichtung dieses letzteren Knochens statthat, nur in halbgebogener Lage möglich ist. Mit einem Worte, der ganze Bewegungsmodus des Kniegelenkes wird allein durch die Bänder bestimmt und könnte aus der Gestalt der Gelenkflächen an sich nicht gefolgert werden, da ja Flächen wie die der Oberschenkelcondylen noch bei manchen andern (im Kniegelenk nicht möglichen) Bewegungen mit den Tibialflächen in der punktuellen Berührung bleiben könnten, die überhaupt hier möglich ist.

Wir haben noch eine Gruppe von Gelenken zu besprechen, wie das 59. Kiefergelenk, das Brustschlüsselbeingelenk und andere, die sich ebenfalls eines sehr bestimmten Mechanismus erfreuen, ohne dass derselbe durch Drehung aufeinander passender Flächen bestimmt ist. In den beiden angeführten Beispielen wird die Sache noch durch die Zwischenknorpel verwickelter, welche die Höhle in zwei vollständig getrennte Räume theilen. Vielleicht bildet der Zwischenknorpel mit dem einen und mit dem andern Knochen ein wirkliches Schleifgelenk. Allerdings würden bei der Biegsamkeit des Knorpels für ein solches Schleifgelenk nicht mehr nothwendig Umdrehungsflächen zu fordern sein (und solche sind in der That an den beispielsweise angeführten Gelenken entschieden nicht vorhanden), indem die Deckung in einer folgenden Lage vermittelst einer Formveränderung der einen Fläche — eben der am Knorpel — zu erzielen wäre. Freilich müsste dann immer die Formveränderung der Bedingung genügen, dass sich die andere Fläche des Knorpels dem andern Knochen ebenfalls genau anschliessen könnte. Diese Bedingung ist es vielleicht gerade, die den Bewegungsmodus bestimmt. Beim gegenwärtigen Stande unserer Kenntnisse lässt sich nichts Allgemeines über die hier in Rede stehenden Gelenke aussagen und wir müssen es der speciellen Anatomie überlassen in den einzelnen Fällen die Bewegungen nach der Erfahrung darzustellen.

Es giebt noch eine grosse Anzahl von Gelenken am menschlichen 60. Körper, welche in keine der bisher aufgezählten Gruppen passen — man denke nur an die Gelenke zwischen Handwurzel und Mittelhandknochen u. s. w. Man spricht gewöhnlich diesen Gelenken einen eigentlichen Bewegungsmodus ganz ab und nimmt an, dass die einzigen Bewegungen derselben in einem unbestimmten Wackeln bestehen (das übrigens allen andern Gelenken neben ihrem eigentlichen Bewegungsmodus als Unvollkommenheit auch anhaftet). Man nennt daher diese Gelenke auch Wackelgelenke oder Amphiarthrosen. Mit Vertiefung der Forschung verliert jedoch die so charakterisirte Gruppe immer mehr an Umfang, indem immer neue früher zu den „Amphiarthrosen" gezählte Gelenke als mit bestimmtem Bewegungsmodus begabt erkannt werden.

61. Der Bewegungsumfang eines Gelenkes wird am passendsten durch Winkelgrössen dargestellt. Zwar haben wir gesehen, dass nicht immer die Gelenkbewegungen reine Drehungen — sei es um eine feste gerade Linie, sei es um einen festen Punkt — im strengsten Wortsinne sind. Gleichwohl übertrifft in der Regel eine Abmessung des im Gelenke beweglichen Knochens alle Abmessungen des an der Gelenkbildung unmittelbar betheiligten Stückes so sehr, dass für den äusseren Anblick in der Regel jede Gelenkbewegung als Drehung erscheint, indem das am Gelenke betheiligte Stück des Knochens als Ganzes doch jedenfalls keine namhafte Ortsveränderung erleidet. Näher ist nun folgende Winkelgrösse, welche im einzelnen Falle den Bewegungsumfang misst. Man wähle in dem beweglich gedachten Knochen eine gerade Linie, so dass sie bei der ganzen fraglichen Bewegung in einer Ebene bleibt. Man führe nun die Bewegung nach beiden Seiten hin aus, so weit es die Einrichtung des Gelenkes erlaubt, und messe den Winkel, welchen die beiden äussersten Lagen der gewählten Linie einschliessen. Dieser Winkel misst den Umfang der Bewegung. Eine solche Linie ist bei allen Gelenken mit bestimmter Bewegungsbahn immer wenigstens annähernd zu finden. Bei einem einfachen Ginglymus hat jedes Perpendikel auf die Drehaxe oder sonst jede Gerade, die in irgend einer zur Drehaxe senkrechten Ebene begriffen ist, die gewünschte Eigenschaft. Man würde nach dieser Definition beispielsweise von einem normalen Ellenbogengelenk sagen, es habe einen Bewegungsumfang von etwa 140°.

62. Bei Gelenken ohne bestimmte Bewegungsbahn (Arthrodieen, Sattelgelenken u. s. w.) ist die erschöpfende Darstellung des Bewegungsumfanges nicht so einfach. Man ist bei solchen gezwungen, alle möglichen Stellungen nach einem willkührlichen Principe in einzelne Bewegungsbahnen zu ordnen und für jede den Bewegungsumfang in der obigen Weise anzugeben. Nehmen wir beispielsweise eine Arthrodie — etwa das Hüftgelenk — vor, so können wir in folgender Art eine Vorstellung von seinem Bewegungsumfange gewinnen. Wir gehen von einer gewissen Lage, etwa der senkrecht herabhängenden des Schenkels aus. Wir legen eine wagrechte Ebene durch den Drehpunkt und ziehen in derselben die unendlich vielen möglichen Geraden durch den Drehpunkt. Eine dieser Linien nach der andern sehen wir nun als Drehaxe an und bestimmen für jede den möglichen Drehungswinkel, d. h. den „Umfang der Drehung um diese bestimmte Axe." Damit wäre aber noch immer nicht der Begriff des ganzen Bewegungsumfanges dieses Gelenkes erschöpft; in der That gehört es ja zum Wesen der Arthrodie, dass in jeder Lage, die der Oberschenkel durch Drehung um eine jener erstgedachten Axen angenommen hat, noch eine (je nach Umständen grössere oder geringere) Drehung um seine eigene Längsrichtung vorgenommen werden kann. Es müsste also für

jede Stellung, welche bei jener ersten Untersuchung (der wagrechten Axen) die Längsrichtung einnimmt, noch der Winkel angegeben werden, um welchen der Schenkel um sie (die für den Augenblick fest gedacht wird) als Axe gedreht werden kann. Natürlich wird man sich in der Wirklichkeit füglich mit einigen wenigen Angaben begnügen. So sagt man, um bei dem Hüftgelenke zu bleiben, zur Charakteristik seines Bewegungsumfanges: die Drehung in der Flexionsebene (d. h. um die von rechts nach links gehende wagrechte Axe) hat einen Umfang von etwa 100 Graden. In allen Stellungen, die bei dieser Bewegung vorkommen, kann der Schenkel noch mit einem Ausschlag von mehr als einem rechten Winkel um seine Längsrichtung gedreht werden, doch ist diese Drehung bei den der Extensionsgrenze näheren Stellungen mehr nach auswärts, bei den flektirten Stellungen mehr nach einwärts beschränkt. Aehnliche Angaben über den Umfang der Ab- und Adduktion (Drehung um die von vorn nach hinten gerichtete wagrechte Axe) vervollständigen das Bild, nebst Angaben über den Umfang der Drehung um einige schräge wagrechte Axen. Diese letzteren Drehungen denkt man sich zuweilen entstanden durch successive Drehung um die Flexions- und Abduktionsaxe.

In ähnlicher Weise wäre der Bewegungsumfang eines Sattelgelenkes und eines Gelenkes mit ovalen Flächen zu bestimmen, nur fiele die Angabe der Drehungsweite um die eigene Längsrichtung des beweglich gedachten Knochens in jeder Stellung weg, weil eine solche Drehung bei diesen Gelenken nicht vorkommt.

Die Beschränkung des Bewegungsumfangs oder die „Hemmung" 63. kann eine absolute oder eine relative sein. Die erstere besteht darin, dass man bei Führung des beweglichen Knochens in der (oder in einer) vermöge des Bewegungsmodus möglichen Bahn mit einem Theile desselben (in den meisten Fällen mit dem Rande der Gelenkfläche) an einen Punkt des festgedachten Knochens anstösst, so dass eine weitere Bewegung nur eine Drehung um diesen nun fest angestemmten Berührungspunkt sein könnte. Da aber eine solche durch den Bewegungsmodus des Gelenkes ausgeschlossen ist, so ist mit dem gedachten Punkte die abso-lute Grenze des Bewegungsumfanges erreicht, denn keine Kraft vermag den beweglichen Knochen weiter zu führen, wofern sie nicht überhaupt den Zusammenhang des Gelenkes aufhebt — es verrenkt — was dann nicht mehr Gegenstand der physiologischen Betrachtung ist. Ein vorzügliches Beispiel eines Gelenkes, welchem diese Art der Hemmung allein eigen ist, giebt das Ellenbogengelenk ab. Denken wir den Oberarm fest im Raume, so kann man bekanntlich selbst mit der geringsten Kraft die Ulna bis zu den beiden Punkten führen, wo sich der *processus coronoideus* in der *fossa anterior major* und wo sich andererseits das Olekranon in dem *sinus maximus* anstemmt, d. h. bis zur äussersten Grenze der Flexion

und der Extension, und zwar sind diese Grenzen absolut, denn eine Steigerung der Kraft führt die Ulna, deren Hemmung ganz plötzlich geschah,
nicht um eine Spur weiter.

64. Ganz anders tritt die relative Hemmung durch allmähliche Anspannung
von Bändern auf. Das Wesen des Vorganges ist aus der Anatomie im
Allgemeinen bekannt, wo man schon durch die Benennung vieler Bänder
als Hemmungsbänder häufig daran erinnert wird. Man weiss also, dass
bei vielen Gelenken einzelne Stellen der ohnehin stets vorhandenen Kapsel
besonders stark entwickelt sind, oder dass besondere fibröse Massen zwischen den verbundenen Knochen überspringen. Diese heissen Hemmungsbänder, wenn sie so angelegt sind, dass im Verlaufe einer normalen Bewegung der Ansatz sich vom Ursprung immer weiter entfernt. In diesem
Falle nämlich wächst die elastische Spannung des Bandes mit der Länge
und wirkt also mit immer grösserer Kraft der Fortsetzung der gedachten
Bewegung entgegen. Diese hört folglich in dem Momente auf, wo die
elastische Spannung der bewegenden Kraft gleich geworden ist. Lässt
man jetzt in demselben Sinne eine grössere Kraft einwirken, so geht
die Bewegung über die zuerst gefundene Grenze hinaus, denn das hemmende
Band muss noch mehr verlängert werden, damit seine Spannung der neuen
Kraft Gleichgewicht halte. Somit ist also in diesem Falle der B e w e g u n g s -
u m f a n g von der Intensität der bewegenden Kraft abhängig,
um so grösser, je grösser dieselbe ist. Ein augenfälliges Beispiel
für diese relative Hemmung liefert die Bewegung der Finger gegen die
Metacarpusknochen; man beuge z. B. den Zeigefinger mit möglichster
Anstrengung seiner eigenen Muskeln, dann wird die Spannung der Lateral-
bänder, die mit zunehmender Beugung wächst, der beugenden Kraft Gleichgewicht halten, wenn die erste Phalanx mit dem Mittelhandknochen etwa
einen rechten Winkel bildet. Nimmt man jetzt die Kraft des andern Armes
zu Hülfe, indem man den gebogenen Finger mit der andern Hand fasst
und darauf drückt, so kann man die Beugung um reichlich 10° weiter
treiben, weil in der erstgedachten Stellung die Spannung der Seiten-
bänder der vermehrten biegenden Kraft nicht mehr Gleichgewicht hält.

Um in solchen Fällen doch ein von den Kräften unabhängiges Maass
des Bewegungsumfanges zu haben, wäre es zweckmässig, diejenigen
Stellungen als Grenzen desselben anzusehen, bei welchen die betreffenden
Hemmungsbänder bis an die Grenze ihrer vollkommenen Elasticität gedehnt sind, denn eine weitere Fortsetzung der Bewegung würde das Gelenk eben nicht in unverletztem Zustande zurücklassen, da die über jene
Grenze hinaus gedehnt gewesenen Bänder ihre natürliche Länge nicht
wieder vollständig annehmen. Eine Bewegung über die Grenzen des so
definirten Umfanges hinaus würde das Gelenk wieder „verrenken“, aber
doch in anderer Art als ein absolut gehemmtes Gelenk.

Je entfernter die Befestigungspunkte eines Hemmungsbandes von den [65] Rändern der Gelenkfläche sind, desto grösser ist im Allgemeinen der Spielraum, den es der seine Spannung vermehrenden Bewegung lässt, denn desto grösser ist seine natürliche Länge und folglich desto kleiner bei gleichen Verschiebungen seine auf jene bezogene Dehnung, von der die elastische Spannung allein abhängt.

2. Kapitel. Wirkung der Muskelspannung auf verbundene Knochen.

Bekanntlich sind die meisten Muskeln mit ihren beiden Enden an [66] zwei Knochen befestigt, welche in der einen oder andern der beschriebenen Arten mittelbar oder unmittelbar beweglich verbunden sind. Geht ein solcher Muskel aus dem ruhenden in den erregten Zustand über, so wird in der Regel der Fall eintreten, dass seine natürliche Länge im Tetanus kleiner ist, als die gerade statthabende Entfernung seiner Endpunkte voneinander. Jede seiner Fasern wird also in ihrer Richtung einen Zug ausüben. Welche Wirkungen diese Züge unter den durch die Gelenke gesetzten Bedingungen hervorbringen können, lehrt die specielle Muskelmechanik, von der übrigens hier in derselben Weise wie von der Gelenkgeometrie nur die allgemeinsten Grundsätze zu geben sind.

Die hierhergehörigen Aufgaben haben es natürlich gar nicht mehr zu thun mit den inneren Vorgängen der Muskelsubstanz. Sie sehen die Zugkräfte der einzelnen Fasern als etwas Gegebenes an. Wenn es sich nicht blos um ein ganz unsicheres und ungefähres Rathen handeln soll, so wird man auf eine Lösung der allgemeinsten Probleme der Muskelmechanik für jetzt verzichten müssen. Man wird es nämlich aufgeben müssen, den durch gewisse Muskelthätigkeiten hervorzubringenden messbar grossen Bewegungen zu folgen, weil dabei die Lage und die Länge der Muskeln und folglich die Richtung und Grösse der ins Spiel kommenden Kräfte fortwährend in viel zu verwickelter Weise verändert wird. Man wird es zunächst versuchen, sich Rechenschaft zu geben von dem einzelnen (unendlich kleinen) Bewegungselement, welches in einer bestimmten Lage des zu untersuchenden Gelenkes den Anfang machen würde, wenn man sich die darauf wirkenden Muskeln mit gewissen Kräften ziehend denkt. Man kann diese Frage auch so ausdrücken: wie gross müsste eine einzige Zugkraft sein? und wie müsste sie angebracht sein? damit sie den gedachten Muskelzügen Gleichgewicht hielte. Kennten wir nämlich diese, so kennten wir wirklich das Anfangselement der Bewegung, denn es wäre dasjenige, was eine ihr entgegengesetzt gerichtete gleichgrosse Kraft allein wirksam gedacht, im ersten Augenblicke hervorbringen würde. Das von dieser letzteren Kraft, welche der allein vorhanden gedachten Gleichgewicht haltenden gleich und entgegengesetzt ist, am Gelenk hervorgebrachte Drehungs-Bestreben oder -Moment heisst das „resultirende Moment" der gegebenen Kräfte. Im folgenden Augenblicke können wir aber das Zusammenwirken der gedachten Muskelzüge nicht mehr durch jene eine Kraft darstellen, denn sie haben sich im Allgemeinen alle durch das erste Bewegungselement selbst geändert.

67. Das soeben ausgesprochene Problem lässt sich in jedem einzelnen Falle, wenn alle nöthigen Data bekannt sind, durch Anwendung der ersten Elemente der Statik lösen. Es handelt sich nämlich offenbar nur um die Reduktion eines Systemes von Kräften (die Zugkräfte aller einzelnen Muskelfasern) angebracht an einem starren Körper, dessen Bewegungen bestimmten geometrischen (durch das Gelenk gegebenen) Bedingungen unterworfen sind. Bekanntlich lässt sich jedes System von Kräften, die auf einen frei beweglichen starren Körper wirken, zurückführen auf zwei Kräfte, die nicht in einer Ebene liegen. Ist hingegen der starre Körper, auf den die Kräfte wirken, noch besondern geometrischen Bedingungen unterworfen, so lassen sich die sämmtlichen Kräfte in der Regel auf eine einzige Kraft oder „Resultante" zurückführen. So ist es wenigstens allemal bei den zwei wichtigsten Arten der Gelenkbewegung, der Axendrehung (Ginglymus) ·und der Drehung um einen Punkt (Arthrodie), die uns hier statt einer allgemeineren Betrachtung im Besondern noch einen Augenblick beschäftigen mögen.

Bei dem Ginglymusgelenk kann von vorn herein nur von einer Drehung um eine bestimmte feste Axe in dem einen oder dem andern Sinne die Rede sein, wodurch die Ermittelung der Muskelwirkungen bei einem solchen höchst einfach wird. Wir haben nämlich nur die sämmtlichen Drehungsbestrebungen (Momente) in dem einen und in dem andern Sinne zu addiren und die kleinere dieser beiden Summen von der grösseren zu subtrahiren, der Rest ist das wirklich vorhandene oder resultirende Drehungsbestreben, in dem Sinne der grösseren Summe wirksam. Das Drehungsbestreben, welches eine Muskelfaser in einem gegebenen Zustande hervorbringt — ihr Moment — in Beziehung zu der Axe des Ginglymus findet sich aber bekanntlich leicht. Zerlegt man nämlich erstlich die als bekannt vorauszusetzende Kraft (Spannung) der Faser nach der Regel des Parallelogrammes der Kräfte in eine zur Axe parallele Komponente und in eine andere, welche in einer zur Axe senkrechten Ebene begriffen ist, so ist klar, dass die erstere zur Drehung nicht mitwirken kann, sondern eine Verschiebung des einen Knochens am andern längs der Axe hervorzubringen strebt, welche Verschiebung aber durch die Einrichtung des Gelenkes verhindert wird, oder mit andern Worten, diese Komponente wird im Gleichgewicht gehalten durch Widerstände.

Die zweite Komponente ist zu multipliciren mit ihrem kürzesten Abstand von der Axe, d. h. mit dem Perpendikel, das von einem Punkte der Axe auf ihre Richtung gefällt werden kann; das Produkt misst alsdann das gesuchte Moment.

Für den Fall arthrodischer Beweglichkeit ist die Frage nach dem 68. Erfolge mehrerer zusammenwirkender Zugkräfte nicht ganz so einfach zu beantworten, weil auch die R i c h t u n g des resultirenden Drehungsbestrebens noch nicht von vornherein bestimmt ist. Eine einzelne Zugkraft an dem beweglichen Knochen angebracht, würde natürlich ein Drehungsbestreben zur Folge haben um eine Axe, die im Drehpunkt senkrecht steht zu der Ebene, welche diesen Punkt und die Richtung der Kraft enthält. Fällt man vom Drehpunkt auf die Richtung der Kraft ein Loth und multiplicirt das Maass seiner Länge mit dem Maasse der Kraft, so hat man auch die „G r ö s s e" des Momentes. So kann also im gegebenen Falle für jede Muskelfaser Axe und Grösse des Momentes gefunden werden. Das gleichzeitige Vorhandensein aller dieser so bestimmten Momente hat nun denselben Erfolg, als ob nur ein einziges Moment vorhanden wäre, welches nach einem bekannten Satze der Statik so gefunden wird: Man trägt den Grössen der einzelnen Momente proportionale Längen auf ihren respektiven Axen überall vom Drehpunkt anfangend ab und findet für die sämmtlichen in einem Punkt zusammenlaufenden, begrenzten geraden Linien die Resultirende gerade so, als stellten sie Kräfte vor, d. h. nach der Regel des Parallelogrammes. Die Richtung der so bestimmten Linie ist die Richtung der Axe und die Grösse derselben misst die Grösse des Drehungsstrebens, welche das Zusammenwirken der gedachten Kräfte um diese Axe hervorbringt. *)

Es begreift sich leicht, dass man in der Zusammensetzung der Momente 69. jede beliebige Reihenfolge einhalten kann. So darf man auch zunächst die Momente der einzelnen Fasern jedes Muskels für sich zusammensetzen zu resultirenden Momenten der einzelnen Muskeln (im anatomischen Sinne). Die Lage der Axe eines solchen resultirenden Momentes hängt blos ab von der Lage des Muskels zum Gelenk, nicht von der G r ö s s e der S p a n n u n g des Muskels. Hierauf beruht die funktionelle Benennung der auf eine Arthrodie wirkenden Muskeln. Fällt nämlich die Momentaxe eines Muskels in die Nähe einer der sechs Axen, welche besonders bezeichnet werden, so nennt man den Muskel so, als ob er eine Drehung um diese Axe selbst hervorbrächte. Beispielsweise fällt die Axe, um welche der

---

*) In diesen wenigen Sätzen ist a l l e s das vollständig enthalten, was zuweilen etwas schwerfällig und nicht immer hinlänglich bestimmt mit Hilfe von Anschauungen, die der speciellen Lehre vom Hebel entlehnt sind (als die Länge des Hebelarms, Angriffswinkel etc.), vorgetragen wird.

m. psoas allein wirkend das Bein aus der gerade herabhängenden Lage
herausdrehen würde, ziemlich nahe an die Flexionsaxe, d. h. die Linie,
welche vom Drehpunkt wagrecht gerade nach auswärts geht, daher bezeichnet
man den *m. psoas* als einen *flexor femoris.* In der That wird er in der
gedachten Lage des Schenkels eine der reinen Flexion sehr ähnliche Bewegung hervorbringen, bei der wenigstens, z. B. sicher wie bei der Flexion,
das Knieende des Schenkels nach vorn aufsteigt. Indem man solche Namen
für die Muskeln gebraucht, kann man sich nicht lebhaft genug vergegen-
wärtigen, dass die ihnen zu Grunde liegende Vorstellung nur auf eine
bestimmte willkührlich gewählte Anfangsstellung passt. Die Namen der
gedachten Art bezeichnen also durchaus nicht eine bleibende Eigenschaft
der Muskeln, sondern nur eine einzelne Beziehung, in der sie sich in
einer bestimmten Lage des Gliedes befinden, und auch in diesem
Sinne ist die Bezeichnung nur sehr ungefähr.

3. Kapitel. Einige besondere Bewegungsmechanismen.

70.   Die specielle Durchführung der Lehren des vorigen Kapitels an den einzelnen Gliedern des menschlichen Leibes, oder wo diese noch nicht möglich
sein sollte, die empirische Beschreibung einzelner Gelenkbewegungen und
Muskelwirkungen überlassen wir der Anatomie. Wenn auch eine streng
logische Abgrenzung der Disciplinen diesen Stoff der Physiologie zutheilen
würde, so ist es doch einmal Sitte in der Anatomie, bei Beschreibung der
Muskeln von ihrer Wirkung zu sprechen. Nur einzelne genauer studirte
und im Leben regelmässig wiederholte Bewegungsfolgen und Gelenk-
stellungen, wie das Stehen und Gehen, pflegen hergebrachtermaassen in
der Physiologie erörtert zu werden und mag daher eine kurze Besprechung
derselben hier Platz finden. Ganz besondere Aufmerksamkeit schenkt
noch die Physiologie den Leistungen eines Muskelapparates, nämlich
denen des Kehlkopfes und der Sprachwerkzeuge. Sie sind daher ausführ-
licher im zweiten Theile dieses Kapitels zu behandeln. Indessen wird auch
hierbei der unmittelbare mechanische Erfolg — die Stellungsänderungen
der Theile — welche die Muskelzüge bewirken, als aus der Anatomie
bekannt vorausgesetzt und nur untersucht, wie diese zur Hervorbringung
der Stimme und Sprache verwandt werden. In späteren Kapiteln wird
dann noch gelegentlich von einzelnen Muskelmechanismen die Rede sein,
deren Wirkung anderen Funktionen — z. B. der Sinneswerkzeuge oder
des Verdauungsapparates — dient.

I. Stehen und Gehen.

Stehen kann an sich jedes Verweilen in irgend einer Gleichgewichts- 71.
lage der einzelnen Körpertheile gegeneinander genannt werden, bei welcher
blos die Fusssohle oder ein Theil derselben mit festen Körpern in Berührung ist. Die erste Grundbedingung alles Stehens ist demnach die,
dass ein Loth durch den Schwerpunkt der Gesammtmasse des Körpers
durch denjenigen Theil der Bodenoberfläche geht, welcher von den
Fussrändern umspannt wird. Die zweite Grundbedingung ist die, dass
die relative Lage der einzelnen gegeneinander beweglichen Körpertheile
auch wirklich — wie die Definition verlangt — eine Gleichgewichtslage
sei. Diese Bedingung kann, wenn die beiden fraglichen Körpertheile durch
ein Schleifgelenk mit einander verbunden sind, auch so ausgedrückt werden:
Die Resultirende aller auf den einen Theil wirkenden Kräfte muss auf
der Gelenkfläche senkrecht stehen. Sie kann nämlich alsdann keine Bewegung (Schleifen) hervorbringen, weil sie durch den Widerstand der
entsprechenden Gelenkfläche des andern Körpertheiles im Gleichgewicht
gehalten wird. Bei Drehgelenken geht alsdann die Resultirende durch
die Drehaxe.

Man übersieht sofort, dass diesen beiden Bedingungen in unendlich
verschiedener Weise genügt werden kann. Was insbesondere die erste
Bedingung betrifft, so hat die von den Fussrändern umspannte Fläche
eine bis zu einer namhaften Grösse vermehrbare Ausdehnung, über welcher
sich irgendwo der Schwerpunkt des Körpers befinden darf. Was die
zweite Bedingung angeht, so ist die Freiheit noch grösser; denn man hat
in den Muskelzügen willkührliche Kräfte, über die in jedem Falle so
verfügt werden kann, dass sie mit den durch die Lage selbst nothwendig gegebenen Kräften (Schwere, Bänderspannung) zusammen eine
durch die Drehaxe gehende Resultirende liefern. Man kann beispielsweise
mit weit vornübergeneigtem Rumpfe auf einem Fusse stehen. In dieser
Lage geht zwar die Resultirende der Schwerkraft weit vor der Hüftgelenkfläche herab; man kann aber am hinteren Theile des Beckens solche abwärts gerichtete Muskelzüge anbringen (mit Hilfe der Glutaei etc.), dass
dieselben mit der Schwerkraft eine Resultirende zusammensetzen, welche
senkrecht auf die Hüftgelenkfläche zielt — also durch den Drehpunkt
geht. Alsdann ist auch die vornüber gebeugte Lage des Rumpfes eine
Gleichgewichtslage.

Es versteht sich von selbst, dass hier unter der Ueberschrift Stehen 72.
nicht von allen diesen durch willkührliche Anstrengung möglichen Gleich-
gewichtslagen gehandelt werden kann. Es soll vielmehr nur eine einzige
herausgegriffen werden, welche ganz besonders ausgezeichnet ist. Man
kann sich nämlich offenbar die Aufgabe stellen: welche Lage muss den

4*

Körpertheilen gegeben werden, damit die durch dieselbe unmittelbar und nothwendig bedingten Kräfte einander mit Hülfe des Gegendruckes von Gelenkflächen und Boden im Gleichgewicht halten, ohne dass Muskelzüge zu Hülfe genommen werden, oder — wofern sich das als unmöglich herausstellen sollte — mit Zuhülfenahme von möglichst schwachen Muskelzügen. Diese aus den Einrichtungen des Skelettes zu folgernde Lage kann man als die des „natürlichen aufrechten Stehens" bezeichnen. In der That wird uns diese Lage durch das natürliche Gefühl, das mittels der Ermüdung ermahnt, möglichst sparsam mit Muskelzügen umzugehen, gelehrt, ohne dass wir mechanische Betrachtungen anzustellen brauchten.

73. Die Lage der einzelnen Körperabtheilungen beim natürlichen aufrechten Stehen ist, von kleinen Schwankungen abgesehen, folgende: Die Füsse stehen mit aneinander liegenden Fersen, die Spitzen nach auswärts, so dass die inneren Ränder einen Winkel von etwa 50 ° bilden. Die parallelen Unterschenkel bilden einen vorn spitzen Winkel von etwa 80 ° mit dem Horizont. In ihre Verlängerung fallen die Oberschenkel, 'das Kniegelenk befindet sich also im Maximum der Streckung, der ganze Schenkel ist im Hüftgelenke ein Wenig nach aussen rotirt. Ausserdem ist das Hüftgelenk in stark gestreckter Lage, d. h. das Becken mit dem Rumpfe ist stark nach hinten über geneigt. Die Wirbelsäule mit dem Kreuzbein hat ihre natürliche Gleichgewichtsfigur. Der Kopf steht auf derselben mit gerade nach vorn gerichteter Gesichtsfläche. Die Arme hängen senkrecht an den Seiten des Rumpfes herab.

Wir fragen uns nun, durch Gegeneinanderwirken welcher Kräfte in der beschriebenen Lage ein stabiles Gleichgewicht zu Stande kommt.

1. Der Kopf wird auf dem Rumpfe nicht ganz ohne Muskelzug in seiner Lage erhalten, denn diese lässt das Loth durch den Schwerpunkt des Kopfes ein Wenig vor der Drehaxe des Hinterhauptgelenkes herabfallen. Sollte es diese Axe selbst treffen, so müsste die Gesichtsfläche ein Wenig aufwärts gerichtet werden. Das würde aber doch nur ein labiles Gleichgewicht zur Folge haben, das nicht ohne beständige kleine corrigirende Muskelzüge bald vorn, bald hinten dauernd erhalten werden könnte. Man zieht es aus diesem Grunde gewöhnlich vor, dem Kopfe die erst beschriebene Lage zu geben, und das durch dieselbe vorn abwärts gesetzte Drehungsbestreben der Schwere vermittels der Nackenmuskulatur im Gleichgewicht zu halten. Das Moment der Schwere des Kopfes ist nur klein, da das Loth durch seinen Schwerpunkt nicht weit von der Axe vorübergeht, und kann also der sehr kräftigen, hinten angesetzten Nackenmuskulatur nicht sehr zur Last fallen. Dass die ganz sich selbst überlassenen Arme eine stabile Gleichgewichtslage annehmen, versteht sich ohne Weiteres von selbst.

2. Wir können somit jetzt die Zusammenstellung von Kopf, Rumpf und Armen in der gedachten Lage als starr ansehen und untersuchen, wie dieser Körper gehindert wird, sich um die Verbindungslinie der beiden Hüftgelenksmittelpunkte zu drehen. Der Rumpf ist in den Hüftgelenken stark nach hinten übergelehnt. Ein Loth durch seinen Schwerpunkt, der in der Nähe des Promontorium liegt, fällt hinter die Axe, um welche er sich auf den beiden Schenkeln drehen kann. In dieser Lage sind aber die *ligg. ileofemoralia superiora* bekanntlich in Spannung, um so mehr, wenn die Schenkel gleichzeitig eine etwas auswärts rotirte Stellung einnehmen, wie dies ja in der That der Fall ist. Diese Spannung setzt sich nun ohne alle Beihilfe von Muskelzügen mit der nach hinten drehenden Wirkung der Schwere und dem Widerstande der Gelenkflächen in stabiles Gleichgewicht. Die Resultirende der Schwere (welche hinten abwärts zieht) und der Bänderspannung (welche vorn abwärts zieht) geht durch die Drehungsaxe. Man kann die Sache anschaulich auch so ausdrücken: der natürlich Stehende lässt seinen Rumpf so lange hintenübersinken, bis er durch die sich vorn anspannenden Bänder aufgehalten wird.

3. Wir haben jetzt also die Berechtigung, auch die Oberschenkel in der in Rede stehenden Stellung mit dem Rumpfe starr verbunden zu denken. Der Schwerpunkt dieses ganzen Systems liegt zwar in horizontaler Projection hinter den augenblicklichen Drehungsaxen der gestreckten Kniegelenke und die eigentlichen Bänder dieses Gelenkes widersetzen sich einer Beugung nicht. Gleichwohl wird das somit vorhandene beugend wirkende Moment der Schwere mittelbar doch auch wesentlich durch Bänderspannung aufgewogen. Vor Allem ist zu beachten, dass es überhaupt sehr klein ist, weil das Loth durch den Schwerpunkt aller über dem Knie liegenden Theile sehr nahe hinter den Drehaxen der Kniegelenke herunterfällt. Das Band, welches sich seiner Wirkung mittelbar widersetzt, ist wiederum das schon in seiner Wichtigkeit für das Stehen nach einer Seite gewürdigte *lig. ileofemorale superius*. Man bedenke nämlich, dass zum Schluss der Streckung des Kniegelenkes der Oberschenkel — wenn dieser als beweglich angesehen wird — wegen der horizontalen Krümmung seines *condylus internus* eine kleine Rotation nach innen erleidet, dass also umgekehrt die Beugung mit einer kleinen Rotation nach aussen nothwendig beginnen muss. Alles, was sich dieser hindernd entgegenstellt, muss also auch den Beginn der Beugung verhindern. Eine solche Hemmung für fernere Rotation nach aussen giebt aber unter den vorhandenen Bedingungen das schon vollständig gespannte *lig. superius* ab — es widersetzt sich also in höherem oder niederem Grade der gleichzeitigen Beugung beider Kniegelenke bei feststehenden Füssen, welche Bewegung die Schwere der über dem Knie befindlichen Körper-

theile hervorzubringen strebt. Ob übrigens nicht eine ganz unbedeutende Anspannung der *extensores cruris* zur Steifung des Kniees mit beiträgt, mag dahingestellt bleiben. Es ist nicht unwahrscheinlich, da die genannten Muskeln bei sehr anhaltend fortgesetztem Stehen einigermaassen ermüden.

4. Es erübrigt noch zu untersuchen, wie der jetzt als unveränderlich in sich nachgewiesene Complex von Rumpf und den ganzen Beinen verhindert wird, auf den Astragalusrollen zu gleiten. Ein Loth durch den Schwerpunkt des Gesammtkörpers, mit Ausschluss der Füsse, fällt vor die Drehaxe der Astragalusrollen. Die Schwere erstrebt also eine Beugung (Dorsalflexion) des Fussgelenkes. Diese kann unter den gegebenen Bedingungen — namentlich wegen der Divergenz der Beugungsebenen bei auswärts gerichteten Füssen — ohne gleichzeitige Beugung der Kniee und damit nothwendig verbundener Auswärtsrollung im Hüftgelenke nicht geschehen. Alle Kräfte, welche sich dem Obigen zufolge diesen beiden letzteren Bewegungen widersetzen, hemmen also auch das Vornüberfallen des Körpers in den Fussgelenken. Indessen dürften diese Kräfte für sich doch nicht ganz ausreichen und noch eine geringe Spannung der Wadenmuskeln erforderlich sein.

Wir haben somit den g a n z e n Körper in der gedachten Lage seiner Theile nachgewiesen als ein Ganzes, auf das die vorhandenen Kräfte — darunter allerdings einige Muskelzüge — nicht formverändernd einwirken können. Es darf also betrachtet werden wie ein vollkommen starrer Körper, und er bleibt auf den Fusssohlen stehen, wenn das Loth durch seinen Schwerpunkt zwischen dieselben fällt. Dies ist aber der Fall, denn wir sahen den Schwerpunkt des Gesammtkörpers, mit Ausschluss der Füsse, in horizontaler Projektion dicht vor den Astragalusrollen. Die Hinzunahme der Füsse selbst kann denselben kaum merklich verrücken.

74.   Der Mensch vermag sich auf ganz oder nahezu wagerechtem Boden mit ausschliesslicher Anwendung der Beine auf unendlich mannigfaltige Weise in beliebiger Richtung fortzubewegen. Es giebt also unendlich viele verschiedene Arten des Gehens. Unter allen ist jedoch e i n e ausgezeichnet, welche allein für die Zwecke des Lebens in der Regel verwendbar ist — der „n a t ü r l i c h e G a n g n a c h v o r w ä r t s". Er geschieht bei möglichst grosser Geschwindigkeit und Sicherheit mit möglichst kleinem Aufwande von Muskelarbeit. Der natürliche Gang so definirt müsste sich *a priori* aus der Einrichtung des Skelettes ableiten lassen. Wir müssen uns jedoch hier begnügen, die denselben zusammensetzenden einzelnen Bewegungen als gegeben durch die Beobachtung zu beschreiben. Das Folgende wird also streng genommen mehr eine Geometrie als eine eigentliche Mechanik des menschlichen Ganges enthalten. Nur soviel lässt sich

im Allgemeinen ohne Rechnung in Bezug auf die den Gang bewirkenden Kräfte ersehen. Es sind deren wesentlich drei, die während des Gehens auf die Masse des Körpers einwirken. 1. Die Streckkraft des hinten an den Boden angestemmten Beines. Sie strebt, den Körper in der Richtung der Verbindungslinie des Stützpunktes (Grosszehenballen) und Schenkelkopfes zu beschleunigen. 2. Die Schwere, die bekanntlich den Körper lothrecht abwärts beschleunigt. 3. Der Widerstand des umgebenden Mediums, der jede irgendwie gerichtete Bewegung verzögert. Da nun das schliessliche Resultat der Wirkung dieser drei Kräfte — abgesehen von sehr unbedeutenden periodischen lothrechten Schwankungen — eine wagrechte Fortbewegung des Schwerpunktes mit annähernd unveränderter Geschwindigkeit ist, da also weder Beschleunigung noch Verzögerung statthat, so müssen sich die Kräfte, wenn einmal der Körper in gleichförmigen Gang gekommen ist, im Ganzen Gleichgewicht halten.

Man weiss aus der alltäglichen Erfahrung, dass beim Gehen in regel- 75. mässiger Wiederholung Zeiträume vorkommen, während welcher das eine Bein frei schwebend am Rumpfe hängt, und nur das andere Bein den Boden berührt. Wir wollen vom Ende eines solchen Zeitraumes ausgehen. Stellen wir uns insbesondere den Augenblick vor, in welchem das rechte Bein aufhört frei zu hängen und vorn auf den Boden aufgesetzt wird. Bei den meisten Arten des natürlichen Gehens mit mässiger Geschwindigkeit geschieht dies Aufsetzen so, dass die Ferse des aufgesetzten Fusses v o r dem Loth durch den Schwerpunkt des Körpers steht. Es muss alsdann nothwendig ein Zeitraum folgen, während dessen beide Füsse den Boden berühren. In der That würde in der gedachten Lage der Körper nach hinten herunter sinken, wenn der linke Fuss sofort den Boden verliesse. Es bleibt daher das linke Bein an den Boden angestemmt und fährt auch in seiner Verlängerung*) (durch Streckung der Gelenke) fort so lange, bis es den Schwerpunkt senkrecht über das Fussgelenk der rechten Seite geschoben hat. Das rechte eben aufgesetzte Bein verkürzt sich während dieses Zeitraumes durch Beugung im Knie ein Wenig, denn sonst müsste sein Schenkelkopf beim Vorwärtsrücken ein Wenig steigen, was nicht der Fall ist, im Gegentheil sinkt in der Regel beim Gehen der Schwerpunkt (und mithin auch der Schenkelkopf) um einige Centimeter gegen Ende des hier in Rede stehenden Zeitraumes, um freilich im Beginne des folgenden wieder um ebensoviel gehoben zu werden.

Ist nun der Schwerpunkt senkrecht über die Astragalusrolle des rechten Beines (oder eine Spur weiter nach vorn) gekommen, dann hat das linke, hinten angestemmte Bein durch Ausstreckung im Knie und Fussgelenk

---

*) Unter der Länge des Beins ist hier allemal der gerade Abstand des Schenkelkopfes von dem am Boden angestemmten Punkte des Fusses zu verstehen.

seine grösste Länge erreicht und berührt nur noch mit dem Ballen (Metatarsusköpfchen) den Boden. In diesem Momente wird es dann vom Boden gelöst durch eine es verkürzende Beugung des Kniegelenkes. Es beginnt jetzt, während das rechte Bein allein die Unterstützung des Körpers besorgt, die Schwingung des linken nach vorn. Der senkrechten Lage sich nähernd, muss es sich immer mehr verkürzen, um nicht den Boden zu berühren. Dies geschieht durch Erhebung der Anfangs ganz ausgestreckten Fussspitze. Nachdem es die senkrechte Lage schwingend überschritten hat, lange vorher also schon an dem stemmenden rechten Beine vorübergegangen war, wird es wieder so weit verlängert, dass es den Boden berührt, angehalten wird und nun also vor dem Loth durch den Schwerpunkt aufsteht, genau in derselben Lage, in welcher wir vorher das rechte Bein auftreten sahen.

Die Schwingung, durch welche das hängende Bein an dem stemmenden vorüber nach vorn geführt wird, geschieht ganz ohne Aufwand von Muskelarbeit unter dem ausschliesslichen Einfluss der Schwere, wie die Schwingung eines gewöhnlichen Pendels. Die ungestörte Ausführung solcher Pendelschwingungen ist hauptsächlich dadurch bedingt, dass der Schenkelkopf in der Hüftpfanne fast gar keinen Reibungswiderstand erleidet, weil der ihn in dieselbe eindrückende Luftdruck fast ganz durch die Schwere des Beines aufgewogen wird, und also nur ein höchst unbedeutender, Reibung bedingender Druck der Gelenkflächen gegeneinander übrig bleibt. Dass die Schwingung des Beines ganz unabhängig von den willkührlichen Muskelanstrengungen ist, hat nicht nur den Vortheil der Kraftersparniss, sondern erleichtert auch in hohem Grade die grosse Regelmässigkeit des Ganges, die ohne diesen Umstand kaum begreiflich wäre. Sobald nämlich jetzt das gehende Subject nur darauf achtet, das schwingende Bein immer in demselben Stadium der Schwingung zu unterbrechen, so ist die vollendete Regelmässigkeit des Ganges gesichert, denn zu demselben Bruchtheil einer ganzen freien Schwingung braucht das Bein immer dieselbe Zeit.

Wir haben jetzt zu fragen, welche Bewegungen macht das an den Boden angestemmte rechte Bein, während das linke die so eben beschriebene Pendelschwingung ausführt? Beim Beginne dieses Zeitraumes verliessen wir dasselbe in einer Stellung, bei welcher der Schwerpunkt des Körpers um ein Kleines weiter vorn als seine Fussgelenkaxe lag und bei welcher ausserdem sein Schenkelkopf der Fussspitze durch einige Beugung der Gelenke um ein Gewisses angenähert war. Ist a Fig. 6 der Stützpunkt des rechten Fusses, b die Lage des rechten Schenkelkopfes in dem Momente, in welchem der linke Fuss vom Boden gelöst wird, so würde bei unverändert gedachtem rechten Bein in der nächsten Zeit b

Fig. 6.

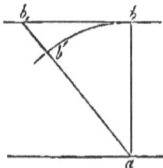

den Kreisbogen *bb'* beschreiben; wenn aber während derselben das Bein sich um die Grösse *b,b'* verlängert, so kommt der Schenkelkopf nach *b,*, d. h. er wird in gleicher Höhe wagrecht nach vorn geschoben. Die Verlängerung des Beines geschieht anfänglich durch Streckung im Kniegelenk, dann durch Streckung des Fussgelenkes mit Hebung des hinteren Theiles der Sohle vom Boden. Diese wird also während der Streckung gewissermaassen vom Boden abgewickelt, wenn auch in etwas anderer Weise als die Felgen eines Rades. Noch ehe nämlich die Sohle den Boden verlässt, rückt der eigentliche Stützpunkt in derselben nach vorn — d. h. der Punkt, durch welchen die Resultirende der Körperlast und der Reaction der Streckkraft des Beines geht. Ist er bis zu dem Metatarsusköpfchen gekommen, so wird nun die ganze mechanisch bereits abgewickelte, d. h. entlastete Sohle auf einmal erhoben.

Während der soeben beschriebene Vorgang, bei welchem der Schenkelkopf horizontal nach vorn geht, dauert, tritt nun der vorhin erwähnte Augenblick ein, in welchem der linke bisher schwebende Fuss vorn den Boden berührt. Alsdann ist von dem Augenblicke, den wir als Ausgangspunkt wählten, gerechnet „ein Schritt" vollendet. Es beginnt nun ein neuer Schritt, in welchem der linke Fuss genau dieselben Bewegungen in derselben Reihenfolge macht, welche wir während des ersten Schrittes am rechten beobachteten, und ebenso thut der rechte Fuss im zweiten Schritte dasselbe, was im ersten der linke that. Im zweiten Schritte also, um es genauer zu sagen, verkürzt sich Anfangs das linke Bein noch etwas, bis der Schwerpunkt des Körpers über seine Fussgelenkaxe gekommen ist. Von diesem Moment an — in welchem der bis dahin angestemmte und möglichst ausgestreckte rechte Fuss den Boden verlässt, um seine Pendelschwingung zu beginnen — verlängert sich das linke Bein und schiebt so den nicht vollständig unterstützten Körper im Verein mit der Schwere horizontal nach vorn. Ist während dessen der rechte Fuss in seiner Schwingung am linken vorbei gehöriges Orts angekommen, so wird er zum zweiten Male auf dem Boden aufgesetzt und es beginnt jetzt der dritte Schritt, der sich vom ersten in nichts unterscheidet. So kann sich dieselbe Bewegungsfolge beliebig oft wiederholen. Man kann ganz allgemein sagen: In zwei Zeitpunkten, welche um zwei Mal eine Schrittdauer auseinanderliegen, befindet sich der ganze Körper und namentlich jedes Bein in gleicher Lage und gleichem Bewegungszustande. In einem Zeitpunkte, der um eine Schrittdauer von einem anderen absteht, befindet sich das rechte Bein in derjenigen Lage und demjenigen Bewegungszustande, in welchem sich im anderen Zeitpunkte das linke befand und *vice versa*.

Um eine bequeme Uebersicht über die gleichzeitigen Bewegungszustände beider Beine zu haben, werfe man einen Blick auf nachstehendes

Schema (Fig. 7). In der oberen Linie sind die Zustände des linken, in der unteren die des rechten Beines dargestellt und zwar bedeutet ein gerades Stück Aufstehen des Fusses auf dem Boden, ein Bogen Schwingen desselben durch die Luft. Senkrecht über einander liegende Punkte beider Linien stellen allemal g l e i c h z e i t i g vorhandene Zustände vor. Die senkrechten Striche scheiden diejenigen Zeiträume, während welcher b e i d e Füsse den Boden berühren, von denen, während welcher der e i n e Fuss frei hängt. Die Figur beginnt mit dem

Fig. 7.

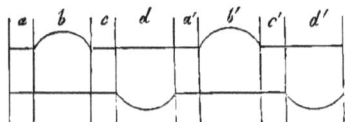

Zeitpunkte, mit welchem wir unsere Betrachtung begannen, in welchem also der rechte Fuss vorn auf den Boden gesetzt wird, während der linke ebenfalls noch bis zum Schluss des Zeitraumes a den Boden berührt. Der Zeitraum $a + b$ ist die Dauer eines Schrittes, man sieht im Schema deutlich, dass nach Verfluss desselben das linke Bein dieselbe Reihe von Bewegungen beginnt, welche im ersten Zeitraum das rechte Bein gemacht hatte. Die Darstellung des zweiten Schrittes unter $c\,d$ kann demnach aus der ersten unter $a\,b$ erhalten werden, wenn man die Figur um eine wagrechte Axe umdreht, so dass die obere Linie zur unteren (das rechte Bein bedeutenden) wird. Im Ganzen umfasst die Figur die Zeit von 4 Schritten, daher die zweite Hälfte $a'\,b'\,c'\,d'$ eine identische Wiederholung des ersten Theiles sein muss.

76.   Die Geschwindigkeit des Gehens ist natürlicher Weise der Schrittlänge d i r e k t, der Schrittdauer u m g e k e h r t proportional. Diese beiden Grössen sind aber beim ungezwungenen natürlichen Gehen in einer sehr merkwürdigen Weise von einander abhängig. Wenn die eine gegeben ist, so ist die andere auch gegeben oder wenigstens nur noch zwischen sehr engen Grenzen veränderlich, vorausgesetzt, dass man der Schwingung des hängenden Beines ihren Lauf lässt — sie weder durch gezwungene Muskelanstrengung beschleunigt noch verzögert.

Um den nothwendigen Zusammenhang zwischen Schrittlänge und Schrittdauer leicht zu übersehen, geht man am besten von einer Grösse aus, von welcher sie beide bedingt sind, nämlich von der Höhe, in welcher die Schenkelköpfe bei einer gegebenen Gangart über dem Boden getragen werden. Ist diese Höhe gegeben, so ist damit die Schrittlänge ganz vollständig und eindeutig bestimmt. Natürlich muss ausserdem noch die Länge der Beine bekannt sein, welche die zu untersuchende Gangart bewerkstelligen. In der That kann die Stellung der Füsse, während sie gleichzeitig den Boden berühren, nur eine einzige sein, sobald die Höhe der Schenkelköpfe über dem Boden gegeben ist. In dem Momente nämlich, wo das hinten angestemmte Bein bis zum Maximum ausgestreckt ist, muss nothwendig der Schwerpunkt des Körpers senkrecht über der vorn aufgesetzten Ferse liegen, weil dieser nunmehr die Last des Körpers überantwortet werden muss. Ist also z. B. AB in Fig. 8 der Boden, ab die wagrechte Linie, in welcher der eine Schenkelkopf getragen wird, und ist dc die bekannte Länge des maximal gestreckten Beines, so kann dies auch keine andere Richtung haben als de. Fällt man also von d ein Loth de auf den Boden AB, so hat man die Lage der Ferse des vorn aufgesetzten Fusses. Die Entfernung von e bis zu dem Punkte, wo die Ferse des hinten jetzt bei c blos noch mit dem Ballen angestemmten Fusses anfänglich stand, ist also eine Schrittlänge. Die Schrittlänge ist demnach die Kathete ec eines rechtwinkeligen Dreieckes, dessen eine Kathete die Höhe der Schenkelköpfe über dem Boden, dessen Hypothenuse die maximale Länge des stemmenden Beines ist — vermehrt um die abgewickelte Fusssohle. Bei gleicher Beinlänge wird also die Schrittlänge um so grösser, je tiefer die Schenkelköpfe getragen werden (denn um so kleiner ist die Kathete de unseres Dreiecks).

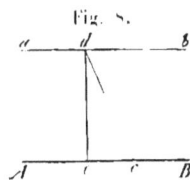

Die Schrittdauer ist ebenfalls fast vollständig bestimmt durch die Höhe der Schenkelköpfe über dem Boden, und zwar ist sie um so kleiner, je geringer jene Höhe ist. Je niedriger nämlich die Schenkelköpfe getragen werden, um so schräger kommt offenbar das stemmende Bein zu liegen. Dadurch wird aber die nicht aufgewogene Komponente der Schwerkraft, welche den Körper im Kreise herabzuführen strebt, vergrössert. Es muss deswegen die Ausstreckung des stemmenden Beines, um das Sinken zu verhindern, rascher vollzogen werden, als wenn bei höherer Lage der Schenkelköpfe diese weiten Abweichungen des stemmenden Beines vom Loth gar nicht vorkämen. Da aber das schwebende Bein spätestens in dem Augenblicke auf den Boden gesetzt werden muss, in welchem das stemmende das Maximum seiner Streckung erreicht hat, so muss man jenes eben früher in seiner Schwingung (ehe es weit über das Loth nach vorn hinaus gegangen ist) unterbrechen, wenn das stemmende Bein rasch als wenn es langsamer gestreckt wird. Dadurch wird also der in Fig. 7 mit b bezeichnete Theil der Schrittdauer verkürzt. Denn wenn auch bei niedrigen Schenkelköpfen der Ausschlag einer ganzen Pendelschwingung des Beines grösser ist als bei höher getragenen Schenkelköpfen, so braucht doch das Bein zur Vollendung des kleinen Bruchtheiles der ganzen (grösseren) Schwingung weniger Zeit als zur Vollendung eines grösseren Bruchtheiles einer ganzen Schwingung von kleinerem Ausschlag, die bei höheren Schenkelköpfen aus den angeführten Gründen abgewartet werden kann, weil eine ganze grössere Schwingung von demselben Pendel bekanntlich in nahezu derselben Zeit ausgeführt wird als eine solche kleineres Aus-

schlages. Aber auch der in Fig. 7 mit *a* bezeichnete Theil der Schrittdauer wird kürzer werden müssen, wenn die Schenkelköpfe niedriger getragen werden. Wir sahen eben, dass bei niedrigen Schenkelköpfen die
Schwingung des Beines früh unterbrochen werden muss, dass also das
schwebende Bein nicht so weit nach vorn über das Loth hinausgeht, ehe
es aufgesetzt wird, daher kann dann auch der Schwerpunkt früher (vom
Augenblick des Aufsetzens an gerechnet) über seine Ferse kommen, mit
welchem Ereigniss der Zeitraum *a* (Fig. 7) abschliesst.

Beim allerschnellsten Gehen wird in demselben Augenblicke, in welchem
vorn der eine Fuss den Boden berührt, der andere hinten bis dahin angestemmte vom Boden gelöst, verschwindet also der Zeitraum *a* vollständig.
Diese Gangart ist die Grenze des Laufens, das sich im Wesentlichen dadurch vom Gehen unterscheidet, dass an die Stelle eines Zeitabschnittes,
wo beide Füsse den Boden berühren, ein solcher tritt, während dessen
beide in der Luft schweben.

Es ergiebt sich aus dieser Betrachtung also der höchst merkwürdige
Satz, dass ein kurzer Schritt bei ungezwungenem Gehen mehr Zeit erfordert
als ein langer — ein Satz, den übrigens Jeder durch aufmerksame Selbstbeobachtung leicht bestätigen kann.

78.   Bei jedem Gehen muss ein Loth vom Schwerpunkt des Rumpfes
(ohne die Beine) vor die gemeinsame Drehaxe beider Hüftgelenke fallen,
damit ein nach vorn drehendes Moment der Schwere dem nach hinten
drehenden Momente des Luftwiderstandes Gleichgewicht halte. Diese Neigung
des Rumpfes nach vorn muss natürlich um so grösser sein, je rascher
der Gang ist. Denn, da der Luftwiderstand mit der Geschwindigkeit
wächst, so muss auch das ihm entgegenwirkende Moment der Schwere
grösser gemacht werden, um das Gleichgewicht zu erhalten. Dies geschieht
aber durch weiteres Vorneigen des Rumpfes, weil dadurch die Entfernung
des Lothes durch den Schwerpunkt von der Drehaxe, d. h. der Hebelarm
des Momentes wächst.

Es ist leicht zu beobachten, dass beim Gehen auch seitliche Schwankungen vorkommen, doch sind dieselben von unendlich untergeordneter
Bedeutung gegenüber den betrachteten Bewegungen in der Profil-
projection.

II. Stimme und Sprache.

79.   Dass im Ausführungsgange des Athmungswerkzeuges im Allgemeinen die physikalischen Bedingungen zur Tonerzeugung nach Art von
Zungenwerken gegeben ist, ist leicht zu sehen. Man hat einen von
der ausgeathmeten Luft durchströmten Kanal, gebildet aus Luftröhre,

Rachenraum, Mund- und Nasenhöhle (dass er sich zuletzt in zwei Aeste, eben in Mund- und Nasenhöhle theilt, kann der Tonerzeugung an sich nicht hinderlich sein). In diesen Kanal ragen an einer Stelle — am obern Ende der Luftröhre — dünne elastische Platten hinein, welche die Oeffnung des Kanals verengern — unter Umständen bis zum vollständigen Verschluss. Es hindert uns also nichts, anzunehmen, dass diese elastischen Platten, „die unteren Stimmbänder", durch das Vorbeistreichen des Luftstromes in vibrirende Bewegung versetzt werden, ganz ebenso wie die „Zungen" genannten elastischen Platten vieler musikalischer Instrumente z. B. der bekannten Harmonika. Da nun solche Zungen bei ihren Schwingungen die Ausflussöffnung abwechselnd verengen und erweitern, so werden sie den Luftstrom in einzelne Stösse verwandeln, welche sich als Schwingungen in der Luft fortpflanzen. Bei gehöriger Frequenz der Schwingungen wird dies einen hörbaren Ton geben.

Dass dieser Vorgang an den unteren Stimmbändern des menschlichen Kehlkopfes wirklich vorkommen kann, davon überzeugt man sich auf die einfachste Weise durch den Versuch, indem man den herausgeschnittenen Kehlkopf einer Leiche von der Luftröhre her anbläst; es kann dabei alles über den Stimmbändern Gelegene entfernt werden. Sobald nur diese selbst in der gehörigen Verfassung und Stellung (die wir bald kennen lernen werden) sich befinden und der Luftstrom die erforderliche Stärke hat, so sieht man ihre Vibrationen und hört den dadurch erzeugten Ton.

Die Tonhöhe ist gegeben durch die Anzahl von Vibrationen, so, welche die im Stimmapparat vorhandenen elastischen Gebilde in der Zeiteinheit ausführen und es müssen alle Umstände, welche ihre Vibrationen beschleunigen, den Ton erhöhen und umgekehrt.

Eine vibrirende Masse vollendet ihre Vibration in um so kürzerer Zeit, je kleiner sie ist und je grösser die Kräfte sind, welche sie in ihre Gleichgewichtslage zurückzuführen streben. So vibrirt z. B. von zwei gleich stark gespannten Saiten die dickere langsamer als die dünnere, wegen grösserer Masse bei gleichen bewegenden Kräften, und von zwei gleich dicken Saiten vibrirt die stärker gespannte schneller wegen grösserer bewegender Kraft für dieselbe Masse.

Unter den Kräften, welche eine zur Tonerzeugung dienende Zunge in ihre Gleichgewichtslage zurückführen, steht in der Regel — und so auch bei den Stimmhäuten des Kehlkopfes — obenan die elastische Spannung. In der That scheint auch die Tonhöhe der menschlichen Stimme in erster Linie vom Spannungsgrade der Stimmbänder abhängig zu sein. Es ist übrigens zu beachten, dass diese Spannung vorzugsweise von zwei Umständen abhängt, einmal nämlich vom direkten Abstande zwischen Ursprung und Ansatz der Stimmhäute, und zweitens von der

Stärke des anblasenden Luftstromes. Vor einem solchen kommt nämlich
dem Stimmband eine neue etwas vorgebauchte Gleichgewichtslage zu,
welche demnach eine grössere Länge und mithin grössere Spannung bedingt, als wenn das Band gerade zwischen den Ansatzpunkten über-
spränge. Dass die fragliche Ausbauchung vor einem Luftstrom mit dessen
Stärke wächst, versteht sich von selbst.

Am herausgeschnittenen Kehlkopfe hört man daher sehr deutlich den
Ton steigen, wenn unter sonst gleich bleibenden Umständen der Ursprung
der Stimmbänder an der *cart. thyreoidea* von ihrem Ansatz an den *cart.
arytaenoideis* entfernt wird. Es geschieht dies, wie die Anatomie zeigt,
durch Senkung des Schildknorpels vorn.

Im lebenden Kehlkopfe entfernen sich im Allgemeinen bei Hervorbringung höherer Töne ebenso die Schildknorpelansätze der Stimmbänder von
ihrem Giessbeckenknorpelansatz. Man bemerkt nämlich beim Singen einer
Tonleiter in möglichst unveränderter Stärke beim Steigen des Tones eine
Annäherung des vorderen unteren Randes vom Schildknorpel an den Ringknorpel, wenn man den Finger auf das *lig. crico-thyreoideum* d. h. den
Raum zwischen den beiden genannten Knorpeln vorn auflegt.

81. Auch der Einfluss der Luftstromstärke auf die Tonhöhe vermittels der
Stimmbandspannung kann am todten sowohl als am lebenden Kehlkopf
nachgewiesen werden. Am ersteren sieht man deutlich bei stärkerem Anblasen die Simmbänder sich ausbauchen und dabei die Tonhöhe steigen.
Und bei einem singenden Menschen steigt auch mit Vermehrung der Wind-
stärke die Tonhöhe öfters unwillkührlich, wenn nicht andere Mittel zu
Hilfe genommen werden, um sie sinken zu lassen. Es muss, wenn dies
richtig ist, nachdem bei einem schwachen Luftstrom alle anderen Hilfs-
mittel, den Ton zu vertiefen, erschöpft sind, in der weiteren Schwächung des Luftstromes noch ein neues gefunden werden. In der That
kann Jeder bekanntlich — und das ist nur ein anderer Ausdruck für das
eben Gesagte — die tiefsten ihm überhaupt möglichen Töne nur in der
geringsten Stärke, d. h. bei schwächstem noch tonerzeugenden Luftstrom
hervorbringen. Umgekehrt kann man die höchsten möglichen Töne nur
fortissime singen, weil eben, wenn alle anderen auf Erhöhung des Tones
abzielenden Veranstaltungen getroffen sind, durch Verstärkung des Luftstromes der Ton immer noch etwas erhöht werden kann.

82. In vielen künstlichen Zungeninstrumenten spielt unter den die Vibrationsdauer der Zunge bestimmenden Kräften neben der Elasticität derselben noch eine andere eine wesentliche Rolle, nämlich die periodischen
Dichtigkeitsänderungen der die Zunge umgebenden Luft, die natürlicher Weise
entweder in demselben oder in entgegengesetztem Sinne wie die Elasticität
wirken und so die Vibrationsdauer derselben verkürzen oder verlängern
können. Diese Dichtigkeitsänderungen entstehen bei solchen Instrumenten

durch die Reflexion der ursprünglich von der Zunge selbst herrührenden Erschütterungen an den Grenzen der benachbarten Lufträume. Sind diese in gewissen Entfernungen, so lassen die reflektirten Erschütterungen die der Zunge für sich eigenthümliche Vibrationsdauer bestehen, und der eigene Ton derselben wird einfach durch „die Resonanz der genannten Lufträume verstärkt". Haben die Entfernungen nicht gerade diese bestimmten Grössen, so resultirt aus der Elasticität und den Wirkungen der periodisch wiederholten Erschütterungen eine neue Oscillationsdauer und die Zunge lässt einen von ihrem Grundton abweichenden hören. Die Verbindung einer Zunge mit einem resonirenden Luftraum, der vor oder hinter der Zunge liegen kann, nennt man bekanntlich eine „Zungenpfeife" und weiss, dass deren Ton von der Länge der Pfeife ebensowohl abhängt, wie von der Spannung der Zunge.

Am menschlichen Stimmorgan sind nun geschlossene Lufträume vorhanden: hinter den Zungen die Luftröhre, vor den Zungen die Rachenhöhle nebst Mund- und Nasenhöhle. Da ihnen Resonanzfähigkeit von vorn herein nicht wohl abzusprechen ist, so sollte man meinen, dass ihre Grösse und Gestalt von wesentlichem Einflusse auf die Tonhöhe sein müsste. Gleichwohl scheint dies nicht in erheblichem Grade der Fall zu sein. An todten Kehlköpfen hat man bei genauen Versuchen niemals eine Aenderung der Tonhöhe wahrgenommen, wenn man unter sonst gleichbleibenden Umständen die Luftröhre lang oder kurz liess. Der lebende Mensch kann während des Singens eines Tones den Mund öffnen, schliessen und sonstige Veränderungen damit vornehmen, ohne dass derselbe durch compensirende Veränderungen an den Zungen — die doch subjectiv bemerkbar sein würden — auf seiner Höhe erhalten zu werden brauchte.

Ferner steigt beim Singen einer Tonleiter mit Erhöhung des Tones der ganze Kehlkopf gegen den Unterkiefer herauf. Auch dies spricht gegen eine Wirkung der Resonanz auf die Tonhöhe, denn eine Verlängerung der Pfeife — hier der Luftröhre — müsste sonst, wenn sie überhaupt Einfluss haben sollte, den Ton vertiefen.

Man kann sich von diesem auffallenden Verhalten des menschlichen Stimmorganes einigermaassen Rechenschaft geben, wenn man bedenkt, dass die Wände der lufterfüllten Räume äusserst nachgiebig sind und desshalb **keine hinlänglich wirksame** Resonanz bedingen, um die **mächtigen** Zungen des Kehlkopfes merklich zu stören, dass sie sich ihnen vielmehr in ihren Bewegungen gewissermaassen anbequemen. 83.

Wenn eine Zunahme der das vibrirende Mobile in die Gleichgewichtslage zurückführenden Kräfte die Vibrationsdauer verkürzen — den Ton erhöhen muss, so muss eine **Vermehrung seiner Masse** umgekehrt seine Vibrationen verlangsamen — **den Ton vertiefen.** Dieser Satz erklärt eine sehr wichtige Erscheinung der menschlichen Stimm-

bildung, nämlich den Unterschied zwischen der Lage der „Brust- und
Kopfstimme". Mit diesen Namen bezeichnet man bekanntlich zwei stetige
Reihen von Tönen, welche jeder Kehlkopf hervorbringen kann, die sich
wesentlich durch ihre Klangfarbe unterscheiden. Die Töne der einen
Reihe oder des einen „Registers", nämlich der „Bruststimme", haben einen
reicheren mehr schmetternden, die Töne des andern Registers, der „Kopfstimme", einen weicheren mehr flötenartigen Klang. Die Bruststimme
umfasst die tieferen, die Kopfstimme die höheren vom betreffenden Kehlkopf hervorzubringenden Töne; einige mittlere Töne des ganzen Stimmen-
umfanges können in beiden Registern hervorgebracht werden. Aus Versuchen am herausgeschnittenen Kehlkopf ist mit ziemlicher Sicherheit zu
entnehmen, dass bei Tönen der Bruststimme die Stimmhäute in ihrer
ganzen Breite, vom freien Saume bis zum Rande, der am Ringknorpel
angeheftet ist und in ihrer ganzen Länge vom Schildknorpelwinkel bis
zu — und oft mit — den eingewebten Giessbeckenknorpeln an den
Schwingungen sich betheiligen. Wenigstens hat der Ton, wenn sich dies
ereignet, allemal entschieden den Klang der Brusttöne. Gerathen dagegen
blos die 'dem freien Saume benachbarten Theile der Stimmbänder in
schwingende Bewegung, so entstehen Töne von dem flötenartigen Klange
der Kopfstimme. Man ist daher wohl berechtigt zu schliessen, dass auch
bei den Kopftönen des Lebenden nicht die ganze Breite der Stimmhäute
an der Schwingung Theil nimmt. Es begreift sich also leicht, dass im
ersten Falle bei gleichen spannenden Kräften wegen der grösseren
Masse der Ton viel tiefer ausfallen muss als im letzteren. Es hat nichts
Auffallendes, dass der Unterschied so bedeutend ist, dass die meisten
Töne der Bruststimme zu tief liegen, um überhaupt noch mit der Kopfstimme durch Erschlaffung der schwingenden Stimmbandsäume erreicht
werden zu können, dass also die beiden Stimmregister nur wenige Tonhöhen gemeinschaftlich haben.

84.   Der wirkliche Umfang der menschlichen Stimme hat für verschiedene
Individuen auch eine sehr verschiedene Lage in der ganzen Tourreihe,
schwankt aber in seiner Grösse im Allgemeinen nicht so beträchtlich. Er
beträgt, von ganz ausnahmsweise umfangreichen und von abnorm beschränkten Stimmen abgesehen, meist etwa 2 Octaven oder ein Paar Töne
mehr. Stimmen, die über 3 Octaven gebieten, werden in der Geschichte
der Musik als Merkwürdigkeiten besonders verzeichnet. Was die Lage
der einzelnen Stimmen betrifft, so versteht es sich von selbst, dass die
Stimme des erwachsenen männlichen Kehlkopfes bei seiner grösseren Masse
und seinen längeren Stimmbändern tiefer sein wird, als die des weiblichen
und kindlichen Kehlkopfes, dessen sämmtliche Dimensionen kleiner sind
(sich im Durchschnitt zu denen des männlichen = 2 : 3 verhalten). Bekanntlich hebt man in der Musik (rein conventionell) besonders vier

Stimmlagen heraus und schreibt jedem Individuum eine derselben zu, wenn seine besten mühelosesten Töne in dieselbe fallen. Sie werden bezeichnet als „Bass", „Tenor", „Alt" und „Sopran" Verabredetermaassen rechnet die Musik den Bass vom E zum f̄, den Tenor vom c zum c̄, den Alt vom f zum f̄, den Sopran vom c̄ zum c̿. In den Bereich von Bass und Tenor fallen bekanntlich alle normalen Männerstimmen, in den Bereich von Alt und Sopran alle normalen Weiber- und Kinderstimmen.

Soll ein Kehlkopf durch den Ausathmungsluftstrom so angesprochen 85. werden, dass er einen Ton seiner Stimmlage angiebt, so muss vor Allem eine Bedingung erfüllt sein, welche im Vorstehenden noch nicht ausdrücklich bezeichnet wurde. Die freien Säume der Stimmbänder müssen nämlich bis zur Berührung oder wenigstens fast bis zur Berührung einander genähert werden. Hierzu dienen die *cart. arytaenoideae* mit ihrem Muskelapparate. Man hat sie darum auch sehr passend als „Stellknorpel" bezeichnet. Die spaltförmige Oeffnung, die zwischen den freien Rändern der Stimmbänder bei der gedachten Einstellung noch übrig bleibt und die, wenn der Kehlkopf noch ansprechen soll, an der breitesten Stelle jedesfalls nicht über 2^{mm} breit sein darf, nennt man Stimmritze (Glottis). Sie bildet sich, wenn sich die *processus vocales* der Stellknorpel aneinanderlegen. Das kann geschehen durch Wirkung der *mm. thyreo-arytaenoidei* oder aber durch Wirkung der *mm. crico-arytaenoidei laterales*, wie man mit dem ersten Blick auf ein Präparat oder auf eine gute Abbildung übersieht. In beiden Fällen bleibt zwischen den inneren Flächen der Stellknorpel noch ein nach vorn spitziges dreieckiges Loch, die (uneigentlicher Weise) sogenannte Athemritze, die jedoch im ersten Falle kleiner ausfallen muss als im zweiten. Durch sie kann die Ausathmungsluft ebenfalls entweichen. Sie kann zum Verschwinden gebracht werden durch Zusammenziehung der *mm. interarytaenoidei*, indem dabei eine Schleimhautfalte von hinten hineingedrängt wird. Ist sie weit offen, so spricht der Kehlkopf nicht an. Der lebende Mensch scheint sie beim Tonerzeugen immer ganz zu verschliessen, wenigstens ist dies in Fällen beobachtet, wo man einem lebenden singenden Menschen einen schrägen Spiegel in die Rachenhöhle hielt, worin man die Stimmritze sehen konnte. Die *mm. crico-arytaenoidei postici* entfernen natürlich die *proc. vocales* voneinander und richten die Stimmhäute hoch auf, so dass sie nicht gehörig weit in den Binnenraum vorragen; ihre Verkürzung macht also die Stimmbildung unmöglich.

Bei der Herstellung der Stimmritze durch die *mm. thyreo-arytaenoidei* bieten die Stimmhäute dem andringenden Luftstrom mehr Fläche, oder eigentlich sie bieten ihre Fläche mehr senkrecht als bei Herstellung

derselben durch die *mm. crico-arytaenoidei laterales*, wo sie etwas schräg
aufwärts hineinragen. Bei der letzteren dürfte es daher leichter vorkommen, dass nur die freien Säume in Schwingung gerathen. Sie
ist also vielleicht die zur Hervorbringung der Kopftöne gebrauchte Einstellung. Beobachtungen am Lebenden haben ausserdem ergeben, dass
bei Kopftönen die Stimmhäute blos von vorn bis zu den Stellknorpeln
schwingen, dass sich hingegen bei den Brusttönen diese letzteren selbst
an den Schwingungen betheiligen. Ebenso hat sich gezeigt, dass bei den
Kopftönen die Stimmritze weiter offen ist als bei den Brusttönen, daher
im Allgemeinen ein Brustton bei gleicher Stärke länger angehalten werden
kann als ein Kopfton, weil bei ihm die Luft durch die engere Stimmritze
nicht so rasch entweicht. Endlich legt sich der Kehldeckel bei den tiefen
Brusttönen weit über die Stimmritze herüber und die Oeffnung zwischen
den sogenannten oberen Stimmbändern verengert sich bei eben diesen
Tönen beträchtlich (ohne jedoch in einen eigentlichen engen Spalt überzugehen).

86.   Der zum Tönen nach den obigen Erörterungen erforderliche Spannungsgrad wird den Stimmbändern gegeben hauptsächlich durch Wirkung zweier
Muskelpaare. Einmal durch die *mm. crico-thyreoidei antici*. Dies Muskel-
paar dreht den „Spannknorpel" (*cart. thyreoidea*) um eine von rechts nach
links gehende Axe vornabwärts. Die Axe verbindet mit einander die beiden
Gelenke zwischen den unteren Schildhörnern und dem „Grundknorpel"
(*cart. cricoidea*). Bei dieser Drehung wird aber, wie oben schon bemerkt
wurde, der Ursprung der Stimmbänder am Spannknorpel von ihrem Ansatz an den Stellknorpeln entfernt. Ferner steht die Spannung der Stimmhäute unter dem Einflusse der *mm. thyreo-arytaenoidei*. Diese sind nämlich an sich schon als integrirende Bestandtheile der Stimmhäute anzusehen,
und ihr Contractionsgrad ist also unmittelbar einer von den Faktoren,
welcher die Gesammtspannung der Stimmhäute ausmacht, dann aber gehen
zahlreiche Fasern der genannten Muskeln --- am Stellknorpel fleischig
entspringend — alsbald in die fibrösen Fasern des Stimmbandes über, so
dass ihr Contractionszustand also auch mittelbar Einfluss auf die Spannung
der rein fibrösen und elastischen Theile des Stimmbandes hat. Ueber den
Grad der Spannung, der im einzelnen Falle wirklich erfordert wird, lässt
sich keine numerische Angabe machen. Nur das theoretisch weiter oben
schon Abgeleitete kann hier als auch mit der subjektiven Beobachtung
übereinstimmend wiederholt werden, dass *ceteris paribus* mit Vermehrung
der Spannung die Tonhöhe steigt.

87.   Ist der Kehlkopf, was Stellung und Spannung seiner Theile angeht, in der geeigneten Verfassung, so muss ihn ein Luftstrom durch-
streichen, dessen Stärke zwischen gewissen Grenzen eingeschlossen ist,
wenn er ansprechen soll. Auch hat, wie oben schon theoretisch begründet

wurde, die Schwankung der Stärke zwischen diesen Grenzen mittelbar
Einfluss auf die Tonhöhe. Das Einzige, was sich in Beziehung auf die
hier in Rede stehende Grösse von numerischen Angaben beibringen lässt,
sind einige manometrische Messungen, welche den Druck der strömenden
Luft hinter der Stimmritze (in der Luftröhre) messen. Die Messungen
sind an einem Menschen mit Luftröhrenfistel gemacht. Der Druck in der
Luftröhre betrug, wenn er einen mittleren Ton sang, 160 ^{mm} Wasser,
wenn der Ton ohne stärker zu werden höher wurde, stieg der Druck
auf 200 ^{mm}. Wenn der Mensch seinen Namen laut ausrief, war der Druck
945 ^{mm}. Todte Kehlköpfe sprechen schon bei 13 bis 25 ^{mm} Wasserdruck
an, und bei ihnen erfordern hohe Töne im Fortissimo nur 80 bis 135 ^{mm}.
Mit dem blossen Drucke in der Luftröhre ist aber die Stromstärke natürlich noch gar nicht bekannt, ja selbst wenn die in der Zeiteinheit aus-
geströmte Luftmenge (über die allerdings auch einige Messungen vorliegen)
gleichzeitig bekannt wäre, so kennte man noch nicht die Strom-
geschwindigkeit in der Stimmritze, weil die Grösse und Form dieser selbst
von wesentlichem Einfluss ist.

Eine zweite bedeutungsvolle Funktion der Organe am Eingange des §. 88.
Athmungswerkzeuges ist die Sprache. Sie besteht — wie bekannt —
aus einer Reihe eigenthümlicher Exspirations-Geräusche, bald mit, bald
ohne Begleitung der (tönenden) Stimme. Die Anzahl der wesentlich verschiedenen tönenden oder tonlosen Geräusche, aus deren verschiedenartiger
Combination sich eine bestimmte Sprache zusammensetzt — die Zahl der
„elementaren Laute" einer Sprache — ist in der Regel sehr gering. In
der deutschen Sprache (die hier ausschliesslich berücksichtigt werden soll)
dürften etwa, wenn man von dialektischen und individuellen Eigenthümlichkeiten absieht, 28 elementare Laute anzunehmen sein, die übrigens nicht
alle durch einfache Zeichen vertreten sind. Auch fallen keineswegs etwa
25 von ihnen mit den 25 Buchstaben des Alphabetes zusammen. Im
möglichsten Anschluss an die gewöhnliche Schrift dürften sie folgendermaassen zu bezeichnen sein (die Reihenfolge wird sich im weiteren Verlaufe der Darstellung rechtfertigen): *h, a, ä, e, ö, o, u, ü, i; b, p, w, f,
m; d, t, s, sz, l, r, n; g, k, j, ch* (nach *e* und *i*), *ch* (nach *a, o* und *u*),
ng; sch.

Der oberflächlichsten Beobachtung kann es nicht entgehen, dass die §. 89.
Sprachlaute in zwei streng geordnete Klassen zerfallen. Zu Hervorbringung
eines Lautes der einen Klasse ist an irgend einer Stelle des Mundkanales
eine bedeutende Verengerung, resp. vollständiger Verschluss, nöthig;

bei Bildung der Laute der andern Klasse strömt die Ausathmungsluft ungehindert durch den Mundkanal. Diese letztere Klasse, mit deren Betrachtung wir beginnen wollen, enthält zunächst den in der deutschen
Schrift mit *h* bezeichneten Laut. Er entsteht, wenn man bei überall weit
offenem Mundkanale und weit offener Stimmritze, die also nicht tönen
kann, eine kräftige Exspiration vollzieht. *h* ist also ein tonloses blasendes
Geräusch.

Die sämmtlichen übrigen Laute der in Rede stehenden Klasse werden
beim eigentlichen Sprechen (im Gegensatze zum Flüstern) vom Tone
der Stimme begleitet; erfordern also zu ihrer Hervorbringung eine Exspiration durch die zum Tönen eingestellte — enge — Stimmritze. Diese
Laute bezeichnet die Grammatik als „Vokale". Sie unterscheiden sich
durch die Weite und Gestalt des Mundkanales und Backenraumes. Zur
Bildung eines reinen *a* rückt der Kehlkopf ein Wenig gegen das in der
Ruhelage verharrende Zungenbein herauf, die Zunge liegt auf dem Boden
der Mundhöhle, das etwas gehobene Gaumensegel verschliesst den Weg
von der Rachen- in die Nasenhöhle. Die Form der Mundspalte kann
beim *a* innerhalb weiter Grenzen schwanken, nur darf sie nicht zu einer
runden Oeffnung verengert sein. — Um *e* zu bilden muss aus der vorigen
Stellung das Zungenbein mit der Zunge ein Wenig gehoben werden, so
dass sich die letztere dem weichen Gaumen nähert. Der weiche Gaumen
erhebt sich selbst gleichzeitig etwas. Die Stellung der übrigen Mundtheile
bleibt wie bei Bildung des *a*. — Um aus der Stellung für *e* in die zur
Bildung von *i* erforderliche überzugehen, sind nur wenige Aenderungen
nöthig: das Zungenbein tritt noch ein Wenig mehr nach oben und nach
vorn, der Mundkanal wird noch etwas enger zwischen Zunge und hartem
Gaumen, das *velum palatinum* wird noch etwas mehr gehoben. — Um *o*
zu bilden wird der Kehlkopf dem Zungenbein nicht so sehr angenähert
wie bei *a*, *e*, *i*. Die Zunge liegt beim *o* vorn flach und ist hinten gewölbt, die Lippen werden vorgeschoben und bilden aus der Mundöffnung
ein mässig weites rundes Loch. Das Gaumensegel steht etwas höher als
bei *e*. — Die zur Hervorbringung von *u* erforderliche Stellung gleicht in
vielen Stücken der beim *o*; die Lippen lassen ebenfalls ein rundes Loch,
das aber noch enger ist, die Zunge liegt hinten dem Gaume noch etwas
näher. Das Zungenbein liegt so hoch wie beim *a* und so weit vorn wie
beim *i*. Der Raum zwischen Kehlkopf und Zungenbein ist beim *u* grösser
als bei jedem andern Vokal. Das Gaumensegel steht höher als beim *o*
und tiefer als beim *i*. Dieser Theil hebt sich also continuirlich, wenn
man die Vokale in der Reihenfolge *a*, *e*, *o*, *u*, *i* ausspricht. Man überzeugt
sich hiervon sehr einfach, wenn man einen hinten abwärts gebogenen
Drath durch den unteren Nasengang auf das Gaumensegel legt. Bei der
Hebung desselben muss dann der Draht seitwärts gedreht werden, was ein

aus dem Nasenloch hervorschauendes rechtwinkelig geknicktes Ende des
Drahtes zeigerartig angiebt. Eine andere Reihenfolge der Vokale *u, o, a,
e, i* bietet noch ein gewisses Interesse. In diese stellen sie sich, wenn
man sie anordnet nach der Länge des gesammten Ansatzstückes vor den
Zungen vom Kehlkopf bis zur Mundöffnung. Es ist bei *u* am längsten,
bei *i* am kürzesten, wie die vorstehende Beschreibung der bei den einzelnen Vokalen nöthigen Stellungen der Sprachwerkzeuge sehen lässt. In
dieselbe Reihenfolge ordnen sich die Vokale nach der Tonhöhe der sie
beim gewöhnlichen Sprechen begleitenden Stimme. Man spricht in der
That in der Regel *u* mit einem tieferen Tone der Stimme als *o* u. s. w.
Es ist freilich möglich, durch willkührliche Anstrengung jeden Vokal mit
verschiedener Tonhöhe der Stimme auszusprechen, aber es gelingt nie, in
den allerhöchsten Tönen des Sopranes ein *u*, oder in den allertiefsten
Tönen des Basses ein reines *i* zu singen.

In der deutschen Sprache werden ausser den beschriebenen 5 reinen
Vokalen noch 3 Uebergangsvokale gebildet, die zwischen je zwei von ihnen
in Bezug auf den akustischen Eindruck in der Mitte liegen, wenn man
sie in der Reihenfolge *a, e, o, u, i* anordnet. Man muss ebenso zu ihrer
Hervorbringung auch immer den Mundtheilen eine Stellung geben, die
gerade zwischen den Stellungen mitten inne liegt, welche den Vokalen zukommt, zwischen welchen der Uebergangsvokal liegt. Die Uebergangsvokale bezeichnet die deutsche Schrift mit *ä, ö, ü,* sie liegen *ä* zwischen
a und *e, ö* zwischen *e* und *o, ü* zwischen *u* und *i,* wie die in Nr. 88
gewählte Reihenfolge anzeigt. Ausser diesen dreien lassen sich noch
unzählige andere Uebergangsvokale bilden, von denen viele in anderen
Sprachen und in einzelnen deutschen Dialekten wirklich in Gebrauch sind.

Ein bestimmter Vokal ist nach der oben aufgestellten Definition ein
Ton (dessen Höhe nicht bestimmt zu sein braucht), hervorgebracht in der
Stimmritze, von bestimmter Klangfarbe, begleitet von einem charak-
teristischen Geräusche.

Die Verschiedenheit der Klangfarbe der Vokale ist bedingt durch die 90.
Verschiedenheit der Resonanz, welche im Mundrachenraum bei den verschiedenen Stellungen statthat, die in der vorigen Nummer als charakteristisch für die einzelnen Vokale beschrieben wurden. Man kann daher
diese Stellungen der Mundrachentheile auch rein akustisch bestimmen.
Dabei muss man sich an folgende physikalische Sätze erinnern. Die in
einem theilweise begrenzten Raume, z. B. einem an beiden Enden oder an
einem Ende offenen Cylinder oder Kegel eingeschlossene Luftmasse ist
ein selbstständiger Schwingungen fähiger Körper, welcher irgendwie erschüttert einen bestimmten Eigenton hören lässt. Besteht der Luftraum
aus zwei mehr oder weniger von einander abgesetzten Abtheilungen, z. B.
der Luftraum in einer bauchigen Flasche mit langem Halse, so können

ihm zwei Eigentöne zukommen. Eine solche zu mehr oder weniger selbständigem Tönen hinlänglich begrenzte Luftmasse ist auch die in der Mundrachenhöhle eines Menschen befindliche. Wir können demnach von einem resp. zwei Eigentönen derselben reden, deren Höhe verschieden sein wird je nach der Form, welche man ihr durch Einstellung ihrer beweglichen Wände giebt. Jedem bestimmten Vokale entspricht nun eine ganz bestimmte Höhe des Eigentones der Mundrachenhöhle. Diese Tonhöhe ist ganz genau dieselbe bei zwei Individuen, wenn deren Mundrachenhöhle auch noch so verschiedene Grösse und Gestalt hat, wofern sie nur den Vokal genau gleichartig aussprechen. Man kann daher die Stellung der Mundrachentheile, die zu einem gewissen Vokal gehört, durch Angabe des Eigentones der Mundrachenhöhle noch viel genauer bezeichnen als es durch die Beschreibung in Nr. 89 geschehen ist. Für u ist der Eigenton der Mundrachenhöhle f, für o ist er $\overline{b}$, für a ist er $\overline{\overline{b}}$. Man kann den Beweis dafür leicht führen, wenn man drei Stimmgabeln besitzt, welche auf diese Töne abgestimmt sind. Hält man die auf f gestimmte Gabel angeschlagen vor die Mundöffnung, so hört man ihren Ton durch Resonanz verstärkt, so wie die Mundrachentheile zur Aussprache des u eingestellt sind. Die geringste Veränderung, die vielleicht nur einer unbedeutenden Modifikation in der Aussprache des Vokals entspricht, lässt sogleich die Resonanz schwinden. Ebenso ist es mit einer auf $\overline{b}$ gestimmte Gabel beim Vokal o und mit einer auf $\overline{\overline{b}}$ gestimmten bei a. Bei Ausprache der Vokale e und i gleicht der Mundrachenraum einer Flasche, deren Bauch vom Rachenraum, deren Hals vom Mundkanal gebildet wird. Diesen Stellungen kommen je zwei Eigentöne zu, der für e die Töne $\overline{f}$ und $\overline{b}$ und der für i die Töne f und $\overline{\overline{\overline{d}}}$. Diese Töne lassen sich aber nicht so leicht zur Erscheinung bringen, wie die beim a, o, u charakteristischen. Dass ein Resonanzraum von gewisser Abstimmung einen Klang, der sich durch ihn fortpflanzt, in gewisser Weise modificirt, ist begreiflich, und so erhält der von der Stimmritze erzeugte Klang ein bestimmtes Gepräge, wenn er durch den so oder so abgestimmten Mundrachenraum fortgepflanzt wird. Es werden namentlich diejenigen Komponenten des Klanges besonders verstärkt, welche den jeweiligen Eigentönen des Mundrachenraumes in der Scala nahe liegen. Wie dadurch der Charakter des Klanges bedingt ist, das wird in der Lehre vom Hören gezeigt werden.

91.   Geht eine tönende Exspiration durch die Mundhöhle, während diese die Stellung für einen Vokal mit der für einen andern vertauscht, so entsteht ein Diphthong, deren es also im Allgemeinen so viele giebt, als sich Vokale zu zweien combiniren lassen. In der deutschen Sprache sind nur wenige von den vielen Möglichkeiten verwirklicht, nämlich die 3, welche den bisherigen Bezeichnungen gemäss durch ai, au, oü (bei man-

chen Individuen, deren Sprache nicht gerade fehlerhaft zu nennen ist, *öü*, bei noch andern *oi*) zu bezeichnen wären. Bei den meisten gut aussprechenden Deutschen wenigstens geht der Mund aus der Stellung für *a* in die für *i* über, wenn sie den Laut sprechen, den die übliche Orthographie *ei* schreibt, und ebenso aus der Stellung für *o* (oder allenfalls für *ö*) in die für *ü* (oder für *i*), wenn der *eu* oder *äu* geschriebene Laut gesprochen wird; der Laut *au* stimmt in Schrift und Aussprache überein.

Die zweite Klasse von Sprachlauten — die Grammatik nennt sie 92. „Konsonanten" — wurde oben dadurch charakterisirt, dass bei ihrer Hervorbringung irgendwo im Mundkanale eine auffallende Enge oder vollständiger Verschluss nöthig ist, wo dann ein selbständiges Geräusch erzeugt werden kann. Man übersieht hiernach sofort, dass überhaupt auf vier verschiedene Weisen Konsonanten gebildet werden können:

1) Der Weg durch die Nase ist der Ausathmungsluft abgeschnitten und der Mundkanal ebenfalls irgendwo ganz gesperrt. Diese Stellung der Sprachwerkzeuge wird in der Schrift durch diejenigen Buchstaben angedeutet, welche die Grammatik „mutae" (*b, p* etc.) nennt. Am passendsten bezeichnet man sie als „Verschlusslaute." Jeder von ihnen kann eigentlich zwei verschiedene Geräusche bedeuten, je nachdem er hinter oder vor einem Vokale steht. Im ersten Falle (z. B. in der Sylbe *ab*) bedeutet er das Geräusch, welches bei Bildung des Verschlusses durch Hemmung des (während des *a* fliessenden) Luftstromes entsteht. Im zweiten Falle (z. B. in der Sylbe *ba*) bedeutet die Muta das „explosive" Geräusch, welches der mit Aufhebung des Verschlusses plötzlich hervortretende Luftstrom verursacht.

2) Der Nasenkanal ist wieder gegen den Rachenraum abgesperrt, der Mundkanal aber nirgends ganz verschlossen, sondern nur an irgend einer Stelle so verengt. dass der hindurchstreichende Luftstrom ein Reibungsgeräusch verursacht. Hierher gehören Konsonanten, welche die Grammatik (sehr unphysiologisch) in ganz verschiedene Gruppen vertheilt, z. B. *f, s, j* etc.

3) Die Luft kann nicht durch die Nase entweichen und im Mundkanal ist in eine Enge ein Theil so gestellt, dass er durch den vorbeistreichenden Luftstrom in ein Erzittern versetzt wird — „Zitterlaute."

4) Der Weg durch den Mundkanal ist der Luft durch einen irgendwo zu Stande gebrachten Verschluss abgeschnitten, dagegen kann sie durch den Nasenkanal entweichen. Die so gebildeten Laute haben allerdings kein starkes eigenes Geräusch und nähern sich dadurch den Vocalen. aber der Verschluss in der Mundhöhle reiht sie doch wieder den Konsonanten an. Sie heissen „Resonanten." Die Grammatik bezeichnet sie nicht unpassend als „Semivokale."

Jede der so charakterisirten Konsonantengattungen kann wiederum
in drei Gruppen abgetheilt werden, je nach den Theilen, welche in der
Mittelebene des Mundkanales zur Bildung des Verschlusses oder der
Enge einander genähert sind — d. h. je nach dem „Artikulationsgebiet." Für die erste Gruppe ist es die Unterlippe, welche mit der
Oberlippe oder der oberen Zahnreihe den Verschluss oder die Enge bildet;
für die zweite Abtheilung bildet der vordere Theil der Zunge den Verschluss oder die Enge mit den Zähnen oder dem Alveolarfortsatze des
Oberkiefers; für die dritte Abtheilung der hintere Theil der Zunge mit
dem Gaumen.

Nimmt man noch hinzu, dass bei jeder der möglicher Weise Konsonanten bildenden Stellungen der Geräusch erzeugende Luftstrom gleichzeitig im Kehlkopfe einen Ton hervorbringen kann oder nicht*), je nachdem gleichzeitig die Stimmritze eingestellt ist oder nicht, so hat man einen
vollständigen systematischen Ueberblick über alle möglichen Konsonanten, geordnet nach den 3 Artikulationsgebieten in 3 Doppelreihen. Die
eine Reihe enthält allemal die tönenden, die andere Parallelreihe die tonlosen Laute, welche bei gleichen Mundstellungen entstehen können. Im
Allgemeinen bezeichnet man die tönenden als „weiche", die tonlosen
als „harte" Konsonanten. Diese das Wesen der Sache keineswegs treffende Bezeichnung hat insofern doch etwas Wahres, als bei weit offener
(nicht tönender) Stimmritze der Luftstrom weniger gehemmt, also in der
Regel stärker sein und eine heftigere Explosion oder ein stärkeres Reibungsgeräusch veranlassen wird, als bei enger tönender Stimmritze.

93.   Es mag noch eine kurze Uebersicht der in der deutschen Sprache
— die keineswegs die dargestellten Möglichkeiten alle verwirklicht —
gebrauchten Konsonanten hier folgen.

1) Erstes Artikulationsgebiet.
        Verschlusslaute. b: Schluss (resp. Oeffnung) der Lippen, Stimm-
        ritze zum Tönen eingestellt. — p: Dasselbe bei weit offener,
        nicht tönender Stimmritze.
        Reibungsgeräusche. w: Enge zwischen Unterlippe und oberer
        Zahnreihe (bei vielen Individuen zwischen den beiden Lippen), tö-
        nende Exspiration. — f: Enge ebenda, Exspiration nicht tönend.
        Resonant. m: Stellung der Lippen wie zum b, der Luftstrom
        der tönenden Exspiration entweicht durch die Nase.
2) Zweites Artikulationsgebiet.
        Verschlusslaute. d: Verschluss zwischen vorderem Theil der
        Zunge und dem hinteren Zahnfleische des Oberkiefers nebst vor-

---

*) Ausser natürlich bei den Resonanten, denn hier muss, da das Geräusch fast
ganz fehlt, wenn ein vernehmbarer Eindruck gemacht werden soll, die Stimme tönen.

derer Abdachung des Gaumens, zum Tönen eingestellte Stimmritze. — *t* unterscheidet sich von *d* nur dadurch, dass bei ihm die Stimmritze weit offen ist. Im Auslaute wird im Deutschen nie *d* gesprochen, sondern wo *d* geschrieben steht, spricht man gleichwohl *t*.

Reibungsgeräusche. Weiches *s*: Enge zwischen der Zungenspitze und irgend einer Stelle des Gaumens dicht hinter den Schneidezähnen, tönende Stimmritze. (In der guten deutschen Aussprache fehlt eigentlich dieser Laut.) — Scharfes *s* (*sz*): Enge ebenda, Stimmritze weit. — *l*: Zunge liegt wie beim *d* und *t*, nur zieht sie sich beiderseits etwas von den Backenzähnen zurück, so dass sich zwischen ihnen und dem Zungenrande jederzeit ein enges Loch öffnet, in der Mitte an den Schneidezähnen bleibt der Verschluss vollständig. Durch die beiden seitlichen Löcher strömt die Luft einer tönenden Exspiration. Ein entsprechender tonloser Laut ist der deutschen Sprache fremd.

Zitterlaute. *r*: der vordere Theil des Zungenrandes ist etwas nach aufwärts gebogen, bildet mit dem hinteren Zahnfleische der oberen Schneidezähne eine Enge und wird durch eine tönende Exspiration in Zittern versetzt. Vielleicht weitaus die Mehrzahl der Deutschen (wenigstens in den städtischen Bevölkerungen) bildet jedoch nicht dies allerdings allein für richtig geltende *r*, sondern ein anderes aus dem dritten Artikulationsgebiet.

Resonant. *n*: Verschluss des Mundkanales wie bei *d*, tönende Exspiration durch die Nase.

3) **Drittes Artikulationsgebiet.**

Verschlusslaute. *g*: Verschluss zwischen hinterem Theil der Zunge und Gaumen, tönende Stimmritze. — *k*: Verschluss ebenda, weite Stimmritze.

Reibungsgeräusche. *j*: Enge rinnenförmig zwischen Gaumen und mittlerem Theile der Zunge, tönende Exspiration. — *ch* (wie es hinter *e* und *i* gesprochen wird : Enge ebenda, tonlose Exspiration. — *ch* wie es hinter *a*, *o*, *ei* gesprochen wird): tonlose Exspiration. Enge etwas weiter hinten als beim vorigen.

Zitterlaut. *r* gutturale oder uvulare : Enge wie beim zweiten *ch*, das in der Rinne der Zungenwurzel herabhängende Zäpfchen wird durch eine tönende Exspiration in Erzittern versetzt. Dieser Laut ist es, welcher von vielen Deutschen an Stelle des eigentlichen (lingualen) *r* gebildet wird.

Resonanten. *ng* wie es in Klinge etc., in Süddeutschland auch am Ende des Wortes, z. B. in Ring, ausgesprochen wird : Stellung des Mundes wie zum *g*, bei tönender Exspiration aus der Nase.

Nach *a*, *o*, *u* wird fast derselbe Laut gebildet, nur rückt die Verschlussstelle etwas weiter nach hinten.

In dem vorstehenden Ueberblick haben wir einen elementaren konsonantischen Laut der deutschen Sprache nicht unterbringen können: das *sch*. Dieser Laut entsteht, wenn eine tonlose Exspiration durch den Mundkanal geht, der zwei Engen hat und zwar die zum *s* und die zum *ch* gehörige. Ist bei dieser Stellung des Mundes die Exspiration tönend, so entsteht der Laut, den die französische Schrift mit *j* bezeichnet, der aber in der deutschen Sprache nicht gebraucht wird.

Der in den vorhergehenden Erörterungen über Konsonanten angewandten wesentlichen Unterscheidung zwischen Mediae und Tenues — weichen und harten oder scharfen Lauten — einzig durch die statthabende oder nicht statthabende Begleitung der eigenen Geräusche mit dem Ton der Stimme, scheint die Erfahrung entgegenzustehen, dass man auch im Flüstern diese beiden Reihen von Lauten unterscheiden kann. Doch zeigt sich bei genauerer Untersuchung sehr bald, dass auch beim Flüstern die Unterscheidung zwischen weichem und entsprechendem harten Konsonant wesentlich darauf beruht, dass beim weichen die Stimmritze eng ist und er daher zwar nicht vom Ton der Stimme — weil andere Bedingungen zur Entstehung eines Tones fehlen — doch aber von einem heiseren Kehlkopfgeräusche begleitet ist.

Mehrere einfache Zeichen der deutschen Schrift bezeichnen bekanntlich zwei aufeinanderfolgende Konsonanten. *z* sowie *c* vor *e*, *ö*, *i*, *ä* bezeichnet *ts*; *x* bezeichnet *ks*.

Literatur.

(51—69) Fick. medicinische Physik. Braunschweig 1866. — (70—73) Meyer, Müllers Archiv. 1853. — (74—78) W. und E. Weber, Mechanik der Gehwerkzeuge. Göttingen 1836. — (79—87) J. Müller, Handb. der Physiologie. — (88—93) Brücke. Grundzüge d. Physiologie u. Systematik d. Sprachlaute. Wien 1856. — (90) Donders, Archiv f. holländ. Beiträge. Bd. I. S. 157. — Helmholtz, die Lehre von den Tonempfindungen.

3. Abschnitt. Physiologie des Nervengewebes.

1. Kapitel. Elektrische Eigenschaften der Nervenfasern.

Die Nervenfaser wirkt elektromotorisch nach demselben Gesetze wie 94. die Muskelfaser. Nimmt man also ein Prisma aus parallelen Nervenfasern gebildet, begrenzt von zwei Endquerschnitten und legt einen ableitenden Bogen mit einem Ende an den Längsschnitt, mit dem anderen an den Querschnitt, so geht ein Strom im Bogen von jenem Ende zu diesem. Legt man den Bogen an zwei Punkte des Längsschnittes, so hat man darin im Allgemeinen einen viel schwächeren Strom von dem Punkte. welcher der Mitte näher angelegt ist, zu dem Punkte. welcher weiter von der Mitte entfernt anliegt.

Diese Wirksamkeit zeigt sich ebenso an jedem Bruchstück des Nerven-prisma, mag es durch Quertheilung oder durch Spaltung der Länge nach aus dem ursprünglichen entstanden sein.

Alle Arten von Nervenfasern, centrale und peripherische, sensibele und motorische von allen Thierarten, soweit man deren bis jetzt unter-sucht hat, zeigen das beschriebene elektromotorische Verhalten.

Die grösste elektromotorische Kraft, die bis jetzt beobachtet wurde, fand sich wirksam im Bogen, wenn er angelegt war am Längsschnitt und am centralen Querschnitte des *n. ischiadicus* vom Frosche im Betrage von 0,022 der Kraft eines Daniell'schen Elementes.

Wenn eine Strecke *a b* (Fig. 9) eines Nerven von einem elektrischen Strome durchflossen wird, so er-leidet das elektrische Ver-halten des Nerven eine wesentliche Aenderung, die man als „Elektrotonus"

95.

Fig. 9.

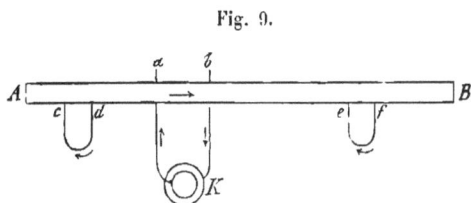

bezeichnet. Es addirt sich zu der vorhandenen elektromotorischen Kraft eine neue, die „elektrotonische." Diese treibt durch einen irgendwo angelegten ableitenden Bogen einen Strom, dessen Richtung im betreffenden Nervenstücke ergänzt dieselbe ist, wie die des fremden Stromes. der den

Elektrotonus hervorruft. Wenn also dieser (siehe Fig. 9) von *a* nach *b*
fliesst, so wird in einem bei *c d* oder bei *e f* angelegten Bogen der
elektrotonische Strom die Richtung des Pfeiles haben, denn die Ergänzung
des Stromes würde in Uebereinstimmung mit der Richtung *a b* von *c*
nach *d* und von *e* nach *f* gehen.

Stellt man den Versuch nach dem Schema der Fig. 9 wirklich an,
so wird der elektrotonische Strom ziemlich ungetrübt zur Erscheinung
kommen, weil die natürliche elektromotorische Wirksamkeit des Nerven
zwischen nahe benachbarten Punkten des Längsschnittes, wie *c* und *d*
einerseits, *e* und *f* andererseits fast Null ist. Wie sich die Strecke *a b* — die
„intrapolare" Strecke — des Nerven elektromotorisch verhält, kann man
natürlich nicht untersuchen, weil in einen hier angelegten Bogen zu
mächtige Zweige des elektrotonisirenden Stromes sich ergiessen würden.

Die elektrotonische Wirksamkeit des Nerven ist am grössten in der
Nähe der Elektroden des fremden Stromes und nimmt nach beiden Seiten
ab, je weiter man sich mit dem ableitenden Bogen von jenen Elektroden
entfernt. An derselben Stelle wächst, wie zu vermuthen, die elektrotonische
Wirksamkeit mit der Stärke des fremden Stromes, jedoch nur bis zu einer
gewissen Grenze.

Die elektrotonische Kraft ist unter günstigen Bedingungen viel grösser
als die nach aussen wirksame natürliche elektromotorische Kraft des Nerven.
Unter günstigsten Bedingungen ist z. B. im ableitenden Bogen
eine elektrotonische Kraft beobachtet halb so gross wie
die elektromotorische Kraft einer Daniell'schen Kette.

Fig. 10.

96.

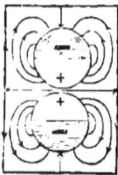

Die bisher beschriebenen Erscheinungen lassen sich
durch folgende Hypothese erklären: der Nerv besteht aus
peripolar elektromotorisch wirksamen Molekülen (siehe
Fig. 4). Diese Moleküle kann man sich aber, ohne den
Erscheinungen des ruhenden Nervenstromes zu wider-
sprechen, zusammengesetzt denken aus je zwei dipolaren Molekülen (siehe
Fig. 10). Man stelle sich nun vor, — was ganz der
bekannten Theorie der Elektrolyse gemäss ist —
ein elektrischer Strom orientire die sämmtlichen dipolaren Moleküle, durch welche er fliesst,
derart, dass die negativen Halbkugeln sich der Eintrittsstelle, die positiven Halbkugeln der Austrittsstelle des Stromes zuwenden. So würde die Reihe
von drei Molekülpaaren *A* (Fig. 11), wenn ein
Strom in der Richtung des Pfeiles durchgeht, verwandelt in die Reihe *B* von 6 einfachen dipolaren
Molekülen. Man muss sich jetzt nur noch vorstellen,
dass diese Orientirung sich auch auf die nicht durchflossenen Theile des

Fig. 11.

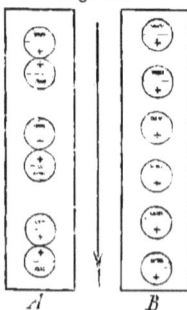

A   *B*

Nerven fortpflanzt, jedoch in einem Stücke um so weniger vollständig ist, je weiter es von der intrapolaren Strecke entfernt liegt. Sollte diese Hypothese sich auch dereinst als nicht vollkommen zutreffend herausstellen, so hat sie doch jedenfalls den grossen Vortheil, dass man sich mit ihrer Hülfe jederzeit die Gesetze der elektrotonischen Wirksamkeit leicht konstruiren kann.

Man nennt den Elektrotonus in der an die Kathode grenzenden 97. extrapolaren Strecke „Katelektrotonus", in der an die Anode grenzenden „Anelektrotonus." Der Katelektrotonus nimmt vom ersten Augenblick, wo man ihn beobachten kann, ab, obgleich der elektrotonisirende Strom vollkommen konstant bleibt. Der Anelektrotonus nimmt etwa 3 Minuten lang von seinem Entstehen an zu und dann allmählich ein wenig wieder ab.

Hört der fremde, den Nerven durchfliessende Strom plötzlich auf, so wirken während einer ganz kurzen Zeit die im Anelektrotonus befindlich gewesenen Strecken in entgegengesetztem Sinne, die im Katelektrotonus befindlich gewesenen Strecken in gleichem Sinne elektromotorisch als während der Dauer des Stromes. Die im Anelektrotonus befindlich gewesene Strecke wirkt dabei bedeutend stärker, als die im Katelektrotonus befindlich gewesene.

Eine andere elektrische Erscheinung am Nerven kann erst später behandelt werden.

2. Kapitel. Reizung der Nervenfaser.

In der Nervenfaser kann, wie im Muskel, eine gewisse Molekülarbe- 98. wegung entstehen und sich längs derselben fortpflanzen, welche wir die Erregung nennen. Dem Nerven sieht man nicht so leicht wie dem Muskel äusserlich an, ob seine Moleküle sich in diesem Bewegungszustand befinden. Ist aber der Nerv ein motorischer und ist er noch mit dem zugehörigen Muskel in unversehrter Verbindung, so kann man an diesem letzteren sehen, wann sich eine Erregung im Nerven bis zu seinen peripherischen Enden fortpflanzt, denn sowie dies geschieht, zuckt der Muskel; und so lange die peripherischen mit den Muskelfasern verknüpften Enden des motorischen Nerven im Erregungszustande verbleiben, so lange verbleibt der Muskel in dem früher geschilderten tetanischen Zustande. Wir wollen daher die Bedingungen und Erscheinungen der Nervenerregung zunächst blos am motorischen Nerven studiren. Wo also in den nächsten Paragraphen Nerv steht, soll immer zunächst ein motorischer Nerv gemeint sein.

Der Erregungszustand kann in jedem Punkte der Nervenfaser entstehen, wenn eines der Agentien, welche wir auch hier wieder „Reize" nennen, darauf einwirkt. Die Nervenfaser ist überall erregbar.

Der irgendwo in der Nervenfaser entstandene Erregungszustand pflanzt sich in der Regel nach beiden Seiten hin fort, wie später gezeigt werden soll. Am motorischen Nerven ist zunächst nur peripheriewärts die Fortpflanzung augenfällig durch die Muskelzuckung. Es mag noch ausdrücklich hervorgehoben werden, dass die Fortpflanzung nur in der Kontinuität der Nervenfaser geschehen kann, niemals der Quere nach von einem Nervenelement auf das andere, die beiden Fasern mögen noch so nahe aneinander liegen. Diesen Satz bezeichnet man als das Gesetz der „isolirte'n Leitung."

Nervenreize.

99.   Es giebt für den Nerven wie für den Muskel mechanische, chemische, thermische und elektrische Reize; doch sind die Nervenreize keineswegs durchaus identisch mit den Muskelreizen.

1. Mechanischer Nervenreiz. Drücken, schneiden, zerren reizt den Nerven. Der Muskel zuckt bei diesen Manipulationen am Nerven in der Regel nur einmal und es kann von der einmal mechanisch gemisshandelten Stelle aus keine Zuckung mehr hervorgerufen werden.

Wenn man den Nerven mit einer allmählich zugezogenen Fadenschlinge zerquetscht, so geräth der Muskel in Tetanus, jedoch nie sehr anhaltend.

Länger dauernden Tetanus des Muskels kann man hervorbringen, wenn man sehr regelmässig mit einem Hämmerchen auf den Nerven klopft und zugleich den Nerv unter dem Hammer so verschiebt, dass immer weiter nach der Peripherie gelegene Theile getroffen werden. Man hat hierzu einen besonderen Apparat, in welchem der Hammer elektromagnetisch bewegt wird.

100.   2. Chemischer Reiz. Die meisten Stoffe, die mit dem Muskel in Berührung gebracht, denselben reizen, bringen auch den Nerv in den Erregungszustand, wenn sie seinen Querschnitt berühren oder auf dem Wege der Diffusion ins Innere des Neurilemmschlauches eindringen: so die Alkalien, die stärkeren organischen und Mineralsäuren und die Alkalisalze. Bei den Mineralsäuren (Salzsäure, Schwefelsäure, Salpetersäure) bedarf es aber viel höherer Koncentration, um den Nerven als um den Muskel zu reizen. Die Salze der schweren Metalle zerstören zwar den Nerven, sie erregen ihn aber nicht. Nur ziemlich koncentrirte Höllensteinlösung ist Nervenreiz. Eine andere Substanz, die den Nerven zerstört ohne ihn zu reizen, ist Ammoniak. Ganz reines Glycerin (das den Muskel nicht reizt) wirkt reizend auf den Nervenquerschnitt.

Taucht man den Nerven in eine der hier als chemische Reize verzeichneten Lösungen ein, so geräth der Muskel gemeiniglich in einen unregelmässigen Tetanus, nach dessen Aufhören das eingetauchte Stück des Nerven stets vollständig unerregbar ist. Es kann von derselben Nervenstrecke aus nicht mehreremale nacheinander eine chemische Reizung stattfinden. Ferner ist Wasserentziehung ein Reiz für den Nerven.

3. Thermischer Reiz. Wärmezufuhr d. h. Temperaturerhöhung 101. an sich ist nicht Reiz des Nerven. Ueberschreitet aber die Temperatur des Froschnerven eine gewisse Grenze (35^0—40^0), so geräth der Muskel in Tetanus, der bei Abkühlung des Nerven wieder aufhört und bei wiederholter Erwärmung derselben Nervenstrecke von Neuem hervorgerufen werden kann. So kann bis zu beinahe 50^0 der Froschnerv erwärmt und dadurch gereizt werden, ohne dass er für immer getödtet wäre.

4. Elektrischer Reiz. Wenn man eine Nervenstrecke von einem 102. elektrischen Strome durchfliessen lässt, so befindet sich zuweilen während dieser ganzen Zeit der zugehörige Muskel im Tetanus und zwar in dem Nr. 59 definirten Sinne dieses Wortes, wie sich durch graphische Darstellung der Zusammenziehung zeigen lässt. Die Stromstärke, bei der dies geschieht, ist eine verhältnissmässig geringe, nicht sehr viele Male grösser als die geringste Stromstärke, auf welche überall der betreffende Nerv reagirt. Sonst lassen sich die Umstände allerdings nicht genau angeben, unter welchen sich die fragliche Erscheinung zeigt, so dass sie sich auch nicht immer mit voller Sicherheit hervorrufen lässt.

Wenn der Tetanus während der ganzen Stromesdauer besteht, so beweist dies, dass irgendwo auf der durchflossenen Nervenstrecke fortwährend periodisch neue Erregungsanstösse entstehen. Es lässt sich zeigen (und wird später von selbst erhellen), dass dieser Entstehungsort der Erregung der Punkt ist, wo der Strom den Nerven verlässt — die Kathode.

Es ist sehr wahrscheinlich, dass jedesmal, so lange ein Strom eine Nervenstrecke durchfliesst, solche periodische Erregungsanstösse entstehen, auch in den Fällen — und diese sind die zahlreichsten — wo der zugehörige Muskel sich nicht dauernd tetanisirt zeigt. Gewöhnlich pflanzt sich nämlich von diesen Erregungsanstössen nur der erste zum Muskel fort, so dass, wenn der Strom auch im Nerven dauert, blos bei seiner Schliessung eine Zuckung des Muskels eintritt; man nennt dieselbe die „Schliessungszuckung." In manchen Fällen bleibt aber auch diese aus. Eine Bedingung für die Entstehung der Schliessungszuckung ist unter andern auch die, dass die Stromstärke nicht ganz allmählich von Null an wächst bis zu dem Werthe, welchen er hernach beibehält. Man kann einen Strom sich in den Nerven „einschleichen" lassen, ohne dass der Muskel zuckt. Es gehört zur Auslösung der Zuckung eine gewisse Plötzlichkeit im Hereinbrechen des Stromes. Jedoch ist da bald eine Grenze erreicht, deren weitere Ueberschreitung nichts mehr ändert. Wird zum Beispiel der Strom im Nerven hergestellt durch Ein-

tauchen eines Drahtes in Quecksilber, so bricht der Strom unter allen
Umständen plötzlich genug in den Nerven ein und es hat keinen Einfluss
auf die Zuckung, ob man den Draht langsam oder schnell eintaucht.

Eine fernere Bedingung für das Zustandekommen der Schliessungszuckung (wohl auch der Erregung an Ort und Stelle im Nerven) ist die,
dass der Strom eine gewisse — freilich sehr kurze — Zeit dauert und
zwar darf diese um so kürzer sein, je stärker der Strom ist. Für eine namhafte Stromstärke genügt eine Dauer von weit weniger als 0,001 Sekunde.
Hört aber der Strom schon vor Verlauf dieser erforderlichen Zeit auf, so
kommt gar keine Zuckung zu Stande.

Noch andere Bedingungen für das Entstehen der Schliessungszuckung
können erst später erörtert werden.

103.　　Auch das **Aufhören** des elektrischen Stromes in einer Nervenstrecke
scheint regelmässig einen Erregungsanstoss zu bilden, aber an einer andern
Stelle, nämlich da, wo der Strom in den Nerven eintrat (an der positiven
Elektrode oder an der Anode). Eine Zuckung des Muskels kommt freilich
nicht immer beim Aufhören des Stromes zu Stande, weiter unten werden
die Bedingungen angegeben, unter denen die Erregung beim Aufhören
des Stromes nicht zum Muskel fortgepflanzt wird.

Sofern man sich das Aufhören des Stromes durch **Oeffnen** des
Leiterkreises bewirkt denkt (obwohl man es oft faktisch durch Anbringen
einer Nebenschliessung bewirkt), nennt man die beim Aufhören des
Stromes auftretende Zuckung die „**Oeffnungszuckung.**"

Soll eine Oeffnungszuckung — und wohl überhaupt eine Erregung
im Nerven an Ort und Stelle beim Aufhören des Stromes — zu Stande
kommen, so ist noch viel mehr als für die Schliessungszuckung erforderlich,
dass der Strom eine gewisse Zeit gedauert habe. Sehr kurzdauernde
elektrische Schläge, wie z. B. Induktionsschläge, geben daher gewöhnlich
blos einen einfachen Erregungsanstoss.

104.　　Lässt man elektrische Schläge in rascher Folge nacheinander durch
den Nerven gehen, so entstehen ebensoviele rasch aufeinander folgende
Erregungsanstösse, die sich wellenartig längs des Nerven fortpflanzen.
Der zugehörige Muskel befindet sich bei gehöriger Raschheit der Aufeinanderfolge der einzelnen Schläge im Tetanus. Man nennt dem entsprechend auch den Zustand des **Nerven** „**Tetanus**" und sagt man
tetanisire den Nerven, wenn man hinlänglich frequente Reizungsstösse auf
ihn wirken lässt, um den zugehörigen Muskel zur dauernden Zusammenziehung zu bringen. Das bequemste Mittel zum Tetanisiren bietet ein
Induktionsapparat, dessen primärer Strom durch eine schnell schwingende
Feder unterbrochen wird.

105.　　Hier ist der Ort eine weiter oben (siehe No. 18) gelassene Lücke
auszufüllen: Legt man an einen Muskel einen höchst reizbaren Nerv an,

der mit seinem Muskel noch in Verbindung steht, so dass durch denselben ein Zweig des Muskelstromes fliesst, so entsteht beim Anlegen meist eine Zuckung. Tetanisirt man nun den ersten Muskel von seinem Nerven aus, so dass der Muskelstrom seine negative Schwankung erleidet, so geräth der Muskel des angelegten Nerven, wofern derselbe hinlänglich reizbar ist, auch in Tetanus, in den sogenannten sekundären Tetanus, oder er macht wenigstens wiederholte Zuckungen, solange der Tetanus des ersten Muskels dauert. Dies beweist die oscillatorische Natur der negativen Schwankung des Muskelstromes, denn ein Tetanus von der Nr. 102 erwähnten Art kann der „sekundäre Tetanus" nicht sein.

Die elektrische Reizung hat vor allen übrigen Reizungsarten das 106. voraus, dass man durch sie eine so zu sagen unbegrenzte Anzahl von Malen dieselbe Nervenstrecke in den höchsten Grad der Erregung versetzen kann. Die elektrische Reizung beeinträchtigt die Erregbarkeit der gereizten Strecke nicht merklich mehr als die der übrigen Nervenstrecken, durch welche sich blos die Erregungswelle fortpflanzt. Die elektrische Reizung ist daher ein unentbehrliches Hülfsmittel zur Erforschung der Eigenschaften des Nerven, namentlich wo es sich um quantitative Bestimmungen handelt.

3. Kapitel. Fortpflanzungsgeschwindigkeit der Nervenerregung.

Eine Fundamentalgrösse der Nervenphysiologie (welche nur mit Hülfe 107. der elektrischen Reizung bestimmt werden konnte) ist die Geschwindigkeit, mit welcher sich der Erregungszustand in der motorischen Nervenfaser fortpflanzt. Es gilt zum Zwecke dieser Bestimmung die Zeit zu messen, welche verstreicht von dem Augenblicke, wo eine bestimmte Stelle des Nerven von einem Reize getroffen wird, bis zu dem Augenblicke, wo der Muskel anfängt seinen Zustand zu ändern. Einmalige Messung dieses Zeitraumes genügt aber für die Bestimmung der Fortpflanzungsgeschwindigkeit noch nicht, denn es geht nicht der ganze Zeitraum auf Fortpflanzung der Erregung, sondern ein Theil desselben wird zur Entstehung der Erregung im Nerven und zur Vorbereitung des Muskels (s. Nr. 21) verbraucht. Es muss also die Messung des fraglichen Zeitraumes am selben Nerven zweimal gemacht werden und es müssen die übrigen Umstände für beide Messungen identisch sein, nur muss das eine Mal die gereizte Stelle des Nerven weiter vom Muskel entfernt sein als das andere Mal, dann wird jenes Mal der fragliche Zeitraum um so viel länger ausfallen, als Zeit nöthig ist zur Fortpflanzung durch die Nervenstrecke, welche zwischen den beiden Angriffspunkten des Reizes liegt; wenn man also die Länge derselben ausserdem noch kennt, so lässt sich die Fortpflanzungsgeschwindigkeit berechnen.

108. Die Messung der kleinen Zeiträume, auf die es ankommt, wird am einfachsten graphisch ausgeführt. Ein nur senkrecht auf und ab beweglicher Zeichenstift lehnt an einem berussten Glascylinder, der sich um eine senkrechte Axe mit genau bekannter Geschwindigkeit dreht. In Ruhe zieht also der Stift einen Kreis auf dem Cylinder, der auf dem abgewickelten Cylindermantel eine wagrechte Grade darstellt und jedes Millimeter in dieser Geraden entspricht einem bestimmten Bruchtheil einer Sekunde. Der Zeichenstift ist nun mit dem Muskel in geeigneter Verbindung, so dass er im Augenblicke steigt, wo der Muskel sich zu kontrahiren beginnt. Dieser Augenblick ist also in der Zeichnung bemerkbar, indem hier die Linie aus der geraden Richtung nach oben abbiegt. Man richtet es nun so ein, dass in einem ganz bestimmten Augenblicke, wo der Zeichenstift einem genau bekannten Punkte des Cylinders gegenübersteht, der Reiz (Induktionsschlag) den Nerven trifft. Das gerade Stück der gezeichneten Linie zwischen diesem Punkte und dem Punkte, wo die Kurve anfängt aufwärts abzubiegen, misst die Zeit vom Augenblick der Reizung bis zum Beginne der Zuckung. Macht man also zwei Versuche derart rasch nacheinander und lässt den Reiz zwei verschiedene Punkte des Nerven treffen, so misst die Differenz der 2 geraden Stücke der gezeichneten Linien die Fortpflanzungszeit durch das Nervenstück zwischen den beiden Reizstellen. Dividirt man die Länge dieses Nervenstückes durch die gefundene Fortpflanzungszeit, so hat man die Fortpflanzungsgeschwindigkeit. Statt auf einen rotirenden Cylinder, zeichnet man neuerdings häufig auf eine an einem grossen Pendel befestigte Platte.

109. Im motorischen Froschnerven beträgt die Fortpflanzungsgeschwindigkeit der Erregung etwa 26—27 Meter in der Sekunde. Abkühlung des Nerven auf nahezu Null Grad verkleinert die Fortpflanzungsgeschwindigkeit beträchtlich.

In dem Nervenstrang der Muschel (Anodonta), welcher das Kiemenganglion mit dem Lippenganglion verbindet, ist die Fortpflanzungsgeschwindigkeit der Erregung ausserordentlich klein. Sie beträgt nur etwa ein oder wenige Centimeter per Sekunde. Sie wächst übrigens mit der Intensität des Reizes.

In den motorischen Nerven des Menschen (Zweige des *nervus medianus*) ist die Fortpflanzungsgeschwindigkeit bestimmt zu durchschnittlich 33 Meter per Sekunde, eine Zahl, die von der für den motorischen Froschnerven giltigen nicht weit abliegt. Die stärkeren Erregungsanstösse scheinen sich etwas schneller fortzupflanzen als die schwächeren.

Im elektrotonisirten Nerven ist die Fortpflanzungsgeschwindigkeit kleiner als im natürlichen.

4. Kapitel. Negative Schwankung des Nervenstromes.

Wird der Nerv tetanisirt, so nimmt seine elektromotorische Wirkung 110. nach aussen ab und zwar an allen Stellen, um nach Aufhören der teta-nisirenden Einwirkung ihre ursprüngliche Höhe wieder zu erreichen. Man nennt diese Erscheinung die „negative Schwankung des Nerven-stromes." Sie zeigt sich bei jeder Art von Einwirkung, welche den teta-nischen Zustand hervorbringt. Soll die negative Stromschwankung bei elektrischem Tetanisiren untersucht werden, so muss man besondere Vor-sichtsmaassregeln beobachten, um Störungen durch Einmischen des Elektro-tonus zu meiden. Dahin gehört vor allem, dass man Ströme von sehr kurzer Dauer (Induktionsschläge) und von mässiger Stärke verwendet, dass man die tetanisirenden Ströme abwechselnd in entgegengesetzter Richtung durch die Nervenstrecke sendet und dass man den Nervenstrom und seine negative Schwankung beobachtet an einem Nervenstücke, das weit von der gereizten Strecke entfernt liegt; der Elektrotonus ist nämlich in einiger Entfernung von der durchströmten Strecke viel schwächer als in der Nähe derselben, die negative Schwankung dagegen zeigt sich ungeschwächt in jeder beliebigen Entfernung von der gereizten Strecke.

Der die negative Schwankung des Nervenstromes bedingende Zustand 111. pflanzt sich in jeder Nervenfaser von der gereizten Stelle nach beiden Seiten fort. So zeigt sich namentlich am centralen Ende eines rein motorischen Nerven (vordere Wurzel eines Rückenmarksnerven) negative Stromschwankung, wenn eine weiter peripherisch gelegene Stelle tetanisirt wird. Hierin liegt ein starkes Argument für die Annahme, dass der motorische Nerv fähig ist, auch in centripetaler Richtung den Erregungs-process zu leiten, obwohl man von dieser Leitung im normalen Leben, wenn ja einmal ausnahmsweise ein motorischer Nerv in seinem periphe-rischen Verlaufe gereizt sein sollte, keine physiologischen Effekte sieht. Die Beweiskraft des Argumentes beruht darauf, dass schwerlich die voll-ständige Identität des Erregungsvorganges und des Vorganges, der in der negativen Schwankung zur Erscheinung kommt, in Frage gestellt werden kann.

Die negative Schwankung des Nervenstromes ist ebensowenig wie die 112. des Muskelstromes eine konstant andauernde Herabsetzung der elektro-motorischen Wirkung. Dieselbe fällt und steigt vielmehr periodisch, so dass jedem Reizanstoss ein Fallen und Steigen entspricht. Bei starken Reizen kann die Abnahme der elektromotorischen Wirkung bei jedem einzelnen Reizanstoss für eine sehr kurze Zeit so weit gehen, dass eine Wirkung in entgegengesetztem Sinne eintritt, dass also der Strom in einem an Längs- und Querschnitt angelegten Bogen für einzelne Momente der

Reizung vom Querschnitt zum Längsschnitt geht. Die durchschnittliche elektromotorische Gesammtwirkung, die bei andauernd geschlossenem Multiplikatorkreise zur Erscheinung kommt, erfolgt indessen niemals während der Erregung in entgegengesetztem Sinne, als während der Ruhe. Die Fortpflanzungsgeschwindigkeit des Vorganges im Nerven, der die negative Stromschwankung zum Ausdrucke hat, beträgt beim Froschnerven 25—32 Meter per Sekunde. Die Uebereinstimmung dieser Zahl mit der, welche die Fortpflanzungsgeschwindigkeit der Erregung im Froschnerven ausdrückt, giebt ein neues Argument für die Identität beider Vorgänge.

5. Kapitel. Die Nervenerregung als mathematische Grösse.

113.   Die Erregung der Nerven ist selbstverständlich verschiedener Grade fähig und somit eine numerisch ausdrückbare Grösse, deren Werth von verschiedenen Umständen abhängig ist. In erster Linie ist die Intensität des Erregungszustandes abhängig von der Heftigkeit des äusseren Anstosses, durch welchen sie hervorgerufen ist, oder wie man zu sagen pflegt, von der Grösse des Reizes. Um das Gesetz dieser quantitativen Abhängigkeit zu ermitteln, muss man vor Allem Maassstäbe schaffen sowohl für den Reizwerth als für den Erregungswerth. Von den verschiedenen Reizen der Nerven ist nur der elektrische numerischer Bestimmung zugänglich. Man darf wohl unbedenklich als Maass der Stärke eines einfachen Nervenreizes gelten lassen die Elektricitätsmenge, welche in einem Schlage von bestimmtem stets gleichem zeitlichem Verlaufe zur Abgleichung kommt. Z. B. in einem Oeffnungsinduktionsschlage, wenn der primäre Strom allemal in derselben Weise geöffnet wird.

Als Maass der Erregungsgrösse kann die durch die Erregung ausgelöste Muskelarbeit dienen oder auch die Grösse der negativen Stromschwankung. Das erstere Maass ist nur mittelbar, da die Muskelarbeit nicht allgemein der sie auslösenden Nervenerregung proportional sein wird.

114.   Unterwirft man den Muskelnerven einer Reihe von Reizungen, deren Werthe sich verhalten wie 1, 2, 3, 4 etc., so lösen die kleinsten derselben gar keine Zuckungen aus, dann wachsen die Zuckungen genau proportional dem Wachsthum der Reize, bald aber — schon bei verhältnissmässig kleinen Reizen — bleibt die Zuckung auf derselben Stufe stehen. Die Zuckung hat ihr Maximum erreicht. In vielen Fällen beobachtet man allerdings bei weiterem Wachsen der Stärke des elektrischen Schlages ein neues Wachsen der Zuckung, diese übermaximalen Zuckungen sind aber summirte Zuckungen. Sehr starke elektrische Schläge können nämlich als Doppelreize wirken; indem das Anfangen und das Aufhören des Stromes jedes für sich als Reiz wirkt.

Diejenige Erregungsgrösse, welche genügt das äusserste Maximum der 115. Muskelzusammenziehung hervorzubringen ist noch lange nicht der höchste Grad von Erregung, dessen der Nerv selbst fähig ist. Hierfür spricht folgende Thatsache: wenn man einen Nerv tetanisirt und einerseits die Muskelzusammenziehung, andererseits die negative Schwankung des Nervenstromes beobachtet, wächst diese letztere noch mit wachsendem Reize, nachdem die Muskelzusammenziehung schon längst ihr Maximum erreicht hat.

Sofern überall Muskelzuckung und negative Stromschwankung Maass- 116. stäbe der Nervenerregung sind, so sind sie es doch selbstverständlich nur für die Erregung in den peripherischen Enden der Nerven resp. für die Erregung in der Nervenstrecke, von welcher wir den Nervenstrom ableiten. Wenn wir daher wissen wollen, welche Intensität der Erregung ein bestimmter Reiz an Ort und Stelle seiner Einwirkung hervorruft, so müssen wir noch wissen, ob und wieviel die Erregung ab- resp. zunimmt bei der Fortpflanzung von dem Punkte, wo sie durch den Reiz entstand bis zu der, wo wir sie gemessen haben. Sehr wahrscheinlich nimmt die Erregung im Allgemeinen zu während sie sich längs des Nerven fortpflanzt, „sie schwillt lawinenartig an". Lässt man nämlich denselben Reiz (einen zeitlich und quantitativ vollkommen gleichen elektrischen Schlag) zweimal auf den Nerven einwirken, einmal dem Muskel nahe, das andere Mal vom Muskel fern, so erhält man im Allgemeinen im letzteren Falle eine stärkere Zuckung als im ersteren und man kann meist eine gewisse geringe Reizstärke finden, welche auf die dem Muskel benachbarte Strecke des Nerven wirkend, gar keine Zuckung zur Folge hat, von der entfernteren Strecke aus aber eine Zuckung hervorbringt.

Die beschriebene Erscheinung würde sich allerdings auch erklären lassen durch die Annahme, dass bei gleichem Reize die vom Muskel entfernteren Strecken des Nerven schon selbst in stärkere Erregung geriethen, als die dem Muskel benachbarten. Diese Ursache hat auch wirklich zuweilen an dem Phänomen Antheil, wenn nämlich der Nerv durchschnitten ist und der Reiz einmal in der Nähe des Querschnittes angebracht wird, das andere Mal in der Nachbarschaft des Muskels. Hier kann in der That oft das dem Querschnitt benachbarte Nervenstück reizbarer sein, nämlich in dem Zeitraum, der seinem Absterben unmittelbar vorhergeht. Die vorhin beschriebene Erscheinung tritt aber auch ein, wenn der Nerv gar nicht vom Rückenmark getrennt ist. Es zeigen sich hier allerdings ziemlich regelmässig einige kleine Abweichungen, nämlich wenn man den Nervenplexus dicht an der Wirbelsäule reizt, so fällt der Effekt im Muskel meist nicht grösser — oft etwas kleiner — aus als bei der Reizung ein klein wenig weiter unten. Auch die Eintrittsstelle der Nerven in den Muskel macht oft eine Ausnahme von der obigen Regel.

Im Ganzen sprechen die Erscheinungen zu Gunsten der Annahme 117. eines lawinenartigen Anschwellens der Reizung. Es lassen sich dafür auch noch teleologische Erwägungen anführen. Wenn nämlich die Erregung bei ihrer Fortpflanzung anschwillt, dann sind die langen Nervenstämme, die nun einmal zur Verknüpfung der Nervencentren mit der Peripherie unvermeidlich waren, nicht blos träge Leiter, sondern sie erleichtern den Nervencentren die Arbeit. Diese brauchen nur einen ganz schwachen Reizanstoss zu geben. In der Nervenfaser wird derselbe durch die Thätigkeit dieser letzteren dann schon hinlänglich vermehrt, um einen bedeutenden Effekt im Muskel hervorzubringen. Andererseits werden die Empfindungsorgane durch das lawinenartige Anschwellen des Reizes um so empfindlicher, denn es braucht nur eine sehr kleine Erregung an der Peripherie hervorgebracht zu werden; bis sie zum Centrum fortgepflanzt ist, hat sie so zugenommen, dass sie schon eine merkliche Wirkung ausübt.

118. Die Grösse der Erregung am Orte des Reizes hängt ausser von der Intensität der reizenden Einwirkung auch ab von der Beschaffenheit des Nerven. Derselbe Reiz kann einmal einen höheren, ein anderes Mal einen niederen Grad von Erregung hervorbringen. Man sagt, im ersteren Falle sei der Nerv erregbarer als im zweiten. Es wird alsdann schon ein schwächerer Reiz ausreichen, um im erregbaren Nerv denselben Grad von Erregung auszulösen, welchen im weniger erregbaren Nerv erst ein stärkerer Reiz hervorbringt. Man wird die Erregbarkeit als mathematische Grösse daher umgekehrt proportional setzen der Stärke des Reizes, welcher einen gewissen Erregungsgrad, z. B. den eben merklichen Erregungsgrad hervorbringt.

119. Im natürlichen Laufe des Absterbens eines aus dem Organismus herausgeschnittenen Nerven nimmt die Erregbarkeit in einem gewissen Stadium zu, hernach ab. Man trifft desshalb kurz nach Abtrennen eines motorischen Nerven vom Centrum in der Nähe des Querschnittes, von wo aus das Absterben nach der Peripherie hin fortschreitet, meist Stellen erhöhter Erregbarkeit (s. oben Nr. 116). Häufige Reizung vermindert im Ganzen die Erregbarkeit, man nennt diese Erscheinung wie die entsprechende am Muskel „Ermüdung". Indessen ist die Nervenfaser bei Weitem weniger leicht ermüdbar, worauf wir weiter unten noch zurückkommen.

120. Sehr merkwürdige Aenderungen erleidet die Erregbarkeit einer Nervenstrecke durch den elektrotonischen Zustand. Man beobachtet sie am besten folgendermaassen. Man richte

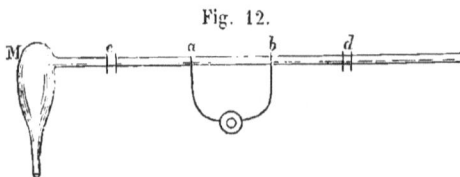
Fig. 12.

es ein, dass man durch eine Strecke $a\,b$ (Fig. 12) eines motorischen Nerven einen konstanten elektrisch. Strom gehen lassen kann, bald in der Richtung von a nach b, bald in der entgegengesetzten Richtung von b nach a. Man suche nun zunächst eine Reizstärke (selbstverständlich ist elektrische Reizung am bequemsten und genauesten), welche bei c angebracht, so lange der Nerv nicht durchflossen ist, eine eben merkliche, aber entschieden noch nicht maximale Zuckung des Muskels hervorbringt; dann wird derselbe Reiz, ebenda angebracht, während die Strecke a b in absteigender Richtung (von b nach a) von einem elektrischen Strome durchflossen ist, eine s t ä r k e r e Zuckung bewirken; endlich wird derselbe Reiz, ebenda angebracht, während die Strecke a b von einem Strome aufsteigend (von a nach b) durchflossen ist, eine schwächere oder gar keine Zuckung auslösen. Man lasse nun wiederum die Strecke a b ohne Strom und suche eine Reizstärke auf, die oberhalb der Strecke a b, etwa bei d angebracht, eine merkliche, aber nicht maximale Zuckung auslöst. Lässt man diesen Reiz bei d wirken, während a b absteigend, d. h. von b nach a durchflossen ist, so wird er eine schwächere resp. gar keine Zuckung hervorrufen. Lässt man den Reiz abermals bei d wirken, während a b von einem s t a r k e n Strome aufsteigend (von a nach b) durchflossen ist, so ist ebenfalls die Zuckung schwächer oder sie bleibt ganz aus. Lässt man endlich denselben Reiz bei d einwirken, während a b aufsteigend von einem s c h w a c h e n Strome durchflossen ist, so ruft er eine stärkere Zuckung im Muskel hervor.

Die sämmtlichen aufgezählten Thatsachen lassen sich folgern aus der 121. Annahme: Auf den von ihm behafteten Nervenstrecken bedingt der K a t - e l e k t r o t o n u s Erhöhung, der A n e l e k t r o t o n u s (s. Nr. 97) Erniedrigung der Erregbarkeit; ausserdem ist auf der durchflossenen Nervenstrecke (wahrscheinlich aber auch auf sämmtlichen elektrotonisirten Strecken) die L e i t u n g s f ä h i g k e i t des Nerven für den Erregungsprocess herabgesetzt, und zwar tritt diese Minderung der Leitungsfähigkeit besonders bei grosser Stromstärke hervor. Letztere Annahme insbesondere ist nöthig, um zu erklären, dass ein oberhalb eines aufsteigenden Stromes (also in der Region des Katelektrotonus) angebrachter Reiz dennoch eine geschwächte oder gar keine Zuckung auslöst, wofern der aufsteigende Strom stark ist. Man hat sich in diesem Falle vorzustellen, dass zwar der Erregungsprocess am Orte des Reizes selbst verstärkt ist, dass er aber bei der Fortpflanzung durch die elektronisirte Nervenstrecke Hindernisse der Fortpflanzung trifft, die ihn geschwächt oder gar nicht zum Muskel gelangen lassen.

Die vorstehende theoretische Annahme erklärt auch noch die merk- 122. würdige Erscheinung, dass ein starker den Nerven aufsteigend durchfliessender elektrischer Strom nur Oeffnungszuckung giebt, dagegen bei seiner Schliessung keine Zuckung hervorbringt. Man hat nur noch die fernere (oben schon Nr. 102 erwähnte) Annahme zu machen, dass beim Hereinbrechen eines Stromes in eine Nervenstrecke nur an der Stelle, wo der Strom aus dem Nerven austritt — an der K a t h o d e — die Erregung entsteht. Diese Annahme ist übrigens noch sonst gestützt durch

Messungen der Zeit, welche verstreicht vom Augenblicke des Schlusses eines den Nerv durchfliessenden Stromes bis zum Beginne der Zuckung, diese Zeit ist nämlich um so grösser, je weiter die Kathode vom Muskel entfernt ist, unabhängig von der Lage der Anode. Unter den fraglichen Annahmen muss bei Schliessung eines starken aufsteigenden Stromes an der Kathode zwar eine starke Erregung entstehen, aber dieselbe kann sich nicht zum Muskel fortpflanzen, weil sie auf der durchflossenen Strecke bedeutende Hemmnisse der Leitung findet. Beim Oeffnen des Stromkreises d. h. beim Aufhören des Stromes hat der Erregungsausstoss seinen Sitz an der Eintrittsstelle „Anode", also bei aufsteigender Stromesrichtung an der dem Muskel zunächst gelegenen Elektrode, dieser Erregungsausstoss hat also nicht die durchflossen gewesene Strecke zu passiren, um an den Muskel zu gelangen, wesshalb eine Oeffnungszuckung des aufsteigenden Stromes regelmässig auftritt. Die bei Schliessung eines schwächeren aufsteigenden Stromes an der Kathode entstehende Erregung kann zum Muskel gelangen, weil die Leitungswiderstände sich erst bei grosser Stromstärke in grösserem Maasse entwickeln. Bei mässigen Stromstärken giebt daher der aufsteigende Strom sowohl Schliessungs- als Oeffnungszuckung. Bei ganz schwachen aufsteigenden Strömen sieht man blos eine Schliessungszuckung, dies hat wohl darin seinen Grund, dass die Oeffnung des Stromes an und für sich stets ein schwächerer Reiz ist, als die Schliessung.

123.   Der absteigende Strom giebt, wenn er ganz schwach ist, aus dem soeben angeführten Grunde ebenfalls meist nur Schliessungszuckung bei mittleren Stärken giebt er Schliessungs- und Oeffnungszuckung. Bei sehr grosser Stärke giebt der absteigende Strom meist nur Schliessungszuckung, die Oeffnungszuckung bleibt aus. Um diese seltsame Erscheinung zu erklären, muss man erstens den wiederholt ausgesprochenen Satz beachten, dass die Oeffnung an der Anode reizend wirkt, welches ebenfalls durch zeitmessende Versuche erwiesen ist. Man muss ferner annehmen, dass auch noch in den ersten Augenblicken nach Aufhören des Stromes, während welcher die an der Anode des absteigenden Stromes entstandene Oeffnungserregung die durchflossen gewesene Nervenstrecke zu passiren hatte, die Leitungsfähigkeit dieser Strecke vermindert ist. Wenn man diese Annahmen gelten lässt, so begreift sich, dass bei starkem absteigendem Strome die Oeffnungserregung oft nicht zum Muskel gelangen und eine Zuckung auslösen kann. Die in dieser und der vorhergehenden Nummer vorgetragenen Sätze begreift man unter dem Namen „Zuckungsgesetz."

142.   In der Herabsetzung der Leitungsfähigkeit der Nervenfaser auf der ganzen elektrotonisirten Strecke im Bereiche des Anelektrotonus sowohl als des Katelektrotonus liegt wahrscheinlich der Grund, dass die oben (Nr. 102) als eigentliches Fundamentalphänomen der elektrischen Nervenreizung be-

zeichnete Erscheinung nur bei ganz bestimmten Stromstärken und hohem Erregbarkeitsgrade der Nervenfaser vorkommt — nämlich der Tetanus des Muskels während der ganzen Dauer des Stromes. In der That wird es ohne allzu willkührliche Hülfsannahmen leicht erklärbar sein, dass die auf den ersten bei Beginn des Stromes ausgeübten Erregungsantrieb weiterhin nachfolgenden Erregungsantriebe meistens die Leitungshindernisse auf den elektrotonisirten Strecken nicht überwinden können, und nur in besonders günstigen Fällen zum Muskel gelangen.

Nachdem ein elektrischer Strom eine Nervenstrecke durchflossen hatte, 125. ist eine Zeit lang die Erregbarkeit des ganzen vom Elektrotonus afficirt gewesenen Nervenstückes erhöht. Die im Katelektrotonus befindlich gewesene Strecke des Nerven geht aber in diesen Zustand über durch ein sehr kurz dauerndes Stadium verminderter Erregbarkeit.

6. Kapitel. Von den Empfindungsnervenfasern.

Die Gewebelehre hat bekanntlich noch keinen Unterschied zwischen 126. den motorischen und den Empfindungsnervenfasern feststellen können, aber es scheinen im physiologischen Verhalten gewisse Verschiedenheiten zu bestehen, so dass man an der Identität der beiden Arten von Nervenelementen gezweifelt hat.

Die Richtung der Leitung könnte, auch wenn nur einsinnige Leitung stattfände, keinen Unterschied begründen. Es würde alsdann nur das eine Element im gemischten Nervenstamm umgekehrt liegen wie das andere. Ueberdies ist für beide Faserarten die Leitungsfähigkeit in beiden Richtungen erwiesen, ganz abgesehen von den vielen oben angeführten Gründen, durch folgendes unzweideutige Experiment: Man hat den centralen Stumpf des *n. lingualis* mit dem peripherischen Stumpfe des *n. hypoglossus* bei Hunden zusammengeheilt. Ein hoch oben am Lingualis nunmehr angebrachter Reiz bewirkt Zuckungen in der Zungenmuskulatur, also kann sich im Lingualis (Empfindungsnerven) eine Erregung centrifugal fortpflanzen. Ein auf den Hypoglossus ganz unten nahe beim Muskel angebrachter Reiz bringt deutliche Schmerzensäusserungen hervor, also kann sich im Hypoglossus (motorischen Nerven) eine Erregung centripetal fortpflanzen. Die Möglichkeit des Zusammenheilens eines Empfindungsnerven mit einem motorischen spricht überdies zu Gunsten vollständiger Identität beider Nervenarten, obwohl sie gerade kein sicherer Beweis dafür ist.

Sehr verschieden scheint das unter dem Namen C u r a r e bekannte Gift 127. auf die beiden Nervenarten zu wirken, denn ein mit diesem Stoff vergiftetes Thier empfindet noch, kann sich aber nicht bewegen, obwohl die Muskelsubstanz ihre Erregbarkeit nachweislich beibehält. Man überzeugt sich hiervon, indem man eine Extremität (beim Frosch) von der Vergiftung ausschliesst durch Unterbindung der Gefässe. Die unvergiftete Extremität reagirt alsdann auf Eindrücke, welche die Haut des vergifteten Theiles getroffen haben. Dieser Erfolg rührt aber nur daher, dass Curare die Verknüpfungsorgane zwischen Nerv und Muskel afficirt; die Nervenfasern werden vom Curare überall gar nicht verändert, die motorischen so wenig wie die sensiblen. Würden nämlich die motorischen Nervenfasern vom Curare afficirt, so müsste auch der Schenkel mit unterbundenen Gefässen gelähmt werden, da ja bei dem beschriebenen Versuche sein *plexus ischiadicus* im Bereiche der Giftwirkung bleibt.

128. Wesentlich anders als die motorischen scheinen sich die sensiblen Nervenfasern auch gegen den elektrischen Reiz zu verhalten. Wird nämlich eine sensibele Faser von einem elektrischen Strome durchflossen, dann hat das Individuum, dem sie angehört, eine Empfindung solange der Strom dauert d. h. also die Faser ist im erregten Zustande solange der Strom dauert, nicht blos im Momente des Schliessens und Oeffnens der Kette. Dies beruht aber vielleicht blos darauf, dass die sensibelen Centralorgane feinere Reagentien auf den Erregungszustand sind als die Muskeln. Es wurde weiter oben (siehe S. 102) wahrscheinlich gemacht, dass auch im motorischen Nerven Erregung entstehe, solange ihn ein Strom durchfliesst, und dass nur kein genügendes Quantum dieser Erregung zum Muskel gelange, um in ihm Zusammenziehung zu unterhalten. Wenn wir die an sich nicht unwahrscheinliche Annahme hinzufügen, dass ein viel kleineres Erregungsquantum, als zur Muskelverkürzung gehört, schon ausreicht, um im sensibelen Centralapparat Empfindung auszulösen, so braucht die beschriebene Erscheinung nicht auf einen wesentlichen Unterschied der sensibelen und motorischen Nervenfasern bezogen zu werden.

7. Kapitel. Chemische Processe in der Nervenfaser.

129. Es kann von vorn herein nicht bezweifelt werden, dass in der lebenden Nervenfaser fortwährend chemische Processe verlaufen. Schon die elektromotorische Wirksamkeit dieses Gebildes liefert dafür den unumstösslichen Beweis, denn in einem sogenannten Elektrolyten oder Leiter zweiter Klasse — und zu dieser Klasse von Körpern gehören die Bestandtheile der Nervenfaser — kann ohne chemische Umsetzungen ein elektrischer Strom nicht fliessen. Ein anderer Umstand, welcher chemische Processe in der Nervenfaser wahrscheinlich macht, besteht in der Thatsache, dass Nerven, welche von ihrem Centralorgan getrennt sind, nach einiger Zeit degeneriren. Nach der Analogie der Muskelfaser, mit welcher die Nervenfaser in so vielen Beziehungen übereinstimmt, darf man vermuthen, dass die chemi-

schen Processe in der Nervenfaser auch hauptsächlich in Verbrennung stickstofffreier Verbindungen bestehen, deren massenhaftestes Produkt Kohlensäure ist, und dass die chemischen Processe im erregten Zustande zu grösserer Intensität angefacht werden.

Die Produkte der chemischen Processe des Nerven sind übrigens bis auf den heutigen Tag noch nicht mit voller Sicherheit nachgewiesen. Zwar wollen einige Forscher beobachtet haben, dass ein stark gereizt gewesener Nervenstamm deutlich sauer reagirt. Andere Forscher dagegen bestreiten entweder die Thatsache selbst oder geben ihr eine andere Deutung. Auch fehlt es nicht an Angaben, dass die Temperatur nervöser Organe im Erregungszustande steigt, aber auch diese Angaben sind bestritten, so dass auch eine Wärmeentwicklung bei der Erregung keineswegs sicher bewiesen ist.

Diese negativen oder mindestens sehr zweifelhaften Ergebnisse des 130. Suchens nach sichtbaren Spuren chemischer Processe beweisen, dass diese Processe in der Nervenfaser ausserordentlich wenig intensiv sind, dass ihre Intensität insbesondere ungeheuer weit hinter der Intensität der chemischen Processe im Muskel zurücksteht. Es deutet hierauf schon der aus der Anatomie bekannte Umstand, dass die Nervenstämme ausserordentlich spärlich mit Blutgefässen versorgt sind, im schroffen Gegensatz gegen die Muskeln, welche überall von einem reichlichen Capillarnetz durchzogen sind. Hieraus geht hervor, dass die Nervenstämme einen verschwindend kleinen Stoffwechsel haben. Für grosse Stabilität des chemischen Gefüges der Nervenfaser und Trägheit ihrer chemischen Processe spricht ferner auch die Thatsache, dass — wie es scheint — kein Gift auf die eigentlichen Nervenfasern wirkt. Zwar liegen einige gegentheilige Angaben vor, dieselben sind aber sämmtlich mangelhaft begründet.

Vor Allem aber ist es eine bis jetzt noch nie ausdrücklich hervor- 131. gehobene physiologische Thatsache, welche beweist, dass selbst bei intensivster Erregung die chemischen Processe in der Nervenfaser von verschwindend kleinem Betrag sind. Diese Thatsache besteht in der fast vollkommenen Unermüdlichkeit der Nervenfaser. In welchem Grade diese Eigenschaft den Nervenfasern zukommt, erfährt Mancher an sich selbst, wenn er Tage lang die rasendsten Schmerzen auszuhalten hat. Aber auch über die Unermüdlichkeit motorischer Nerven muss man staunen, wenn man an ihnen eigens darauf hin experimentirt. Selbstverständlich muss man bei solchen Versuchen die Bedingungen so setzen, dass der Muskel, welcher als Reagens auf die Erregung des betreffenden Nerven dient, von der Ermüdung ausgeschlossen ist, oder sich immer leicht wieder erholen kann. Man muss zu diesem Ende an einem Thiere, etwa einem Frosch, experimentiren, das soweit unversehrt ist, dass der Muskel noch vom Blut in normaler Weise durchströmt ist. Wenn man alsdann den zugehörigen

Nervenstamm vom Centrum abtrennt und aus dem Thierkörper herauslegt,
so kann natürlich nicht von einem Ersatz seiner Stoffe die Rede sein.
Gleichwohl kann man diesen Nerven mit kolossalen elektrischen Reizen
10 Minuten lang misshandeln, und sofort zuckt der Muskel doch wieder
auf die schwächsten Reize des Nerven, welche anfänglich Zuckung hervor-
riefen. Allenfalls bemerkt man eine Minderung der Erregbarkeit in der
dem Reize selbst ausgesetzt gewesenen Nervenstrecke.

8. Kapitel. Ganglienzelle.

132. Das zweite Element des Nervengewebes ist die sogenannte Ganglienzelle, auch wohl geradezu Nervenzelle genannt. Sie ist ein Protoplasmaklümpchen mit Kern und Kernkörperchen, von demselben gehen stets
mindestens zwei Protoplasmafäden aus, welche sie mit andern Elementen des Nervensystems, Fasern oder Zellen in Verbindung setzen. Diese
Behauptung ist eine Forderung der Physiologie, wenn es auch der histiologischen Forschung noch nicht gelungen ist, an allen Nervenzellen zwei
Ausläufer nachzuweisen, und die Histiologie daher noch von „uni-
polaren“ und „apolaren“ Ganglienzellen, d. h. von Nervenzellen mit nur
einem Ausläufer und solchen ohne Ausläufer spricht. Eine unipolare
Nervenzelle wäre eine Sackgasse, d. h. ein peripherisches Endorgan, keine
Ganglienzelle im engeren Sinne des Wortes. Eine apolare Nervenzelle
vollends könnte gar nicht als Theil des Nervensystems betrachtet werden.
Da nämlich die Fortpflanzung der Erregung durchaus nur im stetig zusammenhängenden Protoplasma stattfinden kann, so könnte eine isolirte
Zelle Erregung weder empfangen, noch auf andere Elemente übertragen,
sie wäre ein selbständiges Thierindividuum, das parasitenartig im Nervensystem ein Sonderleben führte.

Leider ist es uns unmöglich über die Eigenschaften und Thätigkeiten
der Ganglienzellen in ähnlicher Weise zu experimentiren, wie wir es an
den Nervenfasern konnten. Man kann nämlich nie Agentien, deren Einwirkung geprüft werden sollte, auf die Ganglienzellen ausschliesslich
wirken lassen, da neben solchen überall auch faserige Elemente liegen.
Man hat daher nur indirekt aus den Erscheinungen am Nervensystem in
seinem Zusammenhange einige allgemeine Sätze über die Ganglienzelle
folgern können.

133.   1. Das Protoplasma der Ganglienzelle ist eines besonderen Zustandes
fähig, der mit dem Erregungszustande der Nervenfaser völlig einerlei oder
ihm wenigstens sehr ähnlich ist, den wir daher füglich mit demselben
Namen belegen können.

2. Höchst wahrscheinlich kommt der Ganglienzelle auch die Eigenschaft

der Reizbarkeit zu, d. h. ihr Protoplasma kann in den Erregungszustand versetzt werden durch direkte Einwirkung äusserer dem Nervensystem fremder Agentien, die als Reize zu bezeichnen wären. Ob alle Reize der Nervenfaser auch Reize für die Nervenzelle sein können, ist zweifelhaft. Es verdient noch hervorgehoben zu werden, dass im Verlaufe des normalen Lebens die Ganglienzelle wohl nur ausnahmsweise der Angriffspunkt von äusseren Reizen sein wird.

3. Der Erregungszustand kann von andern Elementen her auf dem Wege der Protoplasmafäden, die von ihr ausgehen, in die Ganglienzelle hineingetragen werden und ebenso kann sich die Erregung aus einer Ganglienzelle auf eben solchen Wegen zu andern Elementen des Systems fortpflanzen. Die Ganglienzelle kann somit als Leiter der Erregung funktioniren und sie ist in dieser Beziehung vermöge ihres mehrseitigen Zusammenhanges der Ort, wo die Erregung von einer Nervenfaser auf eine andere übertragen werden kann.

4. An den Einpflanzungsstellen der Ausläufer in die Ganglienzellen scheinen häufig — wenn ein gröblich mechanisches Bild erlaubt ist — klappenartige Vorrichtungen zu bestehen, welche dem Erregungsstrom nur in einer Richtung den Durchtritt verstatten. Es sei beispielsweise Z (Fig. 13) ein Ganglienzellkörper und a, b, c seien die Einpflanzungsstellen dreier Ausläufer. Es komme nun vor, dass bei a Erregung in der Richtung des Pfeiles in die Zelle eintritt, dann darf man annehmen, dass nie Erregung von Z bei a nach der Faser A hin austreten kann. Wenn sich umgekehrt Erregung von Z aus nach der Faser C entladen kann, so muss man sich bei c eine Einrichtung vorstellen, welche verhindert, dass sich die Erregung von C nach Z fortpflanzt. Die Ganglienzelle würde also, sofern sie überall als Leiter funktionirt, nur einseitig leiten können von A nach C und vielleicht auch noch von B nach C, wofern wir uns die Stelle b wie a eingerichtet denken wollen, nie aber umgekehrt von C nach A oder B. Die Wahrscheinlichkeit dieses merkwürdigen Satzes ergiebt sich aus folgender Betrachtung. Noch so heftige Erregung vieler Nervenbahnen, z. B. der aus dem Rückenmark austretenden motorischen Nerven, bringt nie eine merkliche Wirkung im centralen Nervensystem hervor. Da aber die motorischen Nervenbahnen selbst nachgewiesenermaassen auch centripetal leiten, so muss der Mangel einer Wirkung im Centrum darauf beruhen, dass an der Einpflanzungsstelle der Faser in die Ganglienzelle jeder Erregung der Eintritt verwehrt ist.

Von den mehr oder weniger zahlreichen Ausläufern einer Ganglienzelle werden daher gewisse der Zuleitung und gewisse andere der Ableitung

Fig. 13.

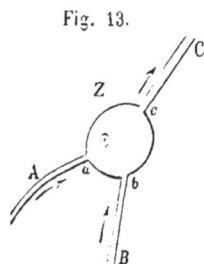

bestimmt sein, man wird sie mit andern Worten in centripetale und centrifugale eintheilen können.

5. Wenn auf dem Wege einer zuleitenden Faser ein Erregungsstrom zu einer Ganglienzelle gelangt, so überträgt sich derselbe im Allgemeinen nicht unterschiedslos auf alle ableitenden Fasern derselben. Es kann vielmehr je nach dem jeweiligen Zustand der Zelle (willkührlich) der eine oder der andere Ableitungsweg begünstigt werden, wahrscheinlich hat hierauf unter anderem auch der Umstand Einfluss, ob die Zelle zugleich auch noch auf anderen ihrer Zuleitungsbahnen Erregung erhält oder kurz zuvor erhalten hat.

6. Der von der Ganglienzelle ausgehende Erregungsstrom kann sich vom zugehenden sowohl bezüglich der Gesammtstärke, als bezüglich der zeitlichen Vertheilung wesentlich unterscheiden. Die Zelle kann zum zugehenden Erregungsstrom aus eigenen Mitteln etwas zusetzen, so dass der abgehende stärker ist. Sie kann auch umgekehrt vom zugehenden etwas gleichsam absorbiren, so dass der abgehende schwächer ist. Diese Schwächung kann sich bis zu völliger Unterdrückung steigern. Die Frage, ob der entgegengesetzte Fall auch möglich ist, d. h. ob ein abgehender Erregungsstrom von der Zelle ausgehen kann, ohne dass irgend welche Erregung zufliesst, ist offenbar einerlei mit der oben schon berührten Frage, ob die Ganglienzellen im Verlaufe des normalen Lebens durch fremde Reize etwa von Seiten des Blutes erregt werden können.

134. Was die Aenderung der zeitlichen Vertheilung des Erregungsstromes angeht, so ist besonders der ganz unzweifelhaft häufig vorkommende Fall bemerkenswerth, dass ein ununterbrochener Erregungsstrom der Zelle zugeht und dass der abgehende Erregungsstrom aus einzelnen gesonderten Entladungen besteht. Der Erregungsstrom gleicht hier einem Flüssigkeitsstrom, der von der Ganglienzelle gleichsam aufgestaut und in periodische Güsse verwandelt wird. Diese Fähigkeit der Ganglienzelle bezeichnet man als die der Hemmung und es ist besonders merkwürdig, dass dieselbe bei manchen Ganglienzellen durch Erregung, welche ihnen von besonderen Fasern zugetragen wird, verstärkt werden kann. Denken wir uns z. B. Z in Fig. 13 wäre eine hemmende Zelle und ein durch die Faser A ihr zugehender Erregungsstrom würde demzufolge in periodische Entladungen auf dem Wege C verwandelt. Jetzt ist es möglich, dass Erregung, die durch B zu Z kommt, weit entfernt den abgehenden Erregungsstrom zu unterstützen, vielmehr die Hemmung verstärkt, so dass die Entladungen nach C hin seltener werden, oder ganz aufhören, solange die Erregung von B her dauert. Nervenfasern, welche in der eben gedachten Beziehung zu hemmenden Ganglienzellen stehen, nennt man hemmungsverstärkende oder schlechtweg Hemmungsfasern.

Literatur.

(94—97) du Bois-Reymond, Untersuchungen über thierische Elektricität. — (99) Heidenhain, physiol. Studien. 1856. — (100) Eckhard, Zeitschr. f. ration. Med. Neue Folge. Bd. II. — Kühne, myolog. Untersuch. 1860. — (101) Eckhard, Zeitschr. f. ration. Med. Bd. X. — (102—106) Aeltere Literatur siehe bei du Bois-Reymond, über thier. Elektricität. — Pflüger, Physiologie des Elektrotonus. 1859. — v. Bezold, Untersuchungen über elektrische Erregung etc. 1861. — A. Fick, Beiträge zur vergl. Physiol. 1863. — Ders., Unters. über elektr. Nervenreizung. 1864. Ders., Untersuch. a. d. Züricher Laborat. 1869. — Ders., Untersuch. a. d. Würzburger Laboratorium. 1871. — (107—109) Helmholtz, Müllers Archiv 1850. — Fick, Beiträge zur vergleichenden Physiologie etc. 1863. — v. Bezold, Untersuch. über elektr. Reizung etc. 1861. — (110—112) du Bois-Reymond, Unters. üb. thierische Elektricität. — Bernstein, Unters. über d. Erregungsvorgang. 1871. — (114) Fick, Unters. üb. d. Nervenreizung. 1864. — (115) Nicht veröffentlichte Unters. von A. Fick und J. J. Müller. — (116) Pflüger, Elektrotonus. 1859. — (117—125) Valentin, Lehrbuch d. Physiol. Bd. II. 2. Abth. S. 655. — Eckhard, Beitr. zur Anat. und Physiol. Bd. I. S. 23. 1858. — Pflüger, Elektrotonus. 1858. — Wundt, Mechan. der Nerven. 1871. — Philippeau und Vulpian. Journ. de la physiol. VI. S. 421 u. 474. — Rosenthal, Centralbl. f. d. medic. Wissensch. 1864. S. 449. — (127) Kölliker, Virchows Archiv. Bd. X. — Bernard, Compt. rend. 1858. II. Nr. 18. — (129) Ranke. Lebensbedingungen der Nerven 1868. — (131) Nicht veröffentlichte Versuche des Verfassers.

4. Abschnitt. Physiologie des Nervensystems.

1. Kapitel. Allgemeine Betrachtungen über das Nervensystem.

135. Ein Gebilde, welches aus Nervenfasern und Ganglienzellen derart zusammengesetzt ist, dass jedes seiner Elemente mit jedem anderen, sei es auch auf weitem Umwege, stetig zusammenhängt, nennen wir ein „Nervensystem". Es entsteht vor allen andern die Frage: besitzt der Säugethierkörper und der menschliche Körper insbesondere ein Nervensystem oder mehrere. d. h. hängen ausnahmslos alle Nervenzellen und Nervenfasern des ganzen Körpers stetig zusammen oder zerfallen vielleicht die sämmtlichen Nervenelemente des Körpers in mehrere Gruppen derart, dass zwar die sämmtlichen Elemente jeder Gruppe unter sich zusammenhängen, dass aber die Elemente der einen Gruppe mit den Elementen der andern in keinerlei stetigem Zusammenhange stünden? In diesem letzteren Falle würden wir sagen müssen: der menschliche Körper besitze mehrere von einander unabhängige Nervensysteme, denn in diesem Falle würde sich von einem Elemente der einen Gruppe der Erregungsprocess niemals zu einem Elemente der andern fortpflanzen können.

Anatomisch kann diese Frage nicht entschieden werden, und auch zur physiologischen definitiven Entscheidung fehlen uns heute noch genügende Thatsachen. Es ist aber in hohem Grade wahrscheinlich, dass ein durchgängiger stetiger Zusammenhang aller nervösen Elemente besteht, und dass wir daher berechtigt sind von einem Nervensystem des menschlichen Körpers zu sprechen. Wenigstens ist so viel sicher, dass bis jetzt noch keine Thatsache uns zwingt, mehrere von einander ganz unabhängige Nervensysteme anzunehmen.

136. Der Bauplan des ganzen Nervensystems kann etwa durch die Fig. 14 anschaulich gemacht werden. Jedes faserige Element ist entweder ein Verbindungsweg zwischen zwei Zellen oder es ist nur am einen Ende mit einer Zelle verknüpft, an einem andern Ende dagegen mit einem dem Nervensystem fremden Gebilde. Die faserigen Elemente der ersten Art können wir füglich „centrale Fasern" nennen, die Fassern der zweiten Art „peripherische", sofern sie mit einem Ende aus dem Nervensystem

heraustreten. Die fremden Gebilde, mit denen die Enden der peripherischen Nervenfasern verknüpft sind, zerfallen in zwei Gruppen. Die eine Gruppe bilden die Reizaufnahmestellen, d. h. Veranstaltungen, mittelst deren äussere physikalische Agentien das Nervenende erregen können. Im Schema Fig. 14 sind bei s_1 s_2 s_3 solche Apparate durch schwalbenschwanzförmige Gestalten mit Pfeilspitzen nach innen symbolisch angedeutet. Die Bezeichnung der hier einwirkenden Agentien als „äussere" ist vom Standpunkt des Nervensystems zu verstehen, für welchen z. B. auch der Blutdruck oder die chemische Beschaffenheit des Blutes ein „Aeusseres" ist. Weitaus die meisten Reizaufnahmestellen oder sensibelen Punkte werden aber regelmässig von Agentien erregt, welche auch vom Standpunkt des Gesammtkörpers aus als „äussere" zu bezeichnen sind, als z. B. von Wärme, Druck fremder

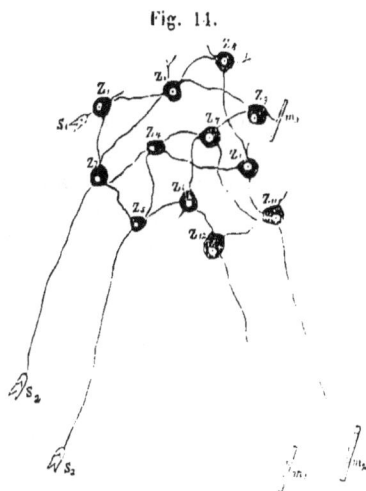

Fig. 14.

Körper, Schwingungen der Luft, Aetherstrahlungen. Die zweite Gruppe von fremden Gebilden, mit denen die peripherischen Nervenfasern verknüpft sind, umfasst die Apparate, in welchen auf Anlass der Nervenerregung physikalische Kräfte ausgelöst werden, so dass eine Wirksamkeit nach aussen eintritt. Im Schema sollen die Bändchen bei m_1 m_2 m_3 solche Apparate andeuten. Mit ihrer Gestalt und querstreifigen Zeichnung soll erinnert werden an das zahlreichste und wichtigste Element dieser Gruppe, die quergestreifte Muskelfaser. Es gehören aber zu derselben noch manche andere Elemente, z. B. die Drüsenzellen und die elektrischen Apparate einiger Fische. Die peripherischen Nervenfasern zerfallen somit in zwei Gattungen. In den Fasern der einen Gattung, welche mit reizaufnehmenden Apparaten verknüpft sind, findet regelmässig nur eine centripetale Leitung statt, man kann sie daher centripetale oder „sensibele" im weiteren Sinne des Wortes nennen. In den Fasern der andern Gattung, die mit Muskelfasern oder andern nach aussen wirksamen Apparaten verknüpft sind, wird regelmässig die Erregung nur centrifugal geleitet. Man kann sie als centrifugale oder „motorische" im weitern Sinne bezeichnen.

Im Grossen und Ganzen gilt von der räumlichen Anordnung des Nervensystems der Säugethiere Folgendes. Die Ganglienzellen nebst ihren centralen Verbindungsfasern sind in eine kompakte Masse zusammengefasst,

137.

die wir das Cerebrospinalorgan oder Hirn und Rückenmark nennen. Von hier aus gehen die peripherischen Nervenfasern in einzelne mehr oder weniger lange Stämme geordnet, zu den Reizaufnahmestellen einerseits, und zu den Muskeln, Drüsen etc. andererseits. Diese Anordnung ist jedoch keineswegs ganz durchgreifend. Es sind immer noch zahlreiche Ganglienzellen in den Organen zerstreut in weiter Entfernung vom Hirn und Rückenmark, so dass von den langen Fasern der aus Hirn und Rückenmark tretenden Nervenstämme gar manche als „c e n t r a l e" Fasern anzusprechen sind. So sind z. B. im *nervus vagus* sicher viele Fasern central, welche die Verknüpfung zwischen Ganglienzellen des Hirns und solchen des Herzens herstellen, und im *nervus splanchnicus* sind ebenfalls als central zu bezeichnende Fasern, welche Ganglienzellen des Darmkanales mit solchen des Rückenmarkes verbinden. So kommt es, dass andererseits wahrscheinlich viele peripherische Nervenfasern von mikroskopischer Kürze sind. Z. B. die motorischen Fasern der Darmmuskulatur gehen wahrscheinlich aus von Ganglienzellen, die dicht neben den Muskeln liegen und ihr Verlauf wird sich nach Bruchtheilen eines Millimeters bemessen.

138.   Der ganze Lebensprocess des Nervensystems setzt sich nun aus Akten folgender Art zusammen. Durch einen äusseren Reizanstoss entsteht an einem sensibelen Punkte der Erregungsvorgang, er pflanzt sich längs der daselbst beginnenden sensibelen Faser nach dem Centrum fort, kann hier, je nach der Disposition der Ganglienzellen, sehr verschiedene Wege einschlagen und kommt endlich auf der Bahn dieser oder jener centrifugalen Faser zu einem Arbeitsapparate, wo er zu einer äusseren Wirkung führt. Es ist dabei besonders noch das zu beachten, dass von einem bestimmten sensibelen Punkte zu einer bestimmten Muskelfaser in der Regel sehr viele verschiedene Wege durch das Nervensystem führen. So z. B. kann in unserem Schema die bei s_2 entstandene Erregung nach m_1 gelangen auf dem Wege $z_3\ z_5\ z_6\ z_{12}$ oder auf dem Wege $z_8\ z_4\ z_7\ z_{11}\ z_{12}$ oder auf dem Wege $z_3\ z_2\ z_5\ z_6\ z_{12}$ u. s. w. Nur hierdurch wird es erklärbar, dass oft bei umfangreichen pathologischen Zerstörungen im Nervensystem keine Leitung unterbrochen erscheint.

139.   Es ist hier der Ort noch den p h y s i o l o g i s c h e n Standpunkt in der Betrachtung des Nervensystems von anderen Standpunkten scharf abzugrenzen, was keineswegs immer mit völliger Klarheit geschieht. Für die Physiologie als Wissenschaft der äusseren sinnlichen Erfahrung ist ein fremdes Nervensystem durchaus nur ein O b j e k t der äusseren sinnlichen Wahrnehmung, d. h. Aggregat materieller Theilchen und die Bewegungen, welche darin vorgehen, sind für diesen Standpunkt durchaus nur mechanische Probleme. Was dieser Erscheinung als e i g e n t l i c h e W e s e n h e i t a n s i c h zu Grunde liegt, darüber sagt die Naturwissenschaft überall nichts aus. Die naturwissenschaftliche Betrachtung eines Nervensystems resp. eines ganzen

Thieres als mechanisches Problem schliesst aber ferner nicht aus, dasselbe von einem ganz anderen Standpunkte aus zu untersuchen und, z. B.
vom ästhetischen, darin ein Element einer schönen oder hässlichen Zu-
sammenstellung oder vom ethischen Standpunkte aus ein Rechtssubjekt zu
finden. Besonders hervorzuheben ist dies: das Ding, welches unserer
sinnlichen Wahrnehmung als fremdes Nervensystem, d. h. als ein Aggregat
von Eiweisstheilchen und anderen Stofftheilchen in dieser oder jener räumlichen Anordnung und insofern als Mechanismus erscheint, das kann
möglicherweise ihm selbst in innerer Anschauung als empfindendes und
wollendes Subjekt erscheinen. Dies ist sogar vollständig sicher, aber nicht
aus empirischen naturwissenschaftlichen Gründen, da Empfindung und
Wollen eines andern Subjektes nie Gegenstand der sinnlichen Wahrnehmung ist, die sich überall nur auf Bewegung der Materie im Raume
bezieht. Die Gewissheit, dass ausser uns irgendwo ein empfindendes und
ein wollendes Subjekt ist, gründet sich stets nur auf einen Analogieschluss,
welchen die der Naturwissenschaft fremde Erwägung eingeht, dass uns
das eigene Ich einerseits in der inneren Anschauung als empfindendes
und wollendes Wesen, andererseits in der äusseren Anschauung als Theil
der mechanisch aufeinander wirkenden Körperwelt erscheint.

Der Physiologie als einer Wissenschaft der materiellen Natur sind 140.
also die Begriffe Empfinden und Wollen mit allen ihren Modifikationen,
streng genommen, fremd, sie hat es nur zu thun mit mechanisch verursachten Bewegungsvorgängen. Gleichwohl ist es bei der Darstellung der Physiologie des Nervensystems für den Ausdruck oft eine
grosse Erleichterung, wenn man sich zuweilen gleichsam auf den subjektiven Standpunkt des untersuchten Nervensystems selbst stellt und sich
erlaubt, davon zu sprechen, dass unter diesen oder jenen Umständen das
Subjekt eine so oder so beschaffene Empfindung hat, dass es diese oder jene
Bewegung ausführen „will". Man muss sich dabei nur immer klar bewusst
sein, dass man für den Augenblick den eigentlich naturwissenschaftlichen
Standpunkt verlässt. So werden wir denn auch bei den nachfolgenden
Erörterungen von dieser Freiheit Gebrauch machen. Ganz besonders wird
dies in der Physiologie der Sinne geschehen müssen. Bei diesem Theile
der Wissenschaft liegt gerade in einer subjektiven Betrachtungsweise das
Hauptinteresse, denn wir beschäftigen uns mit ihm gerade hauptsächlich,
um uns über die Verursachung unserer eigenen Empfindungen und ihrer
Modifikationen klar zu werden, viel weniger mit der Absicht, zu erfahren,
wie in einem fremden Nervensystem die Erregungen von den einzelnen
Fasern der Sinnesnerven aufgenommen und im Centrum weiter geleitet
werden.

2. Kapitel. Vom Rückenmark.

141. Das Rückenmark ist zunächst der Sammelplatz des weitaus grössten Theiles aller „peripherischen" Nervenfasern. Von ihm gehen einerseits die meisten „motorischen" Nervenfasern aus und es münden andererseits die meisten „sensibelen" Nervenfasern in das Rückenmark ein.

Alle in Muskelfasern endenden motorischen Nervenfasern verlassen das Rückenmark in den vorderen Wurzeln; alle von der sensibelen Peripherie ausgehenden Nervenfasern treten zum Rückenmark in den hinteren Wurzeln. Dieser anatomische Lehrsatz heisst das Bell'sche Gesetz. Die Anzahl der sensibelen ist bedeutend grösser, als die der motorischen Fasern.

Peripherische Endpunkte sensibeler Nervenfasern sind aber nicht blos in der äusseren Haut zu suchen, sondern auch tief im Innern des Körpers finden sich solche in den Scheiden der Nervenstämme und der Nervenorgane, namentlich auch in den Hüllen des Rückenmarkes. Von diesen sensibelen Nervenfasern gehen manche, für welche dies der anatomisch kürzeste Weg ist, aus der hinteren Wurzel zunächst umbiegend in die vordere, in welcher sie nach der Rückenmarksoberfläche zurücklaufen, um hier ihr peripherisches Ende zu finden.

Solchen Fasern verdanken die vorderen Rückenmarkswurzeln — wenigstens beim Hunde — die sogenannte „rückläufige Empfindlichkeit". Reizt man eine vordere Wurzel durch Kneifen, so giebt nämlich das Thier oft deutliche Schmerzenszeichen. Dass aber dieser Schmerz nicht etwa bedingt ist durch sensibele Fasern, welche in den vorderen Wurzeln selbst das Rückenmark verlassen, geht daraus hervor, dass Reizung einer vom Rückenmark abgetrennten vorderen Wurzel ebenfalls noch Schmerz bewirkt, wenn sie nur mit der hinteren Wurzel noch in unversehrtem Zusammenhang steht. Dagegen ruft Reiz der vorderen Wurzel, die ihrerseits noch mit dem Rückenmark im Zusammenhange steht, keinen Schmerz mehr hervor, so wie die zugehörige hintere Wurzel vom Rückenmark getrennt ist.

142. Die Erregungen, welche durch die hinteren Wurzeln ins Rückenmark gelangen, können in demselben auf die motorischen Wurzeln übertragen werden, man nennt diese Erscheinung im Allgemeinen Reflex und die so ausgelösten Bewegungen „Reflexbewegungen". Es kann möglicherweise von jeder sensibelen Faser die Erregung im Rückenmark auf jede motorische übertragen werden. Dieser Satz ist leicht zu beweisen an einem mit Strychnin vergifteten Frosche, dem man das Rückenmark vom Hirn getrennt hat. Ein Reiz, der irgend eine im Rückenmark mündende sensibele Nervenfaser trifft, löst hier tetanische Zusammen-

ziehungen sämmtlicher Skeletmuskeln aus. Wenn der Satz, dass der
Erregungsvorgang nie von einem nervösen Elemente auf ein davon ge-
trenntes Nervenelement überspringen, dass vielmehr Erregungsleitung nur
in der Kontinuität von Nervenelementen stattfinden könne, allgemein
gültig ist, dann beweist die Allgemeinheit der Strychninkrämpfe zugleich
einen anatomischen Sachverhalt, dass nämlich schon im Rückenmark jede
sensibele Faser mit jeder motorischen in kontinuirlicher Verbindung steht.
Nach dem heutigen Stande der Anatomie müssen wir uns diesen stetigen
Zusammenhang durch die Zellen der grauen Substanz vermittelt denken.

Im normalen Zustande des Thieres, sei es ein Säugethier, sei es ein 143.
Frosch, dessen Hirn vom Rückenmark getrennt ist, pflanzt sich ein auf irgend
eine sensibele Faser angebrachter Reiz gewöhnlich nur auf beschränkte
Gruppen von motorischen Fasern fort; es entsteht in der Regel eine geordnete
Bewegung, die beim Frosche wenigstens gemeiniglich zu dem Erfolge, den
Reiz von der Peripherie zu entfernen, geeignet erscheint. Im normalen
Zustande müssen also auf vielen von den Wegen, welche vermöge der
anatomischen Bedingungen der Reiz wohl betreten könnte, besondere
Hemmnisse liegen, welche das Strychnin wegräumt.

Dass überhaupt hemmende Apparate für die Uebertragung der sensibelen Eindrücke auf die motorischen Fasern im Rückenmarke vorhanden
sind, kann experimentell erwiesen werden. Man nehme einem Frosche
die Grosshirnhemisphären weg, er reagirt alsdann auf Hautreize mit regelmässigen Reflexen, wie ein ganz geköpfter Frosch. Er zieht z. B. die
senkrecht herabhängende Pfote regelmässig in die Höhe, wenn man sie
in ganz verdünnte Schwefelsäure eintaucht, und zwar für eine bestimmte
Verdünnung nach Verlauf einer ziemlich konstanten Anzahl von Sekunden,
z. B. nach 5—7 Sekunden. Wenn man jetzt in den *lobi optici* des Hirns
einen Reiz anbringt, sei es durch einen blossen Schnitt oder durch Auf-
legen eines kleinen Kochsalzstückchens auf die Schnittfläche, dann hebt
der Frosch die Pfote viel später oder gar nicht aus der gleichen Schwefel-
säuremischung. Durchschneidet man hernach das Rückenmark in der
Höhe des *calamus scriptorius* und trennt somit die *lobi optici* von demselben, so zeigt sich wieder die ursprüngliche Promptheit zu Reflexen,
oft eine noch grössere. Wahrscheinlich treten auch mit den sensibelen
Nervenfasern zusammen noch andere Hemmungsfasern in das Rückenmark
ein, die aber durch die gewöhnlichen schwächeren Hautreize nicht
erregt werden. Hierauf deutet die merkwürdige Thatsache, dass bei elektrischer Reizung der sensibelen Hautnervenstämmchen nicht die bekannten ausgebreiteten und geordneten Reflexbewegungen zu Stande kommen,
sondern nur tetanische Zusammenziehungen einzelner Muskeln, und zwar
solcher, deren motorische Nervenfasern aus dem Theile des Rückenmarkes
entspringen, wo das gereizte sensibele Stämmchen einmündet.

144.   Durch das Rückenmark können Erregungen von sensibelen Nerven
zum Hirn geleitet werden und es können durch das Rückenmark Erregungen vom Hirn zu den motorischen Nerven geleitet werden. Diese
Sätze werden durch die einfache Selbstbeobachtung erwiesen, welche zeigt,
dass auf Grund von Reizung ins Rückenmark eintretender sensibeler
Nerven klar bewusste Vorstellungen entstehen können und dass andererseits solche oft zu Bewegungen der vom Rückenmark ihre motorischen
Nerven beziehenden Skeletmuskulatur Veranlassung sind. Die klar bewussten Vorstellungen sind aber — wie später noch gezeigt werden soll —
geknüpft an das Vorhandensein des Erregungsprocesses in Elementen der
Grosshirnhemisphären. Diese Sätze werden bestätigt durch Versuche an
Thieren, wo man in Folge der Reizung sensibeler Nerven Bewegungskomplexe eintreten sieht, die als solche nur vom Hirn aus angeregt werden
können, z. B. Schreien oder Fluchtversuche.

145.   Auf welchen Wegen die Erregungen der verschiedenen sensibelen
Nervenfasern durch das Rückenmark zum Hirn emporsteigen, erfährt man
durch Versuche folgender Art: Ein querer Einschnitt trennt die Kontinuität in
dieser oder jener Parthie des Rückenmarkes, dann wird geprüft, ob nach
Reizung einer Hautstelle, welche ihre Nerven von Theilen des Rückenmarkes unterhalb des Schnittes bezieht, noch Erscheinungen — wie Schreien,
Fluchtversuche — eintreten, welche eine Fortpflanzung der Erregung ins
Hirn beweisen. Solche Versuche sind indessen überaus schwierig anzustellen und liefern sehr häufig zweideutige Ergebnisse. Es kann daher
nicht auffallen, wenn auf diesem Gebiete noch Manches zweifelhaft ist.

Wird das ganze Rückenmark bis auf die weissen Vorderstränge durchschnitten, so dass nur diese im Zusammenhange bleiben, so können keine
sensibelen Eindrücke mehr zum Hirn geleitet werden. In den Vordersträngen sind also keine Bahnen für sensibele Eindrücke enthalten. Ob
in den sogenannten Seitensträngen des Markes Bahnen für die Leitung
sensibeler Eindrücke zum Hirn liegen oder nicht, ist noch nicht mit
Sicherheit ausgemacht.

Wird das Rückenmark durchschnitten bis auf die weissen Hinterstränge, so können von allen Theilen noch sensibele Eindrücke zum Hirn
geleitet werden. Es gehen also durch die Hinterstränge Bahnen für die
von allen sensibelen Stellen kommenden Erregungen; aber die durch die
weissen Hinterstränge geleiteten Empfindungen haben nie den Charakter
des Schmerzhaften, daher Thiere oft nicht auf Reizungen der Haut
reagiren, wenn das Hirn blos noch durch die Hinterstränge mit den
unteren Rückenmarkstheilen zusammenhängt; es hat alsdann den Anschein,
als ob gar keine Leitung mehr zum Hirn stattfände. Durch häufigere
eingehende Beobachtung lebhafter Thiere und durch Anwendung besonderer Kunstgriffe ist es indessen sehr wahrscheinlich gemacht, dass durch

die Hinterstränge nach dem Hirn geleitete Erregungen solche Eindrücke hervorbringen, die wir in uns selbst als gleichgültige (nicht schmerzhafte) Tastempfindungen kennen.

Wird von den allein übrig gelassenen Hintersträngen auch noch ein Theil durchgeschnitten, dann ist ein entsprechender Theil des Körpers der Empfindlichkeit vollständig beraubt. Der Tasteindruck von einer bestimmten Hautstelle kann also in den Hintersträngen nur durch eine bestimmte Faser zum Hirn gelangen. Der rechte Hinterstrang leitet die Eindrücke auf die rechte, der linke Hinterstrang die Eindrücke auf die linke Körperhälfte oder, wie man kurz sagen kann, die Bahnen für die sensibelen Eindrücke in den Hintersträngen sind nicht gekreuzt. So scheint es sich wenigstens nach Versuchen an Thieren zu verhalten. Eindrücke auf die sensibele Peripherie können, wie später noch gezeigt werden wird, auch auf das Gefässnervencentrum im Hirn übertragen werden. Diese Uebertragung wird zum Theil durch die Seitenstränge des Markes vermittelt.

Schneidet man die Hinterstränge allein durch, so können immer noch 146. von allen sensibelen Theilen des Körpers Eindrücke zum Hirn gelangen. Da die Vorderstränge solche erwiesenermassen nicht leiten und wahrscheinlich auch die Seitenstränge nicht, so muss die graue Substanz Bahnen enthalten, auf welchen sensibele Eindrücke zum Hirn aufsteigen. Die durch die graue Substanz geleiteten Eindrücke scheinen aber stets den Charakter des Schmerzhaften zu haben. Es können auch dann noch von allen sensibelen Körpertheilen Erregungen zum Hirn gelangen, wenn nicht mehr die ganze graue Substanz erhalten ist. Es braucht auf dem Schnitte nur noch eine kleine Brücke grauer Substanz übrig zu sein und es mag diese Brücke den vorderen oder hinteren, den rechten oder linken Theil der grauen Substanz ausmachen. Es müssen also von jedem sensibelen Punkte in der grauen Substanz viele Bahnen zum Hirn gehen, auf deren jeder die Erregung hinaufgelangen kann, nur freilich auf dem einen leichter, auf dem andern schwerer. Gewisse Regeln werden freilich über die Anordnung dieser Bahnen gelten, allein man hat dieselben noch nicht experimentell ermitteln können.

Die Bahnen für die Leitung der motorischen Antriebe vom Hirn zu 147. den motorischen Nerven sind noch viel schwieriger experimentell festzustellen, gleichwohl kann mit Bestimmtheit gesagt werden, dass die Vorder- und Seitenstränge des Marks solche Bahnen führen. Höchst wahrscheinlich ist die Leitung der motorischen Antriebe hier analog wie die der sensibelen Eindrücke in den Hintersträngen, d. h. es führt zu jedem Muskel in den weissen Strängen nur ein Weg vom Hirn.

Bewegungsantriebe können auch in der grauen Substanz vom Hirn zu den motorischen Nerven herabsteigen und zwar zu jedem Muskel auf vielen Wegen. Wenn man nämlich ausser den Vorder- und Seitensträngen noch Theile der grauen Substanz durchschneidet, so wird dadurch kein Muskel auf die Dauer der Herrschaft des Hirns entzogen. Wenn einmal Erregung von der grauen Substanz des Rückenmarkes zu den Centren der bewussten Empfindung im Hirn aufsteigen und von den Sitzen der bewussten Willkühr im Hirn zur grauen Substanz des Rückenmarkes absteigen kann, dann hat die Vielheit der Bahnen von jedem sensibelen Punkte her und zu jedem Muskel hin nichts Auffallendes mehr. Die Reflexerscheinungen haben uns ja schon gezeigt, dass von jedem sensibelen Punkte aus unzählige Leitungsbahnen der Erregung durch die graue Substanz gehen, nämlich zu jeder motorischen Nervenfaser mindestens eine, und dass zu jeder motorischen Nervenfaser unzählige Leitungsbahnen hingehen, nämlich von jeder sensibelen Faser mindestens eine.

148. Die Fasern der weissen Stränge des Markes können nicht blos anderwärts entstandene Erregungen weiter leiten, sondern es kann auch der Erregungsprocess in ihnen entstehen, wenn die Einwirkungen auf sie ausgeübt werden, die unter dem Namen der Nervenreize bekannt sind. Von den Vordersträngen und Hintersträngen ist dies durch besondere Versuche erwiesen.

149. Die vorstehenden Sätze geben vom Bauplane des Rückenmarkes eine Vorstellung, welche in Fig. 15 dargestellt ist. *A, B* und *C* sind in perspektivischer Zeichnung drei (undurchsichtig gedachte) Querschichten des Rückenmarkes mit Nervenwurzeln. Die Grenze zwischen weisser und grauer Substanz ist angedeutet und in die letztere sind Ganglienzellen als schwarze Punkte mit Ausläufern eingezeichnet. In die unterste Querschicht tritt eine sensibele Nervenfaser *a* durch die hintere Wurzel ein. Sie wird zunächst mit einer Zelle des Hinterhorns der grauen Substanz zusammenhängen und von dieser wird ein Ausläufer kurzer Hand in eine Faser des weissen Hinterstranges übergehen, die ununterbrochen zum Hirn aufsteigt. Sie ist unter *b* als dicker schwarzer

Fig 15.

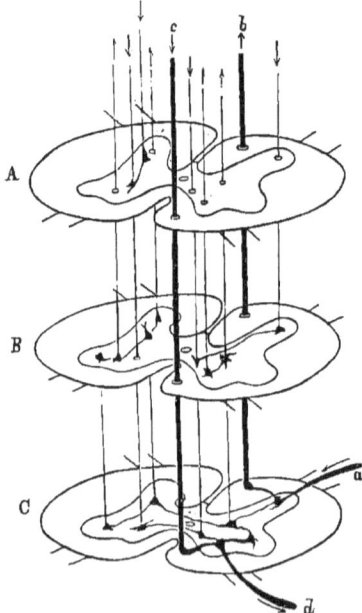

Strich mit aufwärts gerichtetem Pfeil gezeichnet. Dies ist offenbar der Weg, welchen der durch *a* centripetal geleitete Erregungsprocess am

leichtesten, mit dem geringsten Widerstande betreten kann. Er wird ihn daher betreten, wenn die Faser *a* an ihrem Ende durch sehr schwache Reize leicht erregt ist. Dies ist der Fall der nicht schmerzhaften genau lokalisirten Tastempfindung. Von der mit *a* zunächst zusammenhängenden Ganglienzelle stehen aber der Erregung noch andere Wege offen innerhalb der grauen Substanz von einer Zelle zur andern. Auch sie können zum Hirn hinaufführen. Man findet leicht durch feine schwarze Verbindungsstriche zwischen den Zellen in der Fig. 4 solche Bahnen, welche in senkrechten Strichen mit aufwärts gerichteten Pfeilen oberhalb *A* zu Ende gehen, vorn rechts, vorn links, hinten rechts und hinten links. Es mag also bei *A* von der grauen Substanz die rechte, die linke, die vordere oder die hintere Hälfte durchschnitten sein, immer findet der Erregungsprocess von *a* aus noch einen Weg aufwärts. Alle diese Wege enthalten aber mehr oder weniger Ganglienzellen und sind deshalb widerstandsreich, so dass sie nur von sehr intensiven Erregungen betreten werden. Dies ist der Fall der schmerzhaften, nicht streng lokalisirten Empfindung. Von den vielen Bahnen, die von der mit *a* verknüpften Ganglienzelle ausgehen, können aber auch einzelne im Rückenmark selbst zu Zellen führen, von welchen motorische Fasern in den vorderen Wurzeln ausgehen, eine solche ist beispielsweise in der Figur in der Schicht *C* gezeichnet, von der sensibelen Faser *a* zur motorischen Faser *d*. Wenn diese Bahn von der Erregung betreten wird, so haben wir den Fall des Reflexes.

Zu der Zelle, von welcher die motorische Faser *d* abgeht, führen nun aber auch Wege vom Hirn aus, und zwar erstens eine ganz bestimmte Vorderstrangfaser, die sich unmittelbar umbiegend, mit der gedachten Zelle verbindet (in der Figur der dicke Strich *c* mit dem abwärts gerichteten Pfeile). Wenn auf diesem Wege eine Erregung vom Hirn zur motorischen Faser *d* gelangt, so haben wir den Fall einer genau beabsichtigten will-kührlichen Bewegung. Ausserdem führen aber noch zahlreiche Bahnen im Zellennetze der grauen Substanz vom Hirn zu *d*; vier solche sind beispielsweise durch feine Verbindungsstriche angedeutet, sie beginnen bei den abwärts gerichteten Pfeilen oberhalb *A* und sind leicht zu ver-folgen. Eine geht bei *A* vorn rechts durch, eine vorn links, eine hinten rechts und eine hinten links. Diese Bahnen, die offenbar widerstands-reicher sind als *c d*, werden wahrscheinlich betreten im Falle stürmischer weitverbreiteter Erregung im Centralorgan, z. B. bei Angst oder sonstigen leidenschaftlichen Zuständen, und es kommt alsdann zu ausgebreiteten nicht genau beabsichtigten Bewegungen mehr convulsivischer Art.

Um das Schema nicht zu überladen, ist der ganze Reflexhemmungs-apparat nicht aufgenommen. Die vom Hirn ausgehenden Hemmungsfasern muss man sich in den Vordersträngen absteigend denken, von wo sie dann an passender Stelle abbiegen, um sich in Ganglienzellen einzusenken, welche zwischen den sensibelen und motorischen Zellen eingeschaltet sind. Andere Hemmungsfasern, deren Existenz ebenfalls weiter oben (Nr. 143) wahrscheinlich gemacht wurde, müsste man sich mit den sensibelen Fasern zusammen von der Hautperipherie herkommend vorstellen, mit denen sie in den hinteren Wurzeln das Mark betreten würden, um sich auch in solche intermediäre Ganglienzellen einzusenken.

3. Kapitel. Vom Hirn.

150. Das Hirn — wie es anatomisch nur die Fortsetzung des Rückenmarkes darstellt — unterscheidet sich auch in seinen Funktionen nicht wesentlich von demselben. Es wiederholt sich im Hirn immer nur wieder derselbe Process, der schon im Rückenmarke vorkommt, dass der Erregungszustand unter Vermittelung der Ganglienzellen von einer Nervenfaser auf die andere übertragen wird. Kommt Erregung von verschiedenen Seiten in dieselbe Ganglienzelle, so können noch besondere Erscheinungen auftreten, worunter namentlich die Erscheinung der Hemmung einer Erregung durch eine andere bemerkenswerth ist, welche uns ebenfalls schon im Rückenmark begegnete.

Der einzige Unterschied zwischen dem Hirn und Rückenmark besteht darin, dass die Bahnen und ihre Zusammenhänge, auf welchen die Erregung geleitet werden und eine der andern begegnen kann, dort noch unendlich viel mannigfaltiger sind als hier. Von der ungeheuren Verwickelung der Leitungsbahnen im Hirn bekommt man eine Vorstellung, wenn man bedenkt, dass nach einer gewiss nicht übertriebenen Schätzung allein in der Grosshirnrinde des Menschen über 612,000,000 Ganglienzellen liegen. Die meisten Erregungen, welche von der Peripherie zum Hirn kommen, haben zuvor das Rückenmark durchsetzt und ebenso durchsetzen dasselbe die meisten Erregungen, welche vom Hirn zu den Muskelnerven gehen. Es werden dabei die vorhin beschriebenen Bahnen der Längsleitung im Rückenmarke benutzt. Einige von der Peripherie zuleitende Nervenbahnen treten aber auch ohne Vermittelung des Rückenmarkes direkt ins Hirn ein, namentlich die vier höheren Sinnesnerven: der Geruchs-, Gesichts-, Gehörs- und Geschmacksnerv. Gerade dieser Umstand dürfte es wohl sein, welcher den durch das Hirn vermittelten Reflexen ihren eigenthümlichen Charakter giebt, wegen dessen man sie als sogenannte willkührliche Bewegungen von den allgemein sogenannten Reflexen des Rückenmarks unterscheidet. Die Reflexe, welche vom Rückenmark allein abhängen, beziehen sich immer auf Objekte, welche mit der Haut in Berührung stehen, weil sie eben nur durch Reizung der sensibelen Haut-

nerven verursacht sein können. Die vom Hirn ausgehenden Reflexbewegungen sind dagegen viel verwickelter und beziehen sich oft auf
weit entfernte Objekte, von welchen eben die höheren Sinne erregt werden
können. Daher rührt es, dass die Ursachen dieser letzteren Art von Reflexen eines beobachteten thierischen Individuums nicht so auf der Hand
liegen und den Eindruck spontaner Bewegungen machen.

Von der Anordnung der Leitungsbahnen im Hirn, von den Orten 151.
ihrer Verknüpfung, wo Reflex und Hemmung des Reflexes stattfinden,
haben wir im Einzelnen nur sehr wenig Kenntniss. Es giebt auch fast
immer viele Bahnen zur Verbindung derselben Organe, und es können
sich diese Bahnen oft vertreten. Etwas Aehnliches war schon bei der
grauen Substanz des Rückenmarkes zu sehen, im Hirn zeigt sich dies in
noch höherem Maasse. Daher kommt es, dass mancher Hirntheil krank-
haft entarten kann, ohne dass irgend eine Funktion darunter leidet. Offenbar vermitteln alsdann vikarirend andere Theile die Leitungen, welche
eigentlich durch den entarteten Theil vermittelt werden sollten. Einzelne
Hirntheile sind freilich unersetzlich.

Im sogenannten verlängerten Marke sind zunächst die Fortsetzungen 152.
der weissen Stränge des Rückenmarkes zu finden, doch verflechten und
kreuzen sich dieselben mannigfach. Zum Theil gehen sie auch schon
hier in Ganglienzellen zu Ende, so dass schon im verlängerten Marke
jedenfalls die durch das Rückenmark aufgestiegenen sensibelen Eindrücke
reflektirt werden können auf motorische Bahnen, welche wieder durch
das Rückenmark (in den Vordersträngen) abwärts zu den motorischen
Nervenwurzeln gehen.

Zwischen die Fortsetzungen und Enden der Rückenmarksstränge sind
im verlängerten Marke graue Kerne eingebettet, die zur Koordination besonderer Bewegungskomplexe zu dienen scheinen. Ihre Zusammenhänge
mit den motorischen Bahnen sind so geordnet, dass, wenn ein Reiz in sie
eindringt, eine bestimmte Reihenfolge von Bewegungen ausgelöst wird;
kam der Reiz von aussen, so sagt man, der Bewegungskomplex sei reflektorisch, kam der Reiz von den höher oben gelegenen Hirnorganen, so
sagt man, er sei willkührlich ausgeführt. Hierher gehört Athmen, Niessen,
Gähnen, Schlingen, Erbrechen etc. Einiges Detail über den Mechanismus
dieser Innervationsvorgänge wird bei den Funktionen, zu denen sie gehören, beigebracht werden.

Ueber die Leitungen und Wechselwirkungen der Erregungsprocesse in 153.
den höher oben gelegenen Hirntheilen liegen nur ganz zusammenhanglose
Data vor, entnommen theils der Beobachtung von kranken Menschen mit
nachfolgender anatomischer Untersuchung des Hirns, theils der künstlichen
Verletzung von Thiergehirnen. Beide Wege führen keineswegs immer zu

analogen Ergebnissen, was auf eine grosse Verschiedenheit der anatomischen Anordnung im Thier- und Menschenhirn deutet.

Die allermannigfaltigsten Verbindungen der verschiedenen Leitungsbahnen finden wahrscheinlich in den Grosshirnhemisphären statt. Hier können von allen sensibelen Punkten (die höheren Sinnesorgane namentlich eingeschlossen) · Erregungen ankommen und von hier können nach allen motorischen Bahnen Erregungen ausgehen. Vom Standpunkte der inneren Anschauung erscheinen diese Erregungen als allgemeine Vorstellungen und bewusste Entschlüsse. Man pflegt daher zu sagen, die Grosshirnhemisphären seien der Sitz der Intelligenz und der bewussten Willkühr.

154. Im Mittelhirn der Säugethiere ist die Lage einiger motorischer Bahnen aus· Vivisektionen bekannt, die eine gewisse Berühmtheit erlangt haben und deshalb kurz erwähnt werden mögen. Verletzung der Sehhügel oder Hirnschenkel hat bei Kaninchen und andern Thieren zur Folge, dass sie nicht mehr geradeaus laufen können, sondern, wenn sie dies wollen, laufen sie im Kreise herum (Reitbahnbewegung). Der Grund hiervon liegt einfach darin, dass die Bahnen, welche regelmässig den Impuls von den Hirnhemisphären (den „Willensimpuls") zu den Abduktoren des einen und den· Abduktoren des andern Vorderfusses leiten, verletzt sind, daher denn bei jedem Schritt die Vorderfüsse schief aufgesetzt werden.

Fig. 16.

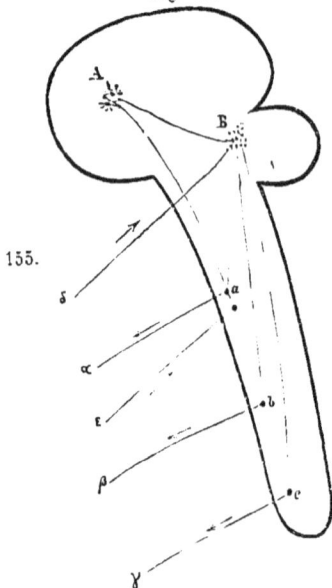

Verletzung der vom *pons Varoli* aufsteigenden Kleinhirnschenkel auf einer Seite hat bei denselben Thieren eine Neigung zur Folge, sich um die Längsaxe des Körpers zu drehen. Auch dies rührt von der Unterbrechung motorischer Bahnen her, und zwar derjenigen, welche vom Grosshirn (Sitz der Willkühr) zu den Rotatoren der Wirbelsäule führen.

Das nebenstehende Schema Fig. 16 kann dazu dienen, von der Mannigfaltigkeit der Leistungen des Nervensystems eine Vorstellung zu geben. *B* sei eine Ganglienzellengruppe des Hirns, von welcher Leitungsbahnen zu einer Anzahl motorischer Nervenfasern $a\,a\,b\,\beta\,c\,\gamma$ führen, die vielleicht weit auseinander liegen. Man denke etwa an die verschiedenen Nerven (*phrenicus, intercostales* etc.), deren Erregung zu einem tiefen Athemzuge gehört. Dann wird, sowie in die Gruppe *B* ein starker Erregungsanstoss irgendwie eindringt, ein bestimmter Komplex von Bewegungen ausgelöst werden, man kann daher eine Gruppe wie *B* ein „Koordinationscentrum" nennen, und man muss sich denken, dass solcher Centra unzählige im Hirn vorhanden sind. Der Erregungsanstoss kann aber in der Gruppe *B* auf verschiedene Art eintreten. Einmal nämlich durch eine mit *B* direkt verknüpfte sensibele Nervenfaser *δ B*. Geschieht dies, dann erscheint der in Rede stehende Bewegungskomplex als eine Reflexbewegung (was bei einer Inspiration z. B. der Fall ist, wenn die Brust mit kaltem Wasser besprengt wird). Dann kann aber der Anstoss nach *B* kommen durch Verbindungsfasern mit dem Centrum der Willkühr *A*. Wenn dies geschieht, so erscheint der Bewegungskomplex als „willkührlich" ausgeführt. Man kann nun aber bekanntlich die Muskeln, welche an dem Bewegungskomplex betheiligt sind, auch einzeln willkührlich bewegen. Dazu ist erforderlich, dass vom Centrum der Willkühr auch direkte Bahnen mit Umgehung von *B* zu den motorischen Fasern *a b c* führen. Eine solche ist im Schema in der Verbindungslinie *Aa* angedeutet. Endlich kann jeder der Muskeln auch einzeln reflektorisch erregt werden, ohne Vermittelung des Hirns; das geschieht auf Wegen, die wir schon im Rückenmark kennen gelernt haben; ein solcher ist im Schema angedeutet in der sensibelen Faser *ε*, die mit der motorischen Faser *aα* in der grauen Substanz des Markes zusammenhängt.

Wenn man sich dies Schema unzähligemal wiederholt denkt mit allen möglichen Kombinationen der verschiedenen motorischen Nerven, und alle diese Schemata ineinander verflochten denkt, dann hat man eine ungefähre Idee vom Bauplane des Nervencentralorganes.

Es ist noch die merkwürdige und nicht erklärbare Thatsache hervor- 156. zuheben, dass solche Koordinationscentra höherer Ordnung im Verlaufe des individuellen Lebens durch Uebung geschaffen werden können. Wenn man nämlich eine Reihe von Bewegungen sehr häufig willkührlich ausführt, dann läuft dieselbe hernach auf einen einzigen Anstoss ab, ohne dass die späteren Glieder der Reihe noch besonderer Intentionen bedürften. Vielleicht kann es sogar dahin gebracht werden, dass dieser Anstoss gar nicht mehr vom Sitze des bewussten Willens auszugehen braucht, sondern von sensibelen Nerven direkt den Zellengruppen zugeführt werden kann, die den Bewegungen vorstehen. Man denke z. B. an einen fertigen Klavierspieler, hier erfolgt das Anschlagen einer gewissen Taste, wie es scheint, reflektorisch auf einen gewissen Gesichtseindruck ohne Dazwischenkunft der Ueberlegung.

Gewissen Theilen des Centralorganes hat man die sogenannte „Auto- 157. matie" zugesprochen, d. h. die Fähigkeit, Erregung auf motorische Bahnen zu entladen, ohne dass auf sensibelen centripetalen Bahnen Erregung zu diesen Centralstellen gelangt wäre. So hat man z. B. die Athembewegungen automatische genannt. Solche Automatie annehmen heisst,

genauer gesprochen, annehmen, dass an gewissen Stellen des Centralorganes die Nervenzellen oder Fasern in ihrer Kontinuität nicht am
Ende Angriffspunkte für regelmässig im Verlaufe des normalen Lebens sich
wiederholende Reize bilden. Diese Annahme ist wohl zulässig; die Nervenfasern sind ja überall nachgewiesenermaassen erregbar und die Nervenzellen können es auch sein. Es wäre also auch gar nicht undenkbar,
dass im Verlaufe des normalen Lebens gewisse äussere Ursachen, z. B.
die Beschaffenheit des vorbeiströmenden Blutes oder dergleichen, regelmässig als Reize auf gewisse Nervenelemente in der Kontinuität ein-
wirkten. Wahrscheinlich ist aber dies keineswegs, vielmehr führt die
Analogie mit den meisten genauer zergliederten Innervationsvorgängen zu
der Annahme, dass durchaus nur express dafür organisirte peripherische
Enden von Nervenfasern die Stellen sind, auf welche die regelmässig
im Verlaufe des normalen Lebens vorkommenden Reize einwirken. Solche
peripherische Nervenenden können übrigens recht wohl mitten in der
Masse des Hirns oder Rückenmarkes liegen und die Länge der betreffenden
Fasern überschreitet vielleicht häufig nicht die Grenze mikroskopischer
Sichtbarkeit. Wenn wirklich durchaus nur auf peripherische Enden centripetalleitender Fasern nomale Reize ausgeübt werden und wenn nur ausnahmsweise im Nervensystem Erregung auf andere Art entsteht, dann giebt
es keine normale Automatie, dann sind alle Bewegungen, von Ausnahmefällen abgesehen, Reflexe.

15S.		Dies gilt sehr wahrscheinlich auch von der tonischen Erregung ge-
wisser motorischer Nerven, z. B. der Gefässnerven. Die Reize, welche
diese fortwährende Erregung erhalten, wirken sehr wahrscheinlich auf
peripherische Enden centripetalleitender Fasern, nicht auf die Zellen der
Centralorgane und nicht auf die Fasern in der Kontinuität ihres Verlaufes.
Man darf wohl annehmen, dass in dieser Weise eine tonische Erregung in den meisten Theilen der Nervencentra fortwährend herrscht,
insofern immer ein wenig Reiz an den peripherischen Enden der centripetalen Nerven ausgeübt wird. Sie ist meist nicht stark genug, um die
von der betreffenden Parthie des Nervensystems abhängigen Muskeln zu
dauernder Kontraktion zu veranlassen. Aber sie erleichtert die Auslösung
einer Zuckung durch einen die motorischen Nervenfasern treffenden Reiz.
So hat man gefunden, dass beim Frosche nach Durchschneidung der
hinteren Wurzeln ein stärkerer Reiz auf die vorderen Wurzeln applicirt
werden muss, um Zuckungen auszulösen, als wenn die hinteren Wurzeln
noch erhalten sind und dem Rückenmarke fortwährend Reiz zuführen.
Bisweilen scheint sich bei Fröschen die durch die sensibelen Nerven dem
Rückenmarke zugeführte Erregung zu einer fortwährenden tonischen Kontraktion vieler Skeletmuskeln zu steigern.

Manche Muskeln des Körpers sind fast während des ganzen Lebens in stärkerer tonischer Erregung, namentlich der *sphincter ani* und der *dilatator pupillae*. Ob hier auch versteckte Reflexe im Spiele sind, ist nicht ausgemacht. Vielleicht ist hier eine beständige Einwirkung der Ernährungsflüssigkeiten auf die Centralstellen der betreffenden Nerven die Ursache. Bei den höheren Thieren und beim Menschen ganz insbesondere 159. kann nicht das ganze Nervensystem während des ganzen Lebens ununterbrochen seine volle Erregbarkeit behaupten. Dieselbe sinkt vielmehr periodisch auf eine tiefere Stufe. Dieser Zustand herabgesetzter Erregbarkeit ist der sogenannte Schlaf, der bekanntlich beim Menschen regelmässig in Tagesperioden für einige Stunden eintritt. Viele Theile des Nervensystems behalten dabei den Grad von Erregbarkeit, welcher nöthig ist, um die nothwendigen Funktionen zu regeln, z. B. die Athmung etc. Auch die Grosshirnhemisphären sind während des Schlafes zuweilen Sitz einiger Thätigkeit, denn auf solche müssen wir wohl die Träume (als Vorstellungen) beziehen. Am tiefsten scheint die Erregbarkeit der Theile des Nervensystems herabgedrückt zu sein, wo die Sinnesempfindungen zu Stande kommen. Die Nothwendigkeit des Schlafes deutet darauf, dass im Nervensystem bei lebhafter Thätigkeit die Ernährung mit dem Stoffverbrauch nicht gleichen Schritt halten kann und dass mithin Zeiten verminderter Thätigkeit eintreten müssen, wo die Ernährung überwiegt.

Literatur.

(135—137) Genaueres in den Lehrbüchern der Histologie. — (143) Setschenow, Hemmungsmechanismen. 1863. Erlenmeyer u. Fick in Pflüg. Arch. Bd. 3. — (145—147) Schiff, Lehrbuch der Physiologie. 1858—59. — (148) Fick, Pflüg. Arch. 1869. — Dittmar, Berichte d. sächs. Gesellsch. 1870. — (154) Magendie, leç. sur les fonct. du syst. nerv. 1839. — (158) Cyon, Ber. d. sächs. Gesellsch. 1865.

5. Abschnitt. Physiologie der Sinne.

Einleitende Betrachtungen.

160. Es ist ein wichtiges Problem der Physiologie, zu untersuchen, wie die Erregungen, deren mögliche Leitungen durch das Nervensystem hindurch im vorigen Abschnitte zergliedert wurden, an den peripherischen Enden der sensibelen Nerven durch äussere Einflüsse im Verlaufe des normalen Lebens entstehen. In diesem Abschnitte soll zunächst eine bestimmte Gattung sensibeler Nervenfasern in Betracht gezogen werden, die eine ganz besondere Stellung im Organismus einnehmen. Sie sind erstens dadurch ausgezeichnet, dass ihre peripherischen Enden in ganz besonderer Weise bestimmten Einflüssen ausgesetzt sind, welche nicht blos für das Nervensystem, sondern für den Gesammtkörper als äussere zu bezeichnen sind. Offenbar giebt es im Gegensatze hierzu zahlreiche andere centripetalleitende peripherische Nervenfasern, deren Enden regelmässig von Reizen im Innern des Körpers getroffen werden, diese, wie z. B. die Lungenäste des *n. vagus*, sind nicht Gegenstand des gegenwärtigen Abschnittes. Die den äusseren Reizen blossgestellten Endapparate der hier zu betrachtenden Nerven haben sämmtlich eine solche Beschaffenheit, dass eine geradezu märchenhaft geringe Arbeit genügt, um das Nervenende in den Erregungszustand zu versetzen. (Man denke an die alle Vorstellung übersteigende Kleinheit der Schwingungen des Labyrinthwassers, welche den *n. acusticus* reizen.) Die eigentliche Nervensubstanz ist nicht so labil, dass sie unmittelbar durch so geringfügige Anstösse erregt werden könnte, wir müssen daher annehmen, dass in den fraglichen Endapparaten Stoffe von überaus labilem molekularem Gefüge vorhanden sind, in denen — wie beispielsweise im Jodstickstoff — durch die leisesten Anstösse chemische Kräfte ausgelöst werden, deren — im Verhältniss zum Anstoss — bedeutende Arbeit als Reiz auf das eigentliche Nervenende wirkt.

Ein Organ, in welchem solche überaus reizbare Endapparate sensibeler Nerven zusammengeordnet und äusseren Reizen blossgestellt sind, nennt man ein „Sinneswerkzeug", und die zugehörigen sensibelen Nerven „Sinnesnerven".

Die Sinnesnerven sind im Centralorgan im Allgemeinen nicht direkt 161.
verknüpft mit den Zellengruppen, von welchen aus die wesentlichen
Funktionen der vegetativen Sphäre, wie Blutkreislauf, Athmung, Sekretion
beherrscht werden. Die durch die Sinne dem Centralorgane zugeleiteten
Erregungen greifen daher nicht direkt in das Spiel dieser Funktion ein.
Dahingegen pflanzen sich die Sinneserregungen regelmässig fort in die
Gegenden des Centralorganes, von wo aus die grossen planmässigen Bewegungskomplexe der Skelettmuskulatur beherrscht werden. Das heisst
vom Standpunkte der inneren Anschauung gesprochen, die durch Reizung
der Sinnesnerven bedingten „Empfindungen" liefern dem Bewusstsein
das Material zu den „Vorstellungen" von äusseren Objekten, nach
welchen wir unser Benehmen diesen gegenüber einrichten. Das Hauptinteresse einer Untersuchung der Sinneseindrücke liegt somit nicht in
ihrer Eigenschaft als Faktoren im stofflichen Haushalte des Thierleibes,
sondern in ihrer Bedeutung als Quelle für den Inhalt des Bewusstseins.
Aus diesem und aus andern Gründen pflegt man sich daher bei Darstellung der Sinnesphysiologie stets in erster Linie auf den Standpunkt
der inneren Anschauung zu stellen.

Wenn wir von diesem Standpunkte aus unsere eigenen verschiedenen 162.
„Empfindungen" vergleichen, so werden wir bald gewahr, dass sich
dieselben nicht nur quantitativ, sondern auch qualitativ von einander unterscheiden können. Die Empfindung von einer bestimmten Qualität (z. B. eine bestimmte Farbe) kann eine stetige Scala von Quantitäten
durchlaufen vom Unmerklichen $= 0$ an bis zu einem nicht angebbaren,
wenn auch wohl nicht unendlich hohen Werthe der Intensität. Es bedarf kaum der Erwähnung, dass diese Verschiedenheit der Empfindungs-
stärke entspricht der Verschiedenheit der Stärke des chemischen Processes
im Nerven, welcher von aussen betrachtet das ist, was sich der inneren
Anschauung als Empfindung darstellt.

Achten wir ausschliesslich auf die qualitativen Unterschiede der 163.
Empfindungen, so treten aus der ungeheuren Mannigfaltigkeit zunächst
sehr bestimmt vier deutlich gesonderte Qualitätenkreise hervor, nämlich
der Lichtempfindung, der Schallempfindung, der Geruchsempfindung
und der Geschmacksempfindung. Die beiden letzteren sind zwar nicht so
scharf umschrieben als die beiden ersteren, aber bei einiger Uebung im
Achten auf den eigentlichen Empfindungsinhalt wird Jeder doch leicht
entscheiden können, ob eine gegebene Empfindung dem Kreise der Geruchs-
oder Geschmacksempfindungen angehört oder keinem von beiden. Es bestehen zwar innerhalb jedes dieser Kreise noch qualitative Unterschiede,
doch sind diese von ganz anderer Ordnung, als die Unterschiede zwischen
Empfindungen verschiedener Kreise und wir sind daher berechtigt, wegen
ihres gemeinsamen Charakters alle Lichtempfindungen als qualitativ gleich-

artig zu fassen, ebenso alle Schallempfindungen, alle Geruchs- und alle
Geschmacksempfindungen.

164.   Die Art des Empfindens auf einem dieser Sinnengebiete nennt man
die s p e c i f i s c h e E n e r g i e " desselben. Vor Allem muss hervorgehoben
werden, dass die specifische Energie eines Sinnes entschieden nicht in
direktem ursachlichen Zusammenhange steht mit dem äusseren Agens,
welches diesen Sinn erregt, oder mit andern Worten, dass keineswegs
etwa der Charakter des Empfindens der Art der Reizung entspricht. Am
leichtesten kann man sich beim Gesichtssinne von der Richtigkeit dieser
Behauptung überzeugen. Es gelingt nämlich leicht, den Sehnerven auf
andere als die gewöhnliche Art, z. B. mechanisch — durch Druck auf
das Auge — oder elektrisch zu reizen, und man hat alsdann Empfindungen
von derselben Qualität, als wenn der Reiz wie gewöhnlich in das Auge
fortgepflanzte Aetheroscillationen gewesen wären, d. h. Lichtempfindungen.
Umgekehrt hat die Empfindung gar keine Aehnlichkeit mit einer Lichtempfindung, wenn Aetheroscillationen andere sensibele Nerven, z. B. die
Hautnerven erregen.

Die Art des Reizes, welcher einen Sinnesnerven vermöge der besonderen Einrichtungen an der Peripherie im Verlaufe des normalen Lebens
gewöhnlich erregt, nennt man den a d ä q u a t e n R e i z dieses Sinnes. Wir
können somit jenen wichtigen Satz so aussprechen: die specifische Energie
eines Sinnes ist nicht bedingt durch seinen adäquaten Reiz, vielmehr reagirt der Sinn mit seiner specifischen Energie auf jeden beliebigen Reiz,
der überhaupt seine Nerven zu erregen vermag.

165.   Ebensowenig kann man daran denken, die verschiedenen specifischen
Energien der Sinne etwa zu erklären durch Verschiedenheiten im Wesen
der molekularen Bewegungen. Es spricht zu viel dafür, dass der Nerven-
process in allen nervösen Elementen wesentlich dieselbe Art der molekularen Bewegung ist. Ueberdies würde es zu gar nichts führen, wollte
man auch hypothetisch annehmen, dass der molekulare Vorgang der Erregung im *nervus opticus* sich anders gestalte als im *nervus acusticus* etc.,
denn der Unterschied zwischen zwei Formen von Molekularbewegung hätte
doch gar nichts Analoges mit dem Unterschied von zwei Empfindungsqualitäten. Wir müssen eben die specifischen Energien der Sinne hin-
nehmen als Urphänomene der inneren Anschauung, welche ebenso wenig
einer Erklärung fähig sind, wie die Thatsache des Bewusstseins überhaupt.

166.   Neben die vier bis jetzt namentlich aufgeführten Sinne stellt sich
noch ein fünfter sehr weit verbreiteter, der Tast- oder Gefühlssinn, welcher manches Eigenthümliche darbietet. Das Organ dieses Sinnes bilden
die Enden der sämmtlichen sensibelen Nerven der äusseren mit Epidermis
bekleideten Haut und der zu Tage liegenden Schleimhautparthien. Die
regelmässigen Reize dieses Sinnes sind wie die der vier übrigen voll-

ständig äussere und es sind auch die Endapparate des Tastsinnes von
jener extremen Erregbarkeit. Dahingegen haben die Empfindungen im
Bereiche des Tastsinnes nicht einen so hervorstechend besonderen Charakter wie die Licht-, Schall-, Geruchs- und Geschmacksempfindungen.
Man kann sie eher als Empfindungen überhaupt bezeichnen, d. h. als das
Bewusstsein des Erleidens einer Einwirkung. In den meisten Fällen verknüpft sich allerdings, wie bei den andern Sinnen, mit der Empfindung
die Vorstellung von etwas Aeusserem als der Ursache jener Einwirkung,
aber diesem Aeusseren wird im Bewusstsein eben nicht sofort eine besondere Qualität beigelegt, wie bei den übrigen Sinnen z. B. die Farbe, bestimmte Klanghöhe u. s. f.

Eine zweite Eigenthümlichkeit der Empfindungen, die wir durch
Reizung der Hautnervenenden erhalten, besteht darin, dass sie sich oft mit
leidenschaftlichen Seelenzuständen verknüpfen, welche wir mit den Worten
Schmerz und Lust bezeichnen. Es wurde schon bei der Physiologie des
Rückenmarkes wahrscheinlich gemacht, dass die Schmerz- und Lust-
empfindungen dem Hirn auf andern Bahnen zugeleitet werden als die
gleichgültigen Tastempfindungen. Dem entsprechend würden jene Em-
pfindungen nicht zu den eigentlichen Sinnesempfindungen zu zählen sein,
und man scheidet dieselben auch häufig davon aus, indem man neben den
Tastsinn noch das sogenannte „Gemeingefühl" stellt, das eben die mit
Schmerz und Lust verknüpften Empfindungen umfasst. Nach der Ansicht
mancher Autoren sind schon von der sensibelen Peripherie aus andere
Nervenbahnen für die Leitung der Gemeingefühle und der eigentlichen
Tastempfindungen bestimmt. Einen anatomischen Anhalt könnte diese
Annahme finden in der verschiedenartigen Endigungsweise sensibeler Hautnerven (von der weiter unten die Rede sein wird). Von den Anhängern
der in Rede stehenden Hypothese wird übrigens meist angenommen, dass
die Temperaturempfindungen auf denselben peripherischen Bahnen geleitet
werden wie die Schmerzempfindungen. Es ist aber auch denkbar, dass
dieselben peripherischen Nervenbahnen zur Leitung der Tastempfindungen
und der Gemeingefühlsempfindungen dienen. Diese einfachste Annahme
liegt auch dem in Fig. 15 dargestellten Schema der Rückenmarksleitungen
zu Grunde. Ob sich bei Reizung einer sensibelen Hautnervenfaser zu
der eigentlichen Tastempfindung noch Schmerz- oder Lustgefühl gesellt,
das würde bei dieser Annahme von verschiedenen Nebenumständen abhängen. In erster Linie wohl von der Intensität, indem schwache Erregungen blos durch die Hinterstränge aufsteigen — blosse Tastempfindung
geben — starke dagegen auch in der grauen Substanz weiter vordringen
— zu Gemeingefühlen führen. Dann aber darf man annehmen, dass die
Hautnerven an gewissen Stellen des Körpers besonders leicht ihre Erregungen in die graue Substanz senden und so zu Schmerz- oder Lust-

empfindungen führen. So ist z. B. Reizung der Hornhaut fast immer
mit Schmerz verknüpft, wenigstens führt sie selbst bei den geringsten
Intensitäten zu heftigen Reflexen. Andererseits verknüpfen sich Lust-
gefühle vorzugsweise mit Reizung der sensibelen Nerven der Genitalien.
Eine besonders dunkele Frage, deren Interesse übrigens mehr auf dem
psychologischen als auf dem physiologischen Gebiete liegt, ist die, wodurch
der Unterschied zwischen den Schmerz- und Lustgefühlen bedingt ist. Man
wird annehmen dürfen, dass sehr heftige Erregung jedes sensibelen Hautnerven schmerzhaft ist, auch wenn mässige Erregung desselben mit einem
Lustgefühl verknüpft ist. An diese Annahme knüpft sich offenbar die
interessante Frage, wie bei stetiger Steigerung der Erregungsintensität
der Uebergang vom Lustgefühl zum Schmerzgefühl vermittelt ist. Auch
die Frage dürfte hier aufzuwerfen sein, ob durch elektrische Reizung der
Nervenstämme der Geschlechtstheile Wollustgefühl zu Stande gebracht
werden kann.

1. Kapitel. Tastsinn und Gemeingefühl.

I. Allgemeines.

168.   Dem Tastsinn dienen erstens die sämmtlichen sensibelen Fasern der
Rückenmarksnerven und zweitens die sensibelen Fasern des *n. trigeminus*;
ob man gewisse Fasern des *n. glossopharyngeus* und gewisse Fasern des
n. vagus, namentlich dessen *ramus auricularis* und *laryngeus superior* zu
den eigentlichen Tastnerven zu zählen hat, ist nicht entschieden. Die
Endigungsweise dieser sämmtlichen Nervenfasern in der Haut und in oberflächlichen Schleimhautparthien ist nicht gleichartig. Man kann 4 Arten
ihrer Endigung unterscheiden. Erstens endet eine verhältnissmässig
wohl nicht sehr grosse Anzahl sensibeler Nervenfasern in den sogenannten
Vaterschen Körperchen, die sich zerstreut im Unterhautzellgewebe und
noch tiefer im Innern des Körpers finden. Das Vater'sche Körperchen
besteht aus einem kleinen Säckchen, in welches der Axencylinder der betreffenden Nervenfaser eintritt, nachdem sie kurz vorher ihre Markscheide
verloren hat. Der Axencylinder scheint in dem Säckchen blind, öfters
mit einer knopfförmigen Anschwellung zu endigen. Der übrige Inhalt
des Säckchens scheint flüssig zu sein und dasselbe unter einigem Drucke
auszufüllen. Um das Säckchen legen sich zwiebelschalenartig noch zahlreiche Hüllen. Das ganze Gebilde wird dadurch so gross, dass es meist
noch mit blossem Auge gut sichtbar ist. Eine zweite Art von Endapparaten besteht aus ähnlichen prall gefüllten Säckchen ohne weitere
Hüllen, welche unmittelbar unter dem Epithel liegen. In der eigentlichen
Haut liegen sie an den Spitzen von Cutispapillen. Sie finden sich aber
auch unter dem Epithel sensibeler Schleimhautflächen. Auch in diese

Säckchen tritt der nackte Axencylinder ein und endet blind öfters in mehrere Zweige gespalten oder nach einigen Spiralwindungen an der Wand herum. Diese subepithelialen Endapparate nennt man Tastkörperchen und Endkolben. Drittens enthält jede Haarwurzel ein sensibeles Nervenende, sein Bau ist indessen noch nicht ganz aufgeklärt. Viertens endlich steigen sensibele Nervenelemente zwischen den Zellen der Epidermis und des Epithels der sensibelen Schleimhautparthien gegen die freie Oberfläche auf und scheinen sie an manchen Stellen, z. B. in der Cornea wirklich zu erreichen. In welcher Weise diese Elemente endigen, ist nicht bekannt.

Jede sensibele Hautnervenfaser zerfällt, ehe sie in einer der beschrie- 169. benen Arten endigt, in mehrere Aeste, so dass jeder Primitivfaser mehrere Endapparate zukommen, die über ein mehr oder weniger grosses Hautstück vertheilt sind. Die Aeste verschiedener Fasern durchflechten sich dabei derart, dass, wenn man ein Hautstück abgrenzt, welches alle Enden einer Faser enthält, darin regelmässig auch noch Enden anderer Fasern zu treffen sind.

Den adäquaten Reiz des Tastsinnes bilden bekanntlich einerseits 170. Temperaturänderungen, andererseits Druck (resp. Zug). Dass diese beiden Agentien die beschriebenen Nervenenden erreichen können, ist ohne Weiteres begreiflich, jedoch werden zu einer Einwirkung auf die tiefer in der Cutis und im Unterhautbindegewebe gelegenen Nervenenden nur stärkere Druckgrade im Stande sein. Auch werden diese Nervenenden nur in Ausnahmefällen Temperaturänderungen ausgesetzt sein.

Je nachdem die Haut durch Druck oder durch Temperaturänderung gereizt wurde, hat die Empfindung einen anscheinend wesentlich verschiedenen Charakter. Wir haben im einen Falle ein Druck- oder Berührungsgefühl, im anderen ein Wärme- oder Kältegefühl. Doch ist diese Verschiedenheit sicher nicht bedingt durch verschiedene specifische Energien verschiedener Nervenfasern. Er ist vielmehr in folgender Weise zu erklären. Wenn wir auf irgendwelche Art eine nervenreiche Hautparthie reizen, so werden stets zahlreiche Nervenfasern erregt. Das entstehende Gefühl ist also ein Complex von vielen Empfindungselementen, die im Allgemeinen verschiedene Grade der Stärke besitzen werden. Es ist nun wohl denkbar, dass vermöge der anatomischen Anordnung der Nervenenden der Charakter der Gruppirung dieser verschieden starken Empfindungselemente verschieden ausfallen muss, je nachdem der Reiz durch Druck, durch Wärme oder durch Kälte ausgeübt wurde. Durch die überaus häufige Wiederholung kann dieser verschiedene Charakter der Gruppirung den Anschein einer qualitativen Verschiedenheit des Empfindens gewinnen. Wenn diese Erklärung auch nicht im Einzelnen durchgeführt werden kann, so wird sie doch fast gewiss durch folgende einfache Thatsache. Wenn man an einer nervenarmen Hautgegend, z. B. am Rücken, einen Reiz auf eine sehr kleine Stelle beschränkt, so kann man nicht unterscheiden, ob der Reiz durch leise Berührung oder durch Wärmeeinstrahlung ausgeübt wurde. Bei der Nervenarmuth der Gegend werden nämlich hier dem Bewusstsein nur wenige Empfindungselemente geliefert, die keine Gruppe von bestimmtem Charakter bilden können.

171.   Auf Narben fehlen die Temperaturgefühle und die durch ganz leise Berührung bedingten Empfindungen, während stärkere Druckgrade ebenso wie anderwärts empfunden werden. Der Grund ist wohl darin zu suchen, dass die Temperaturschwankungen und schwächsten Druckgrade nur die intraepithelialen und subepithelialen Nervenenden reizen können, welche im Narbengewebe fehlen. Höhere Druckgrade dagegen können tiefer gelegene Nervenenden reizen, die auch unter einer Narbe noch vorhanden sein werden. In dem unter dem Namen der Analgesie bekannten Krankheitszustande, wo kein Schmerz empfunden wird, scheint regelmässig die Wärme- und Kälteempfindung zu fehlen (vermuthlich auch die Empfindung leiser Berührung).

II. Drucksinn.

172.   Von den Fragen in Betreff der Reizung der Haut durch Druck insbesondere drängt sich zunächst die auf: welches der kleinste Druckwerth sei, der genügt, um eine merkliche Reizung hervorzubringen. Hierüber angestellte Versuche haben ergeben (was zum voraus zu erwarten war), dass an Hautstellen mit dicker Epidermis mehr Druck erforderlich ist, um eine Empfindung zu veranlassen, als an Stellen mit dünner Oberhaut. An manchen Stellen der letzten Art, z. B. an der Stirn, genügt der geringe Druck von 2 ^{mgr} auf eine Grundfläche von 9 □ ^{mm} zur Erregung einer deutlichen Empfindung. Um zu sehen, wie erstaunlich dieses Ergebniss ist, muss man bedenken, dass doch nicht die blosse Gegenwart, sondern die mechanische Arbeit des Gewichtes die Erregungsursache sein kann. D. h. das drückende Gewicht kann nur wirken sofern es einsinkt — einen Eindruck macht. Wie gering aber wird die Kompression der Haut bei einer Last von 2 ^{mgr} auf 9 □ ^{mm} Grundfläche sein.

An der Volarseite der Finger, mit bedeutend dickerer Epidermisschicht, müssen 15 und mehr Milligramm auf 9 □ ^{mm} Grundfläche aufgelegt werden, auf die Nägel an Händen und Füssen gar ein ganzes Gramm, um eine deutliche Empfindung zu veranlassen. Sehr bedeutend wird der Drucksinn verfeinert durch die kurzen Härchen, welche sich auf dem grössten Theil der Haut finden, offenbar weil sie den ganzen Druck eines kleinen Gewichtes auf einen Punkt koncentriren. Am rasirten Daumenrücken brachten z. B. in einem Falle erst 35 ^{mgr} auf 9 □ ^{mm} Grundfläche drückende eine Empfindung hervor, während auf derselben Stelle unrasirt schon 2 ^{mgr} empfunden werden.

Manche Beobachtungen des täglichen Lebens sprechen dafür, dass die 173. Druckempfindung nur da stattfindet, wo gedrückte und nicht gedruckte Stellen der Haut aneinander grenzen. Man tauche z. B. einen Finger in Quecksilber von solcher Temperatur, dass es sich weder warm noch kalt aufühlt, dann hat man an den tief eingetauchten Stellen, wo sicher mehr als 5 ^{gr} auf 9 $\square^{mm}$ Grundfläche drücken, keine Empfindung, sondern nur an dem ringförmigen Hautstück, welches in der freien Oberfläche liegt. Jeden Augenblick kann man folgenden Versuch anstellen: man stecke einen Finger in den Mund, schliesse die Lippen luftdicht um denselben und erhöhe den Luftdruck in der Mundhöhle, man wird dabei keine Empfindung haben, die der bei Druck eines festen Körpers irgendwie zu vergleichen wäre.

Sehr gering muss offenbar die Trägheit der dem Drucksinne dienen- 174. den Nervenapparate sein, denn man kann gegen 640 Stösse in einer Sekunde gesondert empfinden, die von den Zähnen eines rasch gedrehten Zahnrades gegen einen Finger ausgeübt werden. Erst wenn die Zahl der Stösse noch grösser ist, verschwimmen die Eindrücke ineinander, so dass der Rand des Rades glatt erscheint.

Damit zwischen zwei nacheinander auf die Haut gesetzten Gewichten 175. ein Unterschied bemerkbar sei, ist nicht etwa stets dieselbe D i f f e r e n z der Gewichte erforderlich. Vielmehr unterscheidet man kleine Gewichte schon bei einer kleineren Differenz als grosse. Genaue Beobachtungen haben ergeben, dass im Allgemeinen die Differenz immer denselben Bruchtheil des einen Gewichtes ausmachen muss, um einen merklichen Unterschied der Druckempfindungen zu bedingen. Dieser Satz ist unter dem Namen des W e b e r'schen Gesetzes bekannt. Man kann diesen Satz auch so aussprechen: wenn zwei Druckgrössen durch den Tastsinn unterschieden werden sollen, so muss nicht ihre Differenz immer denselben Werth haben, sondern ihr Verhältniss und zwar giebt man als durchschnittlichen Werth dieses Verhältnisses an 29 : 30, d. h. ein normalsinniger Mensch kann bei gehöriger Aufmerksamkeit unterscheiden 29 von 30 Gramm oder 58 von 60 Gramm u. s. w.

Wenn man Gewichte vergleicht, indem man sie nicht auf ein unter- 176. stütztes, sondern auf ein frei schwebendes Glied drücken lässt, so dass ihrer Schwere durch Muskelspannung Gleichgewicht gehalten wird, dann ist das Unterscheidungsvermögen für grosse Gewichte etwas feiner. Dann kann man nämlich zwei Gewichte schon unterscheiden, wenn sie sich wie etwa 39 : 40 verhalten. Bei dieser Art von Vergleichung ist offenbar das Bewusstsein von der Grösse des zu den Muskeln gesandten Willensimpulses das Maassgebende, nicht die Intensität der Druckempfindung.

III. Temperatursinn.

177. Temperaturgefühle werden nicht etwa veranlasst durch die Bewegung, welche wir Wärme nennen, als solche; sondern nur durch Aenderung der Hauttemperatur und zwar entsteht das Wärmegefühl beim Steigen, das Kältegefühl beim Sinken der Hauttemperatur. Man kann daher bei hoher und niedriger Hauttemperatur sowohl Wärme- als Kältegefühle haben, und sie können ebenso bei jeder Hauttemperatur fehlen. Die unbehaglichen Gemeingefühle des Frierens und Erhitztseins kommen vielleicht bei konstanter sehr tiefer und sehr hoher Hauttemperatur zu Stande und sind vielleicht physiologisch anders bedingt, als die eigentlichen Wärme- und Kälteempfindungen, von denen sie sich auch subjektiv wesentlich unterscheiden.

178. In der Regel geht ein stationärer Wärmestrom von innen nach aussen durch unsere Hautoberfläche, was eine konstante Temperatur derselben und somit Abwesenheit aller Temperaturgefühle bedingt. Steigerung der Hauttemperatur und damit Wärmegefühl kann an einer bestimmten Hautstelle verursacht werden, entweder dadurch, dass der Wärmezufluss von innen vermehrt oder dadurch, dass der Wärmeabfluss nach aussen behindert wird. Das Erstere findet namentlich bei Steigerung des Blutzuflusses zu einer Hautstelle statt. Daher ist Erröthen eines Körpertheiles z. B. des Gesichtes — wie Jedermann weiss — mit einem Wärmegefühl verknüpft. Hemmung des Wärmeabflusses kann verursacht werden durch Steigerung der Temperatur des umgebenden Mediums, durch Berührung der Hautstelle mit andern Medien von kleinerer Wärmecapacität oder geringerer Leitungsfähigkeit oder durch Aufhören sonstiger Wärmeabflussbedingungen, wie z. B. der Bewegung des umgebenden Mediums.

179. Ebenso kann Abkühlung der Haut bedingt sein einerseits durch Minderung des Wärmezuflusses von innen, daher das Erbleichen einer Hautstelle regelmässig mit Kältegefühl verbunden ist, andererseits durch Begünstigung des Wärmeabflusses, die durch ‹entgegengesetzte Einflüsse geschieht, wie die Behinderung. Die bei Weitem häufigste unter den soeben aufgezählten Ursachen eines Wärme oder- Kältegefühles ist Berührung mit einem Körper, der vermöge seiner physikalischen Beschaffenheit entweder den Wärmeabfluss hemmt oder ihn begünstigt. Natürlich wird das Wärme- oder Kältegefühl um so intensiver sein, je mehr der Wärmeabfluss behindert oder gefördert wird und je rascher daher die Temperatur der Haut steigt oder sinkt. Da nun ceteris paribus hierfür die Temperatur des berührenden Körpers maassgebend ist, so haben wir im Tastsinne gewissermaassen ein Thermometer, mittels dessen wir beurtheilen können, welcher von zwei Körpern, die wir nach einander berühren, wärmer, welcher kälter ist. Zwar ist dies Urtheil bekanntlich häufig falsch, weil eben ausser der Temperatur auch noch andere Umstände in die Wärme-

ableitung eingreifen. So halten wir z. B. ein kaltes Metallstück für kälter als ein gleich kaltes Holzstück, weil die Berührung mit ersterem wegen der besseren Leitung desselben den Wärmeabfluss bedeutend mehr fördert, als die Berührung mit letzterem. Wenn aber die beiden berührenden Körper gleichartig sind und sich eben nur durch ihre Temperatur unterscheiden, dann ist das Urtheil nach dem Gefühl im Allgemeinen richtig. Wenn wir z. B. denselben Finger nacheinander in Wasser von verschiedener Temperatur eintauchen, so können wir durch den Tastsinn richtig unterscheiden, welches Wasser wärmer, welches kälter ist, und zwar ist dieses Unterscheidungsvermögen ein ausserordentlich feines: wenn es sich um Temperaturen zwischen 12,5 und 25° handelt, da braucht der Temperaturunterschied nur wenige Hundertel Grade zu betragen, um merkbar zu sein. Geht man zu höheren Temperaturen, so nimmt die Feinheit der Unterscheidung rasch ab, noch rascher, wenn man zu niedrigeren Temperaturen unter 12,5° herabgeht.

Auf die Intensität der Temperaturgefühle scheint auch die Grösse der gereizten Hautfläche von Einfluss zu sein; so kam einem Beobachter 36,9° warmes Wasser, in welches er eine ganze Hand eintauchte, wärmer vor als 40° warmes, in welches er nur einen Finger tauchte.

Die grösste Empfindlichkeit für Temperaturreize hat Wange, Augenlid, äusserer Gehörgang und besonders die Zungenspitze: geringe Empfindlichkeit zeigt die Nasenschleimhaut.

IV. Ortssinn.

Die Empfindung, welche der Erregung einer sensibelen Hautnervenfaser entspricht, ist im Allgemeinen verknüpft mit der Vorstellung eines bestimmten Ortes, an welchen der Verstand die Ursache dieser Empfindung versetzt. Da die Empfindung zu Stande kommt am centralen Ende der Nervenfaser und da der Vorgang an diesem centralen Ende offenbar wesentlich immer derselbe ist, die Erregung der Nervenfaser mag stattgefunden haben, wo sie wolle — irgendwo in ihrem Verlauf oder am peripherischen Ende — so muss die Vorstellung des Ortes dieselbe sein, wo auch immer der Reiz die Nervenfaser getroffen hat. Da nun im Verlaufe des normalen Lebens weitaus am häufigsten die peripherischen Enden der sensibelen Fasern die Angriffspunkte der Reize sind, so verlegen wir dahin auch stets die Ursache der Empfindungen. Darauf beruhen die bekannten Täuschungen. So z. B. wenn durch einen Stoss am Elnbogen die Fasern des *nervus ulnaris* gereizt werden, glauben wir Nadelstiche in der Kleinfingergegend zu fühlen, wo diese Fasern ihr peripherisches Ende finden. Auf eine philosophische Deduktion der Raumanschauung selbst, die von diesen Thatsachen allerdings ausgehen muss, kann hier nicht eingetreten werden.

182.   Es ist von vornherein klar, dass die Vorstellung des Ortes bei Reizung
von nervenreichen Hautstellen schärfer bestimmt sein kann, als bei Reizung
von nervenarmen.   In der That, wenn ich in einer nervenreichen Hautgegend zwei Punkte nacheinander reize, so werde ich zwei verschiedene
Nervenfasern erregen, während bei Reizung ebensoweit voneinander abstehender Punkte einer nervenarmen Hautgegend vielleicht immer noch
dieselbe Nervenfaser erregt wird.   Im ersten Falle hat also das Bewusstsein die Möglichkeit der Unterscheidung, im zweiten vielleicht nicht.
Der Versuch bestätigt dies.   So z. B. konnte bei successiver Berührung zweier 4,3 mm von einander entfernter Punkte des Handrückens
schon die Verschiedenheit des Ortes wahrgenommen werden, während an
dem nervenärmeren Rücken des Oberarms hierzu eine Entfernung von
10,8 mm zwischen den successiv berührten Punkten erforderlich war.

183.   Eine andere Verfahrungsweise zur Prüfung der Feinheit des Orts-
sinnes besteht darin, dass man zwei Punkte der Haut einer Person gleichzeitig berührt und durch wiederholte Versuche ermittelt, wie weit sie
voneinander abstehen müssen, um als zwei räumlich getrennte wahrgenommen zu werden.   Man kommt hierbei auf viel grössere Distanzen
als bei der vorigen Versuchsweise.   Bei derselben Person, von welcher
die vorhin aufgeführten Zahlen gelten, mussten gleichzeitig aufgesetzte
Zirkelspitzen am Handrücken 20,7 mm, am Rücken des Oberarms 39,7 mm
auseinanderstehen, um als deutlich getrennt wahrgenommen zu werden.

184.   Dies ist leicht zu begreifen, wenn man das weiter oben beschriebene
anatomische Verhalten der Gefühlsnervenenden bedenkt.   Jede Nervenfaser
versieht einen ganzen Bezirk der Haut mit empfindlichen Punkten, ein
solcher heisse ein Empfindungskreis.   Bei gleichzeitigem Aufsetzen
zweier Zirkelspitzen ist nun klar, dass nur, wenn mindestens ein
solcher dazwischen Platz hat, wenn also in der Reihe der Nervenfasern
mindestens eine ganz unerregt bleibt, das Bewusstsein Veranlassung hat,
die Empfindungen als zwei getrennte, nicht in stetigem Zusammenhang
befindliche aufzufassen.   Es folgt aber hieraus nicht nothwendig, dass
zwei successive Reize an verschiedenen Stellen desselben Empfindungs-
kreises die Vorstellung genau derselben Oertlichkeit hervorrufen.   In der
That wegen der Verflechtung der Endzweige der Nervenfasern greifen
ihre Empfindungskreise ineinander und es liegen z. B. in dem zu einer
Nervenfaser B gehörigen Empfindungskreise auch Enden, die zur links
benachbarten Faser A, und solche, die zur rechts benachbarten Faser C
gehören.   Wenn also zuerst ein Punkt links im Empfindungskreise B gereizt wird, so werden die Fasern B und A erregt werden, wenn hernach
ein mehr rechts gelegener Punkt gereizt wird, so werden die Fasern B
und C erregt.   Dadurch ist die Möglichkeit einer Unterscheidung gegeben.
Werden aber die beiden Punkte gleichzeitig gereizt, so werden A, B und

C erregt, es ist mithin keine Lücke in der Reihe der erregten Nervenfasern und keine Veranlassung zur getrennten Wahrnehmung.

Nachstehende Tabelle giebt die kleinste Entfernung zweier gleichzeitig aufgesetzter Zirkelspitzen, wenn sie noch als getrennt wahrgenommen werden sollen, für eine grosse Anzahl verschiedener Hautstellen, die erste Spalte bei einem Erwachsenen, die zweite Spalte bei einem Knaben von 12 Jahren.

	Erwachsener.	Knabe v. 12 Jahren.
Zungenspitze	1,1 mm	1,1 mm
Volarseite des letzten Fingerliedes	2,3	1,7
Rother Lippentheil	4,5	3,9
Volarseite des 2. Fingergliedes	4.5	3,9
Dorsalseite des 3. Fingergliedes .	6.8	4,5
Nasenspitze	6,8	4,5
Volarseite des *capit. oss. metacarpi*	6,8	4,5
Mittellinie des Zungenrückens 27 mm von der Spitze	9,0	6,8
Zungenrand 27 mm von der Spitze . .	9.0	6,8
Nicht rother Theil der Lippen .	9,0	6,8
Metacarpus des Daumens	9,0	6.8
Plantarseite des letzten Grosszehengliedes . .	11.3	6,8
Rücken des 2. Fingergliedes . . .	11.3	9,0
Backen	11.3	9,0
Aeussere Augenlidfläche . .	11.3	9,0
Mitte des harten Gaumens	13,5	11.3
Haut über dem Vordertheil des Jochbeins .	15.8	11,3
Plantarseite des *metatarsus hallucis* .	15.8	9,0
Rückenseite des ersten Fingergliedes .	15.8	9,0
Rückenseite des *capit. oss. metacarpi* . .	18.0	13.5
Innere Lippenfläche nahe dem Zahnfleisch	20.3	13,5
Haut über dem Hintertheil des Jochbeins	22.6	15.8
Unterer Theil der Stirn .	22,6	18.0
Hinterer Theil der Ferse .	22.6	20,3
Unterer Theil des Hinterhauptes .	27.1	22.6
Rücken der Hand . .	31,6	22.6
Hals unter der Kinnlade	33.8	22.6
Scheitel	33.8	22.6
Kniescheibe und Umgebung	36.1	31,6
Kreuzbein	40.6	33.8
Glutaeus	40.6	33.8
Unterarm .	40.6	36.1
Unterschenkel .	40.6	36,1

	Erwachsener.	Knabe v. 12 Jahren.
Fussrücken in der Nähe der Zehen . .	40,6 mm	36,1 mm
Brustbein	45,1	33,8
Rückgrat, Nacken unter dem Hinterhaupt, .	54,1	36,1
Rückgrat, Gegend der 5 oberen Brustwirbel	54,1	—
Rückgrat, untere Brust- und Lendengegend	54,1	—
Rückgrat, Mitte des Halses	67,7	—
Rückgrat, Mitte des Rückens	67,7	31,6—40,6
Mitte des Oberarms und Oberschenkels . .	67,7	31,6—40,6

186. Man hat endlich noch ganz direkte Versuche angestellt über die Bestimmtheit der Ortsvorstellung, welche sich mit einer Tastempfindung verknüpft. Eine Person wird irgendwo mit einem in Kohlenpulver getauchten Stäbchen berührt, so dass der berührte Punkt kenntlich bleibt, sie hat dann ohne Hülfe der Augen anzugeben, wo sie berührt wurde. Natürlich wird sie dabei stets einen Fehler begehen. Bei häufiger Wiederholung stellt sich für jede Hautgegend ein bestimmter Durchschnittswerth dieses Fehlers heraus, und zwar ein um so grösserer, je nervenärmer die Gegend der Haut ist.

In nachstehender Tabelle ist eine Anzahl solcher Werthe des durchschnittlichen Fehlers verzeichnet.

Mitte der Vorderseite des Oberschenkels .	15,8 mm
Mitte der Volarseite des Vorderarmes . .	8,6
Mitte des Handrückens	6,5
Mitte der Hohlhand . . .	4,3
Volarseite der Fingerspitzen	1,1
Stirn	6,3
Kinn	5,4
Lippen . . .	1,1

V. Gemeingefühl.

187. Nachstehend sind noch einige das Gemeingefühl betreffende Sätze zusammengestellt, welche auf exacten Ermittelungen beruhen:

Die Temperatur, bis zu welcher die Haut erhitzt werden muss, damit Schmerz entstehe, beträgt etwa 48° C. und ist somit dieselbe, welche die Nervensubstanz in ihren Funktionen beeinträchtigt. Weniger bestimmt lässt sich die untere Temperaturgrenze ermitteln, bei der Schmerz auftritt, doch scheint eine Temperatur von etwa 12° C. hinlänglich niedrig zu sein, um bei langer Einwirkung auf grosse Hautflächen Kälteschmerz zu erregen.

Tauchen wir eine Hand in mässig heisses Wasser von etwa 50° C. ein, so ist im ersten Augenblick die Empfindung eine eigentliche Temperaturempfindung ohne Schmerz, aber sehr intensiv. Hierauf nimmt sie etwas ab, dann aber wieder zu, um sich bis zum Schmerze zu steigern. Bedeutenden Einfluss hat die Grösse der erwärmten Hautparthie. So kann man in 48° warmes Wasser einen einzelnen Finger lange Zeit eingetaucht halten, ohne Schmerz zu empfinden. Taucht man eine ganze Hand hinein, so hat man sehr bald unerträglichen Schmerz. Aehnlich geht es mit kaltem Wasser von etwa + 9°.

Bei geringen Graden des Schmerzes kann neben demselben noch die eigentliche Temperaturempfindung bestehen und es ist in solchen Fällen möglich, Schmerz durch Wärme von Schmerz durch Kälte zu unterscheiden. Man wird sich vorstellen müssen, dass dabei andere Nerven zur Vermittelung des Temperaturgefühles dienen, als die schmerzhaft afficirten.

Von manchen Autoren wird der Lehrsatz aufgestellt, dass Erregung 188. irgend welcher sensibeler Nerven in ihrem Verlaufe stets nur Schmerzempfindungen und niemals gleichgültige Tastempfindungen zur Folge habe. Dieser Satz ist aber entschieden irrig, wie man sich durch elektrische Erregung irgend eines oberflächlich gelegenen gemischten Nervenstammes, z. B. des n. ulnaris am Elnbogen, überzeugen kann. Wählt man den Reiz sehr schwach, so entsteht ein sicher nicht schmerzhaftes, wenn auch eigenthümlich fremdartiges prickelndes Gefühl in der Peripherie der Nerven. Das Fremdartige des Gefühles hat offenbar seinen Grund darin, dass die Nervenelemente gewöhnlich in ganz anderer Gruppirungsweise zur Erregung kommen, nämlich in derjenigen, in welcher ihre Enden in der Haut nebeneinander liegen.

2. Kapitel. Geschmackssinn.

Mit der specifischen Energie des Geschmackes sind begabt erstens 189. Fasern des *n. glossopharyngeus*, deren peripherische Enden auf dem hinteren Drittheil des Zungenrückens (in der Gegend der *papillae circumvallatae*) auf den *arcus glossopalatini* und auf einem schmalen Streif des weichen Gaumens, dicht hinter dem harten Gaumen liegen; zweitens Fasern der *chorda tympani*, welche dem *n. lingualis trigemini* sich anschliessend zu Ende gehen in einem schmalen Streif der Schleimhaut am Zungenrande beiderseits bis zur Spitze. Nur die bezeichneten Theile der Mundschleimhaut sind also Sitz des Geschmackssinnes. Alle anderen sensibelen Nerven der Mundschleimhaut, namentlich der *lingualis trigemini*, sind reine Tastnerven.

Ueber die Endigungsweise der Geschmacksnerven ist noch nichts Sicheres bekannt, was zu physiologischen Erklärungszwecken brauchbar wäre, nur so viel lässt sich vermuthen, dass peripherische Endapparate (Geschmacksknospen etc.) bis an die Epitheloberfläche der Schleimhaut vortreten und hier den Reizen unmittelbar blossgestellt sind.

190.   Reizbar sind diese Endapparate nur durch Elektricität und durch chemische Einwirkung. Die elektrische Reizbarkeit ist vielleicht auch nur eine beschränkte, denn man kann eigentlich nur den sauren Geschmack durch elektrische Reizung der Geschmacksnervenenden hervorbringen. Er zeigt sich jedesmal, wenn ein elektrischer Strom an einer der oben bezeichneten Stellen der Mundschleimhaut eintritt. Wenn die Austrittsstelle des elektrischen Stromes in den Bereich der schmeckenden Theile der Mundschleimhaut fällt, so hat man nur ein brennendes Gefühl, das offenbar nur von der Erregung der dort endenden Tastnerven herrührt.

191.   In ihrem Verlaufe sind ohne Zweifel die Geschmacksnervenfasern, wie andere sensibele Nervenfasern, durch jeden Nervenreiz erregbar. Von der *chorda tympani* ist dies durch zahlreiche Beobachtungen erwiesen, die häufig bei Gelegenheit therapeutischer Eingriffe in die Paukenhöhle gemacht werden. Mechanische oder elektrische Reizung der Chorda daselbst ist stets von der Empfindung eines sauren Geschmackes an Rand und Spitze der Zunge begleitet. Der Stamm des Glossopharyngeus ist bei seiner tiefen Lage nicht leicht Reizungen zugänglich.

192.   Den eigentlich adäquaten Reiz des Geschmackssinnes bildet die chemische Einwirkung gewisser Stoffe, die in wässeriger Lösung mit den Nervenenden in Berührung kommen. Wie Jeder täglich erfährt, kommen je nach der Natur des wirkenden Körpers qualitativ verschiedene Empfindungen zu Stande, doch ist der Qualitätenkreis der eigentlichen Geschmacksempfindungen nicht sehr reich. Er dürfte sich beschränken auf die 4 Qualitäten, welche wir im gemeinen Leben mit den Worten süss, sauer, salzig und bitter bezeichnen. Alle anderen im gemeinen Leben oft als Geschmäcke bezeichneten Empfindungsqualitäten sind entweder Zusammensetzungen aus einigen der vier genannten, oder sie gehören gar nicht dem Gebiete der Geschmackssinnes an. Da es sich aber bei den 4 genannten Grundqualitäten ganz offenbar um wirklich qualitative Unterschiede handelt, so müssen wir nothwendig annehmen, dass sie auf verschiedene Nervenelemente vertheilt sind, denn die Empfindungen, welche der Erregung eines und desselben Nervenelementes entsprechen, können sich nur durch ihre Intensität, nicht durch ihre Qualität unterscheiden. Wir müssen also annehmen, dass es süssschmeckende Fasern giebt, d. h. Nervenfasern, welche wie auch immer erregt, stets mit der Empfindung süss reagiren, dass es ebenso sauer schmeckende, salzig schmeckende und endlich bitter schmeckende Fasern giebt.

Um zu erklären, dass manche Körper süss, andere sauer, noch andere bitter schmecken, muss man dann weiter die an sich sehr wohl denkbare Annahme machen, dass die Endapparate der verschiedenen Fasergattungen eine verschiedene Beschaffenheit besitzen, so dass die einen vorzugsweise durch diese, die anderen vorzugsweise durch jene Gattung von Körpern erregt werden können.

Die verschiedenen Fasergattungen der Geschmacksnerven scheinen 193. theilweise ganz gröblich von einander gesondert. Namentlich scheinen die Enden der bitterschmeckenden Fasern hauptsächlich auf dem hintern Theile der Zunge zu liegen, denn vorzugsweise dort rufen die geeigneten Körper den bittern Geschmack hervor. Gestützt wird die Hypothese von den verschiedenen Fasergattungen auch noch durch die Thatsache, dass manche Körper je nach Umständen verschiedene Geschmacksqualitäten erregen. So z. B. zeigt Schwefelsäure in nicht allzuverdünnter Lösung an der Zungenspitze neben dem sauren auch den süssen Geschmack, was sich im Sinne der Hypothese leicht so deutet, dass diese Säure bei einiger Concentration neben den sauerschmeckenden Fasern auch noch die süssschmeckenden erregt.

Wenn auch von einer theoretischen Einsicht, warum der eine Körper 194. diese, der andere jene Geschmacksnerven vorzugsweise reizt, noch keine Rede sein kann, so sind doch einige Thatsachen sehr augenfällig, welche zu dieser Frage Bezug haben. Es giebt nämlich gewisse chemisch zusammengehörige Gruppen von Körpern, welche auch vom Geschmackssinn zusammengestellt werden. So z. B. gehören alle sauer schmeckende Körper derjenigen Klasse von Verbindungen an, welche die Chemie als Säurehydrate bezeichnet, d. h. welche ein oder mehrere Wasserstoffatome enthalten, die sich gern durch elektropositive Atome oder Atomgruppen vertreten lassen. Sehr wahrscheinlich liegt gerade in dieser Eigenschaft der Grund dafür, dass diese Körper die Enden der sauerschmeckenden Fasern erregen. Freilich sind nicht alle von der Chemie zu den Säurehydraten gezählten Körper auch sauer schmeckende.

Süss schmecken vorzugsweise die von der heutigen chemischen Nomenclatur als mehratomige Alkohole bezeichneten Körper, z. B. Glykol, Glycerin, Traubenzucker etc. Indessen giebt es auch andere süss schmeckende Stoffe, z. B. essigsaures Bleioxyd.

Der salzige Geschmack kommt fast nur den leicht löslichen Neutralsalzen der Alkalien zu. Auffallend bitter schmecken neben manchen Verbindungen von unbekannter Konstitution namentlich die sogenannten Alkaloide — Ammoniake, in denen die Wasserstoffatome durch mehr oder weniger komplicirte Radikale vertreten sind.

Sehr verschieden sind die kleinsten Mengen verschiedener schmeck- 195. barer Stoffe, welche eben genügen, um die betreffenden Faserenden des Geschmacksnerven zu reizen. So z. B. schmeckt Rohrzucker schon gar nicht mehr in 1%iger Lösung, während Aloeextrakt in 900 000 facher Verdünnung bei aufmerksamer Vergleichung mit reinem Wasser geschmeckt werden kann und bei 12500 facher Verdünnung einen intensiv bittern

Geschmack hat. Andere Körper stehen zwischen diesen Extremen, z. B. schmeckt Schwefelsäure bei 100 000facher Verdünnung noch eben merklich sauer. Von Kochsalz bedarf es einer viel koncentrirteren Lösung, mindestens 1 auf 426 Theile Wasser und selbst davon müssen grössere Mengen in den Mund genommen werden, um eben merklichen salzigen Geschmack zu geben.

196. Die Erregung der Geschmacksnerven wird sehr begünstigt durch Reibung der Zunge am Gaumen. Wahrscheinlich läuft dies darauf hinaus, dass dadurch die schmeckbaren Stoffe mit den Nervenenden mehr in Berührung kommen.

197. Verhältnissmässig selten wird der Geschmackssinn allein erregt. Sehr viele Stoffe nämlich, welche die Geschmacksnervenenden reizen, erregen zugleich noch andere Sinnesnerven. Bekanntlich enden in der Mundschleimhaut neben und zwischen den Geschmacksnerven zahlreiche Tastnervenfasern, welche auch chemischen Reizen blossgestellt sind, und viele Stoffe erregen sie daher mit den Geschmacksnerven gleichzeitig. Im gemeinen Leben bezeichnet man nun den ganzen Komplex von Empfindungen, welcher durch die chemisch mechanische Einwirkung eines Körpers auf die Zungenschleimhaut hervorgerufen wird als „Geschmack", so spricht man z. B. von einem stechend sauren Geschmack bei der Einwirkung von stärkeren Säuren. In der Wissenschaft müssen wir hier trennen den sauren Geschmack von dem stechenden Gefühl, das durch die gleichzeitige Erregung der Tastnerven bedingt ist. Man bezeichnet sogar oft als Geschmack Empfindungen, die ganz reine Tastempfindungen sind, z. B. die brennende Empfindung, welche der Pfeffer oder das Capsicum hervorruft.

198. Ebenso häufig verknüpfen sich Geruchsempfindungen mit dem Geschmacke, und verschmelzen mit ihm zu einem Komplex, welcher im Sprachgebrauche des gewöhnlichen Lebens ebenfalls als Geschmack bezeichnet wird. So spricht man vom Geschmacke der Zwiebel, man kann sich aber leicht überzeugen, dass der Geschmack der Zwiebel einfach der süsse ist, wenn man Zwiebelsaft bei geschlossener Nase auf die Zunge bringt. Die bekannte ganz eigenthümliche fälschlich als Geschmack der Zwiebel bezeichnete Empfindung taucht erst auf, wenn man die Nase öffnet und so den von der Zwiebel entwickelten Gasen Durchtritt verstattet. Ebenso ist es mit allen andern sogenannten aromatischen Geschmäcken, sie sind lediglich Gerüche.

3. Kapitel. Geruchssinn.

199. Mit der specifischen Energie des Geruchs sind die *nervi olfactorii*, — das *par primum* der Gehirnnerven — begabt. Ihre Fasern endigen in der sogenannten *regio olfactoria* der Nasenschleimhaut, nämlich auf der oberen Parthie der Nasenscheidewand der oberen Muschel und den obersten

Theilen der mittleren Muschel. Diese Gegend der Nasenschleimhaut trägt bekanntlich ein zartes nicht flimmerndes Cylinderepithel. Zwischen seinen Cylindern sind die stäbchenartigen Enden der Riechnervenfasern aufgestellt. Jedes solche Stäbchen trägt Anhängsel, die über die Epitheloberfläche hervorragen. Bei manchen Thieren (z. B. beim Frosche) sind diese Anhängsel lange haarförmige Gebilde. Mit den Fasern des Olfactorius sind die stäbchenförmigen Gebilde durch Ganglienzellen verknüpft, die dicht unter dem Epithel liegen und Riechzellen genannt werden.

Der adäquate Reiz für den Geruchsnerven ist chemische Einwirkung 20). luftförmiger Stoffe. Durch unzweideutige Versuche ist nachgewiesen, dass sonst riechbare Stoffe im flüssigen Aggregatzustande die Geruchsnervenenden nicht erregen. Ob eine Erregung dieser Nervenenden durch mechanischen, chemischen und elektrischen Reiz stattfinden könne, ist nicht ausgemacht.

Zugeführt werden die reizenden Körper den Geruchsnerven hauptsäch- 26). lich durch den Einathmungsstrom. Der Ausathmungsstrom wird von der *regio olfactoria* abgelenkt durch den Keilbeinkörper, an dessen unterer Fläche er nach vorn aufsteigt und dessen vordere Fläche die *regio olfactoria* von hinten her verdeckt. In der That verursacht der Ausathmungsstrom selten merkliche Geruchsempfindungen, selbst wenn er mit riechbaren Stoffen stark beladen ist.

Vom Einathmungsluftstrom können übrigens in der Regel nur diejenigen Theile in die *regio olfactoria* gelangen, welche ganz vorn durch die Nasenlöcher eingedrungen sind. Es zieht sich nämlich an der Seitenwand der Nasenhöhle längs des Nasenrückens und dicht hinter demselben ein Wulst aufwärts, der dann umbiegend in die mittlere Muschel übergeht. Diese Einrichtung lenkt alle Luft, die nicht ganz vorn ins Nasenloch eindringt, von der *regio olfactoria* ab in den mittleren und unteren Nasengang. Man kann sich leicht durch den Versuch überzeugen, dass wirklich nur die an der Spitze ins Nasenloch eintretenden Theile des Einathmungsstromes regelmässig Geruchsempfindungen veranlassen. Man bringe nämlich unter die Nasenlöcher einen riechenden Körper und ziehe die Luft ein, während man die vorderen Theile der Nasenlöcher mit den Fingerspitzen verlegt, so wird man wenig oder gar nichts vom Geruch wahrnehmen, der sofort stark hervortritt, sowie man die vorderen Theile der Nasenlöcher wieder offen lässt.

Vermöge eines noch nicht näher erforschten Mechanismus muss durch den Schlingakt bei offener Nase von den in der Mundrachenhöhle befindlichen Gasen ein Theil in die *regio olfactoria* gedrängt werden. Es ist nämlich eine bekannte Thatsache, dass wir die von den Nahrungsmitteln ausgesandten riechbaren Ausdünstungen gerade beim Schlingen derselben am deutlichsten riechen. Hierauf beruht die schon oben

(s. Nr. 198) erwähnte Verknüpfung von Geschmacks- und Geruchsempfindungen.

202. Sehr merkwürdig ist die Thatsache, dass Geruchsempfindung in einiger
Intensität nur stattfindet, so lange die Luft in der Nasenhöhle in Bewegung ist. Man kann sich hiervon jeden Augenblick überzeugen, wenn
man sich in einer mit stark riechenden Stoffen geschwängerten Atmosphäre
befindet. Während der Einathmung ist die Geruchsempfindung lebhaft,
mit dem Aufhören des Athemzuges ist sie meist wie abgeschnitten. Von
Ermüdung des Geruchsnervenapparates kann diese Erscheinung nicht her-
rühren, denn mit Beginn eines neuen Athemzuges ist die Empfindung
sofort in ihrer ursprünglichen Stärke wieder da.

203. Da die Nasenschleimhaut ausser den Geruchsnervenenden noch zahlreiche Gefühlsnervenenden besitzt, so sind die Geruchsempfindungen — wie
die Geschmacksempfindungen — sehr häufig mit Tastempfindungen verknüpft, nämlich allemal dann, wenn in der Athmungsluft Stoffe enthalten
sind, welche sowohl die Gefühlsnervenenden als die Geruchsnervenenden
zu erregen vermögen. Dies gilt namentlich von Stoffen mit energischen
Verwandtschaftskräften, wie z. B. von starken flüchtigen Säuren und Basen.
Nur solche Stoffe nämlich wirken reizend auf die Gefühlsnervenenden der
Nasenschleimhaut. Im gemeinen Leben pflegt man in solchen Fällen den
ganzen Empfindungskomplex als „Geruch" zu bezeichnen. Bei einiger
Gewöhnung an Selbstbeobachtung gelingt es aber leicht, die „stechende"
oder „prickelnde" Gefühlsempfindung von der eigentlichen Geruchsempfindung zu trennen.

204. Welche chemische Eigenschaften ein gasförmiger Körper besitzen
müsse, um auf die Geruchsnervenenden als Reiz wirken zu können, ist
völlig unbekannt. Viele riechbare Gase zeichnen sich durch ein bedeu-
tendes Wärmeabsorptionsvermögen aus.

Verschiedene riechbare Stoffe bringen bekanntlich qualitativ verschiedene Empfindungen hervor; man denke z. B. an den Geruch des
Moschus, des Alkohols, des Schwefelwasserstoffes etc. An solchen untereinander unvergleichbaren Qualitäten ist der Geruchssinn ausserordentlich
viel reicher als der Geschmackssinn. Eine psychologisch merkwürdige
Eigenschaft des Geruchssinnes besteht darin, dass kaum jemals eine Empfindung im Bereiche dieses Sinnes dem Individuum ganz gleichgültig ist,
vielmehr sind die Geruchsempfindungen stets entweder mit Wohlgefallen
oder mit Widerwillen verknüpft. In vielleicht nicht ganz so hohem Grade
kommt bekanntlich auch dem Geschmackssinne diese Eigenheit zu, während
auf dem Gebiete der anderen Sinne unzählige Empfindungen den Willen
nicht afficiren.

205. Die Intensität einer Geruchsempfindung hängt *ceteris paribus* davon
ab, welche Menge des riechbaren Stoffes in der Zeiteinheit mit der *regio*

olfactoria der Nasenschleimhaut in Berührung kommt. Die kleinste Menge, welche genügt, eine merkliche Empfindung zu erregen, ist für verschiedene riechbare Körper sehr verschieden und für viele ganz erstaunlich gering. Der merkwürdigste Körper in dieser Beziehung ist der Moschus. Es ist durch Versuche erwiesen, dass weniger als $\frac{1}{2000000}$ eines Milligramms jedenfalls ausreicht, um die Geruchsnervenenden zu erregen. Vom Brom ist $\frac{1}{600}$ Milligramm hinreichend, um Geruchsempfindung zu erregen und eine Luftmasse, die $\frac{1}{200000}$ ihres Volumens Bromdampf enthält, riecht noch deutlich, dagegen riecht eine Luftmasse, die nur $\frac{1}{2500000}$ Bromdampf enthält nicht mehr. Ammoniak ist schon in 33000-facher Verdünnung nicht mehr zu riechen.

4. Kapitel. Gehörsinn.

Mit der specifischen Energie der Schallempfindung ist das par VIII 206. der Hirnnerven (*n. acusticus*) begabt. Dieser Nerv findet, wie die Anatomie lehrt, nach kurzem Verlaufe sein Ende in einigen Hohlräumen des Felsenbeines, dem sogenannten Labyrinth des Ohres. Hier sind die Enden der Nervenfasern mit sehr merkwürdigen Bildungen verknüpft, die weiter unten beschrieben werden sollen, wo von ihrer muthmasslichen physiologischen Bedeutung die Rede sein wird. Die Hohlräume des Labyrinthes sind mit Flüssigkeit erfüllt, in welche die Nervenenden mit jenem Anhangsgebilde eingetaucht sind.

Den adäquaten Reiz für die Gehörnervenenden bilden schwingende 207. Bewegungen der Anhangsgebilde, in welche dieselben regelmässig durch äussere Anstösse versetzt werden. In weniger häufigen Fällen können sich solche Anstösse direkt von schwingenden festen Körpern auf die Kopfknochen fortpflanzen, wie z. B. wenn man eine tönende Stimmgabel an die Zähne oder auf den Schädel drückt. Dass sich in solchen Fällen die Schwingungen genau in ihrem ursprünglichen Rhythmus den fraglichen Anhangsgebilden des Gehörnerven mittheilen, ist ohne Weiteres selbstverständlich, da jene Anhangsgebilde an den Schädelknochen befestigt sind. In weitaus den meisten und für den Gebrauch des Gehörsinnes wichtigsten Fällen handelt es sich aber darum, die Anhangsgebilde des Gehörnerven durch Luftschwingungen in Bewegung zu setzen. Diese übertragen sich im Allgemeinen natürlich nicht in hinlänglicher Stärke und Genauigkeit durch die schlaffen umhüllenden Weichtheile auf die Schädelknochen. Es bedarf daher besonderer Uebertragungsapparate, und die Untersuchung ihrer Wirkungsweise ist die erste Aufgabe der Physiologie des Gehörsinnes.

Vom Grunde der Ohrmuschel geht ein aus der täglichen Anschauung 208. allgemein bekannter einige Centimeter langer Kanal einwärts — der sogenannte *meatus auditorius externus*. In der Tiefe ist er geschlossen durch eine Membran — das sogenannte Paukenfell — welches den Gehörgang trennt von einem andern mit Luft gefüllten Hohlraum, welcher im Innern des Felsenbeines eingeschlossen ist. Dieser als „Paukenhöhle" bezeichnete Raum steht durch einen engen Kanal — die *tuba Eustachii* — mit dem Rachenraum in Verbindung. Daher kann sich die Spannung der Luft in der Paukenhöhle stets ausgleichen mit der Spannung der äusseren Atmosphäre.

209.   Bekanntlich gerathen Membranen sehr leicht selbst in Schwingungen, wenn die Luft schwingt, in welcher sie ausgespannt sind. In der That muss ja die Membran jedesmal eingedrückt werden, wenn die angrenzende Luftschicht in Folge ihres Schwingungszustandes dichter wird, und sie muss herausgewölbt werden, wenn die Luftschicht dünner wird.

Es ist also ersichtlich, dass auch das Paukenfell in Schwingungen gerathen muss, wenn wellenartig sich verbreitende Luftoscillationen, sogenannte „Schallschwingungen", sich zum Ohre fortpflanzen. Die Schwingungen des Paukenfelles müssen um so energischer sein, als sich der äussere Gehörgang in der Ohrmuschel ein wenig trichterförmig erweitert und mithin mehr Schallstrahlen auf das Paukenfell koncentrirt werden, als auf dasselbe fallen würden, wenn es ihnen unmittelbar ausgesetzt wäre.

210.   Die mechanische Betrachtung in Uebereinstimmung mit dem Versuche zeigt, dass im Allgemeinen eine Membran *ceteris paribus* um so weniger stark in Mitschwingungen geräth, je stärker sie gespannt ist. Wenn daher das Paukenfell allzustark gespannt ist, so wird die Uebertragung der Luftschwingungen auf dasselbe und somit das Hören, dessen unerlässliche Bedingung diese Uebertragung ist, beeinträchtigt. Eine solche allzu starke Spannung des Paukenfelles tritt oft auf folgende Art ein. Wenn durch Schleimhautwulstung die *tuba Eustachii* verstopft ist, so ist die Kommunikation der Luft in der Paukenhöhle mit der äusseren Luft abgeschnitten. Die Paukenhöhlenluft wird von den Blutgefässen theilweise absorbirt, der Druck in der Paukenhöhle sinkt und das Paukenfell wird einwärts gedrückt und damit stärker gespannt. Dies ist die Erklärung der so häufigen Harthörigkeit bei Katarrhen der Rachenhöhlenschleimhaut. Den geschilderten Zustand kann man auch willkührlich hervorrufen, wenn man bei gesperrten Nasenlöchern eine Schlingbewegung ausführt. Dabei wird nämlich die Luft in der Rachenhöhle verdünnt und mithin die Paukenhöhle gleichsam ausgepumpt. Tritt nun nach Beendigung der Schlingbewegung in der Rachenhöhle wieder der atmosphärische Druck ein, so wird die spaltförmige Rachenmündung der *tuba Eustachii* gleichsam ventilartig geschlossen und es erhält sich so die Luftverdünnung in der Paukenhöhle und eine dadurch bedingte deutliche Schwerhörigkeit. In der Regel weicht diese dem normalen Zustande, sowie man abermals, und nun bei offenen Nasenlöchern, eine Schlingbewegung ausführt. Der Mechanismus dieser Bewe-

gung führt nämlich vermöge der Befestigungsweise des *musc. tensor palati mollis* eine Eröffnung der Rachenmündung der *tuba Eustachii* herbei. Der beschriebene Versuch ist bekannt unter dem Namen des Valsalva'schen Versuches.

Das Paukenfell ist übrigens nicht eine einfach in einer Ebene aus-211. gespannte Membran, vielmehr ist, wie aus der Anatomie bekannt, das Paukenfell gegen die Paukenhöhle trichterförmig eingezogen. Diese Form hat eine grosse Wichtigkeit für die Funktion. Es lässt sich nämlich theoretisch sowohl als experimentell zeigen, dass eine so gestaltete Membran Schwingungen von jedem beliebigen Tempo und Rhythmus gleich gut annimmt, während eine ebene Membran diejenigen Schwingungen besonders begünstigt, deren Tempo mit dem Tempo ihrer Eigenschwingungen übereinstimmt. Ferner hat die trichterförmige Gestalt zur Folge, dass ihre Spitze zwar kleinere Extensionen als unter sonst gleichen Umständen die Mitte einer ebenen Membran macht, dass aber diese kleineren Exkursionen mit grösserer Kraft ausgeführt werden.

In der Paukenhöhle liegt, wie aus der Anatomie bekannt ist, das 212. System der drei Gehörknöchelchen, Hammer, Ambos, Steigbügel, so geordnet, wie in der Fig. 17 angedeutet ist, welche einen der Antlitzfläche parallelen Schnitt durch das Gehörorgan schematisch darstellt. Hammer und Ambos bilden vermöge ihrer Befestigung an der Wand der Paukenhöhle annähernd ein System, welches drehbar ist um eine Axe, die

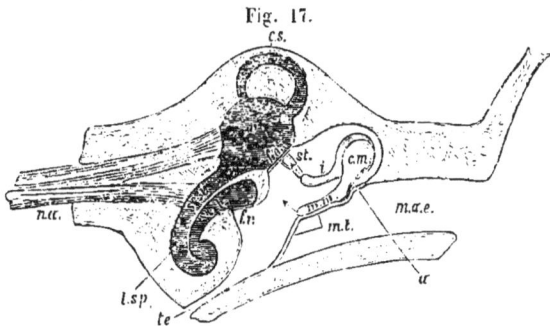

Fig. 17.

Der Antlitzfläche paralleler schematischer Durchschnitt durch das Gehörorgan. — Lufträume: weiss gelassen. — Wassergefüllte Räume: wagrecht schraffirt. — Knochenschnitt gefleckt. — c. s. Bogengang. — v. Vorhof, — f. o. Ovales Fenster. — f. r. Rundes Fenster. — sc. v. Vorhofstreppe. — sc. t. Paukentreppe der Schnecke. — l. sp. Spiralblatt. - n. a. Gehörnerv. — st. Steigbügel. — i. Ambos. - c. m. Hammerkopf. - m. m. Hammerstiel. — a. Axe des Hammers. — t. e. Eustachische Röhre. m. t. Paukenfell. — m. a. e. Aeusserer Gehörgang.

ziemlich wagrecht von vorn nach hinten tangential am oberen Rande des Paukenfelles hinläuft. Diese Drehungsaxe schneidet daher die Ebene der Zeichnung senkrecht im Punkte a. Ganz absolut fest ist zwar der Ambos nicht mit dem Hammer verbunden, sondern durch ein Gelenk, aber bei den Drehbewegungen um die ebengenannte Axe wird wahrscheinlich die Beweglichkeit des Gelenkes nicht sehr in Anspruch genommen. Vollkommen ist der Mechanismus des Gelenkes noch nicht aufgeklärt. So viel ist indessen sicher, wenn die Spitze des Hammerstieles in der durch den Pfeil bei *m m* (Fig. 17) angedeuteten Bahn hin und hergeht, so muss, vermöge der Verbindung zwischen Hammer und Ambos, die Spitze des langen Ambosfortsatzes eine ähnliche Bewegung ausführen in einer Bahn, die ebenfalls durch einen in den Steigbügel eingezeichneten Pfeil angedeutet ist. Nur sind die Exkursionen dieser letzteren Bewegungen — einerseits wegen der geringeren Entfernung des Punktes von der Drehungsaxe, andererseits vielleicht aber auch vermöge der Gelenkeinrichtung — kleiner als die Exkursionen der Hammerstielspitze.

213.   Der Hammerstiel ist gleichsam als ein Radius in das Paukenfell eingewebt, so dass die Spitze des Hammerstieles die Mitte des Paukenfelles einnimmt. Wenn daher das letztere unter dem Einflusse von Luftschwingungen abwechselnd tiefer und weniger tief eingedrückt wird, so kann der Hammer diese Bewegung vermöge seiner Drehbarkeit um die oben bezeichnete Axe mitmachen, ohne sie im mindesten zu beschränken. Es wird mithin die beschriebene Einrichtung gerade geeignet sein, die Schwingungen des Paukenfelles in verkleinertem Maassstabe auf die Spitze des langen Ambosfortsatzes zu übertragen. An dieser letzteren ist aber in der aus Fig. 17 ersichtlichen Weise der Steigbügel befestigt. Dieses Knöchelchen wird also, wenn die Ambosspitze in ihrer Ebene hin und hergeht, fast in seiner eigenen Ebene parallel mit sich selbst hin und her geschoben werden. Die Fussplatte des Steigbügels ist nun mittels eines membranösen Saumes in eine Oeffnung des Labyrinthes, das sogenannte ovale Fenster eingefügt. Er wird hier spritzenstempelartig abwechselnd tiefer eingedrückt und herausgezogen, wenn er durch die schwingende Ambosspitze hin und hergezogen wird. Dabei wird natürlich das Labyrinthwasser in Schwingungen gerathen, indem es beim Eintreiben des Steigbügels vom ovalen Fenster verdrängt wird und beim Ausziehen desselben wieder dahin zurückströmt. Diese Bewegungen des Labyrinthwassers wären jedoch nicht möglich, wenn nicht noch eine andere Stelle der Labyrinthwand nachgiebig wäre. Diese Stelle ist das mit einer Membran geschlossene runde Fenster (*f r* Fig. 17). Dahin weicht das Labyrinthwasser aus, wenn es durch Eindrängen des Steigbügels vom ovalen Fenster zurückgedrängt wird. Dies ist nicht eine blosse theoretische Folgerung aus den anatomischen Anordnungen. Man hat vielmehr direkt beobachtet, dass die Membran des runden Fensters sich gegen die Paukenhöhle vorwölbt, sowie das Paukenfell und folgeweise Hammerstiel, Ambosspitze und Steigbügel einwärts gedrückt wird.

214.   Der Weg vom ovalen Fenster zum runden Fenster geht durch den Theil des Labyrinthes, welcher wegen seiner Gestalt als Schnecke bezeichnet wird. In diesem Theile wird deshalb auch das Wasser wohl vorzugsweise durch die Schallschwingungen erschüttert. In Fig. 17 ist bei *sc. v.* und *sc. t.* der Schneckenkanal angedeutet, jedoch muss man ihn

sich in Wirklichkeit in 2½ Windungen spiralig aufgewunden denken. Man sieht, wie dieser Kanal durch eine Scheidewand (*l. sp.* Fig. 17) in zwei Abtheilungen (die *scala vestibuli* und *scala tympani*) gebracht ist, die aber an der Kuppe mit einander kommuniciren. Der Weg vom ovalen Fenster geht also zunächst in der *scala vestibuli* zur Kuppe der Schnecke und von da durch die *scala tympani* zum runden Fenster. Doch braucht die Verschiebung des Schneckenwassers vom ovalen zum runden Fenster nicht durchaus dieser Bahn zu folgen, denn die Scheidewand ist der Breite nach zur Hälfte biegsam (*lamina spiralis membranacea*), wenn also der Druck vom ovalen Fenster her wächst, so wird Raum geschafft durch Niederdrücken dieser Scheidewand nach der *scala tympani*, aus welcher das verdrängte Wasser nach dem runden Fenster hin entweicht — und *vice versa*. Man sieht also, dass Schwingungen des Steigbügels die *lamina spiralis* in entsprechende Schwingungen versetzen können.

Das Gesammtergebniss der vorstehenden Betrachtungen ist somit 215. dieses: Wenn die Luft vor dem Ohre durch Oscillationen eines elastischen Körpers in sogenannte Schallschwingungen versetzt wird, so geräth das Paukenfell in genau entsprechende Schwingungen und diese übertragen sich durch Vermittelung der Gehörknöchelchen und des Labyrinthwassers mit genauer Beibehaltung ihres Rhythmus, jedoch in verkleinertem Maassstabe, auf die *lamina spiralis membranacea* der Schnecke. Da auf dieser die Enden eines grossen Theiles der Gehörnervenfasern ausgebreitet sind, so ist ersichtlich, wie diese durch Luftschwingungen erregt werden können, und dass mithin Schallwellen der Luft eine Gehörempfindung veranlassen können.

In den Paukenapparat greifen zwei willkührliche Muskelchen ein. 216. die Sehne des einen springt quer durch die Paukenhöhle und setzt sich an den Hammerstiel. Die Zusammenziehung dieses Muskels wird also den Hammerstiel nach innen ziehen und somit das Paukenfell stärker spannen. Die Bedeutung dieses Muskels, des sogenannten *tensor tympani*, könnte darin bestehen, dass er bei allzustarken Luftschwingungen, die Beweglichkeit des Paukenfelles verminderte, doch ist dies noch nicht ganz sicher festgestellt. Noch weit weniger kann man sich Rechenschaft geben von der Bedeutung des *musc. stapedius*, dessen Sehne von hinten her am Köpfchen des Steigbügels angreift.

Mit der Erkenntniss, dass durch Schallschwingungen der Luft die 217. Enden des Gehörnerven erschüttert und mithin erregt werden können, ist die Aufgabe der Physiologie des Gehörsinnes erst zum Theil gelöst. Es gilt vielmehr noch zu erklären, wie durch verschiedene Arten von Schallwellen verschiedene Arten von Gehörsempfindungen hervorgebracht werden. Eine Unterscheidung der Gehörsempfindung ist leicht zu verstehen. Es ist nämlich ohne Weiteres klar, dass die Unterschiede der

Intensität der Gehörsempfindungen mit den Unterschieden der Amplitude der erregenden Luftoscillationen in ursächlichem Zusammenhange stehen. Denn je grösser die erregenden Luftschwingungen sind, um so energischer werden auch die zuletzt den Nervenenden mitgetheilten Bewegungen sein, um so höher also auch der Erregungsgrad derselben und dieser ist maassgebend für die Intensität der Empfindung.

218.   Ausser den Unterschieden der Intensität kommen aber auf dem Gebiete der Gehörsempfindungen verschiedenartige qualitative Unterschiede vor, deren Erklärung nicht so auf der Hand liegt. Vor Allem ergiebt die oberflächlichste Selbstbeobachtung, dass die Gehörsempfindungen in zwei grosse Klassen zerfallen: die „Geräusche" und die „Klänge". Schon subjektiv machen die Geräusche mehr den Eindruck des Unregelmässigen und es zeigt sich auch leicht, dass in der That eine Geräuschempfindung unregelmässigen Luftschwingungen ihre Entstehung verdankt, während eine Klangempfindung allemal dann zu Stande kommt, wenn die erregenden Luftbewegungen genau periodisch wiederkehrende regelmässige Bewegungen sind.

219.   Da das genau Regelmässige selbstverständlich der Untersuchung geringere Schwierigkeiten bietet, so soll zunächst nur die Klangempfindung Gegenstand der Betrachtung sein. Jedem mit gesundem Gehörorgan begabten Menschen ist unmittelbar anschaulich, dass die Klangempfindungen unter zwei verschiedenen Gesichtspunkten qualitativ verglichen werden können. Der erste ist nach der Ausdrucksweise der Wissenschaft wie des gemeinen Lebens der Gesichtspunkt der „Höhe". So sagt man z. B. der Klang einer kurzen Pfeife ist „höher" als der, welchen eine lange hören lässt. Man kann unter diesem Gesichtspunkte alle möglichen Klänge in eine stetige Stufenfolge einordnen, so dass der nachfolgende immer höher ist als der in der gewählten Anordnung vorangehende. Man wird aber bald bemerken, dass es mehrere Klänge geben kann, welche in der fraglichen Anordnung auf dieselbe Stufe zu stellen sind — das heisst unter dem Gesichtspunkt der Höhe nicht zu unterscheiden sind — welche aber dennoch unter einem andern Gesichtspunkte einen wesentlichen qualitativen Unterschied zeigen, der sich in Worten nicht beschreiben aber unmittelbar anschauen lässt. Wenn man z. B. eine Geigensaite einmal mit dem Finger zupft, das andere Mal mit dem Bogen streicht, so lässt sie beide Male einen Klang von derselben Höhe hören, aber diese beiden Klänge sind doch, wenn sie auch mit derselben Intensität erklingen, sehr verschieden von einander. Man nennt diesen Unterschied den des „Timbres" oder der „Klangfarbe".

220.   Achten wir zunächst nur auf den Unterschied der Höhe, so ist durch bekannte Versuche leicht zu beweisen, dass er entspricht dem Unterschiede der Häufigkeit der regelmässigen Schwingungen, durch welche die Klang-

empfindungen hervorgerufen sind. Je häufiger die Schwingungen der Luft sind, desto höher ist die dadurch bedingte Klangempfindung.

Nach den früher festgestellten Principien ist es nicht denkbar, dass durch Erregung ein und derselben Nervenfaser qualitativ verschiedene Empfindungen entstehen, vielmehr müssen wir annehmen, dass, wo zwei Empfindungen sich wirklich qualitativ unterscheiden, mindestens zwei verschiedene Nervenfasern betheiligt sind. Eine Hypothese, welche die Höhenunterschiede begreiflich machen soll, muss also erklären, wie es möglich wäre zu denken, dass je nach der Häufigkeit der Luftschwingungen verschiedene Fasern des *n. acusticus* gereizt werden. Nun wurde oben gezeigt, dass Luftschwingungen, ihre Anzahl in der Zeiteinheit mag sein, welche sie wolle, stets durch die Bewegungen des Steigbügels das Labyrinthwasser resp. die Nervenenden daselbst erregen. Es gilt also denkbar zu machen, dass je nach der Anzahl der Stösse des Steigbügels in der Zeiteinheit das Labyrinthwasser bald hier bald dort in die stärkste Bewegung geräth, d. h. bald die hier bald die dort liegenden Nervenenden am heftigsten erregt werden.

Etwas derart ist nun sehr leicht denkbar, wenn wir das Princip der 221. „Resonanz" zu Hülfe nehmen. Bekanntlich versteht man unter Resonanz folgende Erscheinung. Man stelle sich einen elastischen Körper vor, welcher aus seiner Gleichgewichtslage gebracht und dann sich selbst überlassen in tönende Schwingungen geräth, denen natürlich eine ganz bestimmte Frequenz zukommt, z. B. eine über einen Resonanzboden gespannte Saite oder eine auf einem Resonanzkasten stehende Stimmgabel. Erregt man jetzt in der Nähe dieses Körpers durch einen beliebigen andern tönenden Körper Luftschwingungen, so geräth der erstere allemal dann in lebhafte Mitschwingungen, wenn die Häufigkeit der erregenden Luftschwingungen übereinstimmt mit der Häufigkeit derer, welche er selbst ausführen kann. Wenn dagegen die Zahl der erregenden Schwingungen in der Sekunde eine bedeutend abweichende ist, dann bleibt der fragliche Körper, von gewissen Ausnahmefällen abgesehen, in Ruhe. Die erregenden Schwingungen brauchen übrigens dem elastischen Körper nicht nothwendig durch die Luft, sie können ihm auch durch ein anderes Medium zugeführt werden.

Stellen wir uns jetzt ein System solcher elastischer Körper vor, deren 222. Schwingungszahlen eine Reihe mit kleinen Unterschieden bilden. Es sei z. B. die Zahl der Schwingungen, welche der erste angestossen und sich selbst überlassen ausführen würde == 100, die entsprechende Zahl für den zweiten 110, für den dritten 120 u. s. w. bis zu mehreren Tausenden. Wenn jetzt in der Nähe dieses Systemes irgend ein Klang erklingt, so wird immer mindestens einer der Körper in Schwingungen gerathen, näm-

lich der, dessen Schwingungszahl am nächsten mit der Schwingungszahl
des erregenden Klanges übereinstimmt. Von der Richtigkeit dieses Satzes
kann man sich am Klavier leicht überzeugen, dessen Saiten ja annähernd
ein System von elastischen Körpern der beschriebenen Art darstellen.
Setzt man auf den Resonanzboden eines Klavieres, dessen Dämpfer aufgehoben sind, den Stiel einer angeschlagenen Stimmgabel, so werden
sofort diejenigen Saiten in Schwingungen gerathen, deren Schwingungszahl mit derjenigen der Stimmgabel genau oder nahezu übereinstimmt —
die auf denselben Ton abgestimmt sind — während die sämmtlichen
übrigen Saiten in Ruhe bleiben.

223. Dass Schwingungen von verschiedener Frequenz einen qualitativ verschiedenen Eindruck machen, würde somit leicht erklärbar sein, wenn
wir annehmen dürften, dass im Labyrinth eine dem Saitensystem eines
Klavieres analoge Einrichtung vorhanden wäre, d. h. ein System von elastischen Körpern, deren Schwingungszahlen eine Reihe mit kleinen Sprüngen —
wo möglich gar eine stetige Reihe — bildeten; und wenn wir ferner
annehmen dürften, dass mit jedem dieser Körper ein besonderes Nerven-
faserende in solcher Verbindung stände, dass es erregt würde, wenn dieser
Körper in Schwingungen geräth. Zu einer solchen Annahme bietet aber
in der That die Anatomie einige Anhaltspunkte. Denkt man sich nämlich
den Schneckenkanal gerade ausgestreckt, so würde die *lamina spiralis
membranacea* einen Bandstreif darstellen, der an Breite von der Kuppel
nach dem runden Fenster hin stetig abnimmt. Ein solcher Membranstreif
verhält sich aber bezüglich des Mitschwingens ganz wie das Saitensystem
eines Klavieres, wenn in ihm die Spannung der Quere nach vorherrscht.
Bei der *lamina spiralis membranacea* scheint dies Letztere wirklich stattzufinden. Es steht also nichts der Annahme im Wege, dass, je nachdem
der Steigbügel so oder so viel Male in der Sekunde hin und hergeht,
diese oder jene Gegend der *lamina spiralis* besonders stark in Bewegung
kommt. Im Besonderen müssten wir annehmen, dass bei weniger häufigen
Schwingungen eine der Kuppel benachbarte breitere (den langen Saiten
entsprechende) Parthie der *lamina spiralis* schwingt, bei häufigeren Schwingungen des Steigbügels eine mehr nach dem runden Fenster hin gelegene.*)

224. Auf der *lamina spiralis membranacea* sind nun die Nervenenden in
regelmässiger Reihe nebeneinander gelagert und wenn nur eine Stelle
dieser Membran stark schwingt (resp. in chemische Aktion tritt), wird auch

---

*) Es ist nicht zu läugnen, dass die hier vorgetragene gegenwärtig sehr allgemein
verbreitete Annahme, die *lamina spiralis* der Schnecke sei ein mechanischer Resonanz-
apparat, in der ausserordentlichen Kleinheit des ganzen Organes grosse Schwierigkeit
findet. Es könnte diese Schwierigkeit vielleicht beseitigt werden, wenn man statt der
m e c h a n i s c h e n an eine c h e m i s c h e Resonanz dächte. Es ist bekanntlich in neuerer
Zeit die merkwürdige Beobachtung gemacht, dass manche explosive Präparate durch

nur eine Gruppe von Nervenfasern erregt. Es wird also nach den vorstehenden Auseinandersetzungen für jede bestimmte Schwingungszahl eine besondere Gruppe von Nervenfasern erregt werden, und es ist erklärlich, dass jeder besonderen Schwingungszahl eine besondere Qualität (Höhe) der Klangempfindung entspricht. Namentlich wäre anzunehmen, je näher eine Nervenfaser der Kuppel der Schnecke endigt, desto tiefer wäre die Klangempfindung, welche ihre Erregung erzeugt.

Die Schwingungszahl der tiefstgestimmten Fasern der *lamina spiralis* [225.] (in der Kuppel der Schnecke) muss — wofern überall die vorliegende Hypothese richtig ist — etwa 30 in der Sekunde betragen, die Schwingungszahl der höchstgestimmten Fasern (bei der *fenestra rotunda*) etwa 16000 in der Sekunde. Zwischen diesen Grenzen muss nämlich die Zahl der Luftschwingungen eingeschlossen sein, wenn sie eine bestimmte Klangwahrnehmung veranlassen sollen. Der Paukenapparat kann unzweifelhaft noch langsamere und raschere Schwingungen auf das Labyrinthwasser übertragen und dass sie keine bestimmte Klangwahrnehmung veranlassen, muss daher rühren, dass keine für sie abgestimmten Theile des Resonanzapparates vorhanden sind, vermöge deren sie eine besondere Gruppe von Nervenfasern vorwiegend erregten.

Die in Rede stehende Hypothese hat den Vorzug, dass durch sie zu- [226.] gleich auch die Unterscheidung des „Timbres" oder der „Klangfarbe" erklärlich wird.

Schon *per exclusionem* ist zu beweisen, dass der Unterschied des Timbres zweier Klänge von gleicher Höhe entsprechen muss dem Unterschiede in der Art des Hinundhergehens der schwingenden Theilchen innerhalb einer Periode, denn dies ist der einzige Unterschied, der noch denkbar ist, zwischen zwei schwingenden Bewegungen, die bezüglich ihrer Häufigkeit oder Periodendauer übereinstimmen. So können z. B. bei zwei schwingenden Bewegungen die Theilchen zwischen denselben äussersten Lagen 100 mal in der Sekunde hin und hergehen, aber bei der einen gehen sie gleichmässig hin und her, bei der anderen gehen sie langsam hin und schnell zurück oder bei der zweiten gehen sie vielleicht mit mehreren Absätzen hin und zurück. Man sieht, dass hier noch eine unendliche Mannigfaltigkeit in dem, was man die „Form" der Schwingung nennt, bei gleicher Frequenz denkbar ist. Ihr entspricht also die unendliche Mannigfaltigkeit der Klangfarbe bei gleicher Höhe.

— — —

Schwingungen von einer bestimmten Frequenz, d. h. durch Töne von bestimmter Höhe, zum Explodiren gebracht werden. Man könnte also ohne allzu grosse Unwahrscheinlichkeit die Annahme machen, auf der *lamina spiralis* liegen neben einander kleine Mengen solcher Stoffe, von denen jeder folgende bei einem höheren Tone in chemische Aktion tritt, als der vorhergehende. Diese Hypothese würde offenbar dieselben Dienste leisten, wie die von der mechanischen Resonanz.

227.   Unter den unendlich vielen möglichen Schwingungsformen ist besonders hervorzuheben die des „pendelartigen" Hinundhergehens — so genannt, weil in dieser Form sich jeder Punkt eines Pendels bei kleinen Excursionen bewegt. Wenn in einem Schallwellenzuge die Lufttheilchen in irgend einer andern Form oscilliren, so kann man nach einem wichtigen Satze der Mechanik die Bewegung zerlegen in eine Anzahl pendelartiger Schwingungen, deren Schwingungszahlen die Vielfachen der gegebenen Schwingungszahl sind — das Einfache mit eingerechnet. Mit andern Worten: Es lässt sich stets ein System von Schwingungsursachen denken, deren jede für sich eine einfache pendelartige Schwingung hervorbringen würde, die zusammenwirkend der Luft denjenigen Schwingungszustand von komplicirterer Form beibringen würden, welcher in Wirklichkeit besteht.

228.   Ein konkretes Beispiel wird die Sache deutlicher machen. Man schlage eine Klaviersaite, welche auf die Note c gestimmt ist, d. h. 128 Schwingungen in der Sekunde vollführt, in ⅟₇ ihrer Länge mit dem Hammer derart an, dass der Hammer etwa ⅟₆₀₀ Sekunde mit der Saite in Berührung bleibt, dann lässt sich mathematisch zeigen und experimentell nachweisen, dass die ziemlich komplicirte Schwingungsform, in welche die Theilchen der Saite gerathen und mithin die Lufttheilchen versetzen, auch folgendermaassen hervorgebracht werden könnte. Man müsste 6 Ursachen zusammen wirkend denken, deren jede einfach pendelartige Schwingungen erregt und zwar

die 1te 1 × 128 in 1´ mit der Amplitude 100
„ 2te 2 × 128 „ „ „ „   „   249
„ 3te 3 × 128 „ „ „ „   „   242,0
„ 4te 4 × 128 „ „ „ „   „   118,9
„ 5te 5 × 128 „ „ „ „   „   26,1.
„ 6te 6 × 128 „ „ „ „   „   1,3

Man pflegt dies auch so auszudrücken: die Schwingungsform der in gedachter Weise angeregten Klaviersaite lässt sich zerlegen in 6 Componenten von den respektiven Intensitäten und Noten

c	$\bar{c}$	g	$\bar{\bar{c}}$	$\bar{e}$	$\bar{\bar{g}}$
100	249	242,9	118,9	26,1	1,3

Liesse man also 6 Stimmgabeln, die auf die bezeichneten Noten gestimmt sind, nebeneinander schwingen mit Intensitäten, wie sie den untergeschriebenen Zahlen entsprechen, so würde ein entferntes Lufttheilchen in denselben Schwingungszustand gerathen, in welchen es die Klaviersaite versetzt. In andern Fällen lässt sich das Problem der Zerlegung nicht in so bestimmten Zahlen lösen, aber immer ist die Lösung principell möglich.

229.   Diese Darstellung komplicirterer Schwingungsformen durch Zerlegung

in pendelartige Componenten, deren Schwingungszahlen die Vielfachen
der gegebenen Schwingungszahl sind, erscheint zwar zunächst als eine
blosse mathematische Fiktion, aber bei der Resonanz gewinnt sie eine
physikalische Bedeutung. Ein des Mitschwingens fähiger Körper geräth
nämlich nicht blos dann in Mitschwingungen, wenn die Zahl der erregenden Oscillationen mit der Zahl seiner Eigenschwingungen selbst genau
oder nahezu übereinkommt (s. Nr. 221), sondern auch dann, wenn
unter den Komponenten der erregenden Oscillationsbe-
wegung eine in genügender Stärke vorhanden ist, deren
Schwingungszahl der Zahl der Eigenschwingungen des
fraglichen Körpers sehr nahe liegt.

Die Schwingungen der vorhin gedachten Klaviersaite würden also
z. B. nicht blos eine auf c gestimmte Stimmgabel zur Resonanz anregen,
sondern noch mehr eine auf $\overline{c}$, g oder $\overline{\overline{c}}$ abgestimmte, weniger eine auf
$\overline{e}$ gestimmte und kaum merklich eine auf $\overset{\cdots}{g}$ gestimmte.

An einem Klavier kann man sich leicht von der Richtigkeit dieses
Satzes überzeugen. Man singe z. B. gegen den Resonanzboden eines
Klavieres bei aufgehobenen Dämpfern kräftig den Vokal a auf die Note c.
dann wird nicht nur die auf c, sondern auch die auf $\overline{e}$ $\overline{g}$ $\overline{\overline{c}}$ etc. gestimmten Saiten erklingen. In der Schwingungsform, die durch die
menschliche Stimme erzeugt wird, sind nämlich alle diese Komponenten
stark vertreten.

Wenden wir den vorstehend erläuterten Satz an auf den dem Klavier 230.
analogen hypothetischen Apparat in der Schnecke. Wenn eine oscillatorische Bewegung der Luft von anderer als einfach pendelartiger
Form zum Ohre fortgepflanzt wird, dann wird nicht nur eine Abtheilung
der *lamina spiralis* in Schwingungen versetzt werden, sondern alle diejenigen Abtheilungen, deren Stimmung den einfach pendelartigen Komponenten der gegebenen Bewegung entspricht. Es werden mithin mehrere
gesonderte Gruppen von Nervenfasern erregt werden.

Es ist demnach eine nothwendige Folgerung aus unserer Hypothese:
eine Klangempfindung von irgend welchem Timbre, wie sie durch irgend
eine bestimmte oscillatorische Bewegung von nicht pendelartiger Form
hervorgerufen wird, ist nicht eine einfache Empfindung, sondern
ein System von Empfindungen solcher Art, wie sie bei Erregung einer
kleinen Gruppe stetig nebeneinanderliegender Nervenfasern durch einfach
pendelartige Schwingungen zu Stande kommt. Wenn wir auf eine solche
einfachere Empfindung die Bezeichnung „Tonempfindung" oder Ton einschränken, dann können wir die Folgerung so ausdrücken: Eine Klangempfindung oder ein Klang ist im Allgemeinen zusammengesetzt aus einer mehr oder weniger grossen Anzahl von

Tonempfindungen, und zwar entsprechen die Partialtöne eines Klanges genau den Komponenten, in welche sich die schwingende Bewegung zerlegen lässt, welche die Klangempfindung veranlasst.

231. Diese merkwürdige Konsequenz aus unserer Hypothese ist nun thatsächlich richtig. Schon im vorigen Jahrhundert hatten Musiker vereinzelte Wahrnehmungen derart gemacht. Heutzutage aber kann an der ganz allgemeinen Richtigkeit gar kein Zweifel mehr bleiben, nachdem viele ausgezeichnete Beobachter ihre Aufmerksamkeit auf den Punkt gerichtet haben. Es muss nunmehr von dem eingenommenen Standpunkte aus vielmehr merkwürdig erscheinen, wie die zusammengesetzte Natur der Klangempfindungen sich solange der wissenschaftlichen Forschung hat verbergen können. Doch wird dies begreiflich, wenn wir bedenken, wie der Mensch von Kindheit an seine Sinne eigens darauf erzieht, von dem unmittelbaren Empfindungsinhalt sofort zu Vorstellungen von äusseren Objekten und Vorgängen überzugehen, zu deren Erkenntniss uns ja eben die Sinne dienen sollen. So kommt es dahin, dass eine bestimmte Gruppe von Empfindungen, die durch eine gemeinsame Ursache bedingt, sehr häufig vereint auftreten, vom Bewusstsein als Zeichen für jene gemeinsame einheitliche Ursache und damit selbst als Einheit genommen wird. Beispiele derart sind uns auf dem Gebiete anderer Sinne schon vorgekommen. Man denke z. B. an die Empfindung, welche ein Schluck rothes Weines hervorruft. Es ist eine höchst zusammengesetzte Gruppe von Empfindungen, die dem Gefühlssinn, dem Geschmackssinn und dem Geruchssinn angehören. Da man sie aber häufig zusammen gehabt hat, fasst man sie als eine untrennbare Einheit und bezeichnet sie als den „Geschmack rothes Weines". So nimmt man eine gewisse Gruppe von gleichzeitigen Tonempfindungen für eine untrennbare Einheit von bestimmter Beschaffenheit und bezeichnet sie als „Geigenklang", eine andere als „Flötenklang", weil man die eine Gruppe von Empfindungen beim Streichen einer Geigensaite, die andere Gruppe beim Anblasen einer Flöte unzählige Male gehabt hat.

232. Unsere Hypothese empfiehlt sich ferner noch dadurch, dass sie ein altes Räthsel aufs einfachste erklärt, nämlich die Verwandtschaft der Klänge. Es ist eine schon vor Alters gemachte Beobachtung, dass zu irgend einem gegebenen Klange gewisse andere, die in der Höhenskala in endlichem beträchtlichem Abstande liegen, eine auffällige Verwandtschaft zeigen. Vor allem ist es derjenige Klang, der durch eine doppelte Anzahl von Schwingungen hervorgebracht wird, und welchen man in der Kunstsprache der Musik die Oktave des gegebenen nennt. Man hat in früheren Zeiten oft abenteuerliche und mystische Erklärungen für diese Thatsache gesucht. In unserer Theorie versteht sie sich ganz von selbst. Die Empfindungsgruppe, welche der Oktave entspricht, enthält nämlich jedesmal eine An-

zahl der Elemente, welche in der Gruppe des anderen Klanges vorkommen. Ein Klang auf der Note c muss sich z. B. stets aus Partialtönen zusammensetzen, die den Tonstufen $c\ \overline{c}\ \overline{\overline{g}}\ \overline{\overline{c}}\ \overline{\overline{\overline{e}}}\ \overline{\overline{\overline{g}}}\ \overline{\overline{\overline{\overline{c}}}}$ etc. entsprechen, nur die Intensitätsverhältnisse der Komponenten sind je nach dem Timbre verschieden, ein Klang, der eine Oktave höher liegt, kann nur Komponenten enthalten von den Tonstufen $\overline{c}\ \overline{\overline{c}}\ \overline{\overline{g}}\ \overline{\overline{\overline{c}}}$ etc., die sämmtlich unter den Komponenten des ersteren ebenfalls enthalten sind, die Verwandtschaft ist also eine wirkliche Uebereinstimmung einzelner Theile. Aehnliches, wenn auch in geringerem Maasse, gilt von der Quint und anderen harmonischen Intervallen.

Noch eine grosse Anzahl von weniger wichtigen Erscheinungen finden 233. in der Hypothese eines Resonanzapparates in der Schnecke die überraschendste Erklärung. Sie erhält dadurch einen hohen Grad von Wahrscheinlichkeit, obwohl sie sich durch direkte Versuche mit den Hülfsmitteln der heutigen Wissenschaft nicht beweisen lässt.

Die Erklärung der Entstehung und Beschaffenheit der Geräusch- 234. empfindungen hat jetzt auch keine Schwierigkeiten mehr. In der That denke man sich eine unregelmässige Luftbewegung, so wird dadurch in raschem Wechsel bald diese bald jene Gegend der *lamina spiralis* in lebhaftere Bewegung gerathen, je nachdem die ganze unregelmässige Folge von Bewegungen sich zusammensetzt aus kurz dauernden Gruppen, bald häufigerer bald weniger häufigerer Schwingungen. Bis zu einem gewissen Grade wird ohnehin stets auch die ganze *lamina spiralis* in Bewegung gerathen, namentlich wenn die Stösse sehr heftig sind. Dem entsprechend müssen wir erwarten, dass die Gehörwahrnehmung bei unregelmässigen Luftschwingungen bestehen muss aus rasch wechselnden momentanen Tonempfindungen verschiedenster Höhe, deren Aufeinanderfolge und Zusammensein einen verworrenen Eindruck machen muss, wie dies bei den Geräuschempfindungen wirklich der Fall ist. Einem geübten Gehörorgan gelingt es oft aus Geräuschen einzelne Empfindungselemente von bestimmtem Tonwerthe auszuscheiden.

Alle Haupterscheinungen des Hörens wurden in den vorstehenden 235. Erörterungen zurückgeführt auf die Leistungen des Schneckennerven und seiner Anhangsgebilde, ohne dass es nöthig war die übrigen nervösen Gebilde des Ohrlabyrinthes zu Hülfe zu nehmen. Vergegenwärtigt man sich die Räumlichkeiten des Labyrinthes, so stellen sich die Bogengänge und der angrenzende Theil des Vorhofes als eine Sackgasse dar, und ist es nicht recht begreiflich, wie die Nerven dieser Theile afficirt werden sollten durch den Bewegungsvorgang, welcher durch das Eintreiben des Steigbügels und das Ausweichen der Wassermasse nach dem runden Fenster gebildet wird. Es liegt daher die Vermuthung nicht so gar fern, dass die Nerven des Vorhofs und der Bogengänge gar nicht dem eigentlichen Hören dienen.

236.   Eine Stütze findet diese Vermuthung in sehr merkwürdigen von verschiedenen Forschern mit gleichem Erfolge wiederholten Versuchen, welche lehren, dass Zerstörung der Bogengänge des Ohres bei Thieren nicht etwa Verlust des Gehöres zur Folge hat, sondern eine eigenthümliche Störung der Bewegungen des Kopfes und des ganzen Körpers. Auf Grund dieser Versuche ist die Hypothese aufgestellt, die Bogengänge mit ihren Nerven stellten ein besonderes Sinnesorgan dar, welches die Bestimmung hätte das Individuum von der Stellung seines Kopfes zu unterrichten und das nur zufällig mit dem Gehörorgan örtlich verbunden wäre.

237.   Im Allgemeinen wird die Ursache der Gehörsempfindungen nach aussen versetzt, jedoch nur wenn das Paukenfell mitschwingt. Ist dies durch Anfüllung des Gehörganges mit Wasser am Schwingen verhindert, so verlegt man den Schall ins Innere des Kopfes. Der Grund dieser Erscheinung ist räthselhaft.

Ins Innere des Kopfes wird der Schall keineswegs etwa stets dann verlegt, wenn die Zuleitung der Bewegung durch die Kopfknochen vermittelt wird. Wenn man z. B. eine Schnur zwischen den Zähnen hält und bei verstopften Ohren ein an der Schnur hängendes Metallstück (einen silbernen Löffel) an einen harten Körper anstossen lässt, so hat man den Eindruck von entferntem Glockengeläute. Bei diesem von Kindern oft ausgeführten Versuche können sich eben die Paukenfelle an der Bewegung betheiligen.

Die Beurtheilung der Richtung, w o h e r das Gehörorgan afficirt wird, ist sehr unvollkommen. Einigermaassen unterstützt wird das Urtheil darüber, durch die Betheiligung beider Ohren, denn man stellt sich stets — und meist mit Recht vor — dass der Schall von der Seite kommt, auf welcher das stärker afficirte Ohr liegt. Auf das Urtheil darüber, ob der Schall von vorn oder von hinten kommt, scheint die Ohrmuschel Einfluss zu haben. Dafür spricht folgender merkwürdige Versuch. Wenn man die Ohrmuschel mit den Daumen h i n t e n andrückt und aus den übrigen Fingern v o r gleichsam eine künstliche Ohrmuschel bildet, so täuscht man sich ziemlich regelmässig darüber, ob die Schallquelle vorn oder hinten liegt.

Die Entfernung der Schallquelle beurtheilen wir nur nach der Intensität der Empfindung, daher beurtheilen wir sie auch stets falsch, wenn wir eine falsche Vorstellung von der wirklichen Intensität des Schalles zu Grunde legen.

5. Kapitel. Gesichtssinn.

I. Allgemeines.

Die specifische Energie, womit der Gesichtsnerv auf jede Erregung 238. reagirt, ist die Lichtempfindung. Ihr quantitatives Mehr oder Weniger bezeichnet man bekanntlich mit den Worten „hell" und „dunkel", ihre verschiedenen nicht definirbaren Qualitäten mit den Namen der Farben. Vielleicht ist der Sehnerv im Stande, auf alle bekannten Reizarten mit seiner specifischen Energie zu antworten. Erfahrungsmässig steht es für einige fest. Wir wissen zunächst, dass innere Zustände des Central-organs oder des Gesichtsnerven und seiner Ausbreitung zu (subjektiven) Lichtwahrnehmungen führen. Wir können dabei natürlich nicht bestimmt sagen, ob die Erregung auf mechanischem, chemischem oder anderem Wege geschah. Ferner bringt mechanische Reizung von aussen Lichtwahrnehmung zu Wege. Man drücke z. B. mit einer stumpfen Spitze bei geschlossenen Augenlidern auf den Augapfel, möglichst weit von der Hornhaut entfernt, und man hat sofort einen hellen Fleck im Sehfelde. Elektrische Erregung von aussen hat ebenfalls Lichtwahrnehmung zur Folge, wovon man sich überzeugt, wenn man die Elektroden irgend wel-ches Stromkreises so anlegt, dass voraussichtlich einige Stromfäden die Netzhaut durchsetzen. Chemische und thermische Reizung haben bisher noch zu keinem entscheidenden Resultate geführt. Der eigentlich adäquate Reiz für den Gesichtsnerven sind die Aetheroscillationen, auf die man daher die Namen des Lichtes und der Farben geradezu übertragen hat.

Die mosaikartige peripherische Ausbreitung des Sehnerven — die Netzhaut — ist der Einwirkung der Aetheroscillationen mittels eines dioptrischen Apparates in ganz eigenthümlicher Weise aus-gesetzt, und mit dem letzteren zusammen beweglich.

II. Beschreibung des dioptrischen Apparates.

Der dioptrische Apparat des Auges besteht, wie bekannt. aus einer 239. Reihe hintereinander angeordneter durchsichtiger Körper. Sie müssen in der Regel sämmtlich von einem Lichtstrahle nacheinander durchsetzt werden, wenn derselbe die peripherische Ausbreitung des Sehnerven er-reichen soll. Diese liegt nämlich an der hinteren Fläche des letzten der durchsichtigen Körper an, und für gewöhnlich kann blos durch die vordere Fläche des ersten Licht eindringen. Wir kennen aus der be-schreibenden Anatomie oberflächlich die Gestalt der in Rede stehenden durchsichtigen Körper — Hornhaut, wässrige Feuchtigkeit. Linse, Glas-körper — sowie ihrer Hülfs- und Hüllgebilde, aus der mikroskopischen Anatomie den Bau aller dieser Theile. Wir erinnern uns noch besonders daran, dass zwischen Linse und wässriger Feuchtigkeit eine Fortsetzung der den Glaskörper einhüllenden *tunica choroïdea* als undurchsichtige Scheidewand muskulöses Baues — die „Iris" — ausgespannt ist. Sie hat eine kreisrunde Oeffnung — „Pupille" genannt — von veränderlichem Durchmesser in der Mitte, deren Centrum auf einer Geraden liegt, um welche herum ungefähr das ganze Auge symmetrisch gebildet ist. Wir wollen schon hier der gedachten Geraden den Namen der „Axe" beilegen. Jeder Schnitt durch das Auge, der die Axe enthält, soll ein Meridianschnitt heissen und die Ebene, welche im Mittelpunkt des Auges senkrecht zur Axe steht, der Aequator.

Die Physiologie des Gesichtssinnes hat die optischen Eigenschaften der durchsichtigen Körper des Auges — also namentlich ihre Brechungsindices — sowie die Gestalt und Lage ihrer Trennungsflächen aufs Genaueste zu bestimmen. Sodann hat sie der Physik die Frage vorzulegen: Welchen Gang muss ein irgendwie auf die erste Trennungsfläche (der Hornhaut von der Luft) fallender Lichtstrahl durch dieses bestimmte System „brechender Medien" nehmen, und wie muss er insbesondere auf die hintere Grenzfläche des letzten Mediums fallen, wo die Peripherie des Sehnerven ausgebreitet ist? Auf die so allgemein gestellte Frage kann die heutige Physik keine allgemeine Antwort in geschlossener mathematischer Form geben. Sie hat aber sehr einfache Regeln, durch deren Anwendung der Gang gewisser Bedingungen genügender Lichtstrahlen durch ebenfalls gewissen Bedingungen genügende Systeme brechender Medien mit überall ausreichender Genauigkeit bestimmt werden kann. Die Bedingungen für das System brechender Medien sind, dass sie erstens alle einfach brechend und homogen seien, und dass sie sämmtlich durch Kugelsegmente von einander getrennt seien, deren Centra alle auf einer geraden Linie — der „Axe" — liegen. Man nennt ein solches kurz: ein „centrirtes System brechender Medien mit sphärischen Trennungsflächen". Die Lichtstrahlen müssen der Bedingung genügen, dass ihre Einfallswinkel an den Trennungsflächen sämmtlich klein sind. Dies schliesst erstens in sich, dass nur Strahlen in Betracht kommen dürfen, deren Richtung nicht weit von der Axenrichtung abweicht, denn sonst würde schon der Einfallswinkel der auf den Scheitel der ersten Fläche fallenden Strahlen gross sein. Zweitens liegt darin ausgedrückt, dass man sich das System immer nur so denken darf, dass die überhaupt in Betracht kommenden Stücke der Trennungsflächen so liegen und so kleine Bruchtheile der ganzen Kugeloberfläche sind, dass keiner ihrer Theile einen grossen am Centrum gemessenen Winkelabstand von der Axe habe, denn sonst würden selbst mit der Axe parallele Strahlen unter grossen Winkeln auf einzelne Theile der Flächen fallen. Wir wollen die Trennungsflächen immer geradezu um die Axe rings herum ausgedehnt denken. Den alsdann immer reell vorhandenen

Durchschnittspunkt mit der Axe wollen wir als den „Scheitel der Trennungsfläche" bezeichnen.

Die brechenden Medien des Auges genügen den obigen Bedingungen zwar bei Weitem nicht in dem Grade, wie die eines guten Teleskopes, aber doch so weit, dass eine Anwendung der fraglichen dioptrischen Regeln immerhin eine erste Annäherung liefert, von welcher ausgehend man die wirklichen Verhältnisse als kleine Störungen behandeln kann. Was die Strahlen betrifft, so muss man eben zunächst von der Behandlung der-jenigen abstehen, welche ins Auge gelangen, ohne den oben aufgestell-ten Bedingungen zu genügen. Wir werden aber weiter unten noch die Bemerkung machen, dass gerade die jenen Bedingungen genügenden zu-gleich die für den ganzen Sehakt weitaus wichtigsten sind.

Durchgehen wir die einzelnen brechenden Medien, so zeigt sich in der That, dass die sämmtlichen Trennungsflächen von der Kugelgestalt sehr merklich abweichen. Auch liegen die Mittelpunkte der Kugeln, denen die Flächen sich am nächsten anschliessen, nicht genau in einer Geraden. Endlich ist die Linse nichts weniger als ein optisch homogener Körper, sie besteht vielmehr aus ineinander steckenden Schichten, deren Brechungs-indices nicht unbeträchtlich von einander abweichen, so dass eine jede Schale der Linse einen um so kleineren Brechungsindex besitzt, je näher sie der Oberfläche liegt. Alle namhaft gemachten Grössen variiren, bei-läufig gesagt, ziemlich bedeutend von einem Individuum zum andern.

Wollen wir uns jetzt durch Anwendung der dioptrischen Regeln in erster Annäherung eine Vorstellung vom Gange der Lichtstrahlen durch's Auge verschaffen, so sind wir dem eben Gesagten zufolge gezwungen, dem wirklichen Auge ein „schematisches" Auge zu substituiren — ein centrirtes System sphärisch begrenzter Medien — dessen Abmessungen und Brechungsindices denen des wirklichen Auges möglichst nahe kommen, und namentlich auch an die Stelle der geschichteten Linse eine homogene zu setzen, welche möglichst dasselbe leistet wie jene. Es würde bei der Wahl dieses Systemes natürlich einigermassen darauf zu achten sein, dass die Abweichungen der wirklichen normal gebildeten Augen nach allen Seiten hin gleichmässig um es, als ein mittleres, vertheilt wären. Zur bestimmten Berechnung eines solchen „mittleren Auges" liegt in-dessen noch kein genügendes statistisches Material vor, ja man kann die meisten Messungen, als an todten Augen angestellt, nicht einmal zu diesem Material zählen, und am lebenden Auge sind nur wenige der in Betracht kommenden Grössen direkter Messung zugänglich. Man ist daher bei Aufstellung eines schematischen Auges einigermaassen der Willkühr über-lassen. Gleichwohl hat sich eine mit glücklichem Takte gemachte Zu-sammenstellung gedachter brechender Medien als Ausgangspunkt physiolo-gisch-optischer Betrachtungen besonderen Beifall erworben, wir werden

10 *

sie daher ebenfalls dem Folgenden zu Grunde legen. Wir ändern dabei nur einige Grössen ein wenig, um ihre Werthe neueren Messungen noch näher zu bringen.

Vor Allem erlaubt man sich beim schematischen Auge mit gutem Grunde die Vereinfachung, die Hornhaut von der wässrigen Feuchtigkeit nicht zu scheiden, weil die beiden Hornhautflächen nahezu parallel sind und beide die Hornhautsubstanz von Medien merklich gleiches (und von dem der Hornhaut selbst wenig abweichendes) Brechungsvermögens, vorn von der dünnen Thränenschicht, hinten von der wässrigen Feuchtigkeit trennen, eine solche Schicht aber lenkt die Strahlen nicht merklich ab und kann ersetzt werden durch eine Schicht desselben Mediums, an das sie beiderseits grenzt. Wir haben es also nur noch mit vier Medien (Luft, wässrige Feuchtigkeit, Linsensubstanz, Glaskörper) und drei Trennungsflächen zu thun. Den in Betracht kommenden Grössen legen wir folgende Werthe bei: Brechungsindex der Luft $= 1$, der wässrigen Feuchtigkeit $= 103/77$, der Linse $= 16/11$, des Glaskörpers $= 103/77$; Halbmesser der (sphärisch gedachten) Trennungsfläche zwischen Luft und wässriger Feuchtigkeit $= 8^{mm}$, zwischen wässriger Feuchtigkeit und Linse $= 10$, zwischen Linse und Glaskörper $= -6^{mm}$ (die letztere Grösse geht in die Rechnung mit dem umgekehrten Zeichen als die beiden vorhergehenden ein, weil die letzte Trennungsfläche nach der entgegengesetzten Seite gekrümmt ist, wie die beiden andern); in der Axe gemessene Entfernung (Scheitelabstand) der ersten Trennungsfläche von der zweiten $= 3,6^{mm}$, der zweiten von der dritten $= 3,6^{mm}$. Fig. 18 giebt ein Bild von einem Auge, das die angenommenen Abmessungen hat und bei welchem der gelbe Fleck der Netzhaut $22,23^{mm}$ hinter dem Hornhautscheitel liegt; sie stellt einen horizontalen Schnitt durch die Axe dar, daher der Sehnerveneintritt gezeichnet ist. Denkt man sich, der Schnitt wäre von oben her gesehen, so müsste er demgemäss einem rechten Auge angehören. Die nähere Erklärung der Figur versteht sich aus der Anatomie von selbst.

242.   Dass die angenommenen Werthe wirklich im Bereiche der Möglichkeit liegen, ergiebt sich, wenn wir sie mit den Resultaten von Messungen an wirklichen Augen vergleichen. Die Krümmungshalbmesser der Trennungsflächen an ihren Scheiteln, d. h. die Halbmesser derjenigen Kugeln, welche an den Scheiteln mit den wirklichen Trennungsflächen am nächsten zusammenfallen — sie berühren — sind der Messung am Lebenden zugänglich, ebenso die Scheitelabstände. Sie fanden sich bei einem bestimmten normalen Auge: Krümmungshalbmesser im Hornhautscheitel $= 7,646^{mm}$ im vorderen Linsenscheitel $= 8,8^{mm}$, im hinteren Linsenscheitel $= 5,13^{mm}$; Scheitelabstand zwischen vorderer Hornhautfläche und vorderer Linsenfläche $= 3,597^{mm}$, Scheitelabstand zwischen vorderer und hinterer Linsenfläche $= 3,635^{mm}$. Die Brechungsindices sind nicht der Messung am

Fig. 18.

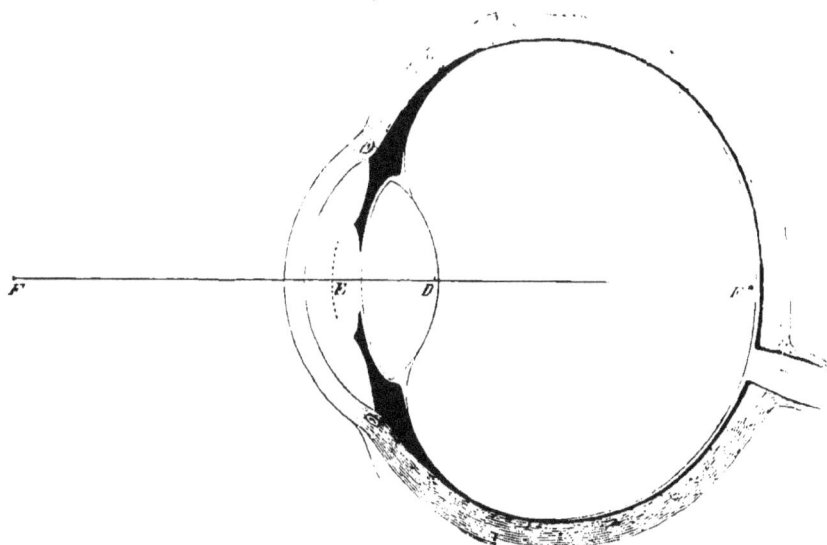

Lebenden zugänglich: es können also nicht die bestimmten zu den soeben aufgeführten Abmessungen gehörigen angegeben werden. Wir müssen uns begnügen, die Mittelwerthe aus 20, unter sich meist sehr wenig abweichenden, Bestimmungen zu geben, welche sämmtlich spätestens 18 Stunden nach dem Tode (wo die Brechungsindices noch keine merkliche Aenderung erlitten haben können) ausgeführt sind: Brechungsindex der Hornhautsubstanz = 1,3507, der wässrigen Feuchtigkeit = 1,3420, des Glaskörpers = 1,3485, des *stratum externum lentis* = 1,4053, des *stratum medium lentis* = 1,4294, des *nucleus lentis* = 1,4541. In diesen Werthen haben wir die Begründung der oben aufgestellten Behauptung, dass der Brechungsindex der Hornhautsubstanz nur wenig von dem der wässrigen Feuchtigkeit verschieden ist, und dass auch der des Glaskörpers nur wenig von jenen beiden abweicht, denen wir ihn in unserm schematischen Auge geradezu gleich setzten. Man beachte ferner, dass der der Linsensubstanz oben beigelegte Brechungsindex $\frac{16}{11}$ den gefundenen mittleren Brechungsindex selbst des Linsenkernes noch übertrifft. In der That hätte man, wenn man das schematische Auge einem bestimmten gegebenen Auge möglichst hätte anpassen wollen, der stellvertretenden homogenen Linse einen höheren Brechungsindex beilegen müssen, als selbst der Linsenkern des gegebenen Auges besitzt, wofern man die Linsenflächen des gegebenen Auges möglichst nahezu beibehalten wollte. Das lehrt eine einfache physikalische Betrachtung, doch lehrt sie gleichzeitig, dass ganz genau niemals ein geschichtetes Medium, dessen Schichten verschiedene

Indices besitzen, durch ein homogenes, zwischen denselben Grenz-
flächen eingeschlossenes Medium optisch ersetzt gedacht werden kann, möge
auch der Brechungsindex des letzteren angenommen werden wie er wolle.

243.   Innerhalb welches begrenzten Raumes etwa die Lichtstrahlen liegen
müssen, damit sie den oben (Nr. 239) aufgestellten Bedingungen genügen
und damit also auf ihren Gang durch das schematische Auge die sogleich
mitzutheilenden dioptrischen Regeln anwendbar seien, lässt sich nicht bestimmt angeben. Es sind ja die dioptrischen Regeln an sich schon nicht
absolut streng, sondern nur um so näher der Wahrheit, je kleiner die
am angeführten Orte bezeichneten Winkel der betrachteten Lichtstrahlen
mit den Einfallslothen sind.

III. Allgemeine dioptrische Regeln.

244.   In einem bekannten centrirten Systeme sphärisch begrenzter brechender Medien lassen sich allemal zwei correspondirende Ebenenpaare, die
vier „Cardinalebenen", senkrecht zur Axe bestimmen, mit deren
Hülfe allein der Gang eines Strahles im letzten Mittel — die Lage des
„ausfahrenden Strahles" — gefunden werden kann, sobald der
Gang desselben Strahles im ersten Mittel — die Lage des „einfallenden Strahles" — gegeben ist, ohne dass man nöthig hätte, die übrigen
zwischenliegenden Stücke der geknickten Bahn des Strahles in den zwischenliegenden Mitteln explicite darzustellen.

Die Lage der beiden Ebenenpaare ändert sich im Allgemeinen, sobald
irgend eine der optischen Konstanten des Systems — Brechungsindices,
Halbmesser und Scheitelabstände der Trennungsflächen, — sich ändert.
Sie berechnet sich aus den Werthen dieser Grössen mittels ziemlich verwickelter Formeln. Es ist gut zu bemerken, dass es zwei oder mehrere
Systeme geben kann, in denen die optischen Konstanten verschiedene
Werthe haben, und in welchen gleichwohl die vier Cardinalebenen dieselbe Lage haben. Da von der Lage dieser letzteren allein die Beziehung zwischen dem ersten und letzten Wege eines Strahles abhängt,
so bringen zwei solche Systeme schliesslich denselben optischen Effekt
hervor, wenn auch auf verschiedene Weisen. Man kann sie daher
„optisch äquivalente" Systeme nennen.

Man nennt von den gedachten vier Cardinalebenen eines brechenden
Systemes das eine Paar die erste und zweite Hauptebene das andere
die erste und die zweite Brennebene. Die Durchschnittspunkte mit
der Axe heissen beziehlich der erste und zweite Hauptpunkt, und der
erste und zweite Hauptbrennpunkt. Den Abstand zwischen der
ersten Brennebene und der ersten Hauptebene nennt man die erste
Brennweite, den Abstand zwischen der zweiten Hauptebene und der
zweiten Brennebene die zweite Brennweite des Systems.

Die Lage des Strahles im letzten Mittel, dessen Lage im ersten Mittel gegeben ist, wird mit Hülfe der fraglichen Ebenen so gefunden: Man verlängert die gegebene Richtung des Strahles im ersten Mittel, bis sie die erste Hauptebene schneidet, und zieht durch den Schnittpunkt eine Parallele zur Axe. Der Punkt, wo diese die zweite Hauptebene schneidet, ist ein Punkt auf der gesuchten Richtung des Lichtstrahles im letzten Mittel. Man zieht jetzt durch den ersten Hauptbrennpunkt eine Parallele zur (gegebenen) Richtung des Strahles im ersten Mittel. Durch den Schnittpunkt dieser mit der ersten Hauptebene zieht man eine Parallele mit der Axe und verlängert sie, bis sie die zweite Brennebene schneidet. Der Durchschnittspunkt ist ein zweiter Punkt auf der gesuchten Richtung des Strahles im letzten Mittel, die nun durch zwei Punkte als deren gerade Verbindungslinie vollständig bestimmt ist.

Zur Verdeutlichung mag ein Beispiel dienen, das sich gleich an die Verhältnisse des Auges einigermassen anschliesst. In Fig. 19 mögen die punktirten Kreisbögen an die Trennungsflächen erinnern, so wie die unter-

245.

Fig. 19.

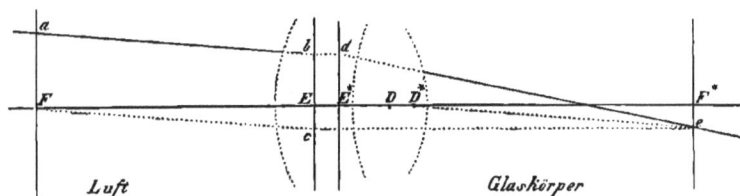

geschriebenen Worte daran, dass der Strahl Anfangs in Luft, zuletzt in Glaskörpersubstanz fortschreitet. Die ausgezogene wagrechte Linie ist die Axe und die Punkte E, E^* darin seien die Hauptpunkte, sowie die Punkte F und F^* die Hauptbrennpunkte, so dass die ausgezogenen lothrechten Striche die Haupt- und Brennebenen andeuten. $a\,b$ (welche Linie nicht nothwendig in der Ebene des Papieres gedacht werden muss) sei die Richtung eines einfallenden Strahles (in der Luft), verlängert bis zum Durchschnitte mit der ersten Hauptebene in b. Wir haben also unserer Regel gemäss die Parallele mit der Axe durch b zu ziehen und hätten dann im Durchschnittspunkte d dieser Linie mit der zweiten Hauptebene einen ersten Punkt der gesuchten Richtung. Wir haben zweitens durch den ersten Hauptbrennpunkt F eine Gerade parallel zu $a\,b$ zu legen, sie ist $F\,c$. Durch den Punkt (c), wo sie die erste Hauptebene schneidet, haben wir eine Parallele zur Axe zu ziehen. Diese ist $c\,e$ und ihr Durchschnittspunkt e mit der zweiten Brennebene ist ein zweiter Punkt auf der gesuchten Richtung. Die Verbindungslinie $d\,e$ der beiden so gefundenen Punkte d und e ist also die gesuchte Richtung des Strahles im letzten Mittel, dessen Richtung im ersten Mittel $a\,b$ war. Man drückt sich auch so aus: Zu dem auf die erste Trennungsfläche einfallenden Strahl $a\,b$ gehört ein von der letzten Trennungsfläche (im Auge der hinteren Linsenfläche) ins letzte Medium ausfahrender Strahl $d\,e$. Man sieht ohne Weiteres, dass zur Auffindung des Punktes e die Konstruktion $F\,c$ und $c\,e$ überflüssig wäre, wenn man von vorn herein einen Hülfspunkt $D*$ in der Axe annimmt, welcher ebensoweit vor $F*$ liegt, als F vor E liegt. Man hätte nämlich alsdann offenbar den Punkt e unmittelbar als den Durchschnittspunkt einer von $D*$ aus zu $a\,b$ parallel gezogenen Geraden mit der zweiten Brennebene gefunden. Man nennt diesen Punkt den zweiten Knotenpunkt und ordnet ihm noch einen ersten Knotenpunkt D zu, welcher ebensoweit hinter F liegt, als $F*$ hinter $E*$. Die Definition der beiden Knotenpunkte lässt sofort sehen, dass ihr gegenseitiger Abstand gleich dem Abstande zwischen den beiden Hauptpunkten ist.

Wir heben noch einige besondere Regeln hervor über die Beschaffenheit der letzten Wege von Strahlen oder Strahlengruppen, wenn die Beschaffenheit ihrer ersten Wege eine besonders ausgezeichnete ist. Sie ergeben sich ohne Schwierigkeit als Korollare aus der vorstehenden allgemeinen Regel und sind folgende:

246.   Schneiden sich die ersten Wege einer beliebigen Anzahl von Strahlen alle in einem Punkte, so schneiden sich die letzten Wege ebenfalls alle in einem Punkte. Beide liegen mit der Axe in einer Ebene; man nennt diese beiden Punkte konjungirte Brennpunkte, konjungirte Vereinigungspunkte oder „Objektpunkt“ und „Bildpunkt“. Den Objektpunkt — den Durchschnittspunkt der einfallenden Strahlen — wollen wir „reell“ nennen, so lange er vor der ersten Trennungsfläche liegt, weil er alsdann möglicher Weise der wirkliche physische Ausgangspunkt der fraglichen Strahlen im ersten Mittel sein kann; „virtuell“, sobald er hinter der ersten Trennungsfläche liegt. Umgekehrt heisse der Bildpunkt „reell“, wenn er hinter die letzte Trennungsfläche fällt, weil er nur dann möglicher Weise der wirkliche Vereinigungspunkt der physischen ausfahrenden Strahlen im letzten Mittel sein kann; „virtuell“ heisst der Bildpunkt, wenn er vor der letzten Trennungsfläche liegt, weil er in diesem Falle stets nur der geometrische Ort des Durchschnittes der rückwärts verlängerten Richtungen der Strahlen im letzten Mittel ist.

Liegen die vier Kardinalpunkte in der Fig. 19 dargestellten Reihenfolge hintereinander und F vor *) der ersten, $F*$ hinter der letzten Trennungsfläche, so gilt noch Folgendes von der Beziehung zwischen Objekt und Bild: Liegt der Objektpunkt nicht hinter der ersten Brennebene, so liegt der Bildpunkt nicht vor der zweiten Brennebene und auf der

---

*) Als Richtung von „vorn“ nach „hinten“ gilt im Folgenden immer die Richtung vom ersten Medium (Luft) nach dem letzten (Glaskörper).

entgegengesetzten Seite der Axe, wie das Objekt. Objekt- und Bildpunkt sind also in diesem Falle reell. Liegt insbesondere der Objektpunkt in unendlicher Ferne vor F, sind also die einfallenden Strahlen unter sich parallel, so liegt der Bildpunkt in der zweiten Hauptbrennebene. Liegt insbesondere zweitens der Objektpunkt in der ersten Brennebene selbst, so liegt der Bildpunkt unendlich weit hinter der zweiten — die ausfahrenden Strahlen sind parallel. Liegt der, immer noch reelle, Objektpunkt zwischen der ersten Brennebene und der ersten Trennungsfläche, so wird der Bildpunkt virtuell, liegt vor dem Objektpunkte und auf derselben Seite der Axe, wie dieser.

Rückt der Objektpunkt hinter die erste Trennungsfläche und wird mithin virtuell, so bleibt der Bildpunkt Anfangs auch noch virtuell. Bei diesem Weiterrücken mit dem Objektpunkte kommen wir noch vor der ersten Hauptebene an eine bestimmte, hier nicht näher zu bezeichnende, zur Axe senkrechte Ebene. Wenn der (virtuelle) Objektpunkt in ihr liegt, so liegt der (ebenfalls virtuelle) Bildpunkt gleichfalls in ihr. jedoch nicht an derselben Stelle. Der Bildpunkt holt hier gewissermassen den Objektpunkt ein, um bei weiterer Annäherung des letzteren an die Hauptebenen wieder hinter denselben zu treten. Liegt der Objektpunkt in der ersten Hauptebene, so liegt der Bildpunkt in der zweiten Hauptebene auf derselben Seite der Axe und ebenso weit von ihr. Rückt der Objektpunkt noch weiter nach hinten, so kommen wir damit noch einmal an eine Stelle, wo Bild und Objekt noch einmal in eine zur Axe senkrechte Ebene fallen; hier hat sich also der Bildpunkt vom Objektpunkt wieder einholen lassen. Lassen wir den (virtuellen) Objektpunkt über diese Ebene hinaus nach hinten fortschreiten, so schreitet auch der vor dem Objektpunkt gebliebene reelle Bildpunkt nach hinten, aber weit langsamer als jener, fort, und erreicht gerade die hintere Brennebene, wenn der Objektpunkt die unendliche Ferne erreicht hat, d. h. wenn die bis dahin konvergent gedachten einfallenden Strahlen durch allmähliche Abnahme der Convergenz den Parallelismus erreicht haben. Wir sind damit auf den Ausgangsfall zurückgekommen.

Es bedarf kaum der besonderen Erwähnung, wie man für einen gegebenen Objektpunkt den zugehörigen Bildpunkt konstruirt. Ist ja doch der letztere eben der geometrische Ort des Durchschnittes aller ausfahrenden Strahlen, deren einfallende durch den Objektpunkt gehen. Man kann also von diesen zwei ganz beliebige herausgreifen und nach der allgemeinen Regel für sie die ausfahrenden konstruiren, ihr Durchschnitt ist das gesuchte Bild. Am bequemsten ist es jedoch, wenn man zwei ganz bestimmte zur Konstruktion auswählt. Man nimmt nämlich 1) den zur Axe parallelen Strahl, er muss im letzten Mittel nothwendig durch den Hauptbrennpunkt gehen, und 2) den auf den ersten Knoten-

punkt zielenden Strahl, er muss, wie sich ohne Weiteres aus der allgemeinen Regel ergiebt, nothwendig im letzten Mittel durch den zweiten
Knotenpunkt gehen und eine zu seiner ursprünglichen parallele Richtung haben. Wenn man diese beiden vom Objektpunkte ausgehenden
Strahlen als Konstruktionslinien (sie brauchen nämlich keineswegs
im gegebenen Falle zum Bilde physisch beizutragen) anwendet, so macht
sich die Konstruktion ausserordentlich leicht. Liegt der Objektpunkt in
der Axe, so ist freilich das erwähnte Strahlenpaar unbrauchbar, weil es
in einen und mit der Axe zusammenfällt, man muss alsdann einen beliebigen aus dem Bündel herausgreifen, der Durchschnitt seines letzten
Weges mit der Axe ist in diesem Falle der Bildpunkt.

Der sub 2 erwähnte, vom Objektpunkte auf den ersten Knotenpunkt
zielende Strahl heisst „Richtungsstrahl" des Objektpunktes, und der ihm
entsprechende (wie bemerkt wurde auch parallele) ausfahrende, der durch
den zweiten Knotenpunkt geht, heisst Richtungsstrahl des Bildpunktes.

247.   Nehmen wir mehrere Objektpunkte an in einer zur Axe senkrechten
Ebene, so liegen die entsprechenden Bildpunkte ebenfalls alle in einer
zur Axe senkrechten Ebene. Kennen wir diese letztere (etwa durch Konstruktion eines ihrer Punkte) zum Voraus, so wird die Auffindung der
einzelnen Bildpunkte nach dem soeben Gesagten sehr einfach. Man
braucht nur für einen beliebigen Objektpunkt den Richtungsstrahl und
damit alsdann parallel eine Gerade — den Richtungsstrahl des Bildpunktes —
durch den zweiten Knotenpunkt zu ziehen. Der Durchschnittspunkt dieses
letzteren mit der bekannt vorausgesetzten Bildebene muss der gesuchte
Bildpunkt sein, denn er muss nothwendig auf seinem Richtungsstrahle so
gut wie auf allen ausfahrenden Strahlen liegen.

In den vorigen Erörterungen liegt unmittelbar der Lehrsatz eingeschlossen:

Wenn man ein zusammengesetztes, zur Axe senkrechtes ebenes Objekt hat, aus stetig aufeinander folgenden leuchtenden Punkten bestehend,
so ist das entsprechende ebene Bild jenem geometrisch ähnlich und es
verhalten sich in beiden homolog gelegene Linien, z. B. die Durchmesser,
wenn beide Kreise sind, wie die Abstände von den beiden Knotenpunkten;
bestimmter: eine Linearausdehnung des Objektes verhält sich zur homo-
logen Linearausdehnung des Bildes wie der Abstand der Objektebene vom
ersten Knotenpunkte zum Abstande der Bildebene vom zweiten Knotenpunkte. Im Falle unseres Beispieles haben dabei noch Objekt und Bild,
wenn beide gleichzeitig reell sind, eine verkehrte Lage zueinander. Die
Lage einer zur Axe senkrechten Objektebene und der entsprechenden Bildebene stehen in einer sehr einfachen Beziehung. Nennt man nämlich den
Abstand der Objektebene von der ersten Hauptebene p, den Abstand der
Bildebene von der zweiten Hauptebene $p*$, ferner die erste Brennweite

f, die zweite Brennweite f^*, so gilt die Gleichung $\dfrac{f}{p} + \dfrac{f^*}{p^*} = 1$. Hieraus lässt sich zu jedem Objektabstand der zugehörige Bildabstand berechnen.

IV. Anwendung der dioptrischen Regeln auf das schematische Auge.

Für das oben (Nr. 241) definirte schematische Auge hat man die vier 248. optischen Kardinalebenen nebst den Knotenpunkten bestimmt, und zwar liegt die erste Brennebene 12,92 mm vor der ersten Trennungsfläche, dem Hornhautscheitel, die übrigen sämmtlich hinter ihr und zwar der Reihe nach, die erste Hauptebene um 1,94 mm, die zweite Hauptebene um 2,36 mm, der erste Knotenpunkt um 6,96 mm, der zweite Knotenpunkt um 7,37 mm, die zweite Brennebene um 22,23 mm. Die Reihenfolge der einzelnen Punkte auf der Axe ist also ganz der in Fig. 19 dargestellten analog, und die im Vorigen gegebenen Regeln über die Bewegungen, welche das Bild macht, während das Objekt aus unendlicher Ferne links in unendliche Ferne rechts rückt, sind auf das Auge anwendbar.

Es wird bei Vergleichung der soeben mitgetheilten Zahlen auffallen, 249. dass im schematischen Auge die beiden Haupt- und die beiden Knotenpunkte selbst im Verhältniss zu den kleinen Abmessungen des ganzen Auges sehr nahe beieinander liegen. Der Abstand zwischen den beiden Punkten jedes Paares beträgt nämlich nur 0,41 mm. eine Grösse, die gegen die beiden Brennweiten und selbst gegen ihren Unterschied sehr klein ist. In Erwägung dieses Verhältnisses und in Erwägung, dass unser schematisches Auge überall nur dazu dienen kann, eine angenäherte Vorstellung vom Gange der Lichtstrahlen durch ein wirkliches Auge zu geben, ist man offenbar berechtigt, die Hauptebenen und die Knotenpunkte geradezu in eine Hauptebene und einen Knotenpunkt zusammenfallend zu denken, was die Konstruktion der letzten Wege der Lichtstrahlen sowie der Bilder gegebener Objekte wesentlich vereinfacht. Es bedarf dazu keiner neuen Regeln, denn dass der Abstand zwischen der ersten und zweiten Hauptebene sowie zwischen dem ersten und zweiten Knotenpunkte unter den unzähligen möglichen zufällig den bestimmten Werth Null hat, ändert nichts an der Sache, doch mag hier noch die allgemeine Regel in der Vereinfachung, wie sie auf unseren speciellen Fall angewandt werden kann, Platz finden: Im Durchschnittspunkt der gegebenen ersten Richtung des Strahles mit der einzigen Hauptebene hat man jetzt ohne Weiteres einen ersten Punkt auf der gesuchten Richtung des Strahles im letzten Mittel, und der zweite Punkt zur Bestimmung dieser Richtung findet sich wie oben, d. h. es ist derjenige Punkt der zweiten Brennebene, wo sie von einer durch den einzigen Knotenpunkt mit der Richtung des einfallenden Strahles gezogenen Parallele geschnitten wird. Um für einen gegebenen Objektpunkt den Bildpunkt zu finden, hat man jetzt durch ihn

und den einzigen Knotenpunkt die Richtungslinie zu ziehen und ebenfalls
durch den Objektpunkt eine Parallele zur Axe zu legen, sodann vom Durchschnittspunkt dieser mit der einzigen Hauptebene nach dem zweiten Hauptbrennpunkte eine Gerade zu ziehen; wo diese (nöthigesfalls verlängert)
die Richtungslinie schneidet, da ist der gesuchte Ort des Bildes, über dessen
Natur — ob es reell, ob es virtuell sei — die obigen Regeln Auskunft
geben. Es kann dabei bemerkt werden, dass die daselbst erwähnten,
senkrecht zur Axe stehenden Ebenen, in welchen das Objekt vom Bilde
und dies wieder von jenem eingeholt wird, oder in welchen — schärfer
ausgedrückt — beide denselben Abstand von einer willkührlich zu wählen-
den, auf der Axe senkrechten Anfangsebene haben, im gegenwärtigen
speciellen Falle den einzigen Hauptpunkt und den einzigen Knotenpunkt
selbst enthalten. Es lässt sich beweisen, dass dem so vereinfachten System
brechender Medien ein System „optisch äquivalent" sein müsste,
bestehend aus blos zwei Medien, Luft und Glaskörper, die durch ein
Kugelsegment von einander getrennt sind, dessen Mittelpunkt mit dem
Knotenpunkte, dessen Scheitel mit dem Hauptpunkte zusammenfiele, dessen
Halbmesser also dem Abstande zwischen Haupt- und Knotenpunkt, oder
dem Unterschiede der beiden Brennweiten gleich käme. Die gedachte
Vereinfachung reducirt also gewissermassen das Auge auf eine einzige brechende Kugelfläche, welche mit dem uns bekannten Radius beschrieben, um eine bestimmte uns bekannte Grösse hinter der Hornhautfläche gelegen, das erste Mittel (Luft) vom letzten (Glaskörper) unmittelbar
scheidend, nahezu dieselbe Ablenkung irgend eines Lichtstrahles hervorbringen würde, wie das ganze Auge. Man nennt daher unsere Vereinfachung das „reducirte Auge". Den einzigen darin vorhandenen
Knotenpunkt nennt man den „Kreuzungspunkt der Richtungsstrahlen". Mit dem Grade von Annäherung, mit welchem die in Rede
stehende Vereinfachung berechtigt ist, gilt dann also der Satz: Bildpunkt
und Objektpunkt liegen stets mit dem Kreuzungspunkte der Richtungsstrahlen auf einer geraden Linie. In Fig. 18 sind die Kardinalpunkte des
reducirten Auges genau an den Orten, wohin sie vermöge der dreimaligen
Vergrösserung aller Abmessungen gehören, auf der Axe angedeutet. Der
erste Brennpunkt ist mit F, der zweite mit F^*, der Hauptpunkt ist mit
E, der Knotenpunkt mit D bezeichnet. Bei E schneidet ein punktirter
Kreisbogen die Axe, dieser bedeutet die eingebildete einzige Trennungsfläche des reducirten Auges.

Es ist gut, zu bemerken, dass alle unsere Regeln ein Resultat liefern,
das sich ungefähr in demselben Maasse der absoluten Richtigkeit nähert,
als sich das von den in Betracht kommenden Strahlen getroffene Stückchen der Kugelfläche bei E der Ebene nähert, dass also mit andern Worten
die Resultate um so genauer sind, je kleiner das Stückchen dieser Kugel

ist, vorausgesetzt immer ausserdem, dass auch die Winkel, welche die
Strahlen mit der Axenrichtung einschliessen, nur klein sind. (Vgl. Nr. 239.)
Im schematischen Auge fällt nun ein kleines Stück der Netzhaut 250.
(etwa der Bereich des gelben Fleckes), soweit es als eben angesehen werden
darf, mit der hinteren Brennebene zusammen, denn die Entfernung 22,23 mm
des hinteren Brennpunktes ist gleich der angenommenen Entfernung der
Netzhautmitte vom Hornhautscheitel. Demgemäss müssen die Bilder unendlich ferner Objektpunkte — sofern überhaupt ihre Richtungsstrahlen
in dem als Ebene zu denkenden Gebiete die Netzhaut schneiden, d. h.
sehr kleine Winkel mit der Axe einschliessen — auch wirklich in die
Netzhaut fallen. Mit andern Worten, jedes Bündel paralleler Strahlen
kommt in einem Punkte der Netzhaut zur Vereinigung oder jeder Punkt
der Netzhaut wird ausschliesslich beleuchtet von Strahlen, die alle von
einem einzigen unendlich fernen leuchtenden Punkte ausgegangen sind.
Dass jeder Punkt der Netzhaut nur von einem äusseren Punkt Licht em-
pfängt, ist aber offenbar die erste Bedingung für ein deutliches Sehen.
und man sagt deshalb, das schematische Auge ist in dem Zustande, in
welchem wir es bisher betrachtet haben, für parallelstrahlige Bündel eingerichtet. Einem Auge wie dem schematischen steht physikalischerseits
nichts im Wege, unendlich ferne Objekte von geringer Ausdehnung gegen
ihren Abstand, z. B. den Mond, deutlich zu sehen. Freilich gehört zum
deutlichen Sehen auch noch, dass gewisse anatomische und physiologische
Bedingungen vom Sehnerven erfüllt seien — wir werden davon weiter
unten zu sprechen haben — aber dass die hier in Rede stehende physikalische Bedingung erfüllt sein müsse, dass das optische Bild des deutlich
zu sehenden Objektes mit der Netzhaut, d. h. mit der Nervenperipherie,
zusammenfalle, ist schon jetzt klar. In der That, fiele es nicht mit der
Netzhaut zusammen, so würde jedes von einem Objektpunkte ausgehende
Strahlenbündel einen grösseren oder kleineren Kreis — einen Zerstreuungskreis — beleuchten und die zu zwei sehr benachbarten Objektpunkten
gehörigen Kreise würden offenbar ein gemeinschaftliches Oberflächenstück
haben können, das von beiden Licht erhielte. Nehmen wir nun beispielsweise an, der eine Punkt sendete rothes, der andere blaues Licht aus, so
würde das gemeinschaftlich beiden Zerstreuungskreisen angehörige Stück
der Nervenperipherie die aus Roth und Blau zusammengesetzte Mischfarbe
percipiren, obgleich im Objekte kein Punkt wäre, dessen Licht dieser
Mischfarbe entspricht. Das Auge würde uns also in diesem Falle, möchte
seine Nervenperipherie beschaffen sein wie sie wollte, nicht von der optischen Beschaffenheit der beiden Punkte genau unterrichten können, was
doch zum deutlichen Sehen verlangt wird.

Rücken wir das Objekt aus der unendlichen Ferne näher an das 251.
schematische Auge heran, dem wir seine Einrichtung lassen, so rückt das Bild

aus der hinteren Brennebene heraus weiter nach hinten. Es verlässt also das Bild auch die Netzhaut und es tritt der soeben gedachte Fall ein, statt eines beleuchteten Punktes entspricht auf derselben jetzt jedem leuchtenden Punkte des Objkts ein beleuchteter Zerstreuungskreis. Folgen die leuchtenden Punkte des Objektes stetig aufeinander, so greifen die Zerstreuungskreise ineinander und man hat auf der Netzhaut eine Lichtprojektion, die kein scharfes Abbild des Objkts ist, worin vielmehr allmählich schattirte Uebergänge den scharfen Grenzen zwischen verschiedenen leuchtenden Theilen des Objkts entsprechen.

Stellt man sich die Sache quantitativ vor, so wird man bemerken, dass das Bild nur sehr wenig, noch nicht um die ganze Dicke der Netzhaut, hinter ihre Vorderfläche getreten ist, wenn man das Objekt sehr bedeutend, etwa bis auf 10 Meter, dem Auge genähert hat. Erlaubt man sich diese äusserst kleine Bewegung des Bildes geradezu gleich Null zu setzen, wozu man um so mehr Recht hat, als ein mathematisch scharfes Bild (s. Nr. 243 u. w. u.) so wie so nicht existirt, so kann man von dem schematischen Auge in seiner ursprünglichen Gestalt sagen, es sei auf alle Entfernungen eingerichtet, welche grösser als 10 Meter sind. Es werden also gleich scharfe Bilder auf der Netzhaut von allen leuchtenden Punkten entstehen, welche weiter als 10 Meter von ihm entfernt sind, so als lägen sie alle in einer unendlich fernen Ebene und sendeten wirklich parallelstrahlige Lichtbündel ins Auge — nur die eine Grundbedingung müssen alle diese Punkte erfüllen, dass ihre Richtungsstrahlen sehr kleine Winkel mit der Axe einschliessen. In dem fraglichen Falle befindet sich nun nahezu ein normales Auge in seinem Ruhezustande. Es sieht bekanntlich beispielsweise den Rand des Mondes und des Berges, hinter welchem er aufgeht, mit gleicher Schärfe.

Lässt man hingegen einen Objektpunkt oder ein kleines zusammengesetztes, zur Axe senkrechtes ebenes Objekt beträchtlich näher als 10 Meter an das Auge heranrücken, so geht das Bild allmählich so weit hinter die mit der Netzhaut zusammenfallende hintere Brennebene, dass die Zerstreuungskreise auf derselben eine bemerkbare Undeutlichkeit verursachen. Dass diese wesentlich der Grösse der Zerstreuungskreise proportional gesetzt werden darf, ist leicht zu zeigen. Man sieht unmittelbar ein, dass ein grösserer Zerstreuungskreis in mehr benachbarte Zerstreuungs-

Fig. 20.

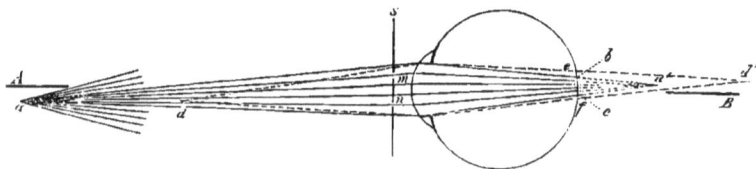

kreise übergreift, als ein kleinerer. Dass aber der Durchmesser des Zerstreuungskreises wächst, je weiter das Bild von der Netzhaut entfernt ist, je näher also in unserem Falle der Objektpunkt am Auge liegt, mag ein Blick auf Fig. 20 deutlich machen. Wäre a' das Bild von a, so würde das von a ausgehende Strahlenbündel auf der Netzhaut einen Zerstreuungskreis vom Durchmesser $b\,c$ erleuchten. Läge dagegen das Bild eines andern Punktes (d) in d', so würde der Zerstreuungskreis offenbar den grösseren Durchmesser $e\,f$ haben. Man sieht gleichzeitig aus dieser Figur, dass die Zerstreuungskreise *ceteris paribus* um so kleiner ausfallen müssen, je enger die Pupille ist. Würde doch z. B. eine nur wenig engere Pupille sofort von dem zu a gehörigen Strahlenbündel die äussersten Randstrahlen (welche die Netzhautpunkte b und c in der Figur erleuchten) abschneiden, also den Durchmesser des Zerstreuungskreises verkleinern.

Man übersieht endlich sofort, dass der Zerstreuungskreis sich zurückzieht auf einige diskrete beleuchtete Punkte, wenn man von dem einfallenden Strahlenbündel nur einzelne gesonderte Parthien ins Auge kommen lässt. Setzte man z. B. den undurchsichtigen Schirm s (dicht vor das Auge, der nur bei m und n zwei sehr feine Löcher hat, so würden nur die Strahlen $a\,m$ und $a\,n$ von a aus ins Auge gelangen können und nur die beiden Punkte der Netzhaut beleuchten, wo ihre letzten Wege (die sich in der Figur verfolgen lassen) die Netzhaut treffen. Wird also eine vollständige Perception der Lichtprojektion vorausgesetzt und fällt ausser von a kein Licht ins Auge, so glaubt man in unserm Falle zwei leuchtende Punkte wahrzunehmen. Der soeben beschriebene Versuch ist unter dem Namen des „Scheinerschen Versuches" bekannt. Es bedarf keines Beweises, dass die beiden beleuchteten Punkte auf der Netzhaut (in unserem Falle) *ceteris paribus* um so weiter von einander rücken, je näher man den leuchtenden Punkt ans Auge bringt.

Wie man bei gegebener Pupillenweite und gegebener Lage des Bildes den Durchmesser des Zerstreuungskreises numerisch berechnet, soll hier nicht ausgeführt werden, doch mag eine kleine Tafel Platz finden, welche seine Werthe giebt, die im schematischen Auge mit 4 ^{mm} weiter Pupille zu verschiedenen Objektsabständen gehören.

Die Zahlen der ersten Spalte geben an, wie weit vor der ersten Brennebene der Objektpunkt liegt, sie ist daher der (Nr. 247) eingeführten Bezeichnungsweise gemäss überschrieben $p-f$. Die Zahlen der zweiten Spalte geben an, wie weit der entsprechende Bildpunkt hinter der zweiten Brennebene liegt (p^*-f^*). Die Zahlen der dritten Spalte geben den Durchmesser des Zerstreuungskreises d auf der fortwährend in der zweiten Brennebene verbleibenden Retina. Bei der Berechnung dieser Grösse ist von einer kleinen Korrektion wegen der Ablenkung der Strahlen in der Linse abgesehen worden. Die Einheit ist das Millimeter.

$p-f$	p^*-f^*	d
∞	0	0
10000	0,029	0,006
5000	0,059	0,013
2500	0,118	0,025
1250	0,236	0,050
625	0,472	0,099
312	0.946	0,193
156	1,893	0,369
78	3,786	0,675
39	7,571	1.000
19	15,541	1,819
0	∞	4,000

252. Wenn in einem Auge die Netzhaut mit der hinteren Brennebene zusammenfällt, wie wir bis jetzt angenommen haben, so nennt man es ein „emmetropisches". Das ist aber nur ein einziger Fall unter unzähligen möglichen, in denen die zweite Brennebene vor oder hinter die Retina fällt. Augen, bei denen die zweite Brennebene vor der Retina liegt, heissen „myopische" Augen, bei denen die zweite Brennebene hinter der Retina liegt „hypermetropische". Ein myopisches Auge wird demnach sehr ferne Objekte nicht deutlich sehen, da deren Bilder in die Brennebene fallen, welche der Definition gemäss vor der Retina liegen soll. Dagegen wird es irgend eine endliche Entfernung geben, in welche das myopische Auge deutlich sieht, denn wenn wir das Objekt aus unendlicher Ferne an das Auge heranrücken lassen, so bewegt sich das Bild von der zweiten Brennebene nach hinten, und es wird also für eine gewisse Lage des Objektes die hinter der Brennebene angenommene Retina erreichen. Je myopischer das Auge ist, d. h. je weiter die Retina hinter der Brennebene liegt, um so kleiner wird die Ferne sein, in welcher die deutlich gesehenen Objekte liegen. Eins dividirt durch die Sehweite ist also eine Grösse die passenderweise als Maass der Myopie verwendet werden kann.

Da es gar keinen reellen Objektpunkt giebt, dessen Bild vor der zweiten Brennebene entsteht, so kann ein hypermetropisches Auge gar kein reelles Objekt deutlich sehen, weder in endlicher noch in unendlicher Ferne. Ein Strahlenbündel, das auf einem Punkte der vor der zweiten Brennebene liegenden Retina eines hypermetropischen Auges zur Vereinigung kommen soll, muss schon konvergent in das Auge fallen. Es muss einem „virtuellen" Objektpunkte entsprechen. Um die von den Punkten weit abstehender Objekte ausgehenden annähernd parallelstrahligen Bündel in solche konvergentstrahlige zu verwandeln, muss das hypermetropische Auge eine Konvexlinse vor sich setzen. Je hypermetropischer ein Auge ist, einer um so stärkeren Konvexlinse bedarf es, um ferne Gegenstände deutlich zu sehen. Als Maass der Hypermetropie eines Auges kann also füglich dienen der reciproke Werth der Brennweite einer Konvexlinse, die das Auge braucht, um ferne Gegenstände deutlich zu sehen.

Wenn ein Auge die Fähigkeit haben soll, wenigstens zu ver-[253] schiedenen Zeiten weit entfernte und dicht vor ihm gelegene Objekte deutlich zu sehen, so muss es seinen dioptrischen Apparat verändern können. Man nennt diese Fähigkeit das „Anpassungsvermögen" oder „Accommodationsvermögen". Dass dem wirklichen normalen Auge diese Fähigkeit zukommt, bemerkt man sehr leicht. Sieht man z. B. einen sehr fernen Gegenstand deutlich und beachtet gleichzeitig eine nur wenige Centimeter vom Auge entfernte Nadelspitze, so erscheint dieselbe verwaschen. Macht man nun eine willkührliche Anstrengung, die sich nicht beschreiben, aber leicht erfahren lässt, so erscheint die Nadelspitze deutlich und die entfernten Gegenstände verwaschen. Auch mit Hülfe des Scheinerschen Versuches kann man sich von dem Vorhandensein des Accommodationsvermögens überzeugen. Hatte man in demselben anfänglich ein Doppelbild von einem nahegelegenen leuchtenden Punkte, so weicht es einem einfachen, sobald das Auge sich für die Entfernung des leuchtenden Punktes einrichtet, denn nun treffen die beiden durch die Löcher des Schirmes gehenden Strahlen denselben Punkt der Netzhaut, den eben alle übrigen Strahlen, die vom leuchtenden Punkte ins Auge fallen könnten, ebenfalls treffen würden, weil er der wirkliche Ort des Bildes ist. Mit einem Diaphragma vor dem Auge gelingt zwar nicht Jedem die willkührliche Einrichtung für beliebige Entfernungen so leicht wie sonst, indessen erlangt man doch mit einiger Uebung sehr bald diese Fertigkeit.

Bei künstlichen optischen Werkzeugen, wo ein deutliches optisches Bild auf einer Tafel aufgefangen werden soll, bewerkstelligt man die Anpassung an verschiedene Objektabstände bekanntlich dadurch, dass man diese Tafel geradezu in der Ebene des Bildes aufstellt, ohne den dioptrischen Apparat, der das Bild liefert, zu verändern. So macht es z. B. der Photograph mit seiner *Camera obscura*. Es lässt sich jedoch von vorn herein kaum annehmen, dass dies beim Auge auch der Fall sein sollte. Sieht man z. B. die obige Tabelle genauer an, so zeigt sich, dass man die Netzhaut um beinahe 2 ^{mm} nach hinten verschieben müsste, wenn sie das von dem unverändert gebliebenen dioptrischen Apparate gelieferte Bild eines etwa 15 Centimeter abstehenden Punktes auffangen sollte. Bei der grossen Spannung der äusseren Augenhüllen würde eine solche Verlängerung des ganzen Bulbus eine kaum zu lösende Aufgabe für die schwachen Muskelkräfte sein, die hier überhaupt ins Spiel treten können. Ueberdies würde eine Verlängerung des Bulbus von hinten nach vorn doch

nicht ohne Veränderung der durchsichtigen Trennungsflächen von Statten
gehen können.

Es wird in der That im Auge die Accommodation nach einem ganz
andern Principe bewerkstelligt, die bildauffangende Tafel, die Netzhaut,
bleibt an Ort und Stelle, aber die optischen Konstanten, insbesondere die
Halbmesser der Trennungsflächen ändern sich, damit ändert sich die Lage
der optischen Kardinalpunkte, und es ist begreiflich, dass diese gerade so
können zu liegen kommen, dass im neuen Systeme das Bild eines in irgend
welcher bestimmten Entfernung gelegenen Objektes genau dahin fällt, wohin
im alten Systeme das Bild eines unendlich fernen Gegenstandes fiel.

254.   An sich wäre eine Accommodation nach zwei verschiedenen Richtungen
hin denkbar: eine für divergentere Strahlenbündel (oder geringere
Ferne) und eine für weniger divergente Strahlenbündel (oder grössere
Ferne) als wofür das Auge in seiner ursprünglichen Gestalt eingestellt
war. In Wirklichkeit kommt die zweite Art der Accommodation als aktive
Thätigkeit nicht vor, das Auge ist vielmehr im Ruhezustande auf möglichst
grosse Ferne accommodirt.

Legen wir unser schematisches Auge immer noch der Betrachtung
zu Grunde, so handelt es sich also darum zu erreichen, dass bei einer
neuen veränderten Gestalt desselben der Konvergenzpunkt eines von einem
nahe gelegenen leuchtenden Punkte aus divergent einfallenden Strahlenbündels in die Ebene zu liegen komme, in welcher bei der ersten Gestalt die Vereinigungspunkte parallelstrahliger einfallender Strahlenbündel lagen. Diese letzteren müssen also jetzt, da jedesfalls parallele
Strahlen von dem gleichen Systeme früher zur Vereinigung gebracht
werden als divergente, in dem veränderten Systeme vor der Netzhaut
liegen. Parallelstrahlige Bündel werden aber, wie wir wissen, jederzeit
in der zweiten Brennebene des Systems vereinigt. Es muss also die
zur Accommodation für die Nähe führende Veränderung derart sein,
dass die hintere Brennebene weiter nach vorn zu liegen kommt. Aus
Gründen, die nur in mathematischer Form einfach dargestellt werden
können, ist nicht zu erwarten, dass die fraglichen Veränderungen die
Hauptebenen in gleichem Maassstabe nach vorn rückten. Es wird also
die hintere Brennebene — das dürfen wir sicher voraussetzen — der
zweiten Hauptebene im veränderten System näher liegen als im ursprünglichen. Nach einem Satze der Dioptrik verhält sich nun zum letztgedach-
ten Abstande oder zur zweiten Brennweite die erste Brennweite, d. h. der
Abstand zwischen der ersten Brenn- und ersten Hauptebene, wie der
Brechungsindex des ersten Mittels zum Brechungsindex des letzten. Sie
erleidet also jederzeit, wenn nur die beiden Brechnungsindices dieselben
bleiben, eine proportionale Veränderung. Wir können uns also nunmehr
kurz ausdrücken: die Veränderungen zum Behufe einer Accommodation für

die Nähe werden jedesfalls von der Art sein, dass das veränderte System kürzere Brennweiten hat als das alte.

Es ist klar, dass eine solche Veränderung erzielt werden könnte durch 255. Vergrösserung der Brechungsindices, durch Verkleinerung der Halbmesser der Trennungsflächen und durch Annäherung derselben an die vorderste, weil dann jeder einzelne Strahl bei jeder Brechung stärker abgelenkt würde. Dass in Wirklichkeit durch eine Vergrösserung der Brechungsindices die Accommodation bewirkt würde, ist nicht wohl anzunehmen. Zu einer etwaigen Verdichtung der brechenden Massen in dem erforderlichen Grade sieht man durchaus keine Veranstaltungen. Sie sind daher soeben schon als konstant vorausgesetzt worden. Man ist also darauf hingewiesen, in einer Veränderung der Krümmung und Stellung der Trennungsflächen die Mittel zur Verkürzung der Brennweiten zu suchen. Von den Trennungsflächen ist aber wiederum eine gleich auszuschliessen. Die Hornhaut nämlich verändert ihre Krümmung bei der Accommodation entschieden nicht um eine Spur, wie sich aus Versuchen ergeben hat, wo dieselbe beim Fern- und Nahesehen sehr genau gemessen wurde. Es bleibt somit von vorn herein nichts Anderes übrig, als in der Linse den eigentlichen Accommodationsapparat zu sehen. In der That würde auch dieses Gebilde sonst vom teleologischen Gesichtspunkte aus als ziemlich überflüssig erscheinen, denn eine grössere Hornhautkrümmung oder manche andere Veranstaltungen hätten dasselbe leisten können, wenn es sich nicht darum gehandelt hätte, einen veränderlichen durchsichtigen Körper im Auge zu haben.

Die Veränderungen, welche die Linsenflächen bei der Einrichtung des 256. Auges für die Nähe erleiden, lassen sich in der Wirklichkeit beobachten, und sogar quantitativ ziemlich genau bestimmen. Es dienen hierzu die Bilder eines leuchtenden Gegenstandes, welche den Lichtreflexionen an der vorderen und hinteren Linsenfläche ihre Entstehung verdanken — die Sanson'schen oder Purkinje'schen Bildchen. Sie sind für dasselbe Objekt zwar weit weniger hell als das durch Reflexion an der vorderen Hornhautfläche erzeugte Bild, aber immerhin sichtbar und messbar. Wie aus der gemessenen Grösse und Lage der Bilder die Krümmung der betreffenden Flächen und die Lage ihrer Scheitel mit Hülfe einiger anderer ebenfalls messbarer Grössen berechnet wird, kann hier nicht entwickelt werden, doch wird man auch ohne Rechnung überzeugt sein, dass die Bilder unter sonst gleichen Umständen um so kleiner sein müssen, je stärker die Flächen gekrümmt sind. Von den fraglichen Bildchen und sogar vom Sinne ihrer Veränderungen bei der Einrichtung für die Nähe kann man sich übrigens ohne messende Vorrichtungen eine Anschauung verschaffen. Man stelle in einem recht finsteren Zimmer in einer Entfernung von etwa 0,5 Meter vor dem zu beobachtenden Auge, ein wenig seitwärts von seiner Sehaxe und in gleicher Höhe mit ihr, eine stark leuchtende Kerzenflamme auf; das Auge des Beobachters stellt sich nun in eben der Höhe auf die andere Seite der Sehaxe des beobachteten Auges und sieht in die Pupille des letzteren aus bequemer Entfernung in einer Richtung, welche mit der Sehaxe des beobachteten Auges ungefähr denselben Winkel (am besten etwa von 15—20⁰) bildet, wie die Verbindungslinie des letzteren mit der Flamme. Der Beobachter sieht dann zunächst nach der Seite der Flamme im beobachteten Auge das unverkennbare kleine aufrechte Bildchen, das dem Hornhautreflex sein Dasein verdankt (es braucht nicht nothwendig im Bereiche der Pupille zu liegen). Bei einiger Aufmerksamkeit und namentlich mit Hülfe einiger prüfenden kleinen Bewegungen mit dem Kopfe nach rechts und links, findet er dann aber noch zwei mattere Lichtscheine — stets im Bereiche der Pupille — der eine (zunächst dem Hornhautreflex) stellt ein etwas grösseres aufrechtes, jedoch sehr verwaschenes mattes Bildchen der Flamme dar. Der andere ist ein etwas helleres verkehrtes Bildchen derselben, das aber dem Hornhautreflex doch lange nicht an Helligkeit gleich kommt. Es ist noch kleiner als dieser. In Fig. 21 bedeutet der schwarze Kreis die Pupille des beobachteten Auges. Die drei Flammenbildchen sind darin gezeichnet, wie man sie etwa sehen würde, wenn die Kerze vom Standpunkte des Beobachteten aus rechts, der Beobachter links stände. Das Bildchen über a ist der Hornhautreflex, das über b rührt von der vorderen, das über c von der hinteren Linsenfläche her. Das Bildchen b muss, wie die Rechnung zeigt, weit (in der Regel etwa 8ᵐᵐ) hinter der Ebene der Pupille liegen. Es verschwindet daher auch hinter deren Rand bei den leichtesten Bewegungen des beobachtenden Auges oder des Lichtes. Weit weniger leicht geschieht dies mit dem Bildchen c, das ziemlich in die Pupillenebene fällt, daher übrigens ebenso wie b und a virtuell ist, da alle drei nicht im letzten Medium — hier Luft — liegen. Es sei bei diesem Versuche gleich vorläufig ziemlich nahe (vielleicht 0,1 Meter) vor dem beobachteten Auge in seiner Sehaxe ein geeignetes Objekt, etwa eine Nadelspitze aufgesteckt. Während man die drei Bildchen im Auge behält, fordre man nun das beobachtete Auge auf, dieses Gesichtsobjekt zu fixiren, d. h. sich für die Nähe einzurichten, während es bisher anstrengungslos in die Ferne sah. Sofort wird man an dem mittleren Bildchen b eine merkbare Verkleinerung wahrnehmen. Es nähert sich gleichzeitig ein Wenig dem Hornhautbildchen. Dieses und das Bildchen c lassen keine merkbare Veränderung wahrnehmen.

Fig. 21.

a b c

257.   Dem Plane nach ähnliche Versuche mit messenden Apparaten angestellt haben mit voller Sicherheit ergeben:

„Die Einrichtung für die Nähe wird bewirkt durch Vergrösserung der Krümmung beider Linsenflächen, d. h. Verkleinerung ihrer Halbmesser; der hintere Linsenscheitel bleibt dabei an Ort und Stelle, der vordere rückt etwas vor, so dass der Abstand beider etwas grösser wird."

In dem wirklichen lebenden Auge, dessen Krümmungshalbmesser und Scheitelabstände im natürlichen Gleichgewichtszustande oben (S. 118) schon mitgetheilt wurden, sind dieselben Grössen auch bestimmt worden für den Zustand, in welchem dasselbe etwa 100ᵐᵐ entfernte Objekte deutlich sieht; die gefundenen Werthe sind nachstehend tabellarisch zusammengestellt mit den oben schon mitgetheilten.

	Beim Fernsehen.	Beim Nahesehen.
Krümmungshalbmesser im Hornhautscheitel	7,616 ᵐᵐ	7,616 ᵐᵐ
Abstand des vorderen Linsenscheitels vom Hornhautscheitel	3,597 ᵐᵐ	3,431 ᵐᵐ
Halbmesser der vorderen Linsenfläche	8,8 ᵐᵐ	5,9 ᵐᵐ
Abstand des hinteren Linsenscheitels vom Hornhautscheitel	7,232 ᵐᵐ	7,232 ᵐᵐ
Halbmesser der hinteren Linsenfläche	5,13 ᵐᵐ	5,13 ᵐᵐ *)

Berechnet man für diese beiden Zustände des Auges, mit Zuhülfenahme der wahrscheinlichsten Werthe der Brechungsindices, die optischen Kardinalpunkte, so ergeben sich im zweiten Zustande — wo also die Zahlen der zweiten Columne gelten — in der That kürzere Brennweiten und es fällt für denselben wirklich das Bild eines wenig über 100ᵐᵐ entfernten Punktes in diejenige Ebene, in welche im ersten Zustande die Vereinigungsweiten paralleler Strahlenbündel fielen. Das Auge muss also im zweiten Zustande etwas über 100ᵐᵐ abstehende Gegenstände deutlich sehen, wenn es im ersten unendlich ferne deutlich sah — was wirklich der Fall war.

Wollte man unser obiges schematisches Auge für die Nähe einrichten, so könnte man den Halbmessern und Scheitelabständen etwa nachstehend mit den ursprünglichen tabellarisch zusammengestellte Werthe beilegen. Die Lagen der Kardinalpunkte in dem so veränderten Systeme sind ebenfalls angegeben und ihre Lagen im ursprünglichen Systeme zur Vergleichung daneben gestellt.

	fernsehend	nahesehend
Halbmesser der Hornhaut	8,0	8,0
„ „ vorderen Linsenfläche	10,0	6,0
„ „ hinteren Linsenfläche	6,0	5,5
Ort des vorderen Linsenscheitels	3,6	3,2

---

*) Die Verkleinerung des Halbmessers der hinteren Linsenfläche ist zwar nachweisbar, aber zu klein, um numerisch auswerthbar zu sein.

	fernsehend	nahesehend
Ort des hinteren Linsenscheitels . .	7,2	7,2
„ „ vorderen Brennpunktes . .	−12,9	−11,24
„ „ ersten Hauptpunktes . . .	1,94	2,03
„ „ zweiten Hauptpunktes . .	2,36	2,49
„ „ ersten Knotenpunktes . .	6,96	6,51
„ „ zweiten Knotenpunktes . .	7,37	6,97
„ „ hinteren Brennpunktes . .	22,23	20,25.

Die Zahl, welche in der Tabelle den „Ort" eines Punktes angiebt, ist seine Entfernung vom Hornhautscheitel in Millimetern ausgedrückt, wobei natürlich der Ort des vorderen Brennpunktes mit negativem Vorzeichen versehen werden musste, weil er in entgegengesetzter Richtung von dem Hornhautscheitel entfernt ist wie die andern.

Man sieht aus dieser Tabelle, dass die Brennweiten beim Nahesehen kürzer sind als beim Fernsehen, dass freilich auch die Hauptpunkte und folglich die Knotenpunkte nicht ganz an Ort und Stelle geblieben sind; die Hauptpunkte sind ein Wenig nach hinten, die Knotenpunkte ein Wenig nach vorn gegangen. Konstruktion oder Rechnung zeigen nun leicht, dass in dem veränderten schematischen Auge das Bild einer 130 mm entfernten Ebene dahin fällt, wo vorher das Bild einer unendlich fernen Ebene lag, d. h. an den früheren Ort der hinteren Brennebene, d. h. in die Netzhaut, welche wirklich bei der positiven Accommodationsveränderung ihre Lage im Raume behauptet.

Wollen wir das in der beschriebenen Weise für die Entfernung von 130 mm eingerichtete schematische Auge wiederum durch Vernachlässigung des kleinen Abstandes zwischen den Hauptpunkten und den Knotenpunkten auf eine einzige, Luft von Glaskörper trennende, Kugelfläche reduciren, so hätten wir ihren Mittelpunkt 7 mm hinter den Hornhautscheitel zu verlegen. Ihren Halbmesser hätten wir = 4,48 mm anzunehmen, so dass ihr Scheitel 2,21 mm hinter den wirklichen Hornhautscheitel fiele.

258. Den Inbegriff aller der Entfernungen, für welche sich ein Auge durch Accommodation einzurichten im Stande ist, als Stück der Axenrichtung gemessen, kann man als sein „Accommodationsspatium" bezeichnen. Das dem Auge nähere Ende desselben wollen wir den „Nahepunkt", das dem Auge fernere den „Fernpunkt" nennen. Für unser schematisches Auge reichte dasselbe also von 130 mm Abstand bis in unendliche Ferne. Ist ein wirkliches Auge für irgend einen im Bereiche seines Accommodationsspatiums gelegenen Punkt wirklich eingerichtet — er mag „Accommodationspunkt" heissen —, so fallen auch die Bilder anderer Punkte sehr nahezu genau in seine Netzhaut, wenn diese Punkte nur wenig weiter oder näher an ihm liegen als der Accommodationspunkt. Ja die Bilder dieser Punkte auf der Netzhaut sind merklich ebenso scharf,

als das des letzteren, wenn man bedenkt, dass aus theils schon erwähnten, theils noch zu erwähnenden Gründen von einem ganz absolut scharfen Bilde überhaupt nie die Rede sein kann. Wir wollen annehmen, wir wüssten in einem bestimmten Falle, wie viel mehr und wie viel weniger als der Accommodationspunkt ein anderer Punkt höchstens vom Auge abstehen dürfte, um noch mit jenem gleich deutlich gesehen zu werden. Beide Grenzen stellen natürlich zur Sehaxe senkrechte Ebenen dar, die von ihr ein Stück zwischen sich haben, auf dem der eigentliche Accommodationspunkt gelegen ist. Wir wollen dieses Stück eine „Accommodationslinie" nennen. Die Länge der Accomodationslinie kann zwar nicht von vorn herein angegeben werden, hängt auch nicht allein von dioptrischen Umständen, sondern mit von der Vollkommenheit des empfindenden Apparates ab. So viel ist jedoch aus rein dioptrischen Betrachtungen klar, dass die Accommodationslinie um so länger sein muss, je weiter sie vom Auge entfernt ist. In der That, wir haben oben (N° 251) gesehen, dass das Bild um so langsamer nach hinten rückt, je weiter vom dioptrischen Apparate das Objekt entfernt ist. Es wird also das ferne Objekt ein grösseres Spatium — eine längere Accommodationslinie — durchlaufen können, ehe das Bild weit genug hinter die Netzhaut gegangen ist, um merkliche Zerstreuungskreise zu erzeugen, als das nahe Object. Die Länge einer bestimmten Accommodationslinie haben wir ebenda schon unendlich gross gefunden, es war diejenige, welche der Einrichtung für unendliche Ferne entspricht. Sie reichte von solcher bis in den endlichen Abstand von etwa 10 Metern, denn wir sahen, dass alle so weit abstehende Punkte noch keine merklichen Zerstreuungskreise hervorbringen, also deutlich gesehen werden, wenn das Bild eines unendlich fernen Punktes genau in die Netzhaut fällt. Man kann die Accommodationslinien geradezu sichtbar machen, wenn man eine Linie betrachtet, welche möglichst nahe mit der Sehaxe zusammenfällt. man zeichne z. B. eine feine Linie auf ein grosses Blatt Papier und halte dies horizontal dicht unter das Auge. Fixirt man nun einen beliebigen Punkt der Linie. so erscheint nicht nur er, sondern ein ganzes Stückchen der Linie scharf begrenzt, während ihre näher und ferner liegenden Theile verwaschen erscheinen. Je weiter der fixirte Punkt vom Auge entfernt ist, um so länger ist das deutlich erscheinende Stück der Linie.

Aus dem Principe, von welchem wir soeben Gebrauch gemacht haben, 259. folgt noch ein anderer Satz, der für die Beurtheilung abnormer Zustände des dioptrischen Apparates des Auges von grosser Bedeutung ist. Um gleiche Theile des ganzen Accommodationsspatiums zu bewältigen, bedarf es sehr verschieden grosser Veränderungen des dioptrischen Apparates und demgemäss sehr verschieden grosser Anstrengungen. je nachdem der fragliche Theil des Spatiums dem Auge näher oder ferner liegt. Liegt er fern, so sind die erforderlichen Veränderungen klein, liegt er nahe, so sind sie grösser. Beispielsweise erfordert es eine äusserst kleine Veränderung der brechenden Flächen, wenn ein bisher für 1 Meter Abstand eingerichtetes Auge eingerichtet werden soll für 0,99 Meter, aber es erfordert eine sehr merkliche Veränderung und eine subjektiv sehr merkliche Anstrengung, wenn dasselbe Auge von der Einrichtung für 0,09 zu der für 0,08 Meter Abstand übergehen soll: beide Male hat der Acommodationspunkt 0,01 Meter durchlaufen. Gleiche Abschnitte sind also nicht äquivalent. Aequivalente Abschnitte (d. h. die gleich grosse Veränderungen zu ihrer Bewältigung erfordern) müssten vom Nahepunkt gegen den Fernpunkt immer grösser genommen werden. Es ist insbesondere, wenn der Fernpunkt — wie beim schematischen Auge angenommen wurde — unendlich weit abliegt, ' der letzte äquivalente Abschnitt selbst unendlich gross.

In ähnlicher Weise kann man füglich die ganzen Accommodationsspatien verschiedener Augen vergleichen. So wird z. B. das kleine Spatium eines sehr kurzsichtigen Auges, das von 150 bis 300^{mm} reicht, ein grösseres Accommodationsvermögen erfordern, als das grosse Spatium eines emmetropischen Auges, das von 400^{mm} bis in unendliche Ferne reicht. Und in der That beherrscht jenes kurzsichtige Auge mit der passenden Brille bewaffnet auch ein absolut grösseres Spatium mit seiner Accommodation. Als Maass des Accommodationsvermögens dient dem Ophthalmologen die Differenz der reciproken Werthe des Nahepunkt- und Fernpunktabstandes.

260.   Die undurchsichtigen Theile des Auges erleiden bei der Anpassung für die Nähe folgende leicht von aussen sichtbare Veränderungen:

1) der äussere Irisrand weicht nach hinten, hebt sich sogar merklich von der Hornhaut ab, der er beim Fernsehen anlag; umgekehrt geht der Pupillarrand, der ja auf der vorderen Linsenfläche unmittelbar aufliegt, mit dieser beim Sehen in die Nähe etwas nach vorn. Um sich bei der Beobachtung der Iris von den Verzerrungen unabhängig zu machen, welche die vor ihr liegende Kugel von *humor aqueus* hervorbringt, passt man ein Kästchen voll Wasser mit zwei ebenen Glaswänden (Orthoskop) an das Gesicht an.

2) Noch leichter bemerkt man, und es bedarf dazu keiner künstlichen Vorrichtungen, dass die Pupille sich stets, alle anderen Umstände gleich gesetzt, beim Nahesehen verengert. Dies ist jedoch nicht dahin zu verstehen, dass mit einer bestimmten Accommodation eine bestimmte Pupillenweite nothwendig verknüpft ist. Auf die letztere Grösse haben vielmehr noch andere Ursachen Einfluss, zunächst die gesammte ins Auge, besonders aber die auf den gelben Fleck der Netzhaut fallende Lichtmenge Je grösser sie ist, desto enger wird das Sehloch, vermöge einer reflecto-

rischen Beziehung zwischen dem Sehnerven und den Bewegungsnerven des *sphincter pupillae.* Es kann also wohl vorkommen, dass die Pupille eines nach hellen Gegenständen fernsehenden Auges enger ist, als wenn dasselbe Auge einen nahen, aber nur schwach leuchtenden Gegenstand deutlich sieht. Wenn blos in das eine Auge mehr Licht fällt, so wird auch die Pupille des andern Auges enger. Ferner wird die Pupille um so enger, je mehr die Augenaxen convergiren, auch wenn (was freilich nicht Jedem gelingt) derselbe Accommodationszustand beibehalten wird. Endlich lähmen einige Gifte, vorzugsweise Atropin (am meisten bei örtlicher Anwendung), den *sphincter pupillae.* Einzelne Menschen können die Pupille unmittelbar willkührlich erweitern und verengern. Das Wechselspiel der Erweiterung und Verengerung der Pupille wird durch die abwechselnde Erregung von Nervenfasern bedingt, die auf sehr verschiedenen Wegen zur Iris gelangen. Der innere Kreismuskel der Iris (*sphincter pupillae*) erhält seine Bewegungsfasern aus dem Oculomotorius und wahrscheinlich auch einige aus dem *ramus I trigemini.* Die radiären Fasern der Iris (*dilatator pupillae*) erhalten ihre motorischen Nervenfasern aus dem Halstheil des Sympathicus.

Es fragt sich nun, ob diese geradezu sichtbaren Veränderungen der 261. Iris zur Vorwöllung der Linse beim Nahesehen etwas beitragen. Allerdings kann man sich vorstellen, die Iris liege beim Fernsehen auf der vorderen Wölbung der Linse ganz auf; ziehen sich jetzt nicht nur die Kreisfasern, sondern auch die radiären Fasern zusammen, so müssen die letzteren, indem sie den gespannten Ring des Pupillenrandes nicht erweitern können, streben, wenigstens ihre bisherige nach vorn gebogene Lage mit einer vom Ursprung zum Ansatze gehenden geraden zu vertauschen. Sie würden so die Randtheile der Linse abflachen, und um den dadurch vorn leer gewordenen Raum auszufüllen, müsste sich dann die Linse in die Pupille hinein vorwölben. Am Seehundsauge hat man, diese Annahme bestätigend, einen Abdruck des Pupillarrandes auf der Linse bemerkt, wenn es unmittelbar vor der Dissektion elektrisch gereizt war. In der That mag beim Seehundsauge, das zum Sehen im Wasser kolossaler Accommodationsveränderungen bedarf, die hier in Rede stehende Hülfe der Iris in ausgedehntem Maasse in Anspruch genommen sein. Beim Menschen ist sie schwerlich von Bedeutung. Bei ihm liegt in den meisten Fällen der peripherische Theil der Iris wohl nicht unmittelbar auf der Linse. Es würde also bei dem gedachten Vorgange zunächst Flüssigkeit (nicht Linsensubstanz) durch das Sehloch hervorgepresst werden. In vielen Fällen hat man auch die Iris beim Fernsehen gar nicht gekrümmt gefunden, so dass also eine Geradstreckung der radiären Fasern nicht erst beim Nahesehen stattzufinden brauchte. Ganz ohne teleologische Bedeutung ist indessen auch beim Menschen die Verengerung der Pupille nicht. Von ein und derselben leuchtenden Fläche nämlich wird sonst aus der Nähe mehr Licht auf eine Flächeneinheit der Netzhaut fallen als aus der Ferne. Da nämlich die Pupillenebene vor dem Knotenpunkt liegt, so wächst mit Annäherung einer leuchtenden Fläche die Oeffnung der Strahlenbündel rascher als die Grösse des Netzhautbildes.

262. Die Hauptrolle bei der Accommodation spielt ein anderer Muskel, der Ciliarmuskel, *m. Cramptonianus s. m. tensor choroideae.* Die Fasern dieses Muskels, im weitesten Sinne gefasst, entspringen von dem derben Fasergewebe, in welches die *membrana Descemetii* am Rande der Hornhaut, ungefähr der inneren Wand des Schlemm'schen Kanales entlang, übergeht. Sie bilden auf jedem Meridianschnitte von dem Punkte aus, wo dieser den als Ursprung soeben bezeichneten Ring trifft, eine Ausstrahlung, deren vorderste und zugleich kürzeste Fasern in die Ciliarfortsätze eintreten, während die hintersten in Meridianrichtungen in die Choroidea eingehen, in deren Gewebe sie sich verlieren. Mit Hülfe folgender Annahme kann man sich die Vorwölbung der Linse durch Spannung dieses Muskels erklären. Die Gleichgewichtsfigur, welche der Linse zukommt vermöge ihrer eigenen elastischen Kräfte, ist nicht diejenige, welche sie im lebenden Auge bei Unthätigkeit aller kontraktilen Elemente hat, sondern stärker gewölbt und wohl noch stärker als die Gestalt, welche sie bei vollem Aufgebot der Accommodationsanstrengung annimmt. Diese Ansicht wird bekräftigt durch die Thatsache, dass herausgeschnittene Linsen sich fast immer stärker gewölbt und dicker fanden, als die Linsen von lebenden Augen, welche im fernsehenden Zustande der Messung unterworfen wurden. Die Gestalt der fernsehenden Linse würde also entsprechen einem Gleichgewicht zwischen den eigenen elastischen Kräften derselben, die sie dicker und gewölbter zu machen, und fremden Kräften, welche sie abzuflachen streben. Diese fremden Kräfte können wir suchen in einem radiären Zuge der *zonula Zinnii*, hervorgebracht durch die besonderen Ernährungsverhältnisse des Glaskörpers. Uebt nämlich dieser fortwährend einen starken Druck von innen auf die ihn straff umgebende Glashaut aus, so muss die mit ihr zusammenhängende Zonula an der Linsenkapsel mit einer dem Drucke entsprechenden Kraft in allen radialen

Fig. 22.

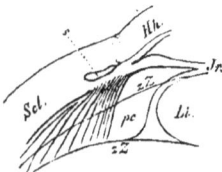

Richtungen ziehen und dieser Zug setzt sich bei einer gewissen Abflachung der Linse mit deren innerer Elasticität ins Gleichgewicht. In dieses Gleichgewicht muss offenbar jede Spannungszunahme des *musculus ciliaris* störend eingreifen. Fig. 22 giebt davon eine Anschauung. Sie stellt einen Theil des Meridianschnittes durchs Auge (vergrössert) dar, in der Gegend der Ciliarfortsätze (*p. c.*). Sie bedarf keiner ausführlichen Erklärung, da die Anfangsbuchstaben der anatomischen Benennung

(*IIh:* Hornhaut etc.) überall den betreffenden Gegenden eingeschrieben sind. Es ist also nur hervorzuheben, dass die unter *s* (*canalis Schlemmii*) beginnenden Linien, welche nach hinten und links ausstrahlen, die Zugrichtungen der Fasern des Ciliarmuskels bedeuten, man sieht, dass sie überall, wo sie die eine oder die andere Platte der *zonula Zinnii* (*z Z*) treffen, mit der Tangente daselbst einen nach rechts spitzen Winkel bilden. Die Zusammenziehung dieser Muskelfasern muss also die entfernteren Theile der Zonula herbeiholen und die Spannung des an der Linsenkapsel befestigten Saumes vermindern. Dadurch wird das Bestreben der Linse, sich zu verdicken, in Freiheit gesetzt und sie wölbt sich stärker, wie es zur Accommodation erfordert wird.

Es ist ersichtlich, dass bei dem beschriebenen Vorgange die Glashaut in der Aequatorialgegend etwas von der Sklerotika entfernt werden, dass also der Choroidealraum an Dicke etwas zunehmen muss. Da dieser Raum nicht leer bleiben kann, so füllt er sich mit Blut an. Die Möglichkeit dazu ist in den dünnwandigen Choroidealvenen gegeben. Dem entsprechend muss ein Theil des Glaskörpers, der sein Gesammtvolum nicht verändern kann, nach vorn ausweichen — wohl namentlich der Rand der teller-förmigen Grube. Hierfür dürfte umgekehrt durch Blutaustritt aus dem Ciliarkörper der Raum gewonnen werden. Von Seiten der Anatomie wird ein solcher Gegensatz in den Füllungsstufen der hinteren Choroidealgefässe und der Ciliargefässe leicht begreiflich, wenn man bedenkt, dass sie ziemlich scharf gesonderten Gefässprovinzen angehören.

Fig. 23.

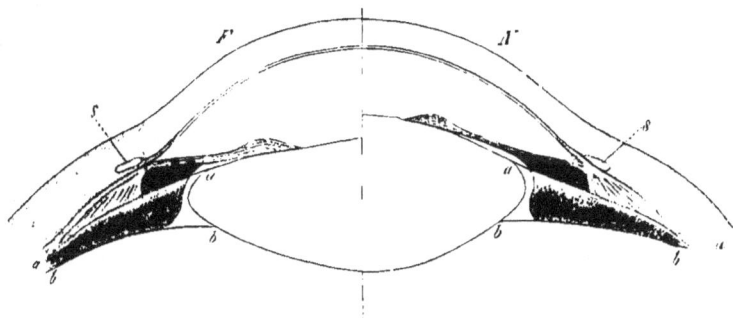

In Fig. 23 sind die Resultate übersichtlich dargestellt. Sie giebt einen Meridianschnitt durch die vorderen Theile des Auges in 5maliger Vergrösserung. Die Maasse, welche der Messung am Lebenden zugänglich sind (Hornhautkrümmung etc.), sind einer solchen entnommen. Die linke *F* überschriebene Hälfte der Figur stellt die Theile in der Gestalt

und Lage dar, welche dem Fernsehen, die rechte, *N* überschriebene Hälfte
in der, welche dem Nahesehen entspricht.

263. Welche Nerven den Accommodationsapparat in Bewegung setzen, ist
nicht vollständig bekannt. Aeste des Oculomotorius, wie man am ersten
vermuthen sollte, scheinen es nicht ausschliesslich zu sein. Man hat
wenigstens beobachtet, dass bei vollständiger Lähmung der übrigen vom
Oculomotorius abhängigen Muskeln (auch des *sphincter pupillae*) das Accommodationsvermögen fast ungeschwächt fortbestand. — Die Geschwindigkeit der Accommodationsbewegungen ist keine sehr beträchtliche. Davon
überzeugt man sich durch Selbstbeobachtung sehr leicht. —
Der Accommodationsapparat ist dem Willen unterworfen, wie die
Skelettmuskeln. Seine Erregung verknüpft sich sehr gern mit der Erregung derjenigen Muskeln, welche die Augenaxen convergiren machen,
so dass die Augen in der Regel gerade für den Durchschnittspunkt ihrer
Axen auch dioptrisch eingerichtet sind. Durch Uebung kann jedoch dieser
wahrscheinlich ebenfalls durch Gewohnheit entstandene Zusammenhang
wieder aufgelöst werden.

264. Es ist zu Anfang der Betrachtungen über den Gang der Lichtstrahlen
durch das Auge ausdrücklich bemerkt worden, dass dieselben nur Bezug
haben auf Strahlenbündel, welche nahezu der Axe parallel ins Auge fallen,
die mithin schliesslich auf den Theil der Netzhaut fallen, welcher dem
Hornhautscheitel gegenüber liegt. Faktisch fallen aber in der Regel auch
Strahlenbündel mehr oder weniger schräg ins Auge, deren Ausgangspunkte
weit seitwärts von der Axe liegen. Die Erfahrung an ausgeschnittenen
Thieraugen lehrt, dass solche Strahlenbündel doch auch einigermaassen
auf den gekrümmten Seitentheilen der Netzhaut zur Vereinigung kommen,
wenn sie von Punkten ausgehen, die in einer Entfernung liegen, für
welche das Auge eingestellt ist. Es würden also z. B. in unserem emmetropisch
gedachten schematischen Auge auch von weit seitwärts gelegenen Punkten
ziemlich gute Bilder auf den entsprechenden seitlichen Theilen der Netzhaut entstehen, wenn nur die Objektpunkte sehr fern sind. In dieser
Beziehung ist das Auge künstlichen optischen Werkzeugen überlegen. Sie
entwerfen von weit seitwärts gelegenen Objekten auf keiner wie auch
immer gekrümmt gedachten Fläche ein deutliches Bild, wenn sie auch
vielleicht von Punkten in der Nachbarschaft der Axe noch schärfere Bilder
liefern als das beste Auge. Die Ueberlegenheit des Auges in Bezug auf
die Schärfe der seitwärts gelegenen Bilder ist wahrscheinlich bedingt durch
den geschichteten Bau der Linse.

265. Mathematisch genau sind übrigens auch die Bilder auf den centralen
Theilen der Netzhaut bei der bestmöglichen Einstellung nicht. Vielmehr
sind sie mit verschiedenen Fehlern behaftet, zunächst mit der sogenannten
chromatischen Abweichung.

Den bisherigen Betrachtungen lag nämlich die Annahme zu Grunde, dass beim Uebergang von Licht aus einem Medium in das folgende unseres Systems ein bestimmter Brechungsindex gelte. Unter dieser Annahme sind namentlich auch die optischen Kardinalpunkte des schematischen Auges berechnet, und zwar sind die Werthe dieser Brechungsindices numerisch angegeben. Die Kardinalpunkte würden natürlich sofort anders zu liegen kommen, so wie andere numerische Werthe der Brechungsindices in die Rechnung eingeführt würden. Es ist aber aus der Physik bekannt, dass für den Uebergang verschiedener Lichtarten aus ein und demselben Medium in ein und dasselbe zweite Medium verschiedene Brechungsindices gelten, bekannt insbesondere, dass *ceteris paribus* violettes Licht stärker als blaues, dieses stärker als grünes etc., dass endlich rothes Licht am wenigsten gebrochen wird. Es ist zumal bekannt, dass die Unterschiede dieser Brechungsindices sehr namhafte Werthe erreichen. Die für ein bestimmtes System berechneten Kardinalpunkte und die danach aufgestellten Regeln können also nur für eine bestimmte Farbe gelten. Wir mussten daher streng genommen stillschweigend immer monochromatische Beleuchtung voraussetzen und haben das hier geradezu auszusprechen.

In einem System, wie es das Auge ist, wo alle Brechungen in einem Sinne geschehen, müssen offenbar die Kardinalpunkte um so näher beisammen liegen, je grösser, alles Uebrige gleich gesetzt, die Brechungsindices sind. Gegen ein blaues Lichtstrahlenbündel muss sich also dasselbe Auge als ein System mit kürzeren Brennweiten verhalten — es früher zur Vereinigung bringen, als ein rothes Strahlenbündel, weil eben für die blauen Strahlen grössere Brechungsindices gelten, als für die rothen. In der That ist auch ein Auge für homogene blaue Beleuchtung myopischer als für homogene rothe. In nicht homogener Beleuchtung müssen nothwendig selbst bei bestmöglicher Einstellung Zerstreuungskreise statt punktueller Bilder entstehen. Da dieselben aber wegen des geringen Zerstreuungsvermögens der Augenflüssigkeiten sehr klein sind, so stören sie den Sehakt nicht und eine weitere Verfolgung der chromatischen Abweichung bietet kein Interesse.

Die Erklärung aller bisher betrachteten Erscheinungen konnten wir [266]. auf die Annahme vollkommen homogener, vollkommen sphärisch begrenzter brechender Medien im Auge gründen. Es wurde schon darauf hingewiesen, dass die Medien des wirklichen Auges merklich anders beschaffen seien. Wir kommen jetzt zu einer Reihe von Erscheinungen, die nur durch Berücksichtigung solcher Abweichungen des wirklichen Auges vom schematischen Auge erklärbar sind.

Man ziehe auf weisses Papier einen Stern von etwa acht möglichst feinen schwarzen Linien, die sich alle in einem Punkte schneiden, je zwei benachbarte unter einem Viertheil von einem rechten Winkel. Man betrachte jetzt diesen Stern in wechselnder Entfernung recht aufmerksam mit einem Auge und man wird finden, dass nur e i n e jederzeit mit vollendeter Deutlichkeit gesehen wird. Erscheint beispielsweise die lothrechte Linie deutlich, so erscheinen die übrigen ein Wenig verwaschen, resp. weniger schwarz, am m e i s t e n d i e w a g r e c h t e. Erscheint aus anderer Entfernung oder bei einer andern Accommodation die wagrechte vollkommen deutlich, so erscheint die lothrothe am verwaschensten.

Diese Erscheinung, Astigmatismus genannt, rührt davon her, dass die Trennungsflächen des Auges nicht um die Axe herum vollkommen symmetrisch gekrümmt sind. Reduciren wir der Einfachheit wegen das Auge, wie schon mehrfach geschehen, auf eine einzige brechende Fläche und stellen wir uns dieselbe nicht mehr als eine vollkommene Rotationsfläche vor, sondern jeden Schnitt derselben durch die Axe, wenn auch nur sehr wenig, verschieden gekrümmt, und denken wir uns, um bestimmte Vorstellungen zu haben, die Krümmung im wagrechten Schnitte am stärksten, dann muss sie im senkrechten nothwendig am schwächsten sein. Fällt jetzt auf diese Fläche ein Strahlenbündel, so wird es durch die Brechung nicht mehr in ein homocentrisches Bündel verwandelt, s e l b s t w e n n a l l e E i n f a l l s w i n k e l k l e i n s i n d, sondern in ein Bündel, dessen Beschaffenheit Fig. 24 anschaulich macht. Sei a b c d der kreisförmige Umfang

Fig. 24.

unserer Fläche in perspektivischer Ansicht, auf sie falle von links her ein homocentrisches Strahlenbündel; da die Krümmung im wagrechten Schnitte am stärksten ist, so werden die auf diesen fallenden Strahlen des Bündels am frühesten, etwa im Punkte f, zur Vereinigung kommen. Die durch den lothrechten Schnitt der Fläche gehenden Strahlen kommen erst später, etwa in i, zur Vereinigung. Es lässt sich nun beweisen, dass alle übrigen Strahlen des Bündels nahezu durch eine kleine senkrechte gerade Linie bei f (in der Figur e g) und durch eine kleine wagrechte Linie bei i (h k) gehen müssen. Zwischen f und i sind die Querschnitte des Bündels im Allgemeinen Ellipsen und darunter eine bei l m, welche so hoch als breit — ein Kreis — ist. Diese ganze Strecke, auf welcher die Strahlen des Bündels am nächsten beisammen, wenn auch nirgend in einem Punkte

vereinigt, sind, hat man die „Brennstrecke" genannt. Fällt nun das
hintere Ende der Brennstrecke für leuchtende Punkte in einem gewissen
Abstand in die Netzhaut, so wird das Bild einer wagrechten Linie scharf
erscheinen, denn jeder leuchtende Punkt bildet sich auf der Netzhaut als
kleine wagrechte Linie ab. Das Zerstreuungsbild jedes Punktes hat keine
merkliche Höhe, kann also zur Verwischung einer Grenze zwischen
Oben und Unten nicht beitragen. Aus demselben Grunde wird in diesem
Falle eine senkrechte Linie nicht scharf gesehen werden, denn die
Zerstreuungsbilder können vermöge ihrer sehr merklichen Breite wohl
beitragen zur Verwischung einer Grenze zwischen rechts und links. Das
Umgekehrte, nämlich dass senkrechte Linien scharf, wagrechte verwaschen
erscheinen, muss natürlich statthaben, wenn das vordere Ende der Brennstrecke mit der Netzhaut zusammenfällt. Fällt sie mit der Mitte der Brennstrecke zusammen, so erscheinen weder die einen noch die andern vollkommen, beide aber gleich scharf.

Ob wir in einem gegebenen Falle wirklich dem senkrechten Schnitte,
wie so eben angenommen wurde, oder vielleicht dem wagrechten oder
einem schrägen Schnitte derjenigen Fläche, auf welche das Auge zu reduciren ist, die schwächste Krümmung zuschreiben müssen, darüber können
wir durch einen einfachen Versuch mit der oben erwähnten Sternfigur
leicht entscheiden, wenn wir zuvor Folgendes überlegen. Mit Annäherung der Lichtquelle ans Auge rückt, bei gleich bleibendem
Accommodationszustande, die ganze Brennstrecke nach hinten.
Sie verlängert sich gleichzeitig, was aber hier ohne Interesse ist. Wir
wollen das Auge mit Aufbietung des ganzen Accommodationsvermögens für
den Nahepunkt eingerichtet denken. Gehen wir nun mit unserer Sternfigur an das Auge heran, so wird ein Moment kommen, wo die hinteren Enden der Brennstrecken die Netzhaut überschreiten, in diesem
Momente sieht das Auge eine Linie der Sternfigur deutlich. Gehen
wir noch näher mit derselben ans Auge, so überschreiten nun zuletzt
auch die vorderen Enden der Brennstrecken die Netzhaut. In diesem
Augenblicke sieht das Auge die auf jener senkrechte Linie der Sternfigur deutlich. Wird die Figur noch mehr genähert, so kann keine Linie
derselben mehr vollkommen scharf gesehen werden. Es ist nun nach
der obigen Auseinandersetzung offenbar, dass die Linie der Sternfigur,
welche bei Annäherung derselben ans Auge zuletzt noch deutlich gesehen werden kann, mit dem Schnitte der schwächsten Krümmung in
eine Ebene fällt. Liegt der Fernpunkt des fraglichen Auges in handlicher
Entfernung, so kann man ihn natürlich zu derselben Entscheidung be-
nutzen. Liegt er in unendlicher Ferne, so kann man ihn durch Vor-
setzen einer Konvexlinse vor das Auge in endliche Entfernung bringen.
Die Linie des Sternes nämlich, welche bei Entfernung vom ruhenden

Auge noch zuletzt deutlich gesehen werden kann, bezeichnet die Ebene des Schnittes von stärkster Krümmung.

267.   Selbst beim normalen Auge fehlen in den brechenden Medien niemals kleine Unterbrechungen der Stetigkeit und Homogeneität. Es ist dies schon durch den Bau derselben bedingt. Nur eines, der *humor aqueus,* ist ganz structurlos — flüssig. Die andern, Hornhaut, Linse und Glaskörper, haben, wie die Anatomie lehrt, einen faserigen oder lamellösen Bau. Wenn nun auch der Brechungsindex der Gewebselemente nur wenig abweicht von dem der homogenen Grundsubstanz, in welche jene eingelagert sind, so ist doch immerhin keine ganz vollkommene Uebereinstimmung vorhanden. Auf der vordersten Trennungsfläche sitzen ausserdem in der Regel kleine durchsichtige Erhabenheiten, Fetttröpfchen (aus den Meibomschen Drüsen), Thränenstreifen, Epithelialfragmente auf. Es kann nicht fehlen, dass unter Umständen diese Abweichungen sich geltend machen, indem jedesfalls einzelne Strahlen von dem Wege abgelenkt werden müssen, den sie im schematischen Auge einhalten würden. Es können jedoch nicht viele Strahlen sein, denen dies begegnet, denn sonst müsste sich schon beim gewöhnlichen Schakte über das klare Bild ein gleichmässig trübender Schleier legen, bedingt durch die überall im Auge durch Reflexionen und unregelmässige Brechungen zerstreuten Strahlen. Eine derartige Wahrnehmung macht ein gesundes Auge regelmässig nicht; wohl aber zeigt sich dieser Schleier — selbst bei bestmöglicher Accommodation — sobald im Sehfelde ein überaus stark leuchtendes Objekt vorkommt, z. B. die Sonne oder auch eine Lampenflamme und dergl. Befindet es sich vor einem dunkeln Grunde, so erscheint dieser nicht vollkommen dunkel, denn die ihm geometrisch als Bild entsprechende Stelle der Netzhaut bekommt etwas von jenen unregelmässig zerstreuten Strahlen, die nunmehr, weil sie von einer sehr intensiven Quelle kommen, eine wahrnehmbare Wirkung ausüben.

Noch weit auffälliger tritt die Wirkung der in Rede stehenden Unregelmässigkeiten hervor, wenn das Auge nicht für die Entfernung des zu sehenden Objektes eingerichtet ist. In der That, für jedes Thränentröpfchen oder jedes stärker brechende Körnchen in der Linsensubstanz etc. muss in dem Zerstreuungskreise eines leuchtenden Punktes ein dunklerer Fleck entstehen, weil der das Körnchen treffende Theil des Lichtbündels nach andern Seiten hin gebrochen wird. Einzelne dieser Strahlen werden ganz aus dem Bereiche des Zerstreuungskreises herausgehen. Sie sind es, die eben, wenn sie an sich intensiv genug sind, den soeben besprochenen Schimmer zur Folge haben, die aber für gewöhnlich nicht zur Perception kommen. So kann die Lichtvertheilung im Zerstreuungsbild eines einzigen leuchtenden Punktes (*a* in Fig. 25. S. 177) etwa die Gestalt annehmen, wie sie bei *A* dargestellt ist. (In dieser Art nimmt sich eine sehr ferne Gasflamme

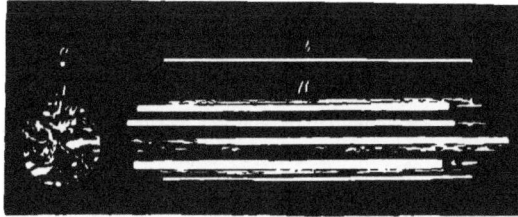

aus, wenn man sie mit willkührlich für die Nähe eingerichtetem Auge betrachtet.) Häufig zeigt die Lichtvertheilung im Zerstreuungskreise etwas Sternförmiges, dem sternförmigen Bau der Linse entsprechend. Bringt aber jeder Punkt eine Lichtprojection wie A auf die Netzhaut, so ist leicht zu sehen, wie die Lichtprojection be-

Fig. 25.

schaffen sein muss, die von einer Lichtlinie auf die Netzhaut gebracht wird. Sie ist zu construiren durch blosses Nebeneinanderlegen von A (Siehe Fig. 25 B.) Daher hat man diese Erscheinung „Mehrfachsehen mit einem Auge" genannt. Bei aufmerksamer Beobachtung der Erscheinung wird man leicht bemerken, dass sie meist im Einzelnen sehr veränderlich ist, dass z. B., wenn man nur einmal mit den Augenlidern über die Hornhaut wischt, das eine oder das andere Bild der Linie verschwindet, oder ein neues auftritt, oder die bisherigen ihre Lage verändern. Das kommt eben daher, dass dabei die veränderlichen Flüssigkeitströpfchen auf der Hornhaut eine Rolle spielen. Nur der ganze Charakter der Erscheinung bleibt derselbe.

Auf demselben Princip beruht die Erklärung der sogenannten „entoptischen" Wahrnehmungen. Man versteht darunter diejenigen, durch welche im Auge selbst gelegene Objekte in Schatten zur Wahrnehmung kommen. Die soeben betrachteten dunkelen Stellen im Zerstreuungsbilde A eines Punktes können wir ansehen als die Schatten von Thränentröpfchen und anderen kleinen Gegenständen im brechenden Apparate des Auges, insofern könnten wir ihre Wahrnehmung eine entoptische nennen. Es wurde jedoch oben in dem durch die Figur dargestellten Beispiele angenommen, dass der Zerstreuungskreis durch Einstellung auf zu geringe Entfernung veranlasst sei, die ihn erleuchtenden Strahlen hatten sich also vor der Netzhaut schon einmal geschnitten, offenbar ist dies eine ungünstige Anordnung für entoptische Wahrnehmung. Geht man eigens auf eine solche aus, so wird man am besten ein möglichst parallelstrahliges Bündel das Auge durchziehen lassen, denn alsdann wird der Schatten jedes Objektes gerade so gross als dieses selbst. Ein im Glaskörper parallelstrahliges Bündel erhält man aber, wenn das einfallende Bündel von einem leuchtenden Punkte der vorderen Brennebene ausgeht. Einen solchen verschafft man sich am einfachsten dadurch, dass man einen undurchsichtigen Schirm in etwa 12^{mm} Abstand vor das Auge (in die vordere Brennebene) bringt und darin ein sehr feines Löchelchen sticht, durch welches von einem ausgedehnten

§. 268.

hellen Grunde — etwa einer Wolke — in allen möglichen Richtungen
Strahlen in das Auge fallen. Man sieht unter diesen Umständen in dem
der Pupille gleichen Zerstreuungskreise sofort verschiedenartige Schatten,
deren Gestalt bei den meisten Menschen zu einer Eintheilung derselben
in verschiedene Gruppen auffordert. Ein sternförmiger Schatten, der vom
Mittelpunkte ausgeht, deutet auf die sternförmige Anordnung der Linsen-
elemente. Wellenartige Streifen rühren theils von Flüssigkeitsschichten,
theils von Unebenheiten auf der vorderen Hornhautfläche her. Rundliche
Flecken, oft mit heller Mitte, sind wohl durch Fetttröpfchen auf derselben
Fläche bedingt. Bewegliche Flecke von verschiedener, namentlich oft
perlschnurartiger Gestalt sind die Schatten von Körperchen, die im Glaskörper schwimmen. Die Gestalt des äusseren Umfanges der ganzen Zerstreuungsbilder giebt natürlich genau den Pupillarrand wieder, und ragt
aus demselben z. B. irgendwo etwas hervor, so ragt ein entsprechender
Schatten vom Rande in den Zerstreuungskreis.

269.   Verschiebt man den leuchtenden Punkt vor dem Auge, so verschiebt
sich selbstverständlich der ganze Zerstreuungskreis, aber es verschieben
sich auch die Schatten in demselben g e g e n e i n a n d e r, wenn die schatten-
werfenden Gegenstände h i n t e r e i n a n d e r in v e r s c h i e d e n e n T i e f e n
liegen. Ein Blick auf Fig. 26 und 27 wird dies anschaulich machen.

Fig. 26.

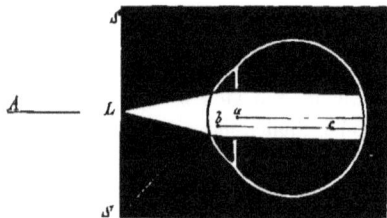

Die Grenze des Schwarzen, *SS,* bedeutet den Schirm, *L* das Loch
darin, von welchem aus ein Strahlenbündel in das Auge fällt, das im
Glaskörper parallelstrahlig wird. Es
seien nun *a, b* und *c* drei schatten-
werfende Körperchen, w o h i n ihre
Schatten fallen zeigen die durch
die Punkte in der Strahlenrichtung
gezogenen schwarzen Linien an, also muss namentlich, wenn *L,* wie in
Fig. 26 angenommen ist, in der Axe (*A*) liegt, der Schatten von *c* mit
dem Schatten von *b* zusammenfallen.

Fig. 27.

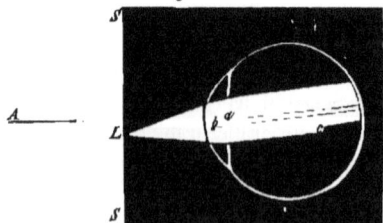

Wird jetzt *L* ein wenig abwärts
bewegt und wie in Fig. 27 gestellt,
so geht der ganze Zerstreuungskreis aufwärts, aber auch die
Schatten von *a, b* und *c* verändern
ihre gegenseitige Lage, der Schatten
von *c* fällt nicht mehr mit dem
von *b* zusammen, sondern hat sich
ganz an den (unteren Rand) des Zerstreuungskreises begeben, während der
von *b* sich umgekehrt dem Mittelpunkte desselben genähert hat. Man

sieht leicht, dass ganz allgemein zwei Schatten sich im entgegengesetzten Sinne bewegen müssen bei Bewegungen der Lichtquelle, wenn von den beiden Gegenständen, welche die Schatten werfen, der eine vor der Pupillenebene (wie *b*), der andere hinter derselben (wie *c*) gelegen ist. Liegt ein schattenwerfender Körper in der Pupillenebene selbst, so muss er seinen Ort in Beziehung zum Umfange des Zerstreuungskreises behaupten. So muss beispielsweise der Schatten von *a*, welcher Punkt in der Mitte der Pupille gedacht ist, immer die Mitte des ganzen erleuchteten Kreises auf der Netzhaut einnehmen.

Es giebt noch einen Gegenstand entoptischer Wahrnehmung, der eine 270. besondere Betrachtung erheischt. Es sind die Verzweigungen der *arter. centr. retinae*. Man bemerkt sie in dem auf die soeben beschriebene Weise dargestellten entoptischen Gesichtsfelde nur dann, wenn die Lichtquelle rasch hin und her bewegt wird. Sobald diese an einem Orte still steht, so verschwinden alsbald die schattigen, baumförmig verzweigten Kurven. Eine völlig befriedigende Erklärung dieses sonderbaren Umstandes ist noch nicht gegeben.

Diese „Purkinje'sche Aderfigur" kann man auch noch auf eine andere Weise sichtbar machen. Macht man nämlich einen Punkt an der Oberfläche des Glaskörpers leuchtend, so fallen von den Gefässen Schatten auf die äussere Schicht der Netzhaut, die sich in dem gleichmässigen Schimmer, der das ganze Sehfeld überzieht, bemerklich machen. Einen Punkt des Glaskörperumfanges kann man leicht auf zweierlei Art leuchtend machen; entweder man lässt auf die Sklerotika das von einer Linse entworfene Sonnenbildchen fallen, es dringt dann von der grossen intensiven Lichtmasse genug für den fraglichen Zweck durch die Augenhäute; oder man entwirft auf die Seitentheile der Netzhaut das Bild einer seitlich gehaltenen sehr intensiven Lichtquelle (Lampenflamme), welches Bild dann selbst als leuchtender Punkt im Innern des Auges wirkt. Auch bei dieser Art die Aderfigur darzustellen verschwindet sie bald, wenn die Lichtquelle an der Glaskörperoberfläche lange unbewegt bleibt. Bei diesen Versuchen muss das Gesichtsfeld im Allgemeinen möglichst dunkel sein.

Der grösste Antheil der ins Auge gelangenden Lichtstrahlen wird wohl 271. ohne Zweifel schliesslich von dem Pigmente der Choroidea absorbirt, ein immerhin noch sehr merkbarer Theil wird jedoch von dieser Haut diffus zurückgeworfen. Von dem Strahlenbündel, welches so von einem Punkte derselben nach allen Seiten ausgeht, muss der grösste Theil gerade durch dasjenige Stäbchen der Netzhaut wieder nach vorn gehen, welches in diesem Punkte aufsteht und durch welches also der Punkt von vorn her erleuchtet wurde. Alle die Strahlen nämlich, welche unter einigermaassen grossen Einfallswinkeln auf die Seitenflächen des Stäbchens fallen, werden nicht in benachbarte Stäbchen übergehen können, sondern eine totale

12*

Reflexion erleiden, weil die Substanz des Aussengliedes vom Stäbchen ein
bedeutend grösseres Brechungsvermögen besitzt als die Grundsubstanz,
in welche die Stäbchen eingelagert sind. Alles Licht aber, welches von
einem Punkte des Augengrundes zurückgestrahlt wird und die brechenden
Medien von hinten nach vorn durchsetzt, muss in solchen Richtungen
austreten, auf denen es umgekehrt zu dem betrachteten Punkte des Augengrundes hätte gelangen können. Irgend ein Punkt des Augenhintergrundes
sendet also nur zu solchen Punkten des äusseren Raumes Licht, in deren
(deutlichem oder Zerstreuungs-) Bilde er gelegen ist. Da nun gewöhnlich
das (deutliche oder Zerstreuungs-) Bild der Pupille eines beobachtenden
Auges in einem beobachteten unbeleuchtet ist, so erscheint einem beobachtenden Auge gewöhnlich die Pupille eines beobachteten absolut dunkel.
Sie erscheint nur dann hell, wenn es durch besondere Veranstaltungen
dahin gebracht wird, dass das Bild der Pupille des Beobachters im Hintergrunde des beobachteten Auges zusammenfällt mit dem Bilde eines stark
leuchtenden Gegenstandes. Solche Veranstaltungen nennt man „Augenspiegel".

V. Lichtempfindung.

272.　Die durch die brechenden Medien zum Augenhintergrunde vordringenden
Aetheroscillationen oder Lichtstrahlen können die hier ausgebreiteten nervösen Elemente als solche nicht erregen. Lichtwellen sind nämlich, selbst
wenn sie grosse Intensität besitzen, kein Reiz für die Nervensubstanz, am
allerwenigsten kann aber daran gedacht werden, dass die Lichtstrahlen
reizend auf eigentliche Nervenelemente wirken in jenen geringen In-
tensitätsgraden, wie sie von mässig erleuchteten Objekten gewöhnlich ins
Auge fallen. Da solche Strahlungen aber im Schnervenapparate doch
starke Erregungen bewirken, stärkere als elektrische Reize, welche einen Muskel zum Zucken
bringen könnten, so müssen an den Enden der Seh-
nervenfasern besondere Apparate vorhanden
sein, in welchen schon durch ganz schwache Bestrahlung verhältnissmässig starke molekulare Bewegungen ausgelöst werden, welche die mit
ihnen verknüpften nervösen Elemente reizen.

Fig. 28.

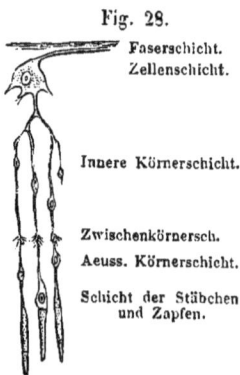

Faserschicht.
Zellenschicht.

Innere Körnerschicht.

Zwischenkörnersch.
Aeuss. Körnerschicht.

Schicht der Stäbchen
und Zapfen.

Bekanntlich hat die Netzhaut vom Glaskörper nach der Chorioidea fortschreitend, folgende Schichten: 1) die Ausbreitung der Seh-
nervenfasern, 2) die Schicht der Ganglienzellen, 3) die innere Körnerschicht, 4) die
Zwischenkörnerschicht, 5) die äussere Körnerschicht, 6) die Schicht der
Stäbchen und Zapfen. Nach dem gegenwärtigen Stande unserer histio-

logischen Kenntnisse müssen wir jene für Bestrahlung empfindlichen Apparate in den Stäbchen und Zapfen suchen, denn diese bilden das letzte Glied in der Kette von Elementen, die mit der Nervenfaser beginnt und die in Fig. 28 dargestellt ist. Es giebt übrigens noch manche andere Gründe, den Stäbchen und Zapfen diese Bedeutung beizulegen.

Die durch Erregung des Sehnerven bedingten Empfindungen haben 273. verschiedene Qualitäten, die wir als die Farben bezeichnen. Ist die Erregung durch Bestrahlung hervorgerufen, so hängt im Allgemeinen die Qualität der Empfindung von der Beschaffenheit der erregenden Strahlen ab. Lässt man der Reihe nach die verschiedenen homogenen Strahlen einwirken, welche ein weiss glühender Körper aussendet und die man bekanntlich durch Brechung im Prisma aus der Strahlung eines solchen Körpers nebeneinander erhalten kann, so bemerkt man erstens, dass Strahlen, deren Schwingungszahl kleiner ist als 480 Billionen in der Sekunde, die Retina gar nicht erregen, selbst wenn sie in sehr grosser Intensität die brechenden Medien durchdringen. Prüft man alsdann mit immer höheren Werthen der Schwingungszahl, so erhält man eine stetig abgestufte Skala von Empfindungsqualitäten, aus der in nachstehender Tabelle einige Punkte verzeichnet sind mit den entsprechenden Werthen der Schwingungszahl:

Aeusserstes Roth . .	481	Billionen.
Roth	500	,,
Orange-Roth . . .	520	,,
Orange	532	,,
Gelb-Orange . . .	543	,,
Gelb	563	,,
Grün-Gelb	583	,,
Grün	607	,,
Blau-Grün	630	,,
Blau	653	,,
Indigo-Blau . . .	676	,,
Indigo	601	,,
Violett-Indigo . .	707	,,
Violett	735	,,
Aeusserstes Violett .	764	,,

Alle diese durch homogene Strahlen von mittlerer Intensität hervorgerufenen Farbenempfindungen haben den Charakter, den man als „tiefe Sättigung" bezeichnet. Strahlen von noch grösserer Schwingungszahl als 764 Billionen bringen in mässiger Intensität keinen Eindruck hervor. Nur in ganz ungeheurer Stärke können sie eine schwache Lichtempfindung von schwer zu bezeichnender Qualität erzeugen. Es sind also nur Strahlen, deren Schwingungszahl zwischen gewissen Grenzen eingeschlossen ist, ein regelmässiger Reiz für den Sehnervenapparat. Diese Eigenthümlichkeit desselben ist in hohem Grade zweckmässig. Wäre er nämlich durch die ultravioletten Strahlen leicht erregbar, so würde die Farbenabweichung störend. Wäre er durch die ultrarothen Strahlen erregbar, so würde ein störender Lichtglanz beständig das ganze Gesichtsfeld erfüllen, da solche Strahlen von den Theilen des Auges selbst wie von allen warmen Körpern ausgesandt werden, und fortwährend alle Theile der Netzhaut bescheinen.

274. Lässt man auf eine Netzhautstelle zwei homogene Strahlungen zusammenwirken, so erhält man im Allgemeinen Lichteindrücke von neuen Qualitäten (sogenannte Mischfarben). Darunter ist vor allen merkwürdig eine Reihe von Eindrücken, die entsteht durch Zusammenwirken von homogenem rothem (481 Bill. Schwingungen in 1″) und von violettem Lichte (764 Bill. Schw. in 1″) in verschiedenen Verhältnissen der Intensität. Diese Eindrücke vermitteln nämlich einen stetigen direkten Uebergang zwischen den Empfindungen Roth und Violett, es sind die verschiedenen Abstufungen des „Purpurroth“. Die sämmtlichen bis jetzt aufgezählten Farbenempfindungen lassen sich daher bezüglich der möglichen stetigen Uebergänge darstellen als die Punkte einer ringförmig in sich zurückkehrenden Linie, wie in Fig. 29 angedeutet ist. Diese Anordnung soll den Satz zur Anschauung bringen, dass man von jedem beliebigen dieser Farbeneindrücke zu jedem beliebigen andern derselben auf zwei verschiedene Arten einen stetigen Uebergang machen kann, z. B. von orange-gelb zu blau-grün kann man einerseits übergehen durch gelb und grün, andererseits aber auch durch roth,

Fig. 29.

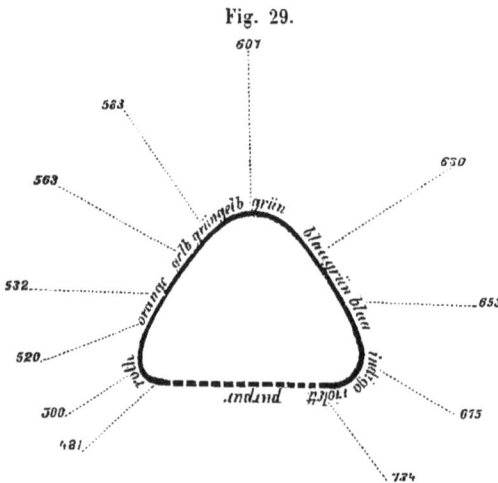

purpur, violett und blau, und so bei irgend welchen 2 Eindrücken der Reihe. Es mag noch einmal recht ausdrücklich hervorgehoben werden, dass sich der Satz lediglich auf die subjektiven Qualitäten der Empfindungen beziehen soll.

275. Unter den unzähligen neuen Eindrücken, die durch Zusammenwirken zweier homogener Strahlungen auf derselben Netzhautstelle entstehen, ist noch einer — das sogenannte „Weiss — ganz besonders dadurch aus-

gezeichnet, dass er mit keinem der vorher aufgezählten mehr Aehnlichkeit als mit dem andern hat. Wollen wir daher diesem einen Platz in der obigen symbolischen Darstellung der Farbenempfindungen anweisen, so hätten wir ihn ins Innere des von jenem Ringe umschlossenen Flächenraumes zu versetzen.

Bei der Durchprüfung aller möglichen Paare von homogenen Strahlungen zeigt sich, dass der Eindruck des Weissen durch unzählige verschiedene Paare hervorgerufen werden kann. Man nennt jedes solche ein Paar von Komplementärfarben. Nachstehend sind beispielsweise einige solche Paare von Komplementärfarben verzeichnet.

Roth — Grünblau.
Orange — Blau.
Gelb — Indigoblau.
Grüngelb — Violett.

Das heisst z. B. homogene Strahlen, welche den Eindruck von Orange hervorbringen, zusammen mit solchen, die den Eindruck der Indigofarbe hervorbringen, machen den Eindruck weiss u. s. w. Zu allen homogenen Strahlen zwischen Roth und Orange gehören komplementäre zwischen Grünblau und Blau etc. Die obige Anordnung der durch homogene Strahlungen hervorzubringenden Eindrücke kann so gemacht werden, dass, wenn der den Eindruck des Weissen darstellende Punkt gehörig gesetzt wird, je zwei Komplementärfarben an den Enden einer durch den Weiss darstellenden Punkt gezogenen Graden liegen. Siehe Fig. 30.

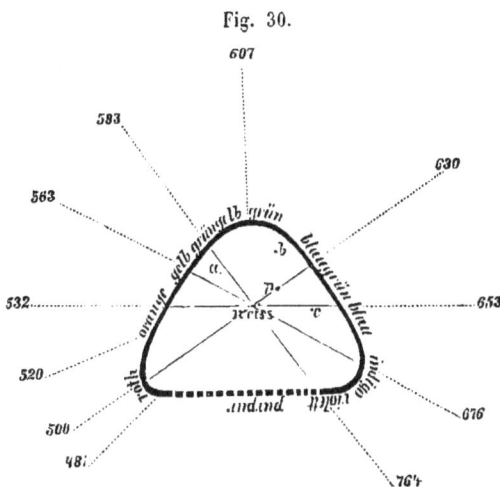

Fig. 30.

Alle übrigen Eindrücke, die durch Kombination von je zwei (nicht komplementären und nicht Purpur gebenden) homogenen Strahlungen hervorgebracht werden können, haben mit irgend einer homogenen Farbe (resp. Purpur) eine ausgesprochene Aehnlichkeit und unterscheiden sich davon nur durch mehr oder weniger Blässe oder — wie man auch sagen könnte — entfernen sich davon in der Richtung zum Weiss. Jedem solchen Eindruck wird man also auf unserem Täfelchen eine Stelle anweisen können im Innern des von dem Ringe eingeschlossenen Flächenstückes. Die Punkte der Geraden z. B. vom Weiss zum Gelb am Rande würden alle die Eindrücke repräsentiren, welche wir als blassgelb bezeichnen, je näher am Weiss desto blasser, je näher am Rand desto gesättigter gelb u. s. w. Wenn mehr als zwei homogene Strahlungen zusammenwirken, so kommen keine neuen Eindrücke zum Vorschein, die nicht schon durch Punkte unseres Täfelchens repräsentirt wären. In ihnen ist also die unendliche Mannigfaltigkeit der möglichen Farbeneindrücke vollständig erschöpft.

277.   Die Anordnung in unserer Tafel kann so gemacht werden, dass sich der Eindruck einer irgendwie gemischten Strahlung nach folgender Regel zum Voraus bestimmen lässt: In den Punkten, welche die durch die einzelnen Komponenten hervorgebrachten Eindrücke repräsentiren, denke man sich Gewichte, deren Grössen die Intensitäten der betreffenden Eindrücke messen, und suche den gemeinsamen Schwerpunkt; sein Ort repräsentirt die Qualität des resultirendes Eindruckes. Ein Beispiel mag dies verdeutlichen. Wir wollen drei schon selbst gemischte Strahlungen annehmen, die erste bringe den durch den Punkt a repräsentirten Eindruck (also blassgelb) in der Intensität 1 hervor, die zweite den Eindruck b (ziemlich gesättigt grün) in der Intensität 2, die dritte den Eindruck c (nicht ganz gesättigt grünlich blau) in der Intensität 3. Der Eindruck der Zusammenwirkung wird sich demnach im Schwerpunkt p darstellen. Da aber dieser auf der Linie von Weiss zu Grünblau liegt, könnte er auch der Schwerpunkt zweier Gewichte sein, die in diesen beiden Punkten angebracht wären. Es muss also ein Eindruck sein, der sich aus Blaugrün und Weiss mischen lässt, d. h. blassblaugrün. — Die gegenwärtige Regel schliesst alle vorhergegangenen Sätze in sich.

278.   Nimmt man in der Ebene unserer Farbentafel 3 Punkte so an, dass das Dreieck, dessen Eckpunkte sie sind, unsern Farbenring ganz in sich schliesst, dann kann jeder Punkt des Ringes oder des von ihm umschlossenen Flächenstücks als gemeinsamer Schwerpunkt dreier in den angenommenen Punkten gedachter Gewichte angesehen werden. Mit andern Worten, es lassen sich sicher 2 Verhältnisse denken, in denen drei solche Gewichte stehen müssen, so dass der gemeinsame Schwerpunkt irgend welcher gegebene Punkt unserer Farbenfläche ist. Wenn also die drei Ecken eines umschliessenden Dreieckes 3 Farbenempfindungen bedeuten, so kann man aus ihnen alle durch wirkliches Licht erzeugbaren Farbenempfindungen zusammensetzen. Die unendliche Mannigfaltigkeit der letzteren würde entsprechen der Mannigfaltigkeit der Intensitätsverhältnisse, in welchen die 3 einfachen Empfindungen zusammengesetzt werden können.

Man kann dieser Folgerung eine reelle Deutung geben, indem man annimmt: Im Sehnervenapparate giebt es dreierlei Gattungen von Elementen,

jeder dieser Gattungen kommt eine besondere Modifikation der specifischen
Energie der Lichtempfindung d. h. eine besondere Qualität der Farbenempfin-
dung zu und die wirklichen Farbenempfindungen sind Gemische dieser drei
Grundempfindungen in verschiedenem Verhältnisse der Intensität. Natürlich
muss man annehmen, dass in jedem Netzhautstückchen wenigstens in der Nähe
des gelben Fleckes alle drei Gattungen vertreten sind, da ja in jedem solchen
Netzhautstückchen alle Farbenempfindungen möglich sind. Da alle durch
Strahlungen unter normalen Umständen erzeugbaren Farbenempfindungen
durch Punkte innerhalb unserer Ringfigur (Fig. 30) schon dargestellt sind, den
hypothetischen Grundempfindungen aber Orte ausserhalb dieses Ringes angewiesen werden müssen, so muss man annehmen, dass keine dieser drei Grundempfindungen allein durch Strahlung in der normalen (unermüdeten) Netzhaut
erzeugt werden kann. Welche bestimmte Orte wir den hypothetischen drei
Grundempfindungen anzuweisen haben, ist allerdings in gewissem Maasse
willkührlich, doch passen die schon aufgezählten und manche andere Thatsachen am besten zu
der Annahme der 3
Punkte R, G, B in
Fig. 31. Diese An-
nahme heisst in Wor-
ten ausgedrückt: die
Grundempfindung R,
da sie auf der Graden
von Weiss zu Roth
liegt, hat am meisten
Aehnlichkeit mit dem
wirklichen Roth, nur
ist sie von Weiss noch
verschiedener d. h. ge-
sättigter als die durch
homogene Strahlen
von 481 Billionen

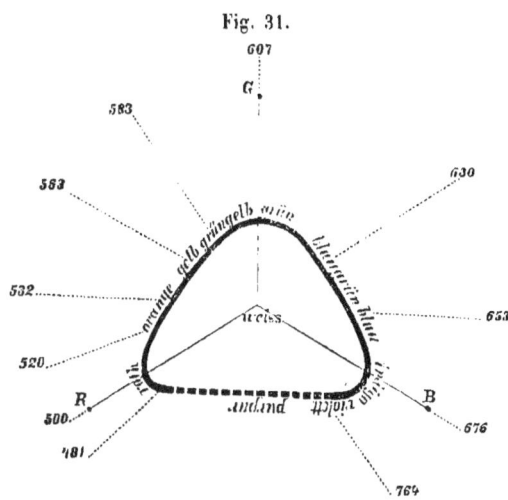

Fig. 31.

Schwingungen d. h. durch das Roth des Sonnenspektrums hervorgerufene
Empfindung. Ebenso verhält sich die Grundempfindung G zum Grün
und die Grundempfindung B zum Indigoblau des Spektrums.

Zur Erläuterung mögen noch einige Folgerungen aus der vorstehenden 279.
Hypothese gezogen werden. Homogene Strahlen von 481 bis 500 Bill.
Schw. in 1″ erregen vorzugsweise die R-Fasern, wenig die G- und B-Fasern;
die so zusammengesetzte Empfindung nennt man Roth. Homogene
Strahlen von etwa 563 Bill. Schw. in 1″ erregen ziemlich gleich stark
die R-Fasern und die G-Fasern, ganz wenig nur die B-Fasern, diese
Empfindung heisst gelb u. s. w. fort. Heben wir beispielsweise noch

eine Lichtart hervor. Homogene Strahlen von etwa 630 Bill. Schw. in 1″ erregen vorzugsweise die G- und die B-Fasern-, wenig die R-Fasern-Empfindung Blaugrün. Nun ist klar, dass, wenn man mit ihnen noch Strahlen von etwa 490 Bill. Sch. in 1″ (die vorzugsweise R erregen) zusammenwirken lässt, alle drei Fasergattungen gleich stark erregt werden, welcher Eindruck aber Weiss genannt wird. Man sieht auch sofort, dass derselbe Eindruck, d. h. gleiche Erregung aller drei Fasergattungen, noch auf unzählig viele Arten durch Zusammenwirken von 2 oder mehr homogenen Strahlungen erregt werden kann, wie es die Erfahrung lehrt.

280. Es ist lehrreich, hier einen Rückblick auf den Qualitätenkreis der Schallempfindungen zu werfen. Er bietet eine unendlich viel grössere Mannigfaltigkeit, als sich auf dem Gebiete der Farbenempfindungen gefunden hat. Wir fanden ja, dass jedem physikalisch von anderen unterscheidbaren Oscillationszustande der Luft eine subjektiv von anderen unterscheidbare Schallempfindung entspricht, indem das Ohr die Fähigkeit hat, die Oscillationen der Luft in ihre pendelartigen Komponenten zu zerlegen. Die Netzhaut besitzt diese Fähigkeit nicht. Unendlich viele physikalisch leicht von einander unterschiedene Schwingungszustände des Aethers bringen genau ein und denselben Empfindungszustand hervor. So ist es z. B. absolut unmöglich, zu unterscheiden, ob die Empfindung des Weissen durch 1000 gleichzeitig vorhandene homogene Strahlen von verschiedener Schwingungszahl hervorgerufen ist oder durch dies oder jenes Paar von komplementären. Wir können es im Sinne unserer Hypothese auch so ausdrücken: Die ganze Mannigfaltigkeit der Farbenempfindungen beruht auf der Zusammensetzung von nur drei Elementarqualitäten in verschiedenen Verhältnissen. Die Mannigfaltigkeit der Schallempfindungen dagegen beruht auf der Zusammensetzung unzähliger Grundempfindungen, nämlich der verschiedenen Tonhöhen zu Gruppen von beliebig vielen Gliedern in jedem möglichen Intensitätsverhältnisse derselben. Bezüglich des Reichthumes an Qualitäten kann der Gesichtssinn dem Geschmackssinne, der Gehörsinn dem Geruchssinne an die Seite gestellt werden.

Wenn somit das Ohr dem Auge unendlich überlegen ist in der Fähigkeit zu erkennen, welche physikalische Beschaffenheit der reizende Vorgang hat, so ist, wie sich später zeigen wird, das Auge dem Ohr ebenso überlegen in der Fähigkeit zu erkennen, von wo der Reiz eingewirkt hat.

VI. Zeitlicher Verlauf der Netzhauterregung.

281. Wenn eine Strahlung von bestimmter Intensität in einem gewissen Augenblick plötzlich anfängt auf eine Netzhautparthie zu wirken, so verfliesst eine merkliche Zeit, bis die Erregung des Nervenapparates und mithin die Lichtempfindung den Grad erreicht, welcher der Wirkung der Strahlung entspricht. Genau ist diese Zeit der wachsenden Erregung

— des sogenannten „Anklingens" der Lichtempfindung — nicht ermittelt, sie dürfte aber wohl mehrere hundertel Sekunden betragen.
Dauert die einwirkende Strahlung in gleicher Intensität längere Zeit 252.
an, so nimmt die Erregung, nachdem sie ihren höchsten Grad erreicht
hat, sofort wieder ab, anfangs schneller und allmählich immer langsamer.
Dies Phänomen hat offenbar Aehnlichkeit mit der allmählichen Abnahme
der Kontraktion eines Muskels unter dem Einflusse einer andauernden
Reizung, man bezeichnet es daher auch als „Ermüdung" des lichtempfindenden Apparates. Wenn man eine helle Fläche unverwandt betrachtet,
so kann man die Abnahme der Lichtempfindung ohne Weiteres wahr-
nehmen. Noch auffälliger tritt aber die Ermüdung ins Bewusstsein bei
folgendem Versuche: Man betrachtet ein helles Flächenstück auf dunklem
Hintergrunde einige Zeit unverwandt und lässt dann plötzlich (etwa durch
Vorschieben eines grossen gleichmässig hellen Schirmes) auf die ganze
Retina gleichmässige Beleuchtung fallen, dann sieht man dem früheren
Bilde des hellen Flächenstückes entsprechend ein dunkles Feld auf hellem
Grunde, weil nämlich die nunmehr gleichmässige Beleuchtung von den
Theilen der Retina, welche vorher von dem Bilde der hellen Fläche getroffen waren, wegen der Ermüdung schwächer empfunden wird, als von
den Theilen derselben, auf die das Bild des dunkeln Hintergrundes fiel,
die mithin unerregt blieben und nicht ermüdet wurden. Diese Erscheinung
nennt man „ein negatives Nachtbild". Gebraucht man zu diesem Versuche eine farbige Fläche, so erscheint das negative Nachtbild bei nachfolgender weisser Gesammtbeleuchtung in komplementärer Farbe. Diese
Erscheinung hätte nach der oben entwickelten Theorie der Farbenempfin-
dung vorhergesagt werden können. In der That, die farbige Beleuchtung
erregt die 3 hypothetischen Fasergattungen nicht gleichmässig und ermüdet
sie mithin auch ungleich. Z. B. eine gelbe Fläche wird vorzugsweise die R-
und G-Fasern der betreffenden Netzhautstelle ermüden, dagegen die B-Fasern
unermüdet lassen, wenn also hernach weisses Licht einfällt, so wird die
Erregung der B-Fasern stärker sein d. h. es wird ein bläuliches Nachbild
der gelben Fläche im weissen Grunde auftreten, und so in allen andern
Fällen ein komplementär gefärbtes.

Aus der Theorie lassen sich auch die zahlreichen anderen Erscheinungen leicht erklären, welche auftreten, wenn man ein negatives Nachbild einer farbigen Fläche in farbiger Nachbeleuchtung entstehen lässt.

Lässt man die Bestrahlung eines Netzhautstückes plötzlich auf- 253.
hören, so hört nicht sofort die Lichtempfindung auf, sie nimmt vielmehr
anfangs schnell, dann immer langsamer ab und verschwindet erst nach
geraumer Zeit gänzlich. Dieser Process des „Abklingens" der Lichtempfindung kann viele Sekunden, ja Minuten dauern. Von der Richtigkeit dieses Satzes kann man sich jeden Augenblick überzeugen, indem

man einen sehr hellen Gegenstand, z. B. die Sonne, eine Lichtflamme und dergl. ansieht und dann plötzlich die Augen schliesst und verdeckt. Es schwebt dann ein allmählich an Helligkeit abnehmendes „positives Nachbild" des hellen Gegenstandes im dunkeln Gesichtsfelde. War der Gegenstand weiss, so zeigt das Nachbild der Reihe nach die Farben blaugrün, blau, violett, Purpur, roth. Diese Erscheinung erklärt sich abermals sehr leicht durch die Annahme, dass das Abklingen der Erregung in den 3 hypothetischen Fasergattungen unabhängig von einander geschieht und dabei also die Erregungen der 3 Fasergattungen, die während der weissen Beleuchtung gleich stark waren, verschiedene Werthe haben, und dass deren Verhältnisse in verschiedenen Stadien verschieden sein können. Es wäre insbesondere anzunehmen, dass die Erregung der R-Fasern anfangs am schnellsten abklingt, so dass die der G- und B-Fasern vorherrscht (Empfindung blaugrün), dass dann aber später gerade die Erregung der R-Fasern am längsten bestehen bleibt, so dass schliesslich roth die herrschende Empfindung ist, dazwischen Uebergang durch Blau und Purpur.

284.   Die im An- und Abklingen der Lichtempfindung sich kundgebende Trägheit des Netzhaut-Apparates bringt es mit sich, dass, wenn Zeiten des Bestrahltseins und Nichtbestrahltseins einer Netzhautparthie in regelmässigem Wechsel rasch aufeinander folgen — dass alsdann die Intensität der Lichtempfindung weder in den Zeiträumen der Bestrahlung zur vollen Entwicklung kommen, noch in den Zeiträumen der Nichtbestrahlung vollständig verschwinden kann. Die Intensität der Lichtempfindung wird alsdann um einen gewissen Mittelwerth schwanken. Der Betrag der Schwankungen wird natürlich um so kleiner sein, je kürzer die einzelnen Zeiträume sind. Wenn daher deren Grösse unter einen gewissen Werth herabsinkt, so werden die Schwankungen unmerklich und der ganze Vorgang macht den Eindruck einer konstanten Beleuchtung. Am leichtesten kann man die Bedingungen zu diesem Vorgang herstellen, wenn man eine rasch rotirende Scheibe unverwandt ansieht, die in weisse und schwarze Sektoren getheilt ist. Ein Netzhautpunkt ist nämlich alsdann so lange bestrahlt als das Bild eines weissen und so lange nicht bestrahlt als das Bild eines schwarzen Sektors über ihn hinzieht. Wird eine solche Scheibe dreissig oder mehr Male in der Sekunde umgedreht, so sieht sie aus wie eine gleichmässig helle Fläche, deren Helligkeit kleiner als die ihrer weissen und grösser als die ihrer schwarzen Sektoren ist. Im einzelnen Falle verhält sich der bestimmte Werth dieser scheinbaren Helligkeit zur Helligkeit der weissen Sektoren fast ganz genau wie die Gesammtoberfläche dieser letzteren zur ganzen Oberfläche der Scheibe. Ist also z. B. die Scheibe zur Hälfte weiss, zur Hälfte schwarz, so ist ihre scheinbare Helligkeit bei rascher Drehung gerade halb so gross als die Helligkeit der weissen Hälfte. Dieser Satz stellt eine merkwürdige mathematische

Beziehung fest zwischen dem Gesetz des Anklingens und dem Gesetz des Abklingens der Lichtempfindung. Da indessen die Entwicklung nicht ohne Anwendung des Calculs möglich ist, so muss sie hier unterbleiben. Das verhältnissmässig ziemlich langsame Entstehen — „Anklingen" 285. das noch langsamere Vergehen — „Abklingen" — der Lichtempfindung. sowie die bedeutende Ermüdbarkeit haben ihren Sitz jedesfalls nur in den eigenthümlichen Anhangsapparaten der Sehnerven, in welchen die Bestrahlung chemische Processe auslöst. Denn die eigentliche Nervenfaser hat keine Eigenschaften, welche derartige Erscheinungen erklären liessen. Sie ermüdet fast gar nicht (siehe No. 131), die Erregung entsteht in ihr merklich gleichzeitig mit dem Reize und dauert nur eine kaum messbare Zeit nach Aufhören des Reizes.

VII. Das Sehen.

Der Gesichtssinn kann jederzeit so viele qualitativ und quantitativ 256. von einander unterscheidbare Lichtempfindungen vermitteln, als die percipirende Netzhautschicht vollständig von einander unabhängige Elemente besitzt. Jedesfalls ist jeder „Zapfen" der äussersten Netzhautschicht ein selbständiges empfindendes Element. Von den „Stäbchen" dagegen scheint nicht jedes einzelne einer gesonderten Empfindung fähig zu sein. Vielmehr scheint die einen Zapfen umgebende Gruppe von Stäbchen mit jenem zusammen ein physiologisches Element zu bilden, so dass im Bewusstsein nicht unterschieden werden kann, welches von den Elementen der Gruppe erregt ist, oder ob mehrere derselben zugleich erregt sind. Bekanntlich besteht die äusserste Schicht der Retina in einem kleinen. dem Hornhautscheitel diametral gegenüberliegenden Theile von etwa 2^{mm} Durchmesser, dem sogenannten „gelben Fleck" aus lauter sehr dünnen Zapfen, während man in den mehr seitlich gelegenen Theilen die Zapfen um so spärlicher zwischen den Stäbchen vertheilt findet, je weiter man sich vom gelben Fleck entfernt. Im gelben Fleck werden daher viel mehr unterscheidbare Lichtempfindungen im Bereiche einer Flächeneinheit Platz finden als auf den Seitentheilen der Netzhaut. Man kann füglich jeden Theil der Netzhaut, der eine von anderen unterscheidbare Empfindung vermittelt, d. h. jeden Zapfen resp. jeden Zapfen mit der umgebenden Stäbchengruppe einen „Empfindungskreis" nennen.

Vermöge der oben vorgetragenen Sätze über den Gang der Licht- 287. strahlen durch das Auge wird bei gehöriger Accommodation des brechenden Apparates jeder Punkt des Objektes nur einen Punkt der Netzhaut bestrahlen. Wenn zwei von verschiedenen Punkten des Objektes ausgegangene Strahlenbündel 2 Punkte im selben Empfindungskreise der Netzhaut treffen, so werden sie zur Erregung einer und derselben Lichtempfindung beitragen, wenn sie aber verschiedene Empfindungskreise treffen, werden sie unterscheidbare Empfindungen veranlassen. Man wird daher bei rich-

tiger Einstellung des Auges in den Lichtempfindungen genügendes Material
besitzen, so viele Theile der vor den Augen gelegenen Gegenstände bezüglich der Intensität und Qualität (Farbe) der von ihnen ausgesandten Strahlen
zu unterscheiden, als die Netzhaut Empfindungskreise enthält.

288. Man weiss ferner, dass im richtig accommodirten Auge der Ausgangspunkt eines Strahlenbündels, welches einen bestimmten Punkt der Netzhaut erleuchtet, in der geraden Linie liegen muss, welche den gedachten
Netzhautpunkt mit dem Kreuzungspunkt der Richtungsstrahlen verbindet —
oder kurz auf dem zu dem Netzhautpunkt gehörigen Richtungsstrahl.
(Siehe Nr. 249.) Hierin liegt principiell die Möglichkeit, mit jeder selbständig ins Bewusstsein tretenden Lichtempfindung die Vorstellung einer
bestimmten Richtung zu verknüpfen, in welcher die physikalische Ursache
derselben zu suchen ist. Diese Fähigkeit, die Ursache einer elementaren
Lichtempfindung in der richtigen Richtung vorzustellen, wird ohne Zweifel
durch Vergleichung der Lichtempfindungen mit andern Empfindungen und
mit dem Bewusstsein von Bewegungsantrieben, welche zu den Empfindungen führen, mit einem Worte durch „Erfahrung" gewonnen. Man
braucht aber nicht nothwendig anzunehmen, dass diese Erfahrungen alle
im individuellen Leben gemacht werden müssten. Sie können vielmehr auch von den Eltern auf die Kinder vererbt werden. Mag dem nun
sein, wie ihm wolle, beim erwachsenen Menschen ist die Verknüpfung
jeder bestimmten Lichtempfindung mit der zugehörigen Richtungslinie in
hohem Grade entwickelt. Wir können daher, sowie wir ein Auge öffnen,
nach jedem in dasselbe hineinscheinenden Objektpunkte richtig unsere
Hand bewegen und wir haben eine deutliche Vorstellung davon, wie die
Richtungen zu den Objektpunkten nebeneinander liegen. Diese Entstehung
einer Vorstellung von den räumlichen Beziehungen verschiedener Objekte
auf Grund der von ihnen verursachten Lichtempfindungen ist das „Sehen".
Nach den vorstehenden Erörterungen hat die sonst oft aufgeworfene Frage
keinen Sinn mehr, wie es komme, dass man trotz des verkehrten Netzhautbildes aufrecht sehe. Man hat eben die Erfahrung gemacht, dass die
von den oberen Netzhauttheilen gelieferten Lichtempfindungen verursacht
werden durch unten gelegene Objecte u. s. w. Die eingeübte Verknüpfung
jeder Lichtempfindung mit der Vorstellung eines äusseren leuchtenden Objektes in bestimmter Richtung ist so fest, dass die Erregung einer Netzhautparthie gar nicht als innerer Zustand, als Empfindung zum Bewusstsein kommt, sondern eben als Vorstellung eines äusseren Objektes. Auf
solche beziehen wir daher auch Erregungen, die gar nicht durch Strahlungen hervorgerufen sind. So „schwebt ein heller Kreis auf der Nasen-
seite vor dem Auge", wenn man auf der Schläfenseite den Augapfel
drückt. So spricht man von Flimmern vor den Augen, wenn aus inneren
Ursachen rasch wechselnde Erregungen in der Netzhaut statt haben.

Den Winkel zwischen den beiden zu zwei Objektpunkten resp. ihren 289. Netzhautbildern gezogenen Richtungsstrahlen nennt man den „Gesichts-winkel", unter welchem die Distanz der beiden Punkte erscheint. Die Ge-nauigkeit des Sehens werden wir — ceteris paribus, namentlich immer rich-tige Accommodation vorausgesetzt — um so grösser zu nennen haben, je kleiner der Gesichtswinkel des Abstandes zweier Punkte sein darf, ohne dass die Wahrnehmung derselben als zweier gesonderten Punkte aufhört.

Die Genauigkeit des Sehens ist für ein und dasselbe Auge in den verschiedenen Theilen des Gesichtsfeldes sehr verschieden. Fallen die Bilder der Punkte auf den sogenannten gelben Fleck, so genügt eine unter einem Gesichtswinkel von 60″ bis 70″ erscheinende Entfernung zweier Punkte, um sie, unter sonst günstigen Bedingungen, als getrennt wahrzunehmen. Fallen dagegen die Bilder der beiden Punkte nur etwa 5^{mm} seitwärts von der Netzhautmitte, so muss der Gesichtswinkel ihres Abstandes beinahe 6^0 betragen, wenn sie getrennt gesehen werden sollen. Diese enorme Abnahme der Genauigkeit des Sehens von der Netz-hautstelle nach den Seitentheilen entspricht ganz dem bekannten Baue der Netzhaut. Man kann ja 2 Punkte nur dann als getrennt wahrnehmen, wenn zwischen ihren Bildern mindestens ein ganzer Empfindungskreis Platz hat, der unerregt bleibt oder mit andersartiger Erregung erfüllt ist. Die Empfindungskreise sind aber, wie oben (siehe No. 286) schon gezeigt wurde, in der Netzhautmitte sehr viel kleiner als in den Seitentheilen derselben.

Diese Thatsachen rechtfertigen die obige Bemerkung (siehe No. 240), 290. dass für den Sehakt die der Axe nahezu parallel einfallenden Strahlen-bündel vorzugsweise wichtig sind. In der That stellen wir stets das Auge so, dass die Bilder der Objekte, welchen wir besondere Aufmerksamkeit schenken, auf den gelben Fleck fallen. Man kann sogar ganz genau will-kührlich das Bild eines bestimmten Punktes auf die Mitte des gelben Fleckes, auf die sogenannte Netzhautgrube (fovea centralis retinae) fallen lassen. Man nennt alsdann diesen Punkt den „fixirten" Punkt und den im Auge festen Richtungsstrahl zur fovea centralis die Fixations-richtung, die Sehaxe oder Gesichtslinie. Diese Linie fällt bei den meisten Augen nicht ganz genau mit der Symmetrieaxe des Augapfels zusammen. Ihr vorderes Ende weicht meist nasenwärts von der Symmetrie-axe ab. Das genaue Sehen mit dem gelben Fleck nennt man auch das „direkte" Sehen, das mit den Seitentheilen der Retina das „indirekte".

Um sich eine Vorstellung davon zu machen, wie ausserordentlich ungenau das indirekte Sehen ist, mache man folgenden Versuch: man lege ein bedrucktes Blatt vor sich in die bequemste Sehweite, halte davor einen Schirm, auf dem ein Punkt zum Fixiren bezeichnet ist, ziehe nun den Schirm weg und schiebe ihn sofort wieder vor, so dass für einen

Augenblick während dessen die Fixationsrichtung sich nicht verändern kann, das bedruckte Blatt sichtbar wird. Man wird auf diese Weise höchstens 3—5 Buchstaben lesen können d. h. nur innerhalb eines ganz kleinen Raumes um die Fixationsrichtung herum werden die Formen der Objekte genau erkannt.

291.   Ein ziemlich grosses Stück der Netzhaut, nämlich die Eintrittsstelle des Sehnerven, entbehrt gänzlich der Elemente, welche wir oben als die lichtempfindenden erkannt haben. Demgemäss können auch wirklich von dieser Stelle keine Lichtempfindungen geliefert werden und ein Objekt, dessen Bild auf dieses Stück Netzhaut fällt, muss ungesehen bleiben. Da die Eintrittsstelle des Sehnerven oder der blinde Fleck nasenwärts vom gelben Fleck liegt, so muss der ungesehene Raum nach aussen vom Fixationspunkt liegen. Der Richtungsstrahl zur Mitte der Eintrittsstelle des Sehnerven liegt mit der Fixationsrichtung etwa in demselben wagrechten Meridianschnitt des Auges (siehe Fig. 18) und bildet damit einen Winkel von etwa 15 °. Die Durchmesser des blinden Fleckes umspannen am Kreuzungspunkte der Richtungsstrahlen einen Gesichtswinkel von mehr als 6°. Der ungesehene Raum ist daher so gross, dass der ganze Kopf eines wenige Schritte entfernten Menschen darin Platz hat,

A   B

und wenn man aus vierfachem Abstande der Strecke AB den Buchstaben A mit dem rechten Auge (bei geschlossenem linken) fixirt, so verschwindet B vollständig und A, wenn man B mit dem linken fixirt.

Dieser Ausdehnung des ungesehenen Raumes entspricht die Grösse des Sehnerven, dessen Durchmesser ungefähr 2 Millimeter beträgt, also am Kreuzungspunkt der Richtungstrahlen einen Winkel von etwa 7 ° umspannt.

Der ungesehene Raum bildet übrigens keineswegs eine Lücke im gesehenen Raume. Er wird ausgefüllt mit Vorstellungen von Objekten, welche ähnliche Lichtempfindungen hervorbringen würden wie die nächst anliegenden wirklich gesehenen Gegenstände, wofern er nicht durch Lichtempfindungen des andern Auges erfüllt wird.

292.   Bei den Erfahrungen, durch welche wir lernen, mit jeder elementaren Lichtempfindung die Vorstellung von einer bestimmten Richtung zu verknüpfen, spielen die Bewegungen des Augapfels selbst die wichtigste Rolle. Schon aus diesem Grunde verdienten sie eingehende Betrachtung. Man weiss aus der Anatomie, dass der Augapfel im Fettpolster der Augenhöhle durch lockere, leicht verschiebbare Bindegewebsschichten so befestigt ist, dass er leicht nach allen Seiten gedreht werden kann um einen bestimmten Punkt, den man den „Drehpunkt" genannt hat. Die unendliche Mannigfaltigkeit der Lagen, welche vermöge dieser Beweglichkeit der Augapfel annehmen kann, lässt sich so eintheilen: Es kann erstens die Sehaxe

innerhalb eines gewissen kegelförmigen Raumes alle möglichen Richtungen
haben. Es kann aber zweitens für jede bestimmte Richtung der Sehaxe
durch Drehung um dieselbe der Augapfel noch unendlich viele verschiedene
Stellungen haben. Der Muskelapparat würde ausreichen, diese doppelt
unendliche Mannigfaltigkeit von Stellungen zu realisiren. Merkwürdiger-
weise ist das den Bewegungsapparat beherrschende Nervensystem nicht
im Stande, die Muskeln in allen erforderlichen Verhältnissen zu erregen,
um alle mechanisch möglichen Stellungen des Augapfels wirklich hervorzubringen. Man kann nämlich dem Auge nur so viele verschiedene
Stellungen geben, als die Gesichtslinie innerhalb des den Bewegungsumfang bezeichnenden kegelförmigen Raumes verschiedene Richtungen
annehmen kann; ist der Gesichtslinie eine bestimmte Richtung gegeben,
so ist damit faktisch auch über die ganze Orientirung des Augapfels um
die Gesichtslinie als Axe eindeutig verfügt, wenigstens wenn es sich um
Sehen mit nur einem Auge handelt.

Um jede beliebige Augenstellung unzweideutig bezeichnen zu können,
muss man vor allen Dingen eine ursprüngliche Stellung, die „Primärstellung" annehmen, auf welche sich jede andere beziehen lässt. Welche
bestimmte Stellung zu diesem Zwecke am besten taugt, kann erst hernach
angegeben werden. Um nun jede beliebige Augenstellung auf eine Primärstellung zu beziehen, genügen natürlich 3 Winkelgrössen (von denen 2
die Lage der Gesichtslinie feststellen und eine die Orientirung des Augapfels um diese Lage). Man kann in sehr verschiedener Art drei solche
Koordinatenwinkel definiren, aber die zweckmässigste ist die folgende:
„Blickebene" heisst die Ebene, welche durch die Verbindungslinie der
Drehpunkte beider Augen und durch die jeweilige Lage der Gesichtslinie
des betrachteten Auges bestimmt wird, man kann alsdann einen ersten
Koordinatenwinkel den Hebungswinkel (h) nennen, welcher die Neigung
der Blickebene gegen die Primärlage dieser Ebene misst. Ein positiver
Werth dieses Winkels bedeutet eine Erhebung der Blickebene über, ein
negativer Werth eine Senkung desselben unter ihre ursprüngliche Lage.
Ein zweiter Winkel, der Wendungswinkel (w), giebt an, um wie viel die
Gesichtslinie von der Medianlinie in der Blickebene abweicht. Ein positiver Werth von w bedeute Abweichung des vorderen Theils nach links,
ein negativer Werth nach rechts. Durch die Winkel h und w ist demnach die Lage der Gesichtslinie auf eine bestimmte Primärlage unzweideutig bezogen. Soll nun aber noch bestimmt werden, wie um diese
Lage der Gesichtslinie der Augapfel orientirt ist, so muss noch ein dritter
Winkel gegeben sein. Um ihn zu definiren, muss noch ein bestimmter
Meridianschnitt des Auges festgelegt werden. Es sei derjenige, welcher
in der gewählten Ausgangsstellung mit der Blickebene zusammenfiel. Er
heisse der Netzhauthorizont; er enthält ganz bestimmte Netzhautelemente.

Der dritte Koordinatenwinkel sei nun derjenige, welchen der Netzhauthorizont bei der jeweiligen Augenstellung mit der Blickebene macht. Dieser
Winkel heisst der Raddrehungswinkel (r), weil bei einer Veränderung
dieses Winkels allein einem Beobachter die Iris wie ein Rad gedreht erscheinen würde. Ein positiver Werth von r soll bedeuten, dass die Rad-
drehung im Sinne des Zeigers einer von dem Auge angesehenen Uhr vor
sich geht und ein negativer Werth eine umgekehrte.

294.   Der oben ausgesprochene Satz, dass mit der Lage der Gesichtslinie
die Augenstellung schon vollständig bestimmt sei, kann also jetzt dahin
ausgedrückt werden, dass, wenn die zwei Winkel h und w (welche die Lage
der Gesichtslinie bestimmen) gegeben sind, der Winkel r mitgegeben ist
oder dass r eine Funktion von h und w ist. Die Abhängigkeit des Winkels
r von h und w gestaltet sich aber sehr einfach, wenn zum Koordinaten-
anfang eine gewisse Primärlage gewählt wird. Für die meisten Augen
ist diese so zu sagen natürliche Primärlage die Richtung der Gesichtslinie
wagrecht nach vorn bei normaler aufrechter Kopfhaltung, für viele, namentlich kurzsichtige Augen, ist eine etwas abwärts grade nach vorn
gehende Richtung die natürliche Primärstellung. Werden die Winkel
h, w und r auf diese natürliche Primärstellung bezogen, so gilt der Satz,
dass r einerlei Vorzeichen hat mit dem Produkte von h und w, und dass r
Null ist, wenn das Produkt von h und w Null ist. D. h. also wenn die Blicklinie nach rechts erhoben oder nach links gesenkt wird, so neigt sich die
linke Seite des Netzhauthorizontes unter die Blickebene, wird dagegen
die Blicklinie nach links erhoben oder nach rechts gesenkt, so neigt sich
die rechte Seite des Netzhauthorizontes unter die Blickebene. Bei blosser
Wendung des Blickes nach rechts oder nach links sowie bei blosser
Hebung oder Senkung des Blickes aus der Primärstellung bleibt der Netzhauthorizont in der Blickebene. Auch die quantitative Abhängigkeit des
Winkels r von h und w kann man ohne Formel durch folgenden Satz
ausdrücken: Für jede Lage der Blicklinie ist die Orientirung des Auges
so, als ob es aus der Primärstellung in die neue gekommen wäre durch
einfache Drehung um einen Durchmesser seines Aequators in der Primärlage als Axe. Dieser Satz gilt übrigens für grosse Stellungsänderungen
des Auges nur annäherungsweise.

295.   Der Muskelapparat, welcher dem Auge die nach dem vorstehenden
Gesetze möglichen Stellungen ertheilt, besteht bekanntlich aus 6 Muskeln.
Ihre Zugrichtungen sind in Fig. 32 (Seite 195) im Grundriss dargestellt.
Durch punktirte Linien mit entsprechender Bezeichnung sind die Axen
angedeutet, um welche die Muskeln jeder allein wirkend gedacht das Auge
drehen würden. Nur die Axen des *rect. externus* und *r. internus* konnten
nicht angegeben werden, da sie im Mittelpunkt senkrecht zur Ebene der
Zeichnung stehen. Man sieht, dass die Muskeln paarweise fast genau

Antagonisten sind, nämlich der *rectus externus* und *internus*, der *rectus superior* und *inferior*, der *obliquus superior* und *inferior*.

Fig. 33 (S. 196) giebt eine Anschauung, welche Bahnen der Fixationspunkt auf einer zur Primärlage der Fixationsrichtung senkrechten Ebene beschreiben würde, wenn sich die 6 Muskeln, jeder allein, kontrahirten. Der Drehpunkt ist in der durch die nebengezeichnete Linie dd gegebenen Entfernung senkrecht über dem Mittelpunkt der Figur zu denken. Die stärkeren Striche an den Enden der Bahnen deuten an, das Bild welcher Linie bei der betreffenden Lage des Auges auf den Netzhauthorizont fallen würde. Die Zahlen an den Linien bedeuten um wie viele Winkelgrade das Auge durch den betreffenden Muskel gedreht wäre, wenn der Fixationspunkt den Punkt bei der Zahl erreicht hat.

Fig. 32.

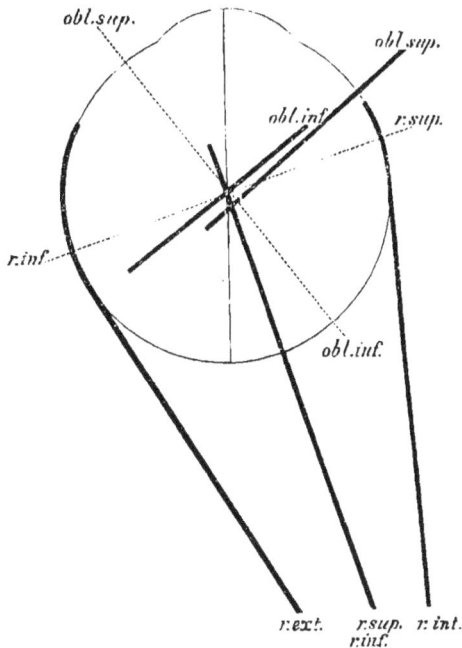

296.

Die Anschauung der Figur 33 ergiebt unmittelbar, dass zu einer senkrechten Erhebung der Blickrichtung der *r. superior* und der *obliquus inferior* zusammenwirken müssen, und zu einer senkrechten Senkung der *r. inferior* und *obliquus superior*. Diese beiden Paare von Muskeln verhalten sich nun dem Nervensystem gegenüber wie je ein Muskel. Es ist unmöglich, den *r. sup.* allein zu erregen, stets fliesst gleichzeitig in den *obl. inf.* ein Erregungsstrom von geeigneter Stärke, um mit der Kontraktion des *r. sup.* zusammen eine Erhebung des Auges zu bewerkstelligen. Entsprechendes gilt vom *r. inf.* und *obl. sup.* Der Augapfel besitzt also in gewissem Sinne nur 4 Muskeln mit selbständiger Innervation, nämlich: 1) einen Heber (*r. sup.* mit *obl. infer.*); 2) einen Senker (*r. infer.* mit *obl. sup.*); 3) einen Auswärtswender (*r. externus*); 4) einen Einwärtswender (*r. internus*). Will man das Auge schräg nasenwärts erheben, so muss man daher einen Willensimpuls zum Einwärtswender (*r. int.*) einerseits und zum Heber andererseits senden. Diese

13*

beiden Impulse sind vollständig von einander unabhängig und können in
jedem beliebigen Verhältnisse zu einander stehen, so dass jede beliebige
schräge Richtung der Bewegung möglich ist. Der Impuls zum Heber

Fig. 33.

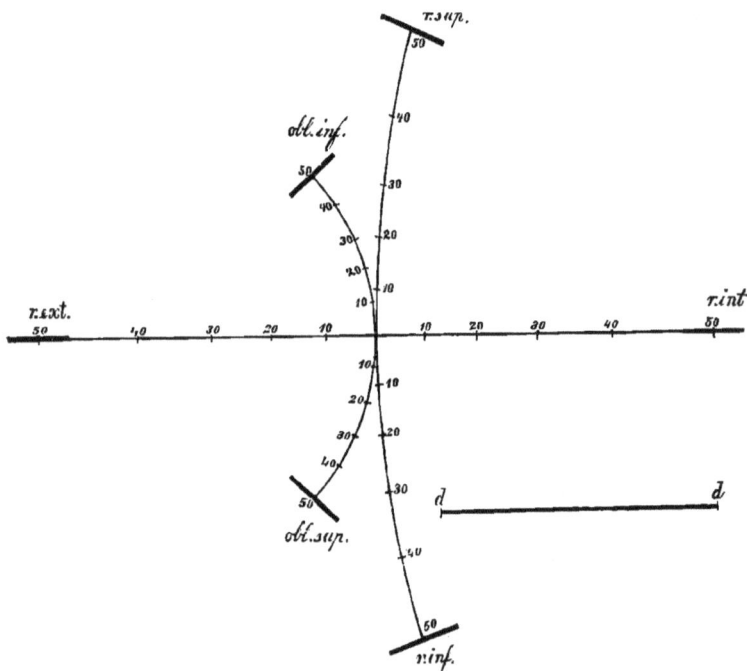

aber, der in seinem Ursprunge einheitlich ist, vertheilt sich innerhalb
des Centralorgans in zwei Zweige, wovon der eine zum $r. sup.$, der andere
zum $obl. inf.$ geleitet wird und die Intensität dieser beiden Zweige steht
immer in demselben Verhältnisse, mag der Gesammtstrom stark oder
schwach sein.

297.   Von den Grenzen, innerhalb deren der Gesichtslinie jede beliebige
Richtung ertheilt werden kann, giebt die für ein bestimmtes Augenpaar
entworfene Figur 34 (Seite 197) eine Anschauung. Man denke sich das
Auge der Ebene der Zeichnung senkrecht gegenüber, so dass der Punkt a
in der Primärstellung der fixirte ist und zwar in einem durch die Linie a c
gemessenen Abstande.*) Das linke Auge kann alsdann alle Punkte der
Ringlinie L, das rechte alle in der Ringlinie R eingeschlossenen Punkte

---

*) Bei wirklichen Beobachtungen muss man natürlich den Abstand und die Zeich-
nung im gleichen Verhältnisse vergrössern.

fixiren. Man kann den eingeschlossenen Flächenraum passend als das Blickfeld bezeichnen. Die schraffirten Theile deuten das Hineinragen der Nase an. Man sieht, dass sich von der Primärlage aus das Blickfeld am weitesten nach unten und aussen erstreckt. Denkt man sich die Ebene so weit entfernt, dass dagegen der Abstand beider Augen von einander verschwindet, und die Zeichnung in entsprechendem Maasse vergrössert, so ist der von beiden Ringlinien umschlossene Raum das beiden Augen bei Parallelstellungen gemeinsame Blickfeld.

Das Sehen mit einem Auge giebt, wie oben gezeigt wurde, eine sehr genaue Vorstellung von der Richtung, in welcher

Fig. 34.

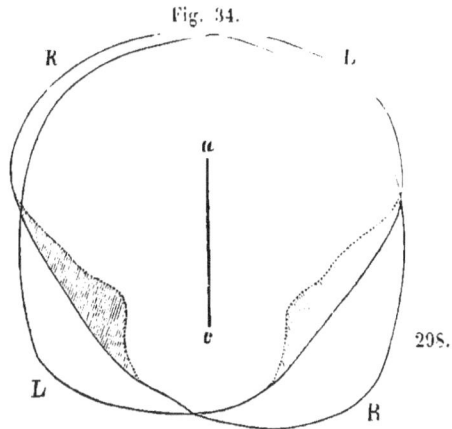

sich jeder gesehene Punkt befindet, wo er sich aber auf dieser Richtung befindet, darüber kann uns das einmalige Sehen mit einem Auge nicht belehren. Zwar, wenn nur schon sonst bekannte Gegenstände gesehen werden, so sind wir auch mit einem Auge im Stande, ihre Entfernung ziemlich richtig zu schätzen, denn sie geben ein um so grösseres Netzhautbild, je näher sie sind. Sowie aber der Gegenstand völlig unbekannt ist oder für einen andern gehalten wird, sind wir den grössten Irrthümern ausgesetzt. So begegnet es oft, dass wir einen hoch in der Luft schwebenden Raubvogel für eine ganz nahe fliegende Mücke halten, die eben ein gerade so grosses Netzhautbild liefern würde. Für nahe gelegene Objekte hat ein einzelnes Auge allenfalls einen Anhaltspunkt für die Schätzung der Entfernung in der Anstrengung des Accommodationsapparates, der erforderlich ist, um es deutlich zu sehen. Besondere Versuche haben indessen dargethan, dass die hierauf gegründete Schätzung der Entfernung sehr unvollkommen ist.

Wenn man jetzt dieselben Gegenstände mit demselben Auge von einer andern Stelle aus betrachtet, dann wird man für jeden gesehenen Punkt eine neue Richtung finden, auf welcher er liegen muss. Dadurch ist aber der Ort dieses Punktes als Durchschnittspunkt zweier Geraden im Raume vollständig gegeben. Somit ist die Möglichkeit ersichtlich, die Entfernung der Gegenstände mit einem Auge durch successive Betrachtung von verschiedenen Standpunkten zu erkennen. Im konkreten Falle macht sich dies freilich nicht durch Ausmessung der Standlinie und geometrische Konstruktion der einzelnen Richtungsstrahlen. Es ist aber doch principiell derselbe Vorgang, wenn man von einem weiter rechts gelegenen Standpunkte einen Punkt b rechts von einem Punkte a sieht, der von einem weiter links gelegenen Standpunkte links von demselben erschien und man nun urtheilt: der Punkt b muss weiter entfernt liegen als der Punkt a.

300.   Genau das, was die successive Betrachtung der Gegenstände von verschiedenen Standpunkten mit demselben Auge bietet, das leistet nur in unendlich viel vollkommnerer Weise die gleichzeitige Betrachtung mit beiden Augen, die ja in der That verschiedene Standpunkte einnehmen.

Dass beim Sehen mit beiden Augen die Gegenstände nicht doppelt erscheinen, obgleich doch jeder Punkt zwei Lichtempfindungen verursacht, hat ebenso wenig etwas Auffallendes, wie dass wir einen Gegenstand nicht doppelt vor uns zu haben glauben, wenn wir ihn mit beiden Händen betasten. Es erklärt sich eben aus der schon mehrfach hervorgehobenen Thatsache, dass wir uns der unmittelbaren Empfindungen, wo sie nicht schmerzhaft sind, kaum als solcher bewusst werden, sie vielmehr sogleich als Material zur Bildung von Vorstellungen verwenden. Da trifft es sich nun fast regelmässig, dass die Vorstellung, welche sich aus den Empfindungen des linken Auges aufbaut, dieselbe ist, wie die aus den Empfindungen des rechten aufgebaute, wenigstens werden beiden Vorstellungen stets in denselben Raum hineinkonstruirt, selbst in den Fällen, wo sie ihrer Beschaffenheit nach nicht zusammenstimmen.

301.   Genau an denselben Ort im Raume versetzt man stets die Ursache der beiden Empfindungen, welche den Erregungen der beiden Netzhautgruben entsprechen. Es ist dies der binokular fixirte Punkt oder binokulare Blickpunkt. Gehen wir nun von den Netzhautmittelpunkten in beiden Augen auf dem Netzhauthorizont gleich viel nach rechts, so kommen wir zu Punkten, die ihre Empfindungen in gleichweit nach links von der Fixationsrichtung abweichenden Richtungen nach aussen projiciren, vermöge der Erfahrungen, die schon am einzelnen Auge gemacht werden können. Gehen wir dann von diesen Punkten auf der Netzhaut gleich weit nach oben, so kommen wir zu Punkten, die ihre Empfindung in gleichweit nach unten von den vorigen abweichenden Richtungen projiciren. Ebenso können wir nach links, nach links und oben, nach rechts und unten etc. von den Netzhautgruben gleichweit gehen, immer kommen wir zu Punktpaaren, welche sich entsprechen bezüglich der Abweichung ihrer Projektionsrichtungen von den Fixationsrichtungen der beiden Augen. Solche Punktpaare nennt man „identische Stellen". Wenn nun die einzelnen Punkte eines Gegenstandes ihre Bilder auf lauter identische Stellen der beiden Netzhäute entwerfen, dann werden alle diese Punkte ohne Weiteres als einfache erkannt. Dies ist der Fall bei Betrachtung sehr entfernter Objekte mit parallel gerichteten Blicklinien. In diesem

Falle ist dann aber auch die Unterscheidung der überall sehr grossen
Entfernungen mit beiden Augen nicht vollkommener als mit einem.

Anders wird die Sache, wenn die beiden Sehaxen auf einen näher 302.
gelegenen Punkt unter einem merklichen Winkel konvergiren. Sei z. B.
A in Fig. 35 der fixirte Punkt, der seine beiden Bilder auf den Netzhautgruben F_l des linken und F_r des rechten Auges entwirft. B sei ein
zweiter Punkt des Gegen-
standes und seine beiden
Bilder b_l und b_r mögen an
ihrer Beschaffenheit (Farbe
und Helligkeit und stetigem
Zusammenhang mit anderen
Bildern) als Bilder desselben Punktes leicht kennt-
lich sein. Da das Bild im
rechten Auge weiter links
von der Netzhautgrube liegt
als im linken Auge, so erscheint (siehe No. 301) der
Punkt vom Standpunkt des
rechten Auges weiter rechts
vom fixirten Punkte als vom
Standpunkte des linken.
Daraus kann (natürlich ganz
instinktiv) der Schluss gezogen werden, dass der
wirkliche Ort des Punktes b
nicht nur weiter rechts,
sondern auch weiter ent-
fernt ist als der Ort von a.

Fig. 35.

Aehnliche Schlüsse liegen der ganzen Konstruktion eines binokular gesehenen
nach den drei Abmessungen des Raumes ausgedehnten Gegenstandes zu
Grunde.

Es giebt übrigens auch bei konvergenten Sehaxen stets gewisse Punkte 303.
des Raumes, welche ihre Bilder auf identische Stellen beider Netzhäute
werfen. Ihr Inbegriff   „Horopter" genannt — bildet eine zusammenhängende Linie, die sich nach beiden Seiten ins Unendliche erstreckt und in der Gegend des fixirten Punktes im Allgemeinen von merklich doppelter Krümmung ist. Eine nähere Betrachtung dieses Gebildes ist
nicht von grossem Interesse.

Das Urtheil über die Richtung und Entfernung, in welcher der bino- 304.
kular fixirte Punkt F liegt, gründet sich hauptsächlich auf das Bewusstsein

von der Innervation der Muskeln, die zur bestimmten Fixation geführt hat. Gehen wir von einer bestimmten Lage des fixirten Punktes aus, etwa von der, in welcher er sich befindet, wenn beide Augen die Primärstellung einnehmen. Für ein normales Augenpaar würde dies die Lage in unendlicher Entfernung im Horizont gradaus nach vorn sein, denn die Primärstellung solcher Augen entspricht (siehe No. 294) der Richtung der Sehaxe gradaus nach vorn. Beide Sehaxen zielen dann also auf einen unendlich fernen Punkt — sind parallel. An einen beliebigen anderen Ort kann der binokular fixirte Punkt, der „Blickpunkt" gebracht werden durch 3 Akte, nämlich erstens durch Hebung (resp. Senkung), zweitens durch Rechtswendung (resp. Linkswendung), drittens durch Annäherung. Es lässt sich nun zeigen, dass zu jeder wirklichen Verlegung des Blickpunktes drei von einander unabhängige und einfache Willensimpulse gehören, welche diesen 3 Akten entsprechen. Es wurde oben schon bei der Lehre von den Bewegungen eines Auges gezeigt, dass dem Willen gegenüber die 6 Muskeln eigentlich nur 4 selbständige darstellen, nämlich einen Heber der Sehaxe, bestehend aus r. sup. und obl. inferior, die nicht getrennt von einander erregt werden können, einen Senker, bestehend aus r. inf. und obl. sup., einen Auswärtswender, r. externus, und einen Einwärtswender, r. internus. Man kann sich sehr leicht am eigenen sowie an fremden Augen überzeugen, dass der Heber des einen Auges niemals gesondert erregt werden kann, sondern stets mit dem Heber des andern Auges zusammen und in gleichem Maasse. Die recti superiores und obliqui inferiores beider Augen zusammen bilden also dem Willen gegenüber gleichsam einen einzigen Muskel, den Heber des binokularen Blickpunktes. Oder mit andern Worten, man muss sich im Centralorgan eine Ganglienzellengruppe denken, welche einen vom Sitze des Willens zu ihr geschickten einfachen Erregungsstrom mit mechanischer Nothwendigkeit im richtigen Verhältniss auf die rr. superiores und obl. inferiores so vertheilt, dass beide Blickrichtungen um gleich viel gehoben werden. Eine zweite Ganglienzellengruppe muss man sich aus demselben Grunde denken, welche in ganz derselben Beziehung steht zu den mm. recti inferiores und obliqui superiores, diese Zellengruppe steht der Senkung des binokularen Blickpunktes vor. Ebenso muss man sich eine dritte denken, die den rectus externus des rechten und den rectus internus des linken Auges gleich stark und gemeinsam erregt auf einen einheitlichen Willensimpuls, welcher Rechtswendung des Blickes zum Ziel hat. Endlich muss man sich eine Zellengruppe denken, welche den rectus externus des linken und den rectus internus des rechten Auges gemeinsam beherrscht, zu ihr muss der Willensimpuls gehen, wenn eine Linkswendung des Blickes bezweckt wird. Denn man kann eben nie den r. externus des einen Auges kontrahiren, ohne dass der internus des

andern sich zusammenzieht. Neben diesen vieren muss man sich nun aber
noch zwei andere Koordinationscentra denken, die den Blickpunkt an-
nähern oder entfernen. Die Annäherung des binokularen Blickpunktes
bei gleichbleibender Richtung wird offenbar bewerkstelligt durch stärkere
Konvergenz der Sehaxen; denn Annäherung des Blickpunktes heisst eben,
dass sich die Sehaxen näher am Auge schneiden. Hierzu führt natürlich
eine gleichzeitige Kontraktion der beiden *recti interni*, sie müssen also
durch das eine der beiden zuletzt gedachten Koordinationscentra innervirt werden. Ebenso muss das andere die beiden *recti externi* regieren,
denn ein Willensimpuls, welcher Entfernung des binokularen Blickpunktes
bezweckt, muss die Konvergenz der Sehaxe vermindern, was durch gleichzeitige Kontraktion der beiden *recti externi* geschieht.

Hiernach ordnen sich die 12 Muskeln beider Augen in 6 Gruppen. 305.
1) Heber des Blickpunktes: *recti superiores* und *obliqui inferiores* beider
Augen; 2) Senker des Blickpunktes: *recti inferiores* und *obliqui superiores*
beider Augen; 3) Rechtswender des Blickpunktes: *r. externus* des rechten
und *r. internus* des linken Auges; 4) Linkswender des Blickpunktes:
r. externus des linken und *r. internus* des rechten Auges; 5) Annäherer
des Blickpunktes: die beiden *recti interni*; 6) Entferner des Blickpunktes: die beiden *recti externi*. Da jede dieser Gruppen ihr besonderes Koordinationscentrum hat und regelmässig n u r v e r m i t t e l s
d i e s e r der Wille auf die Augenmuskeln wirkt, so zieht sich stets nur
eine oder mehrere dieser Gruppen zusammen. Dass jeder *rect. externus*
und jeder *r. int.* in zwei Gruppen vorkommt, hat nichts Auffallendes.
Bei der grossen Verwickelung der Bahnen im Centralorgan kann ein
Muskelnerv recht wohl von verschiedenen Centralstellen aus Erregungs-
ströme erhalten (siehe No. 154). So gut wie z. B. der *rectus abdominis* sowohl von dem Centrum des Niesens wie von dem Centrum des Hustens
aus erregt werden kann, ebenso gut kann auch z. B. der *rect. internus*
des linken Auges sowohl vom Centrum der Rechtswendung wie vom
Centrum der Annäherung des Blickpunktes Erregung empfangen.

Die vorstehende Lehre war, was die Heber und Senker des Blickes 306.
betrifft, von Alters her bekannt. Was die andern Gruppen betrifft, leuchtet
sie weniger ein, und es ist gut, einige Thatsachen beizubringen, welche
sie ausser Zweifel stellen. Man nehme an, die Sehaxen seien parallel
gerichtet auf einen gradaus vor uns liegenden sehr fernen Punkt. Nun
sei in der Gesichtslinie des rechten Auges nahe vor demselben ein sicht-
barer Punkt und man gehe zur Fixation desselben über. Dazu ist keine
Lageänderung des rechten Auges erforderlich und es brauchte lediglich
der *r. internus* des linken Auges innervirt zu werden. Das ist aber nach
unseren Sätzen unmöglich, denn er kann nur entweder mit dem *externus*
des rechten Auges (als Rechtswender) oder mit dem *internus* des rechten

Auges (als Näherer) innervirt werden. Da in unserem Falle aber die Gesichtslinie des rechten Auges ihre Richtung behalten soll, so darf weder sein *rectus externus* noch sein *rectus internus* allein mit dem *rectus internus* des linken Auges zusammenwirken. Wir müssen vielmehr annehmen, dass sowohl vom Centrum der Rechtswendung als vom Centrum der Näherung des Blickpunktes Erregung ausgeht, damit sich die Kontraktionen des *rectus internus* und *externus* am rechten Auge Gleichgewicht halten. Dies geschieht nun in der That. Man bemerkt nämlich bei dem beschriebenen Uebergang von der Fixation eines unendlich fernen Punktes zur Fixation eines nahe vor dem rechten Auge gelegenen an diesem stets ein leichtes Zucken, was eine Thätigkeit seiner Muskeln andeutet. Besonders deutlich aber verräth sich diese Thätigkeit dadurch, dass, wenn man den Versuch bei geschlossenem linken Auge anstellt, das ganze Sehfeld eine kleine Scheinbewegung nach rechts erleidet.

Im Sinne unserer Lehren ist die Zusammenwirkung des *r. internus* des linken mit dem *rectus internus* und *externus* des rechten Auges bei dem gedachten Vorgange noch auf andere Weise erklärlich. Die Richtungen der verschiedenen Lagen des binokularen Blickpunktes müssen von einem Punkte aus gerechnet werden, und zwar ist dies normalerweise der Mittelpunkt zwischen beiden Augen. Gehen wir nun von einem unendlich weit gerade vor jenem Mittelpunkt gelegenen Blickpunkt über zu einem Blickpunkte nahe und gerade vor dem rechten Auge, so muss erstens die binokulare Blickrichtung etwas nach rechts gewendet werden, daher Kontraktion des *r. externus* des rechten und des *internus* des linken Auges, und zweitens muss der Blickpunkt genähert werden: also Kontraktion der beiden *recti interni*. Die Effekte der Kontraktionen des *rectus externus* und *internus* des rechten Auges heben sich dabei gegenseitig auf.

VIII. Schutzorgane des Auges.

307.   Der frei zu Tage liegende Abschnitt der Oberfläche des Augapfels kann zeitweise auch noch bedeckt und mithin vor schädlichen äusseren Einwirkungen geschützt werden durch das Schliessen der Augenlider. Dies sind bekanntlich zwei von oben und unten her vortretende Hautfalten, durch dünne Knorpelplatten ein wenig gesteift. Ein in weiten Ringen die Lichtspalte umgebender Ringmuskel schiebt sie zum Schlusse zusammen. Dieser Muskel wird vom *nervus facialis* beherrscht. Die Erregung kann einmal rein willkührlich geschehen, dann aber auch reflektorisch und zwar sowohl vom heftig erregten — geblendeten — *n. opticus* als auch von den in der Oberfläche des Augapfels und den Lidrändern verbreiteten sensibeln Fasern des *n. trigeminus* her. Letzteres geschieht schon bei der leisesten Berührung.

Die Oeffnung der Lidspalte scheint hauptsächlich bewirkt zu werden durch die Zusammenziehung der Muskelbündel, welche dicht an der Lidspalte hinlaufen und sich in den *m. sacci lacrymalis* fortsetzend hinter dem Thränensacke ihren einen festen Punkt haben. Der andere feste Punkt liegt am äusseren Augenhöhlenrande und da beide Punkte hinter dem Mittelpunkte der Hornhautkrümmung liegen, so muss die Anspannung diese Faserbündel über die Hornhaut zurückstreifen d. h. eben die Lidspalte öffnen. Unterstützt wird dieser Vorgang noch durch die Hebung des oberen Augenlides, für welche ein eigener in der Augenhöhle von hinten nach vorn gehender Muskel, der *lerator palpebrae superioris*, bestimmt ist. Er wird von einem Aste des *n. oculomotorius* beherrscht.

Die freie Oberfläche des Augapfels wird durch die beständig darüber hinfliessende Thränenflüssigkeit feucht und rein erhalten. Durch die fettige Sekretion der Meibom'schen Drüsen wird der Augenlidrand fettig erhalten und dadurch das Ueberfliessen der Thränenflüssigkeit verhütet, so lange nicht diese Flüssigkeit im Uebermaasse secernirt wird wie beim Weinen. In der Regel wird die Thränenflüssigkeit vom Auge nach der Nase weiter befördert durch den aus der Anatomie bekannten *canalis nasolacrymalis*. Dieser beginnt im inneren Augenwinkel mit einer Erweiterung, dem sogenannten Thränensack. In ihn münden die Thränenröhrchen ein, welche mit ganz feinen Löchelchen an den Augenlidrändern beginnen. Dieser Apparat stellt ein kleines Pumpwerk dar, das durch die oben erwähnten Muskeln in Bewegung gesetzt wird, welche den Schluss und die Oeffnung der Lidspalte bewerkstelligen. Beim Schlusse des Lides nämlich wird das innere Augenlidband von den auf dem Augapfel ihren Stützpunkt findenden Fasern des Kreismuskels aus seiner Nische hervorgezogen. Dabei wird der Thränensack erweitert und er saugt sich von den Thränenpunkten her voll Flüssigkeit. Bei Wiederöffnung der Augenlider wird, wie oben schon erwähnt wurde, durch die Zusammenziehung des *m. sacci lacrymalis* das innere Lidband wieder nach hinten gezogen und so der Thränensack ausgepresst. er kann sich aber nur nach der Nase entleeren, da die Zusammenziehung der dicht am Lidrande verlaufenden Muskelfasern die zwischen ihnen verlaufenden Thränenröhrchen komprimirt.

Literatur.

(168—188.) E. H. Weber, „Tastsinn und Gemeingefühl‟. in Wagners Handwörterbuch der Physiologie. — (168.) Die neueren Handbücher der Histologie. — (170.) A. Fick, Ueber Temperaturempfindungen in Moleschotts Untersuchungen. 1860. — (172.) Aubert und Kammler in Moleschotts Untersuchungen. Bd. V. S. 145. — (173.) Meissner. Beitr. zur Anat. und Physiol. der Haut. Leipzig 1853. — (174.) Valentin. Arch. f. physiol. Heilk. Bd. XI. S. 435. — (175—176.) Fechner. Elemente der Psychophysik. Leipzig 1860. — Czermak, Berichte der Wiener Akademie. Bd. XVII. S. 563. — (189.) Siehe die neueren Handbücher der Histologie. —

(169—198.) Bidder. „Schmecken" in Wagners Handwörterbuch der Physiologie. — (189.) Klaatsch und Stich, Arch. f. pathol. Anat. Bd. 14. S. 215 u. Bd. 17. S. 80. — (195.) Valentin, Handb. d. Physiol. Bd. IIa. S. 293. — (199—205.) Bidder, Artikel Riechen in Wagners Handwörterb. d. Physiologie. — (200.) E. H. Weber, Müller's Arch. 1847. S. 351. — (201.) Meyer, Physiol. Anatomie. II. S. 144. — (205.) Valentin, Handb. d. Physiologie. II a. — (206—237.) Helmholtz, Die Lehre von den Tonempfindungen. — (209.) v. Tröltsch, Lehrbuch der Ohrenheilkunde. — (211—215.) Ed. Weber, Berichte d. Leipziger Gesellsch. Mai 1851. — Helmholtz, Pflügers Arch. Bd. I. S. 1. — (236.) Flourens, recherches experiment. s. l. propriétés etc. 2. Aufl. 1842. S. 438. (238—307.) Helmholtz, Physiologische Optik. Leipzig 1867. — Volkmann, Art. Sehen in Wagners Hdwtb. d. Physiologie. — (242.) Krause, Die Brechungsindices etc. Hannover 1855. — (244—248.) Gauss, Dioptrische Untersuchungen. — Listing, Artikel Dioptrik des Auges in Wagners Hdwtb. d. Physiologie. — (252.) Donders, Accommodation und Refraktion des Auges. — (258.) Czermak, physiolog. Studien. — (261.) Cramer, über Accommodation, gekrönte Preisschr. 1852. — (266.) Fick, medic. Physik. Donders, Accomm. und Refraktion. — (267.) Fick, Zeitschr. f. ration. Medicin. Neue Folge. Bd. V. S. 277. — (268.) Listing, Beitrag zur physiol. Optik. Göttingen 1845. — (270.) Purkinje, Beitr. zur Kenntniss des Sehens. — (271.) Helmholtz, über einen Augenspiegel. Berlin 1850. — (281—284.) Fick, Archiv f. Anatomie von Reichert und Du Bois Reymond. 1863. S. 739. Talbot, Philos. Magaz. 1834. Novbr. — (289.) Aubert und Förster, Arch. für Ophthalmol. Bd. III. 2. Abth. — (292.) Donders, Holländ. Beiträge. 1847. — (294.) Meissner, Beiträge zur Physiol. d. Sehorgans. Leipzig 1854. — (295—296.) Hering, die Lehre vom binokularen Sehen. Leipzig 1868. — (304—303.) Hering, ebenda. — (307.) Henke, Arch. f. Ophthalmol. Bd. IV. 2. Abth.

II. Theil. Die vegetativen Thätigkeiten.

1. Abschnitt. Die Säfte und ihre Bewegung.

1. Kapitel. Das Blut.

I. Allgemeines.

Das Blut ist seiner Bestimmung nach der Vermittler des Stoffwechsels, 308. denn es nimmt einerseits die assimilirten Nahrungsstoffe zunächst auf, um sie an die Orte zu führen, wo sie gebraucht werden, und es nimmt anderseits die in den Organen verbrauchten Stoffe wieder auf, um sie an die Stätten der Ausscheidung zu bringen.

Für sich betrachtet ist das Blut ein Gewebe von Zellen mit flüssiger Intercellularsubstanz, die letztere wird Plasma genannt. Die Histiologie lehrt uns zwei Arten von Zellen im Blute kennen, die rothen und die farblosen. In einem Kubikmillimeter Blut sind beim Menschen mehr als 4000000 rothe Blutzellen enthalten, weisse nur etwa 8000—10000, jedoch sind diese Verhältnisse nicht bloss bedeutenden individuellen Schwankungen unterworfen, sondern sie ändern sich auch bei demselben Individuum je nach den Zuständen des Körpers bedeutend. Dem Gewichte nach macht die Intercellularflüssigkeit wohl stets mehr als die Hälfte des ganzen Blutes aus. Normale Mittelwerthe lassen sich noch nicht geben, am allerwenigsten für das menschliche Blut. Einen ungefähren Anhalt mag eine Analyse vom Pferdeblut geben, wo sich fand 637 per mille Plasma und 363 per mille Zellen.

Die Zellen sind specifisch schwerer als das Plasma und zwar scheinen die rothen noch schwerer als die weissen zu sein. Meist sinken übrigens die Zellen im Plasma so langsam, dass sich bis zur Gerinnung noch keine klare Plasmaschicht an der Oberfläche gebildet hat.

Den rothen Zellen verdankt das Blut seine tiefrothe Farbe und seine 309. Undurchsichtigkeit. Auf diese beiden Eigenschaften des Blutes hat daher Gestalt und Beschaffenheit der Blutkörperchen Einfluss, wenn auch der Farbstoff selbst unverändert bleibt. Setzt man z. B. Wasser zum

Blute, so erscheint es im auffallenden Lichte dunkler, aber es ist weniger undurchsichtig. Offenbar rührt dies her vom nachweislichen Aufquellen der rothen Blutzellen. In diesem Zustande reflektiren dieselben weniger Licht, weil weniger Krümmungen und Knickungen an den Oberflächen vorkommen und weil wohl auch der Brechungsindex der gequollenen Blutkörperchen weniger von dem des Plasma differirt. Umgekehrt wird das Blut im auffallenden Lichte heller, dafür aber noch undurchsichtiger, wenn man concentrirte Salzlösungen, z. B. Kochsalzlösung zusetzt. Dadurch nämlich schrumpfen die Blutkörperchen, es giebt also noch mehr Facetten an denselben, welche einer diffusen Reflexion des Lichtes günstig und dem Durchlassen desselben ungünstig sind.

310. Die Gesammtmenge des im menschlichen Körper enthaltenen Blutes wird in verschiedenen Zeiten erheblich verschieden sein, man schätzt sie durchschnittlich zu etwa $^1/_{13}$ des ganzen Körpergewichts. Die beste Methode, die gesammte Blutmenge zu bestimmen, besteht darin, dass man einen wässrigen Auszug der ganzen Leiche so lange verdünnt, bis seine Farbe der einer bekannten Verdünnung des Blutes gleich kommt. Kennt man die Gesammtmenge des Auszuges, so kann man die darin enthaltene Blutmenge (welche eben die ganze Blutmenge der Leiche ist) berechnen, sowie man die Voraussetzung zulässt, dass die Farbe eines wässrigen Auszuges der Leiche lediglich von seinem Gehalt an Blutfarbstoff abhängt.

II. Die rothen Blutkörperchen.

311. Die rothen Blutkörperchen des Menschen gleichen bikonkaven Linsen. Der Durchmesser schwankt zwischen 0,0064 und 0,0086^{mm}, die Randdicke beträgt durchschnittlich etwa 0,0019. Der Aggregatzustand des ganzen Gebildes ist offenbar fast flüssig, so dass die rothen Blutkörperchen am ersten suspendirten Tröpfchen oder Gallertklümpchen zu vergleichen sind. Man sieht dies, wenn man das Blut in den kleinsten Gefässen während des Lebens beobachtet, was an manchen Stellen auch bei einigen Säugethieren möglich ist. Man sieht hier, wie sich die Blutscheibchen in beliebige Gestalten drängen lassen. Beim Frosche hat man die rothen Blutkörperchen auch die natürlichen Poren der Gefässwand durchwandern sehen, wobei sie stellenweise zu einem feinsten Fädchen ausgezogen sind. Diese Thatsache verträgt sich nicht wohl mit einem andern als dem nahezu flüssigen Aggregatzustande.

312. Zwei nähere Bestandtheile setzen das rothe Blutkörperchen zusammen, das sogenannte „Stroma" und das „Hämoglobin", letzteres bedingt die Farbe. Das Hämoglobin ist im Plasma oder Serum ganz leicht löslich, dennoch aber wird es von demselben nur unter ganz besonderen Umständen den Blutkörperchen entzogen, ohne dass, wie es

scheint, weder das Hämoglobin noch das Stroma eine eigentlich chemische
Umsetzung erleidet. So z. B. lassen die Blutkörperchen ihr Hämoglobin
fahren, wenn man das Blut wiederholt gefrieren und wieder aufthauen
lässt, ebenso wenn man eine Reihe von elektrischen Schlägen hoher
Spannung durch das Blut gehen lässt. Das Blut verwandelt sich durch
diese Behandlung in eine klare Lösung des Hämoglobins und ist alsdann in weniger dicken Schichten vollständig durchsichtig, „lackfarben-
artig". Aehnlich wirkt Entziehung des locker gebundenen Sauerstoffs
(wovon weiter unten die Rede sein wird), ferner Verdünnung des Blutes
mit Wasser, Zusatz von gallensauren Salzen, Schütteln mit Aether, Chloroform, Alkohol oder Schwefelkohlenstoff. Die letztgenannten Zusätze zum
Blute lösen das Stroma nach und nach auf, daher ihre Wirkung nicht so
räthselhaft ist. Das Hämoglobin krystallisirt, wenn es von den Körperchen
getrennt ist, aus der Lösung im Serum leicht aus, wenn man dieselbe
koncentrirt oder abkühlt.

Das Hämoglobin geht mit dem Sauerstoff leicht eine lockere Ver- 313.
bindung ein — Oxyhämoglobin genannt — Sie entsteht schon beim
Schütteln der Hämoglobinlösung mit gewöhnlichem Sauerstoff. Sie lässt
aber ihren locker gebundenen Sauerstoff ebenso leicht wieder fahren,
schon an das Vacuum giebt sie denselben ab, noch rascher an reducirende
Substanzen, z. B. Schwefelammonium, Eisenoxydulsalze und metallisches
Eisen. Dass übrigens das Oxyhämoglobin eine wirkliche chemische Verbindung des Sauerstoffes mit dem Hämoglobin ist, zeigt sich durch
das optische Verhalten. In optischer Beziehung zeichnet sich nämlich
das reducirte Hämoglobin durch einen Absorptionsstreif im gelben
Theile des Spektrums aus. Schüttelt man die Lösung mit Sauerstoff, so
zerfällt der Absorptionsstreif in zwei, deren einer der Linie D (Natrium-
linie), der andere der Linie E des Sonnenspektrums näher rückt, der
Raum dagegen, der dem Absorptionsstreif des reducirten Hämoglobins
entspricht, ist beim Oxyhämoglobin hell.

Eine ähnliche Verbindung wie mit dem Sauerstoff geht das Hämoglobin ein mit Koblenoxyd und mit Cyanwasserstoff. Diese beiden Stoffe
verdrängen den Sauerstoff vom Oxyhämoglobin und lassen sich ihrerseits
durch Sauerstoff nicht verdrängen. Vielleicht beruht auf diesem Umstand
die giftige Wirkung der beiden Verbindungen.

Das Hämoglobin ist eine noch komplicirtere chemische Verbindung 314.
als Eiweiss, denn dies findet sich unter den Spaltungsprodukten des
Hämoglobins neben einem stark eisenhaltigen Farbstoff, dem sogenannten
Hämatin. Namentlich bei Behandlung des Hämoglobins mit Säuren
tritt diese Spaltung ein, aber auch beim blossen Stehen in mässiger Temperatur. Es bilden sich dabei ausserdem noch freie Säuren aus dem Hämoglobin.

315.	Das Stroma der rothen Blutkörperchen ist eine quellungsfähige, in Aether und Chloroform lösliche Substanz von höchst verwickelter Zusammensetzung, vielleicht Protagon, wofern dies wirklich eine chemische Verbindung ist. Im Blute ist in dem Stroma Quellungswasser vorhanden und dies enthält wahrscheinlich Salze gelöst. Man findet namentlich Kali und Phosphorsäure in der Asche der Blutzellen. Ausserdem ist im Stroma der Blutkörperchen eine eiweissartige Verbindung vorhanden und endlich Spuren von Seifen, Fetten und Cholesterin.

Die rothen Blutzellen gehören sicher zu den Körperbestandtheilen, welche am reichsten an festen Stoffen sind. Wenn auch keine bestimmte Normalzahl angegeben werden kann, so wird man doch annehmen dürfen, dass durchschnittlich mehr als $1/4$ des Gewichtes der Blutkörperchen auf den festen Rückstand und weniger als $3/4$ auf das Wasser kommt.

III. Die farblosen Blutkörperchen.

316.	Die farblosen oder weissen Blutkörperchen sind nackte Zellen von ganz ähnlicher Beschaffenheit, wie solche an vielen andern Orten gefunden werden, z. B. im Bindegewebe, in der Lymphe, im Eiter. Da in jeder Zeiteinheit mit der Lymphe der grossen lymphatischen Stämme eine mehr oder weniger grosse Anzahl von „Lymphkörperchen" ins venöse Blut eingeführt wird, so hat man schon seit langer Zeit die weissen Blutkörperchen für eingewanderte Lymphkörperchen gehalten.

Die weissen Blutkörperchen bestehen aus einer Protoplasmamasse, die um einen deutlich sichtbaren Kern gelagert ist. In Kugelform hat ein weisses Blutkörperchen einen Durchmesser von etwa $0,01^{mm}$. Sie können aber auch sehr verschiedene andere Formen annehmen, denn ihr Protoplasma bewegt sich ziemlich lebhaft. Um dies im Blute von Säugethieren gut zu sehen, muss man dasselbe bei Körpertemperatur auf dem heizbaren Objekttisch mikroskopisch beobachten. Wie andere lebendige Protoplasmaklümpchen nehmen die weissen Blutzellen gern feine Körnchen, z. B. Farbstoffkörnchen, in sich auf. Vielleicht hängt diese Erscheinung zusammen mit der Klebrigkeit, welche Eigenschaft die weissen Blutkörperchen in hohem Grade besitzen. Sie hängen sich vermöge derselben gern an die Wand der Blutgefässe an und wälzen sich langsam an derselben fort. Nur wenn der Blutstrom sehr schnell ist, reisst er sie ganz mit fort.

317.	Ist ein weisses Blutkörperchen einmal an der Wand eines Kapillargefässes festgeklebt, so wird es bei dem nahezu flüssigen Aggregatzustand seines Leibes leicht durch die feinen Poren der Gefässwand durchgedrückt. Ob dabei die aktive Beweglichkeit des Protoplasma eine Rolle spielt, ist noch nicht zu entscheiden.

Die weissen Blutkörperchen wandern viel häufiger durch die Wände aus den Kapillargefässen als die rothen. Insbesondere beobachtet man diese Auswanderung weisser Blutkörperchen massenhaft in entzündeten Geweben. Vielleicht sind alle Eiterzellen ausgewanderte weisse Blutzellen oder Töchter von solchen. Begünstigende Momente für das Auswandern der Blutkörperchen scheinen einerseits hoher Druck im Gefäss und Langsamkeit des Stromes. Beide Momente sind in der Entzündung nach der Annahme der meisten Pathologen wirksam.

Die ausgewanderten Blutkörperchen befinden sich bei der bekannten Disposition der Lymphräume wohl meist in solchen d. h. in den Gewebelücken, von denen aus offene Wege zu den Lymphgefässen führen. Das ausgewanderte weisse Blutkörperchen ist ein Lymphkörperchen und kann also durch den *ductus thoracicus* wieder in das Blut zurückkommen. Es ist jedoch damit noch nicht gesagt, dass alle Lymphkörperchen, welche an der Einmündungsstelle der Lymphgefässe ins Blut ergossen werden, früher aus demselben ausgewanderte weisse Blutkörperchen seien. Es bleibt vielmehr auch jetzt, nachdem das Auswandern der weissen Blutkörperchen bekannt geworden ist, immer noch die Annahme sehr wahrscheinlich, dass die Lymphkörperchen zum grössten Theil in den Lymphdrüsen als Brut der daselbst sitzenden Zellen entstehen, im Blute zu rothen Körperchen umgestaltet werden und als solche zu Grunde gehen. Einer von den Orten, wo die Umwandlung von weissen in rothe Blutkörperchen in grossem Maassstabe stattzufinden scheint, sind die Kapillargefässe des Knochenmarkes.

IV. Das Blutplasma.

Die Blutflüssigkeit oder das sogenannte „Blutplasma" ist vor Allem aus- 318. gezeichnet durch die merkwürdige Eigenschaft der Gerinnbarkeit. Bekanntlich verwandelt sich jede aus dem Thierkörper herausgelassene Blutmenge alsbald in einen festen Körper von gallertartiger Beschaffenheit. Dass diese spontane Gerinnung zunächst dem Plasma zukommt, sieht man daran, dass das Plasma, auch wenn es von Blutkörperchen frei ist, diese Erscheinung zeigt. Bei manchen Blutarten (namentlich beim Pferdeblut) senken sich nämlich die Blutkörperchen schon vor der Gerinnung soweit, dass eine klare Plasmaschicht obenauf steht und diese gerinnt ebenso wie das Gesammtblut.

Die Gerinnung des Säugethier- und Menschenblutes erfolgt in der Regel in den ersten 5 Minuten nach Austritt aus dem lebenden Körper. Arterielles Blut gerinnt etwas früher als venöses. Durch sofortiges Abkühlen auf 0° wird die Gerinnung verzögert (vielleicht in infinitum), ebenso durch Erhitzen auf mehr als 55°. Durch Warmhalten und Erwärmen bis höchstens 50° wird die Gerinnung beschleunigt, desgleichen durch Zusatz von Wasser. Zusatz von Alkalien, namentlich von Ammoniak, von Alkalisalzen (z. B. schwefelsaurem Natron), von schwachen Säuren, insbesondere von Kohlensäure (die man gasförmig durchleitet) hindert die Gerinnung oder verzögert sie wenigstens.

Schlägt man das Blut, so tritt die Gerinnung etwas schneller ein,
aber es gesteht nicht das ganze Blut zu einer Gallerte, sondern der Stoff,
dessen Festwerden die Gerinnung bedingt — das **Fibrin** — scheidet
sich in Flocken und Klümpchen aus, die sich an die Ruthen anhängen,
womit das Blut geschlagen wurde. Nimmt man diese Fibrinflocken heraus,
so hat man das sogenannte „**defibrinirte Blut**". Die Flüssigkeit, in
welcher hier die Körperchen suspendirt sind (Plasma minus Fibrin) nennt
man Serum, man kann es leicht klar abheben, wenn man die Körperchen
sich senken lässt.

Wenn das Blut ruhend in Masse geronnen ist, so zieht sich die Gallerte
nach einiger Zeit zusammen und presst aus sich eine klare, fast wasserhelle Flüssigkeit aus, diese ist offenbar wiederum nichts Anderes als Serum,
das heisst Plasma minus Fibrin.

319.   Das Fibrin ist ein eiweissartiger Körper. Es bildet sich wahrscheinlich erst während der Gerinnung durch Zusammentreten zweier im lebenden
Blute gelöster, ebenfalls eiweissartiger Körper, der sogenannten „**Fibringeneratoren**". Diese beiden Stoffe lassen sich durch Kohlensäure aus
dem verdünnten Plasma fällen und lösen sich wieder, wenn man einen
Sauerstoffstrom durchleitet. Der eine dieser beiden Stoffe ist auch in
manchen normalen und krankhaften serösen Transsudaten enthalten, z. B.
in Hydroceleflüssigkeit. In anderen serösen Transsudaten sind beide
Fibringeneratoren vorhanden, z. B. in der Lymphe und der Peri-
cardiumflüssigkeit. Die fibrinoplastische Substanz (so hat man den einen
hypothetischen Fibringenerator genannt) ist sehr nahe verwandt dem
aus dem Hämoglobin abspaltbaren Eiweisskörper, dem **Globulin**,
jedoch nicht identisch, man bezeichnet sie daher wohl als **Paraglobulin**. Ausser diesen beiden Eiweissmodifikationen ist bei der Gerinnung ein **Ferment** wirksam, das aus den Blutkörperchen entsteht.
Dass die Blutgerinnung eine gährungsartige Erscheinung ist, wird auch
durch die Thatsache wahrscheinlich, dass bei ihr Wärme frei wird. Das
Ferment fehlt in den vorhin genannten serösen Transsudaten, daher gerinnen dieselben von selbst nicht, wohl aber, wenn man ihnen defibrinirtes
Blut zusetzt, das stets eine gewisse Menge des Fermentes enthält.

Das cirkulirende Blut wird vor der Gerinnung geschützt durch seinen
Stoffaustausch mit den andern Geweben. Offenbar beseitigt dieser eine
der Gerinnungsursachen fortwährend in demselben Maasse, in welchem sie
durch die inneren Processe des Blutes gebildet wird. In dem aus dem
lebenden Körper herausgenommenen Blute verlaufen diese Processe noch
fort und bilden die Gerinnungsursache, sie kann aber nun nicht mehr
durch den Stoffaustausch mit andern Geweben beseitigt werden und tritt
daher in Wirksamkeit. Unter den genannten, die Gerinnung bedingenden
Faktoren ist es vermuthlich das Ferment, welches aus dem cirkulirenden

Blute beseitigt wird und im gelassenen Blute zur Anhäufung und Wirksamkeit kommt.

Das Serum ist eine klare, schwach alkalisch reagirende wässrige 320. Lösung einer Anzahl verschiedener Stoffe. Darunter stehen bezüglich der Menge obenan die eiweissartigen Körper. Eine vom Hühnereiweiss nicht zu unterscheidende Verbindung macht 8—9 % des Serums aus. Ihm verdankt das Serum die Eigenschaft, in der Hitze zu gerinnen, besonders nachdem es neutralisirt ist. Spurenweise kommen noch andere Modifikationen des Eiweisses im Blutserum vor, nämlich erstens das schon erwähnte Paraglobulin — es fällt beim Durchleiten von Kohlensäure aus — und zweitens Natronalbuminat, das durch Neutralisation mit stärkeren Säuren, z. B. Essigsäure, fällbar ist; drittens Peptone, deren Eigenschaften in der Lehre von der Verdauung näher beschrieben werden.

Fette enthält das Blutserum in sehr wechselnder Menge. Nach sehr fettreichen Mahlzeiten ist das Serum von suspendirten Fettkügelchen milchig getrübt. Auch fettsaure Alkalien — sogenannte Seifen — sind stets in nachweisbaren Spuren im Serum vorhanden, sowie ferner das den Fetten in manchen Beziehungen ähnliche Cholestearin.

Die stickstoffhaltigen krystallisirbaren Stoffe, welche im Harn vorkommen, sind fast sämmtlich auch im Blutserum nachgewiesen: Kreatin, Kreatinin, Harnsäure, Harnstoff, Hippursäure etc., ferner noch Zucker und Milchsäure. Die genannten organischen Verbindungen sind jedoch sämmtlich in quantitativ nicht allgemein angebbaren sehr kleinen Mengen vorhanden.

Endlich enthält das Serum mehrere mineralische Stoffe, vorwiegend Kochsalz. Man hat beispielsweise durch Untersuchung einer Serumasche gefunden in 100 Gewichtstheilen Serum:

0,036	Gewichtstheile	Chlorkalium,
0,554	„	Chlornatrium,
0,028	„	schwefelsaures Kali,
0,032	„	phosphorsaures Natron,
0,030	„	phosphorsauren Kalk,
0,022	„	phosphorsaure Magnesia,
0,093	„	freies Natron.

V. Quantitative Zusammensetzung des Blutes.

Die quantitative Zusammensetzung des Gesammtblutes aus den sämmt- 321. lichen aufgezählten Bestandtheilen ist ohne Zweifel selbst bei einem Individuum beträchtlichen Schwankungen unterworfen. Es lässt sich hierüber aber nichts Allgemeines aussagen. Selbst im einzelnen Falle lässt sich die quantitative Bestimmung der einzelnen Bestandtheile nur sehr unvollkommen ausführen, besonders die der Blutkörperchen, weil die letzteren durch kein

Hülfsmittel in unverändertem Zustande vom Plasma oder Serum getrennt werden können.

Um indirekt die Gesammtmenge des Plasmas und somit der Körperchen berechnen zu können, müsste man einen Stoff kennen, der ausschliesslich im Plasma, nicht in den Körperchen vorkommt. Wenn man alsdann einerseits den Gehalt des Plasmas an diesem Stoff ermittelt und andererseits den Gehalt des Gesammtblutes an demselben, so ist offenbar die letztere Zahl, durch die erstere dividirt, die Menge Plasma, welche in der Gewichtseinheit Blut enthalten ist. Hat man erst diese gefunden, so kann man die einzelnen Stoffe, die im Gesammtblute und im Plasma oder Serum quantitativ bestimmt sind, auf diese beiden Bestandtheile durch Rechnung vertheilen. Man hat als einen solchen dem Plasma allein angehörigen Stoff bis jetzt nur das Fibrin ansehen zu dürfen geglaubt. Diese Methode kann also nur da angewendet werden, wo es gelingt, vor der Gerinnung körperchenfreies Plasma zur Bestimmung seines Gehaltes an Fibrin zu erhalten. Sie ist daher bis jetzt nur auf Pferdeblut angewandt worden, dessen Körperchen sich so rasch senken, dass vor der Gerinnung eine klare Plasmaschicht abgehoben werden kann.

Eine nach dieser Methode ausgeführte Analyse des Pferdeblutes hat beispielsweise ergeben:

		Wasser		184,30
1000 Theile Blut enthalten	Körper 324,2	feste Stoffe 141,9	Hämoglobin	122,75
			Eiweiss	17,80
			Lecithin	0,84
			Cholestearin	0,51
	Plasma 673,8	Wasser		579,4
		feste Stoffe 58,4	Fibrin	6,4
			Albumin	43,1
			Fett	0,8
			Extrakte	2,5
			Lösliche Salze	4,1
			Unlösliche Salze	1,1

VI. Gase des Blutes.

322. Bringt man Blut ins Vacuum, so entweichen daraus gewisse Mengen Sauerstoff, Kohlensäure und Stickstoff. Im Durchschnitt geben 100 Kubikcentimeter Blut aus der Carotis des Hundes, wenn man die Gasvolumina misst, bei 0^0 und 1^m Quecksilberdruck

$13,9^{ccm}$ Sauerstoff,

$28,7^{ccm}$ Kohlensäure,

$1,4^{ccm}$ Stickstoff.

Das wäre in Gewicht ausgedrückt etwa $0,026^{gr}$ O, $0,075^{gr}$ CO_2 und $0,002^{gr}$ N. Man sieht also, dass der Gehalt an diesen auspumpbaren Gasen dem Gewichte nach noch nicht $^1/_{10}$ % erreicht, aber sie sind gleichwohl physiologisch von grösster Wichtigkeit, wenigstens der Sauerstoff und die Kohlensäure. Ohne diesen Gehalt des Blutes an auspumpbarem Sauerstoff insbesondere kann das Leben eines Säugethieres kaum einige Minuten fortdauern. Der ins Vacuum entweichende Stickstoff ist offenbar einfach absorbirt im Blute enthalten, das ja bei der Cirkulation in den Lungen beständig mit der stickstoffhaltigen Atmosphäre in Berührung kommt und ähnlich wie Wasser, das mit Luft in Berührung steht, eine annähernd gleiche Menge Stickstoff aufnimmt. Dieser absorbirte Stickstoff spielt keine Rolle bei den Processen im Blute und verdient keine weitere Beachtung.

Von dem aus dem Blute auspumpbaren Sauerstoff ist ein kleiner Theil [323] sicher auch als einfach absorbirtes Gas in der Flüssigkeit verbreitet, der überwiegend grösste Theil desselben ist aber ohne Zweifel chemisch an das Hämoglobin gebunden und bildet damit die schon früher als „Oxy- hämoglobin" geschilderte Verbindung. Man darf sich übrigens nicht etwa vorstellen, dass diese Verbindung durch die Berührung des Blutes mit dem Vacuum auf geheimnissvolle Weise zerlegt wird. Die Zerlegung der Verbindung geschieht vielmehr durch die in allen Körpern beständig vorhandene Molekularbewegung, welche wir Wärme nennen. Die neuere Chemie bezeichnet solche Vorgänge bekanntlich als „Disso- ciation". Das Vacuum thut bei der Abscheidung des Sauerstoffes aus dem Blute nichts anderes, als dass es die dissociirten Sauerstoffmoleküle sofort aus dem Bereiche der Hämoglobinmoleküle fortschafft, so dass keine Wiedervereinigungen stattfinden können, welche, wenn eine Sauerstoff- atmosphäre von gehöriger Dichtigkeit über dem Blute steht, eben so häufig sind wie die Dissociationen. Im Ganzen erscheint alsdann der Gehalt an Oxyhämoglobin ein beständiger. Für diese Auffassung spricht besonders die Thatsache, dass die Abscheidung des Sauerstoffes durch Erhöhung der Temperatur sehr beschleunigt wird. Natürlich darf diese nicht über etwa 40 ^{0} hinaus getrieben werden, weil sonst tiefer greifende Zersetzungen im Blute eintreten.

Die auspumpbare Kohlensäure ist im Blute an Alkalien gebunden — 324. wahrscheinlich grösstestheils an Natron, da dieses Alkali in so grosser Menge vorhanden ist, dass es der ganzen Blutflüssigkeit eine nicht ganz schwache alkalische Reaktion ertheilt. Dass die Abscheidung der sämmt- lichen Kohlensäure wie die des Sauerstoffs vom Hämoglobin als blosse Dissociation aufzufassen sei, ist nicht wahrscheinlich. Die chemische An- ziehung zwischen Kohlensäure und Natron ist, wenn auch nicht sehr, doch wohl immerhin so stark, dass bei den niedrigen Temperaturen, welche

hier in Betracht kommen, die Dissociationen von Molekülen der Verbindung schwerlich sehr häufige sein werden. Eine eigentlich chemische
Rolle kann aber auch bei der Austreibung der Kohlensäure die Anwesenheit des Vacuums nicht spielen. Sie kann vielmehr auch hier nur in der
Weise begünstigend wirken, dass sie das Produkt anderweitiger zersetzender
Kräfte sofort aus dem Wege schafft und mithin die Wiedervereinigung der
frei gewordenen Kohlensäure mit zurückbleibenden freien Natronmolekülen
unmöglich macht. Zur Zerlegung des kohlensauren Natrons im Blute
wirken wahrscheinlich neben der Wärmebewegung noch gewisse nicht
näher bekannte fixe Säuren, welche sich fortwährend im Blute neu bilden.
Der Beweis für diese Bildung liegt in der Thatsache, dass die Alkalescenz
einer aus der Ader genommenen Blutmenge fortwährend abnimmt, freilich
nicht ganz bis Null. Eine vollständige Austreibung der Kohlensäure ins
Vacuum ist also ohne Dissociation auch nicht zu erklären; und es bleibt
überhaupt in diesem Vorgange noch manches dunkel. Besonders merkwürdig ist die Thatsache, dass ins Vacuum bei rascher Auspumpung nicht
nur die g a n z e Kohlensäure des Blutes entweicht, sondern sogar noch
Kohlensäure von einfach kohlensaurem Natron, das man dem Blute eigens
zugesetzt hat.

Die in Rede stehenden Säuren werden ohne Zweifel hauptsächlich
in den Blutkörperchen gebildet, denn nur aus dem Gesammtblute kann
man alle Kohlensäure durch einfaches Auspumpen abscheiden, nicht aus
körperchenfreiem Serum. Es spielt ferner dabei der Sauerstoff des Oxyhämoglobins eine Rolle, denn das Austreiben der Kohlensäure gelingt um
so besser, je sauerstoffreicher das Blut ist. Soll dagegen aus reinem
S e r u m alle Kohlensäure ausgetrieben werden, so muss eine stärkere
Säure zugesetzt werden.

325.   In der Volumeinheit Serum ist stets etwas mehr Kohlensäure enthalten als in der Volumeinheit Gesammtblut. Doch ist der Unterschied
keineswegs so gross, dass man die ganze Kohlensäure ausschliesslich dem
Serum oder Plasma zuschreiben könnte. So sind beispielsweise einmal
gefunden in

100 Theilen Blut . . 30,50 Volumina Kohlensäure,
100 Theilen Serum . . 31,95 Volumina Kohlensäure,

gemessen bei 1^m Hg-Druck und 0^0 Temperatur. Sollte der Kohlensäuregehalt des Blutes ausschliesslich im Serum vorhanden sein, so hätte man,
wie leicht zu berechnen ist, im vorliegenden Beispiel anzunehmen, dass
das Blut zu 95 % aus Serum oder Plasma bestehe und nur 5 % Körperchen enthielte, was offenbar ungereimt ist, man muss also aus den
angegebenen Zahlen, denen noch viele ähnliche an die Seite gestellt werden
könnten, folgern, dass ein guter Theil der Kohlensäure des Blutes in den
Körperchen steckt.

Das arterielle Blut ist reicher an Sauerstoff, das venöse reicher an 326.
Kohlensäure. In der folgenden kleinen Tabelle sind Zahlen zusammengestellt, welche sich auf Hundeblut beziehen und als Mittel aus mehreren Bestimmungen berechnet sind.

	N	O	CO_2
Arteriell	2,02	14,60	29,99
Venös	1,50	9,05	34,10

Die Zahlen bedeuten, wie die entsprechenden oben die Volumina der betreffenden Gase gemessen bei 0^0 und 1^m Druck, welche in 100 Volumeneinheiten der bezeichneten Blutart enthalten sind.

VII. Chemische Processe im Blute.

Mehrere der bereits besprochenen Thatsachen deuten darauf hin, dass 327. im Blute fortwährend chemische Processe verlaufen. Bei ihnen wird namentlich der leicht gebundene Sauerstoff des Oxyhämoglobins in festere Verbindungen übergeführt. Dem entsprechend sieht man in der That hellrothes Blut sich allmählich verdunkeln, indem nach Maassgabe der Ueberführung in festere Verbindungen das Oxyhämoglobin reducirt wird. Es dauert jedoch selbst bei einer Temperatur von 40° immer mehrere Stunden, bis diese Verdunkelung d. h. theilweise Reduktion des Hämoglobin eintritt. Ganz anders gestaltet sich die Sache beim cirkulirenden Blute. Dies wird in den wenigen Sekunden, während es die Körperkapillaren durchströmt, aus hellrothem in dunkelrothes verändert d. h. in wenigen Sekunden wird ein namhafter Bruchtheil seines Hämoglobinsauerstoffes in feste Verbindungen übergeführt, wie auch die vorhin angeführten Unterschiede zwischen dem Sauerstoffgehalte des Arterien- und Venenblutes ausweisen. Man könnte daher wohl daran denken, dass man es hier gar nicht mit chemischen Processen innerhalb des Blutes zu thun hat, dass vielmehr die durchströmten Gewebe den Sauerstoff aus dem Blute herausziehen und dass er in ihnen erst in feste Verbindungen übergeführt wird. Zum Theil ist dies wohl auch wirklich der Fall. Man kann aber auch noch eine andere Annahme machen, um den scheinbaren Widerspruch zu lösen. Beim Durchströmen der Kapillaren könnten nämlich aus den Geweben leicht oxydirbare Stoffe ins Blut übertreten, die in demselben auf Kosten des Hämoglobinsauerstoffes sofort verbrennen. Dieser letztere wäre bei normaler Zufuhr durch Athmung immer in solchem Ueberschuss vorhanden zu denken, dass von jenen leicht verbrennlichen Stoffen selbst im venösen Blute keine nachweisbaren Spuren zurückbleiben. Man könnte dann in der That nicht erwarten, dass venöses Blut durch Schütteln mit Sauerstoff wieder vollständig oxydirt beim Stehen in der gehörigen Wärme sogleich

wieder dunkel wird. Wenn es wieder dunkeln soll, dann müssen sich
eben in ihm selbst erst allmählich reducirende d. h. leicht verbrennliche
Stoffe bilden, da die Zufuhr von solchen aus den Geweben für Blut ausserhalb des Körpers fehlt. Die Bildung einer hinreichenden Menge solcher
reducirenden Substanzen im Blute erfordert nun aber offenbar längere Zeit.

328. Wenn diese Annahme über die Ursache der raschen Blutveränderung
in den Körperkapillaren richtig ist, dann darf man allenfalls im Blute er-
stickter Thiere noch einen Vorrath jener leicht verbrennlichen reducirenden
Stoffe erwarten, da dies nach Aufzehrung des vorhandenen Sauerstoffes
noch die Gewebe passirt hat. ·Dies scheint in der That der Fall zu sein,
wenigstens hat man bemerkt, dass Erstickungsblut, durch Schütteln mit
Sauerstoff wieder hellroth gemacht, rasch dunkelt, und wenn man eine
gemessene Menge Sauerstoffes von Erstickungsblut absorbiren lässt, so
findet man beim Auspumpen nach kurzer Zeit nicht mehr diese ganze
Menge vor. Es muss also ein Theil derselben rasch zur Oxydation vorräthiger leicht verbrennlicher Substanzen verwandt sein. Besonders im
Erstickungsblute von thätigen Muskeln und von der Niere lassen derartige
Versuche verhältnissmässig viel von jenen reducirenden Stoffen vermuthen,
wenig dagegen im Blute der Leber. Was für Stoffe bei diesen Versuchen und in den Kapillaren des Körpers den freien Sauerstoff des Oxyhämoglobins binden, hat man bis jetzt noch nicht ermitteln können.

2. Kapitel. Lymphe.

329. Die Lymphe ist eine mit dem Blute in engster Beziehung stehende
Flüssigkeit. Wie schon die Anatomie zeigt, ergiesst sich die Lymphe,
sofern sie sich überhaupt bewegt, fortwährend durch den *ductus thoracicus* und *truncus lymphaticus dexter* in die grossen Körpervenen, da
eine Bewegung in entgegengesetztem Sinne wegen der ebenfalls aus der
Anatomie bekannten Klappen der Lymphgefässe unmöglich ist. Sowie
hiernach einerseits jede Lymphmenge über kurz oder lang zu einem Blut-
bestandtheil werden muss, so muss dieselbe auch vorher einmal Blut-
bestandtheil gewesen sein, denn man wird sich schwerlich eine stetige
Zuflussquelle für die Lymphräume denken können, wenn diese nicht im
Blute gesucht wird. Da nun aus dem Blutgefässsystem sicher keine
offenen Wege in die Lymphräume führen, so ist sicher die Lymphe im
Grossen und Ganzen nichts Anderes als diejenige Flüssigkeit, welche unter
dem Einflusse des Druckes die dünnen Wände der feinen Blutgefässe
durchsickert. Sie ist mit einem Worte ein Filtrat aus dem Blute. Sie
wird demnach im Grossen und Ganzen nur Blutbestandtheile enthalten.
Allerdings ist es denkbar, dass von diesen Bestandtheilen manches an die
Gewebselemente angesetzt und dafür anderes von diesen aufgenommen wird.

Diese Auffassung wird durch die Untersuchung der Lymphe, soweit 330.
eine solche bis jetzt hat ausgeführt werden können, nur bestätigt. In
dem Filtrate können wir natürlich nicht alle Blutbestandtheile in demselben quantitativen Verhältnisse erwarten, wie sie im Blute vorkommen.
Vor Allem ist klar, dass Blutkörperchen in der Lymphe in der Regel
nicht vorkommen werden. Zwar sind die Wände der Kapillaren nicht
absolut undurchgängig für Blutkörperchen, aber solche Durchtritte werden
unter den normalen Verhältnissen doch nur selten stattfinden. Wie weiter
oben erwähnt (siehe No. 317) gehen weisse Blutkörperchen leichter durch
die Wände der Kapillaren als rothe. Dem entsprechend stellt denn nun
auch der Inhalt der Lymphräume, wo noch reines Blutfiltrat zu erwarten
ist, im Allgemeinen eine klare Flüssigkeit dar, in welcher nur sehr
spärliche, von weissen Blutkörperchen nicht unterscheidbare Zellen
schwimmen. Die Flüssigkeit selbst ist wasserreicher als das Blutplasma und
unter den gelösten Stoffen sind die mineralischen und sogenannten Extraktivstoffe in etwa gleicher Menge vorhanden wie im Blutplasma, die eiweissartigen Stoffe dagegen in geringerer. Dies entspricht der bekannten Erfahrung, dass, wenn eine Lösung eiweissartiger Stoffe durch thierische
Membranen filtrirt, das Filtrat ärmer an ihnen ist als die angewandte Lösung, dagegen hat das Filtrat von Salzlösungen in der Regel die gleiche
Concentration. Die Salze der Lymphe sind auch qualitativ dieselben wie
die Salze des Blutes.

Ehe das Bluttranssudat in die grösseren Lymphstämme gelangt, hat 331.
es die sogenannten „Lymphdrüsen" zu durchsetzen. Hier sickert es,
wie die Histologie lehrt, durch Zellenklumpen — und zwar offenbar sehr
langsam — hindurch. Dabei kann es sehr wohl beträchtliche Veränderungen seiner Beschaffenheit erleiden. Namentlich werden von den Zellen
der Lymphdrüsen vielleicht viele abgeschwemmt und mengen sich dem
Lymphstrom bei. In ihnen hätte man dann, sofern sie alsbald ins Blut
gelangen, junge farblose Blutkörperchen, und es wären die Lymphdrüsen
als Brutstätten von solchen zu betrachten, welche für den Abgang durch
Zerstörung von Blutkörperchen Ersatz schaffen.

Unter den eiweissartigen Bestandtheilen der Lymphe, wie wir sie aus 332.
den grossen Stämmen des Lymphsystems gewinnen, ist einer dem Fibrin
des Blutplasma identisch. Er veranlasst in der aus dem Gefässe gelassenen
Lymphe eine spontane Gerinnung. Sie tritt jedoch meist nicht so vollständig und schnell wie im Blute ein.

Ganz gleiche Zusammensetzung hat die Lymphe weder an allen Orten 333.
des Lymphsystems noch an demselben Orte zu allen Zeiten. Einerseits
werden die verschiedenen Filtrationsbedingungen schon in verschiedenen
Organen ein ursprünglich nicht ganz gleiches Bluttranssudat liefern. Dieses
kann ferner durch die verschiedenen Zersetzungsprodukte der Organe in

verschiedener Weise modificirt werden. Den wichtigsten Einfluss auf die
Zusammensetzung der Lymphe im *ductus thoracicus* übt die Beimengung
der Darmlymphe, welche während der Verdauungsperiode jedesfalls viele
Bestandtheile der Nahrungsmittel führt. Eines derselben, das Fett,
macht sich sogar schon dem blossen Auge bemerklich. Wenn nämlich
fettreiche Nahrung in den Darmkanal eingeführt ist, so ist der Inhalt der
Darmlymphgefässe — der sogenannten „Chylusgefässe" — und des
ductus thoracicus von zahlreichen aufgeschwemmten Fettkügelchen milch-
weiss gefärbt.

334.   Eine Idee, wie die Lymphe der grossen Stämme etwa einmal zusammengesetzt sein kann, geben die folgenden tabellarisch zusammen-
gestellten Resultate einer Analyse.

1000 Theile Lymphe schieden sich in 44,83 Theile Coagulum und
955,17 Theile Serum.

	1000 Theile Serum enthielten	1000 Theile Coagulum enthielten
Wasser	958,61	907,32
Festen Rückstand	42,39	92,68
	1000	1000
Fibrin	—	48,66
Albumin	32,02	
Fette und Seifen .	1,23	34,36
Andere organ. Kpr.	1,78	
Salze	7,36	6,07
	42,39	89,09

3. Kapitel. Bewegung des Blutes.

I. Anatomische Einleitung.

335.   Aus der No. 308 definirten Bedeutung des Blutes im thierischen Haushalte leuchtet sofort die Nothwendigkeit seiner fortwährenden Bewegung
ein. Sofern es nämlich einerseits die vorläufige Lagerstätte des neuaufge-
nommenen Ernährungsmaterials ist, muss offenbar dafür gesorgt sein,
dass dieses an die Stellen gelangt, wo es gebraucht wird, d. h. in die
funktionirenden Organe. Sofern das Blut andererseits die Zersetzungsprodukte verbrauchter Organbestandtheile aufnimmt, muss dafür gesorgt sein,
dass dieselben schliesslich an die Stellen kommen, wo sie aus dem Körper
ausgeschieden werden. Beiden Aufgaben genügt die Bewegung des Blutes.

Wie die Anatomie lehrt, ist das Blut enthalten in einem Kanalsystem, 336.
welches, abgesehen von den Einmündungsstellen der grossen Lymphstämme,
vollständig geschlossen ist. Fig. 36 stellt ein Schema desselben
dar*). Um die Anordnung dieses Systems zu überblicken, gehen wir vom
linken Herzventrikel aus. Von hier führt zunächst ein einziger Kanal, die
„Aorta" weiter. Derselbe giebt schon

Fig. 36.

gleich an seinem Anfang zwei kleine
Kanäle für das Herz selbst ab und verzweigt sich dann in seinem weiteren
Verlaufe in immer zahlreichere Aeste.
Diese Aeste, „Arterien" genannt,
verbreiten sich in allen Theilen des
Körpers; jeder derselben zerfällt selbst
wieder in kleinere und zahlreichere
Zweige. Die letzten so entstehenden
Zweige sind von mikroskopischer Feinheit, so dass höchstens ein Blutkörperchen in ihrer Lichtung Platz hat —
die sogenannten Haargefässe oder
Kapillaren. Sie durchziehen in verschiedener Dichtheit und Anordnung
die verschiedenen Organe. Geht man
den Kapillaren entlang weiter, so sammeln sich dieselben wieder zu allmählich immer grösser und seltener
werdenden Stämmchen, den „Venen"
ganz der Verzweigung der Arterien in der umgekehrten Richtung entsprechend. Auch schliessen sich im Allgemeinen die grösseren Venenstämmchen den entsprechenden Arterien in ihrem Verlaufe an. Zuletzt
sammeln sich die Venen in zwei grosse Hauptstämme, die *Cava superior*
und *inferior*, welche sich in den rechten Herzvorhof ergiessen. Verfolgen
wir die Kontinuität des Kanalsystems weiter, so gelangen wir aus dem
rechten Herzvorhof in den rechten Ventrikel, welcher, obgleich angrenzend,
im erwachsenen Menschen keinerlei unmittelbare Kommunikation mit dem
linken Ventrikel hat. Aus dem rechten Ventrikel führt vielmehr nur ein
Weg heraus, ein grosser Kanal, „*arteria pulmonalis*" genannt, der
sich in zwei Aeste gespalten zur rechten und linken Lunge begiebt, um
sich hier in immer kleinere und zahlreichere Aeste zu verzweigen. Auch
hier kommen wir schliesslich zu feinsten Kapillaren, welche die lufthaltigen
Lungenbläschen umspinnen. Bei weiterer Verfolgung ihres Zusammen-

---

*) Der Binnenraum des rechten Herzens und der damit zusammenhängenden Ge-
fässe ist schattirt, der des linken mit Zubehör weiss gelassen.

hanges sieht man sie ähnlich wie die Körperkapillaren zu immer grösseren Stämmchen zusammentreten. Diese, die sogenannten „Lungenvenen", sammeln sich schliesslich zu einigen grossen Kanälen, welche in den linken Herzvorhof einmünden, von da können wir direkt in den linken Herzventrikel eintreten und sind zum Ausgangspunkte zurückgekommen, erkennen somit das Kanalsystem, in welchem sich das Blut bewegt, als ein ringförmig in sich zurücklaufendes. An einigen Stellen, nämlich in den Herzräumen und am Anfange der Aorta und Lungenarterie, ist die ganze Bahn auf einen Querschnitt zusammengedrängt, an andern Stellen ist die Bahn verzweigt, am meisten im Bereiche der Kapillaren.

Bei den Verzweigungen der Arterien gilt im Allgemeinen das Gesetz, dass die Summe der Querschnitte der beiden Zweige grösser ist als der Querschnitt des Stammes, der Querschnitt jedes Zweiges allein aber kleiner. Der Gesammtquerschnitt der ganzen Blutbahn wird also vom Aortenanfange bis zu den Kapillaren hin immer weiter. Umgekehrt nimmt dann wieder der Gesammtquerschnitt im venösen System ab, indem durch den Zusammenfluss je zweier Venen stets ein Stamm entsteht, dessen Querschnitt zwar grösser ist als der jeder Wurzel einzeln, aber kleiner als die Summe der Querschnitte beider Wurzelvenen. Analoges gilt bei der Verzweigung der Lungenarterie und der Wiedervereinigung der Lungenvenen.

337. Die Wände der Blutgefässe zeichnen sich vor Allem aus durch eine enorme Dehnbarkeit und sehr vollkommene Elasticität. Sie gleichen in dieser Beziehung etwa Kautschukröhren. Diese physikalische Beschaffenheit verdanken die Arterienwände ihrer histiologischen Zusammensetzung. Sie bestehen aus elastischem Gewebe mit zahlreichen glatten Muskelfasern, welche letztere in ringförmiger Anordnung das Lumen des Gefässes umgeben. Vermöge der unter dem Einflusse des Nervensystems stehenden Kontraktilität dieser Fasern kann die Lichtung desselben Gefässes bei gleicher Spannung sehr verschiedene Grösse haben. Die Wände der mittelgrossen und kleineren Arterien sind fast ganz aus Muskelfasern gebildet. Ausserdem betheiligt sich das Bindegewebe am Aufbau der Gefässwand, namentlich ihrer äussersten Schichten. Die Wände der Venen sind bedeutend dünner als die der entsprechenden Arterien. Die innerste Schicht aller Gefässwände besteht aus einem einfachen Lager äusserst platt gedrückter Zellen, die mit zackigen Rändern genau aneinander gefügt sind. Bei den eigentlichen Kapillaren ist dies die einzige Schicht der Gefässwand.

II. Beschreibung der Blutbewegung.

338. Die Bewegung des Blutes in dem soeben beschriebenen ringförmig in sich zurückkehrenden Kanalsystem ist eine „kreisende". Sie erfolgt in dem Sinne, in welchem wir vorhin das System durchlaufen haben und

hält sich im Allgemeinen stationär d. h. in gleichen Zeiten strömen gleiche Blutmengen durch einen bestimmten Querschnitt des Systems. Irgend ein Blutteilchen, welches wir zu irgend einer Zeit im linken Herzventrikel ins Auge fassen, geht von da in die Aorta, kommt in irgend einen ihrer Aeste, von da in einen feineren Arterienzweig, ferner in ein Kapillargefäss, von da sodann in ein Venenwürzelchen, in einen grösseren Venenstamm, in die obere oder untere Hohlvene (je nachdem es in einen oberen oder unteren Ast der Aorta gegangen war), dann in den rechten Vorhof, von da in den rechten Ventrikel, von da in die Lungenarterie, in ein Kapillargefäss der Lunge, in eine Lungenvenenwurzel, in einen Lungenvenenstamm, den linken Vorhof, und endlich wieder in den linken Ventrikel zurück. Nun beginnt es von Neuem den Kreislauf, wobei es natürlich nicht wieder dasselbe Organ des Körpers zu durchsetzen braucht.

Dass dies wirklich der allgemeine Gang der Blutbewegung ist, lehrt 339. die Anschauung des Laufes der Blutkörperchen überall, wo derselbe direkter mikroskopischer Beobachtung zugänglich ist, z. B. an der Schwimmhaut und am Mesenterium des Frosches und an andern durchsichtigen Blutgefässe führenden Theilen von Wirbelthieren. Man sieht hier immer in den Kapillaren das Blut von den Arterien zu den Venen strömen, was bei dem durchgängigen Zusammenhange und der ringförmigen Anordnung des ganzen Systems alles übrige oben Ausgesagte nothwendig folgern lässt.

Bei der direkten Beobachtung der Blutbewegung in den feinsten Gefässen hat man noch folgende bemerkenswerthe Einzelheiten festgestellt. In ein und demselben Gefäss ist die Geschwindigkeit meist längere Zeit hindurch merklich konstant. Sie ist am kleinsten in den eigentlichen Kapillaren, um so grösser, je grösser das Gefäss, sei es ein arterielles oder ein venöses. Dieser Satz lässt sich auch a priori aus der oben beschriebenen Gestalt des Gefässsystems folgern. Es muss ja bei stationärem Strome durch ein Stämmchen in der Zeiteinheit dieselbe Blutmenge strömen wie durch seine sämmtlichen Zweige, und da die Summe der Querschnitte dieser letzteren grösser ist als der Querschnitt des Stämmchens, so muss das Blut im Stämmchen d. h. im grösseren Gefässe rascher strömen als in den Zweigen. In den Blutgefässchen, wo mehrere Blutkörperchen nebeneinander Platz haben, bemerkt man einen centralen Flüssigkeitsfaden, welcher rascher strömt und die rothen Blutkörperchen führt, umgeben von einer klaren Wandschicht. In dieser sieht man einzelne weisse Blutkörperchen langsam an der Wand hinrollen. Dass die Wandschicht langsamer gehen muss, als der centrale Flüssigkeitsfaden, ist zwar leicht verständlich wegen der Reibung, warum aber die rothen Blutkörperchen alle in der Mitte schwimmen, ist mechanisch noch nicht erklärt.

Dieser konstante Flüssigkeitsstrom durch die Kapillaren von den Ar- 340. terien zu den Venen kann natürlich nicht von selbst immer weiter gehen.

etwa durch einmaligen Anstoss in Gang gesetzt. Ein solcher würde bald durch den Widerstand der Reibung zur Ruhe gebracht. Soll er beständig im Gange bleiben, so muss fortwährend eine treibende Kraft wirken, die den Flüssigkeitstheilchen immer so viel Geschwindigkeit wieder beibringt, als sie durch die Reibung verlieren. Die treibende Kraft für die Flüssigkeiten ist im Allgemeinen der „Druck" und zwar wird bekanntlich jedes flüssige Theilchen getrieben von da, wo der Druck höher ist, dahin, wo der Druck niedriger ist. Hiernach muss, so lange der normale Blutstrom durch die Kapillaren im Gange bleiben soll, stets der Druck in den Arterien höher sein als in den Venen.

341.   Das soeben ausgesprochene Grundgesetz ist leicht durch den Versuch zu beweisen. Den in einer eingeschlossenen Flüssigkeitsmasse herrschenden Druck bringt man am bequemsten zur Anschauung, wenn man in eine Oeffnung der umschliessenden Wand ein Rohr dicht einfügt, dessen Lichtung mit dem Innern kommunicirt; dem Rohr giebt man eine anfangs wagrechte, dann abwärts und endlich aufwärts gebogene Gestalt, füllt die nach unten konvexe Umbiegung mit Quecksilber und lässt den schliesslich aufsteigenden Schenkel oben offen. Uebertrifft nun der Druck der Flüssigkeit den Atmosphärendruck auf die im offenen Schenkel befindliche Quecksilberoberfläche, so wird das Quecksilber daselbst in die Höhe steigen. Der Ueberschuss des Flüssigkeitsdruckes über den Atmosphärendruck wird alsdann gemessen durch die Niveaudifferenz des Quecksilbers in den beiden Schenkeln des U förmigen Rohrtheiles, von kleinen zuweilen nöthigen Korrektionen abgesehen. Eine solche Vorrichtung wird bekanntlich ein „Quecksilbermanometer" genannt. Durch gewisse Kunstgriffe ist es nun leicht, ein solches Manometer mit dem Innern einer Arterie und ein anderes mit dem Innern der entsprechenden Vene zu verbinden. Dabei füllt man das wagrechte Verbindungsstück und den Anfang des absteigenden Schenkels bis zur Quecksilberoberfläche mit einer Flüssigkeit, die, wenn sie sich an der Grenze mit dem Blute mischt, einigermaassen die Gerinnung verhütet oder verzögert. Gewöhnlich nimmt man zu diesem Versuche Lösung von kohlensaurem Natron. Führt man den beschriebenen Versuch wirklich aus, so findet man in der That in der Arterie einen höheren Druck als in der Vene.

342.   Nach dem geltend gemachten hydrodynamischen Grundsatz muss nicht nur im Allgemeinen in den Arterien der Druck höher sein als in den Venen, sondern er muss auch in den Arterienstämmen höher sein als in ihren Zweigen, und am höchsten in der Aorta, denn das Blut strömt ja von dieser in die grösseren Stämme, von da in die Aeste und Zweige etc. Andererseits muss der Druck in den Venenwürzelchen höher sein als in den Stämmchen und da wieder höher als in den grösseren Stämmen, am niedrigsten muss er schliesslich in den grossen Hohlvenen sein. Diese

Sätze werden durchgängig durch manometrische Versuche bestätigt, soweit für solche überhaupt verschiedene Stellen des Gefässsystems zugänglich sind. Man bemerkt dabei aber noch folgende Einzelheiten. In einer Vene ist der Blutdruck fast vollkommen konstant, abgesehen von meist ganz unbedeutenden Schwankungen, welche der Athmung parallel gehen. Ebenso ist der Druck annähernd konstant in einer kleinen Arterie. Grössere periodische Schwankungen, die später noch ausführlich zu behandeln sind, erleidet der Druck in den grossen Arterien. Hier kann man dann aber einen Mittelwerth angeben, um welchen herum die Schwankungen stattfinden und welcher als treibende Kraft gelten kann. In den verschiedenen Gegenden des arteriellen Systemes zeigt sich der mittlere Druck nicht sehr verschieden. Er ist in den kleinsten einem Manometer noch zugänglichen arteriellen Gefässen wohl kaum um $\frac{1}{10}$ niedriger als in der Aorta. Diese Thatsache beweist einfach, dass die Flüssigkeit beim Durchströmen der arteriellen Blutbahnen keinen sehr grossen Widerstand erleidet und desshalb durch dieselben schon von einer sehr mässigen Druckdifferenz mit der erforderlichen Geschwindigkeit getrieben werden kann. Dies ist auch leicht begreiflich, wenn man bedenkt, dass die arterielle Strombahn bei ihrer Verzweigung im Ganzen immer weiter und weiter wird, was der Bewegung sehr förderlich sein muss.

Misst man den mittleren Druck in den Arterien bei demselben Thiere 343. zu verschiedenen Zeiten, so kann man sehr verschiedene Werthe finden, ohne dass eine Abweichung von der Norm anzunehmen wäre. Er kann manchmal unter Einflüssen, die später zu untersuchen sind, im Laufe von einer Minute bedeutende Aenderungen erleiden. Die Werthe des arteriellen Druckes grosser und kleiner Säugethiere unterscheiden sich durchaus nicht etwa der Körpergrösse entsprechend. Ein normaler Durchschnittswerth kann nach dem Gesagten für den Blutdruck in den Arterien nicht gegeben werden. Man kann etwa sagen, dass bei allen Säugethieren und wahrscheinlich also auch beim Menschen der Werth des Ueberschusses des arteriellen Blutdruckes über den Atmosphärendruck schwankt zwischen den Grenzen von 100 und 200 Millimeter Quecksilber, von aussergewöhnlich hohen und aussergewöhnlich niedrigen Ausnahmefällen abgesehen.

Der Druck in den eigentlichen Kapillaren ist wahrscheinlich zu jeder Zeit dem arteriellen Blutdruck annähernd gleich, doch kann, da er directer Beobachtung unzugänglich ist, nichts ganz Positives darüber ausgesagt werden.

Wie der Strom in den Arterien zu den Kapillaren durch die bestän- 344. dige Erweiterung des Gesammtstrombettes gefördert wird und daher nur geringe treibende Kräfte erheischt, so wird umgekehrt der Strom von den Kapillaren zu den grossen Venen wesentlich erschwert durch die fortwährend Verengerung des Gesammtstrombettes. Wir dürfen daher an-

nehmen, dass gerade hier, in den kleinen Venen, der grösste Theil der
treibenden Kräfte zur Verwendung kommt. Mit andern Worten, wir dürfen
in den kleinen Venen die rapideste Druckabnahme, das stärkste „Ge-
fälle" stromabwärts annehmen. Auch noch in den grösseren Venen
muss der Widerstand sehr merklich sein, da auch hier immer noch das
Gesammtstrombett bei jedem Zusammenflusse zweier Zweige verengert wird.
Dem entsprechend hat man auch wirklich im Venensystem viel bedeutendere
Druckdifferenzen wahrgenommen als im arteriellen. ‹Schon längst ist
z. B. bekannt, dass in den oberflächlichen Venen des Vorderarms beim
Menschen der Druck noch so hoch über dem Atmosphärendruck steht,
dass aus einer Oeffnung das Blut im Strahl hervorquillt, der, wenn das
Blut oberhalb durch eine Binde gestaut wird — wie das beim Aderlass
zu geschehen pflegt — hoch aufspringen kann. Dagegen ist in den
grossen Hauptstämmen des venösen Systemes in der Halsgegend der
Druck schon so niedrig, dass er vom Atmosphärendruck oft übertroffen
wird, daher kommt aus der Oeffnung eines solchen Venenstammes meist
gar kein Blut, sondern es dringt Luft in dieselbe ein, — ein Umstand,
welcher beiläufig gesagt Verwundungen dieser Venen überaus gefährlich
macht. In neuerer Zeit hat man bei Thieren Druckwerthe in Venen auch
direct manometrisch bestimmt und den vorstehenden Erörterungen entsprechend namhafte Differenzen gefunden. So fand sich bei einem Schaf
der Druck in der *vena brachialis* 4,1^{mm} Quecksilber und in einem Zweig
derselben 9^{mm}, in der *vena cruralis* 11,4^{mm} über dem Atmosphärendruck,
in der *vena anonyma sinistra* ein klein wenig unter dem Atmosphärendruck. In dem Arteriensystem ist zwischen Aortendruck und dem Druck
in der Cruralis kaum ein nennenswerther Unterschied.

Aehnlich wie die Arterien zu den Venen verhalten sich die Lungen-
arterien zu den Lungenvenen. In den grossen Lungenvenen wird wohl
der Druck auch an numerischem Werthe dem in den grossen Körpervenen
gleichen. In den grossen Lungenarterienstämmen ist der mittlere Werth
des schwankenden Druckes wohl nur etwa 40^{mm} Quecksilber, also bedeutend niedriger als in der Aorta.

III. Theorie eines Kreislaufes im Allgemeinen.

345.   Die experimentell festgestellte Druckabnahme von den Arterien nach
den kleinen Venen und von da nach den grossen Venenstämmen erklärt
vollkommen den beständigen Strom des Blutes von den Arterien zu den
Venen. Das Blut bewegt sich aber in seiner Ringbahn kreisend und
geht also faktisch aus den Venen — freilich auf Umwegen — nach den
Arterien zurück. Hier scheint ein unlösbarer Widerspruch mit dem Grund-
gesetze der Hydrodynamik vorzuliegen. In der That führen wir die Vorstellung eines in sich zurücklaufenden Flüssigkeitsstromes auf ihr einfachstes

Schema zurück. Der kreisförmige Ring in Fig. 37 sei die Bahn, welche von der Flüssigkeit im Sinne des Pfeiles kreisend durchlaufen wird, so dass dieselbe also unten herum aus dem Abschnitte a nach dem Abschnitte v geht, dann muss nothwendig der Druck in a höher sein als in v. Der Voraussetzung gemäss soll aber die Flüssigkeit kreisen d. h. oben herum wieder aus v nach a gehen. Dies würde nothwendig erfordern, dass der Druck in v höher wäre als in a, denn Flüssigkeit geht eben einmal nicht anders als vom höheren zum niederen Drucke. Oder mit andern Worten: Gehen wir von einem beliebigen Punkte x aus in der Richtung des Pfeiles — stromabwärts — so müssen wir zu Punkten immer niedrigeres Druckes kommen

Fig. 37.

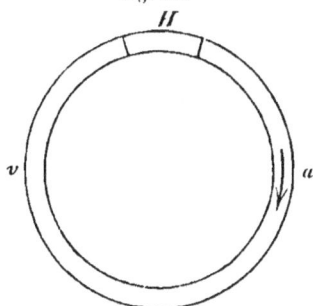

und beim Weitergehen stromaufwärts zu Punkten immer höheres Druckes. Da aber in einer Ringbahn der Weg aufwärts und der Weg abwärts nothwendig einmal zu demselben Punkte führen muss, so muss es einen Punkt geben, wo das hydrodynamische Gesetz einen niedrigeren Druck fordert als in x, weil der Punkt stromabwärts von x liegt, aber auch einen höheren als in x, weil der Punkt auch stromaufwärts von x liegt. Der Widerspruch ist also in Wirklichkeit da, indessen wie man leicht sehen wird nur dann, wenn man verlangt, dass der Strom in allen Theilen des Ringes stetig mit konstanter Geschwindigkeit gehen soll, in welchem Falle auch überall der Druck unveränderlich sein würde; ein solcher überall konstanter Ringstrom ist auch in der That absolut nicht herzustellen. Geben wir diese Forderung auf, dann lässt sich der Widerspruch heben. Wir können uns nämlich irgendwo in dem Ringe, z. B. bei H, eine Stelle denken, wo der Druck vermöge der Einwirkung äusserer Kräfte wechseln kann. Hier kann dann in der That der Druck niedriger sein als bei x zu einer Zeit und höher als in x zu einer andern Zeit. Stellen wir uns dies noch genauer vor. Es sei der ersten Voraussetzung gemäss bei a der Druck stets höher als bei v, und in einem gewissen Augenblick sei der Druck in H noch niedriger als in v, dann kann jetzt die Flüssigkeit von v nach H strömen. In einem folgenden Augenblicke sei in H der Druck noch höher als in a, dann kann jetzt die Flüssigkeit von H nach a strömen. Der Röhrenabschnitt H mit wechselndem Drucke kann also aus v schöpfen und nach a entleeren und somit den Kreislauf ergänzen. Die blosse Möglichkeit, bei H den Druck zu verändern, genügt aber doch noch nicht allein. Es muss offenbar ausserdem noch dafür gesorgt sein, dass zu der Zeit, wo der Druck bei H seinen tiefen Stand hat, Flüssigkeit nur von v und keine von a her einströmen kann, und dass umgekehrt während bei H der hohe Druck herrscht, die Flüssigkeit von H nicht nach v zurückweichen kann, sondern nur nach a hin. Derartige Einrichtungen, welche ohne neue Kräfte selbstthätig wirken, besitzt die Technik bekanntlich in sogenannten „Klappen" oder „Ventilen".

Der gedachte Röhrenabschnitt H mit variabelem Drucke muss also an beiden Grenzen mit Klappen versehen sein, die an der Grenze nach v muss sich schliessen, wenn in H der Druck höher als in v steht, und die Klappe an der Grenze nach a muss sich schliessen, wenn der Druck in a höher als in H ist.

Eine Einrichtung wie die soeben beschriebene macht, wie gezeigt wurde, einen Flüssigkeitskreislauf möglich, aber in ihm ist die Stromstärke nicht überall konstant. In manchen Theilen der Bahn, etwa zwischen a und v rechter Hand, kann sie zwar unter Umständen merklich konstant sein, aber im besonders eingerichteten Abschnitt H und in seiner Nachbarschaft ist der Strom nothwendig von variabler Geschwindigkeit. Dicht an den Klappen ist namentlich die Stromstärke allemal Null, so lange die Klappe geschlossen ist, und aus H wird die Flüssigkeit nach a nur stossweise übergetrieben.

IV. Anwendung der allgemeinen Grundsätze auf den Blutkreislauf.

346.   Selbstverständlich kann ein Flüssigkeitskreislauf auch bestehen, wenn in seiner ringförmigen Bahn mehrere solche Stellen wie die eben beschriebene — wir können sie Pumpwerke nennen — vorhanden sind. Der Blutkreislauf der beiden höchsten Wirbelthierklassen ist in der That durch zwei solche Pumpwerke hergestellt; nämlich durch den rechten und den linken Herzventrikel. Diese beiden Abschnitte der Ringbahn genügen allen den Anforderungen, welche für eine solche Stelle wie H im obigen Schema gefolgert wurden. Erstens ist jede Herzkammer beiderseits abgegrenzt durch Klappen, deren Einrichtung aus der Anatomie bekannt ist. (Sie sind in dem Schema Fig. 36 an gehöriger Stelle angedeutet.) Die Atrioventricularklappe des rechten Herzens lässt nur Blut aus dem rechten Vorhof, also mittelbar aus den grossen Körpervenen, in den Ventrikel eintreten und die Klappe an der Wurzel der Lungenarterie lässt nur Blut aus dem Ventrikel nach dieser Arterie strömen, keines von der Arterie zurück zum Ventrikel. Ebenso gestattet die Atrioventricularklappe des linken Herzens die Anfüllung des Ventrikels nur von Seite der Lungenvenen und seine Entleerung nur nach der Aorta.

347.   Zweitens macht der muskulöse Bau der Herzkammerwände die periodische Aenderung des Druckes in der erforderlichen Weise möglich. Die Muskelfaser ist, wie in einem anderen Abschnitte (No. 17) gezeigt wurde, ein Gebilde, welches durch innere Veränderungen plötzlich seine natürliche Länge ändern und welches also plötzlich einen mitunter sehr hohen

Spannungsgrad annehmen kann, wenn die ursprüngliche Länge während der „Erregung" durch äussere Umstände erhalten bleibt. Der Herzventrikel ist von Muskelfasern in verschiedenen Richtungen ringförmig umgeben. Denken wir uns die Fasern des rechten Ventrikels im erschlafften Zustande, dann wird der Binnenraum desselben von den Venen her trotz des ausserordentlich geringen daselbst herrschenden Druckes leicht gefüllt werden können, während wegen der Klappen aus der Lungenarterie des in ihr beständig sehr hohen Druckes kein Tropfen Blutes in den Ventrikel eindringen kann. Nun gerathen die Fasern der Kammerwand in den Erregungszustand. Ihre Länge ist im ersten Augenblick, da alle Ringe durch das eingeschlossene Blutvolum ausgedehnt erhalten werden, noch die alte, mithin beträchtlich grösser als die natürliche Länge der erregten Fasern. Es wird sich also in ihnen eine beträchtliche Spannung entwickeln, vermöge deren sie auf das eingeschlossene Blut einen vorher gar nicht vorhanden gewesenen Druck ausüben. Sofort schliesst sich durch diesen Druck selbst die Atrioventrikularklappe und da er faktisch den hohen Druck der Lungenarterie erreicht und übertrifft, so öffnen sich die Semilunarklappen und es wird Blut aus der Kammer in die Lungenarterie eingepresst. Blieben die Muskelfasern der Kammer jetzt im kontrahirten Zustande, so könnte sich die Kammer nicht wieder von den Venen her füllen, nun aber verlängern sich die Fasern wieder und das beschriebene Spiel beginnt von Neuem. Ganz ähnlich geht es in der linken Herzkammer zu, welche aus den Lungenvenen, wo der Druck beständig sehr niedrig ist, Blut im erschlafften Zustande schöpft und es dann im erregten Zustande in die Aorta treibt, wo der Druck immer hoch ist.

Durch besondere Kunstgriffe kann man bei grossen Thieren die beiden 348. Herzkammern manometrischen Vorrichtungen zugänglich machen. In den rechten Ventrikel kann man sie von den grossen Halsvenen einbringen, in den linken von der *arteria carotis* aus. Wenn man dann die Höhe des Manometerstandes an einer gleichmässig vorübergeführten Fläche sich selbst registriren lässt, so erhält man eine graphische Darstellung der Druckschwankungen im Ventrikel. Eine solche aus dem rechten Ventrikel des Pferdes sieht etwa aus wie Fig. 38. Diese Kurve zeigt im Allgemeinen, was

Fig. 38.

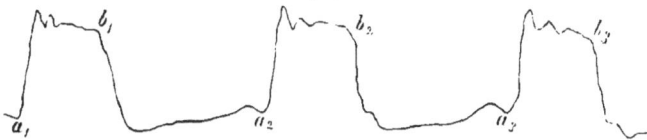

man nach den vorstehenden Erörterungen erwarten konnte. Im Augenblicke, wo die Kontraktion beginnt (bei a_1, a_2, a_3), steigt der Druck sehr plötzlich hoch auf und bleibt auf nahezu derselben Höhe, so lange die Kontraktion dauert, dann sinkt der Druck ebenso plötzlich auf seinen tiefsten Werth herab in dem Augenblicke, wo die Kammerwand wieder erschlafft (siehe b_1, b_2, b_3). Hierauf steigt der Druck ein klein wenig, offenbar entsprechend der Anfüllung des erschlafften Ventrikels, bis zu dem Augenblicke, wo die neue Kontraktion beginnt. Ganz ähnlich sieht eine Kufve aus, welche die Druckschwankungen im linken Ventrikel darstellt.

349. Die niedrigsten Werthe, welche der Druck bei der Erschlaffung annimmt, sind für beide Ventrikel wohl etwa gleich und halten sich wie in den grossen Venenstämmen um einige Millimeter Quecksilber unter dem Atmosphärendruck. Der höchste Druckwerth im linken Ventrikel muss ungefähr dem arteriellen Blutdrucke entsprechen und beträgt, wie auch wirkliche Beobachtungen gelehrt haben, zwischen 100 und 200^{mm} Quecksilber mehr als der Atmosphärendruck. Im rechten Ventrikel sind die Druckmaxima viel niedriger, man hat beim Pferd beobachtet 25^{mm} über dem Atmosphärendruck.

350. Vermöge der anatomischen Anordnungen der Muskelfasern und der nervösen Einrichtungen ziehen sich beide Kammern stets gleichzeitig zusammen. Hieraus folgt sofort nothwendig, dass der rechte Ventrikel mit jeder Zusammenziehung oder „Systole" ebenso viel Blut in die Lungenarterie presst als der linke in die Aorta; denn wenn z. B. der linke mit jedem Schlage mehr auspresste als der rechte, so würde alsbald alles Blut im Aortensystem angehäuft sein und umgekehrt. Aus Gründen, welche später erhellen werden, kann man die Blutmenge, die ein Herzventrikel des Menschen mit jeder Systole liefert, zu etwa 90 bis 100 Kubikcentimeter schätzen.

351. Die Kontraktion der Ventrikel macht sich beim lebenden Menschen in der Regel deutlich bemerkbar durch ein leichtes Hervordrängen der Brustwand zwischen der 6. und 7. Rippe, etwa 3 Finger breit links vom Brustbein, wo die Herzspitze an der Brustwand anliegt. Diese Erscheinung, „Herzstoss" genannt, rührt wahrscheinlich daher, dass das Herz beim Hochdruck in seinem Innern der Kugelform zustrebt. Setzt man auf die Stelle des Herzstosses einen kleinen Trichter luftdicht auf und verbindet seinen Innenraum durch einen Schlauch mit einer kleinen Trommel, über welche eine dünne Kautschukmembran gespannt ist, so muss diese die Bewegungen des Brustwandtheiles offenbar genau nachmachen. Diese Bewegungen kann man dann durch ein aufgesetztes leichtes Hebelchen vergrössern und indem man das Ende des langen Hebelarmes an eine vorübergeführte Fläche zeichnen lässt, erhält man eine graphische Darstellung des Herzstosses, daher man auch die Vorrichtung als „Kardiograph" bezeichnet hat. Eine so gezeichnete Herzstosskurve des Menschen (Fig. 39, S. 229) gleicht in ihrer Form auffallend der Druckkurve im Herzventrikel des Pferdes, wie eine Vergleichung mit Fig. 38 sofort sehen lässt.

Ferner verräth sich die Systole am unverletzten Thier und Menschen durch 352. einen Ton, der in der ganzen Herzgegend vom aufgelegten Ohre deutlich gehört wird. Die Entstehung dieses sogenannten ersten „Herztones", dessen Modifikationen für die Pathologie grosse Wichtigkeit haben, ist noch immer nicht streng mechanisch erklärt.

Bei der Erschlaffung der Herzkammern bei der sogenannten
Diastole wird gleichfalls ein
Ton gehört von kürzerer Dauer
und höher in der Skala liegend,

Fig. 39.

welcher sehr wahrscheinlich durch die plötzliche Anspannung der Semilunarklappen bedingt ist.

Im Herzen liegen bekanntlich vor den Kammern noch grosse Hohl- 353. räume, deren Wände gleichfalls mit quergestreiften Muskelfasern ausgerüstet sind, die sogenannten „Vorhöfe", so dass die grossen Körpervenenstämme zunächst in den rechten Vorhof und die Lungenvenenstämme zunächst in den linken Vorhof einmünden. Aus den vorhergehenden Ableitungen ist klar, dass die Ausrüstung der Vorhöfe mit Muskeln kein absolutes Erforderniss für den Blutkreislauf ist, gleichwohl haben sie eine wichtige Bedeutung. Wenn die Venenstämme direkt in die Kammer einmündeten, dann würde offenbar bei der Systole der Kammer und dem dadurch bewirkten Klappenschluss eine plötzliche Stauung in den Venenstämmen erfolgen und bei der Wiedererschlaffung würde das aufgestaute Blut plötzlich aus den Venenstämmen in den Ventrikel hineinstürzen. Es würden auf diese Art beträchtliche Druckschwankungen in das venöse System hinein sich fortpflanzen. Diese zu beseitigen, ist die Aufgabe der Kontraktilität der Vorhöfe. In dem Augenblick nämlich, wo sich die Atrioventrikularklappen schliessen, erschlaffen die Muskeln des Vorhofes und der Druck auf das darin enthaltene Blut kann daher derselbe bleiben, obgleich die Vorhöfe durch das nachströmende Blut aus den Venen beträchtlich ausgedehnt werden. Hernach, wenn sich die Atrioventrikularklappen öffnen, ziehen sich die Vorhofswände aktiv zusammen und drücken also nachrückend auf das Blut der Vorhöfe trotz der Entleerung mit gleicher Kraft wie die schlaffen Wände bei gefüllten Vorhöfen. Auf diese Art ist es möglich, den Druck in den grossen Stämmen der venösen Systeme vollkommen konstant zu erhalten. So zeigt er sich aber in der That, von kleinen durch die Athmung bedingten Schwankungen abgesehen, bei direkter manometrischer Bestimmung.

Von der Zeit, welche vom Beginn einer Systole bis zum Beginn der 354. nächsten verstreicht, geht etwa ein Viertel auf die Systole der Vorhöfe, dann die Hälfte auf die Zusammenziehung der Kammern und während des letzten Viertels sind alle Muskeln des Herzens erschlafft.

Dies bildet die sogenannte Pause. Verlangsamung der Schlagfolge des Herzens wird wesentlich durch Verlängerung der Pause bedingt.

V. Die Pulswelle im arteriellen System.

355. Es wurde oben gezeigt, dass mit der Systole der linken Kammer ein bestimmtes Blutvolum ziemlich plötzlich in die Aorta eingepresst wird. Dem wird natürlich eine Drucksteigerung entsprechen, die sich rasch wellenartig im ganzen arteriellen Systeme fortpflanzen muss. Die Fortpflanzungsgeschwindigkeit dieser Welle, der sogenannten „P u l s w e l l e“, hängt wesentlich vom Elasticitätsgrade der Arterienwände ab; unter normalen Verhältnissen beträgt dieselbe beim Menschen etwa 11^m in der Sekunde. Es ist gut, zu bemerken, dass das Fortschreiten der Pulswelle nicht zu vermengen ist mit dem Fortschreiten der Blutheilchen selbst. Keineswegs kommen die mit einer Systole aus dem linken Ventrikel ausgeworfenen Blutheilchen in dem Augenblicke in entfernten Arterienästchen an, in welchem sich hier die Drucksteigerung bemerklich macht, diese rührt vielmehr nur daher, dass die in der Aorta eingepressten Blutheilchen die nächsten verdrängen und diese die folgenden u. s. w.

Während der folgenden Herzdiastole wird sich der ins arterielle System durch die Systole eingepresste Blutüberschuss allmählich durch die Kapillaren nach den Venen verlaufen und der Druck im arteriellen System wird wieder sinken, bis er beim Beginne der nächsten Systole wieder gesteigert wird. Im arteriellen Systeme und besonders in seinen grossen Stämmen wird also der Druck fortwährend schwanken.

356. In der Aorta wird der Druck, so lange die sehr weite Kommunikation mit dem linken Herzventrikel überhaupt offen ist, d. h. also während der Systole, nicht merklich niedriger sein können als in dem letzteren selbst. Dahingegen ist zur Zeit der D i a s t o l e der Druck in der Aorta beträchtlich höher als im linken Herzventrikel. Während er nämlich daselbst nothwendig unter den sehr geringen Druck in den Lungenvenen herabsinkt, muss er in der Aorta immer noch ziemlich hoch bleiben, da ja auch noch während der Diastole beständig Blut aus den Arterien nach den Venen hinströmt. Fig. 40 (S. 231) giebt ein Bild von den Druckschwankungen in der Aorta in ihrem Verhältniss zu den Druckschwankungen im Ventrikel, wie es durch eine selbstregistrirende manometrische Vorrichtung direkt entworfen ist. Bis zu dem durch den Punkt a repräsentirten Augenblicke befand sich die manometrische Vorrichtung in Verbindung mit dem Hohlraum des Herzventrikels und zeigte plötzliche Schwankungen zwischen sehr hohen und sehr niedrigen Werthen des Druckes. In dem Augenblicke a wurde sie in die Aorta zurückgezogen und nun bleiben zwar die G i p f e l der Schwankungen genau die alten, die Thäler sinken

aber weder so plötzlich noch so tief, weil das Sinken eben nicht durch
eine plötzliche Aenderung der Wandbeschaffenheit wie beim Ventrikel bedingt ist, sondern durch das allmähliche Verlaufen des Blutüberschusses.
Die punktirte Linie unter den 2 letzten Schwankungen zeigt, was etwa
die manometrische Vorrichtung angezeigt hätte, wenn sie mit dem Herz-

Fig. 10.

ventrikel in Verbindung geblieben wäre. Es mag hier im Vorübergehen
erwähnt sein, dass zur graphischen Registrirung so rascher Druckschwankungen wie die im Herzventrikel und den Arterienstämmen, ein Quecksilbermanometer kein geeignetes Mittel abgiebt, da bei einem solchen beträchtliche Massen in rasche Bewegung kommen würden und dass dann
vermöge der Trägheit dieser Massen die Einzelheiten im zeitlichen Verlaufe
der Druckschwankung verwischt würden. Die physiologische Technik ge-
bietet indessen über eine Reihe anderer Hülfsmittel, welche von diesem
Uebelstande frei sind.

Der Betrag der periodischen Druckschwankungen in der Aorta lässt 357.
sich nicht im Allgemeinen angeben, auch nicht etwa in Bruchtheilen des
höchsten Druckwerthes. Dieser Betrag hängt vielmehr von einer Reihe
variabler Umstände ab. Er ist namentlich um so grösser, je seltener der
Herzschlag ist, denn um so mehr Blut hat während der Diastole Zeit,
sich nach den Venen zu verlaufen. Er ist ferner um so grösser, je
weniger das ganze Arteriensystem schon gefüllt ist, denn um so mehr
wird die neu eingepresste Blutmenge den Füllungsgrad ändern. Er muss
ferner von den jeweiligen Zuständen der Arterienwände abhängen, welche
durch die Zustände der Arterienmuskulatur bedingt sind.

Die Druckschwankung ist bis in kleine vielleicht ½ Millimeter 358.
Durchmesser haltende Arterienzweige noch merklich, hier aber allerdings
nicht mehr so bedeutend, wie in den grossen Arterien. An oberflächlich
gelegenen Arterien kann die Schwankung des Druckes und die selbstverständlich damit Hand in Hand gehende Schwankung der Weite auch
beim lebenden Menschen deutlich wahrgenommen werden, sowohl durch
das Gesicht als durch das Gefühl. Legt man z. B. den Finger auf die
art. radialis eines Menschen, so fühlt man bekanntlich regelmässig

periodisch leichte Stösse, den sogenannten „Puls". Ihre Zahl entspricht
genau der Zahl der Herzschläge, welche für die Diagnostik so wichtige
Grösse auf diese Art am bequemsten ermittelt wird. Bei einiger Uebung
kann man aber verschiedene Pulsarten nicht bloss ihrer Häufigkeit nach unterscheiden, sondern auch ihrem Charakter nach, oder nach der Art, wie der
Druck ansteigt und absinkt. Von Alters her unterscheidet daher die Pathologie die Pulse nicht nur nach ihrer Frequenz, sondern auch nach anderen
Eigenschaften, die sich auf den zeitlichen Verlauf der Druckschwankung
innerhalb einer Pulsperiode beziehen. Viel feiner als mit dem blossen
zufühlenden Finger lässt sich der zeitliche Verlauf der Druckschwankung
in den Arterien des lebenden Menschen ermitteln durch ein mittels einer
starken Feder angedrücktes Hebelchen, dessen langer Arm seine Bewegungen an einer vorübergeführten Platte anschreibt. Eine derartige
Vorrichtung, „Sphygmograph" genannt, ist ein unschätzbares dia-
gnostisches Hülfsmittel für den Arzt, denn der zeitliche Verlauf der Druckschwankung in den Arterien kann wichtige Aufschlüsse über den jeweiligen
Zustand des Gefässsystems geben, wie in der Pathologie gezeigt wird.

Die von einem normalen Pulse

Fig. 41.   sphygmographisch geschriebene

Kurve muss etwa so aussehen wie
Fig. 41 d. h. in Worten, der Druck
steigt rasch an und sinkt dann allmählich in der Weise ab, dass im Verlaufe
des Absinkens noch eine kleine Erhebung statt hat. Diese merkwürdige
Erscheinung nennt man „Dikrotismus". Eine genügende mechanische
Erklärung dafür ist noch nicht gegeben, in pathologischen Zuständen
kann sie einen solchen Grad erreichen, dass sie auch mit dem fühlenden
Finger schon zu bemerken ist.

359.   Während die Pulswelle irgend einen Ort der Arterie durchläuft, erleidet nicht bloss der Druck, sondern auch die Geschwindigkeit des
Strömens eine Aenderung, sie ist grösser, so lange der Druck im Wachsen
und kleiner, so lange er im Sinken begriffen ist. In den ganz grossen
Arterienstämmen ist sogar offenbar die Blutgeschwindigkeit zeitweise ganz
gleich Null. Insbesondere kann kein Zweifel darüber sein, dass in der
Nähe der Aortenklappen, so lange diese geschlossen sind, vollständige
Ruhe herrschen muss. Sehr wahrscheinlich ist in den grossen Arterien-
stämmen die Bewegung sogar ein wenig rückläufig kurz ehe die neue
Herzsystole ein neues Blutquantum einpresst.

360.   In den Theilen der Blutbahn, wo — wie in den kleinsten Arterien,
Kapillaren und in den Venen — der Blutstrom in konstanter Stärke ohne
periodische Beschleunigungen und Verzögerungen verläuft, hat die Elasticität der Wände keine direkte mechanische Bedeutung, denn ein konstanter Strom, der überall auch konstanten Druck zur Voraussetzung hat,

kann von denselben Kräften mit gleicher Stärke offenbar in einem starren
Rohre getrieben werden wie in einem elastischen Rohre von denselben
Dimensionen. Die Dehnbarkeit und Elasticität der Wände gewinnt hier
offenbar erst eine Bedeutung für den Fall, dass durch Aenderung der
Kräfte oder sonstige Umstände ein neuer stationärer Zustand mit anderen,
aber wieder konstanten Druckwerthen hergestellt wird. Da werden eben
die gedachten Gefässprovinzen sich ausdehnen oder zusammenziehen, je
nachdem der Druck darin steigt oder sinkt. Ganz anders ist es in den
Stämmen des arteriellen Systemes, wo ein stossweises Einströmen vom
Herzen her statt hat. Hier erleichtert selbst für den Fall der stationären
Bewegung die Dehnbarkeit und Elasticität der Wände dem Herzen die
Arbeit. Man kann dies durch einen sehr einfachen und lehrreichen Versuch zeigen. Lässt man nämlich unter ganz gleichen Verhältnissen dieselben Druckkräfte stossweise wirken auf ein dehnbar-elastisches und ein
starres Rohr, in welchem sonst ganz gleiche Widerstände vorhanden sind,
so fliesst durch das dehnbare Rohr in der Zeiteinheit bedeutend mehr
Flüssigkeit als durch das starrwandige. Hieraus erklärt sich, dass bei
Verkalkung der grossen Arterienstämme, welche eine gewöhnliche Erscheinung des höheren Alters ist, der Blutkreislauf nicht mehr so gut
von Statten geht, wie bei dehnbaren Arterienwänden.

VI. Venenklappen.

Eine Einrichtung, welche zwar für den Blutstrom nicht an sich noth- 361.
wendig ist, welche aber manche zufällige Störungen durch äussere Umstände beschränkt, sind die Klappen in den meisten Venenstämmen, deren
Einrichtung und Vorkommen aus der Anatomie bekannt ist. Sie lassen
nur in der normalen Richtung ein Fliessen zu. Wenn also durch einen
zufälligen äusseren Anlass — Verdickung der benachbarten Muskeln und
dergleichen — ein Druck auf einen Venenabschnitt ausgeübt wird, so
kann das verdrängte Blut nur in der normalen Richtung entweichen,
während es ohne die Klappen zum Theil nach dem kapillären Quellgebiete
der betreffenden Vene verdrängt werden würde, was offenbar leicht störende
Ueberfüllungen veranlassen könnte. In den Arterienästen ist für eine
solche Anordnung kein Bedürfniss, weil hier das Blut von innen einen
höheren Druck ausübt und daher nicht so leicht zu verdrängen ist.

4. Kapitel. Lymphbewegung.

Trotz des vollständigen Abschlusses des Gefässsystems bleibt die 362.
kreisende Bewegung des Blutes doch nicht vollkommen auf dessen Binnenraum beschränkt. Bei der Dünnheit der Wände der kleinsten Gefässe und

bei dem hohen Druck, welcher durchschnittlich hier herrscht, muss beständig ein merklicher — wenn auch vielleicht nicht sehr grosser — Bruchtheil der Flüssigkeit nach aussen durchsickern. Soll hierdurch das Blutgefässsystem nicht allmählich immer leerer werden, so muss die ausgetretene Flüssigkeit immer wieder in das Blutgefässsystem zurückgeführt werden. Dies geschieht in der That durch den „Lymphstrom".

Jedes aus einem Kapillargefäss ausfiltrirte Flüssigkeitstheilchen befindet sich, sofern es nicht durch Imbibition in die Substanz eines Gewebeelementes selbst aufgenommen ist, in einer Lücke zwischen den Gewebeelementen. Diese Lücken bilden meist auf grosse Strecken zusammenhängende Systeme von mehr oder weniger regelmässiger Anordnung, welche in verschiedenen Organen verschieden ist. Namentlich das überall zwischen den anderen Gewebselementen verbreitete Bindegewebe scheint bestimmte Strassen zu führen, auf welchen sich das Bluttranssudat bewegen kann. Der Binnenraum der Gewebelückensysteme hängt in allen Organen stetig zusammen mit dem Binnenraum der vom Organ entspringenden Lymphgefässe. Wie im Einzelnen die Lymphgefässe entspringen aus den Lückensystemen, das sich räumlich klar vorzustellen, dürfte die geübteste geometrische Einbildungskraft übersteigen; dass dem aber wirklich so ist, das kann man leicht beweisen. Wenn man nämlich eine Canüle irgendwo aufs Gerathewohl in ein Gewebe einsticht und unter den geeigneten Vorsichtsmassregeln eine leicht fliessende Injektionsmasse einspritzt, die übrigens feine feste Theilchen enthalten darf, so gelangt die Masse allemal schliesslich in die Lymphgefässe. Hierdurch ist bewiesen, dass von jeder Gewebelücke aus ein flüssiges oder festes Theilchen in ein Lymphgefäss gelangen kann, ohne irgend eine Scheidewand zu durchbrechen. Man könnte also auch sagen, jede Gewebelücke bildet einen Theil des Lymphgefässsystems. Hierauf beruht auch die jetzt so beliebte subcutane Applikation von Arzneistoffen. Man sticht nämlich eine spitze Canüle aufs Gerathewohl ins Unterhautzellgewebe und kann sicher sein, dass durch dieselbe eingespritzte Arzneistoffe auf den Lymphwegen ins Blut gelangen.

Einen besonders bemerkenswerthen Fall von Gewebelücken bilden die serösen Höhlen, auch diese sind somit gleichsam sceartig ausgebreitete Theile des Lymphsystems. Bezüglich der Bauchhöhle kann man dies leicht zeigen. Wenn man auf ein mit der konkaven Seite aufwärts gehaltenes Kaninchenzwerchfell Lösung von Berliner Blau aufgiesst und das Zwerchfell durch künstliche Athmung einige Zeit auf- und abbewegt, so füllen sich alsbald die Lymphstämme desselben vollkommen mit der blauen Lösung.

363.		Die Lymphgefässe der verschiedenen Organe sammeln sich bekanntlich schliesslich im *ductus thoracicus* und dem *truncus lymphaticus dexter*, welche

beide in die *venae anonymae* (*jugulares* oder *subclariae*) einmünden.
Hier ist, wie wir früher sahen, der Flüssigkeitsdruck im Innern sehr
niedrig und es ist also verhältnissmässig leicht, Flüssigkeit an dieser Stelle
einzuführen. Als treibende Kraft für die Lymphe auf ihrem ganzen Wege,
der besonders durch die Lymphdrüsen sehr widerstandsreich ist, wirkt
offenbar wesentlich der Druck des immer fort in die Gewebelücken nach-
rückenden Bluttranssudates, also in letzter Instanz der Blutdruck in den
Kapillaren, welcher das Transsudat heraustreibt. Unterstützend mitwirken
mag eine öfters beobachtete rhythmische Kontraktion der grösseren Lymphstämme. Diese kann nämlich stets nur die Lymphe in normaler Richtung
treiben, da eine rückläufige Bewegung der Lymphe durch Klappen verhindert
wird, mit welchen die Lymphgefässe noch reichlicher ausgerüstet sind wie die
Venen. Wenn die Annahmen dieses Paragraphen richtig sind, so wäre zu erwarten, dass Steigerung des arteriellen Blutdruckes die Lymphmenge vermehren müsste. Dies scheint aber gar nicht oder nur sehr wenig der
Fall zu sein, wenn man den Druck durch Einwirkungen auf die Arterie
selbst steigert. Vielleicht liegt dies daran, dass in allen solchen Fällen
der Druck in den Kapillaren, auf den es bei der Lymphbildung allein
ankommt, wenig oder gar nicht gesteigert wird. Ganz sicher kann man
dagegen den Druck in den Kapillaren steigern durch Absperrung der
Venen, denn hier muss er ja, wenn das Blut vollkommen still steht, den
arteriellen Druck ganz erreichen. Sperrung der Venen steigert nun in
der That die Lymphbildung bedeutend, was der soeben ausgesprochenen
Vermuthung über die Unwirksamkeit der Drucksteigerung in den Arterien
erhöhte Wahrscheinlichkeit giebt. Man hat ferner beobachtet, dass aktive
und passive Bewegung die Lymphbildung in den Extremitäten bedeutend
steigert. Möglicherweise sind auch hierbei partielle venöse Stockungen
von wesentlichem Einflusse.

–– Insofern die Lymphe aus den Kapillargefässen des Aortensystemes 364.
herstammt und in die grossen Körpervenenstämme wieder einkehrt, kann
man den ganzen Lymphstrom füglich ansehen als eine Abzweigung des
grossen oder Körperkreislaufs, welcher dem Venenstrom parallel geht und
sich schliesslich wieder mit ihm vereinigt. Wie mächtig dieser Zweig sein
mag im Verhältniss zum Hauptstrom, davon können wir uns nur durch
manche hypothetische Annahmen eine Vorstellung machen. Bei Thieren
hat man nämlich öfters versucht, die Gesammtmenge von Lymphe zu bestimmen, welche der *ductus thoracicus* in einer Zeiteinheit liefert. Will
man von derartigen Bestimmungen aus nach Verhältniss des Körpergewichtes auf den Menschen schliessen, so dürfte man bei ihm in der
Minute 18^{gr} Lymphe annehmen. Wenn wir andererseits annehmen (siehe
No. 350), dass jede Systole des linken Herzventrikels 90^{gr} Blut liefert, so
hätten wir bei 70 Systolen in der Minute 6300^{gr} Blut durch den Quer-

schnitt des Gefässsystems, davon sind 18ᵍʳ der 350ˢᵗᵉ Theil. Das hiesse
also, unter den gemachten — freilich keineswegs feststehenden — Annahmen
wäre zu schliessen, dass von dem durch die Kapillaren strömenden Blute
der 350ˢᵗᵉ Theil die Wände durchsickert und als Lymphe den Weg fortsetzt.

5. Kapitel. Abhängigkeit der Säftebewegung vom Nervensystem.

365.   Aus den mechanischen Betrachtungen des vorigen Abschnittes geht
hervor: So lange als das Herz in gleicher Weise fortarbeitet und in den
Zuständen der Gefässwände keinerlei Aenderung eintritt, erhält sich
die Blutbewegung in einem vollständig beharrlichen Gange;
das heisst mit anderen Worten: so lange strömt durch einen irgendwo
gegriffenen Gefässquerschnitt in jeder Zeiteinheit dieselbe Blutmenge, und
so lange bleibt der Druck in jedem Punkte konstant resp. schwankt er
genau periodisch zwischen denselben Grenzwerthen. Die Einrichtungen
des Gefässsystemes machen es aber möglich, dass die Grössen, welche die
Beschaffenheit des beharrlichen Zustandes bedingen, sehr verschiedene
Werthe annehmen können. Sowie dies geschieht, wird offenbar ein neuer
Zustand Platz greifen, der dann auch wiederum beharrlich wird, wenn
die neuen Werthe der massgebenden Grössen konstant bleiben. Wenn
beispielsweise die Häufigkeit des Herzschlages zunimmt, ohne dass sich
sonst etwas ändert, wenn namentlich auch die mit jeder Systole aus-
geworfene Blutmenge dieselbe bleibt, dann wird bei den ersten häufigeren
Systolen offenbar die Anfüllung der arteriellen Systeme zunehmen, weil
mehr Blut in der Zeiteinheit eingetrieben wird, als bei der bisher stattgehabten Stromstärke durch die Kapillaren entweichen kann, aus demselben Grunde wird offenbar die Anfüllung der venösen Systeme abnehmen.
Damit geht aber Hand in Hand eine Steigerung der Druckdifferenz zwischen
Arterien und Venen und diese bedingt wieder eine Beschleunigung des
Stromes durch die Kapillaren. Sowie also die erhöhte Häufigkeit des
Herzschlages einige Zeit gedauert hat, wird der Strom durch die Kapillaren
in dem Masse gesteigert sein, dass er wieder ebenso viel Blut von den
Arterien zu den Venen fördert als das rascher schlagende Herz in der
Zeiteinheit von den Venen in die Arterien einpumpt. Von da ab wird
der Kreislauf in seinem neuen Zustande beharrlich sein. Dem neuen Zu-
stande entspricht aber ausser einer grösseren Gesammtstromstärke auch
ein grösserer mittlerer Druck in den Arterien.

Andererseits kann sich die Beschaffenheit der Blutbahnen vermöge
der in ihren Wänden enthaltenen Muskelfasern bedeutend ändern, sowohl
aller auf einmal als auch einzelner; an blossgelegten Arterien von Thieren

kann man oft bemerken, dass sie sich bis zum Verschwinden der Lichtung zusammenzuziehen, selbst wenn ihr Durchmesser vorher vielleicht nahezu 1 Millimeter betrug. Ziehen sich nun z. B. alle Blutgefässe des ganzen Körpers zusammen, so muss offenbar bei gleichbleibender Herzthätigkeit die Stärke des Gesammtblutstromes bedeutend vermindert werden, da die verengten Bahnen mehr Widerstand leisten. Ziehen sich bloss die kleinen Gefässe e i n z e l n e r G e g e n d e n zusammen, so wird h i e r im Besonderen der Blutstrom verlangsamt, während vielleicht die Gesammtstärke in der Aorta gemessen dieselbe bleibt.

Wir erkennen die Möglichkeit zu einer unübersehbaren Mannigfaltig-366. keit von Zuständen des Kreislaufes, die im Verlaufe des Lebens wirklich fortwährend mit einander wechseln. Hiervon überzeugt schon die oberflächlichste Selbstbeobachtung. Insbesondere die Blutfülle der Haut sieht man oft wechseln zwischen lebhafter Röthe und vollständiger Blässe. Das Herz fühlt man bald mit äusserster Heftigkeit arbeiten, bald schlägt es unmerklich schwach und langsam. Dieser Wechsel in der Vertheilung und Gesammtstärke des Blutstromes muss — wenn überall die Thierspecies lebensfähig sein soll — den jeweiligen Bedürfnissen sich zweckmässig anpassen. Da das Blut der Träger sowohl des Ernährungsmateriales als auch des zu allen Verrichtungen der Organe nothwendigen Sauerstoffes ist, so muss dafür gesorgt sein, dass das Blut stets die Organe am reichlichsten durchströmt, welche gerade zur Zeit am lebhaftesten funktioniren und wenn an die Leistungen des Körpers im Ganzen stärkere Ansprüche gemacht werden, so muss sich die Stärke des Blutstromes im Ganzen steigern.

Die Einrichtung, vermöge deren der Blutkreislauf den jeweiligen Bedürfnissen angepasst wird, besteht in einem überaus verwickelten Nervensystem, welches mit allen übrigen nervösen Apparaten und dadurch mit allen Organen in den mannigfaltigsten Beziehungen steht, und welches direkt die Muskulatur des Herzens und der Gefässwände beherrscht.

Die motorischen Nerven der Herzmuskulatur entspringen aus Ganglien-367. zellen, welche im Herzen selbst liegen und auch die Reize, welche durch Vermittelung dieser Ganglienzellen auf die motorischen Nerven und schliesslich auf die Muskelfasern übertragen werden, entstehen ohne Zweifel im Herzen selbst, denn das Herz schlägt, aus dem Körper herausgeschnitten, noch in seinem regelmässigen Rhythmus fort. Bei Säugethieren hört dies allerdings schon nach wenigen Minuten auf, aber offenbar nur aus dem Grunde, weil die R e i z b a r k e i t der Muskeln und Nerven des Herzens sehr bald aufhört, wenn es aus dem Körper herausgenommen ist. Das harmonische Zusammenwirken der ganzen Muskulatur und die genaue Aufeinanderfolge der Vorhofs- und Kammersystole muss durch die besondere anatomische Einrichtung des Herznervensystems bedingt sein. Wie das zugeht, ist aber noch nicht ermittelt. Ebenso wenig wissen wir, worin eigentlich der Reiz für das Herznervensystem besteht. Die Periodicität der Erregung ist wahrscheinlich nicht dadurch bedingt, dass der Herzreiz selbst nur in regelmässigen Intervallen periodisch einwirkt. Vielmehr ist sehr wahrscheinlich, dass dieser Reiz, sei er nun welcher er wolle, stetig auf die Ganglien des Herzens einströmt, dass aber hier Hemmungsvorrichtungen (siehe No. 134) vorhanden sind, welche den Reizstrom gleichsam aufstauen, so dass er sich in einzelnen Schlägen entladen muss, ähnlich wie durch eine Leydener Flasche, deren Knopf eine mit ihrer äusseren Belegung verbundene Kugel gegenübersteht, ein ihrer inneren Belegung zugeführter stetiger Elektricitätszufluss in einzelne Entladungen vertheilt wird, welche regelmässig periodisch wie die Herzschläge erfolgen, so lange der Elektricitätszufluss konstant bleibt. Ein noch geläufigeres Beispiel für die Veränderung eines stetigen Stromes durch Hemmung in einzelne Entladungen hat man in dem Aufsteigen einzelner regelmässig periodisch aufeinander folgender Blasen, wenn man einen Gasstrom durch ein Rohr in eine Wassermasse treten lässt. Nach einem schon in der Nervenphysiologie wahrscheinlich gemachten Satze dürfen wir wohl die Vermuthung aufstellen, dass im Herzen ausserhalb der eigentlichen Ganglienzellen Reizaufnahmsorgane vorhanden sind, die zunächst von dem uns unbekannten Herzreize getroffen in Erregung gerathen und dass von ihnen durch Leitungsbahnen von vielleicht mikroskopischer Kleinheit die Erregung in die Ganglienzellen einströmt.

368. Ein solcher Apparat, wie ihn nach dieser Auffassung das Herz mit seinem eigenen Nervensystem darstellt, wird um so häufigere Entladungen geben, je mehr Reiz in der Zeiteinheit zur Wirkung kommt einerseits und je schwächer die hemmenden Vorrichtungen sind andererseits und vice versa. Diese beiden Momente scheinen beim Herzen für sich genommen ziemlich unabhängig zu sein von den hydrodynamischen Bedingungen. Wenn man nämlich bei Thieren alle Nervenstränge durchschneidet, welche den Zusammenhang zwischen den Herznerven und anderen Nervencentren vermitteln, so schlägt das Herz mit annähernd gleicher Frequenz, mag der Druck im Innern der Ventrikel hoch oder niedrig sein, nur eine unbedeutende Zunahme der Frequenz des Herzschlages hat man in solchen Fällen beim Kaninchen öfters bemerkt, wenn durch Zuklemmen grosser Arterienbahnen der Druck gesteigert wird, jedoch ging auch dies nur bis zu einem gewissen Grade. Das ganz ausgeschnittene Froschherz schlägt mit vollkommen gleicher Frequenz bei jedem beliebigen Druckwerthe. Dagegen hat beim letzteren Steigerung der Temperatur einen sehr deutlich beschleunigenden Einfluss wahrscheinlich dadurch, dass die Reizbarkeit seiner nervösen Apparate gesteigert wird. Es ist nicht

unwahrscheinlich, dass etwas Aehnliches vom Säugethierherzen gilt, doch ist es hier noch nicht direkt nachgewiesen.

Auf die Arbeit des Herzens hat der Druck, gegen welchen es arbeitet, einen ähnlichen Einfluss wie die Belastung auf die Arbeit eines beliebigen Muskels unter gleichen Bedingungen, sie steigt nämlich mit wachsendem Druck bis zu einem gewissen Werthe, um darüber hinaus wieder abzunehmen. Gemessen wird die Arbeit des Herzens während einer gegebenen Zeit durch das Produkt des während derselben ausgeworfenen Blutvolums mit dem Druck, unter welchem es ausgeworfen wurde.

In die Nervengeflechte des Herzens treten von aussen her verschiedene 369. Nervenstämmchen ein, die sehr wahrscheinlich alle ihren eigentlichen Ursprung im verlängerten Marke nehmen. Einige derselben treten daraus hervor als Vagusfasern, resp. als Fasern des *accessorius*, die sich im Verlaufe dem Vagus anschliessen, um schliesslich dessen Herzäste zu bilden; andere verlaufen zunächst im Rückenmarke abwärts, treten aus diesem am Halse aus und gehen zunächst zum sympathischen Grenzstrange über, von welchem sie sich an verschiedenen Stellen als sogenannte *rami cardiaci* des Sympathicus abzweigen. Die Reize, welche auf einigen dieser letzteren zum Herzen gelangen, summiren sich einfach zu den im Herzen selbst entstehenden normalen Reizen und werden nach den obigen Sätzen einfach die Thätigkeit des Herzens beschleunigen. Starke Erregungen dieser Nerven können eine namhafte Steigerung der Häufigkeit des Herzschlages zu Wege bringen. Von wo aus diese Nerven im unversehrten Körper in der Regel erregt werden, ist nicht bekannt. Wahrscheinlich können sie unter Anderem erregt werden von höher gelegenen Centralstellen des Hirns aus, denn durch Gemüthsbewegungen kann bekanntlich der Herzschlag beschleunigt und verstärkt werden. Freilich kann diese Thatsache auch dahin gedeutet werden, dass von den höher oben im Hirn gelegenen Centralstellen, wo die Gemüthsbewegungen ihren Sitz haben, Fasern zum Herznervencentrum gehen, deren Erregung den Tonus des Vagus vermindert, von dessen Wirkung sogleich die Rede sein wird.

Aeusserst merkwürdig ist die Beziehung der Vagusäste, welche be- 370. stimmt sind, Erregungen vom verlängerten Marke ins Herz zu tragen. Sie treten jedesfalls nur mit den Herzganglien in Verbindung und ihre Erregung verstärkt die daselbst befindlichen hemmenden Vorrichtungen, so dass der Herzschlag seltener wird. Bei manchen Thieren, namentlich bei Hunden, kann man daher durch starke Reizung der *nervi vagi* das Herz zu lange andauerndem Stillstande bringen. Es gelingt sogar zuweilen, auf diesem Wege das Thier zu tödten. Bei andern Thieren, z. B. bei Kaninchen und Fröschen, gelingt es meist nicht durch Vagusreiz, lang andauernden Herzstillstand zu bewirken.

Die bei erregtem Herzvagus seltener gewordenen Herzschläge scheinen

meist energischer als die häufigeren bei ungereiztem, wenigstens ist die
Blutwelle allemal höher. Dies hat man wohl dahin gedeutet, dass eben
durch die stärkere Spannung der Hemmungen das ganze ihnen zugeführte
Reizquantum gleichsam aufgestaut würde und mithin immer noch unver-
mindert zur Wirksamkeit käme. Dies dürfte aber doch nur in beschränktem
Maasse richtig sein. Immer wird gewiss ein Theil der normalen Herzreize durch den Vagusreiz gänzlich ausgelöscht, namentlich dann, wenn
dieser Reiz stark und dauernd ist. Dass die Blutwelle bei einem
durch Vagusreiz verzögerten Herzschlag stets bedeutend ausgiebiger erscheint, mag grösstentheils in mechanischen Nebenumständen seinen
Grund haben. In den längern Pausen nämlich hat der Ventrikel Zeit,
sich vollständiger anzufüllen und umgekehrt hat das arterielle System Zeit,
sich mehr zu entleeren, so dass der nun eingepresste Herzinhalt den vorhandenen Inhalt der Arterien um einen grösseren Bruchtheil vermehrt,
was eine beträchtlichere Druckschwankung ergeben muss.

Dass die Herzäste des Vagus auch beim Menschen solche Hemmungsfasern enthalten, ist nicht blosser Analogieschluss. Bei manchen Individuen gelingt es durch Andrücken des Vagus an die Halswirbelsäule,
diesen Nervenstamm mechanisch zu reizen und dann schlägt das Herz
langsamer.

371.   Bei den meisten Säugethieren — wahrscheinlich auch beim Menschen —
sind die in Rede stehenden Herzäste des Vagus im normalen Zustande in
einer andauernden gelinden, in einer sogenannten „tonischen" Erregung,
welche ihnen an der Ursprungsstelle im Hirn beigebracht wird; der Beweis hierfür liegt in der Thatsache, dass Durchschneidung beider Vagi am
Halse, wodurch diese Erregung in den peripherischen Theilen beseitigt
werden muss, den Herzschlag beschleunigt. Bei Hunden ist diese Erscheinung sehr auffallend, weniger bei Kaninchen. Bei letzteren scheint
demnach der Tonus der Hemmungsfasern nicht so stark zu sein.

372.   Die Erregung der Hemmungsnerven des Vagus im Hirn kann auf sehr
verschiedene Arten geschehen. Erstens können von anderen Gegenden
des Cerebrospinalorganes Erregungen auf die Ursprungsstellen der Herz-
fasern des Vagus übertragen werden. Insbesondere kann von jeder sensibelen Faser aus reflektorisch eine Erregung jener Fasern stattfinden,
daher starke Reizung irgend eines sensibelen Nerven den Puls verzögern
kann — freilich tritt dieser Erfolg nicht immer ein, was indessen bei
den sehr verwickelten Leitungen im Rückenmark und Hirn nicht auffallen kann. Besonders regelmässig werden die Erregungen gewisser aus
den Eingeweiden stammenden centripetalen Nerven auf die Vaguscentra
reflektirt. Vor Allem gehört hierher der sogenannte *nervus „depressor"*,
selbst ein Aestchen des Vagus, der zum Herzen geht. Er trägt aber
nicht wie die Hemmungsfasern centrifugal Erregungen vom Hirn zu den

Herzganglien, sondern er hat im Herzen reizaufnehmende Enden. Wenn diese gereizt werden, so reflektirt sich die zum Hirn getragene Erregung auf die Hemmungsfasern des Vagus und verzögert den Herzschlag. Auch in den Baucheingeweiden scheinen ähnliche Nervenfasern zu endigen. Wenigstens kann man bei Fröschen den Herzschlag verzögern, wenn man die Baucheingeweide durch Klopfen mechanisch reizt.

Auch von den tiefer im Inneren gelegenen Hirntheilen her können die Vaguscentra erregt werden, denn wir sehen bei leidenschaftlichen Seelenzuständen, z. B. bei Schreck oder Angst, oft den Puls verzögert. Solchen Seelenzuständen aber müssen doch wohl Erregungen in gewissen Hirnregionen entsprechen.

Die Vaguscentra können auch an Ort und Stelle durch das in ihnen strömende Blut erregt werden und zwar in zweierlei Art. Einmal nämlich bildet der Druck des Blutes ein reizendes Moment. Daher schlägt das Herz um so langsamer, je höher der arterielle Blutdruck im Hirn steigt. Am leichtesten kann man sich hiervon bei Kaninchen überzeugen, bei denen man leicht durch die unverletzten Bauchdecken hindurch die Bauchaorta zusammendrücken kann. Hierbei steigt, wie sich a priori sowohl als experimentell leicht beweisen lässt, der Druck in der oberen Körperhälfte. Es wird nun dabei allemal eine sehr bedeutende Minderung der Pulsfrequenz beobachtet, dass diese lediglich durch Erregung des Vagus im Hirn zu Stande kommt, ist dadurch zu beweisen, dass jene Verzögerung des Herzschlages bei Aortenverschliessung nicht zu Stande kommt nach Durchschneidung der *nerv. vagi* am Halse.

Auf dieser Eigenschaft der Vaguscentra beruht die am Menschen schon längst beobachtete Erscheinung, dass der Puls in aufrechter Körperstellung stets etwas häufiger ist als in liegender, denn in der letzteren muss der Blutdruck im Kopfe etwas höher sein als in aufrechter. Vielleicht beruht auch der vorhin erwähnte Tonus des Herzvagus hauptsächlich darauf, dass s c h o n d e r n o r m a l e Blutdruck ein wenig reizend einwirkt.

Auch die Beschaffenheit des Blutes kann in den Vaguscentren einen Reiz abgeben, wenn dieselbe nämlich über den normalen Grad hinaus venös wird. Hierauf beruht die ganz beträchtliche Verzögerung des Herzschlages beim Ersticken. Die teleologische Bedeutung dieses merkwürdigen Verhaltens des Vaguscentrums zu Blutdruck und Blutbeschaffenheit ist einleuchtend. Dadurch dass der Blutdruck den Vagus reizt, schützt sich gleichsam das Hirn selbst vor übermässigem Blutdruck, indem es dem den Blutdruck unterhaltenden Herzen einen Zügel anlegt. Dadurch, dass allzu venöse Beschaffenheit des Blutes die Vaguscentra reizt, werden die Kräfte des Herzens bei Erstickungsgefahr geschont. Man hat in der That bemerkt, dass ein Thier schneller erstickt, nachdem die *nn. vagi* am Halse durchschnitten sind, als bei unversehrten *nn. vagi*. In jenem Falle nämlich, wo natürlich das Herz mit unverminderter Häufigkeit weiter schlägt, erschöpft es sich rasch und steht dann stille, |womit das Leben unwiederbringlich verloren ist.

373. Die motorischen Nerven für die glatten Muskelfasern der Blutgefässwände haben ihren eigentlichen Ursprung in einer beschränkten Stelle des Hirns, dem sogenannten „Gefässnervencentrum". Bei Kaninchen liegt dasselbe erwiesenermassen ein wenig hinter den Vierhügeln und vor dem *calamus scriptorius*. Von hier gehen die motorischen Gefässnervenfasern Anfangs im verlängerten Marke und Rückenmarke abwärts und verlassen dasselbe in den vorderen Spinalwurzeln, um sich den *rami communicantes* des Sympathicus anzuschliessen. Mit den verschiedenen Geflechten des sogenannten Sympathicus gelangen sie dann in die verschiedenen Provinzen des Gefässsystems. In den oberen Parthieen des Halsmarkes wird man daher mit einer geeigneten elektrischen Reizung sämmtliche motorische Gefässnerven auf einmal erregen können. In der That sieht man bei Ausführung einer solchen Reizung alle Gefässe des Körpers sich kontrahiren und demgemäss den Druck des Blutes in den Arterien ausserordentlich steigen, sofern die kontrahirten Wände einen stärkeren Druck auf die darin enthaltene Flüssigkeit ausüben. Bei diesem Versuche wird am besten das Thier curarisirt, um die störenden Einflüsse von Muskelbewegungen auszuschliessen. Selbstverständlich muss alsdann die Athmung künstlich erhalten werden. Wenn man dabei einzelne Arterien genau ins Auge fasst, so bemerkt man, dass sich ganz besonders die Gefässe der Haut und der Baucheingeweide kontrahiren, weil weniger oder vielleicht fast gar nicht die Gefässe der Muskeln. Durch diese wird also bei Reizung der sämmtlichen Gefässnerven der Blutstrom eher beschleunigt als verzögert.

374. Durchschneidung des Halsmarkes ohne Reizung hat bei allen Säugethieren, welche in dieser Richtung untersucht sind, eine ganz bedeutende Minderung des arteriellen Blutdruckes zur Folge, welcher bis auf 20^{mm} Quecksilber heruntergehen kann. Hieraus geht hervor, dass im Verlaufe des normalen Lebens die Gefässmuskulatur in einer dauernden tonischen Zusammenziehung begriffen ist, die durch Erregung von Seiten des Gefässnervencentrums hervorgerufen wird, so dass sie eben aufhört, sowie die motorischen Gefässnerven von dieser Erregungsquelle abgetrennt sind. Welcher Einfluss den eigentlichen Reiz für die tonische Erregung des Gefässnervencentrums abgiebt, ist noch nicht mit Sicherheit ermittelt, jedoch kennt man verschiedene Einflüsse, welche daselbst allgemeine Erregung hervorrufen können. Vor Allem ist experimentell erwiesen, dass jede starke (schmerzhafte) Reizung sensibeler Hautstellen oder sensibeler Nervenstämme, sowie auch direkte Reizung der hinteren Rückenmarksstränge, das Gefässnervencentrum in erhöhten allgemeinen Erregungszustand versetzt,

was sich eben durch Erhöhung des Blutdruckes bei solchen Reizungen
zu erkennen giebt. Ferner ist experimentell erwiesen, dass venöse Beschaffenheit des im Hirn strömenden Blutes das Gefässnervencentrum in
erhöhte Thätigkeit versetzt, denn beim Ersticken eines Thieres steigt
ebenfalls der arterielle Blutdruck bedeutend an.

Im Gefässnervencentrum bestehen auch Hemmungsvorrichtungen, [375].
welche sowohl die regelmässigen tonischen als auch die bloss zeitweise an-
langenden Erregungen von den motorischen Gefässnerven abhalten und
damit den Tonus der Gefässmuskulatur herabsetzen können. Diese Hemmungsvorrichtungen stehen in einer sehr merkwürdigen Beziehung zu dem
vorhin schon (s. No. 372) unter dem Namen des „*n. depressor*" erwähnten
Vagusaste. Wird nämlich dieser Nerv resp. sein centraler Stumpf — wofern er durchschnitten ist, — gereizt, so sinkt der Blutdruck selbst dann,
wenn durch Abschneiden auch der andern Herzäste des Vagus dafür gesorgt ist, dass die reflektorische Verlangsamung der Herzschläge nicht
mehr zu Stande kommt. Diese Wirkung, welcher der Nerv seinen Namen
verdankt, beruht darauf, dass seine Erregung zum Hirn aufsteigend hier
die Hemmungen im Gefässnervencentrum verstärkt und mithin eben den
Tonus der Gefässe herabsetzt. Sollte sich erweisen lassen, dass die peripherischen Enden des *n. depressor* etwa im Endocardium durch Druck gereizt werden, so hätten wir in diesem Nerven eine sehr zweckmässige
Einrichtung, durch welche das Herz sich selbst vor allzu hohem Drucke
sichert.

Vom Gefässnervencentrum brauchen keineswegs immer alle Theile [376].
in gleichem Grade der Thätigkeit zu sein. Vielmehr stehen ohne Zweifel
die einzelnen Theile derselben mit den einzelnen Provinzen
des Gefässsystems in gesonderter Verbindung und es kann zu derselben
Zeit die Erregung im einen Theil gross, im andern klein und damit der
Tonus in den verschiedenen Gefässprovinzen sehr verschieden sein. Zu
einer andern Zeit ist dann vielleicht in den Provinzen der Tonus klein,
wo er vorher gross war und umgekehrt. Davon kann man sich schon
ohne Versuche an Thieren am eigenen Körper überzeugen, indem
man namentlich von der Haut bald diesen bald jenen Theil mit Blut
strotzend gefüllt, bald leer sieht. Offenbar werden die partiellen Erregungen des Gefässcentrums hauptsächlich durch centripetale peripherische
Nerven hereingetragen, welche von den betreffenden Leibesorganen ausgehen, allein es ist hierüber noch nichts Sicheres festgestellt, da man bis
jetzt bei Reizung sensibeler Nerven stets eine allgemeine Erregung des
Gefässnervencentrums beobachtet hat (siehe No. 374). Das allgemeine
oder partielle Erbleichen der Haut bei Gemüthsbewegungen beweist, dass
auch von gewissen, allerdings nicht angebbaren Theilen des Hirns, welche
eben die Sitze dieser Gemüthsbewegungen sind, Nervenbahnen zum Gefäss-

nervencentrum treten, deren Erregung im letzteren auf bestimmte motorische Gefässnerven reflektirt wird.

Ebenso wie es particlle Erregung giebt, kann auch in jedem Theile des Gefässnervencentrums besonders die Hemmung verstärkt werden, so dass in einzelnen Gefässen für sich der Tonus nachlässt. In dieser Beziehung hat man oft, wenn auch nicht ganz regelmässig, die Beobachtung gemacht, dass Reizung eines sensibelen Nervenstammes die Gefässe der Gegend erschlafft, zu welcher er gehört, während die Gefässe des Körpers im Allgemeinen sich, wie schon mehrfach erwähnt, zusammenziehen. Sehr schön gelingt meistens diese Erscheinung zu zeigen am Kaninchenohr. Bei centripetal geleiteter Reizung des sensibelen *n. auricularis* nämlich sieht man die Gefässe des Ohres sich strotzend mit Blut füllen. Oft geht der Anfüllung ein momentanes Erbleichen voraus. Auch an anderen Stellen des Körpers ist dieselbe Erscheinung schon beobachtet. Die Zweckmässigkeit einer solchen Einrichtung, die bei vielen pathologischen Processen wohl eine bedeutende Rolle spielen dürfte, leuchtet ein. Vermehrter Blutzufluss zu dem gereizten Organ kann ja oft die Reizursache, z. B. eine ätzende Substanz, wegschaffen, oder sonst den Heilungsprocess einer Störung ermöglichen und fördern. Auch von höher oben im Hirn gelegenen Centren können ins Gefässnervencentrum Erregungen gelangen, deren Erfolg eine particlle Hemmung des Tonus im Gefässsystem ist. Ein positiver Beweis für diesen Satz liegt in der allgemein bekannten Thatsache des partiellen Erröthens in Folge von Gemüthsbewegungen.

377.   Auf künstlichem Wege gelingt es natürlich leicht, in einem einzelnen Gefässgebiete den Tonus zu vermehren, wenn man die zu demselben gehenden besonderen sympathischen Nervenstämme reizt, etwa auf elektrischem Wege. So kann man z. B. das Kaninchenohr vollständig erbleichen machen, wenn man den Grenzstrang des Sympathicus am Halse reizt, durch welchen hindurch die Gefässnerven zu den Aesten der Carotis gelangen. Ebenso kann man durch Zerschneidung eines solchen sympathischen Stämmchens dem betreffenden Gefässgebiete ausschliesslich die tonischen Erregungen des Gefässnervencentrums entziehen, so dass die Gefässe dieses Gebietes sich ausdehnen und füllen. So sieht man das Kaninchenohr sich lebhaft röthen, wenn man den Halssympathicus durchschneidet.

378.   Dieser Nachlass des Tonus in einem Gefässgebiete, dessen sympathische Nerven durchschnitten sind, ist aber meist nur eine vorübergehende Erscheinung. Oft sieht man schon nach einigen Minuten die Gefässe sich wieder zusammenziehen. Daraus ist zu schliessen, dass den Gefässnerven nicht bloss im Hirn, sondern auch im peripherischen Verlaufe normale Reize zugeführt werden können. Die Möglichkeit hiervon dürfte wohl

dadurch gegeben sein, dass die Gefässnerven nicht einfache Nervenfasern sind, welche wie die motorischen Nervenfasern der Skeletmuskeln ununterbrochen vom Cerebrospinalorgan zu ihrer letzten peripherischen Endigung verlaufen. In die Bahnen der Gefässnerven sind vielmehr stellenweise Ganglienzellenhaufen eingestreut. Man kann sich demgemäss vorstellen, dass jede Gefässnervenfaser an verschiedenen Stellen, auch an Stellen ihres peripherischen Verlaufes durch Ganglienzellen mit andern Nervenfasern in Verbindung tritt, welche Erregung auf sie übertragen. In solchen peripherischen Ganglienzellen können wahrscheinlich auch hemmende Wirkungen ausgeübt werden. Einen besonders merkwürdigen Fall der Art, welcher experimentell genauer untersucht ist, bildet die Erektion des Penis. Wenn man beim Hunde gewisse Aeste des *plexus sacralis* durchschneidet und ihre peripherischen Stümpfe, die noch mit dem Penis zusammenhängen, elektrisch reizt, so tritt die Erektion ein d. h. die *corpora cavernosa* füllen sich unter hohem Druck mit Blut an. Offenbar kann diese Erscheinung nur folgendermassen gedeutet werden. Die feinen Verzweigungen der Arterien des Penis befinden sich regelmässig in hochgradiger tonischer Erregung, so dass ihre Lichtung fast geschlossen ist. Es kann daher nur wenig Blut durch sie hindurch sickern und in den sie fortsetzenden venösen Räumen der *corpora cavernosa* ist der Blutdruck äusserst niedrig, die Anfüllung gering. Kommt jetzt von den vorhin genannten Nerven Erregung zu den Ganglien der Gefässnerven des Penis, so wird hier eine hemmende Wirkung ausgeübt, welche die tonische Erregung nicht mehr zu den Arterienwänden gelangen lässt. Die Arterien erweitern sich dadurch und das Blut kann sich in mächtigem Strome in die venösen Räume der *corpora cavernosa* ergiessen, diese unter hohem Drucke füllen und ausdehnen.

Noch ein Gefässnerv verdient besondere Erwähnung, weil er auf den 379. arteriellen Blutdruck im Allgemeinen einen grossen Einfluss hat. Es ist dies der *nerv. splanchnicus.* Er führt die sämmtlichen Nervenfasern, welche die Gefässe der Baucheingeweide beherrschen. Da diese Gefässe ein sehr geräumiges Gebiet darstellen, so kann darin, wenn der Tonus ihrer Wände nachlässt, ein grosser Theil der gesammten Blutmasse Platz finden. Wenn man daher die *nn. splanchnici* eines Thieres durchschneidet, so sinkt der arterielle Blutdruck beinahe in demselben Maasse, wie wenn das Halsmark durchschnitten wird und umgekehrt steigert Reizung der *nn. splanchnici* den arteriellen Blutdruck sehr bedeutend.

Die Fig. 42 mag noch dazu dienen, ein übersichtliches Bild vom 350. ganzen Zusammenhange der Gefässinnervation zu geben, soweit man sich ein solches aus den bis jetzt vorliegenden experimentellen Daten machen kann. Man erkennt den Umriss eines menschlichen Kopfes und Rumpfes, ferner den darin eingezeichneten Umriss des Cerebrospinalorganes, des

Herzens und des daran sich anschliessenden Arteriensystemes, dessen
Fläche leicht schattirt ist. Im Hirnumfange sind zwei Ganglienzellenhaufen
angedeutet, der bei *Gc* (siehe No. 373) soll das Gefässnervencentrum, der
bei *Hc* das Herznervencentrum vorstellen. Im Herzumfange ist bei *c* ein
Ganglienzellenhaufen eingezeichnet, das unmittelbare Centrum der
Herzbewegung (siehe No. 367). Die Nervenfasern sind durch dicke ausgezogene punktirte und gestrichelte Linien dargestellt. Die ausgezogenen

Fig. 42.

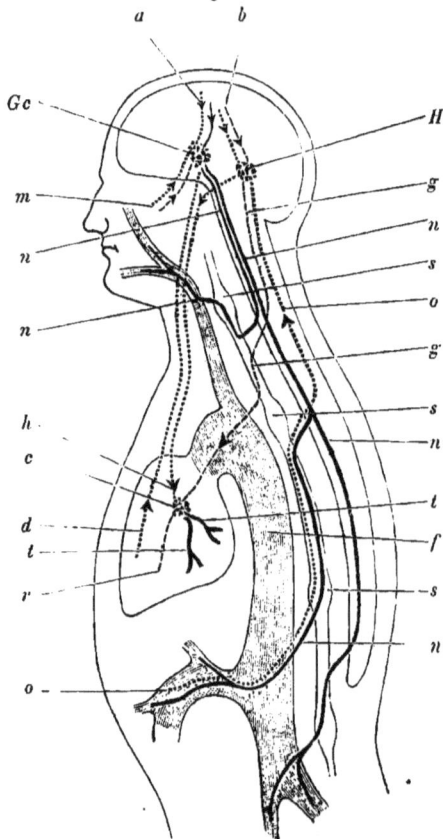

Linien bedeuten in Muskelfasern
endende, also eigentlich motorische Nervenfasern, *t t* sind die
vom intracardialen Centrum ausgehenden motorischen Herznerven-
fasern (siehe No. 367), *n n n* sind
die von *Gc* ausgehenden motorischen Gefässnerven (s. No. 373).
Durch punktirte Linien sind
Nervenfasern dargestellt, welche
zur Leitung nach Centralorganen
hin bestimmt sind und deren
Erregung schliesslich eine Hemmung von Bewegung zur Folge
hat. Solche Fasern gehen von
höher gelegenen Stellen des Hirns
(*a* und *b*) zu *Gc* und *Hc* (s. No. 372
und 376), von einer sensibelen
Hautstelle *m* nach *Gc* (s. No. 376),
vom Herzen in der Bahn des Vagus
zu *Gc* der *nervus depressor d*
(s. No. 375), von *Hc* nach *c* die
Herzhemmungsfasern des Vagus *h*
(s. No. 370), von den Eingeweiden
nach *Hc* die Reflexhemmungs-
fasern *o o* (s. No. 372). Gestrichelte
Linien stellen zur Leitung nach den
Centren hin bestimmte Fasern dar,
deren Erregung schliesslich Anregung oder Vermehrung von Bewegung bewirkt. Dahin gehören die allerdings nicht näher bekannten Fasern *r*,
welche den hypothetischen normalen Reiz ins intracardiale Centrum tragen
(s. No. 368) und die von *Hc* nach *c* gehenden Beschleunigungsnerven des
Herzens *g* (siehe No. 369). Ferner gehen gestrichelte Linien von den höheren
Centralstellen *a* und *b* nach *Gc* (siehe No. 376) und *Hc* (siehe No. 369),
sowie eine von der sensibelen Hautstelle *m* nach *Gc* (siehe No. 374).

Die gestrichelten und punktirten Linien sind an passenden Stellen mit
Pfeilspitzen versehen, um anzudeuten, in welchem Sinne zu leiten sie bestimmt sind. Unter *sss* ist der Grenzstrang des Sympathicus angedeutet,
dem sich verschiedene der gezeichneten Nervenfasern stellenweise anschliessen.

Literatur.

(308.) Die Lehrbücher der Histiologie. — (310.) Welker, Prager Vjschr. 1854.
Bd. IX. — Bischoff, Zeitschr. f. wissensch. Zool. Bd. VII. — (311.) Stricker,
Sitzungsberichte der Wiener Akademie. Bd. 52. S. 386. — (312.) Rollett,
Sitzgsber. der Wiener Akademie. Bd. 46; 47; 50. — Funke, de sang. ven. lien.
Leipzig 1851. — (313.) Hoppe-Seyler, Arch. f. pathol. Anat. XXIII. S. 446. —
Stokes, Philos. magaz. 1864. S. 391. — (317.) Cohnheim, Arch. f. pathol.
Anatomie. Bd. 40. S. 1. — (319.) Al. Schmidt, Arch. f. Anat. und Physiol. 1861
und 1862. und Arch. f. d. gesammte Physiol. Bd. VI. — (320.) Die Handbücher der
physiol. Chemie. — (321.) Hoppe-Seyler, Arch. f. pathol. Anat. XII. S. 435 und
Sacharjin ebenda. Bd. XXI. S. 337. — (322 — 326.) Magnus, Poggend. Ann.
Bd. LVI. S. 177. — L. Meyer, Zeitschr. f. rat. Med. n. F. Bd. S. — Eine Reihe von
Arbeiten aus dem Laboratorium Ludwigs und Pflügers. — (327—328.) A. Schmidt,
Arbeiten aus Ludwigs Laboratorium. 1867. — (329—334.) Die Handbücher der
Histiologie und physiologischen Chemie. — (335 ff.) Volkmann, Hämodynamik. —
E. H. Weber, Müllers Archiv. 1853. S. 165. — Marey, Physiologie médicale de la
circulation du sang. Paris 1863. — (341—343.) Hales, Statik des Geblütes.
Halle 1748. — Poiseuille, Recherche sur les causes du mouv. etc. Paris 1831.—
Ludwig, Müllers Arch. 1847. — (344.) Jacobson, Archiv f. Anat. und Physiol.
1867. S. 224. — (351.) Marey, a. a. O. — (352.) Die Abhandlungen über Auskul-
tation. — (353.) Nicht veröffentlichte Versuche des Verfassers. — (355.) E. H. Weber,
a. a. O. — (356.) Marey a. a. O. — (358.) Ebenda. — (362.) Ludwig über den
Ursprung der Lymphe. Wiener medic. Jahrbücher. 1863. — (368.) v. Bezold,
Untersuchungen aus dem Würzburger Laboratorium. — (370.) E. H. und Ed. Weber,
Wagner's Handwörterb. der Physiol. Art. Muskelbewegung. — (372.) Goltz, Arch. für
patholog. Anatomie. Bd. 26. — (378.) Eckhard, Beiträge zur Anatomie und Physiologie. — (365—380.) Die Arbeiten aus den Laboratorien v. Bezold's und Ludwig's.

7. Abschnitt. Athmung.

1. Kapitel. Gasaustausch des Blutes mit der Lungenluft.

381. Wie früher gezeigt wurde (No. 327), erleidet das Blut bei seinem Durchgange durch die Körperkapillaren eine Aenderung seiner Beschaffenheit, es verwandelt sich aus arteriellem in venöses Blut. Schon für das blosse Ansehen unterscheidet sich das letztere vom ersteren durch seine dunkel braunrothe Farbe. Die genauere Untersuchung hat gezeigt, dass dieser Unterschied bedingt ist durch Reduktion eines Theiles des im arteriellen Blute enthaltenen Oxyhämoglobins. Man kann daher aus dem venösen Blute etwas weniger Sauerstoff auspumpen als aus dem arteriellen. Andererseits ist das venöse Blut etwas reicher an Kohlensäure. Die folgende kleine Tabelle giebt den Gehalt der beiden Blutarten des Hundes an auspumpbaren Gasen im Durchschnitt aus mehreren Bestimmungen.

	N	O	CO_2
Arteriell	2,02	14,60	29,99
Venös	1,50	9,05	34,40

Die Zahlen bedeuten, wie viel Kubikcentimeter von der betreffenden Gasart aus 100 ^{ccm} Blut gewonnen werden können, das Gas gemessen gedacht bei einem Druck von 1^m Quecksilber und der Temperatur 0^0.

Das an leicht gebundenem Sauerstoff verarmte Blut ist nun nicht im Stande, in demselben oder einem anderen Organe des Körpers noch einmal zu funktioniren, es muss demnach, ehe es abermals in die Blutgefässe des Körpers gelangt, eine Aenderung erleiden, die ihm die arterielle Beschaffenheit wiederum beibringt. Diese Aenderung erleidet es in der Lunge. In der That geht ja alles Blut, was durch die Körpervenen zum Herzen zurückströmt, vom rechten Ventrikel durch die Lungen zum linken Vorhof, ehe es wiederum vom linken Ventrikel in die Körpergefässe getrieben wird. In der Lunge muss also das Blut Kohlensäure abgeben und Sauerstoff aufnehmen, und zwar sieht man aus dem obigen Täfelchen, wie viel ungefähr, da ja faktisch das venöse Blut wieder in arterielles verwandelt wird. Es müssen nämlich je 100 ^{ccm} Blut beim Durchgang durch die Lunge etwa 14,60—9,05 d. h. 5,55^{ccm} Sauerstoff aufnehmen und etwa 34,40—29,99 d. h. 4,41^{ccm} Kohlensäure verlieren.

Die Veränderung, welche das Blut in der Lunge erleidet, ist sonach eine ähnliche, als wenn man venöses Blut mit Luft resp. mit reinem Sauerstoff schüttelt. Thut man nämlich dies, so oxydirt sich sein Hämoglobin vollständig, das Blut wird hellroth und andererseits geht Kohlensäure aus dem Blute fort. Diese Aehnlichkeit kann nicht auffallen, da ja das Blut beim Durchgange durch die Lungenkapillaren in fast unmittelbare Berührung mit der in den Lungenbläschen enthaltenen Luft kommt. Dies ergiebt sich unmittelbar aus den bekannten anatomischen Anordnungen der Gefässe in der Lunge. Die Kapillar-Verzweigungen der Lungenarterie liegen nämlich in den Wänden der mit Luft gefüllten Lungenbläschen und es scheint sogar das Epithel, welches diese Bläschen übrigens innen auskleidet, an den von Kapillaren eingenommenen Stellen zu fehlen. Das Blut ist also hier nur durch die ausserordentlich zarte und wohl durchfeuchtete Kapillargefässwandung von der Luft geschieden, so dass ein Diffusionsstrom von Gasen fast keinen Widerstand findet.

Wahrscheinlich spielen die Gewebetheile der Lunge selbst beim 382. Athmungsprocesse keinerlei aktive Rolle. Ihre Anordnung hat eben nur den Zweck, in der soeben angedeuteten Weise das Blut in sehr ausgedehnte Berührung mit der Luft zu bringen. Man hat nämlich beobachtet, dass Hundeblut von normaler venöser Beschaffenheit an ein abgegrenztes Luftvolum, womit es geschüttelt wird, mindestens ebensoviel Kohlensäure abgeben kann (3 bis 4 %) als an die Luft in den Lungen, wenn es diese durchströmt. Andererseits kann es auch beim Schütteln mit Luft reichlich ebenso viel Sauerstoff aufnehmen, als es in den Lungen aufnimmt. Bei Versuchen hierüber muss man natürlich sehr darauf achten, dass man das Verhalten gleichartiger Blutmengen vergleicht. Um z. B. zu erfahren, wie stark das normale venöse Blut die Lungenluft mit Kohlensäure zu beladen im Stande sei, darf man nicht etwa einem Thiere die Trachea zuschnüren und nach der Erstickung die Lungenluft auf ihren Kohlensäuregehalt prüfen. Dieser kann nämlich bis auf 15 % steigen. In einem solchen Falle ist aber eben auch ein an Kohlensäure abnorm reiches Blut, nämlich Erstickungsblut, mit der Lungenluft in Berührung gewesen. Auch wenn ein Mensch über eine Minute die Luft in den Lungen gewaltsam zurückhält, nimmt wahrscheinlich das Blut schon eine übertrieben venöse Beschaffenheit an und der Gehalt der später ausgeathmeten Luft an Kohlensäure ist grösser als derjenige, welchen normal venöses Blut der Luft höchstens mittheilen kann. In der That erreichte in einem derartigen Versuche der Kohlensäuregehalt der 100 Sekunden zurückgehaltenen Luft 7,5 %. Den wahren Maximalgehalt an Kohlensäure, welchen das normal venöse Blut der Lungenluft beizubringen im Stande ist, kann man nur erfahren, wenn man im Uebrigen den Respirationsprocess ungehindert gehen lässt, nur einen Theil der Lunge absperrt und die darin enthalten gewesene Luft auf ihren Gehalt an Kohlensäure untersucht. Dieser findet sich alsdann nach mehrere Minuten langer Berührung der Luft mit dem Blute zu etwas über 3 %. Beim Menschen, dessen Respiration weniger lebhaft ist, würde man wahrscheinlich einen grösseren Werth finden, der aber schwerlich 5 % übertreffen dürfte. Der Sauerstoffgehalt eines so abgesperrten Theiles der Lungenluft sinkt bis auf 3,6 % herunter.

383. Die unter normalen Verhältnissen vom Menschen ausgeathmete Luft enthält meist etwa 4 % Kohlensäure und nur noch etwa 16 % Sauerstoff. Sie ist also den vorstehenden Angaben zufolge zwar an letzterem Stoffe noch nicht so arm, um nicht noch mehr davon an das Blut abgeben zu können, aber sie ist an Kohlensäure schon nahezu so reich, dass sie nicht mehr viel aus dem Blute aufnehmen könnte. Sie ist also wenigstens in einer Beziehung nicht mehr tauglich, den Umwandlungsprocess des Blutes ferner zu unterhalten und muss nothwendig durch andere kohlensäurefreie Luft ersetzt werden. Diese Betrachtung zeigt von vornherein, dass bei den Säugethieren ein besonderer Mechanismus erforderlich ist, welcher für eine periodische Erneuerung der in den Lungen enthaltenen Luft sorgt.

2. Kapitel. Mechanismus der Athembewegungen.

384. Die Lunge stellt mechanisch betrachtet einen äusserst elastischen Sack dar. Er ist freilich in viele Tausende von bläschenartigen Fächern getheilt. Diese stehen aber alle mit der Trachea und somit auch untereinander in Zusammenhang. In die Wände der feinsten Bronchien oder Luftröhrenzweige und der Lungenbläschen sind zahlreiche glatte Muskelfasern eingewebt. Die Lunge kann sich daher auch aktiv zusammenzuziehen, wovon man sich durch elektrische Reizung ihres Gewebes überzeugen kann. Sie füllt alle Theile des Brustraumes, welche nicht durch andere Organe, wie z. B. Herz, grosse Gefässe etc., schon eingenommen sind, vollständig aus. Ihre Wand ist aber an die Brustwand nirgend angewachsen, vielmehr liegt ihr glatter seröser Ueberzug (*pleura pulmonalis*) leicht beweglich an der glatten serösen Auskleidung der Brustwände (*pleura parietalis*). Diese letzteren sind, wie die Anatomie lehrt, durch Muskeln beweglich und zwar ist die Möglichkeit gegeben, dass der Rauminhalt des Brustkorbes abwechselnd vergrössert und verkleinert werden kann. Die Erweiterung des Raumes geschieht erstens durch Zusammenziehung des Zwerchfelles, indem dabei das *centrum tendineum* desselben herabsteigt, und so die Höhe des Binnenraumes der Brust vergrössert wird. Zweitens kann

Erweiterung stattfinden durch Erhebung sämmtlicher Rippen. Dabei wird
der Durchmesser von vorn nach hinten und von rechts nach links vergrössert. Welche Muskeln in diesem Sinne wirken können, lehrt die
Anatomie. Bei gewöhnlicher Athmung werden keineswegs alle in Thätigkeit gesetzt, vielmehr wird die Erweiterung des Brustraumes meist nur
durch das Zwerchfell und die *intercostales externi* bewerkstelligt. Es ist
ein weit verbreiteter Irrthum, dass beim männlichen Geschlechte die gewöhnliche Einathmung ausschliesslich durch Zusammenziehung des Zwerchfelles bewerkstelligt werde. Um ihn zu widerlegen, braucht man nur die
Vergrösserungen, welche die verschiedenen Brustdurchmesser bei der gewöhnlichen seichtesten Einathmung erleiden, zu messen. Es zeigt sich
dabei erstens, dass die Querdurchmesser von rechts nach links mehr vergrössert werden, als die Durchmesser von vorn nach hinten und zweitens,
dass die Vergrösserungen aller Durchmesser in den verschiedenen Höhen
von unten an bis zur vierten Rippe hinauf ziemlich gleich sind. Noch
weiter oben zwischen den Schultern können die Querdurchmesser und
ihre Veränderungen natürlich nicht mehr gemessen werden. Eine solche
bis weit hinauf ziemlich gleichmässige Erweiterung des Brustraumes kann
aber die Zusammenziehung des Zwerchfelles allein nicht bewirken. Das
lässt sich schon aus der anatomischen Lage dieses Muskels folgern. Es
lässt sich aber auch durch ganz direkte Beobachtung beweisen. Bei einiger
Uebung in der Beherrschung seiner Muskeln kann man nämlich leicht das
Zwerchfell ganz isolirt kontrahiren und zur Einathmung verwenden. Thut
man dies, so erweitert sich der Brustraum keineswegs in der soeben als
normal beschriebenen Weise. Es vergrössert sich vielmehr bloss der Brustdurchmesser v o n v o r n n a c h h i n t e n und zwar in ergiebiger Weise nur
ganz unten. Die Querdurchmesser werden dagegen selbst unten merklich
v e r k l e i n e r t. Ausserdem wird bei reiner Zwerchfellinspiration der Bauch
bedeutend stärker vorgetrieben als bei der normalen Inspiration. Man
wird also behaupten können, dass bei der normalen Einathmung des
Menschen das Zwerchfell nur eine untergeordnete Rolle spielt.

　　Zu den allerangestrengtesten Erweiterungen des Brustraumes tragen
dann noch andere Mukeln bei, welche vermöge ihrer anatomischen Lagerung
die obersten Rippen und das Brustbein heben, namentlich die *mm. scaleni*
und *sternocleido-mastoidei*. Verengerung des Brustraumes können vorzugsweise die Bauchmuskeln bewirken, indem sie einmal die Baucheingeweide
und dadurch das Zwerchfell hinaufdrängen und dann, indem sie das
Sternum mit den Rippen herabziehen.

　　Vermöge der sämmtlichen Gelenkverbindungen der Rippen und ihrer 385.
elastischen Bänder kommt dem ganzen Brustkorbe eine gewisse Gleichgewichtsfigur zu, die er annimmt, wenn alle darauf wirkenden Muskeln
ruhen. Wenn die Lunge den Brustkorb in diesem Zustande ausfüllt, so

sind ihre Wände immer noch merklich gedehnt und besitzen mithin eine
gewisse Spannung, oder haben mit andern Worten noch ein Bestreben,
sich von der Brustwand zurückzuziehen, dem sie aber nicht Folge geben
können, weil sonst in der Pleurahöhle ein Vacuum entstehen würde.
Man, kann also sagen, die elastische Lunge wird durch den Druck der
Luft in ihrem Innern an die Brustwand angedrückt. Von dem Vorhandensein dieser Spannung der Lunge auch bei ruhender Thoraxmuskulatur
kann man sich noch an der Leiche überzeugen. Nimmt man nämlich in
einem Intercostalraum die Muskeln weg, so sieht man durch das transparente Parietalblatt der Pleura die dicht angelegte Lunge durchschimmern
und sieht, wie diese sich sofort zurückzieht, sowie man dasselbe ansticht.
Durch das Loch dringt die Luft mit hörbarem Geräusch in den Pleuraraum ein. Wenn man bei diesem Versuche vorher die Trachea durch ein
Manometer geschlossen hat, so sieht man dasselbe beim Oeffnen der
Pleurahöhle sofort steigen, und man hat in der Höhe, auf welche es steigt,
ein Maass für die Spannung der Lunge. Ist das Manometer mit Wasser
gefüllt, so kann es auf 40 bis 60^{mm} steigen, was einer Quecksilbersäule
von etwa 3 bis 5^{mm} Höhe entspricht. Wenn man umgekehrt die Trachea
in Kommunikation mit der Atmosphäre lässt und das Manometer in die
Oeffnung der Pleura einsetzt, selbstverständlich bevor sich die Lunge
zurückgezogen hat, dann sieht man die Flüssigkeit im offenen Schenkel
des Manometers um ebensoviel sinken zum Beweise, dass der Druck im
Pleuraraume niedriger ist als der Atmosphärendruck, welcher letztere unter
den gedachten Umständen auch im Inneren der Lunge herrscht.

386.   Wenn nun in der oben beschriebenen Art der Rauminhalt der Brust
vergrössert wird und gleichzeitig der Binnenraum der Lunge durch Stimmritze, Rachenraum und Nase (resp. Mund) mit der Atmosphäre in offener
Kommunikation steht, so muss sich die elastische Lunge in ganz gleichem
Maasse ausdehnen und Luft von aussen aufnehmen. Die Wände der Lunge
müssen, obgleich nicht verklebt mit der Brustwand, dieser genau angelegt
bleiben, denn sonst würde ja auch wieder im Pleuraraum ein Vacuum
entstehen und die Spannung der Lunge hätte den ganzen Atmosphärendruck zu überwinden, wozu sie selbst bei den äussersten vorkommenden
Dehnungen nicht entfernt im Stande ist. Selbstverständlich ist während
der Inspirationsstellung die Spannung des s t a r k gedehnten Lungengewebes
noch viel grösser als während der Exspirationsstellung und es wächst also
bei der Inspiration die Differenz zwischen dem Druck der Lungenluft und
dem hydrostatischen Druck in den Pleuraräumen.

Wenn auf diese Art der Einathmungsakt in ausgiebiger Weise zu
Stande kommen soll, dann muss sich die Ausdehnung auf die ganze
Lunge gleichmässig vertheilen, was natürlich nur dann möglich ist, wenn
dieselbe überall wirklich ausdehnbar und ihre Oberfläche an der Brustwand

überall vollkommen verschiebbar ist. Pathologische Infiltrationen der Lunge oder Verwachsungen ihrer Oberfläche mit der Brustwand sind daher der Einathmung sehr hinderlich, indem sie die Ausdehnung auf Theile der Lunge beschränken. Deren Spannung wächst dann alsbald so weit, dass sie nicht mehr von den Einathmungsmuskeln überwunden werden kann.

Sobald die Spannung der Muskeln, welche den Brustkorb ausgedehnt 357. haben, nachlässt, so erfolgt die Ausathmung von selbst, ohne dass andere Muskeln angestrengt zu werden brauchten, bis die elastischen Kräfte der Lunge im Gleichgewichte sind mit den Bänderspannungen der Rippenverbindungen, die sich selbstverständlich von einem gewissen Punkte an dem weiteren Zusammensinken des Brustkorbes widersetzen. Werden alsdann noch die oben bezeichneten Muskelkräfte zu Hülfe genommen, die den Brustraum zu verkleinern streben, so kann allerdings noch ein ferneres Luftquantum ausgetrieben werden. Auch dieser Vorgang der aktiven Exspiration hat seine Grenze und es bleibt dann immer noch eine beträchtliche Luftmenge in den Lungen zurück, die gar nicht ausgetrieben werden kann.

Die Exspirationsmuskeln müssen zur Austreibung der Luft auch angewandt werden, schon ehe die Gleichgewichtsstellung des Brustkorbes überschritten ist, wenn man einen sehr heftigen Ausathmungsstrom — namentlich bei verengter Stimmritze — verlangt, denn in einem solchen Falle muss der Druck der Luft in den Lungen den äusseren Atmosphärendruck bedeutend übersteigen und einen so bedeutenden Drucküberschuss vermag die Lungenspannung allein nicht hervorzubringen, es müssen Muskelkräfte zu Hülfe genommen werden, welche auf den Brustkorb von aussen zusammendrückend wirken. Dies geschieht namentlich bei der Stimmbildung.

Die Athembewegungen und die dadurch bewirkten Druckschwankungen 358. im Brustraum müssen auch auf den Blutkreislauf Einfluss haben, da im Thoraxraum ausserhalb der Lungen die Anfänge und Enden der grossen Blutgefässstämme nebst dem Herzen enthalten sind. Die Saugwirkung, welche stets, ausser bei gewaltsamer Ausathmung, gegen diese Räume hin statt hat, muss unmittelbar dahin wirken, dass der hydrostatische Druck in den genannten im Brustraum befindlichen Theilen des Gefässsystems gemindert wird. Daher ist durch die fraglichen Verhältnisse der Zufluss des Blutes zur Brusthöhle resp. zum Herzen erleichtert, der Abfluss von da erschwert. Behielte die in Rede stehende Saugwirkung fortwährend denselben Werth, so könnte sie daher, wie man auf den ersten Blick sieht, im Ganzen den Blutkreislauf weder erleichtern noch erschweren. Wie wir sahen, variirt sie aber periodisch. Sie wächst mit der Einathmung und nimmt ab mit der Ausathmung. Bei heftiger Ausathmung ändert sie gar ihren Sinn, d. h. bei heftiger Ausathmung kann der Druck der

Lungenluft so hoch steigen, dass er selbst nach Abzug des entgegen wirkenden Druckes des Lungengewebes den Atmosphärendruck noch übertrifft und also die Lunge nicht mehr eine unter dem letzteren stehende Flüssigkeit nach dem Thoraxraum ansaugt. . Da nun Klappen, wie bekannt, den Kreislauf nur in der einen Richtung gestatten, so wäre doch denkbar, dass die Athembewegungen im Ganzen die Arbeit des Blutkreislaufes erleichtern. Man sieht wenigstens, dass die Athembewegungen für sich, wenn das Herz gar nicht arbeitete, den Blutkreislauf in — wenn auch äusserst schwachem — Gang halten würden. Jede Inspiration würde den Thoraxraum, d. h. Herz und grosse Stämme, stärker voll Blut saugen, als bei der Exspiration im Gleichgewicht bleiben könnte. Der alsdann auszustossende Ueberschuss könnte aber wegen der Klappen nur nach der arteriellen Seite hin entweichen, daher ein Kreislauf stattfinden würde. Fielen die Herzdiastolen mit Einathmungen, die Systolen mit Ausathmungen zusammen, dann würde die ganze Arbeit der Athembewegungen, soweit sie überall auf die Blutmasse wirkt, auch deren Kreislauf zu Statten kommen. Nun fallen aber in die Exspirationszeit wohl ebenso viele Herzdiastolen als Systolen und in die Inspirationszeit ebenso viel Systolen als Diastolen, es könnte also möglicher Weise der Vortheil der Exspiration für die Systolen durch den relativen Nachtheil für die Diastolen ganz aufgewogen oder gar überwogen werden. Ebenso der Vortheil der Inspiration für die Diastolen durch den absoluten Nachtheil derselben für die Systolen. Macht man aber die jedesfalls zulässige Annahme, dass die Periode der Respiration und der Herzbewegung im Allgemeinen incommensurabel sind, so zeigt die Wahrscheinlichkeitsrechnung, dass die Wirkung der Coincidenzen die der Interferenzen im Ganzen überwiegen muss. Von der Arbeit der Respiration kommt also dem Blutkreislaufe ein Weniges zu Gute.

Eine besondere Beziehung der Athembewegungen zu dem Blutkreislaufe in einzelnen Organen ist ferner nicht zu übersehen. Die Inspirationsbewegung fördert z. B. die Bewegung des Blutes in der Bauchhöhle. Die Inspiration, insofern sie durch Herabziehen des Zwerchfelles bewerkstelligt wird, erhöht den Druck auf den Inhalt der Bauchhöhle, wie sie den Druck im Thoraxraum vermindert, sie muss also geradezu venöses Blut aus dem Bauchraum in den Brustraum schaffen. Dies Verhältniss ist um so beachtenswerther, als gerade die Bewegung des Venenblutes im Bauchraum wegen des Wiederauflösens der *vena portae* in ein neues Kapillarsystem in der Leber auf ganz besonders grossen Widerstand stösst. Freilich ist nicht zu verkennen, dass die Druckerhöhung auf den Bauchinhalt bei der Inspiration auch den Eintritt des arteriellen Blutes in denselben um ebenso viel erschwert, als sie den Austritt des venösen erleichtert. Gleichwohl scheint thatsächlich häufige und

ausgiebige Inspiration die Circulation in der Bauchhöhle im Ganzen
zu fördern.

Bei gewaltsamen Exspirationsbestrebungen mittels der Bauchmuskeln,
besonders wenn der Luft der Ausweg aus den Lungen abgeschnitten ist,
kann, wie gesagt, der Druck im Thoraxraum ausserhalb der Lungen,
also besonders auf die grossen Venen bedeutend über den äusseren Luftdruck steigen. Es kann dies so weit gehen, dass der Druck des aus
dem Körper nachströmenden Venenblutes nicht mehr hinreicht, dieses in
den Thoraxraum und so in das Herz zu treiben. Man sieht in diesem
Falle die Hautvenen (des Gesichtes) beträchtlich schwellen und zuletzt
hört der Herzschlag gänzlich auf merkbar zu werden.

Einen theoretisch noch unerklärten Einfluss scheint die Athembewegung
auch auf die Blutbewegung in den Lungengefässen selbst zu üben. Man
hat nämlich bemerkt, dass ein künstlich erhaltener Blutstrom durch die
Gefässe einer ausgeschnittenen Thierlunge durch abwechselndes Aufblasen
und Zusammensinken derselben gefördert wird. Andauernde Dehnung
dagegen erschwert den künstlichen Blutstrom.

Die gewöhnliche ruhige Respiration bewegt sich nicht zwischen den 389.
durch den Gelenk- und Muskelmechanismus des Thorax gesteckten äussersten Grenzen. Durch Aufgebot aller ausdehnenden Kräfte kann der
Thorax noch mehr erweitert, folglich mehr Luft in die Lunge gesaugt
werden, als bei einer mittleren Inspiration geschehen ist. Ebenso kann
durch Aufbieten aller den Brustkorb zusammendrückenden Kräfte derselbe
mehr verkleinert und folglich mehr Luft ausgestossen werden, als bei
einer gewöhnlichen Exspiration geschieht, die, wie bemerkt, bloss durch
die Elasticität der Lungen bewirkt wird. Man hat diese verschiedenen
hier in Betracht kommenden Luftquanta mit besonderen Namen bezeichnet.
„Rückständige Luft" nennt man die Luftmenge, welche nach Aufgebot aller den Thorax verengenden Kräfte noch in den Lungen bleibt.
„Reserveluft" heisst diejenige Menge, welche nach einer gewöhnlichen
(durch die Lungenelasticität bewirkten) Exspiration durch Muskelanstrengung
noch ausgestossen werden kann. Mit „Respirationsluft" schlechtweg
wird die Quantität bezeichnet, welche bei einer gewöhnlichen Inspiration
aufgenommen und bei einer gewöhnlichen Exspiration ausgestossen wird.
Die Menge, welche nach einer gewöhnlichen Inspiration durch besondere aussergewöhnliche Anstrengung der thoraxerweiternden Kräfte noch
aufgenommen werden kann, heisst „Komplementärluft". Die Summe
der Reserveluft, Athemluft und Komplementärluft nennt man die vitale
Kapacität der Lungen oder des Thorax. Sie ist also gleich dem Unterschiede zwischen dem möglichst grossen und möglichst kleinen Rauminhalt
des Thorax. Umstehende Figur 43 stellt den Medianschnitt des Thorax
in den vier verschiedenen Stellungen dar, deren Luftgehalte soeben mit

besonderen Bezeichnungen benannt wurden. Die Grenze des ganz schwarzen
Theiles der Figur bedeutet die Stellung bei möglichst tiefer Exspiration,
die innere Grenze des durch einen schmalen weissen Streif von der
übrigen Figur getrennten dicken schwarzen Striches ist die Stellung bei

Fig. 43.

gewöhnlicher Exspiration, also die Stellung, wo das
Kontraktionsbestreben der Lunge mit den wider-
stehenden Momenten im Gleichgewicht ist. Der Flächen-
inhalt des erwähnten weissen Streifes ist also ein
Maass für das, was wir als Reserveluft bezeichnet
haben. Die äussere Grenze des schwarzen Striches
deutet die gewöhnliche Inspirationsstellung an. Im
Flächenraum des ganzen schwarzen Striches haben
wir also ein Maass für die „Respirationsluft".
Die punktirte Linie deutet die Stellung bei möglichst
tiefer Inspiration an. Der Zwischenraum zwischen
ihr und der zuerst erwähnten Grenze der zusammen-
hängend schwarzen Theile der Figur repräsentirt also
die vitale Kapacität. Unsere Zeichnung stellt zunächst nur die Verhältnisse beim männlichen Geschlechte dar, beim weiblichen weichen sie ein wenig
ab. Vornehmlich hätte, wenn die Zeichnung für
dieses gelten sollte, der schwarze Strich, der die gewöhnliche Respirationsgrösse darstellt, oben breiter
und unten schmaler sein müssen. Beim weiblichen
Geschlechte nämlich wird die gewöhnliche Respiration hauptsächlich durch
Raumveränderung in den oberen Parthieen der Brust bewirkt, beim männlichen in den unteren Parthieen.

390.   Es versteht sich wohl von selbst, dass die in der vorigen Nummer
besprochenen Grössen bei verschiedenen Individuen sehr verschiedene
Werthe haben. Von ihnen allen ist die als vitale Kapacität bezeichnete
der sichersten direkten Messung am Lebenden zugänglich. Ueber sie liegen
daher auch die zahlreichsten Data vor. Man kann daraus schon einige
Regeln über den Zusammenhang der Grösse mit einigen andern ableiten,
von denen die wichtigsten folgende sind: Die vitale Kapacität ist nahezu
proportional dem Produkte aus der Länge der Wirbelsäule und dem Umfang
des Thorax über der Brustwarze gemessen. Bei Frauen ist nach der Geburt die vitale Kapacität kleiner als während der Schwangerschaft, nach
Kothentleerung dagegen erscheint sie regelmässig grösser als vorher. Sie
nimmt zu vom 15. bis zum 35. Jahre, nachher wieder ab. Die äussersten
Grenzwerthe der vitalen Kapacität bei gesunden Erwachsenen dürften etwa
1200 und 4500 Kubikcentimeter sein. Im Mittel wird sie auf 3772 Kubikcentimeter angegeben.

Das Volum eines gewöhnlichen Athemzuges oder der **Respirations-luft** ist nicht leicht zu messen, da eine besondere Uebung dazu gehört, in eine messende Vorrichtung hinein ganz ungezwungen zu athmen. Uebrigens schwankt die Grösse eines Athemzuges natürlich auch sehr beträchtlich bei demselben Individuum je nach dem augenblicklichen Zustande. Bei gesunden Männern dürfte der Werth der fraglichen Grösse meist zwischen 500 und 600 Kubikcentim. liegen. — Die Reserveluft wird zu 1246 — 1804 Kubikcentim. im Mittel angegeben.

Die rückständige Luft kann am Lebenden nicht direkt gemessen werden. Man hat sie aber indirekt dadurch zu bestimmen gesucht, dass man eine gemessene Menge Wasserstoff einathmete und nach gleichmässiger Vertheilung in der Lungenluft das ausgeathmete Gasgemenge analysirte. Aus dem Maasse, in welchem sich der Wasserstoff mit anderen Gasen verdünnt fand, kann natürlich geschlossen werden, wie gross das Volum dieser andern Gase gewesen ist. Bestimmungen dieser Art und direkte Messungen an Leichen führen übereinstimmend auf Werthe, welche zwischen 1230 und 1640^{ccm} liegen.

Gemäss den soeben angeführten Daten würden die Lungen eines Erwachsenen nach einer gewöhnlichen Exspiration etwa 2500 bis 3400 Kubikcentim. Luft enthalten, nach einer gewöhnlichen Inspiration aber 3000—3900. Es würde sonach bei jedem Athemzuge nur ungefähr der sechste Theil der Lungenluft erneuert.

Nach den vorstehenden theoretischen Ausführungen versteht es sich 390. ganz von selbst, dass bei gleicher Beschaffenheit des Blutes die Kohlensäureausscheidung aus demselben und die Sauerstoffaufnahme in dasselbe gefördert werden muss durch Steigerung des Luftwechsels in den Lungen. Diese letztere kann auf zweierlei Arten bewerkstelligt werden: entweder durch Vervielfachung der Athemzüge in der Zeiteinheit oder durch Vertiefung der einzelnen Athemzüge. Eine deutliche Anschauung davon gewähren die Resultate von Versuchsreihen, in denen auf verschiedene Art jedesmal kurze Zeit hindurch geathmet und die Kohlensäure der Ausathmungsluft bestimmt wurde. Die zunächst folgende kleine Tabelle giebt die Resultate einer solchen Reihe, wo jeder einzelne Athemzug 500 Kubikcentimeter betrug und ihre Zahl variirt.

Zahl d. Athem-züge in einer Minute	CO$_2$ gehalt der ausgeathmeten Luft	In der Minute ausgeathmetes Luftvol. in C.C.	In der Minute ausgehauchtes CO$_2$ vol. in C. C.
6	5,1	3000	168
12	4,1	6000	246
24	3,3	12000	372
48	3,0	24000	720
96	2,7	48000	1296

Das in Kubikcentimetern ausgedrückte Volum der in 1' ausgehauchten Kohlensäure ist gemessen zu denken bei 0⁰ und 760ᵐᵐ Quecksilberdruck. Man sieht hier deutlich, je häufiger in der Minute eine Lufterneuerung von je 500ᶜᶜᵐ stattfindet, desto mehr Kohlensäure wird in der Minute ausgeschieden, aber keineswegs wächst die Kohlensäuremenge proportional der Zahl der Athemzüge, weil der Procentgehalt der Ausathmungsluft um so kleiner wird, je häufiger die Zahl der Athemzüge ist d. h. je kürzere Zeit der einzelne Athemzug in den Lungen verweilt.

Die folgende kleine Tafel giebt die Resultate einer andern Versuchsreihe.

Zahl d. Athemzüge in einer Minute	CO_2 gehalt der ausgeathmeten Luft	In einer Minute ausgeathmete Luft in C. C.	In einer Minute ausgeathmete CO_2 in C. C.
12	5,4 %	3000	162
12	4,5 %	6000	270
12	4,0 %	12000	480
12	3,4 %	24000	816

Aus der dritten Spalte ergiebt sich, dass die Tiefe des einzelnen Athemzuges beim ersten Versuche 250, beim zweiten 500, beim dritten 1000 und beim vierten 2000ᶜᶜᵐ betrug. Die vierte Spalte zeigt, dass um so mehr Kohlensäure entweicht, je tiefer die 12 in der Minute vollführten Athemzüge sind. Die Vergleichung der beiden Tabellen lehrt, dass ein und dasselbe Luftvolum in einer Minute mehr Kohlensäure entführt, wenn es auf wenige tiefere als wenn es auf viele seichtere Athemzüge vertheilt wird, oder mit anderen Worten, dass die Vertiefung des Athmens mehr leistet als die Vervielfältigung der Athemzüge in der Zeiteinheit.

Dasselbe, was durch diese beiden Versuchsreihen von der Kohlensäureausscheidung bewiesen ist, gilt ohne Zweifel auch von der Sauerstoffaufnahme, welche im Allgemeinen dem Volum nach gemessen die Kohlensäureausscheidung etwas übertrifft, jedoch nicht in ganz konstantem Verhältniss.

391.   Würde eine bestimmte Athmung, welche jede Minute mehr Kohlensäure ausführt als sich im Körper bildet und mehr Sauerstoff zuführt als zu Verbrennungen verbraucht wird, längere Zeit fortgesetzt, so würde sich die durchschnittliche Beschaffenheit des Blutes ändern. Sein Kohlensäuregehalt würde ab-, sein Sauerstoffgehalt würde zunehmen — mit einem Worte das Blut würde im Ganzen „arterieller" werden. Wenn umgekehrt eine ungenügende Athmung längere Zeit unterhalten würde, so müsste sich die Blutbeschaffenheit in umgekehrtem Sinne ändern, es müsste „venöser" werden. Daraus ergiebt sich, dass durch Abänderung des Athmens die Blutbeschaffenheit konstant erhalten werden kann und dies geschieht wirklich vermöge eines später zu beschreibenden nervösen

Mechanismus. Sobald aus irgend einem Grunde der Verbrauch an Sauerstoff und die Bildung von Kohlensäure im Körper zunimmt, so steigt die Häufigkeit und Tiefe der Athemzüge derart, dass wieder in einer Minute ebenso viel Sauerstoff aufgenommen als verbraucht wird und ebenso viel Kohlensäure ausgeschieden als gebildet wird, ohne dass eine merkliche Verarmung des Blutes an freiem Sauerstoff und eine Ueberladung mit Kohlensäure eintritt.

Die Ursachen, welche den Sauerstoffverbrauch und die Kohlensäure bildung im Körper steigern, sind in anderen Abschnitten der Physiologie zu behandeln. Nur als Beispiel soll hier diejenige noch kurz erwähnt werden, welche den mächtigsten Einfluss ausübt, nämlich die Muskelanstrengung. Dem entsprechend zeigt die alltägliche Erfahrung schon, dass mit jeder Muskelanstrengung sofort die Zahl und besonders die Tiefe der Athemzüge bedeutend wächst. Hierbei zeigt sich die ausserordentliche Wichtigkeit des weiter oben als normal bezeichneten Verhältnisses, dass die vitale Capacität des Brustraumes die gewöhnliche Tiefe der Athemzüge bei ruhendem Körper bedeutend übertrifft. Es muss eben möglich sein, bei Anstrengung der Muskeln die Athemzüge noch sehr bedeutend zu vertiefen, um die grössere Kohlensäuremenge, welche in jeder Zeiteinheit gebildet wird, auch zur Ausscheidung zu bringen. Ohne diese Möglichkeit wird alsbald so viel Kohlensäure im Blute angehäuft, dass dadurch die Funktion der Organe und besonders der Muskeln bedeutend beeinträchtigt wird. So sehen wir denn in der That, dass Menschen, bei denen die vitale Capacität durch Lungenleiden beeinträchtigt ist, nicht im Stande sind, bedeutende Muskelanstrengungen zu machen, obwohl für die gewöhnlichen Bedürfnisse ihre Athmung vollkommen genügt.

Eine Vorstellung von den beträchtlichen Schwankungen, welche die Kohlensäureausscheidung unter dem Einflusse der Muskelarbeit erleidet, giebt die nachstehende kleine Tabelle, worin die Mengen von Kohlensäure verzeichnet sind, welche von ein und derselben Person während einer Minute ausgeathmet werden, wenn sich dieselbe in dem in der ersten Spalte bezeichneten Zustande befand :

Schlafend	0,38^{gr}
Liegend, wachend . .	0,57
Gehend	1,42
Schneller gehend .	2,03
Steigend	3,83

Man sieht, dass bei angestrengtem Steigen die Kohlensäureausscheidung 10 Mal so reichlich ist als im Schlafe.

Wie viel Kohlensäure ein normal lebender Mensch in einem längeren Zeitraume ausathmet und wieviel Sauerstoff er aufnimmt, wird in einem späteren Abschnitte untersucht werden.

17*

393.   Ausser der Kohlensäure verliert unser Körper durch den Athmungsprocess Wasserdampf und Wärme. Abgesehen nämlich von Ausnahmefällen, die in gemässigten Klimaten kaum vorkommen, ist die ausgeathmete
Luft bedeutend wärmer und bedeutend feuchter als die eingeathmete. Die
Temperatur der ersteren nämlich schwankt nach direkten Bestimmungen
nur zwischen etwa 28 und 31°, die Temperatur der umgebenden Luft
mag sein welche sie will, und es ist bei jener Temperatur die Ausathmungsluft nahezu mit Wasserdampf gesättigt. Hiervon giebt schon die
alltägliche Erfahrung Zeugniss, dass der ausgeathmete Luftstrom stets einen
Nebel bildet, wenn die Temperatur der Umgebung so niedrig ist, dass
eine rasche Abkühlung stattfindet.

Wie viel Wasser die Athmung dem Körper entzieht, wird hiernach
wesentlich davon abhängen, wieviel Wasserdampf die Einathmungsluft
schon mitbringt. In den meisten Fällen ist diese Menge nicht beträchtlich
und man wird daher erwarten dürfen, dass die Athmung dem Körper
namhafte Wassermengen entführt. Direkte Bestimmungen haben ergeben,
dass sich diese Mengen im 24^h auf 800—900^{gr} belaufen können. Es
ist übrigens sehr wahrscheinlich, dass die Wärme sowohl als der Wasserdampf nicht ausschliesslich dem Blute der Lungengefässe entzogen werden.
Es nimmt vielmehr ohne Zweifel die Luft schon beim Einathmen in der
Nase viel Wärme und Wasser auf; und man darf vermuthen, dass der
eigenthümliche Bau der Nasenwände mit ihren Muscheln eigens darauf
eingerichtet ist, die Luft beim Einathmen mit einer feuchten und warmen
Fläche in ausgedehnte Berührung zu bringen und ihr so schon möglichst
viel Wärme und Wasserdampf beizubringen, ehe sie zur Lunge gelangt.
Dadurch rechtfertigt sich auch der häufig gehörte Rath der Aerzte, man
solle in kalter Luft nur durch die Nase athmen. In der That dringt
beim Einathmen durch den weit offenen Mund die Luft weit kälter in
Kehlkopf und Lungen und reizt die sehr empfindlichen Schleimhäute
daselbst.

394.   Ausser dem Sauerstoff wird durch die Respiration noch etwas aus
der Luft aufgenommen, was zwar nicht sehr ins Gewicht fällt und nicht
als bedeutungsvoller Posten auf dem Einnahmebudget des organischen
Haushaltes zählt, was aber unter Umständen eine grosse Bedeutung zum
Schaden desselben erlangen kann — nämlich der in der Luft schwebende
Staub. Jeder in ein finsteres Zimmer eindringende Sonnenstrahl lehrt
uns, dass in der Luft eines solchen stets unzählige kleine feste Körperchen
schweben. Es dringen demnach mit jedem Athemzuge viele derselben in
die Luftwege ein. Es lässt sich aber leicht zeigen, dass die ausgeathmete
Luft von Staub frei ist. Wenn man nämlich den Ausathmungsluftstrom
den Weg eines Sonnenstrahlenbündels im finsteren Zimmer kreuzen lässt,
so zeigt sich diese Kreuzungsstelle vollkommen dunkel zum Beweise, dass

hier keine Staubtheilchen schweben. Bei Anstellung dieses Versuches muss übrigens der Ausathmungsstrom, um Nebelbildung zu vermeiden, durch ein leicht angewärmtes Glasrohr geführt werden. Die in der Einathmungsluft enthalten gewesenen Staubtheilchen werden also im Körper zurückgehalten. Höchst wahrscheinlich bleiben sie zum grössten Theil an den Nasen- und Rachenwänden kleben. Offenbar hat die Flimmerbewegung an der Oberfläche dieser Wände die Aufgabe, diese Theilchen allmählich nach dem Oesophagus zu führen, denn die Richtung des Stromes, welcher durch die Flimmercilien der Nasen- und Rachenwand verursacht wird, geht abwärts. Was etwa von Staubtheilchen die Stimmritze überschreitet und an den Wänden der Bronchien festklebt, wird durch den hier aufwärts gerichteten Flimmerstrom, soweit dies überall möglich ist, ebenfalls dem Eingange der Speiseröhre zugeführt. Von da wird dann der gesammelte Staub durch gelegentliche Schlingbewegungen in den Magen geführt. Unter den in der Luft schwebenden Staubtheilchen sind nachgewiesenermassen zahlreiche organische Keime. Zu ihnen gehören höchst wahrscheinlich alle sogenannten Miasmen und Contagien. Es würde sich hiernach vielleicht empfehlen, an inficirten Orten durch Filtra von Baumwolle einzuathmen, welche alle Staubtheilchen zurückhalten.

Die Lungen sind nicht der einzige Ort, wo das Blut mit der Atmo- 395. sphäre gasförmige Bestandtheile austauschen kann. Die gesammte äussere Körperoberfläche giebt zu diesem Vorgange Gelegenheit. Die Epidermis und die durchfeuchteten Cutisschichten darunter, welche reichliche Gefässnetze führen, sind für alle hier in Betracht kommenden Gase erwiesenermassen durchdringlich. Es ist demnach von vornherein anzunehmen, dass auf der ganzen Körperoberfläche Aushauchung von Kohlensäure statt hat, da das Blut jeder Art mehr Kohlensäure gelöst enthält, als es aus einer von diesem Gase merklich freien Atmosphäre aufnehmen würde. Diese Kohlensäureausscheidung ist auch durch Versuche dargethan. Man fand sie 0,016 bis 0,031 von der gleichzeitigen Ausscheidung durch die Lungen betragend unter möglichst normalen Verhältnissen. Ueber diesen kleinen Werth wird man sich nicht wundern, wenn man bedenkt, dass die Kapillargefässnetze der Lungenbläschen viel dichter sind als die der Haut, und dass sie von der freien Oberfläche durch viel weniger Widerstand bietende Scheidewände getrennt sind. Es ist ferner *a priori* wahrscheinlich, dass an der ganzen äusseren Körperoberfläche Sauerstoff absorbirt wird, weil das Blut stets weniger von diesem Gase enthält, als dem Gleichgewichte der chemischen Kräfte entspricht. Experimentell ist jedoch die Absorption von Sauerstoff noch nicht so dargethan, dass aller Zweifel schweigen müsste.

Bedeutend können die Wassermengen sein, welche durch die Haut den Körper verlassen. Wie gross sie sind, hängt einerseits von äusseren physikalischen Bedingungen ab, denn es ist klar, dass von der Hautoberfläche unter sonst gleichen Umständen um so mehr Wasser verdunsten wird, je geringer die relative Feuchtigkeit der Atmosphäre ist. Andererseits hängt die Wasserverdunstung von dem Durchfeuchtungsgrade der äusseren Hautschicht ab. Beim Schwitzen ist dieser zur vollständigen „Nässe" gesteigert. Schwerlich sinkt er jemals bis zur sogenannten Lufttrockenheit herab, wo alle Verdunstung aufhören würde. Die durch die Haut während 24^h entweichende Wassermenge kann unter einigermassen günstigen Umständen sicher 500 bis 800^{gr} betragen. Allgemein gültige Normalzahlen lassen sich selbstverständlich nicht geben.

Stickstoff und gasförmige stickstoffhaltige Verbindungen werden beim Gasaustausch durch Lungen und Haut in irgendwie nennenswerther Menge dem Körper weder zugeführt noch entzogen.

3. Kapitel. Innervation der Athmungsorgane.

396. Die sämmtlichen Muskeln, welche den Luftwechsel in den Lungen bewirken, sowohl die Inspiratoren als die Exspiratoren, gehören bekanntlich zur quergestreiften Skelettmuskulatur, welche ihre Nerven aus dem Rückenmark bezieht. Diese Nerven, *n. phrenicus* für das Zwerchfell und *nn. intercostales* für die gleichnamigen Muskeln und für die Bauchmuskeln etc., treten an sehr verschiedenen Stellen aus dem Rückenmarke hervor. Sie hängen hier wie andere motorische Nerven mit Rückenmarkszellen und durch deren Vermittelung mit anderen Nervenelementen zusammen, so dass sie von vielen Seiten her reflektorisch erregt werden können. Es giebt aber eine ganz beschränkte Stelle des verlängerten Markes am Boden der vierten Hirnhöhle dicht vor dem *calamus scriptorius*, von wo aus diesen sämmtlichen Nerven ihre Erregung ausschliesslich zugeht, sofern sie zu geordneten Athembewegungen führt. Diese Stelle, deren Volum nicht gar viele Kubikmillimeter betragen wird, nennt man den Lebensknoten, weil ihre Zerstörung den Athembewegungen und damit dem Leben sofort ein Ende macht.

Die Erregung, welche von diesem Athmungscentrum auf die motorischen Nerven des Athemapparates und zwar beim ruhigen Athmen ausschliesslich auf die der Inspiratoren periodisch übertragen wird, entsteht durch Reizursachen, welche im Centrum selbst auf die Nervenelemente wirken, und die normalen Athembewegungen können mithin nicht als Reflexbewegungen bezeichnet werden. Diese Behauptung gründet

sich darauf, dass jeder beliebige centripetal leitende Nerv namentlich auch
der in die Lunge gehende Vagus durchschnitten werden darf, ohne dass
darum die Athembewegungen stille ständen, wenn auch, wie bald gezeigt
werden wird, Durchschneidung dieses letzteren Nerven nicht ohne allen
Einfluss auf den Gang der Athmung bleibt. Selbst Abtrennung noch so
vieler sensibeler Nerven auf einmal hat keinen Stillstand der Athmung
zur Folge.

Wenn man jetzt die Frage aufwirft, wodurch der Reiz auf das 397.
Athmungscentrum ausgeübt wird, so kann man füglich folgende teleologische Betrachtung anstellen. Offenbar sind die verschiedenen Grade
der Thätigkeit des Athmungsapparates dazu bestimmt, die mittlere Beschaffenheit des Blutes annähernd konstant zu erhalten, und es würde
eine diesem Zwecke dienliche Einrichtung sein, wenn die nervösen Centra
dieses Apparates erregbar wären durch venöse Beschaffenheit des in ihnen
cirkulirenden Blutes, derart, dass die Erregung in diesen Centren und
mithin die Thätigkeit des Apparates um so lebhafter würde, je venöser
das Blut ist. In der That, wenn diese Einrichtung wirklich getroffen
wäre, so würde die vermehrte Venosität des Blutes sich selbst beseitigen,
da ja vermehrte Thätigkeit des Athmungsapparates mehr Sauerstoff ins
Blut und mehr Kohlensäure aus dem Blute schafft d. h. die Venosität des
Blutes mindert. Die in Rede stehende Vermuthung lässt sich durch einen
einfachen Versuch prüfen. Ist sie richtig, so muss der Reiz im Athmungscentrum vermindert — vielleicht ganz beseitigt — werden können, wenn
man durch künstliche Veranstaltungen dafür sorgt, dass das Blut möglichst
arteriell gehalten wird. Dies kann bei einem Thiere leicht geschehen,
wenn man durch Lufteinblasungen mit einem Blasebalg seine Lungenluft
recht häufig und ausgiebig erneuert. Stellt man diesen Versuch an, so
sieht man in der That die Muskulatur des Athemapparates,
namentlich das blossgelegte Zwerchfell, immer schwächer
arbeiten und zuletzt steht dieselbe gänzlich still. Man hat
diesen höchst merkwürdigen Zustand „Apnoe" genannt. Er dauert
meist noch einige Zeit an, nachdem die künstliche Athmung eingestellt
ist — manchmal über eine Minute — bis das Blut wieder eine hinlänglich venöse Beschaffenheit angenommen hat, um einen Reiz auszuüben.
Dieser Versuch allein — ein wahres „experimentum crucis" — ist im
Stande, die Vermuthung zur vollen Gewissheit zu erheben, dass die Reizursache für das Athmungscentrum in der venösen Blutbeschaffenheit zu
suchen ist. Dem beschriebenen Versuch mag noch die alte Erfahrung
an die Seite gestellt werden, dass es das Anhalten des Athmens für
längere Zeit, z. B. beim Tauchen, wesentlich erleichtert, wenn man unmittelbar zuvor einige recht tiefe Athemzüge rasch nacheinander ausführt,
man macht sich dadurch gleichsam annähernd „apnoisch".

39S. Dem Zustande der Apnoe stellt sich naturgemäss gegenüber ein Zustand, bei welchem die Erregung im Athemcentrum über das gewöhnliche Maass hinaus gesteigert ist, und bei welchem sich mithin eine angestrengtere Thätigkeit der Athemmuskulatur zeigt. Diesen Zustand nennt man „Dyspnoe". Entsprechend der nunmehr bewiesenen Vermuthung, tritt dieser Zustand auf, sowie durch irgend eine Ursache die Venosität des Blutes das gewöhnliche Maass überschreitet. Unter den mannigfachen Ursachen, welche diese Wirkung hervorbringen können, soll eine zunächst in Betracht gezogen werden, die experimentell leicht herzustellen ist und die nach allen Seiten hin ganz sicher den fraglichen Effekt hat. Wenn man ein Thier aus einem mit Kohlensäure statt mit Luft gefüllten Raume athmen lässt, so kann es keinen Sauerstoff mehr aufnehmen und keine Kohlensäure abgeben. Sein Blut wird folglich in jeder Beziehung venöser. Man sieht alsdann sehr bald das Thier tiefere Athemzüge ausführen. Da nun aber trotzdem das Blut natürlich noch immer venöser wird, so wird die Erregung in seinem Athmungscentrum immer heftiger. Die Tiefe der Athemzüge wird durch Betheiligung von immer mehr Muskeln bis zum Maximum gesteigert. Später betheiligen sich auch die nicht zum Athemapparate gehörigen Muskeln an der Thätigkeit, bis es zuletzt zu allgemeinen Krämpfen, den sogenannten Erstickungskrämpfen, kommt. Dies kann uns nicht verwundern, da bei den allseitigen Verbindungen im Cerebrospinalorgan ein über alle Maassen gesteigerter Erregungssturm in einem beschränkten Theile — hier dem Lebensknoten — auf alle motorischen Centralstellen überspringen kann oder vielmehr muss. Die Zweckmässigkeit auch dieser Einrichtung leuchtet ein, da die heftigen Bewegungen der Extremitäten wohl oft das Thier aus den Umständen befreien können, welche die Arterialisirung seines Blutes hindern.

Dyspnoe bis zu ihrem höchsten Grade, den Erstickungskrämpfen, tritt auch ein, wenn man sämmtliche zum Hirn führende Arterien zuklemmt. Dabei wird offenbar die Blutbewegung im Hirn still gestellt und das Blut, in seinen Kapillaren einmal venös geworden, kann nicht durch neues arterielles ersetzt werden, obwohl die übrige Blutmasse nach wie vor arterialisirt wird. Diese Thatsache ist somit ein schöner Beweis für den Satz, dass die venöse Beschaffenheit des Blutes nur im Hirn selbst an Ort und Stelle den Reiz für das Athemcentrum bildet.

399. Die venöse Beschaffenheit des Blutes unterscheidet sich von der arteriellen, wie früher gezeigt wurde, in zwei Richtungen, nämlich durch einen geringeren Gehalt an Sauerstoff und durch einen grösseren Gehalt an Kohlensäure. Es entsteht daher die Frage, ob die Athmung gesteigert wird durch Verarmung des Blutes an Sauerstoff oder durch Bereicherung an Kohlensäure oder durch beides zugleich oder endlich durch ein noch unbekanntes Etwas im venösen Blute.

Auf diese Frage giebt der Versuch eine bestimmte Antwort. Man kann nämlich erstens ein Thier ein sehr kohlensäurereiches Gasgemenge athmen lassen, das aber neben der Kohlensäure auch noch ebensoviel oder mehr Sauerstoff enthält als die atmosphärische Luft, dann steigt der Kohlensäuregehalt des Blutes, ohne dass darum der Sauerstoffgehalt des Blutes der Arterien abnorm gering wird. Es nimmt eine so zu sagen nach einer Seite hin venöse Beschaffenheit an, was durch direkte Untersuchung unter solchen Umständen gezogener Blutproben bewiesen ist. Bei einem solchen Versuche wird nun das Athmen des Thieres in der That angestrengter, namentlich werden die einzelnen Athemzüge tiefer, aber es kommt bei solchen Versuchen nie zu eigentlichen Erstickungskrämpfen. Man kann zweitens ein Thier ein Gas, etwa reinen Stickstoff, athmen lassen, dem weder Kohlensäure noch Sauerstoff beigemengt ist. Dann kann sich das Blut in den Lungen seiner Kohlensäure entledigen, aber es muss alsbald an Sauerstoff verarmen. Dies zeigt in der That die Untersuchung einer dabei genommenen Blutprobe. Unter diesen Bedingungen wird aber nicht bloss die Athmung bedeutend heftiger, sondern es kommt alsbald zu allgemeinen Erstickungskrämpfen. Hieraus ergiebt sich, dass Ueberladung des Blutes mit Kohlensäure zwar einen Reiz für das Athmungscentrum abgiebt, aber einen bei weitem schwächeren als Verarmung an Sauerstoff. Insbesondere kann jener heftigste Erregungssturm im Athmungscentrum, der in den Erstickungskrämpfen zur Erscheinung kommt, nur durch Sauerstoffmangel herbeigeführt werden.

Es ist schwer zu denken, dass der blosse Mangel eines Stoffes, als etwas rein negatives, als Reizursache soll wirken können. Es liegt daher nahe, zu vermuthen, dass das eigentlich Reizende jene hypothetischen leicht oxydabelen Körper (s. No. 327) sein mögen, die sich im Blute anhäufen müssen, wenn kein freier Sauerstoff mehr zu ihrer Verbrennung aufgenommen wird.

Es könnte scheinen, als ob sich die Periodicität der Athembewegungen 400. aus den bisherigen Erörterungen leicht von selbst ergäbe. Man könnte nämlich denken, wenn das Blut einen gewissen Grad der Venosität erreicht, so übt es einen Athemreiz aus, der eine Einathmung zur Folge hat, durch diese selbst würde aber die Venosität des Blutes herabgemindert, so dass der Reiz im Centrum aufhört und Ruhe der Muskeln eintritt, was eine Ausathmung einfach mechanisch bedingt (s. No. 357), dann stiege wieder die Venosität des Blutes, bis ein neuer Reiz ausgeübt würde u. s. w. Diese Vorstellung, die schon unfähig ist, den (bei manchen Thieren normalen) Wechsel aktiver Exspirationen und Inspirationen zu erklären, lässt sich leicht durch positive Thatsachen widerlegen, die zum Theil schon in den vorstehenden Erörterungen enthalten sind. So war noch

soeben die Rede von Versuchen, in denen man ein Thier reine Kohlensäure athmen lässt. Hier kann nicht davon die Rede sein, dass der
Athemzug die Venosität des Blutes herabsetzt, vielmehr muss dieselbe ununterbrochen wachsen und dennoch bleibt auch hier ein periodischer
Wechsel zwischen Zusammenziehung und Ruhe der Inspiratoren bestehen.
Ferner hat die gedachte Vorstellung das gegen sich, dass ein einziger
Athemzug die Beschaffenheit des Blutes in den Kapillaren des Nervensystemes doch nicht momentan so erheblich ändert, dass sofort der Reiz
beseitigt würde. Die Periodicität der Athembewegungen kann also nur in
einer Organisation des Nervencentrums selbst bestehen, welche einen
stetigen Reizzufluss in periodische Entladungen auf die motorischen Nerven
verwandelt. Es müssen mit einem Worte zwischen den reizaufnehmenden
Stellen und den Abgangsstellen der motorischen Bahnen im Athmungscentrum „Hemmungsvorrichtungen" eingeschaltet sein, wie solche schon
an verschiedenen Orten im Nervensystem nachgewiesen wurden. (Siehe
No. 143.)

401.   Die Regulirung des Athmens hat man sich demnach so zu denken.
Das Blut der Arterien und ihrer Kapillaren hat im Verlaufe des normalen
Lebens (d. h. so lange keine Apnoe stattfindet) immer eine mehr oder
weniger reizende Beschaffenheit. Es wird also in jedem Zeittheilchen ein
gewisses Reizquantum ausgeübt, das wird aber nicht in demselben Momente
auf die motorischen Bahnen übertragen, sondern vermöge der Hemmung
aufgestaut, bis der Reiz die zum Ueberspringen nöthige Dichtheit erlangt
hat, dann folgt eine Entladung und hierauf Ruhe, bis wieder von Neuem
die nöthige Dichtheit erreicht ist. Bei konstanter Stärke der Hemmung
würde hiernach die Häufigkeit der Athemzüge bei konstant bleibender
Tiefe in dem Maasse zunehmen, in welchem der Reizzufluss wächst d. h. je
venöser das Blut wird. Da dies aber nicht der Fall ist, sondern da alle
Ursachen, welche die Venosität des Blutes steigern, weit mehr die Tiefe
der Athemzüge als ihre Häufigkeit steigern, so müssen wir annehmen,
dass eine vermehrte Venosität des Blutes nicht bloss eine grössere Reizmenge in der Zeiteinheit im Athmungscentrum setzt, sondern zugleich die
Hemmungen stärker anspannt. Man beobachtet ferner, dass bei gesteigerter
Venosität des Blutes, d. h. bei Dyspnoe, den aktiven Inspirationen auch
aktive Exspirationen folgen. Hieraus ist zu schliessen, dass neben dem
für gewöhnlich allein thätigen Inspirationscentrum ein Exspirationscentrum
besteht, welchem nur dann gleichsam ein Ueberschuss von Erregung
periodisch zufliesst, wenn eben mehr Athemreiz als gewöhnlich im
Athmungscentrum ausgeübt wird.

402.   Wenn man ein Thier künstlich einige Grade über seine Normal-
temperatur hinaus erwärmt, so werden die Athemzüge tiefer und in un-
geheurem Maasse frequenter, selbst wenn die Beschaffenheit des Blutes in

keiner Weise geändert wird, ja sogar, wenn man durch energische künstliche Lufteinblasungen für Arterialisirung im höchsten Grade sorgt, und es ist bei einem so erwärmten Thiere der Zustand der Apnoe gar nicht mehr zu erzielen. Dass es sich hierbei nicht um eine reflektorische Einwirkung auf das Athemcentrum handelt — etwa von der erhitzten Haut her — kann man leicht durch folgenden Versuch beweisen. Mit Hülfe gewisser Kunstgriffe gelingt es, das in den Kopfschlagadern fliessende Blut allein zu erwärmen. Sowie das geschieht, steigt die Häufigkeit des Athmens gerade so, wie wenn das ganze Thier erhitzt wird. Daraus ist zu schliessen, dass die Steigerung der Temperatur im Athmungscentrum selbst die Erregbarkeit vermehrt und zugleich die Hemmungen vermindert, so dass dieselbe in der Zeiteinheit gelieferte Reizmenge stärkere und häufigere Athemzüge verursacht.

Der vorstehend geschilderte nervöse Mechanismus würde unter sehr einfachen Bedingungen genügen, den Athmungsprocess an die Bedürfnisse des Körpers anzupassen, und die Beschaffenheit des Blutes nahezu konstant erhalten. Die Bedingungen, unter denen ein höheres Säugethier und der Mensch insbesondere lebt, sind aber so verwickelt und es greifen so oft plötzliche gefahrdrohende Umstände in dieselben ein, dass sich auch diesen der Nervenmechanismus einer so wichtigen Funktion, wie es das Athmen ist, bis zu einem gewissen Grade muss anpassen können, wenn anders die Species sich erhalten soll. Dies wird ermöglicht durch Einflüsse, welche von unzähligen Stellen des Nervensystems her auf das Athmungscentrum ausgeübt werden können, was bei den unendlich verwickelten Verbindungen zwischen den Ganglienzellen des Hirns und Rückenmarkes von vornherein sehr wahrscheinlich ist.

Es ist vor Allem leicht zu beweisen, dass von den Theilen des Hirns 403. aus, deren Erregungen, subjektiv angeschaut, bewusste Willensakte heissen, Nervenbahnen zum Athmungscentrum führen, die mit seinen einzelnen Theilen in verschiedenartiger Verknüpfung stehen. Die beweisenden Versuche, die jeder an seinem eigenen Körper jeden Augenblick anstellen kann, sind folgende. Man kann erstens in jedem Augenblicke eine Inspiration willkührlich anfangen, welche Phase der Athmung auch gerade im Gange ist. Das heisst anatomisch und physiologisch gesprochen: von den Organen der bewussten Willkühr im Hirn aus müssen Nervenbahnen zum Inspirationscentrum führen und hier so verknüpft sein, dass eine auf ihnen vorschreitende Erregung an den Hemmungsapparaten vorüber sofort zu den motorischen Nerven der Einathmungsmuskeln gelangt. Man kann ganz ebenso zweitens in jedem beliebigen Augenblick eine aktive Exspiration willkührlich ausführen. Dies heisst in die Sprache der Physiologie übersetzt: es gehen von den Organen der Willkühr Nervenbahnen zum Exspirationscentrum und sind daselbst so eingepflanzt, dass die auf ihnen

vorschreitende Erregung ohne Hemmung auf die motorischen Nerven der
Exspirationsmuskulatur übertragen wird. Man kann drittens jede Inspiration, welche schon im Gange ist oder nach dem eben bestehenden
Athemrhythmus gerade anfangen sollte, willkührlich aufhören lassen oder
hintanhalten, und zwar geschieht dies, wie die Selbstbeobachtung auf's
Unzweideutigste lehrt, nicht etwa durch Spannung der antagonistischen
Muskeln, sondern dadurch, dass die Uebertragung des vorhandenen Reizes
auf die Inspiratoren im Nervencentrum selbst gehemmt wird. Diese all-
bekannte Thatsache (welche beiläufig gesagt vielleicht der beste Beweis
für Hemmungen im Nervensystem ist, ein besserer als alle Vivisektionen
geben können), lehrt uns die Existenz von Nervenbahnen kennen, welche
die Organe der Willkühr derart mit den Hemmungen der Inspiration verknüpfen, dass Erregung, welche auf diesen Bahnen ankommt, jene Hemmungen verstärkt. Endlich viertens muss es Bahnen von den Organen
der Willkühr zu den Hemmungen der Exspiration geben, denn man kann
auch jede beginnende oder im Gange befindliche aktive Exspiration willkührlich hemmen.

404.   Das Athmungscentrum steht ferner mit der ganzen sensibelen Hautperipherie in Verbindung. Diese zeigt sich namentlich in der Jedermann
bekannten Erscheinung, dass Benetzung eines einigermassen grossen
Theiles der Hautoberfläche (namentlich der unteren Körperhälfte) mit
kaltem Wasser stets eine tiefe Inspiration und hierauf folgenden länger
dauernden Stillstand der Athembewegungen zur Folge hat. Es müssen
also durch Kälte reizbare Nervenfasern von der Haut zum Athmungscentrum gehen, deren Erregung sich zunächst reflektorisch auf die Inspiratoren entladet und sodann die Hemmungen verstärkt. Die Zweckmässigkeit dieses eigenthümlichen Mechanismus dürfte wohl beim uner-
warteten Fallen des Körpers in Wasser zur Geltung kommen, wo der
Athemzug, so lange der Kopf noch über der Oberfläche ist, einen
Vorrath von frischer Luft in die Lunge bringt und der folgende
Stillstand der Bewegung ein Eindringen von Wasser zu hindern bestimmt ist.

405.   Eine eigenthümliche Reflexwirkung auf das Athemcentrum übt Reizung
der sensibelen Nerven am Eingange der Athmungswege, nämlich der
Nasenäste des *nervus trigeminus* aus. Es, ist dies der Vorgang des sogenannten Niesens, bestehend in einer tiefen Inspiration mit darauf folgender
heftiger Exspiration, die durch vorausgehenden Verschluss des Kehlkopfes
explosiv gemacht wird. Gleichzeitiger Abschluss der Mundhöhle durch
die gegen den Gaumen gedrückte Zungenwurzel lenkt den heftigen Luftstrom in die Nase. Dieser Vorgang hat offenbar den Zweck, reizende
Körper aus der Nase zu entfernen. Bei Kaninchen hat man beobachtet,
dass bei Reizung der Nasenschleimhaut durch Ammoniak oder saure Dämpfe

die Athmung einfach still steht, ebenfalls eine zweckmässige Einrichtung zum Schutz gegen das Einathmen schädlicher Gase.

Die im weiteren Verlaufe der Luftwege peripherisch endigenden nn. Nerzenfasern gelangen bekanntlich alle im Stamme des n. vagus zum Hirn. Es lag daher von vorn herein nahe zu vermuthen, dass dieser Nerv in besonders innigen Beziehungen zum Athmungscentrum stehe. Man hat auch schon frühzeitig untersucht, ob Durchschneidung oder Reizung des n. vagus von Einfluss auf die Athembewegungen sei. Es ist dabei vor Allem die Thatsache festgestellt, dass nach Durchschneidung beider Vagusstämme am Halse das Athmen langsamer wird. Wenn man alsdann einen centralen Vagusstumpf reizt, so zeigen sich nicht ganz konstante Erscheinungen, was offenbar daher rührt, dass dieser Nervenstamm verschiedene Fasergattungen enthält, deren verschiedene Verknüpfung mit dem Athmungscentrum ganz verschiedenartige Einflüsse auf dasselbe bedingt. Da die Fasern des Vagusstammes anatomisch nicht trennbar und daher isolirter Reizung nicht zugänglich sind, so muss man auf indirektem Wege die Beziehungen der Vagusfasern zum Athmungscentrum zu erschliessen suchen. Mehrere leicht zu beobachtende Thatsachen können zu solchen Schlüssen verwendet werden. Wenn man einem Thiere in dem Augenblick, wo gerade eine Einathmung beginnt, die Luftwege verengert oder gänzlich sperrt, so dauert die nun folgende Zusammenziehung der Inspiratoren se h r v i e l l ä n g e r als nach dem bis dahin stattgehabten Athmungsrhythmus zu erwarten gewesen wäre. Diese Erscheinung ist sicher in irgend einer Weise von Erregungen abhängig, welche auf der Bahn des Vagus von dem Lungengewebe zum Hirn geleitet werden. Die Erscheinung bleibt nämlich aus, sowie die nn. vagi am Halse durchschnitten sind. Man kann sie durch folgende Annahme deuten: Es giebt gewisse Nervenfasern, die vom Lungengewebe im Vagus aufsteigen und mit den Hemmungen der Inspiration derart verknüpft sind, dass ihre Erregung diese Hemmung verstärkt, ihre Erregung kommt aber unter Vermittelung eines uns noch unbekannten Endapparates durch Dehnung der Lunge zu Stande. Nach dieser Annahme nämlich wird ein natürlicher freier Athemzug sich selbst hemmen, noch ehe der ganze vorhandene Athemreiz entladen ist. Wenn man aber durch Sperrung der Luftwege die Ausdehnung der Lunge und mithin die Erregung der in Rede stehenden hypothetischen Fasern hindert, dann dauert die Entladung des vorhandenen Athemreizes auf die Inspiration, d. h. die Kontraktion der letzteren länger fort. Die Wahrscheinlichkeit der Existenz dieser Fasern wird noch vermehrt durch folgende Thatsache: wenn man die Luftwege beengt in dem Augenblick, wo die Inspiration vollendet ist, so dauert die nun folgende Erschlaffung der Inspiratoren (d. h. die Exspirationsphase) länger als nach dem Rhythmus zu erwarten gewesen wäre. In

der That nach unserer Hypothese muss dies so sein, da ja die Beengung
der Luftwege die Lunge gedehnt und mithin die gedachten Hemmungsnerven in Erregung erhält. Diese beiden Erscheinungen vereinigen sich
in der bekannten Beobachtung, dass jede andauernde Einengung der Luftwege den Athmungsrhythmus im Ganzen verlangsamt.

407.   Wenn man durch äussere Einflüsse, etwa durch Aussaugen, plötzlich
die Lunge eines Thieres collabiren macht, so erfolgt sofort — es mag
nach dem gerade bestehenden Rhythmus zu erwarten sein was da wolle —
eine Inspiration, jedoch nur, wenn wenigstens ein *n. vagus* unverletzt und
das Thier nicht apnoisch d. h. wenn überall Athmung vorhanden ist.
Dies deutet, wie ohne weitere Erörterung klar ist, auf die Existenz von
Nervenfasern, welche vom Lungengewebe im Vagus zur Hemmung der
Inspiration im Hirn gehen und damit derart verknüpft sind, dass ihre
Erregung diese Hemmung abspannt oder aufhebt, und die durch Collapsus
des Lungengewebes gereizt werden.

Bei dem soeben beschriebenen Versuche bemerkt man noch, dass,
wenn gerade eine aktive Exspiration im Gange ist, diese sofort aufhört
nicht etwa bloss durch die Zusammenziehung der Inspiratoren überwunden
wird. Dies macht eine dritte Gattung von Lungenfasern des Vagus wahrscheinlich, welche, gleichfalls durch Collapsus des Lungengewebes reizbar,
die Hemmung der Exspiration verstärken.

Man beobachtet viertens, dass jede Aufblähung der Lungen durch
äussere Ursachen bei unversehrtem Vagus und nicht apnoischem Thiere
eine aktive Zusammenziehung der Ausathmungsmuskeln bewirkt. Dies
kann erklärt werden durch eine vierte Gattung von Lungenfasern des
Vagus, welche, durch Dehnung der Lunge reizbar, die Hemmungen des
Exspirationscentrums herabspannen oder aufheben.

Man sieht sogleich, dass diese Wirkungen des *n. vagus* für den normalen Athemrhythmus maassgebende Einflüsse sind, dass sie eine „Selbststeuerung“ des Lungenvolums bedingen, und dass sie in höchst zweck-
mässiger Weise Athemreiz aufsparen resp. anders vertheilen für solche
Ausnahmefälle, wo durch mechanische Störungen nicht gleich bei der
ersten Entladung des Reizes eine genügende Luftmenge in die Lunge aufgenommen oder daraus verdrängt ist.

408.   Ein Ast des Vagus verlässt den Stamm bekanntlich schon ganz hoch
oben am Halse und begiebt sich zur Schleimhaut des Kehlkopfes, der sogenannte *ramus laryngeus superior.* Er enthält zwei Gattungen von Fasern,
die zur Mechanik des Athmens in Beziehung stehen: die einen, deren peripherische Enden oberhalb der Stimmritze liegen, gehen zum Hemmungs-
centrum der Inspiration, welches durch ihre Erregung stärker gespannt
wird. Eine Reizung dieser Fasern sistirt daher sofort die Einathmung.
Während des Lebens wird diese Reizung wohl am öftersten eine mechanische

sein durch irgend einen oberhalb der Stimmritze die Schleimhaut berührenden fremden Körper. Die merkwürdige Zweckmässigkeit dieser
Einrichtung leuchtet sofort ein, denn es wird dadurch der fremde Körper
womöglich am weiteren Eindringen in die Luftwege gehindert. Ebenso
wird es auch mit reizenden Gasarten sein. Die unterhalb der Stimmritze
peripherisch endigenden Fasern des *laryngeus superior* stehen mit dem
Exspirationscentrum in derartiger Verbindung, dass ihre Erregung einfach
auf die Ausathmungsmuskeln re-
flektirt wird. Zu gleicher Zeit
werden noch andere Reflexe durch
Reizung dieser Nervenfasern mit
erregt, insbesondere ein kurz-
dauernder Verschluss der Stimmritze, der die Ausathmung zu
einer Explosion macht. Mit einem
Wort, die Reizung der in Rede
stehenden Nervenfasern führt zu
einem geordneten Komplex von
Bewegungen, der unter dem
Namen des „Hustens" bekannt
ist. Die Pathologie kennt Thatsachen, welche beweisen, dass
auch durch gewisse Reizungen
des Lungengewebes Husten entstehen kann. Man muss also annehmen, dass auch unter den
Lungenfasern des Vagus solche
sind, welche im Centrum ebenso
verknüpft sind, wie die zuletzt
betrachteten Fasern des *laryngeus
superior*. Möglicherweise spielen
hierbei aber auch die vorhin schon
besprochenen 4 Gattungen der
Lungenfasern des Vagus eine
Rolle.

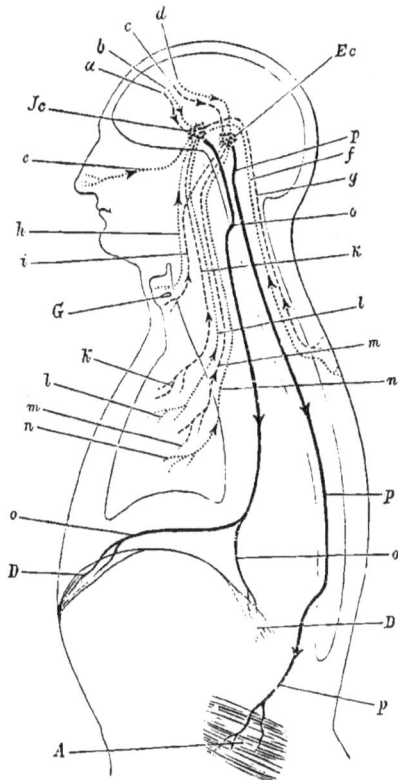

Fig. 44.

In Fig. 44 ist versucht, eine schematische Darstellung der wichtigsten 409.
Nervenverbindungen des Respirationscentrums zu geben. Die Disposition
im Ganzen ist wie in Fig. 42 und ebenso wie dort bedeuten stark ausgezogene Linien eigentlich motorische Bahnen, gestrichelte Linien Nervenbahnen, deren Erregung schliesslich auf motorische einfach übertragen
wird oder Uebertragung anderer Erregung auf motorische Bahnen erleichtert; punktirte Linien bedeuten solche Nervenbahnen, deren Erregung

Hemmung von Bewegungen zum schliesslichen Erfolg hat. Durch hie und da angebrachte Pfeilspitzen wird der regelmässige Sinn der Fortpflanzung in den betreffenden Nervenbahnen angedeutet. Die netzartige Gruppe Sc ist das Centralorgan der Inspiration, Ec das der Exspiration. Die ausgezogene Linie o, unten in zwei Zweige vertheilt, stellt die motorischen Fasern der Inspirationsmuskulatur dar, welche durch das Zwerchfell bei D repräsentirt ist. Ebenso stellt die Linie p die motorischen Bahnen vom Exspirationscentrum durch das Rückenmark zur Exspirationsmuskulatur dar. Letztere ist unter A dargestellt (an die Lage des *obl. abdominis internus* etwa erinnernd). Die gestrichelte Linie a bedeutet die Fasern, welche die willkührliche Anregung einer Inspiration vermitteln. Die punktirte Linie bei b repräsentirt die Fasern, deren Erregung bei der willkührlichen Hemmung im Spiel ist. Ebenso sind c und d die Fasern, welche willkührliche Anregung und willkührliche Hemmung der Exspiration vermitteln (siehe No. 403). — f und g sind Repräsentanten der Nervenfasern, welche die Reflexe von der sensibelen Oberhaut auf die Athemmuskulatur vermitteln, g anregend, f hemmend für Inspiration (siehe No. 404). e und h sind die Hemmungsfasern für Inspiration von der Nasen- und Kehlkopfschleimhaut, i sind die Fasern des *laryngeus superior*, welche die Exspiration reflektorisch erregen können (siehe No. 405 und 406). — l sind die für das Inspirationscentrum hemmenden Fasern des Vagus, deren Enden durch Dehnung des Lungengewebes gereizt werden. n sind die durch Zusammendrückung des Lungengewebes reizbaren Hemmungsfasern für das Exspirationscentrum. k sind die ebenfalls durch Zusammendrückung der Lunge reizbaren Fasern, welche die Erregbarkeit des Inspirationscentrums erhöhen, und endlich repräsentirt m die Vagusfasern, welche durch Dehnung des Lungengewebes gereizt die Erregbarkeit im Exspirationscentrum erhöhen (siehe No. 406 und 407).

Literatur.

(381 und fgd.) V i e r o r d t, Art. Respiration in Wagners Handwörterbuch der Physiol., und Physiologie des Athmens. Karlsruhe 1845. — R e g n a u l t et R e i s e t, Annales de chimie et de physique. 1849. — (381.) Die Untersuchungen der Blutgefässe aus den Laboratorien von L u d w i g und von P f l ü g e r. — (382.) W o l f f b e r g, Pflügers Archiv Band VI. — B e c h e r, Studien über Respiration. Zürich 1855. — (384 und fgd.) D o n d e r s, Mechanismus der Respiration. Zeitschr. für ration. Med. Neue Folge. Bd. III und Bd. IV. — (389.) H u t c h i n s o n, Art. Thorax in Todds Cyclopaedia. — G r é h a n t, Journal de l'anatomie et de physiologie. 1864. — (392.) Edw. S m i t h, Philos. transact. 1860. — (394.) T y n d a l l. — (396.) F l o u r e n s, Comptes rendus. 1851. — (397 und fgd.) R o s e n t h a l, Die Athembewegungen etc. Berlin 1862. — (399.) P f l ü g e r, dessen Archiv Bd. I. S. 61. — (402.) A c k e r m a n n. — (405.) K r a t s c h m e r, Sitzungsber. der Wiener Akad. (Aus Herings Laboratorium.) — (406 und fgd.) B r e u e r, Selbststeuerung. Sitzungsber. der Wiener Akad. 1868. Novbr. (Aus Herings Laboratorium.) — (408.) B l u m b e r g, Inauguraldissertation. Dorpat 1865.

8. Abschnitt. Sekretionen.

1. Kapitel. Allgemeines.

Der im vorigen Abschnitt untersuchten Veränderung, welche das Blut 410.
beim Strömen durch die Lungenkapillaren erleidet, stellt sich diejenige
gegenüber, welcher es beim Durchgange durch die Haargefässe des grossen
Kreislaufes unterworfen ist. Während das Blut sich dort aus venösem
in arterielles verwandelt, wird es hier aus dem arteriellen Zustande wieder
in den venösen übergeführt. Es wäre nun die Aufgabe der Physiologie,
zu untersuchen, wie diese Aenderung zu Stande kommt und welche
weitere Erscheinungen sich daran knüpfen. Das venöse Blut der verschiedenen Organe ist selbstverständlich nicht vollkommen dasselbe, da es
eben mit ganz verschieden zusammengesetzten Theilen im Stoffaustausch
gewesen ist. Manche dieser Unterschiede sind schon chemisch nachgewiesen (siehe No. 328). In allen Provinzen des Gefässsystems führen
die Venen nicht mehr die ganze Flüssigkeitsmenge, welche durch die
Arterien zugeführt wird, einen Theil derselben hat nämlich der Blutdruck
durch die Kapillarwände durchgepresst und er bildet die Tränkungsflüssigkeit, welche sich überall in den Gewebelücken findet. Wir haben
schon an einer anderen Stelle (siehe No. 363) gesehen, dass von dieser
Tränkungsflüssigkeit der grösste Theil, ohne Weiteres durch immer neues
nachdringendes Filtrat fortgeschoben, auf die Lymphwege gelangt und
schliesslich in die Venen zurückkehrt. Bei ihrer Anwesenheit in den
Gewebelücken vollzieht aber die Tränkungsflüssigkeit oder das Bluttranssudat eine höchst wichtige Funktion, es vermittelt die „Ernährung
der Gewebe". Es spült nämlich das Transsudat einerseits die bei der
Funktion der Gewebebestandtheile unbrauchbar gewordenen Stoffe ohne
Zweifel weg, denn sonst würden sich dieselben allmählich in den Geweben selbst anhäufen, was doch nicht der Fall ist. Ein Theil derselben
wird vielleicht sofort durch Diffusionsprocesse den Blutkapillaren überliefert, wohl namentlich jene leicht oxydabelen Stoffe, die im Venen-
blute angenommen werden mussten (siehe No. 327). Andererseits kann

nur das Transsudat die Quelle sein, aus welcher die Ge-
websclemente neues Material zu ihrem Aufbau, Wachsthum
und Ersatz des Verbrauchten schöpfen.

Die Ernährung der Gewebe sollte, wie aus ihrer soeben gegebenen
Definition hervorgeht, einen der wichtigsten Abschnitte der Lehre von den
vegetativen Funktionen bilden. Leider hat aber dieser Abschnitt heutzutage nicht viel mehr als die Ueberschrift. Nur was mit dem Mikroskope
von dem Aufbau und den Formveränderungen der Gewebselemente sichtbar
ist, hat bis jetzt genauer erforscht werden können, und wird hergebrachtermaassen in einer abgesonderten Disciplin, der „Gewebelehre“, vorgetragen. Das wenige eigentlich Physiologische, was über die Ernährung
bekannt ist, hat schon bei der Funktion derselben, z. B. in der Lehre
von der Muskelzusammenziehung, seine Stelle gefunden. Nur über die
„Ernährung“ einer Klasse von Organen, nämlich der Drüsen, wo dieselbe
eine ganz eigenthümliche Richtung nimmt, haben wir genauere Kenntnisse
und diese sollen den Inhalt des gegenwärtigen Abschnittes ausmachen.

411. Die besondere Richtung, welche die Ernährung der Drüsengewebe
nimmt, besteht darin, dass ein grosser Theil der von den Elementen dieser
Gewebe gelieferten Produkte nicht in Lymphe und Blut zurückgenommen,
sondern an die freie Oberfläche des Körpers ergossen wird. Man muss
dabei zur freien Oberfläche des Körpers auch die innere Fläche des Darmkanales rechnen. Dies ist übrigens geometrisch gerechtfertigt, denn das
Darmlumen ist nur eine Einstülpung der Körperoberfläche und man kann
von jedem Punkte im Innern des Darmrohres auf zwei Wegen durch
Mund oder After ins Freie gelangen, ohne eine Scheidewand zu passiren.

Dass die Produkte der Drüsenelemente an die Oberfläche des Körpers
treten, „secernirt“ werden, wie man es ausdrückt, wird begreiflich, wenn
man den Bau der Drüsen in der Entwicklung verfolgt. Sie sind nämlich
durchweg Einstülpungen von der freien Oberfläche des Körpers aus und
im Innern ausgekleidet mit Fortsetzungen der die ganze freie Körperoberfläche bedeckenden Zellenschicht, des sogenannten „Epithels“.
Manche Drüsen sind noch im ausgewachsenen Zustande als solche Einstülpungen leicht zu erkennen, indem sie nur einfache, ganz kurze, blind
endende Schläuche darstellen. Bei anderen Drüsen ist die Einstülpung
in der verwickeltesten Weise verzweigt und zu einem massigen Organe
zusammengeballt, das nur noch durch einen langen engen Kanal — den
Ausführungsgang der Drüse — mit der freien Körperoberfläche kommunicirt. Zwischen den blinden Enden der ganzen Einstülpung sind
meist reichliche Blutgefässe verzweigt, welche das Material für die Ernährung der in jenen Enden enthaltenen modificirten Epithelzellen,
d. h. der Drüsenzellen, liefern.

412. Indem man den Anfangs- und Endpunkt des ganzen Herganges vor-

wiegend ins Auge fasst, kann man die Sekretion in einer Drüse auffassen als einen Strom von Flüssigkeit aus dem Blute ins Innere der Drüsenräume resp. durch den Ausführungsgang an die freie Körperoberfläche und man kann die Frage vom rein mechanischen Gesichtspunkte aus aufwerfen, welche Kräfte diesen Strom in Gang setzen. Vor allem ist ohne Zweifel der Blutdruck thätig, der, wie schon früher gezeigt wurde, Flüssigkeit durch die Kapillarwände durchtreibt. Diese Flüssigkeit befindet sich dann aber erst in den Lymphräumen, welche die Drüsenräume umgeben. In letztere selbst kann — wo nicht ganz besondere Veranstaltungen gegeben sind — der Blutdruck allein die Flüssigkeit nicht treiben. Denn wenn der Druck des Transsudates hoch stiege, müsste er die mit zartesten Wänden versehenen Drüsenschläuche eher komprimiren, ehe er Flüssigkeit hineintriebe, da ja das Transsudat regelmässig auf der konvexen Seite der Drüsenschlauchwand liegt. Ins Innere der Drüsenschläuche hinein kann dagegen Flüssigkeit aus den Lymphräumen durch endosmotische Kräfte angesaugt werden. Freilich wissen wir darüber nicht viel und namentlich in den besonderen Fällen sind uns die Körper unbekannt, welche etwa im Inneren der Drüsenschläuche als Centra der Anziehung wirken könnten. Da manche Drüsen auf Nervenerregung fast momentan bedeutende Sekretmengen liefern, so müsste man — was keineswegs widersinnig ist — etwa annehmen, dass im Innern der Drüsenräume unter dem Einflusse der Nervenerregung ganz plötzlich Zersetzungen vor sich gehen, welche Produkte von grosser endosmotischer Anziehungskraft zu Wasser liefern. Diese Abhängigkeit vom Nervensystem, welche manche Drüsen den quergestreiften Muskeln geradezu an die Seite stellt, lässt auch an elektrische Kräfte denken, die ja bei der Muskelthätigkeit höchst wahrscheinlich eine Rolle spielen. Bekanntlich führt der elektrische Strom durch permeabele Scheidewände alle leitende Flüssigkeiten in der Richtung der Bewegung der positiven Elektricität. An der Drüsenschicht der Froschhaut und des Froschdarmes hat man auch wirklich Spuren elektromotorischer Wirksamkeit nachgewiesen. Die erstere erleidet sogar durch Tetanisiren des Rückenmarkes eine negative Schwankung wie die des Muskels. Manche Forscher wollen jedoch diese elektromotorische Wirksamkeit auf eigentlich muskulöse Elemente des Gewebes beziehen. Jedesfalls lässt sich noch keine theoretische Vorstellung über das Wesen der Sekretion auf die fragliche Thatsache gründen.

Indem wir nunmehr zu den einzelnen Drüsen übergehen, soll der Anfang mit denjenigen gemacht werden, welche ihr Sekret in den Darmkanal ergiessen, und welche hier noch zu weiteren Verrichtungen dienen, die in der Lehre von der Verdauung später zu erörtern sind. Indem wir dem Darmkanal von der Mundöffnung anfangend nachgehen, stossen wir zuerst auf die Speicheldrüsen.

2. Kapitel. Sekretion der Verdauungssäfte.

I. Speicheldrüsen.

413.   Der Mensch und die höheren Säugethierfamilien besitzen jederseits drei grössere Drüsen, welche ihr Sekret in die Mundhöhle ergiessen: *Gl. parotis*, *gl. submaxillaris* und *gl. sublingualis*. Ihre Lage und die ihrer Ausführungsgänge ist aus der Anatomie bekannt.

Schon durch leicht anzustellende Beobachtungen am eigenen Körper kann man sich überzeugen, dass die Thätigkeit dieser Drüsen in ausgezeichneter Weise vom Nervensystem abhängig ist. Man kann, so zu sagen, w i l l k ü h r l i c h massenhaft Speichel secerniren. Man braucht nur mit Zunge, Lippen und Wangenmuskeln (nicht, wie häufig angegeben wird, mit den Kaumuskeln) Bewegungen zu machen, wie wenn man einen Speisebissen im Munde umwälzte und bald wird sich der Mund mit der unter dem Namen des Speichels bekannten Flüssigkeit füllen, welche vorzugsweise aus der *glandula parotis* zu fliessen scheint. Ferner ist es Jedermann bekannt, dass eine Benetzung der Zunge mit Säure sofort eine reichliche Sekretion von Speichel aus der *gl. submaxillaris* zur Folge hat. Ja die lebhafte Vorstellung von saurem Geschmack regt oft schon die Sekretion an. Dass es sich hier um Nerveneinfluss handelt, versteht sich von selbst. und dass wir es mit einer wirklichen A b s o n d e r u n g auf Nerveneinfluss zu thun haben, nicht etwa mit dem blossen Auspressen schon vorräthiger Flüssigkeitsmengen, geht daraus hervor, dass die Quellen ziemlich unerschöpflich fliessen, wenigstens gelingt es leicht, in wenigen Minuten mehr Speichel abzusondern, als das Volum der ganzen Drüsen ausmacht.

414.   Genauer ist der Nerveneinfluss experimentell studirt an der *gl. submaxillaris* des Hundes. Sie bekommt einen Nerven vom *ramus lingualis trigemini*, der mit dem Ausführungsgange in die Drüse eintritt, und ausserdem Zweige vom Halssympathicus, welche, den Arterien folgend, zur Drüse gelangen. Bindet man in den Ausführungsgang der Drüse ein Röhrchen ein und macht vorläufig keine weitere Operation, so findet man in der Regel die Sekretion in mässigem Gange und sieht in regelmässigen Zwischenräumen Tröpfchen Flüssigkeit aus dem eingebundenen Röhrchen austreten. Bringt man einen Tropfen Essigsäure in das Maul des Hundes, so wird sofort der Speichelstrom kolossal vermehrt. Durchschneidet man alsdann den *nervus lingualis* oberhalb der Stelle, wo der Drüsennerv abgeht, so steht die Sekretion alsbald vollständig still oder wird wenigstens auf ein äusserst geringes Maass beschränkt. Sowie man nun den peripherischen Stumpf des *n. lingualis* resp. den Drüsenast reizt, z. B. durch Induktionsströme, so fliesst der Speichel wieder reichlich aus dem Röhrchen

aus und wenn der Reiz aufhört, so sinkt auch bald wieder die Absonderung auf Null oder auf einen kaum merklichen Werth. Man kann diesen Versuch viele Male hintereinander wiederholen in ähnlicher Art, wie man einen Muskel unzählige Male durch Reizung seines Nerven zur Zusammenziehung und durch Aussetzen des Reizes wieder zur Erschlaffung bringen kann. Die Analogie des in Rede stehenden Vorganges mit der Zusammenziehung des Muskels wird noch durch die Thatsache gesteigert, dass bei Reizung des Drüsenastes vom *n. lingualis* eine namhafte Wärmemenge in der Drüse frei wird. Sie ist so beträchtlich, dass dadurch die Temperatur der Drüse um einen ganzen Grad über die des arteriellen Blutes und der umgebenden Gewebe steigen kann. Eine solche Wärmemenge kann natürlich nicht entstehen durch die Arbeit der mechanischen Kräfte, welche die Widerstände überwinden, die sich der Bewegung der Flüssigkeit aus den Blutgefässen in die Drüsenschläuche widersetzen, sie kann offenbar nur erklärt werden durch Verbrennungsprocesse, welche in den Drüsenelementen unter dem Einflusse des Nervenreizes geschehen.

Es liegt nach dem Vorstehenden folgende Vermuthung nahe: durch 415. die Reizung der Nerven wird in den Drüsenzellen ein chemischer Process angeregt, welcher irgend ein Produkt liefert, das eine ausserordentlich grosse endosmotische Anziehung zum Wasser hat. Es zieht daher aus den umgebenden Lymphräumen rasch bedeutende Wassermengen ins Innere der Drüsenräume, die mit den darin gelösten Stoffen zum Ausführungsgange heraus müssen, da kein anderer Ausweg gegeben ist.

Wenn man das in den Speichelgang eingebundene Röhrchen durch 416. ein Quecksilbermanometer verschliesst und nun den *n. lingualis* reizt, so treibt der nachrückende Speichel die Säule des Manometers leicht auf eine Höhe von 200ᵐᵐ und darüber, auf eine Höhe, welche der etwa gleichzeitig in der *art. carotis* gemessene Blutdruck nicht erreicht. Erst wenn solche Druckwerthe eingetreten sind, steht die Absonderung trotz fortdauernden Reizes still. Man sieht hieraus, dass sehr grosse Kräfte die Speichelflüssigkeit ins Innere der Drüsenschläuche treiben und dass es insbesondere Druck des Blutes nicht sein kann, der diese Wirkung ausübt.

Die längere Zeit gereizt gewesene Drüse zeigt auch unter dem Mikroskope ein etwas anderes Ansehen als die ausgeruhte. Während nämlich ein grosser Theil der Zellen in der ausgeruhten Drüse sich als glashelle Kugeln darstellen und ein kleinerer Theil mit krümlichem Protoplasma gefüllt erscheint, herrschen in der gereizt gewesenen Drüse die Zellen der letzteren Art vor.

Die Speicheldrüsenfasern des *n. lingualis* stammen, wie schon wegen der durchaus centripetal leitenden Natur des Trigeminus wahrscheinlich ist, nicht aus den Wurzeln dieses Nerven, sondern werden ihm erst beigegeben durch die als *chorda tympani* bekannte Anastomose mit dem centrifugaler

Leitung bestimmten *n. facialis.* Dies lässt sich dadurch beweisen, dass Reizung der *chorda tympani* an Stellen, wo sie noch isolirt ist, Speichelfluss zur Folge hat.

417.   Die Sekretion der Submaxillardrüse des Hundes kann auch durch Reizung des Sympathicus am Halse angeregt werden, jedoch wird dabei die Sekretion nie so massenhaft wie bei Reizung des *n. lingualis.* Ausserdem hat der auf Reizung des Sympathicus fliessende Speichel eine andere Beschaffenheit, er ist nämlich durch aufgeschwemmte feste Theilchen trübe und schleimig zähe, während der auf Reizung des Lingualis fliessende ganz klar, dünnflüssig und nur mässig fadenziehend ist. Einen hohen Druck von etwa 150^{mm} Quecksilber kann man übrigens auch durch den unter dem Einflusse des Sympathicus abgesonderten Speichel in den Speichelgängen erzeugen.

418.   Eine seltsame, mit dem Vorstehenden noch nicht in Einklang gebrachte Thatsache ist die sogenannte paralytische Sekretion der Submaxillardrüse, welche einige Zeit nach der Durchschneidung sämmtlicher Drüsennerven auftritt und mehrere Tage bis zur vollständigen Degeneration der Nerven bis zur Peripherie andauert. Sie liefert bedeutende Mengen eines dünnflüssigen Sekretes. Eine ähnliche Sekretion wird durch Curarevergiftung angeregt.

419.   Die beiden Drüsennerven, nämlich der Drüsenast des Lingualis und die Drüsenästchen des *n. sympathicus* beherrschen nicht blos die eigentlich sekretorischen Elemente der Drüse, sondern auch ihre Gefässe. Der Sympathicus liefert für dieselben wie auch in anderen Gefässprovinzen die eigentlich motorischen Nerven. Auf Reizung des Sympathicus ziehen sich die Gefässe der Drüse zusammen; der Blutstrom in ihr wird so langsam, dass aus einer geöffneten Vene nur wenige dunkelschwarze Bluttropfen aussickern. Reizt man dagegen den Lingualisast, so quillt aus der geöffneten Vene das Blut mächtig hervor und zeigt ein fast noch arterielles Roth; es hat die Drüse so rasch durchströmt, dass es nicht Zeit hatte, sich in venöses Blut zu verwandeln. Der Lingualisast muss also Nervenfasern enthalten, welche die auf den sympathischen Bahnen zu den Gefässmuskeln strebenden Erregungen hemmen, ähnlich wie die *nn. erigentes* (siehe No. 378).

Die Förderung des Blutstromes und Erweiterung der Gefässe, welche durch Reizung des Lingualis bewirkt wird, muss auch die Transsudation von Flüssigkeit aus den Gefässen zunächst in die Lymphräume der Drüsen begünstigen. Dies Transsudat bildet das Material für die durch Reizung der andern, eigentlich sekretorischen Nervenfasern des Lingualis bethätigte Absonderung. Da nun diese beiden Fasergattungen regelmässig zusammen in den Erregungszustand übergehen, so kommt es zu keiner Anhäufung der Lymphe. Diese tritt aber sofort auf, wenn man durch Vergiftung der Drüsenzellen unmöglich macht, dass das reichliche Transsudat zur Speichelbildung verwandt wird. Eine solche Vergiftung kann durch Säureeinspritzung in den Speichelgang bewirkt werden. Hat diese stattgefunden, dann wird durch Reizung des Lingualis die Drüse wirklich ödematös, d. h. ihre Lymphräume füllen sich übermässig mit Transsudat aus dem Blute.

Weit weniger als die *glandula submaxillaris* ist die *glandula parotis* [120.] bekannt, nur so viel ist festgestellt, dass auch diese Drüse unter dem Einflusse eines Facialisastes, des *petrosus superficialis minor* steht. Ein Einfluss des Sympathicus ist noch nicht experimentell erwiesen. Auch die Parotis kann im erregten Zustande erstaunliche Mengen Sekret in kurzer Zeit liefern. Beim Schlaf hat man z. B. beobachtet, dass die noch nicht 9^{gr} schwere Drüse in je 5 Minuten lieferte 0,1; 0,6; $0,5^{ccm}$ Sekret, während eine $29,75^{gr}$ wiegende Niere desselben Thieres auch nur $0,5^{ccm}$ in je 5 Minuten absonderte.

Von den Eigenthümlichkeiten der *glandula sublingualis* ist gar nichts experimentell ermittelt, doch werden wahrscheinlich ähnliche Gesetze wie für die andern Speicheldrüsen auch für sie gelten.

Das Sekret aller Speicheldrüsen ist eine an festen Bestandtheilen sehr [421.] arme meist wasserhelle schwach alkalisch reagirende Flüssigkeit, am dünnsten ist das Sekret der Parotis, welches wohl meist über 99 % Wasser enthält. Der feste Rückstand des Parotidenspeichels besteht zum grössten Theil aus feuerfesten Salzen und zwar sind es vorzugsweise Chloralkalien und kohlensaurer Kalk. Die kleinen Mengen organischer Stoffe sind nicht genau gekannt, es findet sich darunter höchst wahrscheinlich ein Ferment, „Ptyalin" genannt, dessen Wirksamkeit in der Verdauungslehre zu erörtern ist.

Nicht viel reicher an festen Stoffen ist der durch Erregung der *chorda tympani* abgesonderte Submaxillarisspeichel, auch er enthält meist kaum 1 % festen Rückstand, der ebenfalls zum grössten Theil aus Salzen besteht. Unter den organischen Bestandtheilen sind Spuren eiweissartiger Körper und Schleimstoff, daher dieser Speichel eine mässig fadenziehende Beschaffenheit besitzt. Ein Ferment enthält dieser Speichel beim Hunde wenigstens ganz entschieden nicht. Der unter dem Einflusse des Sympathicus abgesonderte Submaxillarisspeichel ist etwas concentrirter, enthält bis zu 3 % fester Stoffe und ist stets durch die Anwesenheit von aufgeschwemmten Formbestandtheilen, den sogenannten Speichelkörperchen, etwas getrübt. Dies sind kleine, nur mikroskopisch sichtbare Gallertklümpchen.

Der Sublingualisspeichel ist nicht für sich gesondert untersucht.

II. Magendrüsen.

Die Schleimhaut des Magens besitzt zweierlei Drüsen, die Schleim- [422.] drüsen und die Labdrüsen. Letztere finden sich vorzugsweise am Fundus

und an der grossen Curvatur, erstere sind über die ganze Schleimhaut
zerstreut. Jedes einzelne Drüschen ist ausserordentlich klein, aber bei
der ungeheuren Anzahl bilden sie zusammengenommen doch ein ansehnliches Sekretionsorgan. Die Sekretionsthätigkeit der Schleimdrüsen ist
nicht genauer erforscht, sie scheint mehr oder weniger stetig zu sein und
liefert einen spärlichen zähen alkalisch reagirenden Schleim.

Die Labdrüsen stehen ganz entschieden unter der Herrschaft des
Nervensystems. Sie secerniren nur auf Reizung, dann aber in kurzen
Zeiten bedeutende Mengen einer ganz dünnen, klaren, stark sauer reagirenden Flüssigkeit. Ganz besonders wirksam als Reiz ist Berührung der
Schleimhautoberfläche mit alkalisch reagirenden Flüssigkeiten, namentlich
mit Speichel, sowie mit Alkohol. Aber auch mechanische oder elektrische
Erregung der Schleimhautoberfläche ruft Sekretion hervor. Offenbar handelt
es sich bei diesem Vorgang um reflektorische Uebertragung der Erregung
sensibeler Nervenenden auf die sekretorischen Nerven. Auf welchen Bahnen
diese Uebertragung geschieht, hat noch nicht ermittelt werden können.
Jedesfalls spielen dabei die vom Cerebrospinalorgan zum Magen gehenden
Nerven keine Rolle. Wahrscheinlich sind die in der Magenwand selbst
liegenden Ganglien die Centralstellen des Reflexes. Die Reizung der
Schleimhaut vermehrt auch die Blutfülle der Gefässe derselben. Endlich
ist auch eine Erhöhung der Temperatur an der Magenschleimhaut während
der Sekretion wahrgenommen. Es scheinen demnach hier ähnliche Mechanismen vorhanden zu sein wie in den Speicheldrüsen.

423.   Obwohl es bei der Kleinheit der einzelnen Labdrüse selbstverständlich
unmöglich ist, ein Rohr in den Ausführungsgang einer solchen einzuführen,
kann man doch das Sekret derselben, von Hunden wenigstens, aus Magen-
fisteln ziemlich rein gewinnen. Wenn man nämlich das Thier einige
Zeit hungern lässt, so dass kein Mageninhalt mehr da ist und nun die
Schleimhaut in der einen oder andern Weise reizt, so ist voraussichtlich
die aus der Fistel fliessende Flüssigkeit annähernd reines Labdrüsensekret.

Der so gewonnene Magensaft ist eine klare dünne nicht fadenziehende
Flüssigkeit von stark saurer Reaktion. Diese verdankt er nach der Annahme der meisten Physiologen der Anwesenheit freier Salzsäure, welche
sich gründet auf die genaue Bestimmung seines Chlorgehaltes einerseits
und des Gehaltes seiner Asche an Alkalien andererseits. Oft wiederholt
sind solche Bestimmungen übrigens nicht und es ist daher vielleicht auch
heute noch erlaubt, das Vorhandensein freier Salzsäure im Magensaft zu
bezweifeln, da sie der Physiologie ein schwieriges Problem aufbürdet,
nämlich zu erklären, wie die Zellen der Labdrüsen die Salzsäure von den
starken Basen, mit welchen sie im Blute verbunden ist, abtrennen. Die
Entstehung irgend einer freien organischen Säure durch Oxydation anderer
Verbindungen würde nicht auf solche Schwierigkeiten stossen.

Neben der freien Säure sind im Magensafte noch die Salze des Blutes 424. (in grösster Menge Kochsalz) und eine Reihe nicht näher bekannter organischer Körper vorhanden. Unter den letzteren ein Ferment, Pepsin genannt. Von der quantitativen Zusammensetzung des Magensaftes mag folgende Tabelle eine Vorstellung geben.

	Speichelfreier Magensaft des Hundes. Mittel aus 10 Analysen.	Magensaft des Schafes.	Nichtspeichelfreier Magensaft des Menschen.
Wasser	973,062	986,147	994,610
Organische Stoffe	17,127	4,055	3,016
Freie Salzsäure	3,050	1,234	0,217
Chlorkalium	1,125	1,518	0,570
Chlornatrium	2,507	5,369	1,345
Chlorcalcium . . .	0,624	0,114	0,092
Chlorammonium	0,468	0,473	—
Phosphors. Kalk	1,729	0,182	
Phosphors. Magnesia . . .	0,226	0,577	0,150
Phosphors. Eisen	0,082	0,331	

III. Pankreas.

Im Duodenum ergiesst sich in das Darmlumen das Sekret zweier 425. grosser Drüsen, der Leber und des Pankreas. Dies letztere wird wegen seiner äusserlichen Aehnlichkeit mit den Speicheldrüsen auch die „Bauchspeicheldrüse" genannt. Auf den Mechanismus der Sekretion scheint sich indessen die Analogie nicht zu erstrecken. Wenigstens hat man bis jetzt vergeblich nach Nerven gesucht, deren Reizung die Sekretion des Pankreas beschleunigt. Der einzige nervöse Einfluss, welcher überall bis jetzt nachgewiesen ist, besteht darin, dass starke Erregung des centralen Stumpfes eines durchschnittenen n. vagus den Ausfluss des pankreatischen Saftes aus einer am Ausführungsgange angebrachten Fistel aufhören macht, namentlich dann regelmässig, wenn diese Reizung, wie das oft bei Hunden der Fall ist, Erbrechen zur Folge hat. Sonst sieht man aus einer solchen Fistel das Sekret ununterbrochen abfliessen. Die Geschwindigkeit dieses Abflusses nimmt in der zweiten Stunde nach reichlicher Nahrungsaufnahme bedeutend zu, dann ab, dann wieder etwas zu, um in der siebenten Stunde nach der Nahrungsaufnahme ein zweites kleineres Maximum zu erreichen. Durchschneidung aller Drüsennerven führt zu einer stetigen kopiösen

Sekretion, welche durch Nahrungsaufnahme nicht mehr erhöht und durch Vagusreizung nicht mehr sistirt wird.

Aus der Pankreasfistel eines Hundes können im Laufe einer Stunde über 30ᶜᶜᵐ Flüssigkeit gewonnen werden zu den Zeiten stärkster Thätigkeit der Drüse. Zu den Zeiten schwächerer Thätigkeit liefert die Drüse nur etwa 3ᶜᶜᵐ Sekret in einer Stunde.

426. An unorganischen Salzen scheint der pankreatische Saft stets ziemlich gleichviel zu enthalten, nämlich nahezu 1 %. Dagegen variirt der Gehalt an organischen Stoffen beträchtlich, er ist im rasch abgesonderten Safte gering, etwa 1 %, im langsam abgesonderten kann er auf etwa 4 % steigen. Der Gehalt des pankreatischen Saftes an festem Rückstand im Ganzen schwankt also etwa zwischen 2 und 5 %. Der Rest ist selbstverständlich Wasser. Die organischen Stoffe des Pankreassekretes gehören vorwiegend der Gruppe der eiweissartigen Körper an, daneben sind Fermente vorhanden, deren Wirkungsweise später zu untersuchen sein wird. Unter den unorganischen Salzen ist das Kochsalz bei weitem die grösste Menge.

Vorstehende Thatsachen sind sämmtlich am Hunde beobachtet, doch dürfte sich das Pankreas der andern Säugethiere und des Menschen insbesondere schwerlich wesentlich anders verhalten.

IV. Leber.

427.   Das massenhafteste drüsige Organ des ganzen Säugethierkörpers ist die Leber. Schon hiernach ist zu erwarten, dass dies Organ eine hervorragende Rolle im thierischen Haushalte spielt. Dazu kommen noch manche andere augenfällige Umstände, welche auf einen sehr lebhaften chemischen Process in der Leber schliessen lassen. Sie liegt in einer vor Abkühlung sehr geschützten Gegend und man findet auch wirklich in ihr, resp. in der aus ihr hervortretenden Vene stets die allerhöchsten Temperaturen. Ferner sind die Blutgefässkapillaren in der Leber so reichlich, wie kaum in irgend einem anderen Organ, wodurch der Blutstrom auf ein ungeheures Gesammtstrombett, gleichsam auf eine seeartige Ausbreitung erweitert ist, in welcher offenbar ein sehr langsames Fliessen statt hat. Dabei bringen es die Strukturverhältnisse mit sich, dass jede einzelne Leberzelle von Blutkapillaren umspült — so zu sagen im Blutstrom gebadet ist. Wenn dabei auch die Drüsenzelle vom Blute durch die Kapillarwand getrennt ist, so sind doch diese Wände so überaus zart, dass ein ergiebiger Stoffaustausch zwischen den Zellen und dem Blute nicht fehlen kann.

428.   Für die Bedeutung der Leber giebt noch der Umstand einen Wink, dass diesem Organ abweichend von allen andern Organen ein mächtiger

Strom venöses Blutes zugeführt wird. In der That ist die Pfortader, welche der Leber — abgesehen von der verhältnissmässig kleinen Leberarterie — das Blut zuführt, nichts anderes als die gemeinsame Vene des ganzen Darmtractus und seiner Anhangsdrüsen. Das Blut der Pfortader wird also voraussichtlich während der Verdauungsperiode stark beladen sein mit Stoffen, welche es aus den eingeführten Nahrungsmitteln aufgesogen hat. Dies legt die Annahme nahe, dass die Leber unter andern die Bestimmung hat, die Verdauungsprodukte weiteren Umwandlungen zu unterziehen, bevor sie der arteriellen Blutmasse überliefert werden.

Diese Aufgabe der Leber, die Beschaffenheit des sie durchströmenden 129. Blutes zu ändern, überragt vielleicht an Wichtigkeit ihre sekretorische Thätigkeit. Ihr wenden wir unsere Aufmerksamkeit zunächst zu. Man hat öfters versucht, die Unterschiede zwischen dem in die Leber einströmenden Pfortaderblute und dem aus ihr hervorgehenden Lebervenenblute ganz direkt zu bestimmen. Sicher festgestellt ist ein Unterschied, nämlich dass im Lebervenenblute verhältnissmässig mehr weisse Blutkörperchen angetroffen werden als im Pfortaderblute. Dies kann entweder auf Bildung von weissen Blutkörperchen oder auf Zerstörung von rothen in der Leber beruhen oder auf beiden Ursachen zugleich. Die erstere dürfte kaum zu begründen sein, dagegen werden alsbald noch andere Thatsachen aufgeführt werden, welche den Untergang von rothen Blutkörperchen in der Leber in hohem Grade wahrscheinlich machen.

Ferner ist angegeben, das Lebervenenblut enthalte beträchtliche 430. Mengen von Traubenzucker, während das Pfortaderblut diesen Stoff gar nie enthalte. Diese Angabe hat sich zwar später als nicht allgemein richtig herausgestellt, sie verdient aber doch Erwähnung, weil sie den Ausgangspunkt wichtiger Untersuchungen über eine zweifellos höchst wichtige Funktion der Leber bildet. In Wahrheit enthält das Lebervenenblut im ganz normalen Zustande nicht mehr Zucker als jene minimen Spuren, welche sich in allem Blute vorfinden, auch in dem der Pfortader. Dahingegen findet man in der todten Leber, namentlich, wenn sie einige Zeit bei Temperaturen von 30 ° bis 40 ° gelegen hat, beträchtliche Mengen von Zucker. Dieser Zucker ist aber nachweislich erst nach dem Tode des Lebergewebes entstanden. Trägt man nämlich die aus dem eben getödteten Thiere herausgenommene Lebersubstanz in kochendes, etwas angesäuertes Wasser ein und verreibt sie damit, so findet man in der abfiltrirten Flüssigkeit gar keinen oder allerhöchstens kaum nachweisbare Spuren von Zucker. Dafür findet sich in diesem Filtrat meistens ein eigenthümlicher Körper, welcher ihm ein milchig getrübtes Aussehen giebt und welcher durch alle die Ursachen in Traubenzucker verwandelt wird, welche Stärkemehl in Traubenzucker verwandeln. Dieser merkwürdige, für den thierischen Haushalt ohne Zweifel höchst wichtige Körper wird

daher „Glykogen" genannt und ist der Gruppe der Kohlehydrate bei-
zuzählen.

431. Der Gehalt der Lebersubstanz an Glykogen variirt zu verschiedenen
Zeiten sehr bedeutend. Bei einem Thiere, welches längere Zeit gehungert
hat, ist er gleich Null. Bei einem einige Stunden vorher reichlich gefütterten Thiere kann er bis zu 12 % betragen. Dieser Umstand lässt
keinen Zweifel darüber aufkommen, dass wir im Glykogen ein Umwandlungs-
produkt irgend eines Nahrungsstoffes vor uns haben, welcher, in das Blut
des Darmes aufgenommen, durch die Pfortader der Leber zugeführt wird.
Lässt schon die chemische Aehnlichkeit vermuthen, dass das Glykogen aus
dem Traubenzucker entsteht, so wird diese Vermuthung so gut wie zur
Gewissheit durch die Thatsache, dass die Leber besonders dann reich ist
an Glykogen, wenn das Thier mit Nahrungsmitteln gefüttert ist, die viel
Kohlehydrate enthalten, sei es Zucker selbst oder Stärkemehl, das im
Darmkanal in Zucker verwandelt wird. Jedesfalls entsteht der
weitaus grösste Theil des Glykogens aus Zucker.

432. Der zuletzt ausgesprochene Satz lässt sich auch noch durch eine
andere Betrachtung wahrscheinlich machen, welche geeignet ist, die hohe
Bedeutung des Glykogens im thierischen Haushalte ins rechte Licht zu
setzen. Für die Pflanzenfresser und für diejenigen Menschen, welche vorzugsweise von vegetabilischen Nahrungsmitteln leben, sind bekanntlich die
Kohlehydrate — insbesondere Amylum — die wenigstens quantitativ
vorwiegenden Nahrungsstoffe. Diese Körper können bekanntlich in die
Säftemasse nur übergehen, nachdem sie zuvor durch Verdauungsfermente
in Zucker verwandelt sind. Man weiss nun durch direkte Versuche, dass
Traubenzucker, sowie er in einigermaassen erheblicher Menge im Blute
vorhanden ist, sofort in den Harn übergeht. Gelangte der in den Darmkanal als solcher aufgenommene oder daselbst gebildete Traubenzucker
sofort unverändert in das arterielle Blut, so wären demnach nur zwei Fälle
möglich. Entweder er würde ebensoschnell, als er resorbirt wird, wieder
im Harn ausgeschieden, ohne durch seine Verbrennung zur Erzeugung von
Kraft und Wärme zu dienen — dies findet faktisch nicht statt, da der
normale Harn selbst nach reichlicher Aufnahme von Zucker oder Amylum
höchstens Spuren von Zucker enthält. Oder der Zucker müsste ebenso
rasch, als er resorbirt wird, auch zu Kohlensäure und Wasser verbrennen.
Aber auch diese Annahme ist nicht möglich, wenn man man Folgendes bedenkt. Nach einer an Zucker und Stärkemehl reichen Mahlzeit können
ganz sicher im Laufe weniger Stunden im Darmkanal eines Menschen
mehre hundert Gramme Zucker resorbirt werden. Sollten diese im Laufe
derselben Stunden verbrennen, so würde dadurch eine kaum zu bewäl-
tigende Wärmemenge erzeugt werden und es wäre kein Brennmaterial
mehr vorräthig für die übrigen Stunden des Tages, an welchen vielleicht

keine Nahrungsaufnahme mehr stattfindet. Es bleibt demnach kann ein anderer Ausweg offen als die Annahme: der resorbirte Zucker wird in der Leber, welche er mit dem Pfortaderblute zu passiren hat, zunächst in eine weniger leicht diffusibele Form übergeführt, welche ihn vor dem sofortigen Ausscheiden durch die Nieren schützt. Diese Form ist offenbar das Glykogen. Die Leber bildet somit gleichsam das Magazin für einen wichtigen Nahrungsstoff, den sie bei plötzlicher massenhafter Zufuhr in sich aufspeichert, um ihn später je nach Bedürfniss in kleinen Portionen der Blutmasse zu überliefern.

Ausser aus Zucker kann aber Glykogen in der Leber auch aus anderen Nahrungsbestandtheilen gebildet werden. Es ist nämlich ganz unzweifelhaft festgestellt, dass auch bei Thieren, welche mit Eiweiss gefüttert waren, Glykogen in der Leber gefunden wird, allerdings bei weitem weniger als nach reichlicher Fütterung mit Kohlehydraten. Wahrscheinlich geben in solchen Fällen die sogenannten „Peptone", d. h. die Produkte der tiefergreifenden Einwirkung der Verdauungsfermente auf die eiweissartigen Körper, das Material der Glykogenbereitung ab. Dafür spricht namentlich die Thatsache, dass auch nach Leimfütterung Glykogen in der Leber beobachtet ist, wenn man berücksichtigt, dass die Verdauungsfermente aus Eiweisskörpern und Leim ähnliche vielleicht identische Peptone bilden. Ferner spricht für unsere Vermuthung der Umstand, dass gerade die als Peptone bezeichneten Umsetzungsprodukte des Eiweisses und Leimes leicht diffusibel sind und wohl von den venösen Kapillaren resorbirt und der Leber zugeführt werden können. Es ist wohl möglich, dass die Verwandlung eines Theiles der Eiweisskörper in Peptone express den Zweck hat, der Leber Material zur Bildung von Glykogen und anderen Produkten zuzuführen. Könnte die Leber auch aus unverändertem Eiweiss Glykogen bilden, so müsste sie diesen Stoff auch während des Hungers reichlich enthalten, da ihr unverändertes Eiweiss im Blutserum beständig zugeführt wird.

In welcher Form das in der Leber gebildete Glykogen später der 133. Säftemasse wieder zugeführt wird, ist noch nicht ausgemacht. Möglicherweise wird das Leberglykogen allmählich wieder in Zucker zurückverwandelt. Vielleicht wird es aber auch als solches oder in Form weiterer Umsetzungsprodukte durch die Lebervene ausgeführt, um höchst wahrscheinlich zuletzt in den Muskeln als Brennmaterial zu dienen.

Die Annahme, dass das Glykogen auch während des Lebens wieder allmählich in Zucker zurückverwandelt wird, liegt desswegen nahe, weil in der Leber sehr leicht ein Ferment entstehen kann, welches im Stande ist, Glykogen in Zucker zu verwandeln. Ganz sicher entsteht ein solches Ferment im todten Lebergewebe, denn wenn man eine Leber, die nach einer vorläufigen Probe an einem kleinen Stücke glykogenreich und zucker-

frei gefunden ist, nur wenige Stunden bei einer Temperatur von 30—40 °
sich selbst überlässt, so findet man viel Zucker und wenig oder kein Glykogen in derselben.

Auch im lebenden Körper scheint unter besonderen Umständen das
zuckerbildende Ferment in der Leber auftreten und energisch wirken zu
können. Hierher gehört namentlich der unter dem Namen des Zucker-
stiches oder Diabetesstiches bekannte merkwürdige Versuch. Sticht man
nämlich einem Kaninchen durch das Hinterhauptbein ins Hirn so, dass
der Boden des vierten Ventrikels etwas vor dem „Lebensknoten“
(siehe No. 396) verletzt wird, so erscheint in dem Harn des Kaninchens
schon nach einer Stunde reichlicher Traubenzucker, welcher nachweislich
aus der Leber stammt und nicht wohl etwas Anderes sein kann als durch
Fermentwirkung verzuckertes Glykogen. Dies Zuckerharnen dauert aber
nur etwa 6 bis 7 Stunden. Selbstverständlich muss hier die Aenderung
im Chemismus der Leber durch nervöse Einflüsse vom verletzten Hirn aus
bedingt sein; wie aber dies zugeht, ist noch im Dunkeln, nur das scheint
erwiesen, dass die Einwirkung nicht durch den *nervus vagus* vermittelt ist.

Das Auftreten des Zuckers im Harn ist beim Menschen oft ein
dauernder krankhafter Zustand, der unter dem Namen des *diabetes mellitus*
in der Pathologie behandelt wird. Es kann kaum einem Zweifel unter-
liegen, dass das eigentliche Wesen dieser Krankheit ebenfalls in dem
abnormen Auftreten des Zuckerfermentes in der Leber besteht. Vielleicht,
dass es bei dieser Krankheit gar nicht zur vorläufigen Verwandlung des
resorbirten Traubenzuckers in Glykogen kommt. Es ist übrigens durch
Vergleichung des ausgeschiedenen Zuckers mit den aufgenommenen Kohlehydraten bei Diabetikern mit voller Sicherheit festgestellt, dass auch aus
eiweissartigen Körpern Zucker entstehen kann. Diese Thatsache bestätigt den oben schon ausgesprochenen Satz, dass in der gesunden
Leber auch aus eiweissartigen Körpern einiges Glykogen entstehen
könne.

· Man kann recht wohl annehmen, dass die Fermentwirkung, welche
wir bei den angeführten abnormen Erscheinungen ungezügelt verlaufen
sehen, im normalen Leben durch unbekannte Bedingungen gehemmt wird,
so dass sie nur sehr allmählich geschehen kann und nur so viel
Zucker in der Zeiteinheit von der Leber ins Blut liefert, als während derselben verbrennen kann. Nothwendig ist aber diese Annahme keineswegs,
denn es könnte auch recht wohl in der gesunden Leber das Ferment gar
nicht zur Wirksamkeit kommen, sowie z. B. auch das Gerinnung be-
wirkende Ferment im lebenden Blute absolut nicht wirkt, während es doch
sofort seine Wirksamkeit entfaltet, sowie das Blut die Ader verlassen hat.

434.   Ob sonst noch Produkte der Leberzellen in das Blut zurückkehren,
ist zwar höchst wahrscheinlich, aber nicht mit Sicherheit bekannt. Dahin-

gegen kennen wir eine Reihe merkwürdiger Produkte derselben, welche als Bestandtheile der Galle die Leber verlassen, und welche durch ihre Natur einiges Licht auf die chemischen Processe in der Leber werfen. In erster Linie gehört dahin der Stoff, dessen Anwesenheit in der Galle dem blossen Auge am meisten auffällt, sofern er ihre Farbe bedingt. Die frische Galle der Fleischfresser und des Menschen zeigt eine orangegelbe Farbe, die man nach der Ausdrucksweise des gemeinen Lebens freilich mit dem Worte braun bezeichnet, weil eben schon dünne Schichten sehr dunkel erscheinen. Die Galle verdankt diese Farbe einem in ihr gelösten Farbstoffe, dem sogenannten „Bilirubin". Das Bilirubin ist eine leicht rein darstellbare chemische Verbindung von der empirischen Formel $C_{16} H_{18} N_2 O_3$. In alten Blutextravasaten bildet sich oft nachweislich durch Zersetzung des Hämoglobins ein rostfarbener Körper, „Hämatoidin" genannt, der in allen wesentlichen Eigenschaften mit dem Bilirubin übereinstimmt. Es kann daher an der Identität dieser beiden Körper kein Zweifel sein. Wenn man diese Identität annimmt, so ist die Folgerung nicht mehr von der Hand zu weisen, dass auch in der Leber das Bilirubin als Zersetzungsprodukt des Hämoglobins entsteht, eine Folgerung, welche zusammentrifft mit der weiter oben ausgesprochenen Folgerung aus andern Thatsachen, dass in der Leber rothe Blutkörperchen zu Grunde gehen.

Man hat der Lehre von der Entstehung des Bilirubins aus Hämoglobin noch eine weitere Grundlage zu geben versucht, indem man Blutkörperchen innerhalb des Gefässsystems zerstörte und zusah, ob sich alsdann in der Blutmasse selbst Bilirubin bildete. Eine solche Bildung müsste sich alsbald durch die Symptome des sogenannten Icterus oder der Gelbsucht verrathen. Man weiss nämlich, dass, sowie Bilirubin im Blute vorhanden ist, dasselbe sogleich in den Harn und in das Unterhautzellgewebe transsudirt, wo es eine intensive Gelbfärbung bedingt. Die Zerstörung von Blutkörperchen innerhalb des Blutes kann auf verschiedene Art bewerkstelligt werden, z. B. durch Wassereinspritzen oder durch Einführung gallensaurer Salze in die Blutmasse oder man hat geradezu Hämoglobinlösung in eine Vene eingespritzt. Ein positiver Erfolg dieser Versuche steht heutzutage noch nicht fest. Einige wollen sofort das Auftreten von Bilirubin im Harn sowie überhaupt die Symptome von Icterus unter diesen Bedingungen beobachtet haben. Andere nicht.

Das Bilirubin geht durch Oxydation und Wasseraufnahme leicht in einige verwandte Farbstoffe über, unter denen ein grüner, „Biliverdin" genannt, den normalen Farbstoff der Pflanzenfressergalle bildet.

Fernere Bestandtheile der Galle, unzweifelhaft in der Leber selbst 435. entstanden, sind die Gallensäuren. In der Galle der meisten Säugethiere und des Menschen kommen zwei Gallensäuren an Natron gebunden vor,

die „Taurocholsäure" und die „Glykocholsäure". Bei Fleisch-
fressern und beim Menschen vorwiegend die erstere, bei Pflanzenfressern
vorwiegend die letztere. Beide Gallensäuren sind sogenannte gepaarte
Säuren. Unter einer solchen versteht man bekanntlich eine Verbindung
mit den Charakteren eines Säurehydrates, deren Molekül mit einem Wasser-
molekül eine Umsetzung erleiden kann, aus welcher 2 Moleküle hervorgehen, deren jedes wieder die Eigenschaften eines Säurehydrates hat. Die
Taurocholsäure zerfällt bei dieser Reaktion in Cholalsäure und Taurin,
der letztere Körper ist nach der gegenwärtigen chemischen Nomenklatur
zu bezeichnen als Amidoäthylschwefelsäure. Die Glykocholsäure kann eben
so zerfallen in Cholalsäure und Glycin oder Glykokoll oder nach der
gegenwärtigen Nomenklatur Amidoessigsäure. Das Radikal der Cholalsäure — eine höchst complicirte Atomgruppe von noch nicht erkannter
Struktur — kommt also in beiden Gallensäuren vor. Die Cholalsäure
besteht bloss aus Kohlenstoff, Wasserstoff und Sauerstoff. Ihre Zusammensetzung drückt sich aus in der Formel $C_{24} H_{40} O_5$, welche aber über
ihre noch unbekannte Struktur nichts aussagt. Die Paarlinge, mit welchen
das Radical der Cholalsäure in den Gallensäuren verbunden ist, enthalten,
wie schon ihre Namen sehen lassen, neben Kohlenstoff, Wasserstoff und
Sauerstoff auch Stickstoff, das Taurin, überdies noch Schwefel.

436.   Für die Erkenntniss des Chemismus der Leberzellen würde es sehr
wichtig sein zu wissen, ob die Taurocholsäure und die Glykocholsäure als
solche entstehen oder ob die Cholalsäure einerseits für sich entsteht und
anderseits das Taurin und Glycin. Die Paarung dieser Körper mit Cholalsäure unter Wasseraustritt wäre dann ein zweiter Akt im Processe der
Gallensäurenbildung. Dass solche Paarungen im Organismus und wahrscheinlich gerade in der Leber vorkommen, beweist die Entstehung der
Hippursäure im thierischen Organismus. Diese Säure nämlich, die wir
in einem anderen Abschnitte als einen oft vorkommenden Harnbestandtheil
kennen lernen werden, ist ebenfalls eine gepaarte Säure, welche sich
unter Wasseraufnahme in Glycin und Benzoësäure spalten kann. Dass
diese Säure wirklich durch Paarung ihrer beiden Bestandtheile im Thierkörper entsteht, beweist die oft beobachtete Thatsache, dass nach Einverleibung von Benzoësäure alsbald eine entsprechende Menge von Hippursäure im Harn erscheint.

Wenn man sich vorstellt, die Gallensäuren entständen als solche, so
kann man sie wegen ihres Stickstoffgehaltes nur als Spaltungsprodukte
eiweissartiger Körper ansehen. Wenn man ihre Bestandtheile einzeln ent-
stehend denkt, so muss das stickstoffhaltige Glycin und Taurin von eiweissartigen Körpern abgeleitet werden. Jedesfalls muss man also annehmen,
dass in der Leber beträchtliche Mengen von eiweissartigen Verbindungen
zersetzt werden. Es liegt die Vermuthung nahe, dass dies wesentlich die

aus der Umwandlung eiweissartiger Nahrungsbestandtheile entstehenden sogenannten „Peptone" sind, welche als leicht diffusibele Körper sicher in grossen Mengen von den Wurzelkapillaren der Pfortader aufgesaugt und so der Leber zugeführt werden.

Die Gallensäuren, einmal gebildet, spielen vielleicht schon in der Leber eine erste wichtige Rolle. Wie wir früher sahen (siehe No. 312) haben sie nämlich die Fähigkeit, mit grosser Energie die rothen Blutkörperchen aufzulösen. Der aus anderen Gründen weiter oben wahrscheinlich gemachte Untergang von rothen Blutkörperchen in der Leber wird also vielleicht durch die Anwesenheit der Gallensäuren verursacht. Wenn dies richtig ist, so wären die Gallensäuren das primäre und der Gallenfarbstoff erst ein sekundäres Produkt der Thätigkeit der Leberzellen.

Neben den Farbstoffen und eigenthümlichen Säuren enthält die Galle in kleinen Mengen Fette und einen den Fetten im physikalischen Verhalten sehr ähnlichen Körper, der aber seiner chemischen Konstitution nach nicht zu den Fetten gezählt werden kann, das sogenannte „Cholesterin".

Endlich findet sich in der Galle, welche längere Zeit in der Gallenblase verweilt hat, noch ein organischer Körper, das Mucin, ziemlich reichlich, welches uns schon als Bestandtheil einiger anderer Drüsensekrete begegnet ist. Wahrscheinlich stammt es nicht aus den eigentlich Galle bereitenden Elementen der Leber, sondern aus kleinen Anhangsdrüschen des Gallenganges und der Gallenblase, welche in ihrem traubigen Bau mit den Schleimdrüschen der Mundschleimhaut und anderer Theile der Schleimhaut des Verdauungskanales übereinstimmen.

Ausser den genannten organischen Verbindungen enthält die Galle die Salze des Blutes. Unter ihnen herrscht das Chlornatrium nicht in dem Maasse über die andern, namentlich die phosphorsauren Salze vor, wie das in vielen anderen Sekreten der Fall ist. Im Ganzen sind unter den anorganischen Bestandtheilen der Galle die Alkalien im Uebergewicht über die Säuren, daher die Galle alkalisch reagirt.

Um eine Vorstellung von der quantitativen Zusammensetzung der Galle aus den aufgezählten Bestandtheilen zu geben, sind in nachstehender Tabelle 3 Analysen der aus der Gallenblase ganz frischer Menschenleichen gewonnenen Flüssigkeit zusammengestellt, die von zwei verschiedenen Forschern ausgeführt sind.

Wasser	85,92	89,81	82,27
Gallensaures Natron	9,14	5,65	10.79
Cholesterin	0.26	} 3.09	4.73
Fett	0,92		
Schleim und Farbstoff	2,98	1.45	2.21

Chlornatrium	0,20 . .	⎫
Phosphorsaures Natron .	0,25 . .	⎪
Phosphorsaure Erden .	0,28 . .	⎬ 0,63 . . 1,08
Schwefelsaurer Kalk . .	0,04 . .	⎪
Eisenoxyd	Spur . .	⎭

438. Aus Fisteln des Ausführungsganges gewonnene Galle zeigt regelmässig einen geringeren Gehalt an festen Stoffen als die aus der Gallenblase genommene Flüssigkeit. Man darf daher annehmen, dass die Galle bei ihrem Verweilen in der Blase durch Resorption von Wasser eine Eindickung erfährt.

An Fisteln des Gallenganges bei Hunden hat man sich überzeugt, dass die Absonderung ununterbrochen stattfindet; ihre Geschwindigkeit erleidet aber beträchtliche Schwankungen, und zwar einige Stunden nach reichlicher Nahrungszufuhr eine bedeutende Steigerung. Dies hängt ohne Zweifel damit zusammen, dass während der Verdauungszeit die Blutgefässe des Darmkanales der Leber überhaupt mehr Blut zuführen, und dass noch dazu dies Blut wohl stark beladen ist mit den Stoffen, welche zur Verarbeitung in der Leber bestimmt sind.

Die in den Zwischenzeiten zwischen den Verdauungsperioden langsam abgesonderte Galle fliesst nicht stetig in den Darmkanal ab, sondern wird in dem als Gallenblase bekannten, an den Ausführungsgang seitlich angehängten Behälter gesammelt, um zur Zeit der Dünndarmverdauung in diesen ergossen zu werden.

Die Leber vermag nicht wie die Speicheldrüse (siehe No. 416) ihr Sekret mit grosser Gewalt hervorzutreiben. Lässt man dem Gallenstrom den Druck einer Wassersäule von nur 200^{mm} Höhe entgegenwirken, so steht er nicht nur still, sondern es strömt umgekehrt Wasser in die Leber ein, das ohne Zweifel in die Blutmasse des Thieres übergeht. Der Mechanismus der Gallensekretion zeigt sich auch hierdurch grundverschieden von dem der Speichelsekretion, den wir in augenfälliger Weise von Nerveneinfluss abhängig fanden.

Bei der Gallenabsonderung, welche ziemlich unabhängig von willkührlichen oder reflektorischen Erregungen im Nervensystem stetig fortgeht, hat auch die Frage Berechtigung, wie viel Galle durchschnittlich im Laufe eines Tages abgesondert wird. Dahin zielende Bestimmungen sind mehrfach an Hunden mit Gallenblasenfisteln gemacht worden und man darf nach denselben annehmen, dass bei einem mit Fleisch ordentlich gefütterten Hunde für jedes Kilogramm Körpergewicht wohl etwa 20^{gr} Galle mit etwas unter 1^{gr} festem Rückstand abgesondert werden. Bei weniger reichlicher Nahrung wird weniger Galle abgesondert. Aehnliche Verhältnisse dürften wohl auch beim Menschen Geltung haben.

V. Milz.

An die Betrachtung der Leberthätigkeit kann füglich als Anhang die 139. der Milzfunction angeschlossen werden, da sie zu jener höchst wahrscheinlich in naher Beziehung steht. Diese findet darin ihren sichtbaren Ausdruck, dass die *rena lienalis* eine Hauptwurzel der Pfortader bildet. Wir dürfen also vermuthen, dass die Veränderungen, welche das Blut in der Milz erleidet, die Bestimmung haben, die Verrichtungen der Leber zu begünstigen. Dass in der Milz überhaupt das Blut verändert werde, ist schon aus dem Bau dieses Organes zu vermuthen. Der Blutstrom ist nämlich in demselben in noch höherem Maasse als in der Leber auf ein seeartig erweitertes Bett ausgebreitet, so dass er ungemein langsam fliessen muss. Eingelagert sind in die Blutbahnen der Milz Massen von Zellen, die — wie es scheint — in lebhafter Vegetation begriffen sind. Man kann also das physiologisch Wesentliche am Baue der Milz dahin zusammen fassen: In ihr sickert das Blut langsam zwischen lebhaft vegetirenden Zellen hindurch. Daher wird es Bestandtheile zu ihrer Vegetation hergeben und die Produkte derselben, resp. die Trümmer zerfallener Zellen, in sich aufnehmen müssen. Auch ist denkbar, dass das Blut von den Zellenhaufen der Milzpulpa ganze Zellen wegspült, die durch neugebildete ersetzt werden.

Dass in der Milz das Blut wirklich bedeutende Veränderungen im Sinne der vorstehenden Betrachtungen erleidet, lehrt die Vergleichung des Milzarterien- und des Milzvenenblutes. Während das erstere, wie das arterielle Blut überall, auf mehr als 1000 rothe nur ein farbloses Blutkörperchen enthält, findet man im Milzvenenblute ein farbloses Körperchen auf weniger als 100 farbige. Wahrscheinlich rührt diese Aenderung des Verhältnisses sowohl von Zerstörung farbiger Zellen in der Milz her, als auch von der Neubildung farbloser, die der Blutstrom mit fortnimmt. Besonders beweisend in dieser Richtung ist die unter dem Namen der „Leukämie" bekannte Krankheit. Bei ihr herrschen die farblosen Körperchen im Blute dergestalt vor, dass es ein weissliches Ansehen annimmt, und die Milz ist enorm vergrössert, oder wenn das letztere nicht der Fall ist, so zeigen sich die Lymphdrüsen, welche ja ebenfalls als Brutstätten farbloser Blutkörperchen anzusehen sind, geschwollen.

Die rothen Körperchen des Milzvenenblutes zeigen häufig abweichende Formen, welche dahin zu deuten sind, dass man theils eben entstandene oder umgekehrt in der Zerstörung begriffene Gebilde vor sich hat. Endlich ist das Milzvenenblut wie der Milzsaft reich an Bestandtheilen, welche, wie Leucin, Harnsäure etc., als Zersetzungsprodukte eiweissartiger Körper angesehen werden müssen.

VI. Darmdrüsen.

Im ganzen Verlaufe des Dünndarms ist die Schleimhaut besetzt mit 440. kleinen etwa 0,5^{mm} langen und sehr dünnen, schlauchförmigen Drüsen, welche zusammen ein ansehnliches Sekretionsorgan bilden. Um das Sekret desselben möglichst rein zu erhalten, muss man ein Dünndarmstück am einen Ende schliessen und das andere Ende desselben in die Bauchwunde einheilen, während es durch sein Mesenterialstück noch in normaler Verbindung mit dem Gefäss- und Nervensystem bleibt. Ausserdem muss die Kontinuität des Darmkanales durch Zusammenheilen der Enden, zwischen denen das Stück herausgeschnitten ist, wieder hergestellt werden. Wenn die Operationen vollständig gelungen sind, kann das Thier Jahre lang am Leben bleiben und man kann an dem blindsackartigen Darmstück von der Fistelöffnung aus die Thätigkeit der Schleimhaut untersuchen.

Man hat an solchen Darmfisteln beobachtet, dass die schlauchförmigen Drüsen von selbst nicht secerniren, sondern erst, wenn die Schleimhaut mechanisch, chemisch oder elektrisch gereizt wird. Besonders wirksam sind als chemische Reize verdünnte Säuren. Ein etwa 30 ☐ Cm. Oberfläche haltendes Darmstück eines Hundes lieferte so gereizt in einer Stunde 4^{gr} Saft. Hiernach wäre man berechtigt, anzunehmen, dass der ganze Dünndarm eines Hundes während einer Verdauungszeit von 5 Stunden etwa 360^{gr} Saft liefern könnte.

Der so gewonnene Darmsaft reagirt alkalisch und enthält etwa 2,5 % festen Rückstand, davon ist beiläufig $\frac{1}{3}$ Eiweiss, $\frac{1}{3}$ andere organische Stoffe und $\frac{1}{3}$ feuerfeste Salze.

3. Kapitel. Sekretionen an die äussere Körperoberfläche.

I. Schweissdrüsen.

441.   In den tieferen Schichten des Hautgewebes und stellenweise im Unterhautzellgewebe liegen überall zerstreut die knäuelförmigen „Schweiss-drüsen". Ihr Durchmesser beträgt im Mittel 0,3 bis 0,4^{mm}, an einigen Stellen aber — namentlich in der Achselhöhle — steigt er bis auf mehrere Millimeter. Alle Drüsen zusammen bilden ein ansehnliches Volum, was ohne Zweifel dem Volum einer Niere mindestens gleich kommen würde. Das Sekret der Schweissdrüsen wird in einem die Epidermis durchbohrenden Ausführungsgang an die Hautoberfläche geführt. Es scheint nicht immer dieselbe Flüssigkeit zu sein, welche von den Schweissdrüsen geliefert wird. Bald sieht man aus den Oeffnungen der Ausführungsgänge ganz deutlich jene wässrige Flüssigkeit in feinen Tröpfchen hervortreten, welche man auch im gemeinen Leben als Schweiss bezeichnet, bald kann man mit Bestimmtheit Fetttröpfchen an jenen Oeffnungen nachweisen, auch giebt es im äusseren Gehörgange Knäueldrüsen, die sogenannten Ohrenschmalzdrüsen, die sonst in ihrem Baue mit den Schweissdrüsen vollkommen übereinstimmen, und die ganz entschieden ein fettiges Sekret liefern. Als wesentliches Hauptprodukt der Schweissdrüsen muss indessen jene wässrige

Flüssigkeit angesehen werden, deren Absonderung und Eigenschaften jetzt genauer zu untersuchen sind.

Die absondernde Thätigkeit der Schweissdrüsen ist keine ununter- 112. brochene. Die normalen Bedingungen ihres Zustandekommens sind erhöhte Hauttemperatur und wässrige Beschaffenheit des Blutes. Sind diese in hohem Maasse erfüllt, durch reichliche Aufnahme von Getränken und Erwärmung der Haut auf irgend eine Art, dann kann die Sekretion eine ausserordentlich profuse werden. So hat man in $1\frac{1}{2}$ Stunden über 2000^{ccm} Schweiss von einem Menschen erhalten.

Bisweilen kann die Thätigkeit der Schweissdrüsen auch ohne Verdünnung des Blutes und Temperatursteigerung angeregt werden. Namentlich sind es Störungen in der Funktion des Sympathicus, welche oft lokale sogenannte „kalte" Schweisse hervorrufen. Pferde schwitzen sofort einseitig an Hals und Kopf, sowie man ihnen den Sympathicus durchschneidet. Ebenso sollen Pferde am ganzen Körper schwitzen, wenn man ihnen die *medulla oblongata* durchschnitten hat und sie durch künstliche Respiration am Leben erhält. Die Temperatur des Körpers steigt dabei nicht nur nicht, sondern sinkt sogar ziemlich rasch.

Um den Schweiss zur Untersuchung seiner Zusammensetzung zu ge- 443. winnen, kann man verschiedene Wege einschlagen. Man kann ihn mit sehr reinen gewogenen Schwämmen von der schwitzenden Haut abwischen und die Schwämme nachher auswaschen, so dass im Waschwasser die Bestandtheile des Schweisses gefunden werden. Man kann zweitens eine schwitzende Extremität in einen Kautschukbeutel einhüllen und den Schweiss in ein daran angehängtes Fläschchen laufen lassen. Endlich kann man einen ganzen schwitzenden Menschen in einem mit Wasserdampf gesättigten Raume auf eine Metallrinne legen, von welcher der Schweiss alsdann in grosser Menge abläuft. Die Analyse einer auf diese Weise gewonnenen Schweissmenge ist als Beispiel in nachstehender Tabelle verzeichnet.

Wasser	995,373
Harnstoff	0,044
Fette	0,013
Andere organ. Stoffe	1,884
Chlornatrium . . .	2,230
Chlorkalium .	0,244
Kalisulphat	0,011
Natron und Erdphosphate .	Spur.

Hier zeigt sich der Schweiss als fast reines Wasser mit weniger als $\frac{1}{2}$ % festen Stoffen, von denen die Salze, namentlich Kochsalz, mehr als die Hälfte betragen. In manchen andern Angaben erscheint der Schweiss reicher an festen Stoffen (bis zu 2 % enthaltend), doch beruhen diese auf Untersuchung kleinerer Mengen, wo jeder Fehler, namentlich die

Verdunstung von Wasser während des Sammelns, von grösserem Einfluss ist. Die Verhältnisse der obigen Tabelle sind daher wahrscheinlich für reichlich abgesonderten Schweiss maassgebend. Vom Standpunkte des Gesammthaushaltes des thierischen Körpers wäre somit die Schweiss-absonderung wesentlich als ein Ausscheidungsweg von Wasser und allenfalls von Kochsalz anzusehen. Die übrigen Schweissbestandtheile, namentlich der Harnstoff, dessen Anwesenheit in kleinen Mengen ausser Zweifel ist, können als Posten in der Haushaltsbilanz kaum in Betracht kommen. Das Wasser des Schweisses ist übrigens keineswegs das einzige durch die Haut ausgeschiedene Wasser. Vielmehr geht, wenigstens bei warmer und trockener Luft, sicher auch noch Wasser durch Verdunstung von der Epidermis fort.

II. Hauttalgdrüsen.

444. Eine ähnliche Verbreitung wie die Schweissdrüsen haben die sogenannten Talgdrüsen, kleine birnförmige oder traubenförmige Gebilde, deren grösste Abmessung noch nicht 1^{mm} erreicht. Die überwiegende Mehrzahl derselben mündet in die Haarbälge aus.

Ihr Hohlraum ist ausgekleidet mit Zellen, welche als modificirte Oberhautepithelzellen anzusehen sind, und angefüllt mit einer krümlichen Masse, welche zahlreiche Fettpartikelchen zeigt. Der Mechanismus der Absonderung dieser Drüsen ist hiernach offenbar folgender: Im Grunde der Drüsenbläschen werden fortwährend neue Zellen erzeugt und nach Maassgabe dieser Neuerzeugung verfallen die älteren Zellen einem eigenthümlichen Processe, welcher zuerst bei pathologischen Vorgängen studirt worden ist, und den man als fettige Degeneration bezeichnet hat. Es treten nämlich im Protoplasma der Zelle zahlreiche kleine Fetttröpfchen auf, offenbar als Zersetzungsprodukte von eiweissartigen Bestandtheilen. Während dessen schwindet der Kern und die ganze Zelle zerfällt zuletzt in eine grossentheils aus Fett bestehende krümlige Masse. Bei den Talgdrüsen wird diese Masse ganz allmählich durch die immer neu entstehende nachrückende aus dem Ausführungsgange hervorgepresst. Sie verbreitet sich an der Oberfläche des Haares, hält dasselbe geschmeidig und schützt es vor Durchfeuchtung.

Höchst wahrscheinlich geht die Hauttalgabsonderung während des ganzen Lebens ihren gleichmässigen, sehr langsamen Schritt, ohne dass jemals nervöse Einflüsse darauf ausgeübt werden.

III. Milchdrüsen.

445. Der Hautfettabsonderung in einigen wesentlichen Punkten ganz analog geschieht die Milchabsonderung. Auch bei dieser haben wir ganz sicher eine fettige Degeneration von Drüsenzellen vor Augen, deren Produkt als

Sekret zu Tage tritt. Während aber bei den Talgdrüsen die Trümmer der fettig entarteten Zellen das ganze Sekret ausmachen, kommt bei der Milch eine grosse Menge von flüssigem Bluttranssudat hinzu, in welchem die Zellentrümmer aufgeschlemmt erscheinen. Dieser Auffassung des Mechanismus entspricht das Ansehen der Milch mit blossem Auge sowohl als unter dem Mikroskope. Sie ist nämlich — wie bekannt — eine wässrige Lösung von verschiedenen Stoffen, in welcher ausserordentlich feine Fettpartikelchen suspendirt sind. Dass diese Fetttröpfchen aus fettig degenerirten Zellen stammen, ist dadurch zu beweisen, dass man öfters in der Milch noch ganze mit Fettkügelchen vollgepfropfte Zellen antrifft, die noch nicht zerfallen sind. Diese Gebilde kommen besonders zahlreich vor in dem sogenannten Colostrum d. h. in der während der letzten Schwangerschaftstage abgesonderten Milch, man nennt sie daher Colostrum-kugeln.

Wenn die vorstehende Auffassung vom Mechanismus der Milchsekretion 446. richtig ist, dann muss das Milchfett nicht als solches in die Drüse ge-langen, sondern es muss als Zersetzungsprodukt eiweissartiger Stoffe ent-standen sein. Es spricht hierfür schon der Umstand, dass bei den meisten Thieren, wo man exakte Beobachtungen hierüber angestellt hat, der Fett-reichthum der Milch nicht gesteigert wird durch reichliche Fettzufuhr, wohl aber durch reichliche Eiweisszufuhr in der Nahrung. Man hat aber auch ganz direkt gezeigt, dass möglicherweise mehr Fett in der Milch ausgeschieden wird, als in der Nahrung aufgenommen wurde. So z. B. wurde einmal eine säugende Hündin 22 Tage lang mit magerem Pferde-fleisch gefüttert und darin waren allerhöchstens 350^{gr} Fett gewesen. In der Milch aber hatte die Hündin während dieser 22 Tage aller-mindestens 486^{gr} Fett ausgegeben. Es musste also Milchfett aus eiweissartigen Stoffen innerhalb des Körpers entstanden sein. Wenn dies einmal fest steht, so ist es am natürlichsten, anzunehmen, dass das Fett der Milch überall in den Drüsenzellen aus Eiweisskörpern entsteht.

Neben dem Fette enthält die Milch noch einen stickstofffreien Be- 447. standtheil in Lösung, nämlich eine Zuckerart, die eben wegen ihres Vor-kommens in der Milch als Milchzucker bezeichnet wird. Auch dieser Stoff ist sehr wahrscheinlich ein Zersetzungsprodukt eiweissartiger Stoffe. Wenigstens steht so viel fest, dass die Zufuhr von Kohlehydraten durch die Nahrung auf den Zuckergehalt der Milch ohne allen Einfluss ist, dass nur reichliche Eiweissnahrung im Stande ist, den Zuckerreichthum der Milch wie den Fettreichthum derselben zu erhöhen.

Ferner enthält die Milch eiweissartige Körper und zwar 2 Modi-fikationen, erstens nämlich gelöstes, durch Hitze gerinnbares gewöhnliches Eiweiss, das sich von gewöhnlichem Hühnereiweiss und dem Eiweiss des Blutserums nicht merklich unterscheidet. Daneben ist ein anderer Eiweiss-

körper in der Milch, den man als Casein bezeichnet hat und der nach
einigen Autoren mit dem sogenannten Kalialbuminat ganz identisch ist.
Das Casein ist bei der natürlichen alkalischen Reaktion der Milch durch
Kochen nicht gerinnbar. Es gerinnt auch bei neutraler und ganz
schwach saurer Reaktion noch nicht beim Erhitzen. Dagegen gerinnt
es auch schon in der Kälte durch stärkeres Ansäuern. Hierauf beruht
die bekannte spontane Gerinnung der Milch, indem unter dem Einflusse
von Fermenten ein Theil des Milchzuckers in Milchsäure verwandelt wird.

Das Casein ist übrigens in der Milch, wie es scheint, nicht im Zustande ganz vollständiger Lösung zugegen, wenigstens filtrirt dasselbe nicht
durch Thonscheidewände.

Man findet in der Milch um so mehr gerinnbares Eiweiss, je frischer
sie aus der Drüse kommt. Daraus ist zu schliessen, dass ein Theil des
Caseins erst nachträglich in der abgesonderten Milch durch Modifikation
gewöhnliches Eiweisses entsteht. Von diesem letzteren finden sich in
Milch, welche auch nur kurze Zeit ausserhalb der Drüsen verweilt hat,
stets nur sehr geringe Mengen.

448.   Ausser den genannten organischen Verbindungen sind in der Milch
noch Salze enthalten. Von der quantitativen Zusammensetzung der Milch
mag nachstehende Tabelle ein Beispiel geben. Neben die Analyse der
Menschenmilch ist noch die Analyse der Kuhmilch gestellt. Die Vergleichung beider ist von praktischem Interesse für die künstliche Ernährung
der Säuglinge.

	Menschenmilch.	Kuhmilch.
Wasser	88,908	85,705
Casein	3,924	4,828
Albumin	—	0,575
Fett	2,666	4,305
Zucker	4,364	4,037
Salze	0,138	0,548

Sehr merkwürdig ist die Zusammensetzung der Milchasche. Als Beispiel mag folgende Analyse dienen:

Kali	31,6
Kalk	18,8
Chlor	19,1
Phosphorsäure	19,1
Natron	4,2
Magnesia	0,9
Eisenoxyd	0,1
Schwefelsäure	2,6

Es fällt vor Allem die ausserordentlich kleine Natronmenge auf. Bei
allen anderen Bluttranssudaten besteht wie beim Blutserum selbst mindestens

die Hälfte der Salze aus Chlornatrium, auch enthalten sie überall mehr
Salze als die Milch.

Die Milchsekretion ist keine von den zum normalen Leben wesentlich 449.
gehörigen Funktionen, denn erstens findet sie — abgesehen von einigen
selten beobachteten Ausnahmefällen — nur beim weiblichen Geschlechte
statt und dann auch hier nur zu gewissen Zeiten, nämlich nach einer Geburt, einige Monate lang. Ob die Milchsekretion unter nervösem Einflusse
steht, ist noch nicht festgestellt. Manches spricht dafür, z. B. dass die
häufige Entleerung der Drüse durch den Säugling anregend auf die Sekretion wirkt, doch hat man bei Ziegen nach Durchschneidung aller zur
Milchdrüse gehenden Nerven die Sekretion unverändert ihren Gang gehen
sehen. Die im Laufe von 24^h ausgeschiedene Milch beider Brustdrüsen
kann über 1300^{gr} betragen.

IV. Thränendrüsen.

Die Thränenabsonderung steht unter dem unmittelbarsten Einflusse 450.
der Nerven in ähnlicher Weise wie die Speichelabsonderung. Die Möglichkeit ist anatomisch ausser Zweifel, da bekanntlich ein verhältnissmässig
ansehnlicher Zweig des I. Trigemini in die Drüse verfolgbar ist. Die Behauptung wird aber über allen Zweifel erhoben durch viele alltägliche
Erfahrungen. Vor Allem weiss man, dass die Thränensekretion durch
leidenschaftliche Seelenzustände so beschleunigt werden kann, dass das
gebildete Sekret nicht mehr durch den Resorptionsapparat nach der Nase
abgeleitet werden kann, sondern über die Augenlidränder tropfenweise
hervortritt. Auch auf reflektorischem Wege kann die Thränenabsonderung
beschleunigt werden. Die Eingangsstellen für Reize, die auf die Thränendrüse reflektirt werden können, sind die Oberfläche der Conjunctiva, die
innere Nasenfläche und der Sehnerv.

Was die chemische Natur der Thränenflüssigkeit betrifft, so steht
auch sie (wie sich weiter unten zeigen wird) der des Speichels sehr nahe.
Sie enthält etwa 0,8—0,9 Procent fester Bestandtheile in Wasser gelöst.
Etwas mehr als die Hälfte davon, nämlich 0,42—0,54 % des Ganzen, sind
feuerbeständige Salze, vorzugsweise Chlornatrium und geringe Mengen
phosphorsaurer Alkalien und Erden. Der verbrennliche Rest der festen
Stoffe besteht aus einem nicht näher gekannten eiweissartigen Stoffe nebst
Schleim und Spuren von Fett, die wohl von den Epithelien der Ausführungsgänge stammen.

Die Ausführungsgänge der Thränendrüse münden bekanntlich in der 451.
Conjunctivafalte unter dem oberen Augenlide und ergiessen das Sekret
an die äussere Fläche des Augapfels, wo es zur Feuchterhaltung desselben
dient. Der nicht verdunstete Theil der Flüssigkeit wird durch einen

eigenthümlichen pumpenartig wirkenden Apparat nach der Nase befördert. In der Nähe des inneren Augenwinkels ist nämlich an jedem Lidrande ein kleines Löchelchen zu sehen, das den Anfang eines kleinen Kanales bildet. Die beiden Kanäle münden zusammen in ein hinter dem Augenlidbande gelegenes kleines Säckchen. Bei jedem Augenlidschlusse wird durch das Herüberziehen der Lidränder über die Convexität der Cornea das Lidband etwas aus der Nische des Thränenbeins hervorgehoben und dadurch der Sack erweitert, was ansaugend auf die Thränenflüssigkeit im Augenlidspalte wirken muss. Beim Oeffnen des Augenlidspaltes sinkt dann das Band wieder zurück und presst Flüssigkeit aus dem Sacke durch den *canalis nasolacrymalis* nach der Nase. Dass sie nicht wieder nach dem Augenlidspalt zurücktritt, wird verhindert durch die Zusammenziehung der Muskelfasern, welche unmittelbar am Augenlidspalt verlaufen und somit die Thränenpunkte zuklemmen. Diese Fasern nämlich ziehen sich nicht, wie man wohl angenommen hat, beim Schliessen, sondern beim Oeffnen der Augenlider zusammen.

Fig. 45.

452.

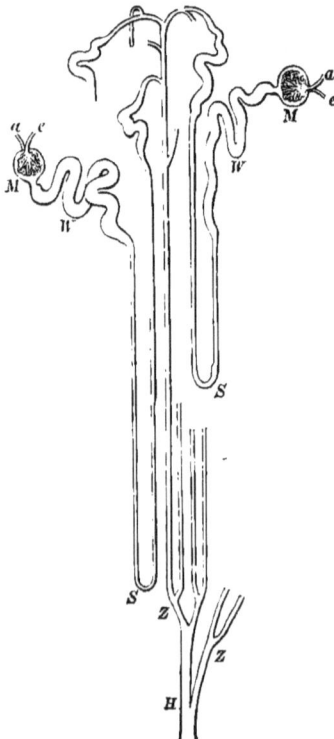

V. Niere.

Die wichtigste exkrementitielle Sekretion ist die des Harnes durch die Nieren. Der Mechanismus dieser merkwürdigen Absonderung ist zum Theil wenigstens verständlich aus dem Bau des Organes. Der Ausführungsgang der Drüse, der im sogenannten Nierenbecken sehr erweitert ist, verzweigt sich ins Innere zu feinen Kanälchen, den sogenannten Harnkanälchen (Fig. 45). Jedes derselben endigt nach mannigfachen weiteren Verzweigungen (*Z Z*), schlingenförmigen Umbiegungen (*S S*) und erweiterten Windungen (*W W*) im Rindentheil der Niere blind in einem kleinen Bläschen, der sogenannten Malpighi'sche Kapsel (*M M*). In jedes solche endständige Bläschen tritt ein feinstes Zweiglein der *arteria renalis*, ein sogenanntes *vas afferens* (*a a*). Die Verzweigungen desselben erfüllen in knäuelförmiger Verwicklung fast die ganze Kapsel, und sammeln sich dann wieder zum ausführenden Gefässe, dem so-

genannten *vas efferens* (*e e*). Man nennt diesen eigenthümlichen Gefäss-
apparat den „Glomerulus". Von Wichtigkeit scheint noch die besondere Anordnung der Gefässe im Glomerulus, die Verzweigungen des *vas afferens* liegen nämlich unmittelbar
an der Wand der Kapsel, während das *vas efferens* durch
radialen Zusammenfluss aus der Mitte entspringt (siehe
Fig. 47). Hierdurch wird es verhütet, dass die Anfüllung
der Arterien nicht etwa die abführenden Gefässe gegen
die Wand der Kapsel komprimirt und so das Blut sich
selbst den Weg sperrt. Die *vasa efferentia* verzweigen
sich dann noch weiter und bilden so erst das eigentliche
Kapillargefässnetz der Niere, welches die vorerwähnten
Harnkanälchen umspinnt, und aus welchem die Wurzeln
der Nierenvene hervorgehen.

Fig. 46.

Im Glomerulus haben wir offenbar einen eigentlichen Filtrirapparat 453.
vor uns, wie er in keiner andern Drüse gefunden wird. Hier nämlich
ist jedes Flüssigkeitstheilchen, welches durch den Blutdruck aus den Gefässen ausgepresst wird, schon im Binnenraume des Drüsenganges, da eben
das Gefäss in diesen Binnenraum eingestülpt ist. Bei allen andern
Drüsen ist ein aus den Gefässen ausfiltrirendes Theilchen zunächst erst
in den die Drüsengänge umgebenden Gewebelücken und es muss noch
eine andere Kraft hinzukommen, um das flüssige Theilchen in den Drüsengang hereinzuziehen. Hier im Glomerulus der Niere treibt der Blutdruck
unmittelbar Flüssigkeit aus dem Gefässinnern in den Drüsengang.

Wenn es richtig ist, dass die einfache Filtration bei der Harnsekretion
eine wesentliche Rolle spielt, dann muss dieselbe vom Drucke des Blutes
abhängig sein. Dies ist wirklich beobachtet worden. Sowie der Blutdruck unter einen gewissen Werth von beiläufig etwa 120^{mm} Quecksilber
herabsinkt, steht die Harnabsonderung still. Sie unterscheidet sich hierdurch sehr auffallend von der Speichelabsonderung, die, wofern nur die
Nerven im Erregungszustande sind, ohne allen Blutdruck noch stattfinden kann.

Wenn man den Blutdruck in den Nierengefässen durch Sperren der
abfliessenden Venen zu steigern versucht, dann tritt nicht etwa Vermehrung
der Harnsekretion ein, sondern dieselbe steht ebenfalls still. Man kann
dies sogar an einer aus dem Thierkörper herausgenommenen Niere durch
einen leicht anzustellenden interessanten Versuch anschaulich machen.
Treibt man nämlich durch die Gefässe einer solchen 6 °/$_{00}$^{ge} Kochsalzlösung, der etwas Gummi zugesetzt ist, so tropft aus dem Ureter Flüssigkeit ab, sowie man aber die Vene sperrt, hört das Tropfen auf und
beginnt erst wieder, nachdem die Vene wieder geöffnet ist. Diese merkwürdige Thatsache widerspricht indessen keineswegs der Filtrationshypo-

these. Sie ist höchst wahrscheinlich so zu erklären. Bei gesperrten Venen
steigt der Druck in den Kapillaren und diese drücken, da das ganze Gewebe in eine unnachgiebige Kapsel eingeschlossen ist, die von ihnen um-
sponnenen Harnkanälchen derart zusammen, dass das Filtrat von den Glomerulis her nicht mehr durchdringen kann.

454.   Die Filtration ist aber jedesfalls nicht das einzige bei der Harnsekretion
wirksame Moment. Dies beweist schon die Beschaffenheit des Harnes:
wäre derselbe reines Filtrat aus dem Blute, so könnte er keinen gelösten
Bestandtheil in grösserem Procentsatze enthalten als das Blut selbst, da
eine Lösung durch Filtration nie koncentrirter werden kann. Nun enthält aber der Harn viele Stoffe, namentlich den Harnstoff, in viel
grösserer Menge als das Blut. Wir müssen demnach annehmen, dass das
Filtrat aus den Gefässen der Glomeruli eine in mancher Beziehung ganz
andere Flüssigkeit ist als der Harn. Dies Filtrat wird eben dem Bluttranssudat an andern Stellen des Körpers wesentlich gleichen. Nur wird
es wahrscheinlich gar kein Eiweiss enthalten. Die Gefässe der Glomeruli
sind nämlich noch keine eigentlichen Kapillaren, ihre Wände sind noch
ziemlich dick und überdies muss das Transsudat noch die Epithelschicht
durchsetzen, da ja der Glomerulus in die Kapsel nur eingestülpt ist.
So starke Membranen lassen aber wahrscheinlich gar kein Eiweiss durch-
filtriren. In der That ist ja auch im normalen Harn niemals Eiweiss zu
finden. Wenn nun wirklich das Filtrat der Glomeruli Blutserum minus
Eiweiss darstellt, so ist es nicht viel Anderes als eine halbprocentige
Kochsalzlösung, und aus dieser muss erst auf dem Wege durch die Harnkanälchen hindurch die Flüssigkeit werden, welche schliesslich als Harn
in der Blase gesammelt wird.

455.   Dass die Flüssigkeit auf dem Wege von den Malpighi'schen Kapseln
bis zu dem Nierenbecken bedeutende Modifikationen erleidet, hat gar nichts
Auffallendes. Im Gegentheil deuten schon die histiologischen Verhältnisse
darauf hin. In der That können die oben (siehe Fig. 45) angedeuteten
komplicirten Veranstaltungen nicht zwecklos sein. Die Flüssigkeit geht
aus der Kapsel auf einem durch vielfache Windungen und Schlingen-
bildung eigens verlängerten Wege weiter. Sie kommt dabei mit dem
Blute der umspinnenden Kapillaren in ausgiebige Wechselwirkung. Dieser
Umstand kann vor allen Dingen dahin wirken, dass der Inhalt der Harnkanälchen wieder Wasser an das Blut zurückgiebt. Es ist keineswegs
einander widersprechend, dass Wasser, welches an einer Stelle aus dem
Blute ausgeschieden wurde, gleich nachher von der weiteren Fortsetzung
desselben Blutgefässes wieder aufgesaugt wird. Ausgeschieden ist das
Wasser aus dem Glomerulus, wo noch der fast volle arterielle Blutdruck
als nach aussen gerichtete treibende Kraft wirkte, wieder aufgenommen
wird es in die Venenwürzelchen, wo der Druck gering ist und daher von

aussen nach innen gerichtete endosmotische Anziehungen die Oberhand
gewinnen können.

Der Harn kommt in den Kanälchen ferner in die innigste Berührung
mit den Epithelzellen, welche die Lichtung der Kanälchen fast vollständig
ausfüllen, so dass die Flüssigkeit nur eben zwischen ihnen durchsickern
kann. Diesen Zellen dürfen wir offenbar specifische Verrichtungen zuschreiben, ähnlich wie den Zellen in anderen Drüsenschläuchen. So angesehen würde sich uns die Niere darstellen als die Kombination von einem
Filtrirapparate (Kapseln mit ihrem Glomerulis) mit einer besondere Stoffe
bereitenden oder anziehenden eigentlichen Drüse (gewundene Harnkanälchen
mit ihren specifischen Zellen). Es kann uns daher auch nicht mehr
wundern, wenn wir im schliesslichen Produkte der Niere eine Anzahl von
specifischen Bestandtheilen in grosser Menge finden, welche im Blute entweder gar nicht oder nur spurenweise vorhanden sind.

In den Mechanismus der Harnsekretion greift das Nervensystem 456.
mannigfach ein, wenn auch keineswegs der Einfluss ein so mächtiger
und direkter ist wie bei andern Sekretionen. Durchschneidung der Nieren-
nerven vermehrt die Harnsekretion wahrscheinlich, weil der Tonus der
kleinen Arterien gemindert und so der Blutzufluss zu den Glomerulis er- .
leichtert wird. Ausserdem hat man bemerkt, dass gewisse Verletzungen
am Boden der vierten Hirnhöhlen sehr reichliche Harnsekretion zur Folge
haben, die manchmal mit Zuckerausscheidung verbunden ist (siehe No. 433),
manchmal nicht. Steigerung der Sekretion durch Reizung besonderer
Nervenbahnen ist noch nicht nachgewiesen.

Das Sekret gelangt aus den Nieren zunächst durch die Harnleiter in
einen Behälter, die sogenannte Harnblase, wo es noch stundenlang verweilen kann und mehr oder weniger beträchtliche Veränderungen seiner
Beschaffenheit erleidet. Namentlich wird es stets durch Wasserresorption
noch etwas koncentrirter und es mengt sich ihm aus den Schleimdrüschen
der Blase Schleim bei. Der Mechanismus der Harnentleerung wird in der
deskriptiven Anatomie beschrieben.

Wir haben nunmehr noch die einzelnen Bestandtheile des Harnes 457.
aufzuführen und ihre physiologische Bedeutung zu erörtern. Vor allen
bemerkenswerth sind unter den Harnbestandtheilen eine Reihe von krystallisirbaren Stickstoffverbindungen, Harnstoff, Harnsäure, Hippursäure, Kreatinin und einige andere. Der Harnstoff ist im normalen
Harn in grosser Menge — mehrere Procente — vorhanden; die anderen
genannten Stoffe meist nur spurenweise.

Die genannten Harnbestandtheile sind offenbar die Trümmer der im
ganzen Körper gespaltenen Eiweissmoleküle und zwar scheidet fast der
ganze Stickstoffgehalt des zersetzten Eiweisses und der andern zersetzten
stickstoffhaltigen Verbindungen, wie des Leimes, auf diesem Wege aus.

Es knüpfen sich daher an diese Stoffe eine Reihe höchst wichtiger Fragen, die hier mit besonderer Berücksichtigung des Harnstoffes erörtert werden sollen. Vor allem drängt sich die Frage auf, wo der Harnstoff entsteht? Es liegt offenbar am nächsten, anzunehmen, dass der Harnstoff in ähnlicher Weise ein Produkt der specifischen Thätigkeit der Nierenzellen sei, wie die Gallenstoffe Produkte der Leberzellen sind. Dies ist auch in der That am wahrscheinlichsten, obwohl manche Einwände dagegen gemacht sind. Namentlich hat man gegen diese Ansicht die Thatsache aufgeführt, dass das Blut regelmässig Harnstoff enthält. Der Harnstoffgehalt des Blutes ist aber so klein — meist weniger als 0,1 % —, dass recht wohl angenommen werden kann, er sei bedingt durch ein Zurückdiffundiren aus der Niere. Gewichtiger wäre allerdings der Einwand, dass der Harnstoffgehalt des Blutes wachse, wenn die Nieren exstirpirt sind. Sollte sich dies bestätigen, dann wäre allerdings nachgewiesen, dass die Harnstoffquelle irgendwo anders im Körper liegt und dass die Niere bloss der Ausscheidungsweg wäre. Die in Rede stehende Thatsache ist aber nicht nur bestritten, sondern einige Forscher fügen noch hinzu, eine Harnstoffanhäufung im Blute finde zwar statt, wenn die Harnleiter unterbunden sind, nicht aber, wenn die Nieren exstirpirt sind.

458. Wenn nun auch der Harnstoff erst in der Niere entsteht, so ist damit natürlich nicht gesagt, dass die ganze Zersetzung der eiweissartigen Körper in diesem Organe stattfinde. Im Gegentheil müssen wir uns vorstellen, dass die Zersetzung der Eiweissmoleküle im Thierkörper ein höchst verwickelter Vorgang ist, welcher in verschiedenen Stadien verläuft, deren jedes möglicherweise an einem andern Orte vor sich geht. Nur das letzte brauchen wir in die Niere zu verlegen. Wir hätten alsdann anzunehmen, dass die vielleicht schon ziemlich einfachen stickstoffhaltigen Zersetzungsprodukte der Eiweissmoleküle von den Nierenzellen angezogen und in ihnen noch weiter gespalten werden, wobei als Endprodukt eben der Harnstoff aufträte.

· Der erste Akt der Eiweisszersetzung geschieht wahrscheinlich zum grossen Theil schon im Darmkanale. Wir werden nämlich später in der Verdauungslehre sehen, dass die Fermente des Magensaftes und des Pankreas aus den Eiweisskörpern der Nahrung Produkte — sogenannte Peptone — bilden können, die zwar in manchen Eigenschaften mit den Eiweisskörpern übereinstimmen, die aber sehr wahrscheinlich Produkte einer schon tief greifenden Zersetzung sind. Es hat durchaus nichts Unwahrscheinliches, wenn man annimmt, dass diese Stoffe viel leichter als die Eiweisskörper den Angriffen des Sauerstoffes im Blute zugänglich sind und dass sie daher einmal resorbirt rasch einer weiteren Zersetzung anheim fallen. Besonders ansprechend ist die Annahme, dass die Peptone, durch die Pfortader der Leber zugeführt, hier zunächst in chemische Processe eingehen.

Die Produkte dieser Processe würden dann im Blute weiter gespalten und lieferten zuletzt in der Niere Harnstoff. Nur diese Annahme, wonach die Peptone leichter verbrennliche Stoffe sind als die Eiweisskörper, kann die merkwürdige und beim Menschen sowohl wie bei Thieren sicher erwiesene Thatsache erklären, dass kurz nach einer eiweissreichen Mahlzeit die Harnstoffausscheidung kolossal gesteigert wird, derart, dass meist schon 6 bis 7 Stunden nachher fast aller Stickstoff der Mahlzeit in Form von Harnstoff den Körper wieder verlassen hat.

Diese Thatsache bleibt völlig räthselhaft, wenn man die niemals be- 459. wiesene, aber oft behauptete Annahme macht, dass die Peptone nach ihrer Resorption ins Blut sich in eigentliches Eiweiss — etwa Serumeiweiss — zurückverwandeln. In der That behauptet man mit dieser Annahme, dass eine ganz mässige Zunahme des Eiweissgehaltes der Säftemasse eine kolossale Steigerung der Eiweisszersetzung herbeiführt.

Wenn nun auch wahrscheinlich die vom Darmkanale aus dem Blute 460. zugeführten Peptone die Hauptquelle des Harnstoffes bilden, so sind sie doch nicht die einzige. Etwas Harnstoff wird nämlich auch gebildet und entleert, wenn längere Zeit gar keine eiweissartigen Körper in den Darmkanal eingeführt werden. So hat man bei Geisteskranken Gelegenheit gehabt, Harnstoffausscheidung zu beobachten, nachdem dieselben 3 Wochen keine Nahrung zu sich genommen hatten. Es ist hieraus zu schliessen, dass eine mässige Zersetzung eiweissartiger Stoffe im Thierkörper immer stattfindet, so lange das Leben besteht. Diese Eiweisszersetzung, deren Maass wir in der Harnstoffausscheidung vor uns haben, wird nicht gesteigert durch Muskelarbeit. Man wird hierin eine bemerkenswerthe Stütze des weiter oben (siehe No. 40) ausgesprochenen Satzes finden, dass bei der Muskelarbeit Eiweissverbrennung keine wesentliche Rolle spielt.

Die übrigen stickstoffhaltigen Harnbestandtheile sind ohne Zweifel analoges Ursprunges wie der Harnstoff selbst und es ist daher nicht nöthig, hier darüber noch besonders zu handeln.

Neben den besprochenen enthält der Harn noch einige weniger wich- 461. tige organische Verbindungen. Vor allem augenfällig ist die Anwesenheit eines gelben Farbstoffes, der indessen nur in äusserst geringen Mengen vorhanden ist. Sodann finden sich einige stickstofffreie organische Säuren, namentlich regelmässig Oxalsäure und öfters auch Bernsteinsäure vor. Sie sind wahrscheinlich auch im Stoffwechsel selbst entstandene Zersetzungsprodukte. Ihr Ursprung ist jedoch nicht mit voller Sicherheit ermittelt und hat auch bei der geringen Menge, in welcher diese Stoffe vorkommen, weniger Interesse.

Von unorganischen Salzen enthält der Harn Kochsalz. Chlorcalcium, schwefelsaure Alkalien und die Phosphate des Natron, des Kalks und der Magnesia. Im Ganzen muss selbstverständlich die Menge der ausgeschiedenen

Salze der Menge der aufgenommenen gleich sein, wenn der Gehalt des Körpers an Salzen unverändert bleiben soll. Im Einzelnen aber ist die Ausscheidung von Salzen nicht ausschliesslich durch die Salzzufuhr in der Nahrung bedingt. Namentlich hat man beobachtet, dass die Ausscheidung des Kochsalzes bei vollständigem Hunger nicht aufhört. Die Kochsalzausscheidung ist also wahrscheinlich zum Theil wenigstens an die Zersetzung der Eiweisskörper geknüpft, mit denen Kochsalz und andere Salze der Säfte und Gewebe in einer Art von chemischer Verbindung sich zu befinden scheinen. Man kann sich hiernach vorstellen, dass bei Zersetzung jedes Eiweissmoleküles ein damit verbunden gewesenes Salztheilchen frei und ausscheidbar wird.

Im normalen Harn sind fast stets mehr Säuren (organische und unorganische) als die zugleich vorhandenen Alkalien sättigen können. Die Flüssigkeit reagirt daher regelmässig sauer. Die Säuren des Harns (Phosphorsäure, Schwefelsäure, Harnsäure etc.) werden zum weitaus grössten Theil sicher nicht in den Nieren erst gebildet, namentlich dann nicht, wenn schon die aufgenommene Nahrung diese Säuren als solche enthält; so entsteht die schwierige Frage, wie die saure Flüssigkeit aus dem ziemlich stark alkalisch reagirenden Blute abgeschieden werden könne. Es kann schwerlich daran gedacht werden, dass in den Nieren Kräfte vorhanden sind, welche starke Säuren von starken Alkalien trennen könnten. Man muss also offenbar annehmen, dass die im Harn abgeschiedenen freien Säuretheilchen im Blute gar nicht mit Alkalitheilchen verbunden gewesen sind. Diese Annahme, dass in einer alkalisch reagirenden, also überschüssiges Alkali enthaltenden Flüssigkeit auch noch freie Säuretheilchen existiren, hat nach unseren heutigen Vorstellungen vom flüssigen Aggregatzustande nichts Widersinniges mehr. Diese laufen nämlich darauf hinaus. in einer flüssigen Masse im Einzelnen unregelmässige Molekularbewegungen anzunehmen, die nur ganz im Groben den Eindruck der Homogenität machen. Man kann sich auf dem Standpunkte dieser Vorstellungen ganz gut denken, dass kleine Säuremengen vom Darmkanal resorbirt werden und dass dieselben zur Ausscheidung kommen, ehe sie im Blute Gelegenheit fanden, sich mit Alkali zu verbinden.

462.	Die nachstehende Tabelle mag eine Idee davon geben, welche Mengen der wichtigsten Harnbestandtheile bei einem normal ernährten Menschen in 24 Stunden etwa zur Ausscheidung kommen.

Wasser	1440 Gramme,
Harnstoff	35 „
Harnsäure	0,75 „
Chlornatrium	16,5 „
Phosphorsäure	3,5 „
Erdphosphate	1,2 „

Schwefelsäure . 2,0 Gramme.
Ammoniak 0,65 „

Summa . . . . 1500 Gramme.
Summa der festen Bestandtheile . 60 „
Specifisches Gewicht . . 1,02 „

VI. Absonderung der Keimstoffe.

1. Männlicher Keimstoff.

Der Hoden ist zwar von Geburt an lebensthätig, doch beginnt seine 163.
eigentlich absondernde Wirksamkeit erst mit dem Eintritte der Pubertät,
denn vorher findet man in den Ausführungsgängen keinen Stoff, dem
alle wesentlichen Merkmale des Samens zukämen.

Die Absonderung des männlichen Zeugungsstoffes im Hoden wird
durch einen Zellenbildungsprocess vermittelt, welcher in dem aus dem
Blute ins Innere der Samenkanälchen übertretenden Bildungsmaterial statt
hat. Physikalische und chemische Bedingungen und Hergänge des Trans-
sudations- und Zellenbildungsprocesses sind völlig unbekannt, nur von
der äusseren Erscheinung derselben giebt das Mikroskop einige Kenntnis.
Das Drüsenkanälchen wird jederzeit mit eigenthümlichen Zellen erfüllt
angetroffen. Im Innern jeder solchen Zelle entstehen (oft und vielleicht
immer neben einem eigentlichen bleibenden Kerne) mehrere rundliche
Bläschen. Diese bekommen am einen Pole einen fadenförmigen Anhang,
der sich allmählich verlängert. Gleichzeitig nimmt das Bläschen selbst eine
mandelförmige Gestalt an und dann ist der „Samenfaden“, aus Kopf
und Schwanz bestehend, in der Zelle fertig gebildet. Die in einer Zelle
gebildeten Samenfäden durchbrechen nun zu einem Bündel geordnet zugleich mit den aneinandergelegten Köpfen und Schwänzen die Zellmembran
an zwei entgegengesetzten Enden. Diese letztere löst sich, nachdem sie
noch einige Zeit dem Samenfädenbündel in der Mitte der Schwänze oder
auch bruchstückweise kappenartig auf den Köpfen anhaftete. allmählich auf
und damit ist der Same vollendet — bestehend aus den Samenfäden und
einer sie suspendirenden Flüssigkeit, welche aus dem Reste des Zellen-
inhaltes und der Intercellularflüssigkeit besteht.

Die Samenfäden haben im Samen eine fortschreitende Bewegung, be- 464.
wirkt durch schlängelnde Oscillationen des Schwanzes. Die fortschreitende
Bewegung hat im Mittel etwa eine Geschwindigkeit von 0,27^{mm} in der
Secunde. Die Kräfte, welche diese Bewegungen hervorbringen, sind unbekannt, vielleicht nicht analoger Natur, wie die bei der Muskelbewegung
wirksamen Kräfte. Es ist wenigstens behauptet worden, dass direkt oder indirekt die treibende Kraft der Samenfädenbewegung von endosmotischen oder

Quellungsströmungen geliefert wird. Es spricht dafür Manches aus dem reichhaltigen Thatsachenvorrath, der durch Versuche über die Bedingungen der Anregung und Hemmung dieser Bewegungen angehäuft ist. Vor Allem ist zu erwähnen, dass die Bewegung erst lebhaft wird (vielleicht überhaupt erst anfängt) an den Stellen der Samenwege, wo dem eigentlichen Hodensekret andere Flüssigkeiten zugemischt werden — im Nebenboden. Ferner, dass die Zumischung vieler fremder Flüssigkeiten die Bewegungen anregt. Hierher gehören namentlich 1—5procentige Lösungen ätzender Alkalien. Alle diese günstigen Bedingungen kommen darin überein, dass sie voraussichtlich das endosmotische Gleichgewicht aufheben, endosmotischen Austausch von Stoffen zwischen der Substanz des Samenfadens und der umgebenden Flüssigkeit veranlassen. Ganz besonders spricht aber für die in Rede stehende Vermuthung die Thatsache, dass plötzliche sehr starke Verdünnung des Samens mit Wasser, mögen in demselben auch ganz kleine Mengen sonst günstig wirkender Substanzen gelöst sein, sofort der Bewegung ein Ende macht. In diesem Falle, kann man sich nämlich vorstellen, tritt ein so rapider Diffusionstsrom ein, dass derselbe in ganz kurzer Zeit den Zustand des Samenfadens bedeutend und dahin ändert, wie er einem neuen endosmotischen Gleichgewicht entspricht. In der That spricht sich diese rasche Aenderung in der Beschaffenheit des Samenfadens sichtlich aus. Sein Schwanzende krümmt sich gegen den Kopf, und diese Oesenfigur, offenbar die Gleichgewichtsfigur des gequollenen Samenfadens, erhält sich unverändert. Dieses Gleichgewicht — so dürfen wir ungescheut, ohne irgend einer Hypothese das Wort zu reden, die eingetretene Bewegungslosigkeit nennen — kann wieder aufgehoben werden. Setzt man nämlich zu dem stark mit Wasser verdünnten Samen neutrale Lösungen von einiger Concentration (Blutserum, Hühnereiweiss, Zuckerlösung, Harnstofflösung 10—30 %, Glycerin-, Amygdalin-, Kochsalzlösung, letztere von 1—10 %), so biegen sich die Samenfäden auf und fangen an sich zu bewegen. — Dass die genannten Lösungen, zu nicht verdünntem Samen gesetzt, für die Bewegungen seiner Fäden kein Hemmniss abgeben, lässt sich nach dem Gesagten schon vermuthen und findet sich in der That durch Versuche bestätigt. — Bemerkenswerth ist, dass auch wässrige Lösungen von narkotischen Stoffen, wenn sie nicht durch zu grosse Verdünnung wie reines Wasser wirken, die Bewegungen der Samenfäden nicht stören. — Dass Aether, Alkohol, Chloroform, Kreosot, Gerbsäure, Metallsalze, dem Samen zugesetzt, die Bewegung der Fäden aufheben, kann, abgesehen von jeder Hypothese, nicht auffallen, da diese Stoffe voraussichtlich den einen oder den andern Bestandtheil gerinnen machen. — Ferner erweisen sich Essigsäure und die Mineralsäuren, letztere selbst in sehr kleinen Mengen dem Samen zugesetzt, der Bewegung seiner Fäden feindlich. — Höchst seltsam ist es endlich, dass auch Lösungen von Gummi, Dextrin und Pflanzenschleim der Samenfädenbewegung auffallend schädlich sind. Um sich davon Rechenschaft zu geben, hat man wohl die auch sonst schon ausgesprochene Annahme gemacht, dass die genannten drei Körper im Wasser nicht eigentlich löslich seien, und dass also ihre sogenannten Lösungen wie reines Wasser wirken müssten.

Die Samenfäden bestehen höchst wahrscheinlich zum grössten Theile 465. aus einer Proteinsubstanz, daneben enthalten sie aber Fett (beim Karpfen 4,05 %) — nach einigen Beobachtungen specifische Gehirnfette — und anorganische Bestandtheile, hauptsächlich Kalk, auch, wie Einige angeben, freien Phosphor. In einer von den Samenfäden des Karpfens gemachten Analyse betrug die Menge anorganischer Bestandtheile 5,21 %. Im Allgemeinen ist der Gehalt an feuerfesten Stoffen so gross, dass bei vorsichtigem Glühen die Asche des Samenfadens in der ursprünglichen Gestalt desselben zurückbleibt.

Ausser den Samenfäden enthält der Same noch Molekularkörnchen von unbekannter Zusammensetzung.

Die Zwischenflüssigkeit, die im eigentlichen Hodensekrete nur sehr spärlich vorhanden ist, enthält einen eiweissartigen Körper, von dem eigentlich nichts Bestimmtes bekannt ist, und ausserdem die Salze des Blutes, überwiegend phosphorsauren Kalk und phosphorsaure Magnesia. Die Reaktion des Samens ist alkalisch oder neutral. Der Same im Ganzen (die Fäden eingerechnet) ist reich an festen Stoffen. Im ejakulirten Samen des Menschen sind noch etwa 10 % fester Stoffe. Das reine Hodensekret ist jedenfalls reicher an ihnen. Es enthielt beim Ochsen 17,6 %, beim Pferde 18,06 % festen Rückstandes in einzelnen Bestimmungen.

Ueber die Geschwindigkeit der Samensekretion wissen wir eigentlich 466. Nichts. Dass im normalen Zustande die Entleerung des Samens nach aussen gänzlich unterbleiben kann, ist noch kein sicherer Beweis dafür, dass während derselben die Absonderungsgeschwindigkeit der Null gleich geworden ist, denn es könnte auf dem langen und engen Wege vom Hoden zum Penis der gebildete Same wieder resorbirt werden. Jedesfalls ist die Geschwindigkeit im Ganzen gegen die anderer Sekretionen klein und variabel ohne bestimmte Perioden. Zu den Einflüssen, welche die Sekretion beschleunigen, gehört wahrscheinlich Erregung des sexuellen Nervensystems und häufige Entleerung des Sekretes.

Auf dem Wege vom Hoden zum Penis mischen sich ohne Zweifel dem Samen noch mancherlei Säfte bei. Ersichtlich wird dies daraus, dass der ejakulirte Same an Fäden weit ärmer ist, als der aus dem Hoden oder Nebenhoden unmittelbar gewonnene. Diese Thatsache kann gewiss nicht erklärt werden durch Auflösung von Samenfäden, die doch sonst in thierischen Flüssigkeiten, z. B. im Uterusschleim, sich wochenlang unversehrt erhalten. Sie liefert vielmehr den Beweis für die Zumischung von Flüssigkeiten ohne Formelemente. Woher diese Flüssigkeiten rühren, darüber giebt uns die Anatomie bekanntlich hinreichende Aufklärung. Die Samenwege sind nämlich mit einer Schleimhaut ausgekleidet, die selbst Sekret liefern kann, und auf deren Oberfläche obendrein noch besondere Drüsen münden. Ueber die Natur dieser Säfte, welche sich dem Samen vor der Ejakulation beimischen, insbesondere des angenommenen *succus prostaticus* und des Cowper'schen Drüsensekretes, sowie über die näheren Umstände ihrer Absonderung sind wir dagegen völlig im Dunkeln.

467.   Die normale Entleerung des Samens ist nicht ein einfaches stetiges Abfliessen aus der Urethra, in welche — wie aus der Anatomie bekannt — die Hodenausführungsgänge schliesslich münden. Sie ist verknüpft mit einem Cyklus von Bewegungserscheinungen, welche auf Erregung des sexuellen Nervensystemes eintreten, die Erregung kann reflektorisch von der Peripherie (des Pudendus) wie beim Coitus ausgehen, kann aber auch durch innere Bedingungen im Centralorgan entstehen. Sie ist von einem eigenthümlichen, nicht näher definirbaren Zustande des Cerebrospinalcentrums begleitet, den man als Wollustgefühl bezeichnet. Die erste Erscheinung der in Rede stehenden Reihe ist die Erection des Penis. (Siehe No. 378.)

In die bei der Erektion des Penis ausgespannte Harnröhre wird nun der Same durch die sehr langsame, aber nicht peristaltische Kontraktion der muskulösen Wände des *vas deferens* und der Samenbläschen befördert, und endlich wird er aus der Harnröhre entleert durch periodisch wiederholte plötzliche Zusammenziehungen des *m. bulbocavernosus.*

2. Weiblicher Keimstoff.

468.   Die Bereitung der Eier im Eierstocke und ihre Entfernung aus demselben ist sehr wesentlich von den bisher betrachteten Sekretionen verschieden. Es handelt sich dabei nicht wie bei jenen, um die Bildung eines — abgesehen von Differenzen, die sich in mikrospisch kleinen Intervallen wiederholen — homogenen Stoffes, von welchem grössere oder kleinere Mengen dieselbe Leistung in grösserem oder kleineren Maasse hervorbringen können. Der Eierstock bildet in seinem Innern für sich bestehende, in sich gegliederte Einheiten, von denen nicht ein Weniger und Mehr zum selben Zwecke zu gebrauchen ist. Eine solche Einheit — ein „Ei" — wird vollständig unbrauchbar, sobald ihm das Geringste fehlt. Ueber die Natur des Eies haben wir nur eine sehr einseitige Kenntniss. Wir wissen nämlich nur von seiner Gestalt. Was wir darüber wissen, lehrt übrigens eine andere Disciplin, die Anatomie. Bekanntlich zählt dieselbe das Ei zu einer Gruppe von Gebilden, die sie

Zellen nennt, womit indessen nicht der mindeste Aufschluss über die
Processe in dem Gebilde gegeben ist, noch viel weniger natürlich über
die Kräfte, durch welche die Processe bedingt sind. Nicht einmal die
chemische Konstitution des Eies ist genügend erkannt. Es findet sich in
den Eiern aller Wirbelthiere, die chemisch untersucht sind, also vermuthlich auch der Menschen, Wasser, Albumin, Margarin, Olein, phosphor-
haltige Fette und die Salze des Blutes.

Von der Bildung des Eies haben wir ebenfalls nur ganz einseitig 469.
morphographische Kenntniss. Im derben, wohl aus elastischem und Bindegewebe bestehenden, indessen bei vielen Thieren nachweislich auch glatte
Muskelfasern enthaltenden Stroma des Eierstockes bildet sich irgendwo
ein Häufchen engverbundener Zellen, das sich sofort durch eine structur-
lose Membran von der Umgebung scharf abgrenzt. Man erkennt in dem
Zellenhäufchen sehr bald ein lichtes Bläschen mit einem dunkeln sphärischen Körperchen im Innern. Dieses ist der Keimfleck, jenes Bläschen
das Keimbläschen, um welches sich eine durch Molekularkörner getrübte
Masse, der Dotter, zusammenzieht, der sich dann schliesslich mit einer
homogenen Haut umgiebt. Während dessen haben sich die anfänglich
das Häufchen bildenden Zellen zu einer epithelartigen Schicht angeordnet,
welche die innere Fläche der vorhin erwähnten strukturlosen Membran
auskleidet. Das ganze Innere der so ausgekleideten Höhle wird vom Ei
eingenommen. Um die strukturlose Hülle des das Ei enthaltenden Follikels entwickelt sich nun eine feste Bindegewebskapsel. Der Follikel dehnt
sich durch Flüssigkeitsaufnahme aus, wobei das Ei an die Wand gedrängt
wird. Die epithelartige Zellenlage wuchert durch Bildung neuer Elemente,
welche namentlich an der Stelle, wo das Ei anliegt, zahlreich auftreten
und den „Keimhügel" darstellen. Die Vergrösserung des Follikels, den
man den Graaf'schen nennt, bringt ihn der Oberfläche des Eierstockes
immer näher, über welche zuletzt ein Segment des Follikels hervorragt.
Nun platzt er und das Eichen wird von der Flüssigkeit, die es umgab,
herausgespült. Ein solches Platzen von einem oder mehreren Follikeln
mit Ausstossung reifer Eier erfolgt beim Menschen nur in regelmässigen
Perioden von durchschnittlich 28 Tagen. Nach Ausstossung des Eies erfolgt Bluterguss in den Follikel. Das ergossene Blut nebst den zurück-
gebliebenen Zellen der ursprünglich epithelartigen „membrana granulosa"
erleidet eine „fettige Degeneration", dann eine Atrophie mit faltiger Schrum-
pfung der Kapsel und Vernarbung der Oeffnung, so dass zuletzt nur noch
Pigment übrig bleibt. Folgt auf die Eilösung eine Schwangerschaft, so
dauert der Rückbildungsprocess des geplatzten Follikels länger und das
corpus luteum, so nennt man die ersten Stadien der Metamorphose, wird bedeutend grösser. Die Ursache davon ist wohl einfach, dass bei einer Schwangerschaft eine dauernde Blutkongestion nach den Beckenorganen besteht.

470.   Die regelmässige periodische Lösung von Eiern aus dem Ovarium
dauert im Mittel (in Deutschland) vom 16. bis zum 45. Lebensjahre.
Während der Schwangerschaft kommt keine Eilösung vor. Mit der Eilösung verbinden sich Erscheinungen im ganzen weiblichen Sexualsystem.
Im Allgemeinen können sie als kongestive bezeichnet werden. Man fasst
sie zusammen unter dem Namen der Menstruation. Die hervorstechendste
der fraglichen Erscheinungen ist eine Entleerung von Blut aus der Vulva,
das auf der Uterusschleimhaut ausgeschwitzt ist. Die Dauer dieses Blut-
flusses kann zwischen 1 und 8 Tagen schwanken, sie dürfte im Mittel
4 Tage betragen. — Die Gesammtmenge des bei einer Menstruation aus-
gestossenen Blutes, dem übrigens Schleim beigemengt ist, wird sehr verschieden angegeben. Die Angaben variiren zwischen 90 und 600 Gramm.
Man behauptet, dass die Menge wesentlich von klimatischen Einflüssen
abhängig sei, doch dürften die individuellen Einflüsse noch beträchtlicher
sein. Zur Berechnung von Mittelzahlen fehlt es an Material. — Einige Physiologen sprechen dem Menstrualblut den Faserstoffgehalt ab. — Der Blut-
ausscheidung selbst geht gemeiniglich reichlichere Sekretion der Genitalien-
schleimhäute voran. — Auch empfindet das Weib meist vor oder während
der Menstruation ziehende Schmerzen in den Schenkeln und der Kreuz-
gegend, oft von wehenartigem Charakter. Letzteres deutet auf Bewegungen
der Uteruswand, die vielleicht zur Ausstossung des Blutes helfen.

471.   Das gelöste Eichen gelangt in die freien Bauchfellöffnungen der Fallopischen Röhren. Durch welchen Mechanismus sich diese gerade zur Zeit
der Eilösung an den Eierstock anlegen, ist gänzlich unbekannt. Der
Eileiter hat bekanntlich glatte Muskelfasern, die auf Reizung der benachbarten sympathischen Geflechte in peristaltische Bewegungen gerathen,
deren Richtung bald vom Ovarium zum Uterus, bald umgekehrt ist.
Ausserdem ist der Eileiter im Innern mit Flimmerepithel ausgekleidet,
dessen Cilien so schwingen, dass eine Strömung vom Ovarium nach dem
Uterus hin entsteht. Diese beiden bewegenden Momente scheinen aber
zur Beförderung des Eies vom Ovarium nach dem Uterus nicht thätig zu
sein, es müssten denn dieser Bewegung sich ganz besondere Widerstände
entgegenstellen. In der That müsste ja das Ei, wenn es von peristaltischen
Bewegungen der Tuba ergriffen würde oder in die Strömung der Flimmer-
haare ungehemmt hineingeriethe, voraussichtlich sehr bald zum Uterus gelangen. Es braucht aber zu diesem Wege 5—8 Tage Zeit. Das im Uterus
angelangte Ei überlassen wir der Entwickelungsgeschichte.

Literatur.

(110 — 112.) Die Handbücher der Gewebelehre. — (118 — 119.) Ludwig, Mittheil. d. Zürcher naturf. Gesellschaft. 1851. — Bernard, Systéme nerveux. Bd. 2. Paris 1858. — Heidenhain, Untersuchungen aus dem Breslauer Laboratorium. — Eckhard, Beiträge zur Anatomie und Physiologie. — (425 und 426.) Bernstein, Arbeiten aus Ludwigs Laboratorium. 1869. — (130 und fgd.) Bernard, Leçons. Paris 1856. — Pavy, Untersuchungen über diabetes mellitus. Göttingen 1864. — (435 und fgd.) Strecker, Annal. d. Chemie und Pharmacie. Bd. 62 und 70. — (437.) Gorup-Besanez, Lehrb. d. physiol. Chemie. — (439.) Die histiologischen Handbücher. — (440.) Thiry, Wiener akad. Sitzungsber. 1864. — (143.) Favre, Comptes rend. der Par. Akademie. Bd. 35. — (446.) Hemmerich, Centralbl. f. d. med. Wissensch. 1866. — (451.) Henke, Arch. f. Ophthalmologie. IV. 2. — (452—456.) Ludwig, Nieren und Harnbereitung in Wagners Handwörterbuch. Ferner verschiedene Abhandlungen desselben Verfassers in den Wiener Sitzungsberichten und in den „Arbeiten des Leipziger Laboratoriums". — (457—462.) Die Handbücher der physiologischen Chemie. — (463—471.) Die Handbücher der Gewebelehre.

9. Abschnitt. Blutneubildung.

1. Kapitel. Nahrungsmittel.

472. In den vorigen Abschnitten wurde gezeigt, dass alltäglich das Blut des Menschen namhafte Mengen verschiedener Stoffe theils in fester, theils in flüssiger, theils in Gasform an die Aussenwelt abgiebt. Gleichwohl mindert sich in längeren Zeiten weder die Menge des Blutes, noch ändert sich seine Zusammensetzung merklich. Es müssen daher nothwendig neue Stoffe als Ersatz von der Aussenwelt aufgenommen werden. Einen solchen Stoff haben wir schon kennen gelernt in dem beim Respirationsprocesse aus der Luft aufgenommenen Sauerstoff. Dieser kann aber die Verluste nicht allein decken, schon weil er sie an Menge nicht erreicht, dann aber auch, weil eben nicht bloss Sauerstoff, sondern auch noch andere Elemente, nämlich Kohlenstoff, Wasserstoff, Stickstoff, Schwefel, Phosphor, Chlor und Metalle in den Ausscheidungsstoffen enthalten sind. Es müssen also noch auf einem andern Weg Ersatzstoffe aufgenommen werden. Diesem Bedürfniss entspricht offenbar die Nahrungsaufnahme durch den Mund in den Darmkanal. Der Mensch sowie jedes Säugethier sucht instinktiv wesentlich folgende chemische Verbindungen in seinen Darmkanal zu bringen: 1. Wasser, 2. Eiweiss, bald in dieser, bald in jener Modifikation, 3. ein oder das andere Fett, 4. Kohlehydrate (hauptsächlich Zucker und Stärkemehl), 5. eine Reihe von Salzen, deren Metalle Kalium, Natrium, Calcium, Magnesium, Eisen, deren Säuren Chlor, Schwefelsäure, Phosphorsäure sind. Man nennt diese chemischen Verbindungen „Nahrungsstoffe". Ob diese sämmtlichen Stoffe unentbehrlich sind oder ob vielleicht einige sich gegenseitig vertreten können, ist noch nicht mit Sicherheit ausgemacht, indessen ist sehr wahrscheinlich, dass keiner der aufgezählten Stoffe auf die Dauer in der Nahrung fehlen dürfe. Was zunächst das Wasser betrifft, so kann dasselbe zwar ganz sicher innerhalb des Thierleibes durch Oxydation aus andern Verbindungen gebildet werden, aber sicher geschieht dies niemals in solchem Maasse, dass dadurch der tägliche Wasserverlust des Körpers ersetzt werden könnte. Es muss also jedesfalls Wasser als solches eingeführt werden und geschieht dies, wie allbekannt, in Speisen und Getränken reichlich. Es ist ferner selbstverständlich, dass die vorhin aufgezählten Metalle sich weder ineinander verwandeln noch aus organischen Stoffen gebildet werden können, sie müssen demnach jedes in seinen Salzen aufgenommen werden.

Bezüglich der organischen Nahrungsstoffe ist die Frage sehr schwierig. Wir wissen positiv, dass aus Eiweiss durch Zersetzungsprozesse von der Art der im thierischen Organismus verlaufenden die sämmtlichen vorhin aufgezählten andern organischen Verbindungen entstehen können, nämlich Fett- und Kohlehydrate. Hiernach scheint es, dass sie auch durch Eiweiss in der Nahrung ersetzt werden könnten. Wenn dies auch vielleicht für einige Zeit möglich ist, so spricht doch die instinktive Begierde nach Fetten und namentlich Kohlehydraten, wenn längere Zeit vorzugsweise Eiweiss als Nahrung genommen wurde, dafür, dass diese stickstofffreien Verbindungen zu einer zweckmässigen Ernährung des menschlichen Körpers unentbehrlich sind. Von den Fetten und Kohlehydraten ist es nicht unwahrscheinlich, dass sie sich gegenseitig ersetzen können. Dafür kann schon von vornherein ihre Zusammensetzung aus bloss drei Elementen: Kohlenstoff, Wasserstoff, Sauerstoff geltend gemacht werden, besonders aber die Erwägung, dass Individuen, die lediglich von animalischer Nahrung leben, fast keine Kohlehydrate, und solche, die nur pflanzliche Kost zu sich nehmen, fast kein Fett einverleiben, beiderlei Individuen aber sich ungestörten Wohlseins erfreuen können. Längere Zeit hat man es sogar für unzweifelhaft gehalten, dass sich im menschlichen Körper Fett aus Kohlehydraten regelmässig bilde. Diese Ansicht ist zwar neuerdings erschüttert, aber doch nicht positiv widerlegt.

Die aufgezählten Nahrungsstoffe bietet uns die Natur nicht rein dar. 473. Wir sind darauf angewiesen, sie in andern Thieren und Pflanzen oder in Theilen von solchen sowie in natürlichen Mineralstoffen zu suchen. Diese Körper, die wir, sofern sie gegessen oder getrunken werden, „Nahrungsmittel" nennen, enthalten verschiedene Nahrungsstoffe mit einander und mit andern Stoffen gemengt, die nicht als Nahrungsstoffe betrachtet werden können. So enthalten die dem Thierreich entnommenen Nahrungsmittel, insbesondere das hier vorzugsweise in Betracht kommende Muskelfleisch, ausser Wasser, Salzen, Eiweissstoffen, Fetten und Spuren von Kohlehydraten auch noch Blutgefässwände, Sehnen, Fascien, sowie kleine Mengen der sogenannten Extraktivstoffe, lauter Stoffe, die entweder gar nicht oder nur in untergeordneter Weise als Ersatzstoffe des Verbrauchten gelten können. Noch mehr Beimengungen ohne Nahrungswerth enthalten die meisten pflanzlichen Gewebe, die als Nahrungsmittel zur Verwendung kommen. Die meisten derselben bestehen zu einem guten Theil aus dem bekannten, im Pflanzenreich weit verbreiteten Zellstoffe. Dieser kann. wenigstens wenn er von alten (verholzten) Zellen stammt. gar nicht einmal in denjenigen Aggregatzustand gebracht werden, welcher seine Ueberführung ins Blut ermöglicht. Dasselbe gilt übrigens auch von dem sogenannten elastischen Gewebe der thierischen Theile.

474. Nachstehende Schemata (Fig. 47) können eine Anschauung von der Zusammensetzung einiger wichtiger Nahrungsmittel aus dem Thier- und Pflanzenreiche geben. Eine bestimmte Gewichtsmenge, etwa 1 Kgr.

Animalische Nahrungsmittel.   Fig. 47.

Erklärung der Zeichen.

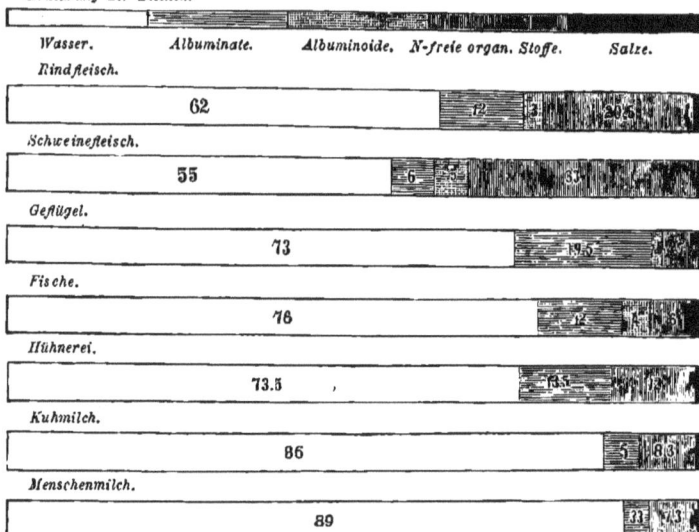

| Wasser. | Albuminate. | Albuminoide. | N-freie organ. Stoffe. | Salze. |

Rindfleisch.

62   72   3   20.5

Schweinefleisch.

55   6   35

Geflügel.

73   19.5

Fische.

76   7

Hühnerei.

73.5   ,   13.5

Kuhmilch.

86   5   8.3

Menschenmilch.

89   11   7.3

Vegetabilische Nahrungsmittel.

Erklärung der Zeichen.

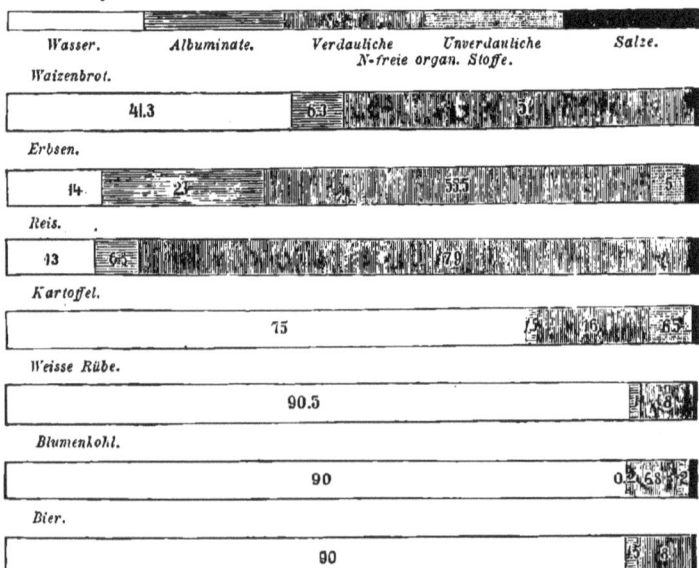

| Wasser. | Albuminate. | Verdauliche N-freie organ. Stoffe. | Unverdauliche | Salze. |

Waizenbrot.

41.3   63   5

Erbsen.

14   27   55   5

Reis.

13   6.5   77.9

Kartoffel.

75   1.5   16   65.5

Weisse Rübe.

90.5   8

Blumenkohl.

90   0.2   68   3.2

Bier.

90   5   8

des Nahrungsmittels, ist repräsentirt durch einen 100ᵐᵐ langen Flächen-
streif und dieser ist abgetheilt entsprechend der Zusammensetzung des
Nahrungsmittels aus den Hauptnahrungsstoffen, welche gemäss der
Zeichenerklärung durch Schraffirung kenntlich gemacht sind. Den Abtheilungen sind Zahlen eingeschrieben, welche die Länge der Abtheilungen
in Millimetern oder geradezu angeben, wie viel Procent des betreffenden
Stoffes das Nahrungsmittel enthält. Der Procentgehalt an Salzen liess
sich in dem schmalen schwarzen Feld am Ende rechts nicht gut anbringen.
Er ergiebt sich aber allemal leicht, wenn man die Summe der übrigen
Zahlen von 100 abzieht. Unter Albuminoiden (durch gekreuzte Schraffi-
rungen angedeutet) als Bestandtheilen der animalischen Nahrungsmittel
sind verstanden die leimgebenden und elastischen Gewebe. Die verdaulichen
stickstofffreien organischen Stoffe als Bestandtheile der vegetabilischen
Nahrungsmittel sind wesentlich Zucker, Stärkemehl und Fett, die unver-
daulichen Cellulose.

Die Auswahl zwischen den verschiedenen von der Natur dargebotenen 475.
Nahrungsmitteln trifft der Mensch im Allgemeinen selbstverständlich nicht
nach physiologischen Reflexionen, sondern nach dem Eindruck, welchen
sie auf den Geschmack und Geruchsinn machen. Diese Auswahl muss
aber nothwendig einigermaassen mit einer rationell physiologischen zu-
sammentreffen. Vermöge der natürlichen Zuchtwahl nämlich müssen sich
im Laufe der Generationen die beiden genannten Sinne in der Weise entwickeln, dass nützliche Körper einen angenehmen, schädliche einen wider-
lichen Eindruck auf sie machen. Denn diejenigen Individuen, bei welchen
das Umgekehrte stattfand und welche daher schädliche Stoffe begierig
einverleibten, nützliche verschmähten, mussten zu allen Zeiten geringere
Aussicht auf Gesundheit, langes Leben und Erzeugung von Nachkommenschaft haben. Diese Betrachtung gilt natürlich nur von solchen Körpern,
welche seit unvordenklicher Zeit in reichlichem Maasse in Jedermanns
Bereiche waren, und es kann ihr nicht der Einwand entgegen gehalten
werden, dass manche nur spärlich vorkommende oder erst in neuerer Zeit
künstlich erzeugte Körper den meisten Menschen angenehm schmecken,
obgleich sie schädlich sind, wie z. B. alkoholische Getränke. Darauf kann
eben der Geschmack der Menschen noch nicht gezüchtet sein. Man kann
ganz unbedenklich behaupten, wenn uns die Natur von Anfang Wein oder
Branntwein ebenso häufig dargeboten hätte wie das nützliche Quellwasser,
dann würden gewiss alle Menschen einen Widerwillen gegen seinen Geruch und Geschmack haben, denn es wären ganz sicher nur mit einem
solchen Widerwillen ausgerüstete Individuen übrig geblieben. Ein inter-
essantes Beispiel entgegengesetzter Art bietet das Kochsalz, auch dies bot
die Natur dem Menschen vor dem Entstehen der Kultur nicht zum Genusse dar, und es konnte also der Geschmack nicht darauf gezüchtet

werden. Sicher würde es aber den Menschen ebenso wohlschmeckend
erscheinen, wenn es von Anfang an bekannt gewesen wäre, da es entschieden nützlich ist.

Die vulgäre Annahme, dass, was gut schmeckt, auch gesund sein
müsse, hat also ihre Berechtigung in Bezug auf den durchschnittlichen
Geschmack von grösseren Gesammtheiten und auf Nahrungsmittel, welche
die Natur reichlich darbietet. Unberechtigt ist sie in Bezug auf die individuellen Neigungen, denn sie können ebensogut schädliche als nützliche
Abweichungen von der herangezüchteten Geschmacksrichtung sein.

Der Geschmack und Geruchsinn veranlasst uns, auch an den von der
Natur dargebotenen Nahrungsmitteln vor ihrer Einverleibung allerlei künstliche Aenderungen anzubringen, namentlich durch Erhitzung (Kochen,
Braten, Backen) und ihnen ausserdem allerlei Stoffe zuzusetzen, die an
sich keine Nahrungsmittel sind. Auch diese Gewohnheit ist offenbar durch
natürliche Zuchtwahl entwickelt. Die in der Küche und Bäckerei gemachten Vorbereitungen bringen nämlich die natürlichen Nahrungsmittel
in verdaulichere Form und die Zusätze, die „Gewürze", sind meistens
Stoffe, die auf die Nerven der Mundhöhle und des Darmkanales stark
reizend einwirken und so die Sekretion der Verdauungsflüssigkeiten anregen. Ein so zubereitetes Nahrungsmittel nennen wir „Speise".

Selbst die Speisen enthalten aber die meisten Nahrungsstoffe noch
immer nicht in solcher Form, dass sie ohne Weiteres in das Blut aufgenommen werden könnten. Hierzu ist vielmehr eine verwickelte mechanische und chemische Bearbeitung im Darmkanal erforderlich, die sogenannte „Verdauung".

2. Kapitel. Verdauung.

176.   Die Aufnahme von fester und flüssiger Nahrung oder Essen und
Trinken sind im Allgemeinen willkührliche Akte. Die Motive dazu bilden
zwei eigenthümliche Empfindungszustände, „Hunger" und „Durst".
Der letztere ist ganz offenbar bedingt durch die Erregung gewisser Empfindungsnerven, welche ihre peripherischen Endigungen in der Schleimhaut
der Zungenwurzel und des Gaumens finden und daselbst durch Trocken-
heit gereizt werden. Das Durstgefühl kann daher momentan durch An-
feuchtung dieser Theile beseitigt werden. Wird dabei aber die Blutmasse
nicht durch Aufnahme einer grösseren Wassermasse gehörig verdünnt, so
kehrt der Durst sehr bald wieder, weil die betreffenden Schleimhaut-
stellen durch Resorption ihrer Feuchtigkeit in das eingedickte Blut rasch
wieder trocken werden. Der Hunger ist dagegen nicht durch Reizung bestimmter Empfindungsnerven an ihrer Peripherie bedingt, sondern durch

Einwirkung einer gewissen Blutbeschaffenheit auf das Nervencentralorgan selbst. Er ist daher nicht eine bestimmte lokalisirte Empfindung, sondern eine eigenthümliche Modifikation des Allgemeinbefindens, ähnlich wie das Athembedürfniss. Beseitigt wird das Hungergefühl durch Anfüllung des Magens. Es kann dies indessen keinesfalls so zugehen, dass die Resorption von Nahrstoffen dem Blute diejenige Beschaffenheit nimmt, welche die Ursache des Hungers ist. Einerseits nämlich hört das Hungergefühl momentan auf, sowie der Magen mit Nahrungsmitteln gefüllt ist, also lange, ehe auch nur das mindeste resorbirt werden konnte, andererseits hört sogar das Hungergefühl auf, wenn der Magen mit Körpern ohne Nahrungswerth erfüllt wird. Im letzteren Falle kehrt es freilich nach kurzer Zeit wieder. Diese merkwürdigen Thatsachen könnte man etwa durch folgende — sonst freilich nicht erweisbare — Vermuthung erklären: Das Hungergefühl wird verursacht durch die Anwesenheit eines gewissen unbekannten Stoffes im Blute. Dieser Stoff wird von den Magensaftdrüsen angezogen und ergossen, sowie dieselben durch Anfüllung des Magens gereizt werden. So wäre die Beseitigung des Hungers erklärt. Man müsste weiter annehmen, dass dieser hypothetische Stoff bei der Verdauung wirklicher Nahrungsstoffe zerstört wird. daher, wenn solche eingeführt werden, der Hunger längere Zeit ausbleibt. bis sich der Stoff im Blute wieder neu erzeugt. Sind aber die in den Magen eingeführten Körper unverdauliche, dann wird der Stoff nicht zerstört, sondern ins Blut wieder resorbirt und der Hunger kehrt alsbald wieder.

Der erste Akt der Verdauung geschieht in der Mundhöhle. Feste 477. Speisen werden hier zunächst durch die schneidende und mahlende Bewegung der Zahnreihen gegeneinander mehr oder weniger zerkleinert unter Beihülfe der Zunge, welche die Speisestückchen immer an den rechten Platz zwischen die Zahnreihen schiebt. Der Mechanismus dieser Bewegungen, des „Kauens", wird in der descriptiven Anatomie genauer behandelt. Während des Kauens fliesst aus den Speicheldrüsen und Schleimdrüsen der Mundhöhle schleimige Flüssigkeit zu. mit welcher die kleinen Speisestückchen zu einem Brei zusammengeknetet werden. Sodann wird er auf der Zungenwurzel zu einem rundlichen Klumpen, dem sogenannten „Bissen", geformt und durch einen eigenthümlichen Mechanismus durch die Rachenhöhle und Speiseröhre zum Magen hinunterbefördert. Im Allgemeinen geschieht dieser Akt — des „Schlingens" — durch Verengerung des den hinteren Theil des fortzuschiebenden Bissens umschliessenden Theiles des Mundrachenrohres, welche Verengerung sich dann successive auf weiter abwärts gelegene Theile erstreckt. Man bezeichnet solche Bewegungen als peristaltische. Welche Muskeln der Zunge, des Gaumens, des Schlundes, der Speiseröhre an diesem Akte Theil nehmen und in welcher Reihenfolge, das lehrt die descriptive Anatomie. Es ist

gut, zu bemerken, dass für das Schlingen der Speichel oder das Mundsekret im Allgemeinen von grosser Bedeutung ist, denn es giebt dem
Bissen die nöthige Schlüpfrigkeit zum leichten Hinabgleiten. Ganz ohne
Mundsekret würde es z. B. unmöglich sein, ein trocknes Stück Brot in
den Magen zu fördern.

478.   Während der Akte des Kauens und des Schlingens beginnt auch
schon die chemische Einwirkung des Speichels. Erstens können sich
manche leicht lösliche Stoffe, z. B. Zucker und Salze, im Wasser des
Speichels auflösen. Zweitens aber enthält der Parotiden-Speichel (siehe
No. 421) ein Ferment, welches auf einen der wichtigsten Nahrungsstoffe,
nämlich auf das Stärkemehl, eine besondere chemische Wirkung ausübt.
Es verwandelt dasselbe in Zucker. Diese Wirkung, die man die „diastatische" oder „sacharificirende" nennt, wird durch die erhöhte
Temperatur in der Mundhöhle begünstigt. Noch höhere, der Siedhitze
nahe gelegene Temperaturen heben die Wirksamkeit des Speichelfermentes
wie die der meisten andern bekannten Fermente derart auf, dass sie auch
nach der Wiederabkühlung nicht mehr vorhanden ist. Wahrscheinlich
beruht diese Zerstörung der Fermente auf einer Dissociation ihrer Moleküle, die bei manchen Fermenten mit Gerinnung verbunden zu sein
scheint. Das Stärkemehl kommt bekanntlich in der Natur stets in einer
besonderen Form, dem sogenannten Stärkekörnchen, vor. In ihr ist es
der diastatischen Wirkung des Mundspeichels fast gänzlich unzugänglich.
Bei einer Temperatur von etwas über 60 ⁰ quillt das Stärkemehl mit Wasser
zu dem sogenannten „Kleister" auf. Von diesem kann das Speichel-
ferment in kurzer Zeit beträchtliche Mengen in Zucker verwandeln. Es
ist daher von grösster Wichtigkeit, dass man stärkemehlhaltige Nahrungsmittel vor dem Genusse mit Wasser einer höheren Temperatur aussetzt,
wie dies in der That beim Zubereiten von Mehlspeisen, beim Sieden und
Braten der Kartoffeln (welche selbst schon Wasser genug enthalten), beim
Backen des Brotes etc. geschieht. In allen diesen Speisen befindet sich
das Stärkemehl im gequollenen Zustande und ist daher der diastatischen
Wirkung des Speichels sehr zugänglich.

Schon durch sehr kleine Mengen von Salzsäure oder Schwefelsäure
wird der Speichel unwirksam gemacht und auch nach der Neutralisation
kehrt die Wirksamkeit nicht wieder, dagegen verträgt er Zusätze kleiner
Mengen von Essigsäure oder Weinsäure, ohne seine Wirksamkeit ein-
zubüssen. Grössere Mengen dieser organischen Säuren heben zwar die
diastatische Wirksamkeit des Speichels auf, sie kehrt aber nach der Neutralisation wieder. Erhöht man die natürliche schwach alkalische Reaktion
des Speichels durch Zusatz nur kleiner Mengen von Kali oder Natron,
so ist die diastatische Wirksamkeit unwiederbringlich verloren.

479.   Im Magen angekommen übt der Speisebissen theils rein mechanisch,

theils chemisch eine reizende Wirkung auf Nervenenden aus, die nicht zum Hirn geleitet wird, um als Empfindung zum Bewusstsein zu kommen, sondern wahrscheinlich schon in den Ganglienzellen der Magenschleimhaut selbst auf die Labdrüsen reflektirt wird und diese zur Sekretion ihres specifischen Saftes veranlasst. Als chemische Reize wirken sowohl die den Speisen zugesetzten Gewürze, z. B. Pfeffer, Kochsalz etc., als auch der im Munde zugemischte Speichel. Des letzteren reizende und Magensaftabsonderung einleitende Wirkung ist experimentell erwiesen. Der Magensaft enthält freie Säure. Doch ist die Menge derselben nicht gross genug, um das Ferment des Speichels vollständig zu entkräften.

Neben der freien Säure enthält der Magensaft ein specifisches Ferment, das sogenannte „Pepsin", und diese beiden Agentien zusammen üben die verdauende Wirkung aus. Sie beschränkt sich auf die eiweissartigen Körper und den Leim, während sie die sämmtlichen andern Nahrungsstoffe, als Fette, Amylum etc., unverändert lässt. Die Wirkung des Magensaftes kann zwar im Magen von Thieren durch Fisteln direkt beobachtet werden (ja es ist sogar in der Geschichte der Physiologie aus älterer Zeit eine Reihe von Beobachtungen an einer Magenfistel eines Menschen bekannt), genauer kann man aber diese Wirkung studiren, wenn man aus einer Magenfistel entnommenen Magensaft ausserhalb des Körpers auf die Nahrungsstoffe einwirken lässt. Genau ebenso wie der natürliche von den Magendrüsen wirklich abgesonderte Saft wirkt ein wässriger Auszug der Magenschleimhaut eines geschlachteten Thieres, dem man so viel Salzsäure zusetzt, dass die ganze Flüssigkeit davon etwa $^2/_{10}$ bis $^3/_{10}$ Procent enthält — sogenannter künstlicher Magensaft.

Alle eiweissartigen Körper werden durch den Magensaft zunächst in die unter dem Namen des Acidalbumins bekannte Modifikation übergeführt, welche in höchst verdünnten Säuren und höchst verdünnten Alkalien selbst bei Siedhitze löslich ist, bei der Neutralisation aber ausfällt. Da Fibrin und geronnenes Hühner- oder Serumeiweiss sich in verdünnten Säuren (freilich äusserst langsam) lösen, nicht aber in reinem, neutralem Wasser, so ist vielleicht ihre chemische Natur dem Acidalbumin verwandt und sie unterscheiden sich von dem leichtlöslichen vielleicht nur durch einen kompakteren Aggregatzustand. Man könnte alsdann sagen, dass der Magensaft zunächst alle Eiweisskörper in die geronnenen Modifikationen überführt, wozu die bekannte Thatsache passt, dass Milchcasein in Berührung mit Magensaft sofort gerinnt. Wird nun Eiweiss längere Zeit bei einer Temperatur von etwa 40° der Wirkung des Magensaftes ausgesetzt, so lösen sich geronnene Eiweisskörper auf und es treten tiefer greifende Zersetzungen ein, aus denen verschiedene Produkte hervorgehen. Oft bleiben noch mehr oder weniger grosse Mengen von Acidalbumin in der Lösung, so dass bei ihrer Neutralisation ein Niederschlag entsteht, der aber, wenn die angewandte Verdauungsflüssigkeit sehr kräftig war und ihre Einwirkung sehr lange dauerte, fast ganz fehlt.

481. In der von dem Neutralisationspräcipitat abfiltrirten Lösung findet sich als Hauptprodukt der Verdauung ein als „Pepton" bezeichneter Körper, der in seiner chemischen Zusammensetzung sehr bedeutend von dem angewandten Eiweiss abweicht, indem er weniger Kohlenstoff und mehr Sauerstoff enthält. Durch Verdauung des Blutfibrins von der procentischen Zusammensetzung C 52,7, H 7,0, N 15,7, (O + S) 24,7 wurde z. B. ein Pepton erzielt, dessen procentische Zusammensetzung C 47,7, H 8,4, N 15,4, S 0,9, O 27,6 war. Neben diesem Körper finden sich in der Lösung in geringeren Mengen noch andere Spaltungsprodukte, die weniger untersucht sind. Die Peptone haben manche Reaktionen mit dem Eiweiss gemein, z. B. die Xanthoproteinreaktion, die Millonsche Reaktion, die Violettfärbung alkalischer Kupferlösung, die Fällbarkeit durch Gerbsäure und Sublimat. In vielen andern Reaktionen weichen dagegen die Peptone von den Eiweisskörpern, aus denen sie entstanden sind, bedeutend ab. So sind sie in verdünntem Alkohol leicht löslich, werden nicht durch Mineralsäuren gefällt, und sind leicht diffusibel durch Membranen.

Eine ähnliche Wirkung wie auf Eiweiss äussert der Magensaft auf Leim. Er verwandelt denselben in eine bei Abkühlung der Lösung nicht mehr gelatinirende Substanz, welche man als „Leimpepton" bezeichnet.

Der saure Magensaft löst ferner die schwerlöslichen Salze des Kalkes und der Bittererde, die in den Nahrungsmitteln enthalten sind.

482. Eine ganz besonders merkwürdige Wirkung des Magensaftes besteht in der Zerstörung der Fäulnissfermente. Man kann sich von dieser energischen antiseptischen Wirkung des Magensaftes leicht dadurch überzeugen, dass derselbe mit Eiweisskörpern gemischt wochenlang bei hoher Sommertemperatur offen stehen darf, ohne dass sich eine Spur von Fäulniss einstellt. Wenn man bedenkt, welche Menge von Fäulnissferment selbst der Mensch mit den Nahrungsmitteln zu sich nimmt — ganz zu schweigen von vielen Thieren, denen geradezu faulende Körper als regelmässige Nahrung dienen — und dass die sonstigen Bedingungen zur Fäulniss im Magen und Darmkanale die günstigsten sind, so wird man begreifen, dass die antiseptische Wirkung des Magensaftes für den thierischen Haushalt von ganz hervorragender Wichtigkeit ist.

Auf Kohlehydrate und Fette hat der Magensaft keinerlei Wirkung, jedoch kann die Saccharification von Stärkemehl unter dem Einfluss des mit verschluckten Speichels im Magen weiter gehen, wenn nicht allzuviel Säure gegenwärtig ist.

483. Im Ganzen scheint bei der wirklichen Magenverdauung innerhalb des lebenden Thieres die Spaltung der Eiweisskörper nur in sehr beschränktem

Maasse stattzufinden, weil die Speisen nicht lange genug im Magen verweilen. Zwar ist die Zeit dieses Verweilens eine sehr verschiedene, doch
dürfte sie für Fleisch und andere eiweissreiche Nahrungsmittel unter normalen Bedingungen 2 bis 3 Stunden selten übersteigen, ja schon vor Ablauf dieser Zeit vielleicht oft schon einige Minuten nach der Nahrungsaufnahme beginnt der Uebertritt von Mageninhalt durch den Pylorus in
den Zwölffingerdarm. Das übertretende Produkt der Magenverdauung wird
Chymus genannt und stellt einen je nach der Beschaffenheit der aufgenommenen Nahrung sehr verschiedenen dünnen Brei dar. Die meisten
Speisestückchen sind noch ziemlich so wie sie von der Mundhöhle herunter-
kamen, darin enthalten. Fleischbissen sind allerdings meist in kleinere
Stückchen zerfallen, weil der Magensaft das die Fleischbündel zusammen-
haltende Bindegewebe leicht löst. Die Fette sind geschmolzen und
schwimmen meist zu Tropfen vereinigt auf dem Mageninhalt. Die Ueberführung ins Duodenum geschieht unter dem Einflusse seltener und wenig
energischer peristaltischer Zusammenziehungen der Magenwand in einzelnen Portionen, wobei sich der sonst fest geschlossene Pylorus durch
einen nicht näher bekannten Mechanismus öffnet. Das Signal zu einer
Oeffnung des Pylorus muss offenbar ein Nervenreiz resp. der Wegfall
eines solchen geben, der bewirkt wird durch d i e j e n i g e Eigenschaft der
angrenzenden überzuführenden Chymusportion, welche herzustellen die
Aufgabe des Magens ist, welche Eigenschaft freilich noch nicht ganz sicher
bekannt ist. Einiges Licht auf diesen räthselhaften Punkt wirft die Thatsache, dass manche Aromata, z. B. das der Zwiebel, meist enorm lange
im Magen verweilen, was man durch die Ructus am eigenen Körper viele
Stunden nach Einverleibung von Zwiebeln wahrnehmen kann. Diese Aromata sind also wohl energische Reize für die Nerven des Pylorusschliessers.
Ebenso reizend wirken vielleicht gewisse regelmässig in der Nahrung enthaltene Körper, welche zu zerstören der Magen bestimmt ist — möglicherweise eben die Fäulnissfermente.

Im Duodenum mischen sich dem Chymus drei neue Sekrete bei, 484.
nämlich die Galle, der pankreatische Saft und drittens wohl in weit kleineren Mengen der Saft der kleinen Drüschen der Darmschleimhaut. Der
Erguss der in der Gallenblase aufgespeicherten Flüssigkeit scheint bewirkt
zu werden, indem die Berührung der Papille des Gallenganges mit dem
sauren Speisebrei einen Reiz ausübt, der sich auf die muskulösen Wände
der Gallenblase reflektirt. Die erste Wirkung der Galle besteht darin,
dass sie die Wirksamkeit des Pepsins vernichtet, vermöge einer specifischen
noch nicht ganz aufgeklärten Eigenschaft der gallensauren Salze. Aber
auch ohne dieselbe würde das Pepsin im Dünndarm seine Wirksamkeit
nicht ferner entfalten können, da dieselbe nur in saurer Lösung möglich
ist, die Flüssigkeiten im Dünndarm aber stets alkalisch reagiren.

485.   Da eine im Thierreiche so weit verbreitete Einrichtung nothwendig
zweckmässig sein muss, so kann die Bestimmung des Pepsins unmöglich
darin bestehen, grosse Mengen Eiweiss in Pepton zu verwandeln, was
eben wegen sofortiger Tödtung dieses Fermentes im Dünndarm faktisch
nicht geschieht. Mit grösserer Wahrscheinlichkeit dürfen wir — wie schon
angedeutet wurde — in der Desinfektion der Nahrungsmittel seine wesentliche Aufgabe sehen, die es auch wirklich vollständig löst. Die Bildung
von Peptonen ist vielleicht nur eine Nebenwirkung, die auch ihren Nutzen
hat, aber nur, wenn sie in beschränktem Maasse geschieht, und die darum
sobald als möglich unterbrochen wird. Ueber die Verwendung der Peptone im thierischen Haushalte ist oben (siehe No. 432) schon eine Vermuthung ausgesprochen.

    Eine zweite Wirkung der Galle besteht in der Emulgirung ge-
schmolzenes Fettes. Darunter versteht man bekanntlich die Vertheilung
von Fetten in unmessbar feine Tröpfchen in einer wässrigen Lösung,
welche dann ein milchiges Ansehen darbietet. Ferner hat man beobachtet,
dass mit Galle durchfeuchtete Membranen solche feine Fetttröpfchen leichter
durch ihre Poren durchtreten lassen. Eine dritte chemische Wirkung der
Galle auf Bestandtheile der Fette wird noch weiter unten zu erörtern sein.

486.   Der pankreatische Saft scheint von allen den Sekreten, welche sich
dem Darminhalt beimischen, bei weitem das wichtigste zu sein. Er enthält drei verschiedene Fermente, welche auf die drei Hauptgruppen der
Nahrungsstoffe umsetzend einwirken. Diese Fermente finden sich übrigens
auch im Wässrigen oder im Glycerinauszug der Drüsensubstanz und es
kann ihre Wirkung daher bequemer an solchen Extrakten studirt werden,
die viel leichter herzustellen sind als Pankreassekret. Eines dieser Fermente hat diastatische Wirkung auf die Kohlehydrate wie das Speichel-
ferment, nur wirkt es bedeutend energischer, als das letztere. Wahrscheinlich ist es sogar im Stande, Cellulose, wenn sie nicht ganz verholzt
ist, allmählich in Zucker zu verwandeln. Man hat nämlich durch Fütte-
rungsversuche im Grossen nachgewiesen, dass Pflanzenfresser beträchtliche
Mengen von der Cellulose ihres Futters ins Blut aufnehmen können. Auch
dem menschlichen Darmkanale ist es — freilich in geringerem Maasse —
möglich. Schwerlich wird dies in anderer Form als in der des Zuckers
geschehen. Da wir nun kein energischeres diastatisches Ferment im
Thierkörper kennen, als das des Pankreas, so wird man ihm die Fähigkeit, Cellulose zu sacharificiren, beilegen müssen. Direkt experimentell
erwiesen ist freilich dieselbe noch nicht.

487.   Ein zweites Ferment des Pankreas wirkt auf die eiweissartigen Körper
derart ein, dass alle geronnene und nicht geronnene in leicht lösliche und
leicht diffusibele Spaltungsprodukte zerfallen. Man hat die letzteren wohl
als Pankreaspeptone bezeichnet, obwohl keineswegs erwiesen ist, dass sie

mit den durch Pepsinwirkung gelieferten Spaltungsprodukten der Eiweisskörper übereinstimmen. Jedesfalls ist in vielen wesentlichen Punkten die
Wirkung des Pankreasfermentes von der Pepsinwirkung durchaus verschieden. Diese kann, wie oben gezeigt wurde, nur bei Gegenwart von
freier Säure stattfinden und geronnene Eiweisskörper müssen erst quellen,
ehe sie gelöst werden können; die Pankreasfermentwirkung dagegen geht
in saurer und in alkalisch reagirenden Lösungen vor sich und setzt keine
Quellung der geronnenen Eiweisskörper voraus. In alkalischen Lösungen
geht die Wirkung des Pankreasfermentes sehr schnell in Fäulniss über.
Im Darmkanal selbst kommt es trotz der alkalischen Reaktion des Inhaltes
zu einer eigentlichen Fäulniss normalerweise nicht, aber doch zur
Bildung übelriechender Zersetzungsprodukte, die in die Faeces übergehen.

Vom Gesichtspunkte der durchgängig vorauszusetzenden Zweckmässig- 488.
keit kann man vermuthen, dass die in Rede stehende Fermentsubstanz
die Aufgabe hat, welche man früher allgemein dem Pepsin zuschrieb,
nämlich grössere Mengen der Eiweisskörper der Nahrung in leicht re-
sorbirbare Modifikationen überzuführen, welche nach ihrer Aufnahme ins
Blut in ächtes durch Hitze gerinnbares Eiweiss zurückverwandelt werden.
Positiv erwiesen ist eine solche Vermuthung zur Zeit nicht. Es scheinen
sogar manche schon berührte Thatsachen dagegen zu sprechen. Ueberlässt man nämlich ausserhalb des Darmkanales Eiweiss längere Zeit der
Einwirkung des Pankreasfermentes, so kommt es zu sehr tiefgreifenden
Zersetzungen, wobei Spaltungsprodukte von sehr einfacher Zusammen-
setzung — z. B. Leucin — massenhaft auftreten, dass an eine etwaige
Rekomposition derselben zum Eiweiss kaum gedacht werden kann. Im
Darmkanal selbst könnten indessen die in den ersten Stadien der Wirkung
auftretenden Produkte durch Resorption der weiteren Einwirkung des
Fermentes entzogen werden, so dass nur verhältnissmässig kleine Mengen
von Eiweiss den tiefer greifenden Zersetzungen verfielen.

Ein drittes Ferment des Pankreas ist im Stande, Fette zu zerlegen 489.
in Glycerin und die Hydrate der betreffenden fetten Säuren. In diesen
Process müssen selbstverständlich 3 Wassermoleküle für je ein Molekül
Fett eingehen. Die freigewordenen Fettsäurehydrate finden im Darmkanale
das gallensaure Natron vor und erleiden damit eine Umsetzung, bei
welcher sich das Natron mit den stärkeren Fettsäuren zu leicht löslichen
Seifen verbindet und die schwächeren Gallensäuren in Freiheit gesetzt
werden. Da die Menge der im Laufe eines Tages abgesonderten gallen-
sauern Salze ziemlich beträchtlich ist, so kann auf diese Weise eine
Menge von Seifen gebildet werden, die einen namhaften Posten im ganzen
Stoffwechsel abgiebt.

Endlich wirkt der pankreatische Stoff auf geschmolzene Fette emul-
girend in noch weit höherem Grade als die Galle. Die emulgirende Wir-

kung dieser beiden Sekrete hat zur Folge, dass unterhalb des Eintrittes des Gallen- und Pankreasganges der Darminhalt bei fetthaltiger Nahrung milchig aussieht, während oberhalb die Fette in grössere Tropfen vereinigt erscheinen.

490.   Im ganzen Verlaufe des Darmkanales mengt sich dem Inhalte noch das Sekret der kleinen Drüschen der Darmschleimhaut der sogenannten Lieberkühn'schen Drüsen bei. Die Menge dieses Sekretes lässt sich auch nicht annähernd angeben, jedoch ist sie wahrscheinlich nicht unbedeutend, denn man hat in künstlich isolirten Darmschlingen an Hunden (siehe No. 440) bei gehöriger Reizung in einer Stunde 13—18^{gr} Saft von 100 $\square^{cm}$ Darmoberfläche absondern sehen. Die Wirksamkeit des Darmsaftes ist noch nicht ausser allem Zweifel, manche Forscher wollen diastatische eiweisslösende und Fette zersetzende Wirkungen desselben gesehen haben, andere Forscher haben sie nicht beobachten können.

491.   Obwohl im Verlaufe des normalen Lebens die peristaltischen Bewegungen nicht sehr lebhaft zu sein scheinen, rückt doch im Ganzen der stets ziemlich flüssige Inhalt des Dünndarms fort und gelangt zuletzt in den Dickdarm. Während dieses Fortrückens verliert er durch die Resorption Wasser und gelöste Stoffe, so dass der Inhalt des Dickdarmes hauptsächlich aus den ungelösten Bestandtheilen der aufgenommenen Nahrung besteht. Doch sind darin auch niedergeschlagene Bestandtheile der Galle enthalten, namentlich Umsetzungsprodukte des Gallenfarbstoffes und Reste der Gallensäuren. Diese scheinen nämlich im Darmkanale eine Spaltung zu erleiden, in Taurin und Glykokoll einerseits und Cholalsäure andererseits, die beiden ersteren leicht löslichen Körper verfallen höchst wahrscheinlich der Resorption ganz und die Cholalsäure wenigstens zum Theil, denn es finden sich von ihr, resp. von ihren Zersetzungsprodukten, Choloidinsäure und Dyslysin, in den Exkrementen stets viel kleinere Mengen, als man nach den verbreiteten Annahmen über die Sekretionsgrösse der Galle erwarten dürfte. Die Reaktion des Dickdarminhaltes ist meistens die saure, herrührend von überschüssigen Fettsäuren, die durch das Pankreasferment in Freiheit gesetzt sind, oder von Säuren, die durch Gährung aus dem Zucker entstanden sind.

492.   Indem der Inhalt des Dickdarmes weiter gegen den Mastdarm fortrückt, wird er immer noch ärmer an Wasser und löslichen Stoffen, denn auch im Dickdarm findet Resorption statt. Die letzten im Mastdarm angesammelten Reste werden periodisch durch die Afteröffnung entleert, als sogenannter „Koth" oder „Exkremente". Eine bestimmte Zusammensetzung kann natürlich der Koth nicht haben, da er eben wesentlich aus unlöslichen Resten der Nahrungsmittel besteht, die sehr verschieden sein müssen, je nachdem dieses oder jenes Nahrungsmittel eingeführt wurde, ausserdem enthält er aber stets auch noch mehr oder weniger an sich

verdauliche Stoffe, namentlich Eiweiss und Stärkemehl, die nicht vollständig zur Resorption gelangt sind. Er enthält aber auch einige regelmässige Bestandtheile, die von den Darmsekreten und ihrer Wirkung her-
rühren. Dahin gehören erstens die schon erwähnten Zersetzungsprodukte
der Gallensäuren und der braune Farbstoff des Kothes, ein Zersetzungsprodukt des Gallenfarbstoffes, dann der den specifischen Kothgeruch bedingende Körper, der offenbar der Einwirkung des pankreatischen Saftes
auf die Eiweisskörper seine Entstehung verdankt, und endlich Schleim
aus den sämmtlichen Schleimdrüsen des Darmkanales stammend. Die Entleerung des Kothes geschieht unter Mitwirkung der Bauchpresse und der
peristaltischen Bewegung des Dickdarmes. Der Mechanismus derselben
wird in der descriptiven Anatomie behandelt.

Im Darmkanal finden sich ausser den festen und flüssigen Stoffen 493.
regelmässig auch Gase, und zwar sind es hauptsächlich Kohlensäure, Stickstoff, Wasserstoff, Kohlenwasserstoffe und Spuren von Schwefelwasserstoff.
Der Stickstoff ist jedesfalls mit den Speisen verschluckter Stickstoff der
Atmosphäre, der zugleich mit verschluckte Sauerstoff ist offenbar vom
Blute der Darmkapillaren absorbirt. Die Kohlensäure, Kohlenwasserstoffe
und der Wasserstoff rühren von Milchsäure- und Buttersäuregährung des
Zuckers her; ob diese durch importirte Fermente oder durch die Fermente
der Sekrete eingeleitet wird, ist unentschieden. Reichliche Milchsäure-
und Buttersäureentwickelung ist jedesfalls nicht normal. Die Spuren von
Schwefelwasserstoff dürften wohl bei der Zerlegung schwefelhaltiger Eiweisskörper durch den pankreatischen Saft entstehen.

3. Kapitel. Resorption.

Vom Binnenraume des Darmkanales ins Innere des Blutgefässsystems 494.
kann ein Stofftheilchen auf zwei Wegen gelangen, einmal direkt durch
die Wände der in der Darmschleimhaut verbreiteten Blutkapillargefässe
und dann auf dem Umwege des Lymphgefässsystemes. Höchst wahrscheinlich werden diese beiden Wege von den in den Darmkanal aufgenommenen Nahrungsstoffen betreten. Ihr Uebergang ins Blut auf dem
einen und dem anderen Wege wird „Resorption" genannt und man
kann also eine direkte Blutgefässresorption und eine Lymphgefässresorption
unterscheiden. Die erstere kann man auch Venenresorption nennen, da
dieselbe sicher vorzugsweise in die Venenanfänge hinein geschieht, denn
in den arteriellen Anfängen der Kapillargefässe ist sehr wahrscheinlich der
Druck im Inneren noch so hoch, dass er einem Eindringen flüssiger Stoffe
von aussen viel Widerstand leistet.

Der Venenresorption verfällt ohne Zweifel vor Allem eine grosse
Menge von Wasser, diese Flüssigkeit durchsetzt mit grosser Leichtigkeit
durchfeuchtete Membranen von der Dünnheit der feinsten Blutgefässwände,
und eine Kraft, welche sie in diese Gefässe hineinzieht, haben wir in der
Anziehung der gelösten Blutbestandtheile, wohl namentlich des Eiweisses.
Es hat auch durchaus nichts mechanisch Widersinniges, dass vielleicht
aus demselben Gefässrohr an einer Stelle durch den hier herrschenden
hohen Druck Wassertheilchen ausgepresst werden und dass an einer andern
Stelle, wo der Druck niedriger ist, solche Theilchen, von den gelösten
Stoffen angezogen, wieder einwandern. An jener Stelle überwiegt der
Druck über die Anziehungskräfte, an dieser Stelle die letzteren über den
Druck. Diese Anschauungsweise wird noch wesentlich unterstützt durch
die besondere Anordnung der Gefässverzweigungen in der Darmschleimhaut. Die aus den Arterienästchen entspringenden Kapillaren umspinnen
nämlich zuerst die Drüsenschläuche in der Tiefe der Schleimhaut und
treten dann erst an die Oberfläche derselben und sammeln sich da zu
den Venenwürzelchen, so dass hier die Bedingungen für die Resorption
dort — in den Drüsenschläuchen — die Bedingungen für die Transsudation
günstiger sind. Unbekannt sind bis jetzt die Einrichtungen, vermöge deren
im Magen und vielleicht auch im oberen Abschnitte des Dünndarmes im
Ganzen die Transsudation (zum Zweck der reichlichen Sekretion) vorherrscht, in den unteren Abschnitten des Dünndarmes und im Dickdarm
die Resorption, so dass hier der Inhalt an Wasser ärmer wird.

495.   Ausser dem Wasser werden höchst wahrscheinlich auch die in ächter
Lösung befindlichen Stoffe, also Salze, Zucker, Seifen und Peptone von
den Venenwurzeln aufgenommen. Alle diese Stoffe sieht man ja auch
ausserhalb des Organismus mit Leichtigkeit durch Membranen diffundiren.
Als treibende Kräfte, welche diese Wanderung von Stoffen ins Blut bewirken, hat man meist die sogenannten endosmotischen bezeichnet, doch
sind diese so wenig bekannt, dass damit keine eigentliche Erklärung des
ohnehin auch noch hypothetischen Phänomens gegeben ist. Unmöglich
ist es übrigens nicht, dass auch ein Ueberschuss des Druckes im Darm-
rohr über den in den Venenwurzeln bei der Ueberführung gelöster Stoffe
bisweilen mitwirkt, denn es kann recht gut durch die peristaltischen Zusammenziehungen der Darmwände der Inhalt stellenweise unter einen
Druck gesetzt werden, welcher den Druck in den Venen übertrifft.

Dass überhaupt bedeutende Mengen von Nahrungsstoffen direkt in
die Darmvenen übergehen, wird auch vom teleologischen Gesichtspunkte
aus wahrscheinlich, wenn man bedenkt, dass nur so die Einlagerung der
Leber in den Strom des Darmvenenblutes verständlich wird, die offenbar
die Aufgabe hat, dieses ganz besonders geartete Blut erst so umzuwandeln,
dass es ohne Schaden der übrigen Blutmenge beigemengt werden kann.

Die besondere Beschaffenheit kann aber das Darmvenenblut eben nur der reichlichen Beimengung resorbirter fremder Stoffe verdanken. Wie namentlich der Zucker in der Leber umgewandelt wird, ist schon in einem früheren Abschnitte erörtert (siehe No. 431). Vielleicht werden ausserdem noch die Peptone, welche als ebenfalls sehr leicht diffusibele Körper wohl auch hauptsächlich von den Venen aufgenommen werden, in der Leber verändert, aus ihnen könnten recht wohl Gallensäuren und vielleicht auch noch kleine Mengen von Glykogen gebildet werden.

Zur **Lymphgefässresorption** dient ein eigens eingerichteter Apparat, 196. dessen Hauptbestandtheil die sogenannten Darmzotten bilden. Dies sind dicht gedrängt stehende fadenartige Ausstülpungen der Dünndarmschleimhaut. Ihnen verdankt dieselbe, wenn man sie, gut gewaschen, unter Wasser betrachtet, ein sammetartiges Ansehen. Jede Zotte hat unter dem Epithel eine Lage der Länge nach verlaufender glatter Muskelfasern. In der Axe jeder Zotte liegt der Anfang eines **Chylusgefässes** — so nennt man die Lymphgefässe des Darmkanales. Das centrale Chylusgefäss der Zotte ist umsponnen von einem Netze feinster Blutgefässe. Die ganze Einrichtung zielt vor Allem ganz offenbar auf eine Vervielfältigung der Oberfläche ab. Dass aber die Zotten auch einen aktiv wirksamen Mechanismus enthalten, um Bestandtheile des Darminhaltes ins Innere der Chylusgefässe zu befördern, wird durch die Thatsache bewiesen, dass sogar jene feinen Fetttröpfchen, die durch die emulgirende Wirkung der Galle und des pankreatischen Saftes gebildet sind, in die Chylusgefässe einwandern. Diese Thatsache ist schon seit längerer Zeit Gegenstand vielfacher mikroskopischer Forschungen gewesen, und man hat beobachtet, dass Fetttröpfchen oder **Fettstäubchen** zunächst in das Protoplasma der Epithelzellen und von da in das Gewebe der Zotte und schliesslich in das Lumen des centralen Chylusgefässes eindringen. Diese Einwanderung ist bei sehr fettreicher Nahrung so massenhaft, dass die ganzen Chylusgefässe mit einem milchig weissen Inhalte strotzend gefüllt sind. Man sieht sie bei einem in voller Fettverdauung geschlachteten Thiere wie hellweisse Fäden neben den Blutgefässen des Mesenteriums hinziehen. Ja es kann in solchen Fällen das ganze Blutserum ein milchig getrübtes Ansehen annehmen (siehe No. 320).

Verschiedene Histiologen haben über die Einwanderung des Fettes in die Chylusgefässe Hypothesen aufgestellt, von denen indessen keine eine befriedigende mechanische Erklärung in Aussicht stellt. Die Vermuthung liegt nahe, dass bei der Fettresorption das Protoplasma der Epithelzellen eine aktive Rolle spielt. Man könnte etwa sagen, die Epithelzellen fressen die Fettkügelchen in ähnlicher Weise wie einzellige Infusorien kleine Körnchen fressen, und geben sie auf der andern Seite wieder von sich. Eine Erklärung ist natürlich mit dieser Ausdrucksweise auch nicht gegeben.

Ein mechanisches Förderungsmittel der Resorption kann man im Bau der Zotten durch folgende Betrachtung sehen. Nehmen wir das centrale Chylusgefäss auf irgend eine Weise gefüllt an, und zieht sich alsdann die Muskelschicht zusammen, so wird der Inhalt des Chylusgefässanfanges in der Richtung nach dem *ductus thoracicus* hin ausgepresst werden. Zugleich aber wird auch der Inhalt der Blutgefässe entweichen. Indem sich nun diese von den Arterien her unter hohem Druck wieder füllen, wird sich das ganze Netz gleichsam erigiren und dadurch eine Art Saugwirkung zum Innern der Zotte ausgeübt werden. Das Chylusgefäss kann sich natürlich wegen der Klappen nicht von den Stämmen, sondern nur vom Darminhalt her wieder anfüllen.

497.   Wenn sogar Fettkügelchen in die Chylusgefässe eindringen können, dann werden die noch viel feiner vertheilten Eiweisspartikelchen gewiss auch nicht von der Resorption ausgeschlossen sein, so schwer auch sonst gelöstes eigentliches Eiweiss durch Membranen filtrirt und diffundirt. Es ist auch neuerdings der positive Nachweis geliefert, dass ächte Eiweisskörper — nicht bloss die durch die Wirkung der Verdauungsfermente aus ihnen hervorgehenden Spaltungsprodukte (Peptone) — vom Darmkanal aus resorbirt werden können. Man hat nämlich Eiweisslösungen in gut ausgewaschene abgeschnittene Dünndarmschlingen lebender Thiere eingebracht und hat sie daraus durch Resorption verschwinden sehen, obwohl keinerlei auf Eiweiss wirkendes Ferment zugegen war. Am leichtesten wurde Acidalbuminat aufgenommen, weniger leicht durch Hitze gerinnbares Hühnereiweiss. Die Resorption des letzteren scheint durch Anwesenheit von Kochsalz gefördert zu werden, was vielleicht einen Fingerzeig für die diätetische Wichtigkeit dieses Körpers abgiebt. Durch diese Versuche ist allerdings nicht entschieden, ob die Eiweisskörper durch die Venen oder die Chylusgefässe aufgenommen werden.

Literatur.

(472 und flgd.) M o l e s c h o t t, Physiologie der Nahrungsmittel. — (476 und folgend.) B i d d e r und S c h m i d t, Die Verdauungssäfte. — F r e r i c h s, Art. Verdauung in Wagners Hwdb. d. Physiol. — K ö l l i k e r und M ü l l e r, Berichte über das physiol. Inst. zu Würzburg. — K ü h n e, Lehrb. der physiol. Chemie. — M e i s s n e r, Verdauung der Eiweisskörper, Zeitschr. f. ration. Med. — B r ü c k e. Verdauung der Eiweisskörper, Sitzgsber. d. Wiener Akad. — S c h i f f, Leçons sur la digestion. — (494 u. flgd.) Die Handbücher der Gewebelehre. — (496.) V o i t, Zeitschr. f. Biologie. Bd. V.

10. Abschnitt. Der Stoffwechsel und seine Effekte im Ganzen.

1. Kapitel. Uebersicht der Einnahmen und Ausgaben.

In den vorhergehenden Abschnitten haben wir gesehen, wie fort- 498. während Bestandtheile des menschlichen Körpers zersetzt werden, die Zersetzungsprodukte denselben auf verschiedenen Wegen verlassen und wie neuaufgenommene Stoffe an die Stelle der zersetzten treten. Es ist nun von grossem Interesse, diese Einnahmen und Ausgaben des Körpers noch einmal im Ganzen zu überschauen und sie quantitativ zu vergleichen. Es sind offenbar 3 Fälle möglich. Es können nämlich 1. die Einnahmen grösser sein als die Ausgaben; 2. die Einnahmen den Ausgaben gleich kommen; oder endlich 3. die Einnahmen kleiner als die Ausgaben sein. Welcher von diesen 3 Fällen in Wirklichkeit statt hat, kann man ohne weitere Untersuchung der Einnahmen und Ausgaben selbst erfahren. Man braucht nur zu Anfang und zu Ende der gewählten Zeit den Körper zu wägen, denn im ersten Falle muss das Gewicht desselben zu Ende grösser sein als zu Anfang, im zweiten Falle eben so gross, im dritten kleiner.

Um die Einnahmen und Ausgaben selbst zu bestimmen, hat man verschiedene Methoden versucht. Die vollkommenste, welche bis jetzt angewandt wurde, ist die folgende. Ein Mensch hält sich während 24 Stunden oder noch längerer Zeit in einem kleinen Zimmerchen auf, durch welches ein Luftstrom gesaugt wird, und es wird Folgendes beobachtet: 1. Das Körpergewicht der Versuchsperson vor dem Eintritt und nach dem Austritt aus dem Versuchsraume; 2. qualitativ und quantitativ Alles, was die Versuchsperson in fester und flüssiger Form während der Versuchszeit zu sich nimmt; 3. qualitativ und quantitativ Alles, was die Versuchsperson in fester und flüssiger Form während der Versuchszeit ausscheidet (Ausscheidungen, welche nicht zur Erhaltung des Lebens erforderlich sind, als z. B. Ausscheidung von Schweiss, Samen, Milch, Menstrualblut, Eiern sind übrigens bei derartigen Versuchen bis jetzt noch nicht berücksichtigt); 4. wie viel Kohlensäure und wie viel Wasser die Luft beim Durchströmen durch den Versuchsraum aufgenommen hat. Ob die Menge des Stickstoffes der Luft zu- oder abgenommen hat, kann bei der gegenwärtig angewandten Methode nicht bestimmt werden. Eben so wenig kann die zweifellos stattfindende Abnahme der Sauerstoffmenge in der durchströmenden Luft direkt bestimmt werden. Unter der Annahme aber, dass von der Versuchsperson ausser Wasser und Kohlensäure nichts in Gasform ausgeschieden ist und dass ausser Sauerstoff kein anderes Gas absorbirt wurde, kann man die Menge des absorbirten Sauerstoffes berechnen. Es muss nämlich offenbar das anfängliche Körpergewicht vermehrt um die Summe aller Einnahmen und vermindert um die Summe aller Ausgaben das schliessliche Körpergewicht geben. In dieser Gleichung ist aber der bei den Einnahmen als Summand vorkommende absorbirte Sauerstoff unter den gemachten Voraussetzungen die einzige unbekannte Grösse, die also folgendermaassen zu berechnen ist: Absorbirter Sauerstoff == schliessliches Körpergewicht plus sämmtliche Ausgaben minus anfängliches Körpergewicht minus sämmtliche feste und flüssige Einnahmen. Hat man so den einzigen direkt nicht bestimmbaren Einnahmeposten noch ermittelt, so kann man den ganzen Stoffwechsel der Versuchsperson während der Versuchszeit darstellen.

499. Die nachstehende Tabelle giebt die so gewonnene Uebersicht der Ein- und Ausgaben eines normal ernährten Mannes, welcher während der Versuchszeit keine anstrengende Muskelarbeit verrichtete.

In 24h	Wasser.	C	H	N	O	Asche.
Einnahmen.						
Fleisch und Eiweiss 181,2	111,7	37,3	5,0	9,85	14,9	3,5
Brot 450,0	208,6	109,6	15,6	5.77	100,5	9,9
Milch 500,0	435,4	35,2	5,6	3,15	17,0	3,6
Bier 1025,0	961,2	25,6	4,3	0,67	30,6	2,7
Fett 100,0	2,1	75,5	11,4	0,03	10.9	—
Kohlehydrate . . 87,0	11,0	33,3	5,0	—	37,7	—
Salz 4,2	—	—	—	—	—	4,2
Wasser 286.3	286,3	—	—	—	—	—
O aus der Luft . 709,0	—	—	—	—	709,0	—
	3342,7	2016,3	315,5	46,9	19,47	920,6	23,9
		= 224,0 H		224,0		1792,3	
		1792,3 O		270,9		2712.9	
Ausgaben.						
Harn 1343,1	1278.6	12,6	2,75	17,35	13,71	18,1
Koth 114,5	82.9	14,5	2,17	2,12	7,19	5,9
Respiration . . . 1723,7	828,0	248,6	—	—	663.10	—
	3197,3	2189,5	275,7	4,92	19,47	684,00	24,0
		= 243,3 H		243,30		1946.20	
		1946,2 O		248,22		2630,20	
Differenz . . .	+ 145,4		+39,8	+22,7	0,00	+ 82,7	− 0,1

500. Die erste Spalte giebt neben den Benennungen die rohen Gewichte der bezeichneten eingenommenen und ausgegebenen Körper in Grammen. Die unterste als Differenz bezeichnete Zahl + 145,4 der Spalte giebt den

Ueberschuss der Einnahmen über die Ausgaben, welcher als Ueberschuss des schliesslichen Körpergewichtes über das anfängliche Körpergewicht direkt beobachtet worden ist. Die zweite Spalte giebt den Wassergehalt der einzelnen Einnahme- und Ausgabeposten, welcher in kleinen Proben derselben bestimmt werden kann. Die Differenz der Zahlen der ersten und zweiten Spalte giebt also den Gehalt der betreffenden Körper an festem Rückstande, nur beim Ausgabeposten „Respiration" ist diese Differenz die gasförmig ausgeschiedene Kohlensäure. Diese Differenz ist nun, nach Maassgabe von Elementaranalysen der einzelnen Körper auf die folgenden fünf Spalten vertheilt, deren Ueberschriften Kohlenstoff (C), Wasserstoff (H), Stickstoff (N), Sauerstoff (O) und Asche sind. Auf den kleinen Schwefel- und Phosphorgehalt mancher Körper ist nicht besondere Rücksicht genommen. In der zweiten Spalte sind noch umrahmt die Wasserstoff- und Sauerstoffmengen angegeben, aus welchen das gesammte eingenommene und das gesammte ausgegebene Wasser besteht. Diese Zahlen sind dann in die Elementarspalten H und O unter den Summenzahlen eingetragen und dann unter einem Striche noch die Gesammtsummen der betreffenden Spalten angegeben. Man muss also bei Berücksichtigung dieser Zahlen von der „Wasser" überschriebenen Spalte absehen.

Es folgt hier noch eine nach dem Schema aufgestellte Stoffwechsel-501. gleichung aus älterer Zeit. Sie ist nicht das Ergebniss direkter Beobachtung, sondern mit Hülfe mehrfach willkührlicher Annahmen aus älteren stückweisen Beobachtungen als normale Haushaltsbilanz eines erwachsenen Mannes berechnet. Um so bemerkenswerther ist ihre fast genaue Uebereinstimmung der Ausgabeposten mit den in der ersten Tabelle verzeichneten Daten einer vollständigen direkten Beobachtung. Eine beträchtliche Abweichung der Zahlen giebt nur die Wasser überschriebene Spalte, doch ist diese Abweichung ohne Bedeutung, da es innerhalb weiter Grenzen rein von der Willkühr abhängt, die Wassereinfuhr und damit die Wasserausfuhr zu vergrössern oder zu verkleinern. Wir geben diese zweite Tabelle besonders desshalb, weil in ihr unter der Rubrik der Einnahmen die einzelnen Nahrungsstoffe (trockene Albuminate, Fett, Stärkemehl) gesondert auftreten, während in der obigen Tabelle die Einnahmen nur in die Nahrungsmittel vertheilt sind. So enthält in obiger Tabelle das unter den Einnahmen vorkommende Brot Wasser, Albuminate. Kohlehydrate, ebenso die Milch u. s. w.

Einnahmen in 24 Stunden.

	Wasser.	C.	H.	N.	O.	S.	P.	Salze.	Fett.
Durch die Respiration. 713,452 Gr. Sauerstoff aus der Luft	—	—	—	—	713,425	—	—	—	—
Durch die Nahrungsmittel. 116,928 Gr. Albuminate	—	62,451	8,172	18,094	25,680	1,868	0,466	—	—
119,728 Gr. Fett	—	90,831	13,633	—	11,777	—	—	—	4,411
263,088 Gr. Stärkemehl	145,784	116,627	—	—	—	—	—	—	—
2626,846 Gr. Wasser	2626,846	—	—	—	—	—	—	—	—
19,527 Gr. Salze	—	—	—	—	—	—	—	—	—
	2772.630	269,909	21,805	18,094	750,882	1,868	0,466	19,527	4,411

Ausgaben in 24 Stunden.

	Wasser.	C.	H.	N.	O.	NaCl.	Phosphorsaure Erden	Salze überhaupt.	Fett.
Respiration	410.521	227,840	0,003	0,015	607,575	—	—	—	—
Harnsekretion . . .	1583,778	18,539	3,742	13,334	9,784	7,117	0,991	19.485	—
Darmsekretion . . .	117,849	19.113	2,951	3,346	11,551	0,501	2,492	5,667	—
Hautsekretion . . .	791,645	4.117	0.552	1.399	2.036	?	?	0,080	4,411
Summe	2903.793 / 131,163	269,909	7,248 / 14.557	18,094	630,946 / 119,936	7,618	3,483	25,232	4,411

Beim Ueberblicken der beiden Tabellen fällt sogleich in die Augen und verdient ausdrücklich hervorgehoben zu werden, dass die Menge des als solches in Harn, Koth, Re- und Perspiration ausgegebenen Wassers grösser ist als die ganze eingeführte Wassermenge. Dieser Ueberschuss von ausgegebenem Wasser (in der ersten Tabelle 173^{gr}, in der zweiten 131^{gr}) ist durch Verbrennung von Wasserstoff, der ursprünglich in festen Bestandtheilen der Einnahmen enthalten war, innerhalb des Körpers entstanden.

502. Es ist von grossem Interesse, mit den vorstehenden mehr individuellen Haushaltsbilanzen diejenigen ganzer Bevölkerungen zu vergleichen. Natürlich kann hier nicht von einer genauen Aufzählung der Ausgaben die Rede sein. Da aber im Grossen und Ganzen die Ausgaben den Einnahmen gleich sind, so kann man sich mit der Ermittelung der Einnahmen begnügen. Diese lässt sich aber für städtische Bevölkerungen durch statistische Erhebungen über die Versteuerung der Nahrungsmittel mit einiger Genauigkeit bewerkstelligen. In der nachstehenden Tabelle ist eine Uebersicht über die Ernährung der Bevölkerungen von München, London und Paris nach solchen Erhebungen gegeben.

Täglicher Nahrungsverbrauch in verschiedenen Städten per Kopf.

	München			Paris			London		
	Grm.	N	C	Grm.	N	C	Grm.	N	C
Fleisch . . .	222	7,55	27,79	207	7,01	25,92	250	8,50	31,30
Wild	2	0,07	0,25	27	0,92	3,38	9	0,31	1,13
Geflügel . . .	5,8	0,20	0,73						
Fische	2,3	0,06	0,29	33	0,91	4,23	100	2,81	12,83
Eier	16	0,37	0,18	18	0,41	3,59	10	0,23	11,99
Milch	562	3,54	39,62	257	1,52	18,12	107	0,67	7,51
Butter	4,5	0,00	3,30	27	0,03	19,83	21	0,02	15,12
Schmalz . . .	11	.	10,71	—	—	—	—	—	—
Fett	10	.	7,65	—	—	—	—	—	—
Käse	12	0,46	3,43	9	0,35	2,57	16	0,62	4,57
Brot	519	6,61	126,48	450	5,76	109,66	450	5,76	109,66
Kartoffeln . .	66	0,13	4,75	170	1,13	21,37	380	0,92	17,28
Gemüse . . .	31	0,07	1.41						
Früchte . . .	34	0,02	1,81	320	0,22	17,02	104	0,07	5,54
Bier	1526	0,99	38,04	70	0,04	1,71	434	0,28	10,74
Zucker . . .	20	.	8,12	36	.	15,16	30	.	12,23
Summa Gr.	3046,6	20,10	274.86	1924	18,36	242,59	1908	20,22	240,23

Es ist auffällig, wie nahe die Kohlenstoff- und Stickstoffeinnahmen der unter so verschiedenen Bedingungen lebenden Bevölkerungen der 3 Städte übereinstimmen. Und es ist zweitens auffällig, dass die überhaupt vergleichbaren Zahlen der letzten Tabelle sehr nahe kommen den entsprechenden Zahlen der ersten beiden Tabellen. Wir können daher in diesen wirklich sehr annähernd ein Bild der durchschnittlichen Haushaltsbilanz eines normal ernährten Menschen erkennen.

Man hat sich vielfach bemüht, dasjenige Maass des Stoffverbrauchs 503. festzustellen, welches absolut erforderlich ist, um die Funktionen in normalem Gange zu erhalten. Hauptsächlich hat man zu dem fraglichen Zwecke die Ausscheidungen von hungernden Thieren beobachtet, um so zu erfahren, wie viel von den verschiedenen Körperbestandtheilen zum Zwecke der Lebenserhaltung verbraucht werde. Man könnte alsdann etwa annehmen, dass ein genauer Ersatz dieser Ausgaben eine ausreichende Ernährung bilden müsse und dass eine Mehraufnahme von Nahrung ein „Luxus" sei. Nun zeigt sich aber, dass die Ausgaben hungernder Thiere sehr verschieden gross sind je nach dem Maasse der vorausgegangenen Ernährung. War diese reichlich, so sind am ersten Hungertage die Ausscheidungen reichlich und umgekehrt. Die Ausscheidungen nehmen dann bei fortgesetztem Hunger von Tag zu Tage ab. Zugleich nimmt aber die Leistungsfähigkeit und wohl auch die Widerstandsfähigkeit gegen Schädlichkeiten stetig ab und es lässt sich gar nicht sagen, in welchem Augenblicke dieselben noch eben normal sind. Auch ist direkt erwiesen, dass ein Thier nicht auf die Dauer erhalten werden kann mit einer Fütterung, die nach den verringerten Ausgaben in späteren Stadien des Hungers bemessen ist.

504. Immerhin hat es grosses Interesse, die Haushaltsbilanz eines hungernden Körpers kennen zu lernen. Nachstehend ist eine solche nach demselben Schema wie die Tabelle oben (Seite 330) gegeben. Sie bezieht sich auf dieselbe Versuchsperson wie jene.

Uebersicht der Einnahmen und Ausgaben eines zu Anfang des Versuches 71090^{gr} schweren hungernden Mannes während 12 Stunden von $^{1}/_{2}8^{h}$ a. m. bis $^{1}/_{2}8^{h}$ p. m.

Einnahmen.

	Wasser.	C.	H.	N.	O.	Asche.
Fleischextrakt . . . 4,7	1,49	0,92	0,18	0,44	0,76	0,90
Salz 6,4	0,12	—	—	—	—	6,28
Trinkwasser . . . 524,3	524,10	—	—	—	—	0,21
Sauerstoff aus der Luft 450,3	—	—	—	—	450,30	—
985,7	525,71	0,92	0,18	0,44	451,06	7,39
	=58,41 H		58,41		467,30	
	467,30 O		58,59		918,36	

Ausgaben.

Harn 854,9	825,0	4,25	1,10	7,42	4,0	13,2
Respiration . . . 870,2	443,6	116,30	—	—	310,3	—
1725,1	1268,6	120,55	1,10	7,42	314,3	13,2
	140,9 H		140,90		1127,7	
	1127,7 O		142,00		1442,0	
Differenz . . . − 739,4	—		−119,63	−83,41	−6,98	−523,6	− 5,81

Uebersicht der Einnahmen und Ausgaben derselben Versuchsperson während der nachfolgenden Nacht $^{1}/_{2}8^{h}$ p. m. bis $^{1}/_{2}8^{h}$ a. m.

Einnahmen.

	Wasser.	C.	H.	N.	O.	Asche.
Fleischextrakt . . . 7,8	2,48	1,52	0,31	0,74	1,26	7,50
Kochsalz 8,7	0,15	—	—	—	—	8,55
Trinkwasser . . . 502,9	502,70	—	—	—	—	0,20
Sauerstoff aus der Luft 329,6	—	—	—	—	329,60	—
849,0	505,33	1,52	0,31	0,74	330,86	10,25
	56,14 H		56,14		449,19	
	449,19 O		56,45		780,05	

Ausgaben.

Harn 342,6	322,5	4,00	0,90	5,09	3,60	6,50
Respiration . . . 697,0	385,3	85,00	—	—	226,70	—
1039,6	707,8	89,00	0,90	5,09	230,30	6,50
	78,6 H		78,60		629,20	
	629,2 O		79,50		859,50	
Differenz . . . − 190,6	—		−88,48	−23,05	−4,35	−79,45	+ 3,75

Körpergewicht zu Ende des Versuchs 70160 ^{gr}.

Bei der Vergleichung der vorstehenden Tabelle mit der S. 330 gegebenen fällt ein Umstand sehr in's Auge, dass nämlich die Stickstoffausgabe durch den Hunger bedeutend mehr reducirt wird als die Kohlenstoffausgabe. Die Stickstoffausgabe am Hungertage ist nämlich (7,42 + 5,09) = 12,51^{gr} also 64 % von der in 24^h mit normaler Ernährung gemachten, welche sich = 19,47^{gr} ergeben hatte. Die Kohlenstoffausgabe betrug am Hungertag (120,55 + 89,00 =) 209,45, das ist 76 % von der Kohlenstoffausgabe am Tage normaler Ernährung, welche = 275,70^{gr} gewesen war. Diese Thatsache deutet darauf hin, dass zu den Funktionen, welche auch bei Hunger nicht eingestellt werden können, mehr stickstofffreie als stickstoffhaltige Verbindungen verbraucht werden.

Dies gilt, wie schon anderwärts (No. 40) hervorgehoben wurde, ganz $_{505}$. besonders von der Muskelarbeit, die ja auch beim hungernden Menschen nie ganz eingestellt werden kann, vielmehr schon zum Zwecke der Erhaltung der Athmung und des Blutkreislaufes in gewissem Maasse erforderlich ist. Ganz besonders anschaulich aber wird der Satz, dass bei der Muskelarbeit vorzugsweise — wo nicht ausschliesslich — stickstofffreie Verbindungen verbraucht werden, durch Vergleichung der nachstehenden Tabelle mit der oben (Seite 330) gegebenen.

Uebersicht der Einnahmen und Ausgaben eines angestrengte Muskelarbeit leistenden Mannes bei mittlerer Kost.

Einnahmen.

	Wasser.	C.	H.	N.	O.	Asche.
Fleisch	128,8	68,6	31,3	4,3	8,50	12,9	3,2
Eiweiss	50,7	41,4	5,0	0,7	1,35	2,0	0,3
Brot	450,0	208,6	109,6	15,6	5.77	100,5	9,9
Milch	500,0	435,4	35,2	5,6	3,15	17,0	3,6
Bier	1025,0	961,2	25,6	4,3	0,67	30,6	2,7
Schmalz	70,0	—	53,5	8,3	—	8,1	—
Butter	30,0	2,1	22,0	3,1	0,03	2,8	—
Stärke	70,0	11,0	26,1	3,9	—	29,0	—
Zucker	17,0	—	7,2	1,1	—	8,7	—
Salz	4,9	—	—	—	—	—	4,9
Wasser	963,2	963,2	—	—	—	—	—
Sauerstoff aus der Luft	953,9	—	—	—	—	953,9	—
	4263,5	2691,5	315,5	46,9	19,47	1165,5	24,6
		=299,0 H		299,0		2392,5	
		2392,5 O		345,9		3558,0	

Ausgaben.

Harn	1182,8	1116,0	12,4	2,65	17,26	13,32	21,17
Koth	88,0	61,4	12,1	1,80	1,77	6,00	4,90
Respiration . . .	3326,7	2042,5	350,2	—	—	934,00	—
	4597,5	3219,9	374,7	4,45	19,03	953,32	26,07
		=357,7 H		357,70		2862,20	
		2862,2 O		362,15		3815,52	
Differenz	334,0	—	—59,2	—16,2	+ 0.44	—257,7	—1,47

Die Tabelle bezieht sich wieder auf dieselbe Versuchsperson, wie die Tabellen Seite 330 und Seite 334, man sieht, dass dieselbe bei ungefähr gleicher Nahrungsaufnahme bei angestrengter Muskelarbeit während 24 ^{h} sogar etwas weniger Stickstoff ausgeschieden hat als am Ruhetage, nämlich an diesem 19^{gr} 47, am Arbeitstage nur 19,03. Dagegen ist am letzteren die Kohlenstoffausscheidung durch die Lungen 350^{gr} 2, während sie am Ruhetage nur 245^{gr} 6 betrug.

Diese Thatsache ist ein Beleg zu der im ersten Abschnitte (siehe No. 40) aufgestellten Lehre, dass bei der Muskelthätigkeit wesentlich stickstofffreie Verbindungen verbrennen.

2. Kapitel. Thierische Wärme.

506.   Ein wesentliches Ergebniss kann man aus den Angaben des vorigen Kapitels entnehmen und so ausdrücken: In den menschlichen Körper gehen einerseits ein verwickelte Verbindungen von Kohlenstoff, Wasserstoff, Stickstoff und Sauerstoff, und andererseits freier Sauerstoff durch die Athmung; dieselben Elemente verlassen den Körper wieder in Form verhältnissmässig einfacher Verbindungen hauptsächlich als Kohlensäure, Wasser und Harnstoff. Der absorbirte freie Sauerstoff hat sich also innerhalb des Körpers mit Kohlenstoff und Wasserstoff verbunden, oder es sind die als Nahrungsstoffe eingeführten Verbindungen mit Hülfe des eingeathmeten Sauerstoffes „verbrannt" in ganz ähnlicher Weise, als wenn man diese Stoffe in freiem Feuer verbrannt hätte. Es kommen mithin im menschlichen Leibe fortwährend die bekanntlich sehr mächtigen Anziehungskräfte zwischen Kohlenstoff- und Wasserstoffatomen einerseits und Sauerstoffatomen andererseits zur Wirksamkeit. Die Wirksamkeit von anziehenden Kräften besteht aber überall im Entstehen von Bewegung, wofern nicht andere Kräfte dabei in gleichem Maasse überwunden werden. Nun müssen bei der Verbrennung von Eiweiss, Zucker und dergleichen allerdings andere anziehende Kräfte überwunden werden, indem die verwickelten Moleküle dieser Stoffe dabei gespalten werden. Diese Kräfte sind aber sehr viel kleiner als die zur Wirksamkeit kommenden Anziehungskräfte der Sauerstoffatome und es muss daher in der That noch ein gewisses Bewegungsquantum entstehen. Wenn keine besonderen Veranstaltungen getroffen sind, kommt diese Bewegung als unregelmässiges Erzittern der neuentstehenden Moleküle selbst zum Vorschein. Durch zahllose Anstösse überträgt sich die Bewegung auch auf benachbarte Moleküle, welche am Processe keinen Antheil hatten. Solche unregelmässige Oscillationen der Moleküle nennt man bekanntlich Wärme. Man kann daher das Resultat unserer Betrachtung

dahin ausdrücken, dass bei solchen Verbrennungen die entstehenden Produkte eine höhere Temperatur haben müssen als die Ingredienzien und auch noch die Temperatur der Umgebung erhöhen können. Dies sehen wir denn auch bei allen derartigen Verbrennungen im freien Feuer wirklich geschehen. Es lässt sich ferner ohne Weiteres einsehen, dass einem bestimmten [507]. Betrage von Verbrennung unter allen Umständen, wo sonst kein Effekt ausgeübt wird, eine ganz bestimmte erzeugte Wärmemenge entsprechen muss. So entsteht bei vollständiger Verbrennung eines Grammes Zucker allemal eine Wärmemenge von 3.277 Einheiten. Unter einer Wärmeeinheit oder Kalorie versteht man aber bekanntlich diejenige Wärmemenge, welche erforderlich ist, um $1^{kgr.}$ Wasser von 0^0 auf 1^0 zu erwärmen.

Ganz dieselbe Wärmemenge muss natürlich auch im menschlichen Körper entstehen, wenn dieselben Verbrennungsprocesse darin stattfinden. Es ist wichtig, zu beachten, dass es bei diesen Betrachtungen lediglich ankommt auf die in den Process eingehenden Körper einerseits und auf die Endprodukte andererseits, dass es aber für die im Ganzen zu erzielenden Bewegungseffekte durchaus gleichgültig ist, in welchen Zwischenstufen der Process durchlaufen wird. Man kann somit auch berechnen, wie viel Wärme im menschlichen oder thierischen Körper bei solchen Processen gebildet werden müsse, die man nicht genau ausserhalb desselben künstlich nachmachen kann. Das Eiweiss z. B. verbrennt im thierischen Körper nicht ganz vollständig, wie es in einer gut genährten Flamme verbrennt. Es bleibt nämlich, von anderen in unerheblichen Beträgen auftretenden Produkten abgesehen, eine Verbindung zurück, die selbst noch weiter verbrennen kann, nämlich der Harnstoff, und es ist bis jetzt wenigstens der Chemie nicht gelungen, diese Zersetzung des Eiweisses künstlich nachzuahmen. Gleichwohl kann man mit voller Sicherheit berechnen, wie viel Wärme bei der Verbrennung eines Grammes Eiweiss im Säugethierkörper frei wird. Es sei nämlich die bei vollständiger Verbrennung eines Grammes Eiweiss gebildete Wärmemenge $= E$, dann ist diese Grösse nach dem soeben ausgesprochenen Principe gleich der Summe von zwei Summanden, deren erster die bei der unvollständigen Verbrennung bis zur Harnstoffstufe gebildete Wärmemenge misst, und deren zweiter die Wärmemenge darstellt, welche noch bei Verbrennung des Harnstoffrestes gebildet wird, wir wollen sie H nennen. Diese sowie die Wärmemenge E kann leicht experimentell bestimmt werden. Es lässt sich somit jener erste Summand $= E - H$ berechnen und er ist die im Säugethierkörper bei Verbrennung von 1^{gr} Eiweiss entstehende Wärmemenge. Man hat sie aus Versuchen der angedeuteten Art bestimmt zu 4.263 Einheiten.

Nach den vorstehend entwickelten Principien ist es ein Leichtes, die [508]. in 24 Stunden in einem menschlichen Körper gebildete Wärmemenge zu berechnen, wenn man dessen Stoffwechselgleichung während dieser 24 Stunden

kennt. Als Beispiel wählen wir die No. 499 gegebene. Hier sind in
24^h vollständig verbrannt zu Kohlensäure und Wasser in runder Zahl
120^{gr} Fett und 263^{gr} Stärkemehl und daneben 117^{gr} Eiweiss mit Zurück-
lassung von etwa 39^{gr} Harnstoff. Nun wissen wir aus Versuchen, dass
bei Verbrennung von 1^{gr} Fett 9,069 Wärmeeinheiten und von 1^{gr} Stärkemehl 3,813*) Wärmeeinheiten gebildet werden, endlich bei jener unvollständigen Verbrennung von 1^{gr} Eiweiss 4,268 Wärmeeinheiten. Die ganze
bei jenem Stoffwechsel in 24^h gebildete Wärmemenge würde sich also berechnen $= 120 \times 9,069 + 263 \times 3,813 + 117 \times 4,263$ oder in runder
Zahl $= 2600$ Wärmeeinheiten.

509.   So sicher auch diese Ableitung a priori ist, so wäre es natürlich
doch von grossem Interesse, sie durch eine direkte Beobachtung zu bestätigen. Dies ist aber leider bis auf den heutigen Tag noch ein *pium
desiderium*. Der Plan zu einer solchen Beobachtung ist zwar ganz leicht
zu entwerfen. Man hätte nämlich einfach folgende Bestimmungen aus-
zuführen: 1. die Stoffwechselgleichung eines Menschen während 24^h;
2. die von ihm während dieser Zeit nach aussen abgegebene Wärmemenge;
3. die Durchschnittstemperatur seines Körpers zu Anfang und zu Ende
des Versuchs; 4. die durchschnittliche Wärmekapacität der Körpermasse,
die letztere dürfte man übrigens wohl der des Wassers gleich annehmen.
Fände sich zu Ende des Versuches die Temperatur niedriger als zu Anfang, so wäre die mit der Warmekapacität des Körpers multiplicirte Differenz von der sub 2 bestimmten im Ganzen ausgegebenen Wärmemenge
in Abzug zu bringen, als Wärme die aus dem anfänglichen Vorrath an
solcher bestritten wurde. Im entgegengesetzten Fall wäre ein entsprechendes
Produkt zu der Wärmemenge sub 2 zu addiren und man hätte in beiden Fällen
die gesammte während der 24^h im Körper producirte Wärme. In einem
wirklichen Falle würde man freilich die Anfangs- und Endtemperatur so
nahezu gleich finden, dass man sich die erwähnte Korrektur ganz sparen
könnte und die nach aussen abgegebene Wärme wäre dann ohne Weiteres
gleich der während der Versuchszeit im Körper gebildeten. Diese müsste
dann nothwendig gleich sein der aus der Stoffwechselgleichung in der
vorhin angegebenen Weise berechneten Verbrennungswärme. Die wirkliche Bestimmung der abgegebenen Wärme ist aber so überaus schwierig,
dass sie — wie gesagt — bis heute noch nie ausgeführt worden ist.

510.   Es liegen einige wenige kalorimetrische Versuche an Thieren vor,
die sich aber nur über kürzere Zeiträume erstrecken und bei denen nicht
die vollständige Stoffwechselgleichung während der Versuchszeit hergestellt
werden kann. Nur die absorbirte Sauerstoffmenge und die ausgehauchte

---

*) In Ermangelung einer eigentlichen Bestimmung der Verbrennungswärme des
Stärkemehles selbst ist die des Reises angenommen.

Kohlensäure wurden in diesen Versuchen gemessen. Immerhin kann man — freilich nur mit Hülfe mancher ziemlich willkührlicher Annahmen — auf Grund jener kalorimetrischen Versuche an Thieren berechnen, wie viel Wärme etwa ein Mensch von normalem Körpergewicht im Laufe eines Tages abgeben würde. Es ergiebt sich auf diese Weise eine Wärmemenge von 2600 Einheiten. Die nahe Uebereinstimmung dieser Zahl mit der oben berechneten Verbrennungswärme von 2700 Einheiten giebt eine willkommene Bestätigung unserer Betrachtungen ab.

Wenn der Stoffwechsel und mithin die Wärmeproduktion während 511. eines längeren Zeitraumes in immer gleichem Schritte fortgeht, so muss nothwendig — die Anfangstemperatur möchte gewesen sein, welche sie wolle — der Körper über kurz oder lang eine konstante Temperatur annehmen, die so lange konstant bleibt, als einerseits der Stoffwechsel den angenommenen konstanten Schritt einhält und als andererseits auch die sämmtlichen Bedingungen der Wärmeabgabe dieselben bleiben. In der That, die Wege und Formen der Wärmeabgabe mögen sein welche sie wollen, immer wird der Satz gelten: der Körper wird in der Zeiteinheit um so mehr Wärme nach aussen abgeben, je höher seine Temperatur ist. Wäre also im Anfang die Temperatur des Körpers so niedrig, dass weniger Wärme in der Zeiteinheit abgegeben würde als in derselben gebildet wird, so bliebe während der ersten Zeiteinheiten ein Theil der gebildeten Wärme im Körper zurück, steigerte die Temperatur desselben und damit den Betrag der Wärmeabgabe und so würde eben allmählich die Temperatur erreicht, bei welcher gerade so viel Wärme in der Zeiteinheit abgegeben als gebildet wird, und diese Temperatur wird sich dann erhalten. Wäre die Anfangstemperatur höher, so würde in den ersten Zeiteinheiten mehr Wärme abgegeben als gebildet, d. h. also ein gewisses Quantum von Wärme vom ursprünglichen Vorrath des Körpers abgegeben, dadurch würde die Temperatur desselben sinken, bis wieder jene Temperatur erreicht wäre, bei welcher Produktion und Abgabe einander gerade die Wage halten, und welche sich mithin konstant erhält. Beim Menschen im gesunden Zustande beträgt diese Temperatur, von geringen Schwankungen abgesehen, etwa 37 °.

Von einer Temperatur des Körpers zu sprechen, hat man insofern 512. ein Recht, als wirklich im Innern des Körpers überall stets ziemlich gleiche Temperatur herrscht; über die kleinen Unterschiede der Temperaturen verschiedener Körperstellen sind in der pathologischen Literatur mancherlei Angaben zu finden, die für die allgemeinen physiologischen Principien, auf die wir uns hier in kurzer Darstellung beschränken müssen, wenig Interesse bieten. Dass im Innern des Körpers der Wärmevorrath sich annähernd gleichmässig vertheilt, ist offenbar durch den Blutstrom bedingt, der beständig Wärme von den wärmeren zu den kälteren Stellen hinträgt. Um dies gleichmässig warme Innere bildet nun die Haut eine Schicht, deren Temperatur von innen nach aussen abnimmt.

513. Die Wärmeabgabe vertheilt sich auf mehrere Posten, die etwa folgendermaassen numerisch anzuschlagen sind. 1) Der Mensch nehme während des Tages 1500^{gr} Wasser 12^{0}C. warm zu sich und ebenso viel an fester Speise von derselben mittleren Temperatur und Wärmecapacität. Um diese Massen bis auf 37^{0}C. zu erwärmen — so warm etwa verlassen sie den Körper wieder — bedarf es 70,157 Wärmeeinheiten oder etwa 2,6 % der ganzen disponibelen Summe, die wir oben zu 2700 Wärmeeinheiten angenommen haben. 2) Durch Combination der Bestimmungen der ganzen per Tag ausgehauchten Kohlensäure berechnet sich, dass ein Mensch etwa — jedesfalls nicht mehr als — 16400^{gr} Luft in 24 Stunden ein- und aushaucht. Ihre Wärmekapacität entspricht der von 4377^{gr} Wasser. Ist die eingeathmete Luft 0^0 warm, so wird sie 32^0 warm ausgeathmet. Ist die eingeathmete Luft 21^0 warm, so wird sie bis auf 37^0 erwärmt. Die Erwärmung der Respirationsluft kostet also dem Körper bei 21^0 nur 70, bei 0 aber 140 Wärmeeinheiten, d. h. 2,6 bis höchstens 5,2 % der disponibelen Gesammtwärme. 3) Die Luft verlässt die Respirationswege mit mehr Wasserdampf beladen, als sie in dieselben eintrat. Gesetzt, sie wäre ganz trocken eingeathmet, so müsste sie, um bei 37^0 vollständig gesättigt fortzugehen, 0,04 ihres Gewichtes an Wasserdampf mitführen. Zu diesem Ende müssten in 24 Stunden 656^{gr} Wasser in Dampf verwandelt werden, das kostet bei 37^0 dem Körper 397 Wärmeeinheiten oder 14,7 % seines ganzen Wärmefonds.

Als Resultat vorstehender Betrachtungen stellt sich also heraus: von der gesammten während 24 Stunden vom Menschen auszugebenden Wärme werden verbraucht

zur Erwärmung der Ingesta weniger als . . . . . . 2,6 %
zur Erwärmung der Respirationsluft weniger als . . . . 5,2 %
zur Lungenverdunstung weniger als . . . . 14,7 %
Summa weniger als . . . 22,5 %

Es bleiben also mehr also 77,5 der gesammten Wärme, d. h. mehr als 2092 Wärmeeinheiten zu verausgaben auf anderm Wege. In der Regel wird diese Verausgabung geschehen durch Wasserverdunstung von der Hautoberfläche und durch direkte Ableitung und Ausstrahlung von Wärme in die umgebenden kälteren Medien. Was zunächst diese letztere betrifft, so wird dieselbe in erster Linie proportional sein der Differenz zwischen der Hauttemperatur und der Temperatur des umgebenden Mediums, kann aber dann auch noch von verschiedenen anderen Umständen (Ausstrahlungscoefficienten und Leitungsgüte) abhängen.

514. Die bisher gemachte Voraussetzung, dass sowohl die Wärmebildung in jeder Zeiteinheit als auch die Wärmeableitungsbedingungen durchaus

konstant seien, trifft in der Wirklichkeit keineswegs zu. Es würde nun, wenn keine besonderen Veranstaltungen getroffen wären, jede Aenderung des einen oder des anderen Umstandes eine Aenderung der Körpertemperatur zur Folge haben. Da wir aber faktisch die Temperatur des menschlichen Körpers sich fast genau konstant auf 37° erhalten sehen trotz sehr bedeutender Aenderungen im Gange des Stoffwechsels einerseits und der Wärmeableitungsbedingungen andererseits, so müssen wir nach besonderen Veranstaltungen suchen, welche Wärmeableitung und Wärmebildung bei der konstanten Temperatur von 37° einander anpassen. Die wichtigste Veranstaltung zu diesem Zwecke ist offenbar die Möglichkeit, die Blutfülle und den Durchfeuchtungsgrad der äusseren Haut zu verändern. Wie hierin das Mittel gegeben ist, unter veränderten Bedingungen die Körpertemperatur konstant zu halten, mögen einige Beispiele ersichtlich machen. Nehmen wir an, dass bei einer niedrigen Lufttemperatur Wärmebildung und Wärmeabgabe bei einem Menschen im Gleichgewicht gewesen wäre und dass sich derselbe nun plötzlich in einen Raum begebe, in welchem die Luft bedeutend wärmer ist. Offenbar wird an diese wärmere Luft nun nicht mehr soviel Wärme in jeder Zeiteinheit abgegeben werden können als an die kältere Luft vorhin, d. h. also nicht soviel als in der Zeiteinheit producirt wird. Die Körpertemperatur müsste also steigen. Sofort aber wird jetzt durch einen besonderen nervösen Mechanismus, dessen allgemeine Einrichtung wir im 5. Kapitel des ersten Abschnittes vom zweiten Theile kennen gelernt haben, der Blutstrom in den Hautgefässen vermehrt, dadurch wird die Temperatur der Oberfläche gesteigert und folglich der Wärmeabfluss befördert. So kann es kommen, dass trotz der wärmeren Umgebung doch die gleiche Wärmemenge abgegeben und somit eine Erhöhung der Temperatur im Innern des Körpers verhütet wird. Wenn dies Mittel noch nicht zureicht, fängt sogar die Haut an zu schwitzen. Dadurch wird Gelegenheit zu reichlicherer Wasserverdunstung geboten, die wiederum die Wärmeentziehung vermehrt. Ganz dasselbe geschieht, wenn ohne oder mit gleichzeitiger Erhöhung der Temperatur der Umgebung die Wärmebildung gesteigert wird, wie das zum Beispiel bei angestrengter Muskelarbeit der Fall ist. Das Umgekehrte, nämlich Erbleichen und Trockenwerden der Haut, tritt ein, wenn wir in ein kälteres Medium gehen resp. in ein Medium, das vermöge seiner grösseren Wärmeleitungsfähigkeit und Wärmekapacität auch unter gleichen Temperaturverhältnissen dem Körper mehr Wärme in der Zeiteinheit entziehen kann, z. B. wenn wir den Körper in Wasser eintauchen. Ebenso geht es, wenn durch Beschränkung des Stoffwechsels die Wärmebildung unter das bisherige Maass sinkt.

Ein weiteres Mittel, bei ungünstigeren äusseren Ableitungsbedingungen doch die ganze gebildete Wärme aus dem Körper zu schaffen, besteht in der Steigerung der Athmungsfrequenz, wodurch die zur Er-

wärmung der Athmungsluft und Lungenverdunstung verwandte Wärme
vermehrt wird.

515.   Die vorstehend besprochenen Einrichtungen haben den Zweck, die
Wärmeabgabe dem jeweiligen Bedürfnisse anzupassen. Denkbar wäre
offenbar, dass andererseits Einrichtungen beständen, welche die Wärmebildung beeinflussen und sie steigern, wenn viel, sie herabsetzen,
wenn wenig Wärme abgegeben wird. Solche Einrichtungen müssten
natürlich in nervösen Mechanismen bestehen, die den Stoffwechsel an-
fachen oder beschränken könnten. Da von allen Geweben des Körpers
das Muskelgewebe am augenscheinlichsten dem Nervensystem unterworfen
ist, so hätte man wohl in ihm am ersten den Ort zu suchen, wo durch
Nerveneinfluss der Stoffwechsel vermehrt oder vermindert werden könnte.
Diese Annahme hätte auch noch das für sich, dass gerade das Muskelgewebe massenhaft vorhanden und ohne Zweifel überhaupt der wichtigste
Verbrennungsheerd ist. Man hat nun in der That diese Annahme durch
Beobachtungen zu stützen gesucht, nach welchen bei Reizung der Haut
durch kalte Bäder die Kohlensäureausathmung gesteigert wird. Man hätte
sich die Sache etwa so vorzustellen, dass die Reizung der sensibelen Hautnerven auf die motorischen Fasern reflektirt wird und dass dadurch im
Muskelgewebe der Stoffumsatz gesteigert wird, ohne jedoch den Grad zu
erreichen, der zu einer sichtbaren Kontraktion erforderlich ist.

516.   Die Wirksamkeit dieser verschiedenen faktischen und hypothetischen
Einrichtungen zur Erhaltung der konstanten Temperatur hat selbstver-
ständlich ihre Grenzen, selbst im gesundesten Körper. Wenn das äussere
Medium gar zu kalt wird, so sinkt die Temperatur merklich und ebenso
steigt sie im entgegengesetzten Falle oder auch bei sehr gesteigerter
Wärmeproduktion, z. B. bei sehr heftiger Muskelanstrengung. Die Erhöhung der Temperatur kann bei Muskelanstrengung bis nahezu einen
Grad betragen. Viel bedeutender sind die Steigerungen, welche die Körpertemperatur bei dem unter dem Namen des Fiebers bekannten pathologischen
Zustande erfahren, obwohl hier die Wärmeproduktion wohl selten den
Betrag erreichen dürfte wie bei angestrengter Muskelarbeit. Es müssen
also wohl beim Fieber die Mechanismen gestört sein, deren Thätigkeit
den Wärmeabfluss der Wärmeproduktion anpasst.

517.   Unter Vermittelung des Muskelgewebes kann der menschliche Körper
äussere Kräfte überwinden oder träge Massen in Bewegung setzen. Sowie
dies geschieht, muss weniger Wärme frei werden als den stattfindenden
Verbrennungen entspricht. Die Ueberwindung entgegenstehender Kräfte,
z. B. der Schwere beim Steigen, oder die Bewegung von Massen, etwa
beim Werfen, kann nämlich nur der — freilich mittelbare — Effekt der
im Körper zur Wirksamkeit kommenden chemischen Kräfte sein und es
muss alsdann der übrige Effekt, nämlich die ungeordnete Molekularbewegung

oder Wärme nur so viel geringer sein. Dieser Satz lässt sich am besten deutlich machen durch den Vergleich des menschlichen Körpers mit einer Dampfmaschine, der allerdings in manchen anderen wesentlichen Punkten nicht zutreffend ist. Wenn unter dem Kessel einer arbeitenden Dampfmaschine eine gewisse Menge Kohle verbrennt, so wird nämlich ebenfalls nicht so viel Wärme durch den Schornstein und andere Abzugswege entweichen, als der Verbrennungswärme der Kohlenmenge entspricht. Wenn man also die in No. 509 aufgezählten Bestimmungen bei einem Menschen ausführte, welcher während der Versuchszeit mit seinen Muskeln äussere Kräfte überwindet oder Massen in Bewegung setzt, so würde die dort aufgestellte Gleichung nicht gelten d. h. die von ihm ausgegebene Wärmemenge würde sich kleiner finden als die aus dem Betrage des Stoffwechsels berechnete Verbrennungswärme.

Darüber, wann die Muskeln wirklich äussere mechanische [518.] Effekte auf Kosten der zu bildenden Wärmemenge hervorbringen, sind die seltsamsten Missverständnisse weit verbreitet, welche ausdrücklich zurückzuweisen sind. Wenn die Muskeln bloss gespannt und mithin allerdings angestrengt sind, ohne aber die ihrer Spannung Gleichgewicht haltende Kraft zu überwinden, so darf man natürlich nicht erwarten, dass weniger Wärme entwickelt werde, als den Verbrennungen entspricht, denn hier ist ja kein mechanischer Effekt in der Aussenwelt erzielt. Z. B. wird ein im Tetanus daliegender menschlicher Körper genau so viel Wärme produciren als dem Betrage seines Stoffwechsels entspricht. Wenn aber auch wirkliche Bewegungen mit den Muskeln ausgeführt werden, so wird keineswegs immer in der Aussenwelt etwas geleistet, was als Aequivalent einer bestimmten Wärmemenge anzusehen wäre. Wenn z. B. ein Mensch auf ebenem Boden geht, so muss in seinem Körper dennoch genau eben so viel Wärme frei werden, als den zur Zeit stattfindenden Verbrennungen entspricht (wenigstens so lange als man von der Ueberwindung des Luftwiderstandes absieht). Die Muskeln überwinden nämlich beim Gehen allerdings in einem Stadium jedes Schrittes die Schwere des Körpers, indem sie den Schwerpunkt etwas erheben, und wenn man diesen Akt allein ins Auge fasst, so würde während desselben ein Theil der den Verbrennungen entsprechenden Wärme nicht als solche frei werden. Auf das gedachte folgt aber in jedem Schritte ein zweites Stadium, in welchem der Schwerpunkt des Körpers wieder herabsinkt und zwar wirken hier wieder der Schwere die Muskelspannungen entgegen, um einen heftigen Stoss zu vermeiden. Diese Spannungen überwinden aber nicht die Schwere, sondern sie werden von ihr überwunden und es muss mithin die Wirkung der Schwere, da sie nicht Beschleunigung der ganzen Masse erzeugt, als Erschütterung der Muskelmolekule d. h. als Wärme zum Vorschein kommen. Es muss mit andern Worten in diesem Stadium des

Schrittes mehr Wärme im Körper frei werden, als den Verbrennungen entspricht. Wenn man beim Gehen auf ebenem Boden auf die überwundenen Reibungswiderstände Rücksicht nimmt, dann ergiebt sich allerdings ein gewisser Ausfall an Wärme im Inneren des Körpers, aber diese Wärme kommt doch als solche an der Oberfläche des Körpers, wo eben die Reibungen stattfinden, zum Vorschein.

Ganz anders verhält sich die Sache, wenn wir bergauf gehen. Da wird im ersten Stadium jedes Schrittes die Schwere in grösserem Maasse überwunden als im zweiten Stadium Muskelspannungen von ihr überwunden werden. Das Endresultat ist auch eine Ueberwindung der Schwerkraft in grossem Maassstabe, indem am Ende der Schwerpunkt bedeutend über dem anfänglichen Niveau liegt, und da dies Resultat nur die Wirkung der chemischen Kräfte sein kann, so muss ihre übrige Wirkung, nämlich die Molekularbewegung, welche wir Wärme nennen, in entsprechendem Maasse kleiner sein. Es muss mit andern Worten beim Bergaufsteigen die gesammte im Körper und an seiner Oberfläche durch Reibung erzeugte Wärmemenge kleiner sein, als dem Betrage der während dieser Zeit stattgehabten Verbrennungen entspricht.

Das Umgekehrte findet statt beim Bergabgehen. Da überwiegt die Ueberwindung von Muskelspannung durch die Schwere und es kommt also zu der durch die Verbrennungen erzeugten Wärme im Ganzen noch eine Wärmemenge, welche durch die Arbeit der Schwere erzeugt ist. Es muss also beim Bergabsteigen mehr Wärme im Körper entstehen, als dem Betrage der Verbrennungen entspricht.

Die vorstehenden Erörterungen numerisch zu bestätigen, ist selbstverständlich heutzutage unmöglich, sie ruhen aber so unmittelbar auf den allerfundamentalsten Grundsätzen der Mechanik, dass sie gleichwohl unzweifelhaft fest stehen.

519.   Man kann noch die Frage aufwerfen, welcher Bruchtheil von dem gesammten Effekt der im menschlichen Körper zur Wirksamkeit kommenden chemischen Anziehungen allerhöchstens zur Ueberwindung äusserer mechanischer Kräfte aufgewandt werden kann. Um die Frage selbst zu beleuchten, sei hier bemerkt, dass in einer möglichst vollkommenen Dampfmaschine etwa $1/12$ der auf dem Heerde zur Wirkung kommenden chemischen Anziehung zwischen Kohlenstoff und Sauerstoff auf die eigentliche mechanische Leistung der Maschine verwendet werden kann. Eine genaue Beantwortung unserer Frage ist begreiflicher Weise nicht möglich, doch liegen einige Anhaltspunkte vor, um wenigstens berechtigte Vermuthungen daran zu knüpfen. Die ganze von einem erwachsenen menschlichen Körper während 24 Stunden in ruhendem Zustande erzeugte Wärmemenge schlugen wir oben (No. 510) an zu etwa 2700 Einheiten, davon kämen also auf eine Stunde 112,5 Einheiten. Nun ist durch Versuche

dargethan, dass bei angestrengtem Aufsteigen, wobei die Last des Körpers um etwa 514^m in 1 ^{h}Stunde gehoben wird, die Kohlensäureausscheidung auf den 5fachen Betrag vermehrt wird. Betrachten wir die Kohlensäureausscheidung als Maass für die zur Wirksamkeit kommenden chemischen Kräfte überhaupt, so kämen also in einer Stunde mit angestrengter Muskelarbeit eben 5 Mal mehr chemische Kräfte als in einer Stunde der Ruhe zur Wirkung, ein Betrag, den wir messen können durch $5 \times 112,5 = 562,5$ Wärmeeinheiten. Auf dieselbe Maasseinheit können wir aber mit Hülfe des bekannten mechanischen Aequivalentes der Wärme die mechanische Leistung der Muskeln reduciren. Wir wissen nämlich, dass die Ueberwindung der Schwere von 425 Kilogramm durch 1 Meter Höhe dieselbe Kraftwirkung erfordert wie die Erzeugung von einer Wärmeeinheit oder wie man kurz sagt, dass 425 Kilogrammeter einer Wärmeeinheit aequivalent ist. Nehmen wir nun das Körpergewicht des Menschen in unserem Falle = 75 Kilogramm an, so haben seine Muskeln $75 \times 514 = 38550$ Kilogrammeter Arbeit nach aussen geleistet, welche Leistung also nahezu 91 Wärmeeinheiten aequivalent ist. Dies wäre aber beinahe der sechste Theil der vorhin berechneten Wärmemenge von 562,5 Einheiten, welche den Gesammteffekt der chemischen Kräfte bemisst. Es ergiebt sich also schliesslich das Resultat, dass von diesem Gesammteffekt unter günstigen Umständen etwa $^1/_6$ auf Ueberwindung äusserer mechanischer Kräfte und $^5/_6$ auf Erzeugung von Wärme verwandt wird. Sofern wir also die Ueberwindung äusserer Kräfte als Zweck betrachten, ist der menschliche Körper vortheilhafter eingerichtet als die vollkommensten Dampfmaschinen.

Literatur.

(295 und flgd.) Voit und Pettenkofer, Abhandlungen über Stoffwechsel in der Zeitschrift für Biologie. — Hildesheim, Die Normaldiät. Berlin 1856. — (504 und flgd.) Helmholtz, Art. thierische Wärme in der Berliner medic. Encyklopädie. — (517.) Helmholtz, Medical times 1861. Juni.

ANHANG.

ENTWICKELUNGSGESCHICHTE.

520. Es soll hier nur von der Zeugung und Entwickelung des Menschen
ohne jeden vergleichend anatomischen Seitenblick gehandelt werden. Dabei
versteht sich fast von selbst, dass nicht alle im Folgenden als thatsächlich
beschriebenen Vorgänge auch wirklich ·am menschlichen Ei direkt beobachtet sind. Weitaus die meisten kennen wir nur aus Untersuchungen an
Säugethier- und Vogeleiern, können jedoch so viel, als in den folgenden
Zeilen geschehen ist, dreist auf den Menschen durch Analogie übertragen.
Ein menschliches Ei kann sich, soweit sichere Erfahrungen reichen,
nur dann zur Reife entwickeln, wenn es befruchtet ist, d. h. wenn es
mit dem männlichen Samen in Berührung gekommen ist. Näher besteht die
Befruchtung darin, dass eine nicht bestimmt angebbare Anzahl von Samen-
fäden durch die *zona pellucida* hindurch in den Dotter eindringen muss.
Da die Entwickelung des menschlichen Eies im Innern des weiblichen
Körpers (zum grössten Theile im Uterus) vorgeht, so muss auch die Befruchtung daselbst statt haben. Es bedarf also eines besonderen Aktes
— des Coitus — durch welchen der männliche Same in den weiblichen
Körper befördert wird. Dieser Akt besteht darin, dass der erigirte Penis
in die Scheide eingeführt wird und während dessen eine Ejaculation von
Samen statt hat. Der so in die Scheide gelangte Same kann nun dem
bei der letzten Menstruation gelösten oder bei der nächsten Menstruation
zu lösenden Eie begegnen und dessen Befruchtung bewirken. Im erstgedachten Falle trifft er das Ei in den Fallopischen Röhren oder im
Uterus, und dies hat dann vielleicht schon einen Theil der Veränderungen,
welche seine Entwicklung darstellen, selbständig durchgemacht. Im letzt-
gedachten Falle, und das soll der häufigere sein, dürfte wohl der Same
bis zum Eierstocke vordringen und hier das hervortretende Ei erwarten.
Die Kräfte, welche der Schwere zum Trotz den Samen, der bei der Ejaculation ins Scheidengewölbe gelangt, in den Uterus und die Tuben be-

fördern, sind nicht bekannt. Man kann an verschiedene denken. Erstens können schon die Bewegungen des die Scheide vollständig erfüllenden Penis beim Coitus den Samen in den mehr oder weniger geöffneten Muttermund hineinpressen. Von da aus können Kontraktionen des Uterus ihn in die Tuben treiben. Ferner kann das Flimmerepithel der letzteren möglicher Weise zu seiner Weiterförderung etwas beitragen. Auch an peristaltische Bewegungen der Fallopischen Röhren kann man denken. Die wichtigste Rolle bei der Fortschaffung der Samenfäden nach dem Ei hin spielt wahrscheinlich ihre eigene Bewegung (siehe No. 464).

Die in den Dotter eingedrungenen Samenfäden lösen sich alsbald 521. darin vollständig auf. Gleichzeitig — wahrscheinlich auch oft schon vorher — verschwindet das Keimbläschen mit dem Keimfleck, und der eine gleichmässige körnige Masse darstellende Dotter beginnt den sogenannten „Furchungsprocess".*) Er ballt sich zu einer die *zona pellucida* nicht mehr ganz ausfüllenden Kugel zusammen, die sich in zwei Hälften spaltet. Jede Hälfte oder Furchungskugel zeigt im Innern einen helleren Fleck — Kern — und spaltet sich alsbald wieder in zwei Theile — jeder wieder mit einem hellen Fleck im Innern. So schreitet die Theilung weiter und man hat bald 8, 16, 32 u. s. w. „Furchungskugeln". Die Histiologen glauben diese Gebilde als „Zellen" ansprechen zu dürfen. Ob sie eine besondere Umhüllungsmembran besitzen, ist nicht ausgemacht. Am Schlusse des Furchungsprocesses hat der Dotter ein himbeerartiges Ansehen. Durch Aufnahme neuer Flüssigkeit wächst das Ei. Diese begiebt sich mehr ins Centrum. Die Furchungskugeln oder Zellen ziehen sich mehr an der Oberfläche des Dotters unter die Zona und drängen sich zu einer Membran zusammen, die den übrigen Dotter umschliesst. Der so zu einer Blase umgestaltete Dotter heisst „Keimblase". In der, wie beschrieben wurde, aus Zellen zusammengesetzten Wand der Keimblase oder der Keimhaut zeichnet sich alsbald eine verdickte und darum dunklere Stelle von länglichrunder Form aus — der „Fruchthof", dessen Zellen das nächste Material zum späteren Aufbau des Embryo liefern. Das Ei fängt nunmehr beträchtlich zu wachsen an.

Alsbald spaltet sich die gesammte Keimhaut (sowohl im Bereiche des 522. Fruchthofes als ausserhalb) in zwei Schichten, natürlich unter fortwährendem Wachsthum und Zellenvermehrung.

Gleichzeitig erfährt auch die äussere Eihaut (*zona pellucida*) eine Veränderung. Es bilden sich nämlich auf ihr wohl durch äussere Auf-

---

*) Nicht alle Autoren nehmen an, dass das Keimbläschen vor der Furchung verschwinde. Vielmehr glauben einige, dieser Process sei eine Zellenvermehrung in der gewöhnlichen (S. 5 beschriebenen) Weise, welcher eine Theilung des Keimbläschens vorangeht. Man will diesen Vorgang in einzelnen Fällen sogar gesehen haben.

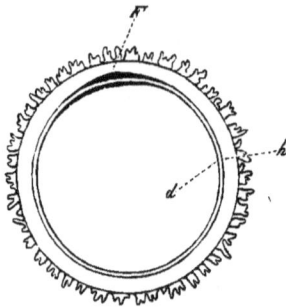

lagerung moosartige Zotten, und man nennt sie daher jetzt *chorion fron-dosum*. In diesem Entwickelungsstadium würde also ein Querschnitt durch das Ei etwa den Fig. 48 dargestellten Anblick gewähren. Der äussere zackige Rand ist das zottige Cho-rion — die äussere Eihaut. *h* ist das äussere, *d* das innere Blatt der Keimhaut, *F* der Fruchthof. Im Bereiche des Frucht-hofes spaltet sich das innere Keimblatt nun noch einmal in zwei Schichten. Das Baumaterial des Embryo in der Mitte des Fruchthofes*) sehen wir somit jetzt zusam-mengesetzt aus drei übereinander liegenden Blättern. Jedes derselben stellt das specifische Bildungsmaterial für eine Organgruppe dar. Es ist anzunehmen, dass die Organe einer solchen Gruppe durch irgend einen gemeinschaftlichen Zug als zusammengehörig charakterisirt sind. Bis jetzt kann aber die Wissenschaft diesen Grundzug höchstens ahnen, nicht defi-niren. Das äussere Keimblatt liefert nämlich, wie wir bald sehen werden, das Bildungsmaterial für das gesammte Epithelium der äusseren Haut sowie für seine Einstülpungen als Talgdrüsen, Schweissdrüsen, Milch-drüsen, für seine Anhänge, Nägel, Haare und für — das centrale Nerven-system. Dies Blatt hat man daher bezeichnet als „Hornblatt" oder „sensorielles Blatt". Das innerste Keimblatt liefert das Bildungs-material für das gesammte Epithelium des Darmes und dessen Ausstül-pungen, näher: Lungenepithel, Blasenepithel, zelliges Parenchym der Darmanhangsdrüsen etc. Das innerste Keimblatt wird darum als „tro-phisches" oder als „Drüsenblatt", auch „Darmdrüsenblatt" bezeichnet. Das mittlere Keimblatt liefert das Material für alle übrigen Theile des Organismus, unter andern also namentlich für Knochen, Muskeln, (peripherische) Nerven und Sexualorgane. Man hat es daher das „moto-risch-germinative" Blatt genannt.

Fig. 48.

523.   Längs der Mittellinie des länglichen Fruchthofes verkleben nun die drei Keimblätter fest miteinander. Diese Verklebungsstelle — die erste sichtbare Embryonalanlage — zeigt sich von aussen gesehen als eine dunklere langgestreckt schildförmige Erhabenheit, umgeben von einer lichteren birnförmig begrenzten Parthie des Fruchthofes. Diese Lichtung

---

*) Es geht aus den Worten der Autoren nicht ganz sicher hervor, ob das mittlere Keimblatt blos im Bereiche des Fruchthofes oder im ganzen Umfange des Eies sich vom inneren abspaltet. Wäre Letzteres der Fall, so müsste man hernach in den Figuren 54, 55, 56 die ausgezogenen Linien längs der punktirten und gestrichelten fortsetzen, bis geschlossene Curven entstehen.

hatte sich schon vorher im Centrum des dunkeln Fruchthofes gebildet und peripherisch ausgedehnt. Man bemerkt in der Axe des dunkeln Schildes eine von aussen eingetiefte Rinne — die „Primitivrinne." — Sie kommt alsbald in den Grund einer breiteren Furche — der „Rückenfurche" — zu liegen. Diese entsteht, indem sich das Hornblatt beiderseits wallartig erhebt. Die beiden Wälle gehen vorn bogenförmig ineinander über. Ein Querschnitt durch den Fruchthof bietet in diesem Stadium den Fig. 49 dargestellten Anblick. *d* ist das Drüsenblatt, *h* das Hornblatt,

welches bei *w* und gegenüber sich wallartig erhoben hat, so dass dazwischen die Rückenfurche sich höhlt. Im mittleren Keimblatte heben sich zu dieser Zeit schon einzelne Theile als besondere sichtlich hervor, namentlich

Fig. 49.

in der Axe ein Cylinder gerade unter der Primitivrinne gelegen; man nennt ihn *chorda dorsalis*. In der Figur ist sein kreisförmiger Querschnitt bei *ch* sichtbar. Der Rest des mittleren Keimblattes beiderseits hat sich geschieden in eine der Axe zunächst gelegene Masse, die wir Urwirbelplatten nennen (*a* in der Figur) und die Seitenplatten (*sp* in der Figur). Der Theil des Hornblattes, welcher die Rückenfurche begrenzt, erscheint schon verdickt, wie bei *m* (Fig. 49) zu sehen ist. Wir nennen diese Verdickung die „Medullarplatten."

Die Wülste zu beiden Seiten der Rückenfurche erheben sich immer mehr; ihre freien Kanten nähern sich dabei. Zuletzt berühren sie sich und verwachsen über der Furche, die damit in ein Rohr — das „Medullarrohr" — verwandelt ist. Dieses Stadium der Entwicklung ist im Querschnitt Fig. 50 dargestellt. Man sieht bei *m* die nunmehr vom übrigen

Hornblatt abgeschnürten und oben zusammengewachsenen Medullarplatten, welche das jetzt geschlossene Medullarrohr umgeben. Sie sind die Uranlage des Centralnervensystems. Darunter

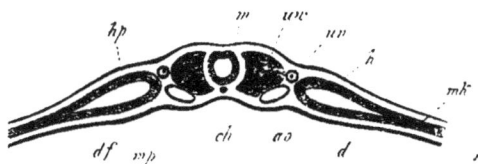

Fig. 50.

zeigt sich die *chorda dorsalis* bei *ch*. Zu beiden Seiten sieht man die Urwirbelplatten und weiter nach aussen die Seitenplatten. In ihnen hat aber durch Bildung eines Hohlraumes bereits eine Spaltung in zwei Platten *hp* und *df* begonnen, die mit den den Urwirbelplatten zugekehrten Enden zusammenhängen. Auf die Ringe bei *un* und *ao* werden wir weiter unten zurückkommen.

Das vordere und hintere Ende der aus der Rückenfurche allmählich
gewordenen Röhre schwillt etwas an, vorn stärker und früher. Die vordere Anschwellung am Kopfende gliedert sich in drei blasige Erweiterungen
— die drei „Hirnblasen".

524.   Bisher hielt das Wachsthum der Embryonalanlage und der übrigen
Keimblase ziemlich gleichen Schritt. Deshalb erschien die Embryonalanlage nur als eine verdickte Stelle der sonst überall stetig gekrümmten
Keimblase. Jetzt beginnt ein verhältnissmässig viel stärkeres Wachsthum
des Embryo. Er muss daher allseitig in einer Ausbuchtung über die
Convexität der Keimblase hinwachsen, so dass die Oberfläche rings um
den Embryo die concave Seite nach aussen kehrt. Man drückt dies gewöhnlich so aus: der Embryo schnürt sich durch einen Knick vom Reste
der Keimblase ab. Die Abschnürung wird vorn und hinten zuerst bemerkbar, bald auch an den Seiten. Würde man in diesem Stadium den
Embryo mit den benachbarten Theilen der ganzen Keimhaut von dem
Reste derselben trennen und ihn von der Bauchseite her betrachten, so
würde man nur in der Mitte die innere Fläche des Embryo unbedeckt
sehen. Am Kopf- und am Schwanzende wäre sie verdeckt erstens von
der beiderseits nach der Mitte umgeknickten Fortsetzung des Embryo,
und zweitens noch von den wieder im Knick nach der Peripherie ab-
biegenden nicht mehr zum Embryo gehörigen Theilen der Keimhaut.
Man nennt diejenigen (nicht scharf begrenzten) Theile der letzteren,
welche so, von der Bauchseite her gesehen, den umgebogenen Kopf- und
Schwanztheil des Embryo verdecken, die Kopf- und Schwanzkappe. Indem
die in Rede stehende Abschnürung des Embryo immer weiter vorschreitet,
bekommt derselbe eine besondere Höhle in seinem Inneren — die Darmhöhle — welche zuletzt nur durch einen engen Gang — den *ductus
vitello-intestinalis* — mit dem Binnenraum der übrigen Keimblase, die von
nun an „Nabelblase" genannt wird, communicirt. Während dieses
Vorganges hebt sich im ganzen Umkreise des Embryo das mit der oberflächlichen Schicht des mittleren Keimblattes (hp Fig. 50) eng verbundene
Hornblatt ab von der tieferen Schicht (df Fig. 50) des mittleren Keimblattes. So bildet sich eine den Embryo wallartig umgebende Falte. Sie
erhebt sich immer mehr und zieht sich über der Rückenfläche des Embryo zusammen. Wenn die freie Kante der Falte von der einen Seite
derselben von der entgegengesetzten Seite so über dem Embryo begegnet,
dann wachsen sie zusammen, indem das dem Embryo anliegende Blatt
sowie das andere ein Ganzes wird, beide sich aber von einander überall
trennen. Es entsteht so eine vollständig geschlossene Blase, von deren
Oberfläche die Rückenfläche des Embryo einen Theil bildet; diese Blase
heisst das „Amnion". Das äussere Blatt der Falte bildet ebenso mit dem
gesammten Reste des peripherischen animalen Keimhautblattes eine zweite

geschlossene Blase, in welcher die Amnionblase vollständig eingeschlossen ist. Sie wird „seröse Hülle" genannt. Die äussere Oberfläche dieser Blase legt sich überall der ursprünglich äusseren Eihaut (zona pellucida) dicht an, verwächst damit und die Hülle, welche aus der Verwachsung beider entsteht, heisst von nun an das „Chorion".

Zur Verdeutlichung der beschriebenen Abschnürung des Embryo 525. vom Dotter und der Bildung des Amnion mögen die Figuren 51, 52 und 53 dienen. Figur 51 stellt einen Längsschnitt durch das Kopfende des Embryo und des nächst angrenzenden Theiles der Keimblase dar.*) Man be-

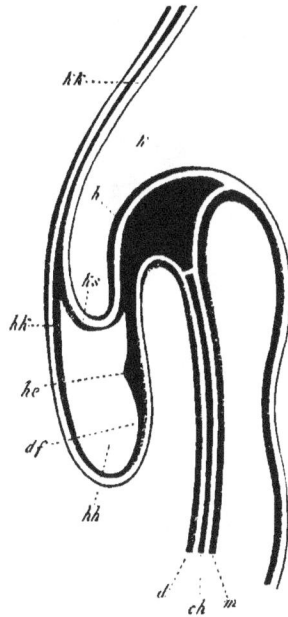

Fig. 51.

merkt zunächst das vorderste ange-
schwollene Ende des Medullarrohres:
es ist der weiss gelassene nach rechts
nicht begrenzte Raum, welcher von der
Medullarplatte *m* umgeben ist. Darunter ist die *chorda dorsalis ch* sichtbar,
davor der dunkelangelegte dickere Theil
des mittleren Keimblattes; die Kopf-
platten bei *k*. Unter der Chorda sehen
wir das Drüsenblatt *d*, das nun nach
vorn unter dem Kopfe eine Ausbuchtung,
die „Schlundhöhle" oder „Vorderdarmhöhle", gebildet hat. Unter der
Vorderdarmhöhle ist in dem mittleren
Keimblatte (ähnlich wie vorhin schon
von den Seitenplatten beschrieben wurde)
eine Spaltung eingetreten, in zwei Platten *df* und *ks*. Vorn und unten (in
der Nähe von *hk*) vereinigen sie sich
wieder und bilden mit der Fortsetzung
des Hornblattes *h* und der des Drüsenblattes die nach links auslaufende Kopfkappe *kk*. Der durch Spaltung in der unteren Wand der Kopfdarmhöhle gebildete freie Raum *hh* hängt, wie leicht vorzustellen ist, mit dem durch Spaltung der Seitenplatten gebildeten freien Raume, der in Fig. 50 sichtbar ist, zusammen. Bei *he* findet sich eine Verdickung der Platte *df*, welche später zum Herzen wird. In Fig. 51 ist noch nichts von der Bildung des Amnion zu sehen, weil sich die Spaltung des mittleren Blattes noch nicht in die Kopfklappe erstreckt hat; erst wenn dies geschehen ist, kann sich die Amnionfalte vorn vom Drüsenblatte und der damit verklebten Fort-

---

*) Man muss diese Figur so legen, dass die rechte Seite zur oberen, die obere Seite zur linken wird.

setzung der Platte *df* erheben. **Fig. 52** stellt nun einen Querschnitt dar durch die Mitte eines schon etwas weiter entwickelten Embryo. Die Spaltung der Seitenplatten hat sich schon weit über den Embryo hinaus erstreckt — soweit überhaupt die Seitenplatten reichten. Die Höhle, welche dieser Spaltung

Fig. 52.

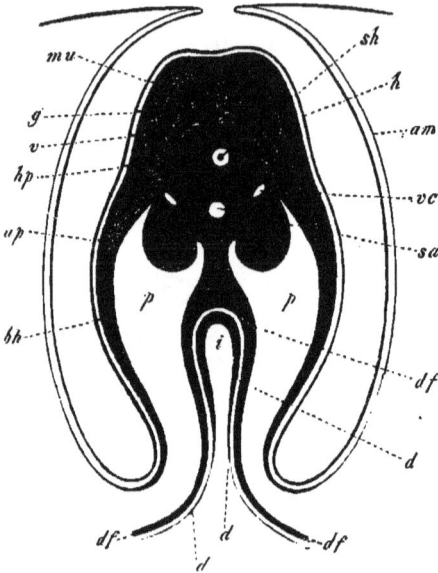

das Dasein verdankt, communicirt also jetzt frei mit dem Raume zwischen dem peripherischen die Nabelblase umschliessenden Theile des Drüsenblattes und dem peripherischen Theile des Hornblattes. Diese Höhle (*p* in der Figur) ist nichts Anderes als die Anlage der Peritoneal- und der Pleurahöhle. Die äussere Lage des mittleren Keimblattes (*bh*) ist daher das Blastem für die Muskeln, Knochen etc. der äusseren Rumpfwandung, kurz für die gesammte Rumpfwand mit Ausschluss ihres Epidermidalüberzuges, den das Hornblatt *h* liefert. Die innere Lage des mittleren Keimblattes *df* liefert das Blastem für die musculöse und fibröse Wand des Darmrohres *i*, dessen Epithelialauskleidung das Drüsenblatt *d* bildet. Die Lage *df* nennt man daher auch das „Darmfaserblatt". Die der Axe nächst benachbarten Theile der beiderseitigen Darmfaserplatten, welche während eines früheren Entwickelungsstadiums (siehe Fig. 50 *df*) noch weit auseinander lagen, sind jetzt genau unterhalb der Axe zusammengerückt und stellen die sogenannten Mittelplatten dar, aus welchen sich sämmtliche Mesenterialgebilde entwickeln. Man sieht nun in Fig. 52 ferner, wie sich das Hornblatt nebst dem oberflächlichen Theile des mittleren Blattes (Fortsetzung des *bh* bezeichneten Theiles) zu beiden Seiten des Embryo von der Darmfaserplatte *df* entfernt hat. Sie haben sich in zwei Falten (siehe bei *am* rechts und entsprechend links) erhoben, deren freie Ränder sich bereits über dem Rücken des Embryo bis auf einen kleinen Abstand entgegengewachsen sind. Diese Falte ist das Amnion. Seine Entstehung und Weiterentwicklung ist noch weiter zu sehen in den Figuren 54 und 55. Sie stellen Längsschnitte durch das Ei dar, in denen man sich leicht zurecht finden wird, wenn man bemerkt, dass dem Ei die umgekehrte Lage gegeben ist, so dass der Embryo den untersten Theil bildet. Er selbst ist schwarz angelegt mit einer grauen Andeutung der Anlage des Nervencentralorgans. Das mittlere Keimblatt, sowohl die Rumpfwandungsplatte als die Darmfaserplatte, ist überall, wo sein Durchschnitt erscheint, als ausgezogene Linie gezeichnet, welche natürlich irgendwo in das Schwarze des Embryo, das ja zum mittleren Keimblatte gehört, auslaufen muss. Das Hornblatt ist als so - - - - gestrichelte Linie dargestellt und bildet eine in sich zurücklaufende geschlossene Kurve. Das Drüsenblatt ist durch eine so ..... punktirte Linie dargestellt, die ebenfalls in sich selbst zurückkehrt. Der von ihr umschlossene Raum, zu welchem also die Darmhöhle des Embryo und die Dotterblase (nebst der *a l* bezeichneten Blase) gehört, ist schraffirt. Die freien Ränder *a m* der Amnionfalte vorn und hinten sind in Fig. 55 schon ganz nahe beieinander. Wenn sie sich vereinigt haben und sich dann das dem Embryo zunächst liegende Blatt von dem peripherischen getrennt hat, dann erscheint der Embryo eingeschlossen in einer über seinem Rücken zusammenhängenden Blase, der Amnionblase. Die eingeschnürte Verbindung zwischen dem Darmrohre *i* und dem Dotterbläschen (in welchem der Buchstab *t* bei einer Linie, deren Bedeutung später zu erörtern ist, steht) ist der *ductus vitello-intestinalis*. Er ist auch in Fig. 52 als die enge, weisse Stelle genau in der Mitte unterhalb *i* zu sehen.

Mit der Entstehung des Amnion gleichzeitig gehen im Embryo ver-526. schiedene weitere Entwickelungen vor und neue Organanlagen entstehen. Sie sind zum Theil in den Figuren (50—52) mit angedeutet. Die Urwirbelplatten wachsen um die *chorda dorsalis*. Schon frühzeitig war die Urwirbelplatte jederseits in hintereinander liegende Stücke — die primitiven Wirbel — zerfallen. In jedem solchen Stücke entwickelt sich vorn die Anlage zum Spinalnerven, hinten die Anlage zum Wirbel. Später sondert sich das vordere Stück jedes primitiven Wirbels vom hintern und vereinigt sich mit dem hintern des vorhergehenden zum sekundären oder bleibenden Wirbel mit dem zugehörigen Spinalnervenstamm. An dieser Sonderung nimmt die oberste Parthie des primitiven Wirbels nicht Theil. Sie verbindet also später je einen Wirbel mit dem nachfolgenden und stellt den betreffenden Muskel dar, welcher zwischen den beiden Wirbeln überspringt. In Fig. 52 sieht man die aus den Urwirbelplatten hervorgegangenen Bildungen: bei *m u* die zuletzt erwähnte Muskelplatte, bei *g* das Spinalganglion, bei *v* die vordere Nervenwurzel, bei *u p* den Nervenstamm, der nun in die Seitenplatten einwächst. Die Nervenwurzeln verbinden sich später mit dem Rückenmarke. Dass die ganze Urwirbelmasse um die Chorda *ch* herumgewachsen ist, sieht man ohnehin durch Vergleichung mit Fig. 50. Am inneren Ende der Seitenplatten, wo sie in die Urwirbelplatten übergehen, treten die sogenannten Urnierengänge (*u n*

Fig. 50 und *vc* Fig. 52) auf. Endlich tritt in dieser Periode das Herz
und das Gefässsystem in erster Anlage auf. Das Herz entwickelt sich in
dem am Kopfende umgeknickten Theile des Embryo, in welchem sich
die vorerwähnte Spaltung der Seitenplatten (welche hier als Halsplatten
bezeichnet werden) hineinerstreckt. Man sieht diesen Theil der Höhlen-
bildung im Längsschnitte Fig. 51 bei *hh*. Das Höckerchen *he*, welches
von oben in diese Höhle hineinragt, ist die Anlage des Herzens. Auf
dem Querschnitte Fig. 50 bei *ao* sieht man die primitiven Aorten. Das
Herz bildet nämlich einen anfangs geraden, alsbald nach vorn einge-
knickten Schlauch, der in zwei Schläuche, die primitiven Aorten, übergeht,
welche längs der Wirbelsäule nach dem Schwanzende herablaufen. Sie
geben unterwegs seitlich verlaufende Aeste (den Intercostal- und Lumbal-
arterien entsprechend) ab. Die Verzweigungen davon verbreiten sich weit
über den eigentlichen Embryo hinaus und überziehen den gesammten
Fruchthof mit einem Gefässnetz, welches blos dem Kopfende entsprechend
eine buchtartige Lücke hat. Das ganze Netz wird von einem nur bei
der genannten Lücke unterbrochenen Kreisgefässe, der *Vena terminalis*,
peripherisch begrenzt. Aus ihr gehen wieder zahlreiche central verlaufende Gefässe hervor, die durch vielfache Anastomosen verbunden das
venöse Gefässnetz darstellen. Dieses sammelt sich zu zwei Stämmen,
welche schliesslich zu einem vereinigt in das Herz wieder einmünden.
Fig. 53 (auf fgd. S.) giebt eine Idee von der Uranlage des Gefässsystems.
Sie stellt den Fruchthof mit dem Embryo von unten her gesehen dar.
Man sieht also nur innerhalb des Ovales, worin unter andern die Buchstaben *a* (bei den Aorten) stehen, direkt auf die Bauchseite des Embryo.
Der Kopf- und Schwanztheil desselben werden blos durch die transparente
peripherische Parthie der Keimhaut gesehen. Im Kopftheil sieht man
bei *h* das Herz und daraus die primitiven Aorten *a* hervortreten. Man
sieht, wie sie sich umkrümmen, dann (in dem vorerwähnten Oval) an
der Bauchseite der Wirbelsäule herablaufen und sich in Seitenäste *o* vertheilen. Diese sieht man in das peripherische Netz des Fruchthofes übergehen, welcher sich bis zum *sinus terminalis* erstreckt. Von hier beginnt
dann wiederum das aus breiteren Bahnen gebildete venöse Netz, welches
sich schliesslich in den beiden grossen Stämmen *v* sammelt, die in das
Herz einmünden. Die Gewebselemente der Gefässe und des Blutes entstehen aus ein und derselben Anlage. Wo sich nämlich später ein grösseres
Gefäss findet, da erscheint zuerst ein solider Zellenstrang. Alsbald zeigt
sich ein Unterschied zwischen den oberflächlichen und den inneren Zellen
des Stranges. Jene verwachsen immer fester miteinander, um die Gefässwand zu bilden. Die inneren Zellen umgekehrt lösen sich allmählich immer
mehr von einander und schwimmen zuletzt frei in der reichlicher auftretenden Intercellularflüssigkeit — als Blutzellen.

Endlich haben wir noch die Entstehung eines neuen Eitheiles zu 527. betrachten — der „Allantois". Es ist dies eine Blase, welche aus dem hinteren Ende des Embryo neben dem *ductus vitello intestinalis*

Fig. 53.

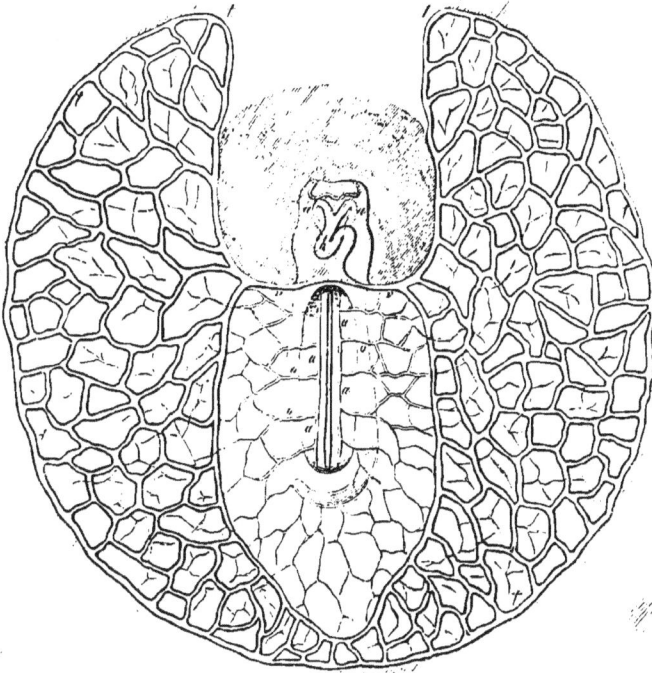

hervorwächst. Sie legt sich alsbald an das Chorion an. Im Inneren ist diese Blase ausgekleidet von einer Ausstülpung des Epithelialüberzuges der Darmwand. Die innere Schicht der Allantoiswand ist also aus dem „Drüsenblatte" gebildet. Die äussere Schicht derselben stammt jedoch von einer Ausstülpung des Darmfaserblattes. Diese äussere Schicht der Allantois ist der Träger von Gefässen. Die arteriellen sind die Fortsetzungen der oben erwähnten primitiven Aorten und heissen später *arteriae umbilicales*. Die Venen sammeln sich zu einer einzigen, welche *vena umbilicalis* genannt wird. Das intermediäre Gefässsystem der Allantois bildet nach und nach, indem es in die Chorionzotten hineinwächst, den embryonalen Theil des Mutterkuchens oder der Placenta. Die Anlage und die weiteren Schicksale der Allantois sind durch die schematischen Figuren

23 *

54, 55 und 56 versinnlicht. Sie ist in allen mit den Buchstaben *al*
bezeichnet. Man sieht in Fig. 54 und 55 deutlich, dass die Wand der

Fig. 54.   Fig. 55.

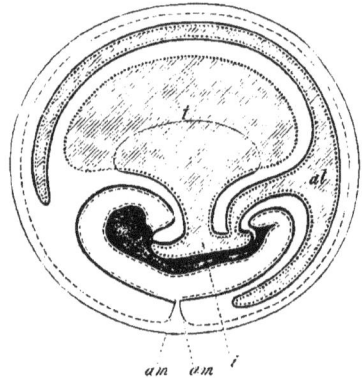

Allantois aus dem (punktirt gezeichneten) Drüsenblatte besteht, welches
noch einen Ueberzug von dem mittleren Keimblatte bekommt (er ist in
der Figur ausgezogen). Den Figuren liegt die nicht von allen Autoren
gebilligte Annahme zu Grunde, dass die Allantois um das ganze Ei herum-
wächst und sich über dem Rücken des Embryo zuletzt schliesst. Wer
diese Annahme nicht billigt, braucht sich nur die weiter von den Zotten
v in Fig. 56 entfernt gelegenen Parthien der *a* bezeichneten geschlossenen
Kurve wegzudenken, die hier ohnehin nur eine schematische Bedeutung
hat. In der That, sämmtliche Eihüllen (mit Ausschluss des Amnion,
dessen dem Hornblatt angehörige Schicht in Fig. 56 immer noch durch
eine so - - - - gestrichelte Linie angedeutet ist), also näher *zona pellucida*, seröse Hülle und Allantois, sind in dem durch Fig. 56 dargestellten Entwickelungsstadium schon zu einer einzigen Membran ver-
schmolzen. Ein Theil dieser Membran ist durch die Wucherung der
Chorionzotten daselbst und das vorerwähnte Hineinwachsen der Umbili-
calgefässverzweigungen (siehe *v* Fig. 56) ausserordentlich verdickt und
bildet die fötale Placenta. Der Rest der Membran ist durchscheinend
und erscheint dem freien Auge homogen. Die Membran umschliesst
den im Fruchtwasser schwimmenden Embryo, welcher mittels des Nabel-
stranges an der Membran, da wo sie die Placenta bildet, befestigt ist.
Frühzeitig schwindet der Binnenraum der Allantois. Ebenso ist in dem
uns jetzt durch Anticipation beschäftigenden Stadium der Entwickelung der Binnenraum der Dotter- und Nabelblase geschwunden. Beide
Binnenräume sind in Fig. 56 (auf fgd. S.) noch angedeutet: der der Allantois bei *al*, der der Dotterblase bei *o*. — Das weitere Wachsthum des

Fig. 56.

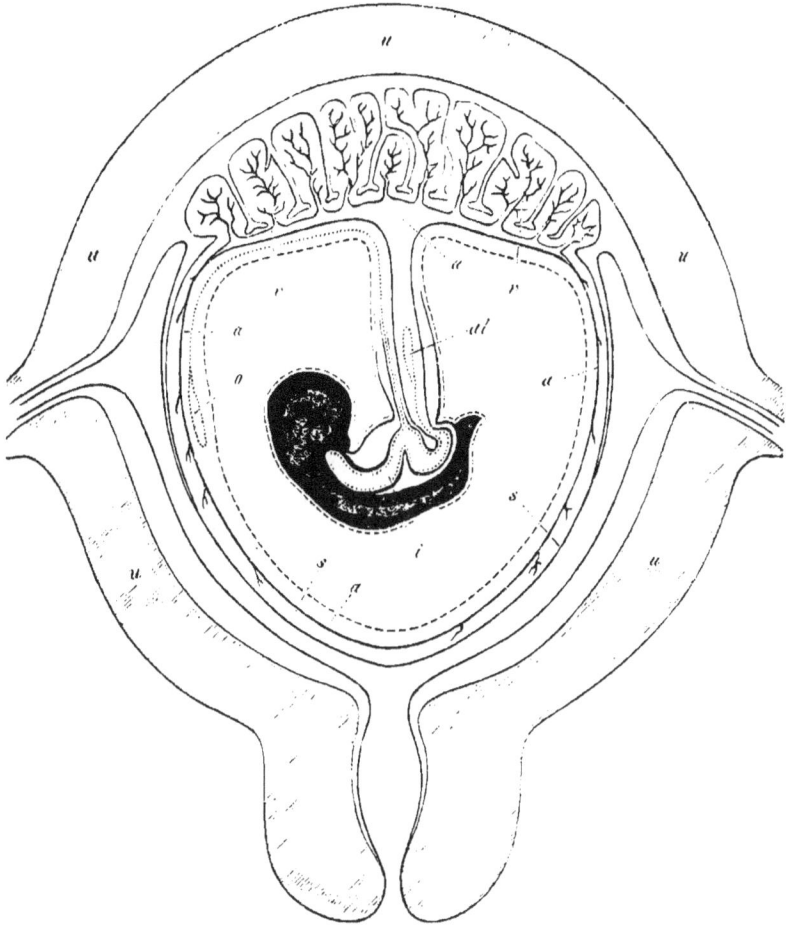

Blutes, mit welchem das Blut des Embryo in der Placenta in Berührung
kommt. Die Zotten der fötalen Placenta wachsen nämlich in die Lücken
einer aufgelockerten und verdickten Parthie der Uterusschleimhaut hinein,
wie Fig. 56 sehen lässt. Man nennt diese Stelle die mütterliche Placenta,
und es ist jetzt ersichtlich, dass zwischen dem Blute der mütterlichen
und fötalen Placenta der ergiebigste Stoffaustausch möglich ist. Die ganze
Uterusschleimhaut bildet übrigens noch zwei vollständige accessorische
Eihüllen, die, wie das Ei, beim Geburtsakt ausgestossen werden. Sie

heissen *deciduae*. Die äussere *decidua vera* liegt der Muskelwand des Uterus dicht an (in Fig. 56 ist sie mit doppeltem Contour gezeichnet). Die andere, *decidua reflexa*, liegt dem Ei dicht an, sie ist bei *s* in Fig. 56 mit einfachem Contour gezeichnet. Die Reflexa geht am Rande der Placenta, wie in der Figur zu sehen ist, in die Vera über, so dass sie eine Ausstülpung der letzteren auf das Ei darzustellen scheint; daher der Name Reflexa. Es ist noch streitig, wie man die Ausstülpung entstanden zu denken hat.

528. Nachdem wir so die erste Anlage der verschiedenen wesentlichen Theile des Eies und des Embryo insbesondere kennen gelernt haben, müssen wir die weiteren Schicksale und Umbildungen derselben skizziren. Es ist vorauszuschicken, dass die bis jetzt betrachteten Stadien der Eientwickelung beim Menschen nur einen sehr kleinen Bruchtheil der gesammten Entwickelungszeit bis zur Geburt ausmachen. Da aus diesen frühesten Stadien nur wenige menschliche Eier, und diese nur zufällig, zur Untersuchung gekommen sind, so haben wir der Beschreibung der einzelnen Entwickelungsphasen, die von verschiedenen Thiereiern durch Analogie gebildet ist, keine Zeitbestimmungen hinzugefügt.

Das jüngste menschliche Ei, welches bis jetzt zur Beobachtung gekommen ist, war drei Wochen alt. Es fanden sich daran schon alle Theile, welche bis jetzt erwähnt sind. Es war aber namentlich schon das Amnion geschlossen und der *ductus vitello-intestinalis* sehr eng. Die weiteren Entwickelungen verfolgt man am bequemsten in jeder einzelnen angelegten Organgruppe oder in jedem Systeme für sich. Was zunächst das cerebrospinale Nervensystem betrifft, so treten in demselben eigentlich keine durchgreifenden Veränderungen oder Neugestaltungen mehr auf. Seine Weiterentwickelung besteht einfach darin, dass sich die einzelnen Theile desselben vergrössern, in Unterabtheilungen zerlegen, und dass namentlich die ursprünglich blasen- und kanalartigen Gebilde desselben durch Verdickung der Wände allmählich mehr solid werden. Aus der Masse, welche die aus der Rückenfurche gebildete Röhre zunächst umgiebt, wird natürlicher Weise im Allgemeinen das Rückenmark; an dem vorderen Ende, welches, wie oben (S. 350) schon bemerkt wurde, sich in drei Blasen gliedert, wird das Hirn. In der vordersten Blase insbesondere entwickeln sich die Hemisphären des Grosshirns, die Sehhügel, gestreiften Körper und Kommissuren; die mittlere Blase wird zu den Vierhügeln, die hintere Hirnblase ist die ursprüngliche Anlage des verlängerten Markes und Kleinhirnes. Ausserdem wachsen aus der vorderen Hirnblase Riechnerven und Sehnerven hervor und senken sich in Theile der Kopfmasse, die aus den mittleren Schichten der Keimhaut hervorgegangen sind. Ob der Gehörnerv Ausstülpung des Centralorganes ist, oder ob er aus dem Blastem des mittleren Keimblattes hervorgeht, ist noch nicht entschieden. Die übrigen peripherischen Nerven sind unstreitig, wie oben (S. 353) schon angedeutet, nicht Auswüchse des Centralorganes zwischen die Organe hinein, vielmehr entstehen sie an Ort und Stelle aus derselben Bildungsmasse, aus welcher die umgebenden Organe entstehen, ebenso die Nerven des sympathischen Systemes. Die Hülfs- und Schutzwerkzeuge der höheren Sinne sind zum Theil Einstülpungen der äusseren Hautfläche. Dies gilt namentlich von der Linse im Auge, vom Gehörlabyrinth und von der Nasenschleimhaut. Auch die Mundschleimhaut nebst ihren Anhangsdrüsen ist eine Einstülpung des Hornblattes, welche sich erst später mit dem Darmdrüsenblatte in Kontinuität setzt. Die Verfolgung dieser Entwickelungen im Einzelnen würde hier zu weit führen, bietet übrigens der Vorstellung keine wesentlichen Schwierigkeiten.

Von den Knochen des Kopfes entwickeln sich die das Hirn einschlies-529. senden aus der nächsten Umgebung der Hirnblasen, ohne dass dabei besonders bemerkenswerthe Ereignisse vorgingen, nur ist hervorzuheben, dass die Basaltheile in knorpeliger Anlage, welche die Fortsetzung der Urwirbelreihe nach vorn ist, vorgebildet sind, während die Knochen des Schädeldaches nicht aus Knorpeln hervorgehen. Die Knochen und Weichtheile des Gesichtes entstehen auf sehr eigenthümliche Weise. In einer gewissen, sehr frühen Entwickelungsperiode nämlich bekommt die Wand des Embryo am Kopfende unter den Hirnblasen Spalten, welche auf jeder Seite nach oben und unten gehen, ganz analog den Kiemenspalten, welche beim Fische während des ganzen Lebens bleiben. Die Wandstreifen zwischen den Kiemenspalten, beim Menschen 4 an der Zahl, heissen Kiemenbogen oder Visceralbogen. Die Spalten überwachsen beim Säugethier- und Menschenembryo später wieder. In den Bogen treten verschiedene Gliederungen und Verknöcherungen ein. So entsteht aus dem ersten Kiemenbogen: Oberkiefer, Jochbein, Unterkiefer, Zunge, Hammer, Ambos, äusseres Ohr, *tuba Eustachii*, Trommelhöhle. Aus dem zweiten Kiemenbogen entsteht der Steighügel und das kleine Zungenbeinhorn. Aus dem dritten Visceralbogen entsteht der Körper und das grosse Horn des Zungenbeins. Giessbeckenknorpel und Kehldeckel. Der vierte Bogen verschwindet gänzlich.

Die Muskeln und Knochen des Rumpfes bilden sich überall, wo sie später liegen, aus der dort vorhandenen Bildungsmasse, also insbesondere aus den Massen der Uranlage, welche eben als Seitenplatten bezeichnet werden, und zwar aus deren äusserer Schicht. Die darüber liegende äusserste, eigentliche Bedeckungsschicht, das Hornblatt des Embryo, wird (wie schon mehrfach angedeutet) zur Epidermis des Rumpfes, wie sie ebenso zur Haut des Kopfes am vorderen Ende des Embryo wird. Sie liefert auch das Bildungsmaterial für sämmtliche Organe und Annexe der Oberhaut, als Haare, Nägel, Talgdrüsen und — Milchdrüsen. Auch dieser

Drüsen zelliges Parenchym ist als Einstülpung aus dem zelligen Blasteme des Hornblattes hervorgewuchert.

530. Sehr beträchtliche Veränderungen müssen natürlich in den Organen des Blutkreislaufes vor sich gehen, bis aus dem oben beschriebenen „ersten Kreislauf" der aus der Anatomie bekannte spätere fötale Kreislauf werden kann. Zunächst müssen sich im Herzen, das wir oben als einen einfachen geknickten Schlauch verliessen, die verschiedenen Räumlichkeiten von einander sondern. Es geschieht dies derart, dass zuerst drei in der Richtung des Blutstromes hinter einander gelegene Erweiterungen auftreten: der Venensack, die Herzkammer und die Arterienzwiebel. Die Herzkammer zerfällt bald durch eine Scheidewand in zwei getrennte Räume, die rechte und linke Kammer. Später erst bildet sich die Scheidewand, welche den Venensack in den rechten und linken Vorhof trennt; bekanntlich behält diese Scheidewand bis zur Geburt ein Loch (das *Foramen ovale*), durch welches der rechte und linke Vorhof communiciren. Mit diesen Veränderungen im Herzen gehen nun solche in den peripherischen Blutbahnen Hand in Hand. Zunächst verschmelzen die beiden primitiven Aorten, die wir oben längs der Wirbelsäule herablaufen sahen, im grössten Theile ihrer Längserstreckung zu einer einzigen. Dies ist schon in dem durch Fig. 52 dargestellten Entwickelungsstadium geschehen. Man sieht daselbst auf dem Querschnitte nur eine einzige Aorta bei *sa.* Die einfache Aorta entsteht nun aber mit zwei Wurzeln aus dem Herzen, von denen die eine aus der rechten, die andere aus der linken Kammer kommt. Zu diesen beiden Aortenwurzeln bilden sich später noch so viele Paare, als wir oben Visceral- oder Kiemenbogen kennen lernten, und begeben sich zu denselben als „Kiemengefässbogen". Drei von ihnen bleiben bestehen, um sich in Blutbahnen des definitiven Kreislaufes umzubilden. Das vorderste Kiemengefässbogenpaar ist so die ursprüngliche Anlage für den *truncus anonymus* rechts, sowie für *carotis* und *subclavia* links, der linke zweite Bogen bildet den bleibenden Aortenbogen, während sein Gegenstück rechts wieder verschwindet. Das dritte Kiemengefässbogenpaar senkt sich in die Lungen ein, deren Entstehung später zu beschreiben ist, vom linken Bogen dieses Paares verbindet sich ein grosser Ast mit der primitiven absteigenden Aorta als „*ductus Botalli*". Die ursprünglich symmetrische Verbindung der einzelnen Aortenwurzelpaare mit den beiden Herzkammern ändert sich im Verlaufe der bezeichneten Entwickelungen, so dass, wenn sie vollendet sind, ein Stamm aus der rechten und ein Stamm aus der linken Kammer hervorgeht. Jener giebt die beiden Lungenschlagadern und vermittelst des *ductus Botalli* die *aorta descendens* ab. Der aus der linken Kammer entspringende Stamm giebt den *truncus anonymus* und die *carotis*, sowie die *subclavia sinistra* ab. Doch ist dieser Stamm verbunden mit dem aus dem rechten Herzen

kommenden Stamme durch ein Zwischenstück, das später den Theil des
Aortenbogens darstellt, welcher zwischen dem Abgang der *subclavia sini
stra* und der Einmündung des *ductus Botalli* liegt. Durch Verschliessung
dieses letzteren bei der Geburt ist alsdann, wie man sieht, das arterielle
System des Körperkreislaufes von dem des Lungenkreislaufes vollständig
abgeschlossen.

Die Anlage des venösen Systemes, wie sie Fig. 53 dargestellt
wurde, zeigt, vorzugsweise entwickelt, das Gebiet der *vena omphalomeseraica*, welche das Blut aus dem Fruchthofe zum Herzen zurückbrachte.
Natürlich sind auch schon kleine Venenstämmchen vorhanden, die Blut
aus den Theilen des Embryo zurückführen. Sie sind noch sehr klein
und daher in der Figur nicht gezeichnet. Ihre Zahl ist 4; 2 führen das
Blut aus dem Kopftheil des Embryo zum Herzen, sie heissen *vv. jugulares*;
2 führen das Blut aus dem Hintertheil zurück, sie heissen Cardinalvenen.
Die Cardinalvene vereinigt sich mit der Jugularvene ihrer Seite, bevor sie
in das Herz mündet, zum *ductus Cuvieri*.

Die *vena omphalomeseraica*, in welche sich eine anfangs viel unbe-
deutendere *vena mesenterica* vom Darm her ergiesst, wird sehr früh von
der Leber umfasst, und es bildet sich von da ein Gefässsystem, welches
Blut in die Leber hinein, ein anderes, welches Blut aus der Leber
wieder herausführt. Ersteres ist die Pfortader. Sie muss natürlich, wenn
später die *v. omphalomeseraica* schwindet, als Fortsetzung der Darmvenen
erscheinen.

Die Nabelvene sammelt das Blut aus der Allantois und mündet in
die Nabelgekrösvene ein, so dass also auch sie in die Pfortader übergeht.
Eine Anastomose schickt sie später zu der an Stelle der Kardinalvenen
getretenen unteren Hohlvene. Diese ist der aus der Anatomie bekannte
ductus venosus Arantii. Die erste Anlage und Entwickelung der Lungenvenen scheint niemals beobachtet worden zu sein, wenigstens wird sie
von den Autoren nirgends erwähnt.

Den Nahrungskanal haben wir oben (S. 350) in erster Anlage ver-531.
lassen, gebildet durch die Abschnürung des Embryo vom übrigen Dotter,
und ausgekleidet von der innersten Schicht der Keimhaut, von dem sogenannten Drüsen- oder Schleimblatte. Es ist leicht begreiflich, dass der
vorderste Abschnitt dieses Schlauches, der im Kopfende des Embryo liegt,
zur Rachenhöhle wird, dass die mittleren Abschnitte durch theilweise
Erweiterung, Verlängerung, Krümmung, Lagenänderung den Magen und
Dünndarm bilden; dass endlich die hinterste Abtheilung sich in den
Dickdarm verwandelt. Es ist ferner bereits aus den oben gegebenen
schematischen Abbildungen ersichtlich, dass die innerste Schicht der Keimhaut (das Drüsenblatt) nur für die innere Epithelialauskleidung des Darm-
kanals das Bildungsmateriel liefert. Die grösste Masse der Wände, ins-

besondere die muskulären, sowie die Mesenterien, sahen wir entstehen aus den Darmfaserplatten. In ihnen entstehen auch die Nerven und Gefässe des Darmes an Ort und Stelle. Durch einen ganz eigenthümlichen Process entstehen nun am Darmkanal die drüsigen Gebilde, deren Ausführungsgänge mit dem Binnenraume des Nahrungsschlauches communiciren, oder wenigstens früher einmal communicirt haben: Lungen, Leber, Pankreas, Magen, Darmdrüsen und Nieren. Die Hohlräume (Röhrensysteme), in welchen bei ihnen die Absonderung geschieht, und welche schliesslich in den Nahrungsschlauch einmünden (resp. auf einer früheren Entwickelungsstufe einmündeten), sind nämlich wirkliche Ausstülpungen dieses letzteren, so dass ihre Epithelialauskleidungen und Parenchymzellen auch der Entstehung nach Fortsetzungen des Darmepitheliums sind. Die übrigen Gewebselemente der genannten Drüsen entstehen aus demselben Bildungsmaterial, wie die faserigen Elemente der Darmwand, dessen ursprüngliche Stellung in der Keimhaut wiederholt und soeben noch bezeichnet wurde. Es entstehen im Allgemeinen da, wo diese Drüsen später gefunden werden, zuerst Höcker auf der Darmwand. In diese wachsen dann Ausbuchtungen der Darmhöhle hinein und verästeln sich allmählich immer mehr, so dass der baumförmig verzweigte Ausführungsgang entsteht. Was insbesondere die Nieren betrifft, so sind ihre Ausführungsgänge Ausstülpungen desjenigen Theiles der Allantois, welcher, im Embryo liegend, später die Harnblase darstellt. Da aber, wie früher bemerkt wurde, deren Höhle selbst eine Ausstülpung der Darmhöhle ist, so hängt doch auch der freie Binnenraum der Nieren mit dem Darme zusammen. Auch die merkwürdigen Drüsen ohne Ausführungsgang, die Thymus und Schilddrüse, sind Ausstülpungen des Darmrohres, so dass ihr zelliges Parenchym aus dem Blasteme des Drüsenblattes entstanden ist. Die Thymus insbesondere bildet sich aus den vom Drüsenblatte gelieferten Umsäumungen der Kiemenspalten. Thymus und Schilddrüse schnüren sich alsbald von dem Darmrohre ganz vollständig ab, so dass ihr zelliges Parenchym dann in ganz geschlossenen Bälgen eingeschlossen ist, nicht, wie bei den übrigen Darmanhangsdrüsen, in Säckchen, welche sich an irgend einer Stelle gegen einen Zweig des Ausführungsganges öffnen. Die Nebennieren, die Milz und die Lymphdrüsen entstehen nicht aus dem Drüsenblatte, sondern aus dem mittleren Keimblatte.

532. Eine besondere Betrachtung erfordert die Entwickelung der Zeugungsorgane, die mit der vorher erwähnten Entwickelung der Nieren im engsten Zusammenhange steht. Es wird sich dabei zeigen, dass die Geschlechtsdifferenz nur auf geringe Modifikationen desselben Bildungsplanes hinausläuft. In beiden Geschlechtern entsteht schon sehr früh unter der Wirbelsäule ein kammartig gestaltetes Organ, das wir oben (S. 353) bereits unter dem Namen Urnieren gelegentlich erwähnten. In

der That scheinen diese Organe, die auch Wolf'sche Körper heissen, die
ersten Auswurfsstoffe des Embryo abzusondern, denn es gehen Ausführungsgänge von ihnen zur Allantois. Mit den Urnieren sind nicht zu ver-
wechseln die definitiven Nieren. Ihre oben beschriebene Bildung geschieht erst später hinter den hier in Rede stehenden Urnieren aus
einem besonderen Bildungsmaterial, dessen Ursprung oben angegeben
wurde; sie sind in den Figuren nicht angedeutet. Alsbald tritt einwärts
und etwas hinterwärts von den Blinddärmchen der Wolf'schen Körper
ein neuer Zellenhaufen auf (K in Fig. 57), welcher die Anlage der Keimdrüse
darstellt; gleichzeitig bilden sich zwei hohle Stränge, die Müller'schen
Fäden, die über die Wolf'schen Blinddärmchen verlaufen (s. bei M. in
Fig. 57) und in der Nähe der Wolf'schen Gänge in den *sinus urogenitalis* einmünden. Es hat nämlich die Darmhöhle am hinteren Leibesende
da, wo sie in die Allantois übergeht, die ganze Wand des Embryo durch-
brochen. Diese Oeffnung — Kloake — ist aber bald darauf durch eine
Scheidewand — das Perinaeum — in zwei Abtheilungen geschieden, so
dass jetzt der Darmkanal und die Allantois jedes seine eigene Oeffnung
besitzt. Jene ist der After, diese heisst *sinus urogenitalis*. Noch ehe die
Scheidung vollständig zu Stande kam, wucherte vorn an der Oeffnung
ein Wärzchen hervor, das die Anlage des Penis, resp. der Clitoris ist. Jetzt
entscheidet es sich, ob der Embryo zu einem männlichen oder weiblichen
Individuum werden soll. Bei einem männlichen werden die vorerwähnten
Zellenhäufchen zu Hoden, die nächst benachbarten Wolf'schen Blinddärmchen wachsen damit zusammen und bilden sich zu den *vasa efferentia*
und zum Nebenhoden um, die Wolf'schen Gänge bilden die *vasa deferentia*.
Die Müller'schen Gänge obliteriren und verkümmern. Nur das gemein-
schaftliche untere Ende derselben bleibt als *vesicula prostatae* (*uterus
masculinus*) bestehen. Die Rinne unter dem Wärzchen am *sinus urogenitalis* schliesst sich zur Harnröhre, wie auch die Hautfalten unter Bildung
der Raphe des Hodensackes daselbst zusammenwachsen. Die Hoden steigen
in einer späteren Entwickelungsperiode von der Wirbelsäule herunter, um
durch die Bauchdecken in den Hodensack zu gelangen. Die Einzelheiten
dieses *descensus testiculorum* werden in der Anatomie beschrieben.

Bei einem weiblichen Individuum nehmen die Zellenhäufchen *K*
allmählich den Bau der Ovarien an. Einige benachbarte Wolf'sche Blinddärmchen wachsen noch, schlängeln sich, treten aber mit den Elementen
der Keimdrüse nicht in offene Verbindung. Sie bilden das sogenannte
Rosenmüller'sche Organ, das oft noch bei Erwachsenen in der das Ovarium einschliessenden Bauchfellfalte zu finden ist. Im Uebrigen verküm-
mert der Wolf'sche Körper und sein Ausführungsgang. Dahingegen entwickeln sich die Müller'schen Gänge, ihr oberes Ende öffnet sich frei und
bildet die *tuba Fallopiae*, unten wachsen die beiderseitigen zusammen, um

Uterus und Scheide zu bilden. Fig. 57 stellt nebeneinander dar unter
A die indifferente Uranlage, unter *B* die Entwickelung zu weiblichen

Fig. 57.

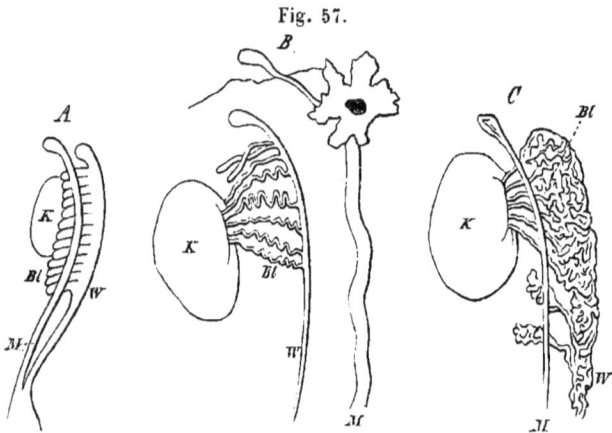

Zeugungstheilen, unter *C* die Entwickelung zu männlichen Zeugungstheilen. Am *sinus urogenitalis* treten beim weiblichen Embryo keine
wesentlichen Neugestaltungen mehr auf. Die beiden ihn umgebenden
Hautwülste wachsen nicht zusammen, sondern bilden die grossen Scham-
lippen. Das Wärzchen vorn bleibt im Wachsthum zurück und bildet die
Clitoris, die Falten desselben, welche die Rinne an seiner unteren Seite
umgeben, dehnen sich etwas nach hinten aus, um die kleinen Scham-
lippen zu bilden.

533.   Die Bildung der Extremitäten ist ein ganz einfaches Hervorsprossen
aus dem mittleren Keimblatte, jedoch nehmen sie Ueberzüge vom Horn-
blatte mit, welche die epidermidalen Gebilde der Extremitäten liefern.

534.   Wenn das Ei seine volle Reife erlangt hat, was nach allgemeiner
Annahme 280 Tage dauert, so wird es durch einen eigenthümlichen Muskel-
akt durch die Scheide ausgestossen. Dieser Akt — die Geburt — ist zwar
streng genommen Gegenstand der Physiologie, wird aber herkömmlich in
einer anderen medicinischen Disciplin, der Geburtshülfe, behandelt; ebenso
die der Geburt folgenden Erscheinungen im weiblichen Organismus.

Literatur.

Die vorliegende Skizze der Entwickelungsgeschichte folgt wesentlich der von Remak gegebenen Darstellung. Siehe dessen Untersuchungen über die Entwickelung der Wirbelthiere. Berlin 1852—55. — Die wichtigsten älteren Darstellungen der Entwickelungsgeschichte finden sich in folgenden Werken: Pander, Beiträge zur Entwickelungsgeschichte des Hühnchens im Ei. Würzburg 1817. — v. Baer, Ueber Entwickelungsgeschichte der Thiere. Königsberg 1828. — Bischoff, Entwickelungsgeschichte der Säugethiere und des Menschen. Leipzig 1842. (I. Band von Sömmerring's Anatomie), desselben Monographien einzelner Säugethierspecies. — Reichert, Das Entwickelungsleben im Wirbelthierreich. Berlin 1840. — Neuere monographische Darstellungen der Entwickelungsgeschichte sind gegeben von Kölliker, Leipzig 1861, und von His.

REGISTER.

Druck von J. B. Hirschfeld in Leipzig